Essentials of Stem Cell Biology

干细胞生物学基础

原著第三版

（美） R. 兰萨（Robert Lanza）
A. 阿塔拉（Anthony Atala） 编

张毅 叶棋浓 译

化学工业出版社
·北京·

Essentials of Stem Cell Biology, Third Edition
Robert Lanza, Anthony Atala
ISBN: 9780124095038
Copyright © 2014 Elsevier Inc. All rights reserved.
Authorized Chinese translation published by Chemical Industry Press.

《干细胞生物学基础》（原著第三版）（张毅 叶棋浓 译）
ISBN: 9787122353757
Copyright © Elsevier Ltd./BV/Inc. and Chemical Industry Press. All rights reserved.

注意

本书涉及领域的知识和实践标准在不断变化。新的研究和经验拓展我们的理解，因此须对研究方法、专业实践或医疗方法作出调整。从业者和研究人员必须始终依靠自身经验和知识来评估和使用本书中提到的所有信息、方法、化合物或本书中描述的实验。在使用这些信息或方法时，他们应注意自身和他人的安全，包括注意他们负有专业责任的当事人的安全。在法律允许的最大范围内，爱思唯尔、译文的原文作者、原文编辑及原文内容提供者均不对因产品责任、疏忽或其他人身或财产伤害及/或损失承担责任，亦不对由于使用或操作文中提到的方法、产品、说明或思想而导致的人身或财产伤害及/或损失承担责任。

北京市版权局著作权合同登记号：01-2016-5994

图书在版编目（CIP）数据

干细胞生物学基础／（美）R. 兰萨（Robert Lanza），（美）A. 阿塔拉（Anthony Atala）编；张毅，叶棋浓译 . 一北京：化学工业出版社，2020.1（2024.5重印）
书名原文：Essentials of Stem Cell Biology
ISBN 978-7-122-35375-7

Ⅰ.①干…　Ⅱ.①R…②A…③张…④叶…　Ⅲ.①干细胞 - 细胞生物学　Ⅳ.①Q24

中国版本图书馆 CIP 数据核字（2019）第 227114 号

责任编辑：傅四周　　　　　　　　　　　文字编辑：焦欣渝
责任校对：杜杏然　　　　　　　　　　　装帧设计：王晓宇

出版发行：化学工业出版社（北京市东城区青年湖南街 13 号　邮政编码 100011）
印　　装：北京建宏印刷有限公司
787mm×1092mm　1/16　印张27　彩插2　字数649 千字　2024 年 5 月北京第 1 版第 4 次印刷

购书咨询：010-64518888　　　　　　售后服务：010-64518899
网　　址：http://www.cip.com.cn
凡购买本书，如有缺损质量问题，本社销售中心负责调换。

定　　价：198.00 元　　　　　　　　　　　　　　　　　版权所有　违者必究

撰稿者名单

Russell C. Addis Johns Hopkins University, School of Medicine, Baltimore, MD, USA

Piero Anversa Cardiovascular Research Institute, New York Medical College, Valhalla, NY, USA

Judith Arcidiacono Center for Biologics Evaluation and Research, Food and Drug Administration, Rockville, MD, USA

Anthony Atala Wake Forest Institute for Regenerative Medicine, Winston Salem, NC, USA

Joyce Axelman Johns Hopkins University, School of Medicine, Baltimore, MD, USA

Ashok Batra US Biotechnology & Pharma Consulting Group, Potomac, MD, USA

Helen M. Blau Baxter Laboratory for Stem Cell Biology, Stanford University School of Medicine, Stanford, CA, USA

Susan Bonner-Weir Diabetes Center, Harvard University, Boston, MA, USA

Mairi Brittan Histopathology Unit, Cancer Research UK, London, UK

Hal E. Broxmeyer Department of Microbiology and Immunology, Indiana University School of Medicine, Indianapolis, IN, USA

Mara Cananzi Surgery Unit, UCL Institute of Child Health, Great Ormond Street Hospital, London, UK, and Department of Pediatrics, University of Padua, Padua, Italy

Constance Cepko Department of Genetics, Howard Hughes Medical Institute, Harvard Medical School, Boston, MA, USA

Tao Cheng University of Pittsburgh Cancer Institute, Pittsburgh, PA, USA

Susana M. Chuva de Sousa Lopes Department of Anatomy and Embryology, Leiden University Medical Center, Leiden, The Netherlands

Gregory O. Clark Division of Endocrinology, Johns Hopkins University, School of Medicine, Baltimore, MD, USA

Maegen Colehour Center for Devices and Radiological Health, FDA, Silver Spring, MD, USA

Paolo de Coppi Surgery Unit, UCL Institute of Child Health, Great Ormond Street Hospital, London, UK, Department of Pediatrics, University of Padua, Padua, Italy, and Wake Forest Institute for Regenerative Medicine, Winston Salem, NC, USA

Giulio Cossu Department of Cell and Developmental Biology, Center for Stem Cells and Regenerative Medicine, University College London, London, UK, and Division of Regenerative Medicine, Stem Cells and Gene Therapy, San Raffaele Scientific Institute, Milan, Italy

George Q. Daley Division of Hematology/Oncology, Children's Hospital, Boston, MA, USA

Jiyoung M. Dang Center for Devices and Radiological Health, FDA, Silver Spring, MD, USA

Natalie Direkze Histopathology Unit, Cancer Research UK, London, UK

Yuval Dor Department of Developmental Biology and Cancer Research, The Institute for Medical

Research Israel-Canada, The Hebrew University-Hadassah Medical School, Jerusalem 91120, Israel.

Gregory R. Dressler   Department of Pathology, University of Michigan, Ann Arbor, MI, USA

Charles N. Durfor   Center for Devices and Radiological Health, FDA, Silver Spring, MD, USA

Ewa C. S. Ellis   Department of Clinical Science, Intervention and Technology, Division of Transplantation, Liver Cell Laboratory, Karolinska Institute, Stockholm, Sweden

Martin Evans   Cardiff School of Biosciences, Cardiff University, Cardiff, UK

Donna M. Fekete   Department of Neurobiology, Harvard Medical School, Boston, MA, USA

Donald Fink   Center for Biologics Evaluation and Research, FDA, Rockville, MD, USA

Elaine Fuchs   The Rockefeller University, New York, NY, USA

Margaret T. Fuller   Departments of Developmental Biology and Genetics, Stanford University School of Medicine, Stanford, CA, USA

Richard L. Gardner   Department of Molecular and Cellular Biology and Howard Hughes Medical Institute, Harvard University, Cambridge, MA, USA

Zulma Gazit   Skeletal Biotechnology Laboratory, Hebrew University-Hadassah Faculty of Dental Medicine, Jerusalem, Israel and Department of Surgery and Cedars-Sinai Regenerative Medicine Institute, Cedars-Sinai Medical Center, Los Angeles, CA, USA

Dan Gazit   Skeletal Biotechnology Laboratory, Hebrew University-Hadassah Faculty of Dental Medicine, Jerusalem, Israel and Department of Surgery and Cedars-Sinai Regenerative Medicine Institute, Cedars-Sinai Medical Center, Los Angeles, CA, USA

John D. Gearhart   Johns Hopkins University, School of Medicine, Baltimore, MD

Victor M. Goldberg   Department of Orthopedics, University Hospitals Case Medical Center Cleveland, Ohio, OH, USA

Rodolfo Gonzalez   Joint Program in Molecular Pathology, The Burnham Institute and the University of California, San Diego, La Jolla, CA, USA

Deborah Lavoie Grayeski   M Squared Associates, Inc., Alexandria, VA, USA

Ronald M. Green   Department of Religion, Dartmouth College, Hanover, Nrt, USA

Markus Grompe   Oregon Health & Science University, Papé Family Pediatric Institute, Portland, OR, USA

Stephen L. Hilbert   Children's Mercy Hospital, Kansas City, MO, USA

Marko E. Horb   Center for Regenerative Medicine, Department of Biology & Biochemistry, University of Bath, Bath, UK

Jerry I. Huang   Departments of Surgery and Orthopedics Regenerative Bioengineering and Repair Laboratory, UCLA School of Medicine, Los Angeles, CA, USA

Jaimie Imitola   Department of Neurology, Brigham and Women's Hospital, Boston, MA, USA

D. Leanne Jones   Department of Developmental Biology, Stanford University School of Medicine, Stanford, CA, USA

Jan Kajstura   Department of Anesthesia, Brigham and Women's Hospital, Boston, MA, USA

David S. Kaplan   Center for Devices and Radiological Health, Food and Drug Administration, Silver Spring, MD, USA

Pritinder Kaur   Epithelial Stem Cell Biology Laboratory, Peter MacCallum Cancer Center, Melbourne, and Sir Peter MacCallum Department of Oncology, The University of Melbourne, Parkville, Australia

Kathleen C. Kent   Johns Hopkins University, School of Medicine, Baltimore, MD

Candace L. Kerr   Department of Gynecology and Obstetrics, Johns Hopkins University, School of Medicine, Baltimore, MD

Ali Khademhosseini   Division of Biological Engineering, Massachusetts Institute of Technology, Cambridge, MA

Nadav Kimelman   Skeletal Biotechnology Laboratory, Hebrew University-Hadassah Faculty of Dental Medicine, Jerusalem, Israel

Irina Klimanskaya   Advanced Cell Technology, Inc., Marlborough, MA, USA

Jennifer N. Kraszewski   Johns Hopkins University, School of Medicine, Baltimore, MD

Mark A. LaBarge   Cancer & DNA Damage Responses, Berkeley Laboratory, Berkeley, CA, USA

Robert Langer   Department of Chemical Engineering, Massachusetts Institute of Technology, Cambridge, MA

Robert Lanza   Advanced Cell Technology, MA, USA and Wake Forest University School of Medicine, Winston Salem, NC, USA

Ellen Lazarus   Center for Biologics Evaluation and Research, Food and Drug Administration, Rockville, MD, USA

Jean Pyo Lee   Department of Neurology, Beth Israel Deaconess Medical Center, Boston, MA, USA

Mark H. Lee   Center for Biologics Evaluation and Research, Food and Drug Administration, Rockville, MD, USA

Annarosa Leri   Department of Anesthesia, Brigham and Women's Hospital, Boston, MA, USA

Shulamit Levenberg   Langer Laboratory, Department of Chemical Engineering, Massachusetts Institute of Technology, Cambridge, MA

S. Robert Levine   Juvenile Diabetes Research Foundation, NY, USA

John W. Littlefield   Johns Hopkins University, School of Medicine, Baltimore, MD, USA

Richard McFarland   Center for Biologics Evaluation and Research, Food and Drug Administration, Rockville, MD, USA

Jill McMahon   Harvard University, Cambridge, MA, USA

Douglas A. Melton   Department of Molecular and Cellular Biology, Harvard University, and Howard Hughes Medical Institute, Cambridge, MA, USA

Mary Tyler Moore   Juvenile Diabetes Research Foundation, NY, USA

Franz-Josef Mueller   Program in Developmental and Regenerative Cell Biology, The Burnham Institute, La Jolla, CA, USA

Christine L. Mummery   Department of Anatomy and Embryology, Leiden University Medical Center, Leiden, The Netherlands

Bernardo Nadal-Ginard   The Stem Cell and Regenerative Biology Unit (BioStem), Liverpool,

John Moores University, Liverpool, UK

Hitoshi Niwa   Laboratory for Pluripotent Stem Cell Studies, RIKEN Center for Developmental Biology, Tokyo, Japan

Keisuke Okita   Center for iPS Cell Research and Application, Institute for Integrated Cell-Material Sciences, Kyoto University, Kyoto, Japan

Jitka Ourednik   Department of Biomedical Sciences, Iowa State University, Ames, IA, USA

Vaclav Ourednik   Department of Biomedical Sciences, Iowa State University, Ames, IA, USA

Kook I. Park   Department of Pediatrics and Pharmacology, Yonsei University College of Medicine, Seoul, Korea

Ethan S. Patterson   Johns Hopkins University, School of Medicine, Baltimore, MD, USA

Gadi Pelled   Skeletal Biotechnology Laboratory, Hebrew University-Hadassah Faculty of Dental Medicine, Jerusalem, Israel and Department of Surgery and Cedars-Sinai Regenerative Medicine Institute, Cedars-Sinai Medical Center, Los Angeles, CA, USA

Christopher S. Potten   University of Manchester, Manchester, UK

Sean Preston   Histopathology Unit, Cancer Research UK, London, UK

Philip R. Roelandt   Interdepartmental Stem Cell Institute Leuven, Catholic University Leuven, Leuven, Belgium

Valerie D. Roobrouck   Interdepartmental Stem Cell Institute Leuven, Catholic University Leuven, Leuven, Belgium

Nadia Rosenthal   National Heart and Lung Institute, Imperial College, London, UK

Janet Rossant   Mount Sinai Hospital, Toronto, Ontario, Canada

Maurilio Sampaolesi   Translational Cardiomyology Laboratory, Stem Cell Institute, Department of Development and Regeneration, Catholic University of Leuven, Belgium, and Human Anatomy Institute IIM and CIT, Department of Public Health, Neuroscience, Experimental and Forensic Medicine, University of Pavia, Italy

Maria Paola Santini   National Heart and Lung Institute, Imperial College, London, UK

David T. Scadden   Harvard University, Massachusetts General Hospital, Boston, MA, USA

Holger Schlüter   Epithelial Stem Cell Biology Laboratory, Peter MacCallum Cancer Center, Melbourne, and Sir Peter MacCallum Department of Oncology, The University of Melbourne, Parkville, Australia

Gunter Schuch   Institute for Regenerative Medicine, Wake Forest University School of Medicine, Medical Center Blvd, Winston-Salem, NC, USA

Michael J. Shamblott   Institute for Cell Engineering, Johns Hopkins University, School of Medicine, Baltimore, MD

Dima Sheyn   Skeletal Biotechnology Laboratory, Hebrew University-Hadassah Faculty of Dental Medicine, Jerusalem, Israel

Richard L. Sidman   Harvard Medical School, Boston, MA, USA

Evan Y. Snyder   The Burnham Institute, La Jolla, CA, USA

Shay Soker   Institute for Regenerative Medicine, Wake Forest University School of Medicine,

Medical Center Blvd, Winston-Salem, NC, USA

Stephen C. Strom Department of Pathology, University of Pittsburgh, PA, USA

Lorenz Studer Developmental Biology and Neurosurgery, Memorial Sloan Kettering Cancer Center, New York, NY, USA

M. Azim Surani Wellcome Trust Cancer Research UK Gurdon Institute, University of Cambridge, Cambridge, UK

Francesco Saverio Tedesco Department of Cell and Developmental Biology and Center for Stem Cells and Regenerative Medicine, University College London, London, UK, Division of Regenerative Medicine, Stem Cells and Gene Therapy, San Raffaele Scientific Institute, Milan, Italy, and University College London Hospitals NHS Foundation Trust, London, UK

Yang D. Teng Department of Neurosurgery, Harvard Medical School/Children's Hospital, Boston/Brigham and Women's Hospital, Boston, USA, and SCI Laboratory, VA Boston Healthcare System, Boston, MA, USA

David Tosh Center for Regenerative Medicine, Department of Biology & Biochemistry, University of Bath, Bath, UK

Alan Trounson California Institute for Regenerative Medicine, San Francisco, CA, USA

Tudorita Tumbar Department of Molecular Biology and Genetics, Cornell University, Ithaca, NY, USA

Edward Upjohn Epithelial Stem Cell Biology Laboratory, Peter MacCallum Cancer Center, Melbourne, Australia

George Varigos Epithelial Stem Cell Biology Laboratory, Peter MacCallum Cancer Center, Melbourne, Australia

Catherine M. Verfaillie Interdepartmental Stem Cell Institute Leuven, Catholic University Leuven, Leuven, Belgium

Zhan Wang Institute for Regenerative Medicine, Wake Forest University School of Medicine, Medical Center Blvd, Winston-Salem, NC, USA

Gordon C. Weir Harvard Stem Cell Institute, Cambridge, MA, USA

Kevin J. Whittlesey California Institute for Regenerative Medicine, San Francisco, CA, USA

J. Koudy Williams Institute for Regenerative Medicine, Wake Forest University School of Medicine, Medical Center Blvd, Winston-Salem, NC, USA

James W. Wilson EpiStem Limited, Incubator Building, Manchester, UK

Celia Witten Center for Biologics Evaluation and Research, FDA, Rockville, MD, USA

Nicholas A. Wright Histopathology Unit, Cancer Research UK, London, UK

Shinya Yamanaka Center for iPS Cell Research and Application, Institute for Integrated Cell-Material Sciences, Kyoto University, Department of Stem Cell Biology, Institute for Frontier Medical Sciences, Kyoto University, Kyoto, Yamanaka iPS Cell Special Project, Japan Science and Technology Agency, Kawaguchi, Japan, and Gladstone Institute of Cardiovascular Disease, San Francisco, CA, USA

Jung U. Yoo Oregon Health & Science University, Portland, Oregon, OR, USA

译者名单

（按姓名汉语拼音排序）

白博乾　天津医科大学总医院

陈元元　上海市交通大学附属第六人民医院

樊　月　军事科学院军事医学研究院

巩生辉　军事科学院军事医学研究院

郭大志　解放军总医院第六医学中心

韩　钦　中国医学科学院基础医学研究所

韩　莹　军事科学院军事医学研究院

何丽娟　军事科学院军事医学研究院

金　滢　中国医学科学院北京协和医院

靳继德　军事科学院军事医学研究院

李　超　解放军总医院第六医学中心

李长燕　军事科学院军事医学研究院

李　玲　军事科学院军事医学研究院

李　鹏　军事科学院军事医学研究院

李　苹　首都医科大学附属北京儿童医院

李　响　解放军总医院第八医学中心

李　雪　军事科学院军事医学研究院

李　嫛　军事科学院军事医学研究院

刘伟江　军事科学院军事医学研究院

马士凤　天津医科大学总医院

马　彦　军事科学院军事医学研究院

孟祥宇　天津医科大学总医院

裴海云　军事科学院军事医学研究院

宋垚垚　解放军总医院第六医学中心
苏永锋　解放军总医院第五医学中心
孙　腾　山西医科大学
童　越　军事科学院军事医学研究院
王海洋　军事科学院军事医学研究院
王　鹏　军事科学院军事医学研究院
徐小洁　军事科学院军事医学研究院
叶棋浓　军事科学院军事医学研究院
于　洋　军事科学院军事医学研究院
张　彪　军事科学院军事医学研究院
张博文　军事科学院军事医学研究院
张　伟　解放军总医院第六医学中心
张彦彦　天津医科大学总医院
张　毅　军事科学院军事医学研究院
郑景心　中国科学院动物研究所
郑荣秀　天津医科大学总医院
周军年　军事科学院军事医学研究院
周　娜　天津医科大学总医院
朱玲玲　军事科学院军事医学研究院

译者的话

　　能够翻译第三版《干细胞生物学基础》让我们感到无比喜悦。该书由国际上著名的 Elsevier 公司出版发行，100 多位世界顶尖科学家编撰而成，历经两次改版，对近年来干细胞生物学领域的最新进展进行了不断的补充与完善，并以易于理解的形式呈现给读者。

　　该书从干细胞研究的意义与进展开篇，通过对干细胞的基础生物学机制进行探讨，介绍了干细胞的最新定义与生物学特征及作用机制，并针对多种组织和器官发育进程中干细胞的发生发展与作用进行了翔实的介绍，同时提供了干细胞生物学相关操作技术规范与方法以及应用情况，最后就干细胞研究中的规则与伦理进行了相关的阐述，并对干细胞的临床应用与前景进行了展望。

　　《干细胞生物学基础》（原著第三版）中文版的出版要感谢所有的译者。译作历经多次修正，并有幸获得化学工业出版社的大力支持。在翻译本书的三年时间里，干细胞领域的研究迅猛发展，使得我们对干细胞的认识不断深入，在此希望读者以辩证的态度看待干细胞领域的新发现与新认识，我们对干细胞的理解是逐步完善的。

　　本书可作为生物学、基础医学等专业的本科生或研究生教材，可供希望学习与掌握有关干细胞知识和技能的生物学或医学专业硕士生、博士生、高年级大学生、生物医学工程人员以及对科学研究感兴趣并更想让干细胞转化为临床应用的医生们参阅。

　　鉴于我们的专业背景和英文水平所限，在本书翻译过程中产生不当之处在所难免，在此恳请广大读者给予批评指正。

张　毅

2019 年 9 月于北京

原版序

能够为《干细胞生物学基础》第三版撰写序言让我感到万分荣幸。随着干细胞生物学的概念和潜在实际应用成为主流，干细胞生物学领域得以飞速发展。虽然在全球范围内开展了大量多种形式的研究工作，但是该领域依然仅有少数可称为先驱的引领者，而本书作者汇集了他们中的大部分。

尽管干细胞和祖细胞的概念早已为人所知，但胚胎干细胞的发展促进了该领域的兴起。小鼠胚胎干（ES）细胞最初源自对胚胎发育分化的调控和进程的研究过程，但是其体外分化过程即便经放大增强，依然被生殖系的载体及由此产生的哺乳动物遗传学实验的载体所掩盖。这导致高达 1/3 的基因位点的靶向突变需要研究，包括一项正在进行的国际项目，该项目对小鼠基因组各个基因位点进行突变。这些研究将极大地促进我们对人类遗传学的理解。

Jamie Thomson 在汇报人胚胎干细胞的类似物出现时，非常清楚地指出，它们的目的用途既非遗传研究（不符合人类实际或伦理），也不是胚胎发育的基础研究（目前仅批准对小鼠胚胎干细胞的研究），而是作为多种组织特异性前体细胞的通用来源，为组织修复和再生医学提供资源。

认识多能性和细胞分化调控的过程，是发育生物学在细胞和分子水平上的基础，现正成为未来主要临床应用的关卡。本书为此提供了及时、最新并且最经典的参考信息。

再生医学所隐藏的意义是在胚胎干细胞产品的推动下，重新激发了对成体内命运已决定细胞和前体细胞的研究。干细胞应用于再生医学已有很长的历史，例如骨髓移植和皮肤移植。这两个例子不仅涉及移植大量的组织，还涉及使用了纯化培养的干细胞。两者在临床治疗中得到了广泛的应用，还清晰地阐明了组织不相容所引发的问题。在大多数情况下，患者最理想的情况是使用自体细胞而非部分匹配的异体细胞用于治疗。未来理想的治疗方案包括从患者身上分离、扩增或产生合适的该患者的干细胞或前体细胞类群。诱导性多能干细胞的神奇之处在于使患者特异性人源治疗成为可能。这种个性化的定制药物将成为理想的治疗方案，虽然迄今为止，该技术的使用成本尚不能使其商业化。虽然达到该技术的全部预期尚需时日，但随着时间的推移，完全有希望克服这些困难。本书十分恰当地聚焦于基础发育生物学和细胞生物学所产生的可靠的应用方法。

我们在这个基础知识领域已经探索了很久，但依然比较迷茫。我们了解了细胞分化的主要原理，但迄今仍需要更详尽地认识发育微环境，更多地了解细胞与细胞以及细胞与生长因子间的相互作用，更多地了解维持分化状态稳定性的表观遗传学。

Martin Evans 爵士，博士，英国皇家学会会员
2007 年诺贝尔生理学或医学奖获得者

Martin Evans 爵士因发现胚胎干细胞而闻名，被誉为干细胞研究领域的创始人之一。他突破性地提出了小鼠基因打靶方法，革命性地促进了遗传学及生物学的发展，并已应用于生物医学，几乎涵盖了从基础研究到新型医疗发展的所有领域。此外，他的研究还启发 Ian Wilmut 及其团队创造出克隆羊 Dolly，还使得 Jamie Thomson 从人类胚胎中成功分离人胚胎干细胞，被视为干细胞研究领域的另一个伟大的里程碑。Evans 教授于 2004 年被授予伊丽莎白女王奖，以表彰其对医学科学的贡献。他曾在剑桥大学和伦敦大学学院学习，离校后入职卡迪夫大学，现担任生物科学主任。

原版前言

自《干细胞生物学基础》第一版出版以来，发生了太多科研进展。Martin Evans 爵士因发现胚胎干细胞获得 2007 年诺贝尔生理学或医学奖；Shinya Yamanaka 因发现重编程分化细胞成诱导性多能干（iPS）细胞而获得 2012 年诺贝尔生理学或医学奖。第三版涵盖了这两位开创性先驱所编写的章节，以及其他几十位科学家所编写的章节，他们的开创性工作使我们对干细胞生物学的理解更加清晰。本书涵盖了干细胞研究的最新进展，包括讲述多能干细胞、成体干细胞和胎儿干细胞的最新章节。同时，本书涵盖了过去几年该领域所取得的快速进展，我们保留了原始的事实和主题，这些事实和主题虽然不是最新的，但关系到对这一令人兴奋的生物学领域的理解。

与之前的版本一样，第三版以易于理解的形式呈现给那些有兴趣了解干细胞最新进展的学生和普通读者。本书的结构基本保持不变，仍以对多能干细胞和成体干细胞的一般理解为先决条件，包括了研究表征干细胞和祖细胞群体所需的工具和方法，以及世界顶尖科学家对每种特定组织目前所知的内容的介绍。各部分内容包括基础生物学 / 机制、组织和器官的发育（外胚层、中胚层和内胚层）、方法（如关于如何制备 iPS 细胞和胚胎干细胞的详细描述）、干细胞在某些人类疾病中的应用、管控与伦理以及患者 Mary Tyler Moore 的观点。Anthony Atala 作为第三版的新编者加入我们。我们相信本书对学生和专家都有综合参考的价值。

Robert Lanza 医学博士
美国马萨诸塞州波士顿

目录

第一部分　干细胞总论

第1章　干细胞的研究意义与进展　/ 002

1.1　干细胞技术的起源　/ 002

1.2　提倡并支持干细胞研究的组织机构　/ 002

1.3　干细胞在医学领域的应用　/ 003

1.4　干细胞应用所面临的挑战　/ 003

深入阅读　/ 004

第2章　"干性"的定义、规范与标准　/ 005

2.1　什么是干细胞？　/ 005

2.2　自我更新　/ 005

2.3　潜能　/ 006

2.4　克隆性　/ 006

2.5　定义　/ 006

2.6　干细胞的来源　/ 006

2.7　早期胚胎干细胞　/ 006

2.8　成体干细胞发育　/ 008

2.9　如何对干细胞进行鉴定、分离和特征分析？　/ 009

2.10　胚胎干细胞　/ 009

2.11　成体干细胞　/ 010

2.12　干性——向干细胞的分子定义发展　/ 010

致谢　/ 011

深入阅读　/ 011

第3章　脊椎动物胚胎多能干细胞——当前进展和未来挑战　/ 012

3.1　简介　/ 012

3.2　ES和ESL细胞的生物学原理　/ 017

3.3　干细胞疗法　/ 020

3.4　总结　/ 021

深入阅读　/ 022

第4章　胚胎干细胞的前景　/ 023

4.1　胚胎干细胞的发展趋势　/ 023

深入阅读　/ 025

第5章 表皮干细胞概念的发展 / 026

5.1 简介 / 026

5.2 干细胞的定义 / 027

5.3 干细胞的等级系统 / 028

5.4 皮肤干细胞 / 029

5.5 小肠干细胞系统 / 032

5.6 舌干细胞组织 / 034

5.7 普遍法则 / 034

5.8 总结 / 035

深入阅读 / 035

第二部分 基础生物学/机制

第6章 干细胞微环境 / 038

6.1 干细胞微环境假说 / 038

6.2 果蝇种系干细胞微环境 / 039

6.3 果蝇卵巢种系干细胞微环境 / 039

6.4 果蝇精巢种系干细胞微环境 / 040

6.5 种系干细胞和体干细胞维持与增殖的协同调控 / 041

6.6 微环境的结构组成 / 042

6.7 哺乳动物组织内的干细胞微环境 / 043

6.8 总结 / 049

致谢 / 050

深入阅读 / 050

第7章 干细胞的自我更新机制 / 051

7.1 多能干细胞的自我更新 / 051

7.2 抑制分化 / 056

7.3 维持干细胞的多能性 / 057

7.4 维持端粒长度 / 058

7.5 X染色体失活 / 058

7.6 总结 / 059

深入阅读 / 059

第8章 干细胞细胞周期调控因子 / 060

8.1 引言 / 060

8.2 干细胞在体内的细胞周期动力学 / 060

8.3 干细胞回输体内后的扩增 / 061

8.4 哺乳动物细胞周期调控和周期蛋白依赖性激酶抑制因子 / 062

8.5 周期蛋白依赖性激酶抑制因子在干细胞调控中的作用 / 063

8.6 p21在干细胞调控中的作用 / 063

8.7　p27在干细胞调控中的作用　/ 064

8.8　干细胞调控中的其他细胞周期蛋白依赖性激酶抑制因子和成视网膜细胞瘤通路　/ 064

8.9　周期蛋白依赖性激酶抑制因子和转化生长因子 β -1的关系　/ 065

8.10　CKI和Notch　/ 066

8.11　总结和未来方向　/ 066

致谢　/ 066

深入阅读　/ 067

第9章　细胞如何改变表型　/ 068

9.1　化生和转分化　/ 068

9.2　转分化的例子　/ 069

9.3　巴雷特化生　/ 071

9.4　再生　/ 071

9.5　骨髓向其他类型细胞的转化　/ 072

9.6　去分化为转分化的先决条件　/ 072

9.7　如何通过实验改变细胞表型?　/ 072

9.8　总结　/ 073

致谢　/ 074

深入阅读　/ 074

第三部分　组织和器官发育

第10章　早期发育中的分化　/ 076

10.1　植入前发育　/ 076

10.2　细胞紧密过程中的极化　/ 076

10.3　小鼠胚胎植入前体轴的确定　/ 078

10.4　小鼠早期胚胎的发育潜能　/ 079

10.5　小鼠胚胎植入前发育过程中的重要基因　/ 080

10.6　由植入到原肠胚形成　/ 082

10.7　小鼠滋养外胚层和原始的内胚层细胞　/ 082

10.8　小鼠内细胞团向上胚层的发育　/ 084

10.9　人类胚胎　/ 084

10.10　植入　/ 085

10.11　胚外组织在小鼠胚胎塑型中的作用　/ 086

深入阅读　/ 086

第11章　来自羊水的干细胞　/ 088

11.1　羊水——功能、来源和成分　/ 088

11.2　羊水间充质干细胞　/ 089

11.3 羊水干细胞 / 091

11.4 结论 / 096

深入阅读 / 097

第12章 脐血干细胞和祖细胞 / 098

12.1 解决脐血移植时间延迟和失败问题 / 098

12.2 低温储藏CB细胞 / 099

12.3 诱导CB来源的多能干细胞 / 100

12.4 总结 / 100

深入阅读 / 100

第13章 神经系统 / 101

13.1 引言 / 101

13.2 神经发育 / 101

13.3 神经干细胞 / 103

13.4 小鼠ES细胞的神经分化 / 104

13.5 人类和非人灵长类ES细胞的神经分化潜能 / 110

13.6 发展前景 / 111

13.7 治疗前景 / 111

13.8 帕金森病 / 111

13.9 亨廷顿病 / 112

13.10 脑卒中 / 113

13.11 脱髓鞘病变 / 113

13.12 总结 / 113

深入阅读 / 114

第14章 眼睛和耳朵的感觉上皮 / 115

14.1 引言 / 115

14.2 视网膜内的干细胞和祖细胞 / 115

14.3 视泡产生不同种类的转分化细胞 / 115

14.4 孵化后小鸡体内的神经形成 / 117

14.5 哺乳动物睫状体边缘的视网膜神经球的生长 / 118

14.6 视网膜中干细胞治疗的前景 / 120

14.7 内耳起源组织的发育与再生 / 121

14.8 胚后期动物体内的神经生长 / 121

14.9 耳祖细胞的体外扩增 / 123

14.10 治疗前景 / 124

致谢 / 125

深入阅读 / 125

第15章 表皮干细胞 / 126

15.1 小鼠皮肤发育概况 / 126

15.2　表皮干细胞聚集于毛囊膨胀凸起处　/ 127

15.3　表皮干细胞激活模型　/ 129

15.4　球囊部干细胞标志物的分子图谱　/ 131

15.5　参与皮肤表皮干细胞分化的信号通路　/ 132

15.6　总结和展望　/ 133

深入阅读　/ 134

第16章　造血干细胞　/ 135

16.1　胚胎干细胞与胚胎造血　/ 135

16.2　血细胞在EB中的形成　/ 136

16.3　BCR/ABL引起EB来源的造血干细胞的转化　/ 136

16.4　STAT5与HOXB4促进造血植入　/ 137

16.5　胚胎形态发生素促进体外造血形成　/ 138

深入阅读　/ 139

第17章　外周血干细胞　/ 140

17.1　引言　/ 140

17.2　外周血干细胞的来源与类型　/ 140

17.3　内皮祖细胞　/ 141

17.4　间充质干细胞　/ 145

17.5　外周血干细胞的治疗应用　/ 146

17.6　结论与展望　/ 149

深入阅读　/ 149

第18章　多能成体祖细胞　/ 150

18.1　多能干细胞——胚胎干细胞　/ 150

18.2　后生组织特异性干细胞——不仅仅是多能干细胞？　/ 151

18.3　多能性能后天获得吗？　/ 151

18.4　啮齿类成体多能祖细胞的分离　/ 152

18.5　MAPC的分离　/ 153

18.6　最新进展　/ 154

致谢　/ 155

深入阅读　/ 155

第19章　间充质干细胞　/ 156

19.1　MSC的定义　/ 156

19.2　MSC的干细胞特性　/ 156

19.3　哪些组织含有MSC？　/ 157

19.4　MSC的分离技术　/ 157

19.5　MSC的免疫调节作用　/ 158

19.6　MSC再生骨组织　/ 158

19.7　MSC再生非骨骼组织　/ 160

19.8 结论 / 161

致谢 / 161

深入阅读 / 162

第20章 骨骼肌干细胞 / 163

20.1 引言 / 163

20.2 原始肌干细胞——卫星细胞 / 164

20.3 肌干细胞的功能和生化异质性 / 166

20.4 骨骼肌的异位发生 / 166

20.5 肌干细胞龛 / 168

20.6 结论 / 169

致谢 / 170

深入阅读 / 170

第21章 干细胞与心脏再生 / 171

21.1 引言 / 171

21.2 招募循环干细胞储备 / 171

21.3 难以捉摸的心脏干细胞 / 173

21.4 再生概念的发展 / 174

深入阅读 / 175

第22章 胚肾中的细胞谱系和干细胞 / 176

22.1 肾脏发育解剖学 / 176

22.2 控制早期肾脏发育的基因 / 178

22.3 建立额外的细胞谱系 / 181

22.4 什么是肾干细胞? / 184

致谢 / 185

深入阅读 / 185

第23章 成体肝脏干细胞 / 186

23.1 哺乳动物肝脏的组织结构及功能 / 186

23.2 肝脏干细胞 / 187

深入阅读 / 196

第24章 胰腺干细胞 / 197

24.1 简介 / 197

24.2 干细胞和前体细胞的定义 / 197

24.3 胰腺前体细胞在胚胎时期形成 / 198

24.4 成熟胰腺祖细胞 / 199

24.5 诱导其他组织产生胰腺组织表型 / 202

24.6 体外研究 / 203

24.7 总结 / 203

深入阅读 / 204

第25章　消化道干细胞　/ 205

　　25.1　引言　/ 205

　　25.2　胃肠道黏膜的多能性　/ 206

　　25.3　上皮细胞谱系起源于普通的前体细胞　/ 206

　　25.4　单个肠道干细胞再生出包括所有上皮细胞谱系的整个隐窝　/ 207

　　25.5　聚集嵌合体小鼠显示肠道隐窝是克隆群　/ 207

　　25.6　干细胞中体细胞突变揭示干细胞的谱系和克隆的连续性　/ 208

　　25.7　人肠隐窝含有来自单一干细胞的多种上皮细胞谱系　/ 210

　　25.8　骨髓干细胞对肠道损伤后的重建作用　/ 211

　　25.9　胃肠道干细胞占据了固有层中被ISEMF占据的微环境　/ 213

　　25.10　多重分子调控胃肠道发育、增殖和分化　/ 215

　　25.11　WNT/β-catenin信号转导通路控制肠干细胞的功能　/ 215

　　25.12　转录因子决定肠区域的特异性和肠干细胞的命运　/ 217

　　25.13　干细胞群落产生胃肠道肿瘤　/ 219

　　25.14　总结　/ 221

　　深入阅读　/ 222

第四部分　方法

第26章　诱导性多能干细胞　/ 224

　　26.1　iPS细胞系的建立　/ 224

　　26.2　诱导iPS细胞产生的分子机制　/ 227

　　26.3　疾病本体论与药物筛选的概述　/ 228

　　26.4　iPS细胞库　/ 228

　　26.5　医用相关的安全因素　/ 229

　　26.6　医学应用　/ 229

　　26.7　细胞直接重编程　/ 229

　　26.8　结语　/ 230

　　深入阅读　/ 230

第27章　胚胎干细胞：来源和特性　/ 231

　　27.1　胚胎干细胞的来源　/ 231

　　27.2　胚胎干细胞的培养　/ 233

　　27.3　胚胎干细胞的发展前景　/ 235

　　27.4　结论　/ 237

　　深入阅读　/ 238

第28章　小鼠胚胎干细胞的分离和维持　/ 239

　　28.1　引言　/ 239

　　28.2　胚胎干细胞的维持　/ 239

　　28.3　培养基　/ 240

28.4　血清 / 240

28.5　用于检测培养条件的集落形成实验 / 241

28.6　胚胎干细胞传代培养 / 242

28.7　新胚胎干细胞系的分离 / 242

28.8　胚胎干细胞的分离方法 / 243

28.9　小结 / 244

深入阅读 / 244

第29章　人胚胎干细胞产生及维持的方法——具体方案及替代方案 / 245

29.1　引言 / 245

29.2　建立实验室 / 246

29.3　试剂的准备与筛选 / 247

29.4　机械法对hES细胞集落进行传代 / 251

29.5　hES细胞的产生 / 253

29.6　建立的hES细胞培养物的维持 / 256

29.7　hES细胞的冻存 / 259

29.8　hES细胞的解冻 / 261

29.9　hES细胞的质控 / 262

深入阅读 / 262

第30章　人胚胎生殖细胞的产生与分化 / 263

30.1　引言 / 263

30.2　人胚胎生殖细胞的产生 / 265

30.3　EB来源的细胞 / 270

深入阅读 / 273

第31章　基因组重编程 / 274

31.1　引言 / 274

31.2　生殖细胞中的基因组重编程 / 274

31.3　体细胞核重编程 / 278

31.4　结论 / 279

深入阅读 / 280

第五部分　应用

第32章　神经干细胞在神经退行性疾病方面的治疗应用 / 282

32.1　引言 / 282

32.2　神经干细胞的定义 / 283

32.3　神经干细胞在治疗疾病方面的潜能 / 284

32.4　神经干细胞基因疗法 / 287

32.5　神经干细胞替代疗法 / 287

32.6 神经干细胞全面性细胞替代疗法 / 289

32.7 在修复功能失调的神经元中神经干细胞所发挥的内在作用 / 291

32.8 神经干细胞将多种治疗方法联系在一起 / 293

32.9 总结 / 294

深入阅读 / 296

第33章 成体祖细胞可成为糖尿病潜在的治疗方法 / 297

33.1 β细胞的替代疗法治疗糖尿病的重要性以及胰岛素-生成细胞的短缺 / 297

33.2 成体干-祖细胞可成为胰岛素-生成细胞的一种潜在来源 / 297

33.3 β细胞、干细胞及祖细胞的定义 / 298

33.4 新的β细胞的生成贯穿成体的一生 / 298

33.5 什么是成体胰岛新生的细胞来源 / 298

33.6 非胰岛细胞向胰岛细胞转分化 / 300

33.7 胰腺腺泡细胞的转分化 / 301

33.8 骨髓细胞作为胰岛素-生成细胞的来源 / 301

33.9 肝脏细胞作为胰岛素-生成细胞的来源 / 301

33.10 工程学改造其他非β细胞以产生胰岛素 / 301

33.11 通过组成性分泌而非可调节分泌来递送胰岛素的尝试 / 302

33.12 小结 / 302

深入阅读 / 302

第34章 烧伤与皮肤溃疡 / 303

34.1 引言 / 303

34.2 烧伤与皮肤溃疡 / 303

34.3 表皮干细胞 / 303

34.4 干细胞在烧伤及皮肤溃疡中的应用 / 305

34.5 近期和未来的发展 / 307

致谢 / 310

深入阅读 / 310

第35章 干细胞与心脏疾病 / 311

35.1 心脏——自我更新的器官 / 311

35.2 心脏干细胞在心脏中的分布 / 312

35.3 非固有的原始细胞对心肌损伤的修复 / 313

35.4 固有的原始细胞修复心肌损伤 / 315

35.5 人类心肌再生 / 316

深入阅读 / 317

第36章 肌营养不良症的干细胞治疗 / 318

36.1 引言 / 318

36.2 成肌细胞移植——过去的失败案例和新的希望 / 319

　　36.3　非传统意义的肌源性祖细胞　/ 320

　　36.4　多能干细胞用于未来的细胞治疗　/ 324

　　36.5　对未来的展望　/ 325

　　致谢　/ 325

　　深入阅读　/ 325

第37章　肝实质来源的干细胞治疗肝脏疾病　/ 326

　　37.1　引言　/ 326

　　37.2　研究背景　/ 327

　　37.3　移植后肝细胞的整合　/ 328

　　37.4　肝细胞的临床移植　/ 329

　　37.5　肝细胞桥梁　/ 329

　　37.6　肝细胞移植在急性肝衰竭患者中的应用　/ 330

　　37.7　肝细胞移植治疗代谢类肝疾病　/ 331

　　37.8　肝细胞移植的新应用、面临的挑战和未来的方向　/ 333

　　37.9　结论　/ 336

　　深入阅读　/ 337

第38章　干细胞在整形外科中的应用　/ 338

　　38.1　引言　/ 338

　　38.2　骨　/ 339

　　38.3　软骨　/ 340

　　38.4　半月板　/ 342

　　38.5　韧带和肌腱　/ 343

　　38.6　脊椎　/ 345

　　38.7　总结　/ 346

　　深入阅读　/ 346

第39章　胚胎干细胞在组织工程中的应用　/ 347

　　39.1　引言　/ 347

　　39.2　组织工程的原理及视角　/ 347

　　39.3　ES细胞应用于组织工程的限制及障碍　/ 351

　　39.4　结论　/ 353

　　深入阅读　/ 353

第六部分　规则与伦理

第40章　道德考量　/ 356

　　40.1　引言　/ 356

　　40.2　毁坏人类胚胎在道德上被允许吗？　/ 356

　　40.3　我们是否应该延缓hES细胞研究？　/ 357

40.4 我们能否从他人对胚胎的破坏中获益？ / 357

40.5 我们能否为了破坏一个胚胎而创造它？ / 358

40.6 我们应该克隆人类胚胎吗？ / 359

40.7 应当用怎样的伦理准则管理hES细胞和治疗性克隆研究？ / 360

40.8 总结 / 361

深入阅读 / 362

第41章 FDA监管过程概况 / 363

41.1 本章概述 / 363

41.2 FDA的立法历史 / 363

41.3 法律、法规和指导 / 364

41.4 FDA组织和司法问题 / 365

41.5 批准机制和临床研究 / 367

41.6 行业、专业组和生产者与FDA的协同会议 / 368

41.7 特别重要的规则和指南 / 368

41.8 FDA发展项目标准 / 374

41.9 咨询委员会会议 / 375

41.10 FDA研究和评价路径科学 / 376

41.11 其他交流合作 / 377

41.12 结论 / 378

深入阅读 / 378

第42章 无关好奇，只为治愈——民众推动干细胞研究取得进步 / 381

42.1 选择生活 / 381

42.2 判断的尺度 / 382

42.3 个人的承诺促进发展 / 382

42.4 用希望对抗炒作 / 383

42.5 赋予生命力 / 384

42.6 民众推动进步 / 384

42.7 为所有人提供更好的健康 / 385

词汇表 / 387

索引 / 405

第一部分

干细胞总论

第 **1** 章

干细胞的研究意义与进展

Alan Trounson❶
李雪 译

1.1 干细胞技术的起源

干细胞研究以新型细胞治疗为目标，受到了广泛的关注并正以惊人的速度持续发展。干细胞生物学研究为许多惊人的发现创造了新的平台，每月都能抢占各主要期刊的版面。有人也许会好奇为何该领域会以如此不可思议的方式被长期探索。

John Gurdon 及其合作者在研究中发现卵母细胞可以重编程两栖动物细胞，该发现被视为重要的里程碑，而 Ian Wilmut 及其合作者意外地发现将哺乳动物体细胞的细胞核移植到同种卵母细胞中可以诱导形成全能胚胎，则是对这一发现的进一步补充。Martin Evans 及其合作者成功分离了胚胎胚泡期细胞并将其转化为多能胚胎干细胞。以 Irv Weismann 为代表的研究人员发现了人类和小鼠的成体造血干细胞，使得骨髓移植成为治疗血液癌症及其他血液疾病的公认策略。

在整合了以上各个重要发现的基础上，James Thomson 最先建立了人胚胎干细胞系，笔者的团队成员也成功地克隆得到了小鼠干细胞，Shinya Yamanaka 证实四种关键转录因子可以使体细胞重编程成为诱导性多能干细胞。Arthur Caplan 也独立地从骨髓中分离得到间充质干细胞并证实其具有分化成骨、软骨和脂肪组织的多向潜能。如今，我们已经掌握了将干细胞的发现应用于再生医药的各个要素。而 Anthony Atala 成功构建了患者的人造膀胱，使活细胞具备再生成组织器官的潜能迅速达成共识。

1.2 提倡并支持干细胞研究的组织机构

以 Len Zon 为核心的基础研究科学家们发起并成立了国际干细胞研究学会（International Society of Stem Cell Research），而一度分散的细胞治疗和组织移植领域的科学家也联合成立了更为高效的科学治疗组织——国际细胞治疗学会（International Society for Cell Therapy）。另一方面，干细胞生物技术产业也联合为再生医学联盟（Alliance for Regenerative Medicine），大大促进了细胞和组织治疗的产业化。

---

❶ California Institute for Regenerative Medicine, San Francisco, CA, USA.

美国布什（Bush）政府限制胚胎干细胞研究的资金，并限制政府资金资助的胚胎干细胞系数量，在新兴的干细胞研究群体中引发关注。投资家兼律师 Robert Klein 受加利福尼亚州（简称加州）主要科学家们的委派，激励加州选民通过 71 号议案（以 59% 的支持率）——倡议加州出售高达 30 亿美元的一般义务债券，用以资助多能干细胞和前体细胞领域的研究。这项明智的智力资本投资草案受到了共和党州长 Arnold Schwarzenegger 的支持，并成立了加州再生医学研究所（Californian Institute for Regenerative Medicine, CIRM）。

自此加州成了干细胞研究的主要枢纽，并吸引了众多世界顶级科学家，甚至可与波士顿和纽约的生物技术枢纽相媲美。CIRM 还在加州资助建立了 12 个研究所，形成了卓越的知识共存体并极大地促进了研究产业化发展。Thomson 和 Yamanaka 都在加州的研究所任职。两批涉及细胞治疗产业化的生物技术公司于 Bay Area 和 San Diego 逐渐形成，在 Los Angeles 还有一批正在形成。这些公司迁移到加州并积极开发实验室和办公楼以参与到那里的产业发展中。CIRM 还研发了协作网络，涵盖 12 个国家和地区，包括美国各州、基金委以及新近加入的美国国家卫生研究院（National Institutes of Health, NIH）。这些协作正在全球范围内促进数目庞大的基础研究和转化医学研究，并逐渐改善全球研究的质量和深度，以找到解决世界级难以治愈疾病的办法。

1.3　干细胞在医学领域的应用

干细胞应用的前沿性研究具有重大意义：用来发现并清除绝大多数危险细胞，尤其是血液或实体瘤组织中可能恶性传播的癌症干细胞。还有很多发展迅速的治疗 HIV/AIDS、从失明中恢复视力、治疗 1 型糖尿病、利用干细胞进行基因治疗、逆转脊髓损伤，以及治疗其他运动神经元和脱髓鞘疾病的方法。潜在的治疗项目是详尽具体的，但仍需对这些疾病进行科学认识。令人吃惊的是，对诱导性多能干（iPS）细胞的研究为精神迟缓、自闭症、癫痫和精神分裂症等疾病的治疗指引了新的方向。细胞疗法用于改善和治疗包括帕金森病、阿尔茨海默病和亨廷顿病在内的神经退行性疾病，具有重大的潜在意义。

与此同时，生物技术产业已开始将成体细胞疗法应用于临床试验。大多数试验使用间充质干细胞、脂肪来源的基质细胞和成体或胎儿的神经干细胞，用以评估细胞疗法在对软组织和骨疾病、慢性心脏病、糖尿病以及脑卒中的治疗中的安全性和有效性。成体细胞疗法甚至被认为具有扭转或改善遗传疾病的能力。

为什么科学家们不能利用这些工具和关键技术把干细胞的研究推向一个新高度？合理运用组织特异性关键转录因子可以人为地操纵内源细胞谱系。如何将基质表型转化为因外伤或疾病而受损的内分泌、肌肉甚至神经细胞类型，将成为干细胞或前体细胞研究的下一个主要方向。而这些研究能否规避移植物的耐受性需求，使异体移植的细胞疗法成为可能？

1.4　干细胞应用所面临的挑战

尽管美国和其他地区的主要科研机构都十分支持胚胎干细胞科学研究，但还是有保守组织和宗教团体对该研究的潜在收益产生怀疑。他们拒绝支持成体干细胞治疗，认为科学证据不足并缺乏安全监管。然而，此类评论中往往忽视了一个重要的考量——即科学的无损害性。

经过研究人员对疾病的深入了解和证实，干细胞科学最终将得到广泛的认可。经由严格设计的实验和足够多的对照实验参比，干细胞治疗的实际价值能够得到证明，即便不能，推翻假说后，我们的研究依然继续前进。

希望我可以再次开始干细胞研究。

深入阅读

[1] Atala A. Tissue engineering of human bladder. Br Med Bull2011; 97:81-104.

[2] Campbell KH, McWhir J, Ritchie WA, Wilmut I. Sheep cloned by nuclear transfer from acultured cell line. Nature 1996; 380 (6569): 64-6.

[3] Caplan AI. Mesenchymal stem cells. J Orthop Res 1991; 9 (5): 641-50.

[4] Evans M. Embryonic stem cells: the mouse source-vehicle for mammalian genetics andbeyond (Nobel Lecture) . ChemBioChem 2008; 9 (11): 1690-1696.

[5] Gurdon JB. Adult frogs derived from the nuclei of single somatic cells. Dev Biol 1962; 4:256-273.

[6] Munsie MJ, Michalska AE, O' Brien CM, Trounson AO, Pera MF, Mountford PS. Isolationof pluripotent embryonic stem cells from reprogrammed adult mouse somatic cell nuclei.Curr Biol 2000; 10 (16): 989-992.

[7] Spangrude GJ, Heimfeld S, Weissman IL. Purification and characterization of mouse hematopoieticstem cells. Science 1988; 241 (4861): 58-62.

[8] Takahashi K, Tanabe K, Ohnuki M, Narita M, Ichisaka T, Tomoda K, et al. Inductionof pluripotent stem cells from adult human fibroblasts by defined factors. Cell 2007; 131 (5): 861-872.

[9] Thomson JA, Itskovitz-Eldor J, Shapiro SS, Waknitz MA, Swiergiel JJ, MarshallVS, et al. Embryonic stem cell lines derived from human blastocysts. Science1998; 282 (5391): 1145-1147.

[10] Trounson A, Thakar RG, Lomax G, Gibbons D. Clinical trials for stem cell therapies. BMCMed 2011; 9:52.

第 *2* 章

"干性"的定义、规范与标准

Douglas Melton[●]
李雪　译

2.1　什么是干细胞?

　　干细胞在功能上被定义为具有自我更新并能产生分化细胞的能力的细胞。更确切地说,干细胞既可产生与其亲代相同的子代细胞(自我更新),又能产生潜能性受限的子代细胞(分化细胞)。这样简单而宽泛的定义,适用于胚胎或胎儿期这类非终身性的干细胞,但却不能概括其他类型的干细胞(如成体干细胞)。在定义干细胞时还应涵盖其潜能性,即产生分化后代的潜能性。干细胞分化是能够产生多种类型的细胞(多能性),还是只能够产生一种类型的分化细胞(单能性)?所以,想要完整地定义干细胞的功能,还应涵盖其复制能力和潜能。

2.2　自我更新

　　干细胞相关文献中常用诸如"永生""无限""连续"等术语来描述细胞的复制能力。这类过于模糊或比较极端的术语并不合适,为了证实其"永生性"而设计的实验所花费的时间会比作者或读者所能容忍的时间更长久,所以这样的词语最好少用或应尽量避免。

　　多数体外培养的细胞在复制停止或衰老前,仅能复制有限次数(小于 80 次),这与看上去可以无限增殖的干细胞不同。因此可以说,细胞可以承受 2 次以上的倍增次数(如 160 次),不同于癌细胞转移时的过度增殖。在少数情况下,大多数人类或小鼠来源的胚胎干细胞(ESC),以及成人神经干细胞(NSC)能够达到该标准。

　　对成体干细胞在体外自我更新所需的因子尚未完全知晓,因此,通过体外培养实现同等增殖标准的能力受限。因此,成体干细胞的增殖迄今仅能在体内实现,能够充分增殖直至动物生命的终点。在某些情况下,可通过分离单细胞或宿主连续移植,对某一特定成体干细胞的自我更新能力进行严格评价,其中最具代表性的就是成体造血干细胞(HSC)移植。

[●]　Department of Molecular and Cellular Biology and Howard Hughes Medical Institute, Harvard University, Cambridge, MA, USA.

2.3 潜能

潜能也许是干细胞被公认的特性中最复杂的特性。多能干细胞位于细胞谱系层次的最顶端并能产生多种类型的分化细胞，后者是具有特定形态及基因表达模式的分化细胞。与此同时，许多人认为即便只能产生单一类型的分化细胞，一个能够自我更新的细胞无疑也是干细胞。通常情况下，最好用术语"祖细胞"来描述单能细胞，祖细胞通常是干细胞的后代，只是其分化潜能或自我更新能力受到限制，或二者都受到限制。

2.4 克隆性

复制能力和潜力是功能参数。克隆性用来描述培养过程中细胞群体产生的特征。一个克隆的细胞群体可以由一个单细胞，如具备自我更新能力的干细胞产生。克隆性在构建细胞系的过程中十分重要，即便克隆性是众所周知的细胞培养金标准，但在干细胞培养中仍有几个令人困惑的问题。

细胞群体可以在培养基中生长、冻存、解冻，随后在体外再次传代，被认作细胞系的最低标准，严格意义上的细胞系应限定为单一克隆或纯合的细胞群，但不得不承认制备所得到的细胞并不一定来源于单一细胞，也可能是混合细胞，在其制备过程中混入干细胞和其他细胞，包括支持干细胞增殖的细胞。因此，任何关于干细胞系的引用文献都应详述其来源，譬如从含有多种细胞的组织中分离干细胞或干细胞系，培养中可能被来自其他组织（如血管）的干细胞污染，从而产生误导的结果。

2.5 定义

总之，干细胞系的有效定义是指呈集落状且能自我更新的细胞群，具有多能性，因而能够产生多种类型的分化细胞。诚然，这个定义并不适用于所有的情况，但是可以用于描述干细胞的特性。

2.6 干细胞的来源

我们对胚胎干细胞的来源或谱系已研究透彻，而成体干细胞的来源尚不明确，甚至时有争议。最重要的是，已经观察到胚胎干细胞的产生早于胚层命运决定，并由此引出是否可能通过抑制胚层决定的发育通路来促进多能干细胞产生的探讨。成体干细胞的发育起源并不明确，可能也在胚胎早期脱离细胞谱系限制后定位于特定的微环境中，以维持其多能性并限制其分化潜能。另外一种观点普遍认为，成体干细胞起源于体细胞谱系的特化过程，并随后定位于各自的细胞微环境。如本节所述，笔者简要总结了早期胚胎干细胞的起源，并以造血干细胞和神经干细胞为例，解释成体干细胞的产生过程。

2.7 早期胚胎干细胞

小鼠和人的胚胎干细胞都是直接来源于胚泡形成后着床前胚胎的内细胞团。内细胞团的细胞通常生成外胚层并最终形成所有成体组织，这也有助于解释胚胎干细胞的发育可塑性。

事实上，体外培养的胚胎干细胞与外胚层是等效的，它们都能产生所有类型的体细胞谱系，并在小鼠中形成种系嵌合体。当受精卵发育到胚泡阶段时，某些细胞的发育潜能受到限制。小鼠胚胎的外层细胞开始分化形成滋养外胚层，并衍化出一类滋养层干细胞。这些特化的细胞可生成包括滋养层巨细胞（differentiated giant trophoblast cell）在内的所有滋养层谱系的细胞类型。在胚胎发育的卵圆柱（egg cylinder）阶段，即通常所说的小鼠6.5d胚胎（E6.5），紧贴外胚层的一群细胞逃脱了体细胞特化或限制（图2.1）成为原始生殖细胞（PGC）。原始生殖细胞迁移并定位于生殖嵴，产生成熟的生殖细胞和功能性的成体配子。原始生殖细胞在它们到达生殖嵴之前或之后均可分离处理，甚至在体外培养时加入合适的细胞因子，就可以

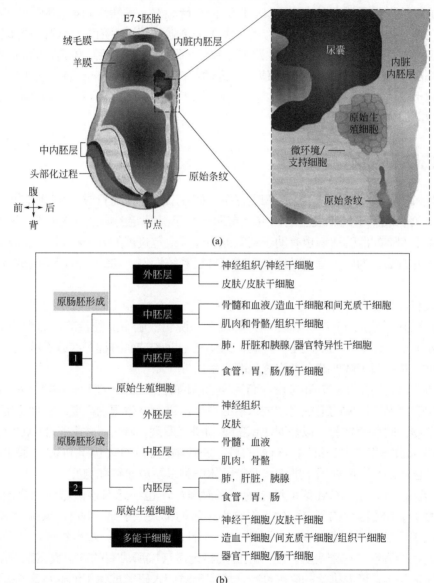

图2.1 （a）原始生殖细胞发育。图示为小鼠7.5d胚胎，邻近外胚层发育的原始生殖细胞（PGC）。右侧放大区显示，通过避免在原肠胚早期迁移造成的形态发生效应，PGC逃离谱系命运决定。（b）假想的干细胞个体发生发育过程。在谱系树1中，干细胞的发育发生在胚层发育之后。因此，这些干细胞受胚层命运决定限制于特定的谱系之中（如中胚层形成后产生的造血祖细胞，最终形成造血干细胞）。谱系树2示意干细胞可能类似PGC的发育过程，逃离了原肠胚时期的谱系命运决定，并迁移入特定组织或器官的微环境之中。

诱导其产生胚胎生殖（EG）细胞。胚胎生殖细胞具有很多与胚胎干（ES）细胞相类似的分化潜能，甚至形成种系嵌合体小鼠。胚胎干细胞与胚胎生殖细胞最显著的区别在于后者显示了相当多的特定基因印记（取决于其所属的发育阶段），因此，某些胚胎生殖细胞系不能产生正常的嵌合体小鼠。

重要的是，早期胚胎中不能分离得到全能干细胞（totipotent stem cell）。胚胎干细胞与胚胎生殖细胞可以产生所有的体细胞谱系细胞和生殖细胞，但鲜有有助于滋养外胚层（trophectoderm）、胚外内胚层（extraembryonic endoderm）或胚外中胚层（extraembryonic mesoderm）的细胞。滋养外胚层（TS）干细胞已被隔离，只能生成滋养外胚层细胞。来自全能胚胎阶段的细胞是否可以维持（其干性）仍有待观察。虽然我们对早期胚胎细胞命运的理解仍不完整，似乎原肠胚形成后仅存的多能干细胞就是原始生殖细胞（除多能成体祖细胞和畸胎癌例外）。可能的原因是原始生殖细胞邻近外胚层发育随后迁移到胚胎内部的适宜位置，从而逃离了原肠胚时期的生殖层建立。这种发育方式也许并非原始生殖细胞所特有的，其他干细胞也可能有类似的发育起源。甚至说成体干细胞有可能来源于原始生殖细胞。这种猜想很有趣，但仍缺乏实验证据。

2.8 成体干细胞发育

我们对大多数成体干细胞的起源知之甚少。如本节所述，随着成体干细胞的可塑性成为前沿课题，阐明成体干细胞发生的研究将有助于揭示其特定的谱系间关系及可塑性与潜能性。对成体干细胞起源的认识也有助于阐明细胞谱系决定过程的分子机制，从而揭示人为调控细胞分化的方法。为此，笔者以造血系统和神经系统为例，总结目前已知的成体干细胞的发育过程。

虽然只有在小鼠的妊娠中期（E10.5）才能观察并分离到成体造血干细胞，但是小鼠的血细胞在原肠胚形成后（E7.5）就已经开始发育。说明胚胎有其独特的造血细胞谱系层次，并非由成体类型的造血干细胞决定。因此，即便胚胎期的造血过程多次或连续发生，但是造血干细胞可能并未早于或伴随血细胞分化而产生。

小鼠造血首先发生于胚外卵黄囊，而后到达胚内的主动脉—性腺—中肾（AGM）区域。目前尚未知晓由哪个区域的组织生成成体造血系统，进而产生更为重要的造血干细胞。通过对非哺乳动物胚胎移植实验，以及对小鼠的多项研究发现，哺乳动物胚胎的AGM区域最终生成成体造血系统和造血干细胞。有趣的是，妊娠中期的AGM也是PGC迁移工程的停顿处，此外，它还能产生间充质干细胞、血管前体细胞以及成血管细胞群。

尚无实验设计评估AGM区域细胞的谱系潜能性，也缺乏对该区域细胞命运的精细划分，但起源于AGM区域的所有成体干细胞类别可能都来源于某一种不受限制的前体细胞。这个假设可用于解释非融合性成体干细胞的可塑性的研究结果。观察发现，大多数成体干细胞具备谱系特异性，可能受其产生或定位的特定微环境所具有的高保真谱系的限制作用。还有一些尚未经实验证据排除的简单推断，均提示对深入研究成体干细胞发育起源的必要性和机遇性。

对造血系统发育的研究揭示分化细胞的出现并不能指示成体干细胞起源的位置和时间。带有成克隆潜能分析的细胞谱系追踪实验，依旧是确定干细胞起源的首要方法。这些研究还揭示了干细胞研究的另一个潜在问题，即干细胞的定义可能影响其鉴定的结果与方式。

神经干细胞发育起始于原肠胚后的外胚层神经组织形成时期。神经板与神经干细胞和限制性祖细胞同时出现。干细胞在发育中的神经上皮细胞上产生的频率和位置并不明确，要完全解决这个问题还需要发现更多的特异性标志物。对该问题的新观点认为，胚胎神经上皮细胞产生星形胶质细胞（放射状胶质细胞），其后发育成室周星形胶质细胞，这些细胞就是中枢神经系统内的胚胎神经干细胞及成体神经干细胞。处于发育中的干细胞或成体干细胞似乎也具备时空信息。例如，分离自不同神经区域的干细胞，可产生适合各自区域的子代细胞。另有研究表明，这些时空信息被编码在神经干细胞内，越早期的干细胞越能够高效地产生神经元，越成熟的干细胞越优先分化为神经胶质细胞。此外，移植入早期大脑皮层的越成熟的神经干细胞似乎越不能产生适应早期阶段的细胞。

综上所述，现今所有的观察结果表明，神经系统遵循经典的细胞谱系层次，由一个共同的祖细胞以时空特异性方式产生绝大多数甚至全部类型的分化细胞。可能在神经系统内还存在少量干细胞，也许其并非神经的来源，但是具备较强的可塑性，不受时空限制并可产生多种体细胞类型。在描述神经干细胞的发育起源时务必要考虑这几个问题。第一，在分散神经上皮以纯化神经干细胞时，可能打乱这些细胞正常的空间形态发生过程，造成不可预估的影响。第二，体外纯化的神经干细胞由于培养在非生理条件下，可能发生重编程。这些问题可以通过体内谱系追踪的方式，或预分离神经干细胞、不培养直接移植到可接受的宿主的方式来考察。细致地进行这类实验，不仅能够解答干细胞生物学问题，还能够解释胚胎神经形成以及发育学中的重点难题。这些难题包括单个细胞发育程序的关键特征，哪些分化或形态发生信号独立指导细胞命运特化过程，以及细胞固有的发育过程如何限制了祖细胞对细胞外信号的应答。

2.9 如何对干细胞进行鉴定、分离和特征分析？

干细胞的鉴定、分离和特征分析，是干细胞生物学研究的关键方法学问题，因此，后面的章节都会细致地阐述这些问题。此处对可用来鉴定、分离和分析干细胞特征的标准和规范进行简要概括。

2.10 胚胎干细胞

胚胎干细胞的基本特征包括自我更新、体内外多谱系分化潜能、克隆形成能力、正常的染色体核型、体外优质培养条件下的广泛增殖能力，以及细胞正常冻存和复苏的能力。通过观察植入的胚胎干细胞是否可以分化成所有的体细胞谱系并能够产生生殖嵌合体，用以严格评估其在动物体内的分化过程。然而，实验伦理学严禁利用人胚胎干细胞进行此类实验，因此，对人胚胎干细胞的研究仅限于测定其能够产生拟胚体或产生含有三个胚层分化细胞的畸胎癌的能力。此外，由于在体内难以严格评估多能性，人胚胎干细胞还应持续并高表达一系列多能细胞的标志物。

另一种替代全动物嵌合体的实验方法，是将人 ES 细胞移植入非人源的成体或胚胎的非相关发育区，即可评估其发育成特定组织的能力。互补分析应当包含将人 ES 细胞移植到非人类的胚泡中形成新的胚胎，从而评估人 ES 细胞发育成多种器官组织的能力。但由此生成的发育早期人类与非人类嵌合体胚胎引发了道德伦理的顾虑。

　　最后，关于胚胎干细胞的实际操作问题就是其体外培养的传代次数。虽然培养胚胎干细胞的大量扩增能力十分重要，但是保存传代次数少的库存细胞也同样重要，以保证对实验用胚胎干细胞的观察和发现可以在较低代数的细胞上进行验证，从而排除体外扩增中发生的人工诱导的假象。

2.11　成体干细胞

　　成体干细胞的基本定义是具有自我更新并产生分化细胞能力的单细胞（或克隆）。对这些特性的最严格的评估就是预纯化一类细胞（通常利用细胞表面标志物），然后将未经任何体外培养干预的单细胞移植入合适的受体内，随后观察其自我更新能力以及重建成组织、器官或对应谱系的能力。诚然，这类体内重建实验并不适用于所有的成体干细胞，因此，建立一系列适用于体外培养、能够精确显示细胞发育潜能的功能性分析实验十分重要。最重要的是，应当将克隆化检验作为评估胎儿和成体干细胞的标准，因为该检验能够排除其他种类细胞造成的污染的可能。

　　有关干细胞命运或潜能性的两个概念已成为成体干细胞研究的前沿问题。其一是可塑性，即细胞命运的限制性并非永久不变的，而是灵活可逆的。例如终末分化的体细胞可以通过细胞核移植产生一个动物个体，即克隆，这是逆转决定细胞命运的最显著且极端的例子。细胞核移植实验证实已分化细胞在适当条件下，可以返回其最原始的状态。因此，如若发现使已分化或特化的细胞去分化的条件，则使其产生更多的潜能性也不再是意外事件。另一个相关概念是转分化，转分化是由组织、器官或有别于基本干细胞的谱系产生功能细胞。这些假定转分化的细胞是否是克隆化来源的，以及它们形成功能细胞的机制是否需要细胞融合，都是转分化相关的重要问题。通过精心设计实验审慎评估这些可能性，将有助于深入阐明干细胞的本质。

2.12　干性——向干细胞的分子定义发展

　　干性涉及干细胞自我更新和产生分化后代的核心特性下的通用分子过程。尽管处于不同微环境中的干细胞必然有不同的生理需求，并由此产生不同的分子进程，但是它们可能具有某些既特异又共同的遗传特性。转录谱分析鉴定出很多在胚胎干细胞、滋养干细胞、造血干细胞和神经干细胞中高表达的基因。通过扩展鉴定其他干细胞或组织的转录谱，就可能得出干细胞的分子指纹图谱。这种指纹图谱可以作为干细胞分子定义的基础，结合干细胞的功能特征，将更全面地理解干细胞的生物学特性构建标准。更为重要的是，转录谱分析也许最终将成为干细胞鉴定和分离的新型主要工具。

　　完成对干性全面定义的目标尚远，但对某些特定干细胞的研究已经有初步发现。对干细胞的转录谱分析揭示了一些通用的分子特性。干细胞具有感受多种生长因子和信号分子的能力，并能表达这些信号转导通路的多种下游组分。干细胞内可能存在并激活的信号转导通路包括 TGF、Notch、Wnt 以及 Jak/Stat 等。干细胞还表达参与建立其特定细胞周期相关的多种组分，使细胞周期阻滞在 G_1 期（适用于大多数静止态成体干细胞）或通过细胞周期检验点促使细胞周期进程快速循环（如胚胎干细胞和动员的成体干细胞）。

　　大多数干细胞表达多种参与端粒维持并上调端粒酶活性的分子。相当多的证据表明，在

DNA 甲基化酶或组蛋白脱乙酰基酶的转录抑制物及 Groucho 家族成员的作用下,干细胞发生明显的染色质重塑过程。干细胞共有的另一个分子特征是受 Vasa 类型的 RNA 解旋酶调节的特异性转录后调控机制的表达。干细胞所共有的最后一个分子和功能特征是由多药抗药性转运蛋白、蛋白质折叠机器、泛素及解毒系统介导的压力抗性。

虽然对干细胞分子特征的研究与定义尚处于起始阶段,但对干细胞的分子特征的探索仍在不断深入。我们逐渐了解与干细胞密切相关的常见分子组分。将来,我们可能仅通过干细胞所特有的分子特征就能从整体和个体的水平上精确定义干细胞。在此之前,干性仍旧是一个潜力巨大却应用受限的概念。

致谢

感谢 Jayaraj Rajagopal 和 Kevin Eggan 给予有益的讨论与建议。向被我无意遗漏或因篇幅有限而忽略的作者们致敬。

深入阅读

[1] Blau HM, Brazelton TR, Weimann JM. The evolving concept of a stem cell: entity or function?Cell 2001; 105:829-41.

[2] Burdon T, Chambers I, Stracey C, Niwa H, Smith A. Signaling mechanisms regulating self-renewal and differentiation of pluripotent embryonic stem cells. Cells Tissues Organs1999; 165:131-43.

[3] Dzierzak E. Hematopoietic stem cells and their precursors: developmental diversity and lineage relationships. Immunol Rev 2002; 187:126-38.

[4] Liu Y, Rao MS. Transdifferentiation - fact or artifact. J Cell Biochem 2003; 88:29-40.

[5] Rideout 3rd WM, Eggan K, Jaenisch R. Nuclear cloning and epigenetic reprogramming of the genome. Science 2001; 293:1093-8.

[6] Smith AG. Embryo-derived stem cells: of mice and men. Annu Rev Cell Dev Biol 2001; 17:435-462.

[7] Solter D. Mammalian cloning: advances and limitations. Nat Rev Genet 2000; 1:199-207.

[8] Surani MA. Reprogramming of genome function through epigenetic inheritance. Nature 2001; 414:122-128.

[9] Temple S. The development of neural stem cells. Nature 2001; 414:112-117.

[10] Weissman IL, Anderson DJ, Gage F. Stem and progenitor cells: origins, phenotypes, lineage commitments, and transdifferentiations. Annu Rev Cell Dev Biol 2001; 17:387-403.

第 3 章

脊椎动物胚胎多能干细胞——当前进展和未来挑战

Richard L. Gardner❶
李响 译

3.1 简介

许多人曾为之做出贡献的各种发现使人们认识到，源自早期胚胎的细胞在有机体基因改造、再生医学以及有机体内不易探察的发育因素研究等方面具有重要意义。历史上，两位研究者的基础工作奠定了目前对胚胎干细胞及其潜力的认识的基础：Leroy Stevens 和 Barry Pierce Stevens 研发并利用睾丸瘤发病率较高的小鼠品系以测定其细胞起源。Pierce 重点关注使畸胎癌具备无限生长潜力的细胞性质，而这是较为普通的畸胎瘤所缺少的。将固体畸胎癌转化为腹水形式被证明是一大进步，丰富了此类肿瘤在形态上未分化的细胞亚群，而人们曾希望能从该亚群中分离出它们的干细胞。之后，Pierce 和一位同事所做的一项令人印象深刻的实验明确地证明了一个在形态上未分化的单独细胞可以生成一个可自我维持的畸胎癌，在移植到一个组织相容的成体宿主后，其中会包含与其亲本肿瘤的组织种类一样丰富的分化组织。因此，胚胎性癌（EC）细胞，正如已被人们了解的畸胎癌干细胞一样，是第一种被描述为可自身永久存活的多能细胞。

尽管最初会因影响雄性或雌性生殖细胞分化的突变而得到畸胎癌，但其后的观察显示，通过将早期胚胎异位移植到成年小鼠体内也可在某些小鼠基因型中形成畸胎癌。人们很快确定了在未分化状态下增殖或诱导 EC 细胞在体外分化的培养条件。尽管体外培养过程中观察到的分化范围较体内移植观察所得更为有限，但却令人印象深刻。对鼠科 EC 细胞的研究为获取并利用人体 EC 细胞提供了动力。

将鼠科 EC 细胞作为模型系统用于研究发育尚有一个问题需要解决，即其恶性基础。这种恶性是基因变化造成的，还是因为此类"胚胎"细胞不能与其所移植到的异位位点发生关联而出现的？回答这个问题的一个显而易见的方法是观察 EC 细胞在被移植到一个胚胎环境而不是成体环境中时其如何表现。三个实验室各自独立地将 EC 细胞注入胚泡中，观测到的结果均得到了十分惊人的同一结论：EC 细胞——如果注入一个成体，会逐步生长并将

❶ Department of Molecular and Cellular Biology and Howard Hughes Medical Institute, Harvard University, Cambridge, MA, USA.

其杀灭——在被引入胚泡后能够参与正常的发育。运用遗传学差异来区分供体细胞和宿主细胞，人们发现 EC 细胞被融入后代的大部分（不是全部）器官和组织中。最为有趣的是，根据其中一家实验室的报告所述，EC 细胞融入了生殖细胞系。这一发现具有十分显著的潜在意义，因为它暗示人们可以控制哺乳动物基因组。如果移植后的 EC 细胞能够融入后代的所有组织中，包括生殖细胞系，那么小概率事件的选择会更有可能实现，由于微生物的基因操控已成为可能，哺乳动物的基因操控可能会成为常规做法。

但是还存在问题。其一便是与直接在胚泡间移植的细胞相比，EC 对嵌合体后代的促进作用通常较弱且不均匀。同时，嵌合体常常会形成肿瘤；那些被证明是畸胎癌的情况通常在出生时就表现明显，说明胚胎环境所给予的生长调节功能至少在某些移植的 EC 细胞中完全失效。其他嵌合体会随着老化而发育出更多组织特异性的肿瘤（如横纹肌肉瘤），这显然源自供体，并由此揭示出某些移植后的 EC 细胞在分化失败前会随着各种细胞系继续发展。在极端的案例中，移植后的 EC 细胞会完全中断发育，使得胎儿在出生前就已死亡。

尽管最佳的 EC 细胞系可以对嵌合体机体的所有或大部分组织产生促进作用，但供体整合的外显率并不一致。最后，研究者发现生殖细胞系与 EC 细胞出现集群化的频率过低，使其无法在基因改造中得到利用。一种解释是，在经历体内生成畸胎癌并使其适应体外培养这一漫长而复杂的过程后所得到的 EC "干细胞"几乎不会有正常的基因组成留存。如果事实确实如此，另一种选择就是看看是否能通过一种较为间接的方法获得这种干细胞。

研究者开始研究当鼠科胚泡直接被外植到丰富培养基中被抑制生长的饲养细胞上时会出现什么情况。结果是，细胞系在形态、各类抗原和其他标志物的表达以及生长期间形成的集群外观上出现了与 EC 细胞无法区分的衍化。与 EC 细胞相同的是，在被同时移植到同基因和免疫功能受损的非同基因成体宿主后，这些自身永久存活的胚泡衍生的干细胞形成了侵袭性畸胎癌。与 EC 细胞不同的是，自身永久存活的胚泡衍生的干细胞被移植到胚胎环境后产生了嵌合体后代，它们整合组织和器官包括生殖细胞系在内的频率和广泛度更高。此外，当与发育受到四倍体不利影响的宿主孕体合并后，自身永久存活的胚泡衍生的干细胞有时会产生无法在其中辨别出宿主衍生细胞的后代。因此，这些展示出 EC 细胞所有理想特征但缺陷很少的细胞就被人们称为胚胎干（ES）细胞。

曾有证据表明，ES 细胞在体外转染和筛选后还能保留其移植于生殖细胞系的能力，前景可观。但出人意料的是，尽管多项富有价值的研究证明了其在体外特别是在小鼠中的分化能力，但过了很长时间人们才开始酝酿在治疗方面利用 ES 细胞。20 世纪 80 年代初，Edwards 曾提出可使用 ES 细胞研发新的治疗方法，但直到 20 世纪 90 年代晚期，Thomson 从人类胚泡中获得第一个 ES 细胞系后，这个想法才流行起来。

3.1.1　术语

文献中含有某些令人困惑的术语，如当提及 ES 细胞能形成各种不同的细胞系时，在胚胎学用语中被称为"效能"（potency）。人们曾将 ES 细胞称为"全能细胞"，因为至少在小鼠中它们被证明能够产生各类胎儿细胞，并且在特定条件下还可生成整个后代。但"全能细胞"一词用在 ES 细胞上不太适合。全能性这一术语在经典胚胎学中仅用于描述具有形成整个孕体并由此独立产生新个体的能力的细胞。到目前为止，证明能够做到以上这一点的细胞只有卵裂早期的卵裂球。鼠科 ES 细胞不满足全能性的经典定义，因为它们不能形成构成孕体的所有不同类型的细胞。在注入胚泡后，鼠科 ES 细胞最常产生的细胞种类是上胚层细胞系产物。人们曾发现鼠科 ES 形成原始内胚层细胞系的衍生物，但此类细胞系在体外的衍化比在体内更容易。相比之下，鼠科 ES 细胞从未被证明能够促进滋养外胚层细胞系的形成。描述 ES 细胞效能的一个更准确的词语是"多能"（pluripotent），使其能够与分化潜力范围较窄但令人印象深刻的造血系统类干细胞区别开。尽管多能的称号已在文献中广泛采用，但是公认的 ES 细胞来自哺乳动物继续冠以"全能细胞"的名称，而非小鼠的 ES 细胞，因为当其用于生殖性克隆时，细胞核已被证明能够促进发育。

术语的另一方面与 ES 细胞的定义有关，其用法也是前后不一。笔者支持的一种观点认为，"ES 细胞"一词的使用应限于源自植入前或植入孕体的多能细胞，这种细胞能够形成功能性配子，还兼具形成后代全系体细胞的能力。尽管从早期孕体获取形态上未分化细胞系的难度在小鼠品系之间的差异较大，但是在移植于生殖细胞以及体组织的能力方面，似乎对于源自每一个品系小鼠的 ES 细胞系是同等的。举例而言，即便是源自非肥胖糖尿病（NOD）品系的 ES 细胞系也是如此，到目前为止，人们发现这种细胞系生长过差，不能进行基因改良。

3.1.2　其他物种中的ES样细胞

如表 3.1 所示，人们已从小鼠之外的各类哺乳动物物种的桑葚胚或胚泡中获取了可在体外形态未分化状态下、在长短不一的时间段内维持的细胞系。它们还取自鸡类第 X 期胚

表 3.1　提供 ES 样细胞的脊椎动物

物种	验证依据[1]	物种	验证依据[1]
鼠	CP 但有小鼠 ES 污染	奶牛	M&M
	M&M		IVD
	CP		IVD
	M&M		?
	M&M		CP
金仓鼠	IVD		CP
兔	M&M, IVD		IVD
	CP	马	IVD
貂	T（但细胞类型有限），T（细胞类型较多）	猕猴	IVD
	IVD	狨猴	T
	M&M	人类	T
猪	IVD	鸡	IVD（且 CP 含有生殖细胞但仅有 1～3 个细胞传代）
	M&M	青鳉	IVD
	CP		CP
	CP	斑马鱼	IVD（有限）和 CP（附带短期培养细胞）
羊	M&M	金头鲷	IVD 和 CP（附带短期培养细胞）
	?[2]		
	?[2]		

[1] M&M：形态和 ES 细胞标志物；IVD：体外分化；T：体内生成畸胎瘤；CP：桑葚胚聚合或胚泡注射生成嵌合体。
[2] 最初展示出一种 ES 样形态但随后很快获得一种更接近上皮样的形态。

盘以及三种硬骨鱼的囊胚。有各种各样且十分模糊的标准用于支持诸如该细胞系是鼠科 ES 细胞副本的论断。这些标准包括在增殖时或至少是在某些 ES 细胞标志物表达时未分化形态的维持，通过在体外向各种细胞的分化、在体内产生各种组织结构各异的畸胎瘤或嵌合体。

除形态上未分化的外观外，此类 ES 样（ESL）细胞系与鼠科 ES 细胞的共同之处还在于较高的核质比率。生长群落多变的形态使得评估源自不同物种的 ESL 细胞系变得复杂。尽管源自仓鼠和兔子的 ESL 细胞群落与鼠科 ES 细胞群落十分相似，但源自其他哺乳动物的细胞群落则大多与鼠科 ES 细胞群落没有相似之处。特别是人类尤其如此，其未分化 ESL 细胞群落十分接近源自人体睾丸的 EC 细胞所形成的细胞群落，正如其他灵长类动物的 ESL 细胞群落一样。在狨猴、猕猴和人类中，ESL 细胞不仅会形成相对扁平的群落，还会展示出 ES 细胞标志物基因不同的表达模式。由于它们在各个方面都近似于人类 EC 细胞，因此，它们之间的差异与其说是细胞类型，不如说是具有物种特异性。

据报告称，在对羊的两次研究中，其群落最初看起来像鼠科 ES 细胞形成的群落，但是随后很快就出现了更接近上皮样的外观。这种形态上的变化与鼠科 ES 细胞在条件培养基里向所谓上胚层样细胞的转化存在着具有迷惑性的相似之处，后者会随之失去移植于胚泡的能力。鉴于该转化是可逆的，人们对于羊体内是否会自发出现一个类似的转化产生了疑问，这明显成为展开进一步研究的理由。

其他物种与 ESL 细胞生成的嵌合体是不能够与从鼠科 ES 细胞获取的嵌合体相比的。人们曾尝试与 ESL 细胞生成嵌合体，但其嵌合率和水平通常均远低于在鼠科 ES 细胞中所发现的。一个明显的例外是一份关于猪科动物的报告，其中 72% 的后代被判断为嵌合体动物。然而此项发现是在仍未发布的工作概述中提出的，并未提供有关供体细胞在被注入胚泡前经过多少次传代的细节。之后对猪科动物进行的一项研究采用经过 11 次传代的 ESL 细胞并在 34 个后代中发现了一个嵌合体。但是，正如后一项研究报告的作者所指出的，在将内细胞团细胞转移至猪体内的胚泡后仅得到了 10% ～ 12% 的嵌合率。因此，可能是技术方面的局限性导致猪科动物 ESL 细胞较低的成功率。

表 3.1 所列物种中其生殖细胞集群现象得到过证实的只有鸡科动物，但只存在于被注入宿主胚胎前只经过 1 ～ 3 次传代的细胞中。因此，此类鸡科动物细胞并不真正具备像干细胞那样可在体外无限繁殖的能力。所以，为了与上文讨论的术语保持一致，表 3.1 所列各物种中形态上未分化的细胞系应被划分为 ESL 细胞，而非 ES 细胞。

通常，在小鼠以外的物种中衍生 ES 细胞系的策略就是模拟在小鼠中成功衍生的条件，也就是将富集培养基与被抑制生长的饲养细胞以及白血病抑制因子（LIF）或一个相关细胞因子一起使用。后来，在包括人类在内的若干物种中进行了一些改进，诸如使用同物种饲养细胞，而不是鼠科饲养细胞，省去了 LIF。衍生细胞系的最佳条件可能与培养细胞系的不同。例如，在一项对猪科动物的研究中，人们发现获取细胞系就必须使用同物种的饲养细胞，尽管鼠科 STO 细胞在繁殖期间可充当饲养细胞。人们发现无饲养细胞的条件最适合青鳉和金头鲷，而人类 ESL 细胞系的克隆效率在无血清培养条件下会得到提高。

出乎意料的是，经证明，尽管与小鼠的关系密切，从大鼠衍生ES细胞系尤为困难（表3.1）。到目前为止，已分离出的可维持的大鼠细胞系似乎缺少小鼠 ES 细胞的所有特性，包括分化潜力。只有形态是小鼠和大鼠 ES 细胞系所共同拥有的。的确，除 129 小鼠品系外，要在啮齿类动物中建立可在体外形态未分化状态下繁殖的细胞系似乎总是比大部分曾做过此类尝试的其他脊椎动物更为困难。

整体上，人们会惊讶于生长因子中物种的变异性、孕体或胚胎的状态以及对于在除小鼠外的其他物种中获取多能细胞系的其他要求。到目前为止，人们仍未找到实现成功的秘诀。

当然，通过长期培养后获得保持移植于生殖细胞系能力的细胞只需要用一种控制方式对动物进行遗传修饰。得到的细胞如果缺少这一特性，但保留有在体外分化为一系列不同类型细胞的能力，则可以满足许多其他用途。

3.1.3　胚胎生殖细胞

植入前孕体并不是小鼠体内多能干细胞的唯一来源。在集落形态上与 ES 细胞极为相似的未分化细胞的可持续培养细胞也已从原始生殖细胞和极早期的生殖母细胞中获得。此类细胞被称为胚胎生殖（EG）细胞，已被证明在注入胚泡后能够较快产生的体细胞和生殖细胞系嵌合体。

为了探索如何将原生殖细胞作为实现控制生殖系遗传修饰的另一选择，上述的这些发现促使人们努力在其他物种中衍生 ES 细胞系。如表 3.2 所示，人们已从若干哺乳动物以及鸡科动物中获得了 EG 样（EGL）细胞，但和 ESL 细胞一样，经证实，其参与嵌合体形成的能力（有一个例外）只在低传代时才存在。此外，尽管在猪体内从低传代 EGL 细胞所得的嵌合体生殖腺中已检测出供体细胞，但除了来自仅经过 5d 培养的鸡类生殖嵴的细胞，还没有关于生殖细胞系集群案例的报告。即使这样，带有供体型的后代的比例还是非常低的。

表3.2　提供胚胎生殖细胞的脊椎动物

物种	验证依据[①]	物种	验证依据[①]
小鼠	M&M	猪	CP
	CP		CP（带有转染细胞）
	CP（包含生殖细胞系）	奶牛	IVD（和短期 CP）
	CP（包含生殖细胞系）	人类	IVD
	IVD	鸡	CP（包含生殖细胞系，但细胞仅经过 5d 培养）
			CP

① 缩略语释义与表 3.1 脚注所列相同。

然而值得注意的是，即便是在小鼠中，人们在 EG 细胞嵌合体中也发现了比 ES 细胞嵌合体更高的畸形率和围产期死亡率。这可能与消除了生殖细胞系中的印记有关，而这似乎在原始生殖细胞移植于生殖嵴之前就已经开始了。对于某些基因，印记出现的时间似乎更早。这可能是由于未能产生 ES 细胞的小鼠品系中用于转基因的 EG 细胞的潜力还未被探知等因素造成的。有趣的是，不同于小鼠，源自 5～11 周大的人类胎儿生殖嵴和相关肠系膜的 EGL 细胞系似乎并未清除印记。显然，在考虑将此类细胞作为修复人类受损组织的移植物之前应该确认事实是否如此。

3.1.4　未来挑战

目前用 ES 和 ESL 细胞作为基础和应用研究资源的价值几乎得到了普遍的认同。目前在两个领域要充分实现其潜力所面临的障碍连同可能的解决方案将在本章后续部分论及。取得进步的基本原则是更好地理解上述细胞的性质和基本生物学原理。

3.2　ES和ESL细胞的生物学原理

3.2.1　生殖细胞系能力

尽管鼠科 ES 细胞已广泛用于基因组改造，其有效性仍然受到若干问题的限制。其一就是丧失移植于生殖细胞系的能力，这是一个令人沮丧的常见问题，其基本原理还未被理解。个中原因不能简单地归结为出现了足够的染色体变化，使得配子发育中断，因为丧失这种能力的细胞系和无性繁殖系具备正常核型。目前，人们不知道是由于这些细胞未包含在原始生殖细胞池中而导致移植于生殖细胞系的能力丧失，或者如果它们之后不能进行适当分化，则可能是由于印记被扰乱或清除。即使在被克隆的 ES 细胞系中，人们也发现了单个细胞具有印记基因的异源表达。鉴于许多 ES 细胞系很可能已通过多克隆的方式产生于上胚层生成细胞，它们可能从开始便由具备和不具备生殖细胞系反应能力的亚种群混合体构成。在针对骨形态发生蛋白信号转导对原始生殖细胞诱导作用的研究中，人们将其所得的结果解释为哺乳动物中一种特异性生殖细胞谱系的反面证据。在引起人们特别重视的实验中，通常不会产生原始生殖细胞的远端上胚层在移植到一般会产生此类细胞的近端部位后却产生了原始生殖细胞。但是，由于在原肠胚形成之前上胚层中出现了超常的细胞混合度，所有上胚层生成细胞的后代在原始生殖细胞诱导的时候很可能会布满整个组织。因此，诱导能力可能是谱系依赖性的，并且只会分离到一些上胚层生成细胞。由于 ES 细胞系一般是通过源自单独胚泡的集中在一起的所有群落产生的，它们可能会从具备和不具备生殖细胞系能力的生成细胞混合体中产生。

雄性 ES 细胞系几乎总是被用在基因靶向研究中，即使这会使得 X 连锁基因（其失活会导致细胞自发性早期致死或伤害半合子状态下的生存能力）的研究复杂化。这里，雌性（XX）细胞系原则上会提供一种更为简单的选择，除非人们普遍认为其在相对较少的传代后会部分遗失或完全失去 X 染色体。但是，支持该看法的数据较薄弱，因为在早期报告（在该报告中，一个性染色体全部或部分的持续丧失首次见于文献）之后就很少有对其用法的深入阅读发布。最近，经过测试的两个雌性细胞系之一被发现具有生殖细胞系反应能力，但是完全源自供体的仔畜体型异常矮小，使得上述细胞系是 XO 的可能性变得较高；但笔者并不认同该解释。有趣的是，雌性人体 ESL 细胞系似乎并未显示出丧失 X 染色体的类似倾向。

3.2.2　ES和ESL细胞的起源和特性

从上文的概述中可以明显看出，即使在兽类哺乳动物中，其细胞特性也会与可在体外形态未分化状态下永久存活的早期孕体有着相当大的差异。之所以如此的原因还远未明了，尤其是此类细胞系大多衍生于一个相应的阶段——即移植前胚泡——该阶段通常使用内细胞团组织。与其 EC 对应部分相比，人们还未在移植后阶段获取过鼠科 ES 细胞，表明使 ES 衍化成为可能的时机十分有限。这在发育时期与何种因素相关尚不清楚，尽管人们发现 ES 细胞能够逆向转变到改变群落形态和基因表达的状态，同时会在胚泡注射后失去嵌合体的生成能力，这为解决该问题提供了一个可能的途径。是否是胚泡晚期限制了在其他哺乳动物中获取ESL 细胞系，人们还未对这个问题做出关键性的解答。

正如从小鼠的前胚泡期获取了 ES 细胞系一样，人们也从其他哺乳动物的该阶段获得了ESL 细胞系。然而，无论是小鼠还是其他物种，即使它们之间存在明显的差异，人们都还没将其源自桑葚胚的细胞系特性与源自胚泡的细胞系特性做过比较。的确，来自桑葚胚的细胞系是产生于发育的早期阶段而不是进展至胚泡，或者更具体地说，向形成上胚层的方面发展，这个问题仍有待确定。尽管据称从桑葚胚分离出的细胞系与从胚泡分离出的细胞系相比在生成滋养层的能力方面具有优势，但这实际上还未得到决定性的论证。但是，细胞系生成滋养层组织的能力不与阶段相关，反而与物种相关。早期对于小鼠 ES 细胞能形成滋养层巨细胞的论断几乎肯定是由于急性的滋养外胚层组织的短期持续污染而引起的。因此，此类细胞的生成似乎仅限于源自整个胚泡的 ES 细胞系早期传代。人们在通过显微手术分离出的上胚层所生成的细胞系中从未发现滋养层组织。尽管人们对许多物种的状况并不清楚，但却常常能够在灵长类动物通过免疫手术分离出的内细胞团所生成的 ESL 细胞系中观察到滋养层分化。此外，从人类细胞系到合胞体滋养层形成阶段的分化可通过暴露于骨形态发生蛋白 4（BMP4）进行诱导。

3.2.3　多能性

ES 或 ESL 细胞的繁殖特点是多能性。这方面最关键的检测——对某些物种，特别是人类来说不太实用——是形成正常后代细胞整个互补染色体的能力。该试验最初在小鼠体内研发而成，需要将 ES 细胞团引入孕体（通过抑制胞质分裂或在双细胞阶段通过电流使姐妹卵裂球发生融合，将孕体变成四倍体而完成发育）。ES 细胞之后或者与四倍体卵裂期聚合，或者被注入四倍体胚泡中。某些生成的后代含有无法辨别的宿主细胞。这好像是宿主上胚层细胞初步显现并在被超过前在"夹带"供体 ES 细胞方面发挥至关重要的作用，因为 ES 细胞团自身不能取代上胚层或内细胞团。在二倍体和四倍体桑葚胚所形成的嵌合体胚泡晚期，淘汰四倍体细胞已变得明显。人们已尝试在牛的体内将成对的四倍体桑葚胚之间聚合 ESL 细胞，但结果是对胎牛和新生牛的促进作用不大。

第二个最关键的检测是，如果在通过注入胚泡或与桑葚胚聚合引入早期孕体后嵌合性并未在后代中普遍存在，则细胞是否广泛生成。第三个最关键的检测是，对组织相容或免疫被抑制的成体宿主所做的异位抑制中畸胎瘤的形成，因为从有关鼠科和人类 EC 细胞的早期经验可以清楚地看出，在上述环境下获取的分化范围要比在体外更广。对于这种有待确证的试验，有必要采用克隆细胞系，以确保观察到的分化多样性来自一种干细胞，而不是来自发育潜力较为有限的细胞混合物。尽管人们采用克隆 ESL 细胞已证实人体内可形成畸胎瘤，但这对于其他物种中相应的细胞系来说并不正确。肝细胞分化不仅取决于小鼠 ES 细胞所接种的部位，还取决于宿主的状态，这一发现对人们采用畸胎瘤评估多能性提出了警告。因此，只有在使用小裸鼠而非同源小鼠作为宿主时，通过脾脏而不是后肢移植才获得了阳性结果。

3.2.4　培养条件

ES 和 ESL 细胞通常在复杂的培养条件下繁殖。由于这种条件包含被抑制生长的饲养细胞和血清，因而不能得到明确界定。这样在确定具体生长因子以及维持分化诱导所需的其他要求时，其任务会变得困难。尽管人们已在化学限定培养基中实现了鼠科 ES 细胞的分化，但还未实现在此种条件下鼠科 ES 细胞的维持。鼠科 ES 细胞在没有饲养细胞时也可以衍化并维持，仅需培养基中含有经 gp130 受体作用的细胞因子。但是，在全程使用 LIF 代替饲养细胞的两次实验中，所记录的早期异倍体性较高的发生率是具有意义还是纯属巧合，人们对此还不清楚。此问题应加以解决，以便了解饲养细胞具备的功能是否仅限于作为 LIF 或相关细胞因子的来源。细胞外基质的生成是一种可能。但是，物种可变性在这里也是一种因素，因为人体 ESL 细胞系维持无需 LIF，而其克隆效率实际上是通过忽略血清得以提高的，即便此时需要饲养细胞。标准做法一直以来是采用鼠科饲养细胞获取包括人类在内的其他哺乳动物 ESL 细胞系并保持其永久存活。然而，曾有人采用源自人体的饲养细胞以获取人体 ESL 细胞。这是一个显著的发展，因为人们不接受使用异种细胞培养用于治疗而非试验用途的人体 ESL 细胞系。就猪科动物来说，这种情况某种程度上会使人迷惑。在一个不涉及其他研究的项目中，人们发现猪体内的饲养细胞是 ESL 细胞系衍生的必要条件，该 ESL 细胞系之后会在鼠科 STO 细胞上永久存活。此外，在硬骨鱼中，无饲养细胞似乎是在青鳉和海鲷体内维持 ESL 细胞的最佳条件，但可能不是在斑马鱼体内维持 ESL 细胞的最佳条件。

3.2.5　敏感性与衍化抵抗力的对比

如果某一领域的进一步研究能够对促进在其他物种中建立多能干细胞系具有启发性，那么该领域就是将小鼠敏感性与 ES 细胞衍化抵抗力进行对比的基础。人们可以在 129 小鼠中轻易获得 ES 细胞系，而在 C57BL/6 以及一些其他品系（表 3.3）中则较难，但是其他基因型的抵抗力更大。在具有抵抗力的品系中较为明显的是 NOD 品系，尽管人们付出了许多努力，但还是未能从 NOD 品系中获得可进行基因操作的细胞系。其抵抗力不只是与品系对胰岛素依赖型糖尿病的敏感性有关，因为 NOD 所源自的 ICR 品系已证明具有同等的抵抗力。从 NOD 和 ICR 品系中获取 ES 细胞系的难度似乎具有隐性特质，因为人们已经从［NOD×129］F_1 上胚层获得了具有移植于生殖细胞系较高能力的优良细胞系。此外，杂交并非克服 ES 细胞系抵抗力建立的唯一实例。有趣的是，人们还在青鳉的近交品系中发现了 ESL 细胞衍化受纳性的明显差异。

表 3.3　除 129 已证实存在生殖细胞系传递以外的 ES 细胞基因分型

基因分型	
C57BL/6	C3H/He
C57BL/6N	C3H/Hen
C57BL/6JOla	FVB/N
[C57BL/6?CBA]F1	CD1①
CBA/CaOla	NOD
BALB/c	[NOD×129/Ola]F1
DBA/1lacJ	129×[129×DDK]F1
DBA/1Ola	PO①
DBA/2N	

① 远亲杂交品系。

3.2.6　人体 ESL 细胞

小鼠 EC 和 ES 细胞曾广泛用于研究发育的各个方面，而此类研究出于各种原因较难在完整的孕体中进行。利用源自人体孕体的 EC 和 ES 细胞可以使我们更好地了解早期人体发育，特别是鉴于材料的相对稀缺、对孕体实验的道德关注，以及对于体外成功维持的时期方面法律和技术的限制。由于其来源，人体 ESL 细胞很可能会提供比人体 EC 细胞更适合的模型系统。这里关注的所谓的备用孕体（即超出不孕不育治疗需求的孕体）是用于生成人体 ESL 细胞系材料的唯一来源。因为通过体外受精（IVF）或相关技术在体外生成的优质孕体被用于治疗不孕不育症，那些可以用于衍生 ESL 细胞系的孕体的质量通常较低。就生成的细胞系特性而言，这有关系吗？能够形成形态合格的胚泡就可以了吗？或者如果只为生成 ESL 细胞系而制造孕体，以便减轻人们对用于衍生上述细胞的孕体的质量的担忧，这样是否更容易在道德上被接受？

3.2.7　ES 细胞转移和移植

ES 细胞转移和移植的一个重要用途是获取人体基因疾病的动物模型。因为很少有人主张小鼠是达到此目的的理想物种，人们应一直积极采用更适合或在实验上易于处理的哺乳动物进行此类研究。

例如，鉴于其作为呼吸生理学动物模型的广泛应用，绵羊要比小鼠更合乎囊性纤维变性模型系统的需要。但是，除非能够移植于生殖细胞系的多能细胞可以在其他物种中获取，ES 细胞移植实验将继续被限制在小鼠上。尽管某个替代策略对不具备生殖细胞系反应能力的细胞，诸如胎儿纤维细胞进行基因改造，然后再将其细胞核转移至卵母细胞，其可行性已得到论证，但其在技术上还是相当困难的，涉及损耗大量的胎儿。

3.3　干细胞疗法

3.3.1　潜在的障碍

人们对 ESL 细胞的兴趣很高，因为其在修复因疾病或外伤引起的组织或器官损坏方面具有治疗潜力。这提出了许多新的挑战，人们并未对所有这些挑战给予应有的重视。可能最明显的一个挑战就是未来是否可能实现干细胞的高效定向分化，以便生成所需表型的纯培养细胞，而不是一种混合种群。如果事实证明如此，就有必要彻底清除残留未分化或分化不当的细胞。达到这个目的的方式将取决于带有未分化或分化不当细胞的移植物受污染的程度能否接受。ES 细胞在体外分化的鼠科模型系统中，有一种可以规避此问题的方法，就是引入一个具备抗生素抗药性的基因或者一个与启动子相连的荧光蛋白，该基因或蛋白只在所需的分化细胞类型中进行表达。技术的进步使得对人体 ESL 细胞进行类似的基因改造成为可能。尽管可以通过该方法有效地选择所需的分化细胞类型，但上述基因改造的细胞未来能否获批用于患者，而不只是用于实验室研究，则还需拭目以待。

有关干细胞疗法的另一个重要议题是所需细胞类型的细胞周期状况。在某些情况下将不是分裂期后的细胞转移至患者可能不合需要或者不安全。在其他案例中，此类细胞的存在可能对满足组织生长或转化的需求至关重要。在后一种情况中，成功取决于将 ESL 细胞分化为干细胞，而不是所需类型的充分分化细胞。越来越多的证据表明，某些组织特异性干细胞维持在体内一个特殊的生态位，并且证明在体外很难复制。这些组织的整理显然取决于对个体组织正常生物学原理更好的了解。

还有另外一个重要的议题是，在被放置在一个受损组织或器官中时，植入的细胞是否会存活并正常运转。如果供体细胞的功能是提供激素、神经递质或可溶性生长因子，则有可能在放置时使其与受损部位保持一定距离。但是，如果是结构性的需求或者取决于细胞间的相互作用，那么被移植的细胞在因疾病或外伤而严重受损的组织或器官中是否会比原生细胞生存得更好，这还是一个疑问。如果不是，则人们想到实现体外器官发生还是一个遥远的期待时，那么如何能规避这个难题？关于神经变性病，人们在"清理"组织受损部位方面已取得了某些进步。例如，人们已证实能够通过抗体介导从转基因小鼠过度表达的淀粉样前体蛋白中清除大脑里的斑块。但是，这种介入疗法并不是在所有案例中都是必要的。针对假定的心肌细胞，将为其扩增的已分化鼠科 ES 细胞移植到大鼠左心室受损区域时会同时导致该区域的面积缩减，并改善心脏功能。

3.3.2　治疗性克隆

从源自细胞核置换的胚泡中建立的 ESL 细胞系，即所谓的治疗性克隆，已作为针对个体患者的定制化移植物获得广泛支持，由此可以规避移植排斥的问题。尽管人们已在小鼠中证实了采用该方法生成 ES 细胞的可行性，但在生物医学研究领域人们关于此类细胞在治疗上使用是否安全还存在较大分歧。人们特别关注的中心点在于供体基因组在印记基因表观遗传状态方面的常态。此外，在早期克隆的灵长类动物胚胎在进行有丝分裂期间对染色体分离的观察结果使人们开始怀疑通过细胞核置换进行克隆对人类是否起作用。

3.3.3　胚胎干细胞与成体干细胞的对比

对使用早期人类孕体作为干细胞来源的担心使人们非常关注那些暗示所谓成体干细胞在其分化范围内的多功能性超出一般认知的研究。人们还在就许多发现的解释进行着持续热烈的争论，但目前还没有证据证明"成体细胞的出现使得 ESL 细胞用于治疗变得没有必要"这个常见说法是可靠的。特别令人关注的是，有证据表明，正在生长的个体，成体细胞可能会改变其已分化的状态，不是作为独立的个体，而是通过与据称已转化的细胞类型相融合。

对于大多数组织来说——造血系统是最明显的例外，但可能还有其他例外——体外繁殖的细胞在其分离前的自然组织中发挥了真正的干细胞功能，这一说法缺乏证据。因此，将"干细胞"一词用于此类细胞还有待商榷。可能的情况（如果不是很可能的话）是，在其自然组织中严格属于分裂期后的细胞从组织的细胞外基质中被去除、分离并放置在富集培养基后，经过诱导重新开始循环，富集培养基中可能含有本来不会暴露的生长因子。这种细胞可能缺乏真正干细胞的特质，诸如准确检验 DNA 复制，通过短暂放大分化的子代保持转化，以及维持端粒体的长度。其在移植物中的作用能力可能会因此而严重受损。

3.4　总结

由于 Steven 和 Pierce 的开拓性研究在 20 世纪 50 ～ 60 年代就指明了道路，人们在利用胚胎干细胞而不是源自胎儿或成体的干细胞方面取得了巨大的进步，为基础研究和探索新的再生医学方法做出了贡献。即使我们充分利用它们提供的信息，但是，关于此类细胞的起源和特性，以及其相对于分化的自我更新的控制等还有待研究。努力获得必要的知识，这样无疑会使我们能够更深入地认识干细胞的一般性生物学原理。

深入阅读

[1] Burdon T, Chambers I, Stracey C, Niwa H, Smith A. Signaling mechanisms regulating self-renewal and differentiation of pluripotent embryonic stem cells. Cells Tissues Organs1999; 165 (3-4): 131-43.

[2] Dzierzak E. Hematopoietic stem cells and their precursors: developmental diversity and lineage relationships. Immunol Rev 2002; 187:126-38.

[3] Gardner RL, Brook FA. Reflections on the biology of embryonic stem (ES) cells. Int J Dev Biol1997; 41 (2): 235-43.

[4] Shay JW, Wright WE. Hayflick, his limit, and cellular ageing. Nat Rev Mol Cell Biol2000; 1 (1): 72-6.

[5] Solter D. Mammalian cloning: advances and limitations. Nat Rev Genet 2000; 1 (3): 199-207.

[6] Surani MA. Reprogramming of genome function through epigenetic inheritance. Nature2001; 414 (6859): 122-8.

[7] van der Kooy D, Weiss S. Why stem cells? Science 2000; 287 (5457): 1439-41.

[8] Weissman IL, Anderson DJ, Gage F. Stem and progenitor cells: origins, phenotypes, lineagecommitments, and transdifferentiations. Annu Rev Cell Dev Biol 2001; 17:387-403.

[9] Wheeler MB. Development and validation of swine embryonic stem cells: a review. ReprodFertil Dev 1994; 6 (5): 563-8.

第 *4* 章

胚胎干细胞的前景

Janet Rossant❶
李响　译

4.1　胚胎干细胞的发展趋势

　　一个复杂的有机体如何从单个细胞即受精卵衍化而成？为了寻找这个问题的答案，生物学家已研究过从蠕虫到人类的各种胚胎发育。我们现在知道有许多基因参与调节各种不同物种的发育并发现在进化过程中明显留有基因通路。我们也很了解发育的逻辑性——胚胎如何反复使用同类策略实现细胞特化、组织复制以及器官发生。一种常见的发育策略是使用干细胞帮助生成和培养一个既定组织或器官。干细胞是一种在分裂时能够生成一个其自身复制品以及一个分化型细胞后代的细胞。这种自我更新的能力是诸如造血干细胞和精原干细胞等成体干细胞功能的关键所在——使其能够持续更新在成体中快速转化的组织。干细胞的概念始于 Till 和 McCullogh 对造血干细胞的开拓性研究以及 Leblond 对精子形成和肠隐窝的开拓性研究。即使像大脑这种细胞不会在成体中快速转化的组织，科学家也在其中发现了长期存活并可再生修复损伤的静止干细胞。

　　目前的研究大多将重点放在从成体中鉴别干细胞、确定干细胞特性并分离出干细胞，目的是希望可以通过外源性细胞疗法或内源性干细胞再生的方法将此类细胞用于成体组织的治疗性修复。但是截至目前，人们发现大部分的成体干细胞具备的潜力有限，在培养细胞中实现干细胞的无限增殖和扩增还不能成为常规做法。在胚胎形成的过程中，细胞最初处于增殖和多能状态，只是到后来会逐渐受制于不同的细胞命运。人们多年来对胚胎中是否存在多能干细胞一直很感兴趣。在 20 世纪 60 ～ 70 年代，人们就知道在哺乳动物中，早期小鼠胚胎被移植到诸如肾被膜等异位后，要到原肠胚形成晚期才会产生称为畸胎癌的肿瘤。这类肿瘤有多种分化型细胞，包括肌肉、神经、皮肤以及一种未分化型细胞，即胚胎性癌（EC）细胞。EC 细胞可在体外以不分化的状态繁殖。重要的是，Pierce 在 1964 年向人们展示了单个 EC 细胞可重新生出同时含有 EC 细胞和分化型细胞后代的肿瘤，证明 EC 细胞是肿瘤的干细胞。

　　这些肿瘤细胞与正常发育存在怎样的关联呢？ 20 世纪 70 年代进行的多项研究显示，EC 细胞在被注入回早期胚胎中后会展现出多能性。大部分优质且核型正常的 EC 细胞可在

❶　Mount Sinai Hospital, Toronto, Ontario, Canada.

产生的嵌合体中促成许多不同的细胞类型，包括罕见的生殖细胞系。这一发现使人们兴奋地想到，此类细胞可用于在小鼠中引入新的遗传变异，通过促进肿瘤细胞分化实现致瘤性的常态化。然而，这样达到的嵌合度通常很弱，EC 衍生肿瘤是嵌合体的一个共性。因此，尽管 EC 细胞具有出色的分化特性，其无疑仍是肿瘤细胞。1981 年，Martin、Evans 和 Kaufman 发现，成为胚胎干（ES）细胞的细胞系具有稳定多能性，可以直接从胚泡中衍生出。这一发现改变了科学家在该领域的整个视野。尽管 ES 细胞的分化会在异位处形成畸胎瘤，但与 EC 细胞相比，更易于控制。引人注意的是，在四倍体胚胎外组织的支持下，经过在培养基中多次传代后的 ES 细胞仍然可以形成一整只小鼠。此类小鼠在从强健的杂交细胞系中生成时显示出的肿瘤易感性并未增强，并在各方面表现正常。所有此类特性使得小鼠 ES 细胞成为一种非常强大的工具，可用于使小鼠基因组出现诱发变异以及对此类变异作用的分析。

ES 细胞是真正的干细胞吗？还不清楚体内是否存在与 ES 细胞相当的细胞。ES 细胞在其基因表达模式和对嵌合体的组织促进作用方面类似于原始外胚层或上胚层细胞。多能性细胞在胚胎中形成并存活所需的诸如 Oct4 和 Nanog 等转录因子也是 ES 存活的必要条件。但是，在体内，所有细胞在原肠胚形成时会分化成三个胚层，而在此之前，有机体内上胚层仅在一段有限的时期会出现可能的干细胞扩增。当原肠胚细胞形成时，被搁置一边的生殖细胞会继续提供配子，赋予下一代受精卵以多能性。但是，没有证据证明生殖细胞是一种存在于上胚层并可能成为 ES 同类细胞的特殊干细胞池。更确切地说，似乎所有上胚层细胞在合适的环境下都有能力形成生殖细胞。因此，生殖细胞只是上胚层分化选择中的一种。

显然，ES 细胞可以在体外以未分化状态无限扩增并仍然保留分化的能力。就这一点而言，ES 细胞确实展示出干细胞特性。然而，相对于 EC 细胞方面的文献，已出版的文献中并无决定性的例证可证明单个 ES 细胞既能自我更新又能进行分化。已有证据表明，单个 ES 细胞是完全多能性细胞，因为通过将一个单独 ES 细胞注入胚泡所形成的嵌合体，其对所有接受分析的胎儿细胞类型均产生了 ES 催生作用。但是，在某些方面，ES 细胞似乎更像是祖细胞，其细胞群体在适合的生长因素环境中便能扩增，但当自我更新的支持性环境一旦被去除，所有细胞便会出现分化。事实上，这种区别可能并不重要，但如果属实，它会使人们在推测我们关于 ES 细胞如何使其他干细胞保持增殖状态的认识时产生误解。除非我们在如何定义不同干细胞群体方面达成一致意见，否则对具备"干细胞特质"的基因和蛋白质的探索便会失去意义。

因此，人们对小鼠 ES 细胞的兴奋点大多集中在将其用作基因变异的生殖系传递工具，此类细胞在培养时明显的分化特性还未被充分开发。细胞系从早期人类胚胎中衍生的过程似乎与小鼠 ES 细胞的特性有许多相似之处，这将人们的注意力重新聚焦于 ES 细胞的体外特性。在将 ES 细胞从一种令人关注的生物系统转变为一种退行性疾病的有效疗法前，还存在许多问题。小鼠与人类的 ES 细胞的相似度有多大？使用一方的数据推动另一方的研究，其有效性如何？如果所有细胞均为干细胞（或祖细胞），表观编程稳定且基因异常处于最小值，ES 细胞经过多次传代后如何能够保持真正稳定的状态？如何引导 ES 细胞进行再生性分化，成为特定的细胞类型？如何分离并培养分化型祖细胞？我们如何确保 ES 细胞不会在体内引发肿瘤？

通过同时研究小鼠与人类的 ES 细胞来回答以上问题，这样肯定会为胚胎发育提供新的认识，并在如何从不同胚胎或成体组织中分离出新的干细胞、确定其特性方面提供新线索。

相反，对如何调控正常胚胎发育的研究将为如何在培养中维持和分化干－祖细胞提供新的线索。发育生物学家和干细胞生物学家之间的相互影响是其共同面对的一个关键问题，可以明确对干细胞发育的根本认知及其向疗效方面的转化。

深入阅读

[1] Beddington RS, Robertson EJ. An assessment of the developmental potential of embryonic stem cells in the midgestation mouse embryo. Development 1989; 105 (4): 733-7.

[2] Chambers I, Colby D, Robertson M, Nichols J, Lee S, Tweedie S, et al. Functional expression cloning of Nanog, a pluripotency sustaining factor in embryonic stem cells. Cell2003; 113 (5): 643-55.

[3] Eggan K, Akutsu H, Loring J, Jackson-Grusby L, Klemm M, Rideout 3rd WM, et al. Hybridvigor, fetal overgrowth, and viability of mice derived by nuclear cloning and tetraploidembryo complementation. Proc Natl Acad Sci USA 2001; 98 (11): 6209-14.

[4] Evans MJ, Kaufman MH. Establishment in culture of pluripotential cells from mouse embryos. Nature 1981; 292 (5819): 154-6.

[5] Kleinsmith LJ, Pierce Jr. GB. Multipotentiality of single embryonal carcinoma cells. CancerRes 1964; 24:1544-51.

[6] Martin GR. Isolation of a pluripotent cell line from early mouse embryos culturedin medium conditioned by teratocarcinoma stem cells. Proc Natl AcadSci USA1981; 78 (12): 7634-8.

[7] Nagy A, Rossant J, Nagy R, Abramow-Newerly W, Roder JC. Derivation of completely cell culture-derived mice from early-passage embryonic stem cells. Proc Natl AcadSci USA 1993; 90 (18): 8424-8.

[8] Nichols J, Zevnik B, Anastassiadis K, Niwa H, Klewe-Nebenius D, Chambers I, et al.Formation of pluripotent stem cells in the mammalian embryo depends on the POU transcription factor Oct4. Cell 1998; 95 (3): 379-91.

[9] Rossant J, Nagy A. Genome engineering: the new mouse genetics. Nat Med 1995; 1 (6): 592-4.

[10] Thomson JA, Itskovitz-Eldor J, Shapiro SS, Waknitz MA, Swiergiel JJ, Marshall VS, et al. Embryonic stem cell lines derived from human blastocysts. Science 1998; 282 (5391): 1145-7.

第 5 章

表皮干细胞概念的发展

Christopher S. Potten[1], James W. Wilson[2]

孟祥宇，马彦，李苹　译

5.1　简介

Till 和 McCulloch 开创性地研究和证明了一种能够促进因辐射损伤而衰竭的造血系统再生的细胞。首先利用放射物消耗掉小鼠体内的内源性造血前体细胞，后向其注射经过处理的同种异体骨髓来源的前体细胞。结果发现，这些造血前体细胞进入移植宿主体内后随血液在全身循环，后聚集在包括脾脏在内的不同造血组织中。且那些定植于脾脏的细胞具有广泛的再生和分化潜能，能够在移植后 10 ~ 14d 内通过克隆性扩增形成肉眼可见的造血组织结节。利用基因和染色体示踪（标记）技术可证明这些结节是由单个细胞起源形成的单细胞克隆。并且该克隆会增殖形成更多的克隆。这些克隆也被称为脾细胞集落，能够形成这种克隆的细胞被称作集落形成单位（CFU）。

上述实验为后来人类骨髓移植研究提供了相应的理论依据。通过各种照射前操控和移植前后变量的处理，这种技术促进了我们现今对骨髓分级、细胞谱系及干细胞的了解。这些研究显示，骨髓中含有未分化并具自我维持功能的前体细胞，这些细胞能够产生不同的谱系，并可分化为不同的细胞类型。随后的研究也提示这些 CFU 并不是终极造血干细胞，而是骨髓干细胞分级中的一部分。

之后人们在多种组织中应用了这种克隆再生方法，最具代表性的是上皮、肠、肾脏和睾丸组织。这些研究显示，许多组织内形成的增殖区室都有分级结构，后根据达到可检测的细胞数所进行的细胞分裂次数，用于克隆的鉴定标准差别很大。而对于表皮和肠道来说，因克隆很大并且肉眼可见，看上去与脾细胞集落结节非常相似，该鉴定标准相对明确。

应用骨髓或其他组织克隆再生的困难之一是：为了检测再生克隆，必须先破坏宿主原有的组织，实验过程中，通常将宿主暴露在照射条件下来达到该结果。而这种处理方式会改变人们想要研究细胞的分化等级及干细胞的原有特性（比如细胞所处时期、信号通路应答及对后续处理的敏感度）。但克隆再生实验对干细胞的体内研究（如在特定条件下对干细胞的存活能力和功能方面）仍然具有重要的价值，并且是唯一的方法。

[1]　University of Manchester, Manchester, UK.

[2]　EpiStem Limited, Incubator Building, Manchester, UK.

5.2　干细胞的定义

目前由于缺乏对干细胞概念的相关规范，导致文献中表述混乱，也造成多种术语的并存及其之间关系的模糊不清，比如前体细胞、祖细胞及创立者细胞等。这种表述随着修饰词的引入（比如定向前体细胞和祖细胞）和分化术语的不规范使用，使得干细胞定义变得越来越复杂。此外，在定义干细胞方面一直以来的问题还包括研究者的立场，因为研究者具有不同的立场，所以不论是胚胎学家、血液学家、皮肤病学家、胃肠病学家还是其他专家都具有各自的定义干细胞的标准。

1990 年发表在《发育》（Development）杂志上的一篇论文中试着定义干细胞，当然，这个定义是在以胃肠道上皮为研究背景的情况下给出的，但我们认为这个定义可被更广泛地使用，事实上它至今仍在使用。归纳如下：在成体可替代组织中，干细胞被定义为增殖区室中一种小的细胞亚群，由相对未分化并能够增殖的细胞构成。这些细胞通过分裂维持它们在体内的数量，同时又产生能够进入短暂分裂群的子代，这些子代细胞再进行下一轮分裂，并分化形成机体组织所需的种类繁复并具有不同功能的高度分化细胞。在动物的一生中，干细胞始终存在于机体组织内，它们保持着旺盛的分裂能力，保证组织损伤后可进行最有效的修复。若组织重建过程中需要重建整个干细胞区室，其自我维持率表现可从稳态值 0.5 上升至 0.5～1 之间，这一过程在赋予干细胞重建能力的同时，也确保其维持组织功能的完整性的细胞数量。

干细胞定义为：

① 存在于组织内，数量相对较少，是所有细胞谱系乃至整个组织所必需的；

② 可永久存在于组织中；

③ 可鉴别的所有细胞谱系或者迁移通路的起源细胞。

将分化的概念引入后，干细胞的定义变得更加复杂。众所周知，分化是一个定性且相对的现象。细胞分化是相对于其他细胞而言的，因此，成体组织干细胞相对于胚胎干细胞，可以是也可以不是分化细胞（正如当今争论的焦点：骨髓干细胞的可塑性）。而干细胞产生的子代细胞可通过多种通路进行分化，这种分化潜能的差异可导致全能干细胞和多能干细胞概念的产生。但这个概念并不适用于干细胞，因为发生分化的是干细胞的子代细胞而非干细胞本身。事实上，骨髓干细胞可以分化形成不止一个谱系，所以其被认为是一种多能干细胞，而这些细胞谱系最终会分化为特定的细胞类型，而整个过程的源头即最初的短暂分裂细胞被认为是这个谱系的前体细胞。

造血细胞谱系的一些诱导分化信号如今已被研究清楚，但是其他组织如何利用这些信号进行细胞谱系的诱导分化还有待研究。干细胞可以被诱导分化成特定细胞类型的子代，但是这种诱导的程度有多大，是否被限制？目前仍没有定论。主要有两个重要的争议点。

① 干细胞能否经由体内环境、实验室或者临床环境诱导形成一个明显与其所在组织不相关的细胞类型？例如骨髓干细胞能否通过诱导形成肝脏、肠道或表皮细胞？并且在这些组织被损伤后能否对其进行修复？随之而来的问题是：即使这些情况能够在体内环境里自然发生，我们作为实验员或临床医生，能够创立出能使之发生并被我们所研究的环境条件吗？

② 关于干细胞和干细胞早期的子代细胞。如骨髓或其他组织的干细胞，经血液循环到全身后，或许会定位于某一个组织中，最终表达与骨髓细胞谱系完全无关却和细胞最终定位组织内细胞相同的分化标记。

综上所述，第一个问题涉及骨髓干细胞的可塑性，第二个问题则涉及骨髓干细胞起源的细胞谱系的可塑性。如果骨髓细胞能被诱导形成肠道干细胞，那么它就具有肠道干细胞的全部功能，包括在胃肠道上皮损伤中行使再生功能。卵细胞核移植技术形成的克隆动物实验，证实细胞核具有该动物所有的互补 DNA，并能够在一定的环境条件下令已经表达的 DNA 经环境信号诱导进行重编程（或去分化）进而发育为机体的所有组织。总之，虽然像 Dolly 羊一样的克隆实验产物罕见而稀少，但却明确证实在诱导重编程信号下，DNA 的巨大潜能能够得以发挥。这些罕见事件的发生使人们有理由相信，在未来，诱导重编程技术可应用于成体组织干细胞甚至机体的任何一种组织。一旦这种设想变成现实，那么胚胎干细胞和成体组织干细胞的界限将不复存在。

5.3　干细胞的等级系统

此处讨论是什么决定了短暂分裂细胞和干细胞之间的差别，这种差别是突然还是逐渐产生的。可将短暂分裂当作将要分化的标志，使短暂分裂细胞区别于干细胞。这个观点长期以来饱受争议。是由于分化信号作用于先前干细胞使其对称分裂后，另一半子代失去干细胞特性，还是干细胞不对称分裂形成了一个分化细胞及一个干细胞子代？可能性之一是这种差异在干细胞分裂时就形成了。此外，干细胞必须分裂后分化吗？这种情况下分裂只能是不对称的，干细胞分裂为一个干细胞（为了保持干细胞的数量）和一个短暂分裂细胞。这种不对称分裂也许出现在一些组织中，如上皮组织。在这种情况下，干细胞必须保持使其调整自我维持率的能力，在不对称分裂中自我维持率为 0.5，如果干细胞死亡或者需要重建时则相应提高。

现今认为骨髓干细胞成为分化的细胞是一个逐渐积累的过程，其中包括一系列细胞谱系的分裂，这显然表明干细胞群体具有不同的干细胞特性等级，或者说不同的分化等级。例如骨髓，争议在于研究者们是否鉴别出了真正根本的终极骨髓干细胞。这里的困难之一是鉴别和筛选这种细胞，它们可能位于骨中，当人们寻找更多的原始细胞时，却发现它们的数量急剧减少。

我们综合了尽可能多的实验数据建立了现有的肠道细胞组织的实验模型，模型中通过定向分化产生的短暂分裂细胞群，不是一个谱系的终极干细胞，而是位于谱系分化阶段第 2 ～ 3 级的位置。如果将这些现象用细胞谱系图展现出来，小肠的增殖单位即隐窝包含了 4 ～ 6 个细胞谱系，4 ～ 6 种细胞谱系祖干细胞可形成至多 30 种第 2 级或第 3 级干细胞。稳态下，这些细胞进入短暂分裂区室，但是一旦有一个或多个终末干细胞发生损伤，它们就会取代终末干细胞并重塑整个谱系。这就引出了本章后续将要介绍的真干细胞和潜能干细胞（图 5.1）的概念。

参考军队结构可以画出细胞等级分化结构图，而这张图在 1990 年我们完成定义干细胞概念那篇论文时就已经探讨并形成了。在战争中，森严的等级制度使整个队伍严阵以待，并最终听命于英明的（希望如此）将军。如果战争中将军牺牲，将有另一个经过训练的上校来行使将军的责任。如果这个上校也遭遇不幸，将会有一个经过训练但是相对不如上校的军官来带领军队。最终军队中数量众多的士兵，会在训练或经验不足的情况下充当指挥者的角色。然而，通过 Dolly 羊这个实例我们可以知道，一个个体在学习了军事策略以后也许也能成为发布命令的长官。这个比喻可以延伸到肠道终末干细胞中观测到的凋亡敏感性上。这些细胞显然无法承受任何基因损伤并且不被修复，这或许与遗传基因风险有关，所以它们选择利他性自杀——如同将军精神崩溃或者身受重伤被替换下来一样。

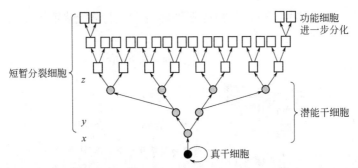

图5.1 大多数表皮干细胞的典型干细胞源细胞谱系。这个谱系的特点是,具有自我维持功能的真干细胞(黑色标记)分裂并产生可以进入短暂分裂期的子代细胞。不同组织的短暂分裂细胞产生的子代细胞数目不同。分化将干细胞与短暂分裂细胞区分开来,出现在真正干细胞分裂位点(x),这个过程它们以不对称方式进行。这个过程也可推迟至y或z位点,这种情况下就出现了潜能干细胞,可以补充死亡的真干细胞。在稳态环境下,潜能干细胞形成部分短暂分裂细胞群体并逐渐取代谱系下游细胞,如果需要,它会进一步分化,形成有功能的成熟的组织细胞。

至今才发现,在小肠隐窝中存在一种能够鉴别干细胞的有用的生物标志物。即便在没有标志物的情况下,小肠干细胞生物模型仍发展成了意义非凡的干细胞研究模型。小肠细胞谱系在空间上沿隐窝的长轴排列,细胞迁移追踪和突变标志物研究都证实了这一点。由此可见,干细胞位于组织中非常特殊的位置(隐窝):小肠干细胞位于距离隐窝基底部第4～5个细胞的位置,而在大肠的结肠中段位于隐窝的基底部(参看图5.2)。

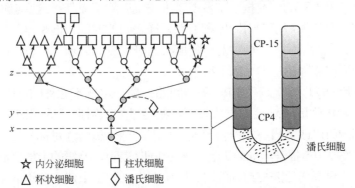

图5.2 小肠隐窝的细胞谱系。每个小肠隐窝包含4～6个细胞谱系,4～6个谱系的祖干细胞可在每个谱系中产生约6代细胞和至少4种完全不同分化类型的细胞。这个生物模型系统的特点在于每个细胞在谱系中的位置能够与小肠隐窝纵切面的局部结构相对应,如右图所示。

5.4 皮肤干细胞

Withers 利用皮肤宏观克隆再生实验首先验证了具有异源性的表皮基底层存在增殖单位,属于干细胞的一个亚群。这个理念与其他细胞动力学和组织再生数据结合,形成了表皮增殖单位(EPU)的概念(参见图5.3)。这表明基底层是由一系列小却具有功能的与细胞谱系相关的细胞组成的,其空间结构与表皮最外层即角质层的功能细胞直接相关。这些观点认为上皮是由一系列功能性增殖单位构成的。每一个表皮增殖单位都有一个位于中心的维持自身特性的干细胞及短小的干细胞源性谱系(仅有3代)。谱系末端的分化细胞有序地从基底层迁移出来逐层上移并成熟,最终在皮肤表皮形成薄而平坦的角化细胞,这些细胞堆积成圆柱形（类似一叠盘子）。细胞迁移到表皮的过程中还伴随着柱的最外层一定比例的细胞丢失（见图5.3）。

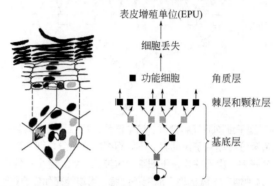

图5.3　滤泡上皮谱系以及表皮增殖单位所表现的细胞谱系与空间结构之间的关系示意图，左图上部为切面观，下部为表面观。

小鼠的皮肤及耳朵表皮的结构符合上述特征，与之类似的 EPU 结构还出现在舌背表面。关于这种概念是否能适用于人类仍存在争议。人许多部位存在类似的分层结构，如浅表角膜层。但困难的是如何证实这些浅表细胞结构与基底层空间排列之间的关系。无论如何，这些在浅表层存在的组织结构必定与皮肤深层的组织结构存在某种关系，这个猜测已经在小鼠身上证实了。

不论是微观还是宏观的研究技术都发现了上皮基底组织克隆；这些克隆与脾脏结节非常相似。微观研究的方法缩短了辐射照射和组织采样之间的时间，但是这两种方法都因为需要大量的人力而无法大范围使用。两种对克隆形成的研究资料显示，只有10%（或更少）的基底细胞具有重新形成克隆的能力（即干细胞）。

在稳定的细胞动力学状态下，EPU 干细胞的分裂一定是不对称的，因为每个 EPU 只有一个干细胞。克隆再生的微观检测方法表明，在经过如辐射造成的损伤后，幸存的 EPU 干细胞在一定时间内可以改变自身的分裂模式，从不对称分裂变为对称分裂，从而重建上皮组织（将自我维持率从0.5提升至0.5以上）。研究同时表明，毛囊的上层区域对上皮修复有着极其显著的作用。对损伤后表皮结构的研究明确指出，为了重建干细胞的空间分布，表皮经历了包括肥大在内的重组过程，在此过程中，干细胞重分布并最终再建 EPU 空间结构。

皮肤还包含一类与毛囊相关的重要干细胞。生长期毛囊（术语称作生长初期毛囊，图5.4）细胞快速分裂一段时间后才形成头发。毛发的生长可以持续很长时间：小鼠为三周，人为数月乃至数年。在一些物种如安哥拉兔和莫雷诺羊中，毛发生长的持续时间是不确定的。毛囊生发基质具有像小肠隐窝一样的空间极性，基底层具有固定数量的干细胞，以维持毛发生长活跃阶段的细胞分裂。但目前对这些干细胞仍知之甚少。毛囊十分复杂的原因之一是在小鼠和人类中，生长期毛囊产生一根成熟毛发后就会停止增殖。毛囊随后萎缩并进入静止期（生长终期毛囊）。对此最简单的解释是，细胞数较生长期毛囊少得多的终期毛囊包含少量毛囊干细胞，它们在新的毛发生长周期开始时被触发可进行增殖。然而，如下文所述，对此仍有一些争议。

现今已确定表皮中含有第三种干细胞，位于毛囊外鞘的上层，皮脂腺体的下层。这些干细胞有时可以被观测并表现为根鞘外的膨隆。所以这些细胞也被称为"膨隆细胞"。一系列设计精良但过程复杂的实验证实，在特定条件下，这些细胞具有修复受损毛囊、帮助表皮细胞再生的功能。毛囊这一区域内的细胞承担的表皮再生功能很有可能是 Al-Barwari 所观察到的。膨隆的细胞在皮肤发育过程中可形成毛囊并能修复受损毛囊。

　　膨隆细胞由于大部分时间处于静止期，其是否在毛囊未受损时参与早期毛囊的形成还具有很大争议。最简单的解释是膨隆细胞并不参与毛囊的自然更新，否则将会激活一些非常复杂的细胞分裂和迁移通路，这势必违背干细胞通常仅存在于固定位置的特性，更何况角质化上皮也是其无法穿越的屏障。对皮肤来说最可能的情形是，膨隆细胞发育为皮肤的过程中，表皮 EPU 干细胞及毛囊干细胞具有相同的起源，随后膨隆干细胞作为多功能的储备干细胞进入静止期，并在皮肤损伤和上皮组织重塑时行使功能（参见图 5.4 和图 5.5）。

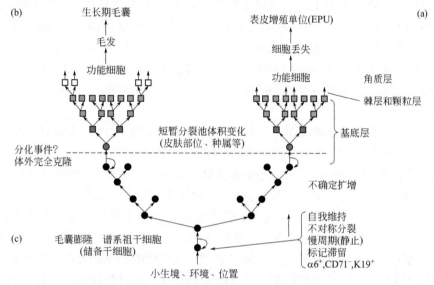

图5.4　以小鼠为例展示哺乳动物皮肤干细胞群体的复杂性。（a）图展示滤泡间上皮EPU谱系；（b）图展示生长期毛囊的另一个基质区域（生长初期毛囊）；（c）图展示毛囊上外层鞘或膨隆区的储备干细胞区室。膨隆中的干细胞可以重建上皮结构、毛囊和其他结构，如皮脂腺体等。

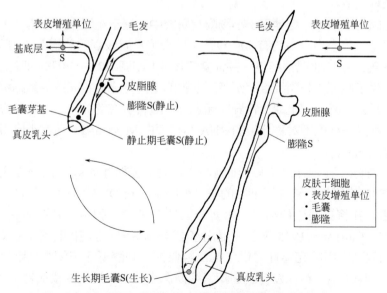

图5.5　生长初期毛囊和休眠或静止的终期毛囊的简单模式图。
本图展示了图5.4中所述的干细胞区室的空间分布。

5.5 小肠干细胞系统

小肠上皮像所有上皮结构一样高度极化，可分成独立的增殖和分化单位。小肠分化单位是指状突出的指向内腔的小肠绒毛。该结构被含有成百上千个细胞的单层柱状上皮包围，且都具有特殊的功能，一旦衰老死亡就从绒毛顶端脱落。绒毛上的细胞是不增殖的，绒毛顶端丢失的细胞由基底层细胞增殖而来，这些能补充绒毛细胞的细胞位于隐窝。

大约 6 个隐窝供给一个绒毛，每个隐窝产生的细胞可迁移到多个绒毛上。小鼠肠道隐窝总共约有 250 个细胞，其中 150 个增殖非常迅速，细胞周期平均约为 12h。细胞从小肠隐窝口移出的速度约为每小时一个细胞直径长度，并且其迁移可被追踪到距离隐窝底部向上约 4 个细胞直径的位置。不论是人还是小鼠隐窝底部都有一小群功能性分化细胞，称为潘氏细胞（Paneth cell）。细胞迁移跟踪和运动实验都表明小肠中干细胞位于距离隐窝底部 4 个细胞的位置，是细胞迁移运动的中心。在大肠的一些区域中，这些干细胞恰好位于隐窝基底部。

隐窝是细口瓶形状的结构，每个环状切面约由 16 个细胞构成。数字模型显示，每个隐窝存在约 5 个细胞谱系，即 5 个细胞谱系祖干细胞。稳定状态下，这些细胞可形成隐窝内所有的细胞，产生的子代能够分别形成小肠和大肠第 6 ~ 8 代的短暂分裂细胞谱系（见图 5.1和图 5.2）。小肠干细胞的分裂周期约为 24h。由此可知，在实验鼠的一生中，其小肠上皮干细胞共分裂约 1000 次。有种假设说这些细胞终生位于决定功能和行为的微环境中。从生物学观点来讲，这个模型的独特之处在于，在缺乏相应干细胞标志物的情况下，可以通过研究距小肠隐窝底部第 4 个细胞位置的干细胞来研究那些重要的谱系祖细胞的特性和应激反应。在这一过程中也发现了一个小细胞群（大约 5 个细胞），具有对基因损伤极度敏感的特性，例如小剂量辐射。当细胞发生 DNA 损伤时，会立刻激活 p53 信号通路，诱导自杀程序（凋亡）。这也被认为是一种在小肠中出现的基因组保护机制，可解释这个发生大量快速细胞增殖组织中的低癌变率。

宏观的克隆再生技术广泛地用于小肠隐窝研究中，提示小肠中存在第 2 个产克隆的或潜在的干细胞区室（每个隐窝中约有 30 个），这些细胞具有较强的抗辐射能力和 DNA 损伤修复能力。这些结果同其他观察结果一并证实了图 5.1 和图 5.2 中介绍的细胞分化等级，第 3级谱系细胞发生了使短暂分裂细胞有别于干细胞的定向分化。相同的谱系结构能推断细胞所属的肠隐窝。过去小肠干细胞缺少特异性标志物，随着研究的深入，一些标志物也被发掘了出来，如调控神经干细胞不对称分裂的 RNA 结合蛋白 Musashi-1，可在小肠极早期细胞谱系中高表达（见图 5.6）。

现有研究表明，隐窝中的终末干细胞在分裂时能选择性地将旧 DNA 链和新 DNA 链分开，保留旧 DNA 模板链，锚在干细胞的子代细胞中。新 DNA 链由于合成原因或许会在复制过程中出错，并将错误遗传给进入短暂分裂期的子代细胞中，并在随后的 5 ~ 7d 内从绒毛顶端褪去。Cairns 于 1975 年首先提出了 DNA 选择性分离的概念。DNA 选择性分离为小肠中干细胞基因组的完整性提供了第二层保护，并降低了组织中细胞癌变的概率（参见表 5.1）。干细胞扩增（组织发育晚期和组织损伤修复复期）过程中模板链上可出现 DNA 合成标志物，以便为谱系祖细胞提供特异性标志物（参见图 5.6）。图 5.6 同时还介绍了将小肠干细胞与其迅速分裂的子代区别开的其他方法。

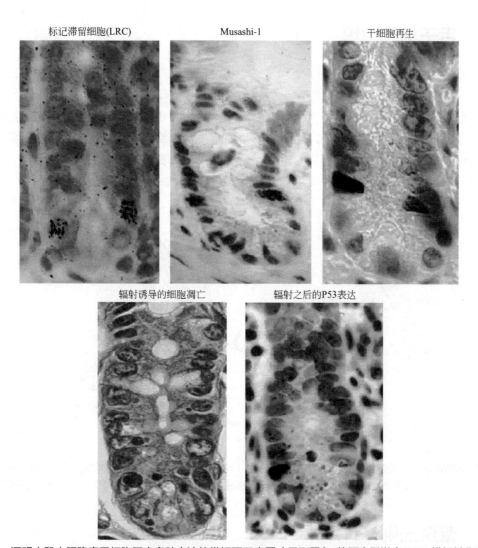

图5.6　证明小鼠小肠隐窝干细胞区室多种方法的纵切面示意图（见彩图）。将隔离假说中DNA模板链作为选择链而标记，隐窝从底部起第4个细胞处的细胞成为标记滞留细胞；RNA结合蛋白 Musashi-1在早期谱系细胞中表达，而且通过标记可在第4个细胞的位置周围显示特异性个体细胞；处于细胞毒药物损伤后再生期的细胞通过标记S期（溴脱氧尿苷标记），可看到部分再生性的或潜在的干细胞区室。例如，在给予2个治疗量5-氟尿嘧啶24h后，唯一处在S期的细胞是散布在隐窝第4个细胞的位置周围的小部分细胞。作为基因组保护机制的一部分，终极谱系祖干细胞对辐射和基因组损伤极度敏感，一旦出现这种损伤，小肠隐窝从底部起第4个细胞处就会发生明显的细胞凋亡；使用免疫组织化学的方法未检测到这些细胞表达p53；但是也有一些细胞在照射后高表达p53，推测是由于这些幸存的潜能干细胞在进入快速再生的细胞周期之前可允许修复，这段时间内，若进行适当的免疫组化，能在大约第4个细胞的位置检测到野生型P53蛋白表达。

表5.1　为什么小肠干细胞的癌变概率很低

相对于大肠而言，小肠比大肠
- 质量（长度）高3～4倍
- 细胞增殖速率快1.5倍
- 干细胞总数多2～3倍
- 干细胞分裂次数多3～4倍

值得注意的是，小肠的癌变概率比大肠低70倍

5.6 舌干细胞组织

　　口腔黏膜是角化、分层的上皮，类似于皮肤表皮的结构组织。舌背侧由许多形状和大小非常均匀的小丝状乳头组成。组织学检测和 Hume 细胞动力学研究表明，每个乳头由四个柱状细胞组成，包括两个优势柱和两个支撑柱。两个优势柱可形成与 EPU 相似的结构，被称作舌增殖单位。舌中细胞迁移路径可应用肠隐窝技术来绘制，并确定所有迁移起源的位置（即干细胞室的假定位置）。舌上皮的特征谱系与小鼠背部表皮相似，具有自我更新、不对称分裂的干细胞出现在组织和的特定位置，并产生约三代的细胞谱系（图5.7）。舌中的干细胞具有特别明显的生理节律。

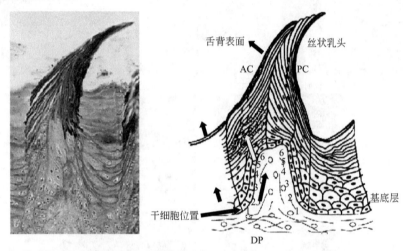

图5.7　舌背部表面组织切片。舌背面组织切片（左侧）和舌增殖单位图示（主导性前柱 AC 和后柱 PC）。经由细胞位置分析和基底层干细胞标记和定位，标记细胞迁移途径。舌组织干细胞是全身增殖节律最强的干细胞之一。

5.7 普遍法则

　　对机体主要可更新组织来说，分级或细胞谱系法则似乎可解释细胞更新过程。这些方案可涉及单个干细胞，在稳定状态下，推测这些干细胞必然通过非对称分裂，产生短暂分裂细胞群，短暂分裂群的大小因组织而显著不同，其传代数决定了短暂分裂群为每个干细胞分裂提供的扩增程度。这种扩增与干细胞在增殖室中的形成频率成负相关（参见图5.8）。

　　对于骨髓和小肠来说，将短暂分裂和干细胞区室区分开来的定向分化似乎在干细胞谱系分裂几代后才出现。由此产生的干细胞等级使得干细胞的干性减低，定向性增加，从而产生了定向前体细胞的概念。在小肠中，短暂分裂细胞定向分化的延迟为组织提供了储备潜能干细胞，这些细胞可在谱系祖细胞损伤后重建整个组织；也使本来就严防死守的组织又添了一层保护。

　　骨髓中的定向前体细胞或者更早期的细胞似乎可随着血液循环定植在不同的组织中。在适宜的环境或者局部信号的诱导下，其中一些细胞会受这些信号的诱导而进入特殊分化路径。进而可利用这些细胞重新植入有特定基因缺陷的病人肝脏中，用以纠正肝脏代谢紊乱并促进肝脏组织重建。

　　尽管转分化理论很引人注目，但干细胞的表观可塑性仍不清楚。特定基因缺陷小鼠转分

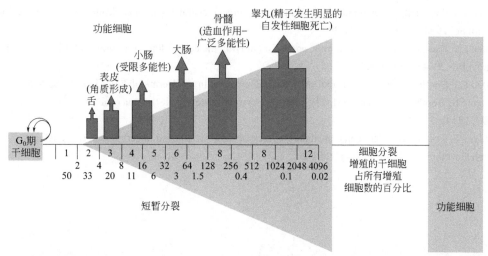

图5.8　干细胞源谱系示意图，显示鼠类多种组织短暂分裂期细胞代数的分布情况。舌和表皮等的多层角质上皮的组织细胞谱系最短，骨髓和睾丸的细胞谱系最长；还显示提供给每个干细胞构成短暂分裂细胞谱系理论上的扩增程度，以及这种扩增程度与增殖区室中干细胞所占比例之间的负相关关系。

化实验表明，骨髓细胞可与"肝细胞融合"，并由此补充肝细胞的基因缺陷。这些杂交细胞不仅能够存活，还能进行克隆扩增。现有实验明确证实基因缺陷鼠有功能的肝脏组织细胞同时具有供体和受体的基因标记，可见我们对干细胞的概念着实需要更进一步的发展和完善。

5.8　总结

近几年来，干细胞概念获得了极大的发展，胚胎干细胞和成体干细胞也引起了人们的兴趣。本章探究了应用于成体组织上皮细胞的干细胞及其概念的发展历程。这些组织具有高度极化和差异显著的成熟度与迁移通路的特点，这使得我们能够确定组织中代表所有细胞运动起源的特殊位置。干细胞即位于迁移通路的起点，是整个组织赖以生存并且长期（永久）存在的细胞。一系列细胞活力及谱系示踪实验研究表明，组织增殖区室可分为多个独立的增殖单位，每个单位都有其独立的干细胞区室。在皮肤干细胞发育研究中，至少有三种不同的干细胞群体，分别是表皮及生长期毛囊的细胞来源，此外，在毛囊上部还有一个高潜能的储备干细胞群体。在小肠中有研究表明干细胞本身具有等级制度，在细胞谱系的2～3代发生定向分化，进而发现了处于稳定期且发挥功能的真干细胞，此外，还有一群能够在真干细胞死亡后代替其起作用的潜能干细胞群体。先前提到早先研究成体小肠干细胞时并没有可靠的干细胞标志物，但新研究提供了识别这些细胞的潜在标志物。小肠上皮细胞含有大量分裂旺盛的干细胞，但癌变的概率非常低。这表明小肠中存在有效的基因保护机制，现今人们对这种机制也已经有了一定的认识。

深入阅读

[1] Hume WJ, Potten CS. The ordered columnar structure of mouse filiform papillae. J Cell Sci 1976; 22 (1): 149-60.

[2] Marshman E, Booth C, Potten CS. The intestinal epithelial stem cell. Bioessays 2002; 24 (1): 91-8.

[3] Potten CS. The epidermal proliferative unit: the possible role of the central basal cell. Cell Tissue Kinet 1974; 7 (1): 77-88.

[4] Potten CS. Stem cells in gastrointestinal epithelium: numbers, characteristics and death. Philos Trans R Soc Lond B Biol Sci 1998; 353 (1370): 821-30.

[5] Potten CS. Radiation, the ideal cytotoxic agent for studying the cell biology of tissues such asthe small intestine. Radiat Res 2004; 161 (2): 123-36.

[6] Potten CS, Booth C. Keratinocyte stem cells: a commentary. J Invest Dermatol 2002; 119 (4): 888-99.

[7] Potten CS, Booth C, Pritchard DM. The intestinal epithelial stem cell: the mucosal governor. Int J Exp Pathol 1997; 78 (4): 219-43.

[8] Potten CS, Loeffler M. Stem cells: attributes, cycles, spirals, pitfalls and uncertainties. Lessonsfor and from the crypt. Development 1990; 110 (4): 1001-20.

第二部分

基础生物学/机制

第6章

干细胞微环境

D. Leanne Jones[1], Margaret T. Fuller[2]
李雪 译

6.1 干细胞微环境假说

经典的发育生物学认为存在两种机制使得子代细胞（daughter cell）分化成不同谱系：一种是母细胞内细胞命运决定子的不对称分配；另一种是细胞定向分裂使每个子代细胞置于不同的微环境（microenvironment）中。第一种机制依赖于细胞内信号转导，第二种机制依赖于细胞外信号。然而事实上，自我更新与分化的平衡极有可能受细胞内在因素与来自其周围微环境的外来信号共同调控，这些细胞周围的微环境被称为干细胞微环境（stem cell niche）。

干细胞微环境的概念起源于对多种成体干细胞，如对造血干细胞的观察研究，当脱离其正常环境后，干细胞将丧失其持续自我更新的潜能，不同的微环境信号可引导子代细胞选择不同的细胞命运。在干细胞微环境假说中，自我更新信号受固定空间所限。如果微环境的空间有限，一个子代细胞就有可能被置于微环境之外，由于微环境之外缺少自我更新复制因子，它就有可能启动分化。但如果微环境的空间足够，干细胞分裂所产生的两个子代细胞就都能够保持其干细胞特性（如自我更新复制能力）。因此，干细胞微环境假说预测，干细胞的数目由含有自我更新和存活所必需的信号以及微环境的数量加以限制。

干细胞的精密空间结构与其周围的支持细胞（support cell）共同限定了微环境，使其能够提供充足的增殖和抗凋亡信号，并排除促分化因子等。干细胞周围的支持细胞是调控干细胞行为的关键信号源。干细胞与位于其下方的基底膜（basement membrane）或其支持细胞间的黏附对于干细胞锚定于微环境之内具有重要作用。此外，微环境还可引导子代细胞的极性，使得一个子代细胞置于微环境之外，处于促分化的环境之中。

本章以果蝇雄性和雌性种系细胞为模型，讨论干细胞微环境的作用及其调控干细胞自我更新的过程，并由此推测其他成体干细胞体系内调控干细胞行为的模式。

[1]　Department of Developmental Biology, Stanford University School of Medicine, Stanford, CA, USA.

[2]　Departments of Developmental Biology and Genetics, Stanford University School of Medicine, Stanford, CA, USA.

6.2　果蝇种系干细胞微环境

果蝇种系有助于我们了解干细胞微环境及其对干细胞行为的调控作用。果蝇卵巢（ovary）和精巢（testis）内的种系干细胞（germ-line stem cell, GSC）的精确识别与定位是已知的。此外，果蝇具有多种突变体、基因组测序以及细胞特异性的异位表达等强大的遗传工具及应用，有助于我们阐明干细胞与其周围微环境的相互作用。

通过克隆（clone）标记分析的谱系追踪（lineage tracing）可用于鉴定并标记雄性或雌性果蝇体内正常环境下的种系干细胞（GSC），具有遗传标记的 GSC 能够持续产生一系列分化的生殖细胞。克隆分析（clonal analysis）也可在野生型动物体内制造突变的 GSC，使我们能够分析特定基因对干细胞维持、自我更新和存活等功能的作用。

果蝇雄蝇或雌蝇的 GSC 通常进行不对称分裂（asymmetry division），精确地产生一个子代干细胞和一个即将启动分化的子代细胞。卵巢或精巢内的 GSC 与其周围的支持细胞紧密接触，这些支持细胞产生自我更新信号和 / 或干细胞维持信号，由此组建成干细胞微环境。干细胞的定向分裂将子代细胞之一置于微环境内，而另一个置于种系干细胞微环境之外，具有十分重要的意义。

6.3　果蝇卵巢种系干细胞微环境

果蝇成虫的卵巢含有约 15 个卵巢管（ovariole），每个卵巢管的最前尖端具有原卵区（germarium）的特化结构 [图 6.1（a）]。原卵区的最前尖端有 2 个或 3 个种系干细胞，靠近几组已分化的体细胞，包括端丝（terminal filament）、冠细胞（cap cell）以及原卵区的内鞘细胞（inner germarial sheath cell）[图 6.1（a）（b）]。当雌蝇 GSC 进行分裂时，靠近端丝和冠细胞的子代细胞保持干细胞特性；而远离冠细胞的子代细胞启动分化成为包囊细胞（cystoblast）。包囊细胞及其后代进行四次不完全胞质分裂的细胞分裂，产生 16 个生殖细胞，但仅有 1 个最终发育成为卵细胞，其余 15 个成为滋养细胞，用于滋养并支持卵细胞的生长。端丝、冠细胞和内鞘细胞表达调控 GSC 行为的重要分子，组成卵巢内的种系干细胞微环境（germ-line stem cell niche）。

Xie 和 Spradling 等直接证明了存在功能性的干细胞微环境，且其决定卵巢内细胞的命运。利用能够增加干细胞丢失速度的突变体，可以观察到空的干细胞微环境被邻近干细胞的分裂细胞快速填充。在这种情况下，GSC 的有丝分裂纺锤体重新定向并平行于端丝和冠细胞，使得干细胞对称分裂产生的两个子代细胞都成为干细胞。由于果蝇精巢干细胞的数目巨大，类似的 GSC 替换实验尚未在精巢中得到确认。

果蝇卵巢内的 BMP2/4 同源蛋白分子 Dpp 是维持 GSC 所必需的。冠细胞和内鞘细胞表达 dpp，激活邻近 GSC 的 Dpp 信号通路。Dpp 结合 I 型和 II 型丝氨酸 / 苏氨酸激酶受体并促使二者相互结合，使得 II 型受体磷酸化并激活 I 型受体，而后磷酸化其下游传递因子 Mad（mothers against dpp）。Mad 促使 Med（Medea）转移入核，作为转录激活因子促进 Dpp 靶基因的表达。

过度的 Dpp 信号可阻止果蝇卵巢生殖细胞分化。dpp 过表达导致原卵区增大，充满类似 GSC 的细胞。TGF-β 也是维持 GSC 长期干性的重要信号通路。其 I 型受体 sax（saxophone）功能失活突变将 GSC 的半衰期从一个月缩短到一周，并且减缓了 GSC 的分裂速度。克隆分

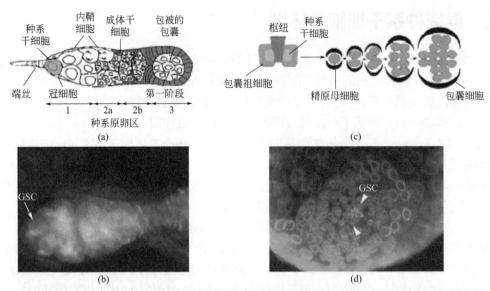

图6.1 果蝇卵巢和精巢中的种系干细胞微环境。（a）果蝇原卵区示意图，包含种系干细胞（GSC），左侧为前端，右侧为后端。端丝、冠细胞和内鞘细胞所表达的分子对雌蝇GSC的干性维持、自我更新，以及干细胞微环境的形成都十分重要。GSC经不对称细胞分裂，产生一个仍保持干细胞特性的子代细胞和一个启动分化的包囊细胞。随着分裂，逐渐成熟的包囊向原卵区的后端移动。包囊被体干细胞（SSC）衍生细胞包裹于区域2a～2b。有包被的成熟包囊从原卵区出芽形成区域3。（b）果蝇原卵区的免疫荧光图像，生殖细胞由生殖细胞特异性蛋白抗体Vasa进行标记。膜蛋白α-spectrin抗体标记原卵区内的体细胞，以及囊泡状的、胞质的称为GSC网织体（spectrosome）（箭头）的球状结构和包囊细胞。（c）果蝇精子发生早期图示，GSC围绕一团称为顶端枢纽的有丝分裂后期体细胞并与之接触。枢纽细胞是雄蝇GSC微环境的主要成分，每个GSC被两个体干细胞即包囊祖细胞包围。GSC经不对称细胞分裂产生一个保持干细胞特性的子代细胞和另一个子代细胞，即精原母细胞，后者经历四轮不完全细胞分裂，产生16个生殖细胞。精原母细胞被包囊细胞包围，以确保精原母细胞的分化。（d）果蝇精巢顶端的免疫荧光图像，生殖细胞由Vasa抗体标记，体细胞枢纽由膜蛋白Fasciclin Ⅲ抗体标记。8个GSC（箭头）围绕顶端枢纽。

析证实，下游信号通路组分 Mad 和 Med 是种系维持 GSC 正常半衰期所必需的，且呈细胞自主性。现行的模型认为，冠细胞和卵巢内鞘细胞分泌 Dpp，调控 GSC 分裂及干性维持。分化的生殖细胞也与表达 *dpp* mRNA 的内鞘细胞相接触，这个模型仍需一个附加机制来阐明生殖细胞如何在 Dpp 信号存在的情况下进行分化。并由此产生这样一种解释：微环境中的 Dpp 信号可能在干细胞特化维持的过程中扮演了许可性而非指导性的角色。

　　Piwi 蛋白也在果蝇卵巢的端丝和冠细胞内表达，且呈非自主性地支持 GSC 的干性维持。*piwi* 基因家族成员通过 RNA 沉默与转录调控作用，在多种生物的干细胞维持中发挥关键作用。果蝇 *piwi* 突变体的三龄幼虫卵巢内含有正常数目的原始生殖细胞（primordial germ cell，PGC），但成虫卵巢内仅含有少数已分化的生殖细胞。体细胞内过表达 *piwi* 将导致原卵区 GSC 数目增加，提示 *piwi* 在 GSC 的自我更新过程中发挥作用。Piwi 也在种系细胞中表达，呈细胞自主性地调控卵巢内 GSC 的分裂速率。即便 Piwi 调控雄蝇 GSC 的作用机制尚不清楚，但 *piwi* 的缺失突变也可导致雄蝇的 GSC 干性维持失效。

6.4　果蝇精巢种系干细胞微环境

　　果蝇成虫的精巢呈长卷曲管状，里面充满精子发生各个时期的细胞。黑腹果蝇成虫的精巢顶端含有约 9 个 GSC，呈环形紧密围绕在一簇有丝分裂后期体细胞（postmitotic somatic cell）形成的枢纽（hub）周围［图 6.1（c）（d）］。雄性 GSC 分裂时，通常产生一个保持干细胞特性的细胞和一个精原母细胞（GB, gonialblast），其从枢纽上脱离并启动分化［图 6.1（c）］。精原母细胞及其子代细胞进行四轮有丝分裂的短暂扩增，并伴随不完全胞质分裂，产生一团共 16 个彼此相连的精原细胞。

已证实 JAK-STAT 信号通路（Janus kinase-Signal Transducer and Activator of Transcription）参与指导果蝇精巢内 GSC 的干细胞自我更新过程。体细胞顶端的枢纽细胞（hub cell）是精巢 GSC 微环境的主要成分。枢纽细胞表达 Upd（Unpaired）配体，Upd 激活邻近干细胞的 JAK-STAT 通路并指导干细胞进行自我更新。黑腹果蝇有且仅有一个已知的由 hop（hopscotch）基因编码的 JAK 和一个已知的 STAT 即 Stat92E。在存活且雄性可育的带有 hop 等位突变的雄蝇体内，可以进行第一轮生殖细胞分化，但是在干细胞分裂的头几轮，也就是精子发生一开始，GSC 就丢失了。生殖细胞纯合突变的嵌合克隆（mosaic clone）分析证实，Stat92E 的活性在种系干细胞的自我更新过程中呈细胞自主性的必需。Upd 通常只在枢纽细胞内表达，在早期生殖细胞中异位表达 Upd 将导致精巢顶端膨大，充满数以千计的类似 GSC 和精原母细胞（gonialblasts）的细胞。以上数据表明，枢纽细胞通过分泌 Upd 配体确保种系干细胞微环境，通过激活 GSC 中的 JAK-STAT 通路，来指导干细胞的自我更新过程。

组织培养实验表明，分泌的 Upd 蛋白与细胞外基质相结合。如果结合细胞外基质限制了 Upd 在体内的扩散，那么只有与枢纽保持直接接触的细胞可以接收到足够的 Upd 以保持其干细胞特性。与该假说一致的是，活化的 Stat92E 作为果蝇唯一的 STAT 同源物，仅在枢纽细胞及其相邻的 GSC 中存在。原位分析表明，编码 Upd 受体的基因 domeless，在后精母细胞和精子细胞除外的精巢中广泛表达。

6.5　种系干细胞和体干细胞维持与增殖的协同调控

多种干细胞群体可以共存于同一解剖学部位，如骨髓中同时存在造血干细胞和间充质干细胞。在这两种类型的干细胞产生分化细胞群进而形成组织的过程中，不同类型干细胞增殖的协同调控过程尤为重要。果蝇雌性和雄性性腺是研究体细胞与生殖系两种干细胞群协同调控作用的卓越体系。

果蝇卵巢的原卵区（germarium）还有除 GSC 以外的另一类干细胞。这些成体干细胞（somatic stem cell, SSC）［图 6.1（a）（b）］产生许多特化的卵泡细胞（follicle cell），这些卵泡细胞覆盖每一个发育中的卵室（egg chamber）。经由克隆分析实现谱系追踪，表明这些 SSC 位于卵巢管（ovariole）内距离雌性 GSC 几个细胞距离的位置［图 6.1（a）］。每个生殖细胞相互连接形成的包囊（cyst）从原卵区后部末端出芽之前，都被区域 2a ～ 2b 中的卵泡细胞所包被［图 6.1（a）（b）］。

Hedgehog（Hh）信号转导通路已被证实调控 SSC 及其后代的增殖与分化过程。Hh 在原卵区尖端的端丝和冠细胞内高度表达［图 6.1（a）］。hh 基因失活导致原卵区的体细胞数目减少。由此导致插在相邻生殖系包囊之间的滤泡细胞减少，导致原卵区聚集许多未被包裹的包囊。在卵巢内过表达 hh 会引起体细胞高度增殖，导致分隔相邻卵室的细胞数目和处于发育过程中卵室两极的特化滤泡细胞数目增多。目前，表达于端丝和冠细胞内的 hh 如何调控位于几个细胞直径以外的 SSC 增殖的机制尚不清楚。SSC 有可能直接接收 Hh 信号，或者 Hh

还通过其他类型的体细胞，如内鞘细胞进行信号传递以间接调控 SSC 增殖 [图 6.1（a）]。

果蝇卵巢内的 *fs(1)Yb* 基因可能是调控 GSC 和 SSC 增殖的上游调控因子。*fs(1)Yb* 突变可导致 GSC 不进行明显的自我更新而提前分化。因此，卵巢管由几个分化的生殖系包囊和缺乏生殖细胞的原卵区组成。同时伴有体细胞数目减少。相反，过表达 *Yb* 导致原卵区 GSC 和体细胞数目增加。

Yb 蛋白在端丝和冠细胞内表达，*Yb* 突变体呈现冠细胞内 Hh 和 Piwi 蛋白表达下降，并在端丝细胞内也略有减少。Yb 功能缺失导致 GSC 丢失，与 *piwi* 突变体相类似。过表达 *Yb* 所导致的表型也和异位表达 *piwi* 和 *hh* 相类似。基于以上观察，*Yb* 可能在 GSC 微环境内调控 *piwi* 和 *hh* 表达，并由此平行调控 GSC 和 SSC 行为。

果蝇精巢内的一类 SSC，又称为包囊祖细胞（cyst progenitor cell, CPC），进行自我更新并产生体包囊细胞。这些 CPC 位于雄性 GSC 两侧，并通过细胞质的延伸与顶端枢纽细胞直接接触 [图 6.1（c）]。就 GSC 而言，靠近枢纽的子代细胞仍保持干性，而远离枢纽的子代细胞成为包囊细胞并不再继续分裂。两个与哺乳动物足细胞（Sertoli cell）功能类似的体包囊细胞（somatic cyst cell）包裹一个精原母细胞及其后代，并由此在精原细胞分化过程中发挥重要功能 [图 6.1（c）]。

精巢内的 GSC 和 CPC 的自我更新过程可能受到同一信号 Upd 配体的调控。精巢内的 GSC 和体细胞的 CPC 定位于顶端的枢纽细胞附近。*hop* 突变的精巢顶端的早期体细胞数目显著减少。与之相对应的，在早期生殖细胞内异位表达 Upd 将导致早期体细胞数目增加。顶端枢纽分泌的 Upd 可将信号直接转导给体细胞和 GSC 等，进而指导干细胞的自我更新过程。另外，转导至生殖细胞的 Upd 信号可以使生殖细胞向其邻近的 CPC 发送第二信号来指定干细胞特性，进而间接调控体干细胞增殖。CPC 和包囊细胞都存在于无性精巢内，这更支持第一种模型。如果 Upd 信号直接传递给 GSC 和 CPC 来指定其干细胞特性，那么就需要由顶端枢纽产生指导干细胞进行自我更新的信号，进而在空间上协调干细胞不对称分裂为体细胞和生殖细胞。

6.6 微环境的结构组成

在果蝇性腺中，GSC 与其周围支持细胞之间的黏附作用对于维持微环境内的干细胞、靠近自我更新信号并远离分化信号很重要，提示卵巢与精巢内的 GSC 似乎与周围的支持细胞具有直接接触。可以在雌蝇 GSC 与冠细胞之间，以及雄蝇 GSC 与邻近枢纽细胞之间观察到成簇的黏附连接。免疫荧光分析显示，果蝇中 E- 钙黏蛋白（E-cadherin）同源蛋白 Shg（Shotgun）和 β-catenin 同源蛋白 Armadillo（Arm）在雌蝇 GSC 与冠细胞的交界面处以及雄蝇 GSC 与枢纽细胞的临界处高度聚集。*shg* 和 *arm* 的活性对雌蝇微环境内 GSC 的募集与维持是必需的。利用克隆分析去除种系细胞内的 *shg* 活性将导致发育中的卵巢无法有效地招募雌蝇 GSC 至微环境内。此外，募集到微环境内的 *shg* 突变的 GSC 无法维持其干性，提示 DE- 钙黏蛋白介导的细胞间黏附对于维持原卵区微环境内的 GSC 是必需的，进而有效维持干细胞的自我更新。

通过传递小分子的细胞间缝隙连接通讯（gap junctional intercellular communication）可能也参与了果蝇卵巢内早期生殖细胞的存活和分化。*zpg*（zero population growth）基因编码种系特异性缝隙连接蛋白，其突变将导致雌蝇和雄蝇的生殖细胞在分化初期丢失。Zpg 蛋白聚集在雌蝇和雄蝇的生殖细胞-体细胞界面，以及处于发育中的卵室内相邻生殖细胞之间。来自周围支持细胞的小分子和 / 或营养物经由缝隙连接转运至生殖细胞，对于进行分化的早期生殖细胞的存活是必需的。雌蝇 GSC 和相邻支持细胞之间存在缝隙连接，结合 *zpg* 突变导致 GSC 最终丢失，证实缝隙连接传递的信号分子可能在干细胞维持或物理性维持微环境内的 GSC 中起作用。

综上所述，果蝇雄性和雌性种系系统提供了一个用于研究干细胞微环境理论的检测原理和研究其机制基础的遗传体系。克隆标记实验已经在精巢和卵巢中鉴定到原位 GSC，可用以研究这些干细胞与其周围微环境之间的关系。通过对雌蝇和雄蝇 GSC 的研究产生几类课题，为哺乳动物系统中的干细胞微环境研究提供了可行的案例参考。首先，干细胞通常靠近分泌维持干细胞特性所需因子的支持细胞，包括位于精巢顶端的枢纽细胞和位于卵巢顶端的原卵区冠细胞。参与干细胞维持的信号转导通路在雄蝇和雌蝇 GSC 体系间可能并不保守，在性腺的 GSC 和 SSC 之间也不保守。其次，GSC 与其微环境细胞间的细胞间连接是其干性维持所必需的，能够在微环境内物理维持干细胞并确保 GSC 靠近微环境发出的自我更新信号。

6.7　哺乳动物组织内的干细胞微环境

特化的微环境被认为参与调控几种由干细胞群体维持的哺乳动物组织的干细胞行为，包括雄性生殖系统、造血系统、表皮以及肠道上皮。这些微环境具有和果蝇种系干细胞微环境相同的特征，特别是周围微环境分泌的信号分子和干细胞锚定在微环境内所需的细胞间黏附分子。本节简要介绍各种组织的微环境。对每种组织和干细胞群体的更多详细信息，见本部分内各章节。

6.7.1　哺乳动物睾丸

成年哺乳动物睾丸的输精管（seminiferous tubule）是精子发生场所。胚胎中的 PGC 分裂并迁移至生殖嵴（genital ridge）。雄性 PGC 即生殖母细胞（gonocyte），归巢至输精管的基底膜并分化成精原干细胞（spermatogonial stem cell）。唯一的精原细胞（spermatogonia），也就是假定的干细胞，紧贴几群支持的体细胞，包括管周肌样细胞（peritubular myoid）和足细胞（Sertoli cell），它们可能有助于形成干细胞微环境（图 6.2）。

从可育的小鼠或大鼠体内分离取得的精原干细胞可被移植到受体免疫缺陷小鼠的输精管中。这些外源性干细胞能够穿过层层已分化的生殖细胞和足细胞间的紧密连接，沿着基底膜找到干细胞微环境并建立供体来源的精子发生集落。精原干细胞

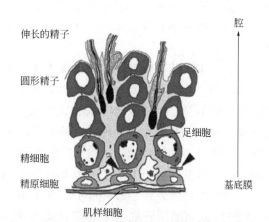

图6.2　输精管内生殖细胞和体细胞组成。精子的形成发生在组成睾丸的输精管内。哺乳动物雄性生殖系干细胞（如精原细胞）位于邻近基底膜（星号）的输精管外围，其分化过程包含多个阶段，产生精母细胞、精母细胞、精子细胞和精子，这些细胞都被释放到输精管管腔中。精原细胞与几种体细胞紧密相关，包括管周肌细胞和足细胞。足细胞位于各个时期的生殖细胞两侧，通过紧密连接（箭头）连续围绕输精管。足细胞和肌样细胞是睾丸干细胞微环境的重要候选成分。

移植实验的成功使得我们能够鉴定哺乳动物睾丸内的干细胞微环境。例如，干细胞和可用微环境的数量随年龄和睾丸生长而增加；无论供体干细胞来自成年鼠或幼鼠，未成熟幼鼠睾丸内的微环境更利于建立克隆集落。

迄今尚未发现能够特异性指导哺乳动物雄性 GSC 进行自我更新的分泌型信号分子。然而，足细胞产生一种名为神经胶质细胞系来源的神经营养因子 GDNF（glial cell line-derived neurotrophic factor），能够影响包括干细胞在内的减数分裂前生殖细胞的增殖。缺失一个 GDNF 拷贝的小鼠体内出现干细胞消耗殆尽现象。相反，用小鼠生殖系细胞内特异性的启动子选择性过表达 GNDF，呈现未分化精原细胞既不分化也不凋亡但聚集现象。老年过表达 GDNF 的小鼠通常形成非转移性睾丸肿瘤，表明 GDNF 参与精原细胞增殖和分化过程中的旁分泌调控。

用于检测哺乳动物雄性 GSC 功能的移植实验为成年哺乳动物睾丸内精原干细胞和干细胞微环境研究提供了分子定性的工作平台。利用荧光激活细胞分选技术（fluorescence-activated cell sorting, FACS）和特异性表面标志物单克隆抗体富集干细胞，然后将分选的细胞群体移植，已经鉴定出 α6 整合素（α6 integrin）为精原干细胞可能的表面标志物，该方法提高了干细胞与其细胞外基质（extracellular matrix, ECM）附着对其干性维持具有重要意义的可能性。精原细胞和分化精子细胞与足细胞间的接触很可能部分通过细胞间黏附连接介导，但具体哪种钙黏蛋白或钙黏素样分子参与此种细胞间相互作用尚未最终得以确认。同时，排布有输精管的足细胞由紧密连接连续接合在一起，这些紧密连接调节基底膜和输精管腔之间的细胞和大分子运动。

6.7.2 造血系统

血细胞生成的主要解剖学部位在个体发育期间会逐渐改变。造血干细胞（HSC）首先存在于胚胎卵黄囊（embryonic yolk）和主动脉—性腺—中肾（AGM, aorta-gonad-mesonephros）区，而后转移到胚胎肝和脾内。HSC 在出生前迁移到骨髓，维持动物整个生命期内的造血过程。

对 HSC 微环境及调控 HSC 干性维持与自我更新的信号分子的鉴定仍处于初始阶段。HSC 位于骨的内表面，其分化细胞向骨髓腔中心迁移。形成骨的成骨细胞被认为是 HSC 微环境的主要组分，由于成骨细胞的数量增加导致长期 HSC 的数量相应增加。这些成骨细胞高水平分泌 Notch 配体 Jagged-1，表明激活 HSC 中 Notch 信号转导通路可促进 HSC 增殖。此外，纺锤形的 N- 钙黏蛋白$^+$ CD45$^-$ 成骨细胞表达细胞黏附分子 N- 钙黏蛋白（N-cadherin），该蛋白可能负责将 HSC 保持在微环境内以靠近其自我更新和存活信号。

一种能够在体外保持高纯度的鼠和人 HSC 的基质细胞系已被分离并经分子鉴定。细胞系 AFT024 来自胎鼠肝脏，可维持 HSC 生长 4 ～ 7 周。这些培养的干细胞在移植后仍保持其体内重建造血的能力，等同于新鲜纯化的 HSC。对该细胞系分泌生长因子的研究，以及存在于这些细胞表面的细胞间和细胞与胞外基质之间的黏附分子的研究，可为骨髓 HSC 微环境重要组分的研究提供候选分子。

新近研究表明，经典 Wnt 通路信号可调控 HSC 的体外和体内自我更新。Wnt 是分泌型生长因子，可以与细胞表面受体 Frizzled（Fz）家族成员结合。β-catenin 为该通路的正向调控因子，与 Lef-TCF 转录因子家族成员结合来调节转录。在缺少 Wnt 信号时，β-catenin 经由泛素－蛋白酶体途径（ubiquitin-proteasome pathway）被快速降解。

Reya 等（2003）利用编码表达持续性激活 β-catenin 分子的逆转录病毒感染 HSC，可使培养的 HSC 自我更新并扩增至少 4 周，甚至在某些情况下长达 1 ～ 2 月，而同条件下的对照 HSC 只能存活不超过 48h。这些培养的细胞具备类似 HSC 的形态和表型，当以特定数目移植时，这些细胞能够使遭受致死性辐射的小鼠重建整个造血系统。在生长因子存在的条件下培养野生型 HSC，其增殖被可溶性的 Fz 受体的配体结合结构域所阻断，表明 Wnt 信号转导是微环境内细胞因子对 HSC 增殖的促进反应所必需的。由于此培养体系内不存在其他类型的细胞，该结果提升了 HSC 分泌 Wnt 的可能性，充当促进 HSC 增殖的自分泌信号。

那些参与锚定骨髓内 HSC 的细胞间和细胞与胞外基质之间的黏附分子尚未得以鉴定。有趣的是，HSC 可在外周血、脾和肝中移动并被检测到，提示 HSC 可以从微环境内迁移出。虽然外周血循环的 HSC 和祖细胞会被快速清除，但是血液中的 HSC 数量相当稳定，表明迁入和迁出血液的 HSC 大致相当。在骨髓移植后，招募 HSC 迁移或归巢至骨髓微环境的机制尚未得以清楚阐明，但细胞黏附分子和趋化因子受体似乎参与该过程。然而，HSC 的动态迁移性表明 HSC 和微环境细胞之间的细胞黏附受到严格调控。

6.7.3　哺乳动物表皮

哺乳动物表皮主要由角质细胞（keratinocyte）组成，系干细胞亚型。表皮干细胞具有多向分化潜能；其后代可分化为滤泡间上皮（interfollicular epidermis）和皮脂腺细胞（sebocyte），并参与形成所有组成毛囊（hair follicle）的已分化细胞类型，包括外根鞘（outer root sheath）、内根鞘（inner root sheath）和毛干（hair shaft）。

是由一个"原始"表皮干细胞产生干细胞 - 祖细胞群体，以维持滤泡间上皮、毛囊和皮脂腺细胞，抑或是干细胞能平等地维持这些特化的细胞类型，使得它们的命运由局部微环境决定，这些都尚不清楚。然而，越来越多的证据支持小生境或微环境影响其向特定谱系分化的模型。例如，培养的大鼠真皮乳头细胞（dermal papillae cell）可以通过大鼠足垫上皮（footpad epidermis）诱导毛囊形成，而通常情况下是没有毛囊的。这些数据表明，通常维持滤泡间上皮的干细胞可以通过收集微环境发出的信号重编程以充当毛囊干细胞。本章我们对产生毛囊和滤泡间上皮的干细胞分别进行介绍。

6.7.4　毛囊

哺乳动物胚胎发育中，毛发基板定位和形成后，下部毛囊进入生长期（anagen）、退化期（catagen）和静止期（telogen）循环。产生内根鞘和毛干的增殖细胞被称为基质细胞（matrix cell），基质细胞是一群位于毛囊基部的短暂分裂表皮细胞，含有一团称为真皮乳头的间充质细胞（mesenchymal cell）［图 6.3（a）］。

多种手段已发现哺乳动物表皮的干细胞微环境定位于毛囊上部称为膨隆的区域。尤其是膨隆位于外根鞘，后者紧邻滤泡间上皮［图 6.3（a）］。由于毛囊在退行期发生退化，真皮乳头就紧密靠近滤泡膨隆。有研究表明，真皮乳头发出一个或多个信号可引起膨隆内的干细胞和 / 或短暂扩增细胞向外迁移并开始增殖以再生成毛囊。

人和小鼠表皮中的 β1 整合素蛋白在外根鞘区域的膨隆细胞内高度表达。在外根鞘细胞内敲除 β1 整合素基因的表达并未扰乱第一轮毛发周期；然而，基质细胞的增殖严重受损，导致进行性毛发脱落和严重的毛囊异常。滤泡间角质细胞的增殖也显著减少，7 周后，这些小鼠完全缺乏毛囊和皮脂腺，表明 β1 整合素蛋白对表皮的正常增殖是必需的。β1 整合素蛋白的一种功能可能是将干细胞锚定在膨隆内，使其靠近自我更新信号。

迄今尚未最终鉴定出那些由膨隆内或膨隆周围的细胞分泌的能够调控干细胞自我更新的生长因子。然而，Shh（Sonic Hedgehog）和 Wnt/β-catenin 信号通路已被证实能够影响表皮和表皮附属物细胞的分化与增殖的许多方面。Shh 可能参与指导胚胎发育过程中毛囊的定位与生长，以及出生后的毛囊再生过程。Shh 信号在生长中毛囊的末梢表达，位于基质内最靠近皮肤表面的一侧 [图 6.3（a）]。有趣的是，在真皮乳头中表达的成纤维细胞生长因子（FGF）和 BMP，可通过调节基质细胞中 Shh 的表达来影响毛囊的生长 [图 6.3（a）]。

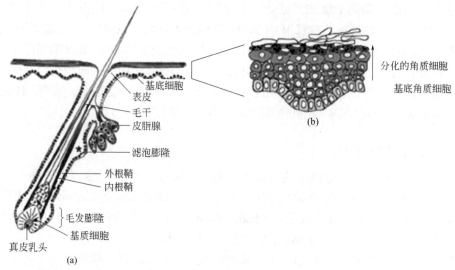

图6.3 （a）毛囊组分的示意图（修改自 Gat, et al. 1998, Cell, 95, 605）。滤泡膨隆（星号）被认为是干细胞微环境，容纳参与毛囊形成的所有分化细胞，包括外根鞘、内根鞘和毛干。膨隆内干细胞还可以产生皮脂腺细胞和维持滤泡间上皮的细胞。膨隆沿外根鞘定位，后者紧邻滤泡间上皮（虚线）。（b）滤泡间上皮的横截面示意图。维持滤泡间上皮的干细胞位于表皮的基底层，分裂以产生短暂扩增细胞，后者随着向皮肤表面迁移的同时进行终末分化。死亡的鳞片从皮肤表面脱落。滤泡间上皮干细胞成碎片状存在，被短暂扩增细胞形成的交互网络包围成干细胞簇（Kore-eda, et al. 1998, Am J Dermatopathol, 20，362）。

Shh 功能缺失扰乱毛囊生长，而异位表达 Shh 的靶基因将诱发毛囊肿瘤（follicular tumor）。此外，由 Shh 信号通路下游组分突变引起的基底细胞癌（basal cell carcinoma），由类似毛囊前体细胞的细胞组成。上皮中表达 Shh 将导致其靶基因如 *Ptc*（Patched）在增殖的基质细胞和邻近的真皮乳头细胞中表达。由于 Shh 靶基因在上表皮和下面的真皮组织内都有表达，所以 Shh 调控上皮细胞增殖的作用是直接的还是间接的尚不清楚。

Wnt 信号通路在胚胎发育的毛囊形成过程中，以及出生后的基质生成细胞特化成滤泡角质细胞的过程中起重要作用。在小鼠皮肤内过表达稳定的 β-catenin 将导致形成异位毛囊和毛囊衍生肿瘤。或者在皮肤特异性敲除 β-catenin 将导致胚胎发育期间的毛发基质形成（hair germ formation）减少，并且在第一轮毛发周期完成后，通过多能膨隆干细胞显著限制细胞命运特化。在第二次生长期的初始阶段，β-catenin 缺失的干细胞无法分化成滤泡上皮细胞，并且滤泡角质细胞的生成也受到限制。

Lef1-Tcf 家族的几个成员，以及许多 Wnts 家族的成员在皮肤中均有表达。膨隆和外根鞘下部细胞表达 Tcf3，而 Lef1 在增殖的基质细胞和分化中的毛干前体细胞内高表达。实验证实 Tcf3 可能是维持膨隆和外根鞘下部细胞特性的抑制剂，并且可能不依赖于结合 β-catenin。这意味着 Tcf3 可能不依赖 Wnt 信号通路而直接指导膨隆和外根鞘下部细胞的分化。另一方面，Lef1 却需要结合 β-catenin 并通过一个或多个 Wnt 来激活其对毛囊分化的影响。虽然这些数据再次强调了 Wnt 信号在毛囊发生中的作用，但仍然没有证据表明 Wnt 家族直接调控表皮干细胞的增殖、维持或自我更新。

Wnt 信号稳定 β-catenin，而 noggin 抑制 BMP 信号通路使得 Lef1 转录激活，二者协同作用抑制 E- 钙黏蛋白表达并驱动毛囊形态发生。条件性敲除 α-catenin 也导致毛囊形成停滞及随后的皮脂腺形成失败。这些结果强调了 Wnt 信号和黏附连接形成的调控在毛囊发育和维持中的重要性。

6.7.5 滤泡间上皮

膨隆中的干细胞可以迁移到表面以维持滤泡间上皮。维持滤泡间上皮的干细胞位于上皮基底层的囊里，其分裂产生短暂扩增细胞，这些短暂扩增细胞向皮肤表面迁移的同时进行终末分化 [图 6.3（b）]。滤泡间上皮干细胞聚集成片，被短暂扩增细胞所包围，这些短暂扩增细胞形成干细胞簇之间的互联网络。

干细胞与细胞外基质的黏附有助于维持干细胞的特性，并防止角质细胞分化。人或小鼠基底角质细胞可在体外培养并生长，在过去的 20 年中，培养的成人角质细胞被用作自体移植物治疗烧伤患者。体外成功培养角质细胞使得皮肤基因疗法治疗多种皮肤疾病与慢性损伤的潜在技术得以发展。

当培养的角质细胞处于悬浮液状态时，它们立即停止细胞分裂并启动分化。角质细胞表达多种整合素蛋白，即便其中一些广泛表达，但另一些只在发育、创伤和疾病时才被诱导表达。所有表皮基底层细胞均表达 β1 整合素。然而在滤泡间上皮内，与短暂扩增细胞相比，β1 整合素的基准表达水平在疑似干细胞群中高出 2 ～ 3 倍。实验证明，由丝裂原活化蛋白激酶级联（mitogen-activated protein kinase cascade）信号引发 β1 整合素的高水平表达，可以促进基底角质细胞的干细胞特性。由此，高水平的 β1 整合素被视为滤泡间上皮干细胞的可见标志物。

实验证实，活化的 β-catenin 通过 Lefs 和 Tcf 可上调角质细胞培养物中干细胞的比例。培养的小鼠角质细胞置于含有 Wnt3a 和 noggin 蛋白的条件培养基时，显著上调 β-catenin 和 Lef1 水平，同时，Lef1 在细胞核中的定位显著增加。这两条信号通路能够下调滤泡基底角质细胞内 E- 钙黏蛋白的表达，这与其调控毛囊形态发生期间的 E- 钙黏蛋白表达相类似。有趣的是，滤泡间上皮的干细胞表面的 E- 钙黏蛋白的水平低于短暂扩增细胞。

有实验表明，Notch 信号可促进滤泡间角质细胞分化。培养的人表皮角质细胞表达高水平的 Notch 配体 Delta1，它向邻近细胞发出分化信号，而干细胞则可避免接受该信号。Notch 信号还被证明可以刺激小鼠表皮细胞分化。因此，从基底角质细胞中条件性敲除 Notch 将导致表皮增生，表明 Notch 负调控表皮干细胞增殖，并且可以在小鼠表皮中作为肿瘤抑制剂。更有趣的是，Notch1 缺陷还可导致 β-catenin 和 Lef1 水平升高及形成基底细胞癌样肿瘤。

6.7.6 肠道上皮

结肠和小肠的内部由简单的柱状上皮（columnar epithelium）组成，通过位于沿肠壁的褶皱或隐窝内的干细胞增殖来进行持续自我更新。小肠以 200 ～ 300 个细胞 /d 的速率离开隐窝，并迁移到凸起形成肠道内腔的纤毛绒毛（ciliated villi）上 [图 6.4（a）]。尚无细胞特异性标志物用于总结鉴定和定性肠道干细胞。然而谱系追踪实验将小肠和直肠内推测的干细胞定位于每个隐窝基底附近。隐窝内约 4 ～ 5 个干细胞产生短暂扩增细胞，后者能够进行高达 6 次的短暂分裂。这些短暂扩增细胞迁移出增殖区并起始分化 ［图 6.4（b）］。干细胞被保持在隐窝基底部，深埋于肠壁中防止毒素通过肠腔。

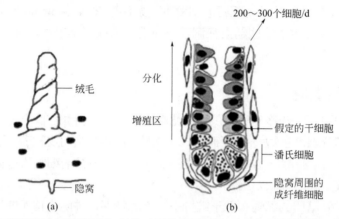

图6.4 （a）小肠绒毛和隐窝之间的关系图。（b）小肠隐窝示意图。小肠和结肠中的谱系追踪实验得出了干细胞存在于隐窝基底部的结论。小肠干细胞位于距隐窝底部4个细胞的位置，即已分化的潘氏细胞上方。结肠隐窝内不含潘氏细胞，结肠中的干细胞定位于隐窝基底部（Korinek, et al.1997, Science, 275，1784）。其他已分化的细胞向肠腔迁移。隐窝周围的成纤维细胞分泌因子参与干细胞的维持和增殖，据此，这些细胞很可能是肠内干细胞微环境的细胞组成。

Wnt 信号通路参与调控肠道上皮细胞的增殖与分化。人类 Wnt 信号通路的负性调控分子 APC（adenomatous polyposis coli）基因突变在病原学上与结直肠癌的发生相关。此外，在 APC$^{-/-}$ 的结肠癌细胞系内或具有稳定的 β-catenin 的细胞系中均可发现持续性激活的核复合物 Tcf4-β-catenin，提示 Tcf4 的过度激活可能与细胞转化相关。表达于肠道上皮的 Tcf4 转录因子缺失，将导致干细胞丢失，以及新生小肠的绒毛囊内增殖区域不能维持。以上表型在结肠中不明显，表明在大肠中可能由另一个 Tcf 家族成员替代 Tcf4 或与之功能冗余。

如果隐窝作为微环境支持小肠干细胞的自我更新，这意味着靠近小肠干细胞的细胞可能分泌自我更新信号。仅能在成年小鼠小肠隐窝的基底部发现核 β-catenin，提示这些细胞内的 Wnt 信号通路被激活 ［图 6.4（b）］。因此，位于隐窝上皮下的间质细胞很可能是分泌 Wnt 配体的来源，由此产生旁分泌信号指导小肠上皮的干细胞、祖细胞或两者共同增殖。

6.7.7 神经干细胞

在成体脑的特定区域内神经发生是持续不断的，这些发生位于侧脑室的腹侧脑室下区（subventricular zone, SVZ）和海马区（hippocampus）。神经干细胞具有自我更新能力，并产生能够分化成神经元和神经胶质的前体细胞，这些细胞可以从 SVZ 和海马区分离培养。来自这些组织的细胞在体外培养时能够产生自由漂浮的球状簇，称为神经球（neurosphere），即干细胞和前体细胞的混合群体。即便生长因子如 FGF2 和 EGF 可支持培养的神经球生长，但在成体脑中维持干细胞自我更新的相关生理信号分子尚未确定。

从成体脑中的许多区域，包括非神经源性区域，分离的细胞均能够在体外培养或在体内移植回神经区域后产生神经元。以上数据表明，神经干细胞可能遍布整个成体中枢神经系统，并且其所处的局部环境或微环境都可能决定它们的发育命运。

来源于 SVZ 和海马区的星形胶质细胞（astrocyte）可以为祖细胞提供神经信号，提示星形胶质细胞可能是神经干细胞微环境的关键组分。来源于成体脊髓的星形胶质细胞对培养的神经干细胞的生长没有影响，表明来自中枢神经系统不同区域的星形胶质细胞对成体干细胞命运决定的调节能力不同。

6.8 总结

干细胞微环境被认为在雄性种系、造血系统、表皮、肠道上皮和成体神经系统的干细胞维持中起关键作用。对这些干细胞微环境的鉴定依赖于体内正常环境下鉴定干细胞的能力。通过比较不同的干细胞系统，产生一些主要观点，指出干细胞与其微环境间关系的可能的通用特征。

首先，由组成干细胞微环境的细胞产生或诱导的分泌因子可以指导干细胞的命运决定。然而，对于每个干细胞种类或每个干细胞微环境的精确信号通路都是不同的。果蝇研究表明，邻近干细胞的支持细胞分泌维持干细胞特性和指导干细胞自我更新所需的因子。果蝇中 JAK-STAT 和 TGF-β 信号通路参与支持细胞对干细胞行为的调节过程。已经在哺乳动物中证明 Wnt 信号转导通路参与指导 HSC 的自我更新过程，即便 Wnt 信号可能由干细胞自身分泌并以自分泌反馈来调控干细胞增殖。Wnt 信号还可能参与指导小肠上皮干细胞和 / 或短暂扩增细胞的增殖。然而，同一信号通路在不同的干细胞系统中可能发挥不同的功能。在哺乳动物表皮，Wnt 信号通路可能参与指导毛囊前体的命运决定，而不能指导膨隆中多能干细胞的自我更新。

其次，细胞黏附也是干细胞与其微环境相互作用的重要特征。果蝇雄性和雌性种系中干细胞与微环境细胞之间的黏附是干细胞维持所必需的，用以确保 GSC 足够靠近微环境发出的自我更新信号。在成体哺乳动物组织内，与微环境细胞或基底层的附着可能对干细胞维持也是十分必要的，因此，滤泡间上皮干细胞和外根鞘膨隆区的多能干细胞具有高水平表达 β1 整合素的特征。有趣的是，靶向破坏外根鞘膨隆区内细胞中的 β1 整合素，将严重破坏滤泡间上皮、毛囊和皮脂腺的前体细胞增殖。因此，与维持果蝇微环境内 GSC 的黏附连接作用相类似，β1 整合素介导的细胞黏附对保持多能表皮干细胞位于微环境内并接近自我更新信号是必需的。在哺乳动物睾丸内，α6 整合素被鉴定为精原干细胞富集的细胞表面标志物，即便 α6 整合素在维持精原干细胞中的特定作用尚不清楚。与之相类似地，表皮基底角质细胞也表达 α6 整合素；然而 α6 整合素的表达与增殖潜能之间并没有强相关性。因此，尽管细胞黏附通常是支持微环境内干细胞维持的保守特征，但是在不同的干细胞微环境系统内，特定类型的连接和细胞黏附分子可能发挥不同的功能。

最后，干细胞与其周围支持细胞的精确组织结构对干细胞适宜数目的调控具有重要作用。在果蝇卵巢和精巢中，干细胞通常进行不对称分裂，有丝分裂纺锤体导向将这个子代细胞置于干细胞微环境内以保持其干细胞特性；同时，将要分化的子代细胞被置于微环境之外，远离自我更新信号。干细胞通过连接复合体或微环境内的定位信号附着于微环境细胞或细胞外基质，为干细胞提供极性的信号，引导确定干细胞的分裂方向。这种严格划分的平面又确定了干细胞的不对称分裂结果，其中一个子代细胞保持附着于微环境细胞，而另一个被移出干细胞微环境之外。由于干细胞在体内正常支持细胞微环境下得以确认，那么确定输精管、骨髓、滤泡膨隆、小肠隐窝以及成体脑神经区的干细胞是否也同样进行定向分裂将十分有意义。

致谢

作者要感谢 Amy Wagers、Tony Oro、Alan Zhu 和 Erin Davies 对本手稿给予的批评与指正。D. Leanne Jones 是生命科学研究基金的 Lilly 研究员。

深入阅读

[1] Alonso L, Fuchs E. Stem cells in the skin: waste not, Wnt not. Genes Dev 2003; 17 (10): 1189-200.

[2] Benfey PN. Stem cells: a tale of two kingdoms. Curr Biol 1999; 9 (5): R171-2.

[3] Brinster RL. Germline stem cell transplantation and transgenesis. Science 2002; 296 (5576): 2174-6.

[4] Callahan CA, Oro AE. Monstrous attempts at adnexogenesis: regulating hair follicle progenitors through Sonic hedgehog signaling. Curr Opin Genet Dev 2001; 11 (5): 541-6.

[5] Gage FH. Mammalian neural stem cells. Science 2000; 287 (5457): 1433-8.

[6] Gonzalez-Reyes A. Stem cells, niches and cadherins: a view from Drosophila. J Cell Sci 2003; 116 (Pt 6): 949-54.

[7] Huelsken J, Behrens J. The Wnt signalling pathway. J Cell Sci 2002; 115 (Pt 21): 3977-8.

[8] Khavari PA, Rollman O, Vahlquist A. Cutaneous gene transfer for skin and systemic diseases.J Intern Med 2002; 252 (1): 1-10.

[9] Lin H. The stem-cell niche theory: lessons from flies. Nat Rev Genet 2002; 3 (12): 931-40.

[10] Morrison SJ, Shah NM, Anderson DJ. Regulatory mechanisms in stem cell biology. Cell 1997; 88 (3): 287-98.

第 **7** 章

干细胞的自我更新机制

Hitoshi Niwa❶
刘伟江，白博乾，童越　译

7.1 多能干细胞的自我更新

自我更新和分化是干细胞最突出的两个特征。所谓自我复制，是指干细胞通过有丝分裂产生拟表型（phenocopy）完全相同的细胞，分裂产生的子代细胞中至少有一个细胞保持与亲本一样的自我更新能力和分化潜能。在干细胞自我更新过程中，细胞对称分裂会产生两个一样的子代干细胞；而不对称分裂会产生一个干细胞和一个发生分化的或保持有限分化能力的干性子代细胞。在胚胎发育早期，为了使胚胎体积快速增大，短暂分裂的干细胞多见对称分裂；但在发育晚期和成体阶段，为了维持已经建立的躯体发育程序（body plan）的自身稳定状态，恒定的干细胞多发生不对称性分裂实现自我更新。

按照分化能力对干细胞进行分类，多能性被定义为细胞分化成三胚层中的任一胚层细胞的能力。胚胎干细胞来源于植入前或植入后的胚胎。小鼠胚胎干细胞是由胚泡期胚胎的内细胞团（inner cell mass, ICM）发育而来的多能干细胞。小鼠胚胎干细胞的自我复制依赖白血病抑制因子（leukemia inhibitory factor, LIF），并且在注射入胚泡后保持胚胎发育的能力，目前这种特性被称为原始（naïve）多能性。与之形成对比的是，小鼠上皮干细胞（mouse epiblast stem cell, EpiSC）来源于表皮细胞或胚胎的初级外胚层。小鼠 EpiSC 在成纤维细胞生长因子 2（Fgf2）和激活素的存在下维持自我更新，但是它们在注射入胚泡后几乎不能形成嵌合体胚胎，这是现在被称为预处理的（primed）多能性的特征。

在雌性小鼠体内，胚胎植入后 X 染色体立即发生失活。有趣的是，小鼠胚胎干细胞可保留两个有活性的 X 染色体，而 EpiSC 只有一个无活性的 X 染色体，提示它们所处的分化阶段有差异。人胚胎干细胞衍生自内细胞团，但研究显示，其保持诸多预处理的（primed）多能干细胞的特征。实验证实，在 Fgf2 和 Activin 存在的条件下，ICM 内可以有 EpiSC 发生，表明干细胞的多向分化潜能是由培养条件决定的，而非细胞起源。

7.1.1 胚胎干细胞保持自我更新能力的分子机制

体外连续自我更新能力是胚胎干细胞的特征性表型之一。与其他细胞表型类似，连续自我更新是通过细胞外信号触发的核内转录进行调控的。在本节中，基于功能分析数据，我们

---

❶ Laboratory for Pluripotent Stem Cell Studies, RIKEN Center for Developmental Biology, Tokyo, Japan.

对小分子在小鼠胚胎干细胞中维持未分化的多能状态的作用进行描述（见图7.1）。

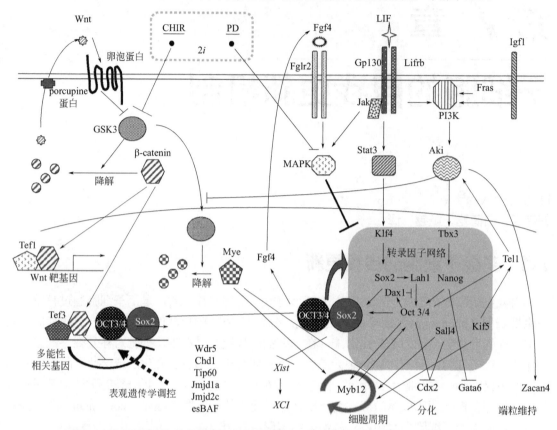

图7.1　小鼠胚胎干细胞维持多向分化潜能的分子机制概览。图中英文缩写释义见文中。

7.1.1.1　胚胎干细胞自我复制的细胞外信号

7.1.1.1a　白血病抑制因子

白血病抑制因子（LIF）是一种足以维持小鼠胚胎干细胞多能性的可溶性细胞因子。LIF属于白介素（IL）-6 细胞因子家族，该家族的成员都具有的跨膜糖蛋白 Gp130 是介导受体信号转导的常见成分。高亲和力的 LIF 受体由 Gp130 和 LIF 受体 β（Lifrβ）的异二聚体组成。JAK-STAT 是一条由 Gp130 介导的重要信号通路。已有研究证实，Stat3 的激活对干细胞多向分化潜能的维持是充分必要条件。PI3K-Akt 途径也被 Gp130 下游的 LIF 激活，人为激活 Akt 可以代替 LIF 的功能。这两种细胞内通路整合 LIF 信号平行传入核内，激活负责维持多能性的转录因子。相比之下，Grb2-MAPK（mitogen-activated protein kinase）途径也被 LIF 激活，但 LIF 作为一种多能性负性调控分子。在这些细胞内信号通路中，JAK-STAT 仅在胚胎干细胞中被 LIF 激活，而 PI3K-Akt 和 Grb2-MAPK 通路受 LIF 以及其他细胞外调节信号如胰岛素 / 胰岛素样生长因子（IGF）和 Fgf4 的调节。

虽然 LIF 在有胎牛血清的培养基中以及添加 BMP4 的无血清 N2B27 培养基中可以维持胚胎干细胞的自我更新，但是其在发育过程中的生理作用似乎是受限制的。通过基因打靶去除 *Lif*、*Gp130*、*Lifrβ* 及 *Stat3* 并没有干扰细胞在早期胚胎发育阶段的多能性维持和自我更新。Gp130 维持干细胞多能性表型的作用在对晚期胚泡进行仔细分析的时候才显露出来。晚期胚泡的内细胞团（ICM）通常保持多能性，但缺失 *Gp130* 的胚泡不能维持多能性。由于胚泡在子宫内在不植入的状态可以维持生存是啮齿动物的特征，胚胎干细胞对 Gp130 信号的响应性来源于这种适应性生理功能。此外，这可能是 LIF 对其他物种没有同样的显著效果的原因，特别是灵长类动物。值得注意的是，Gp130-Stat3 信号通路的功能在生殖细胞发育过程中是进化保守性的——在无脊椎动物中可以发现该信号通路，提示这个作用系统在啮齿动物胚胎干细胞中是一种源自生殖细胞的小的协同进化作用。

7.1.1.1b 成纤维细胞生长因子4

Fgf4 是促进小鼠胚胎干细胞分化的自分泌因子。通过基因打靶消除 Fgf4 的分泌或通过特殊的抑制剂阻碍 Fgf 受体激酶的活性可以在含有 LIF 和血清的培养基中促进细胞自我更新和抑制自发分化。来自 Fgf4-Fgfr2 的多能性负调节信号由 Grb2-MAPK 通路转导。靶向干扰 Grb2 或用特异性阻断剂阻断 MAPK 活性也可以促进自我复制。由于 Fgf4 的表达是由细胞干性相关的转录因子 Sox2 和 Oct3/4 调节的，多能性的不稳定似乎也是细胞干性相关转录因子互作网络中重要的一环。MAPK 负向调控 Tbx3 的核定位，但可能存在其他靶标分子参与这种负向调控作用。

7.1.1.1c Wnt

Wnt 也是一个参与稳定初始多能性的自分泌因子。通过抑制 porcupine 活性可以抑制 Wnt 蛋白家族配体分泌，将导致小鼠胚胎干细胞向 EpiSC 样细胞改变。与之相对应的，当在血清和 LIF-free 的培养基（又称之为 2i 培养体系）中抑制 MAPK 的活性，并抑制在经典 Wnt 信号通路中负调控因子 GSK3（glycogen synthase kinase 3）的活性，将稳定自我更新过程。然而，当不抑制 MAPK 的活性或 LIF 时，即便额外加入重组 Wnt 配体或抑制 GSK3 的活性都不足以支持小鼠胚胎干细胞的自我更新过程。由于 LIF 与抑制 GSK3 和 MAPK 的活性呈现协同效应，可能它们在多能性相关转录因子网络上各自拥有不同的整合位点。抑制 GSK3 的活性将稳定 β-catenin 并促进其核定位。核定位的 β-catenin 与 Tcf1 相互作用激活其转录因子活性，同时与 Tcf3 结合以抑制 Tcf3 的转录抑制功能。GSK3 可能不是由 Wnt 信号通路单独调控的，有证据表明，PI3K-Akt 信号通路可负调控其核定位。

7.1.1.2 胚胎干细胞自我更新的转录调控

7.1.1.2a Oct3/4

由 Pou5f1 基因编码的 Oct3/4 最初被鉴定为 Oct3 或 Oct4 在胚胎瘤细胞未分化状态特殊的表达。Oct3/4 对于胚胎发育多能性的建立与维持是完全必需的，Oct3/4 缺失突变体胚胎在植入后立即死亡，同时，Oct3/4 缺失的胚泡分离出来的内细胞团向滋养外胚层分化。诱导缺失 Oct3/4 的胚胎干细胞也呈现向滋养外胚层分化，意味着 Oct3/4 对于小鼠胚胎干细胞的自我更新功能十分必要。Oct3/4 与 Sox2 形成的异二聚体调控多能性相关基因的表达，其中就包括 Oct3/4 和 Sox2，说明具备正反馈通路参与维持胚胎干细胞的自我更新。Oct3/4 作为参与诱导分化为滋养外胚层的基因例如 Cdx2 的转录抑制子，这解释了 Oct3/4 功能缺失后严重影响滋养外胚层的分化。当过表达 Oct3/4 时，诱导分化成分化细胞的混合物，而后成滋养外胚层，这可能是由于保持了向滋养外胚层分化的阻遏物功能。

7.1.1.2b Sox2

Sox2 是 Y 染色体性别决定基因相关的（Sry-related）HMG 盒转录因子家族的一个成员。Sox2 作为 Oct3/4 的伙伴直接参与转录活动，把敲除 Sox2 的胚胎进行移植后，该胚胎死亡，说明 Sox2 对维持多功能细胞系至关重要。在胚胎干细胞内诱导 Sox2 缺失导致其不能向滋养外胚层分化，说明 Sox2 对于胚胎干细胞的自我更新十分关键。然而，如果通过转基因人为

维持生理水平的 *Oct3/4* 表达，能通过保持 Oct3/4-Sox2 复合物的已知靶基因的表达，来恢复 *Sox2* 缺失 ES 细胞的自我更新能力。因此，Sox2 被认为是 Oct3/4 的直接转录激活因子，并且 Oct3/4 的诱导功能也可通过 Sox 家族的其他成员得到补偿。

7.1.1.2c Nanog

Nanog 编码 NK2 家族的同源异型盒（homeobox）转录因子。*Nanog* 的命名来源于 *Tir na nÓg*，这个名字来源于曾经的凯尔特人的神话故事，因其在细胞缺失 LIF 时，仍可因其持续性表达而维持胚胎干细胞的自我更新而来。以上是 *Nanog* 的特征性功能，因为无论是 *Oct3/4* 还是 *Sox2* 的人工保持都不能取代在维持胚胎干细胞自我更新中对 LIF 的需要。*Nanog* 敲除的胚胎在移植后死亡，这说明 Nanog 参与着床前细胞的生长。然而，在胚胎干细胞中诱导缺失 *Nanog* 基因产生了 *Nanog* 缺失的胚胎干细胞仍可以继续分化，这说明尽管其对分化的影响颇高，但 Nanog 不是胚胎干细胞自我更新必不可少的。在基因组中，Nanog 与其靶位点 Oct3/4 及 Sox2 共存，故有助于稳定它们之间的通路或增强其功能。已有研究表明，LIF 通过 PI3K-Akt 通路调控 *Nanog* 的表达。

7.1.1.2d Klf4

Klf4 是一个 Krüppel 型锌指结构的转录因子。和 *Nanog* 相似，在胚胎干细胞缺失 LIF 表达时，*Klf4* 仍可以维持胚胎干细胞的自我更新。然而，*Klf4* 敲除的胚胎虽然能正常通过早期胚胎发育阶段，但在出生后就死掉，这可能是由于皮肤及结肠没有上皮组织的覆盖。尽管 *Klf4* 敲除的胚胎干细胞还未被报道，但 siRNA 介导的敲低 Klf4 及其他 Klf 家族成员例如 Klf2 及 Klf5 共享它的功能来支持 ES 细胞的自我更新。将单基因敲除并未出现缺陷症状，然而将三个 Klf 因子全部敲除后则显现出增殖能力下降，每一种 Klf 因子均有其特有的功能，当然，所有的 Klf 因子也有功能相似的地方。在胚胎干细胞自我更新的调节中有不同的交接方式，已有实验报道，LIF 通过 JAK-STAT 调控 *Klf4*，而 Oct3/4 主要调控 *klf2*。Klf4 协同 Oct3/4 及 Sox2 共同作为一系列目标基因的转录激活因子，这些基因包含 *Lefty1*。

7.1.1.2e Tbx3

Tbx3 属于 T-box 转录因子家族。在鼠的胚胎干细胞内敲除 *Tbx3* 可以诱导该细胞的分化，这是由于 Tbx3 系非依赖 LIF 持续性表达以促进细胞自我更新。然而，*Tbx3* 敲除的胚胎因其卵黄囊发育缺陷死于胚胎发育的 13.5d，意味着其功能并非体内多能干细胞维持的必要条件。*Tbx3* 的表达主要通过 PI3K-Akt 通路调节 LIF 而调控，然而核内的 Tbx3 主要通过 MAPK 通路调节。

7.1.1.2f Tcf3

T 细胞因子家族（Tcf）被认为是经典 Wnt 通路的靶点。在小鼠胚胎干细胞中，Tcf1 是调控核内 β-catenin 转录活性的常规靶标。相反，Tcf3 的作用却与之不同。Tcf3 与核内的 β-catenin 竞争结合 Oct3/4、Sox2 和 Nanog 的靶点并抑制其转录活性。*Tcf3* 缺失的胚胎干细胞呈现稳定的自我更新能力，而过表达 *Tcf3* 却促使其走向分化，这些结果支持了该模型。

7.1.1.2g Myc

Myc 被认为是最广泛的细胞增殖的调节因子，并作用于各种干细胞内。*Myc* 的表达，特别是它的突变型 *MycT58A* 的表达可以支持胚胎干细胞的自我更新而不依靠 LIF。有研究表明，核内的 GSK3 在 T58 磷酸化 Myc，使得其降解。GSK3 核定位在 LIF 信号下通过 PI3K-Akt 被负调节。反馈性调控核内的 GSK3。尽管敲除 *Myc* 的胚胎干细胞仍可以自我增殖，但是若在鼠胚胎干细胞内同时敲除 *Myc* 及 *Mycn* 时可诱导细胞分化为原始内胚层，这表明 Myc 及

Mycn 共同阻遏鼠胚胎干细胞的增殖。然而，其功能受特定条件的影响，如缺失 Myc 家族同源二聚化配体 *Max* 可导致胚胎干细胞在 2i 培养体系内存活，却在含有胎牛血清的培养条件下死亡。因此，小鼠胚胎干细胞对 Myc 的需求表现在阻止由 MAPK 通路激活驱使的向原始内胚层分化，它对细胞增殖的调控功能可有可无。

7.1.1.3 核受体

核受体被认为与转录因子网络的多能性相关，尤其是在 *Oct3/4* 的调节方面。已知 SF1/Nr5a1 限制带有 RAR 的 *Oct3/4* 启动子来激活其转录。据报道，Lrh1/Nr5a2 结合到鼠 ES 细胞的 SF1 结合位点。*Lrh1* 无效的内皮细胞快速下调原始血管内皮的 *Oct3/4* 的表达，表明 Lrh1 在预处理的多能状态方面发挥重要作用。Tr2/Nr2c1 和 Tr4/Nr2c2 被认为参与胚胎干细胞内的 *Oct3/4* 的转录激活抑制。核受体家族成员，例如 Gcnf/Nr6a1 和 Couptfs（Nr2f1～3）占领体细胞内的 SF1 结合区，这有利于阻止分化的细胞中 *Oct3/4* 异常激活。Dax1/Nr0b1 编码负调控因子 Nr5a1 和 Nr5a2，尤其是在原始多能干细胞中的表达。*Dax1* 的表达主要受 Oct3/4、Stat3 的调节，Dax1 抑制 Nr5a1、Nr5a2 的活性，以及 Oct3/4 抑制 *Oct3/4* 的表达，表明 Dax1 在适当范围内对 *Oct3/4* 的表达有微调作用。事实上，伴随着 Oct3/4 的抑制，强迫 *Dax1* 在 ES 细胞的表达导致诱导向外胚层分化。

7.1.1.3a Stat3

Stat3 是 LIF 信号的主要媒介。人们认为使用 Stat3-ER 复合物激活 Stat3 能够代替胚胎干细胞的自我更新所需的 LIF。然而这不是维持多能性明显需要的，因为 *Stat3* 缺失的胚胎干细胞可以在 2i 培养体系内增殖，像 *MYc：Mycn* 缺失的 ES 细胞一样。因此，Stat3 的作用是限制 LIF 信号向核心转录因子网络转换。

7.1.1.3b Rex1

Rex1 编码 C2H2 锌指结构转录因子，被称作 *Zfp42*。尽管其主要在体内和体外多能干胞中表达，其作用是保持多能性必不可少的。事实上，*Rex1* 缺失的胚胎干细胞保持自我更新能力，有利于嵌合胚胎的能力。据报道，一个同样难以预料的发现是 Esg1 和 Rest。

7.1.1.4 介质复合体

组织特异性的转录因子的转录激活，通过酶复合体传输募集的 RNA 酶Ⅱ到启动子。这个遗传机制在鼠 ES 细胞中被通过多向分化潜能有联系的转录激活共享。媒介复合体通过与粘连素的相互作用也有利于染色质结构的调节，这是独一无二的机制。

7.1.1.5 ES 细胞自我更新的表观遗传学调控

鼠 ES 细胞独一无二的外在结构是提供多能性相关转录因子网络的基础。基本上，鼠 ES 细胞所有的外在调节主要保持基因充分打开泛染色质的结构。

7.1.1.5a 组蛋白标签

PRC2（polycomb group complex2）包括 Suz12、Eed 和 Ezh2，介导组蛋白复合体 H3 上 Lys27 的三甲基化，通过在进化的调节基因的调节分子上建立二价结构域有利于基因沉默。另外，众所周知，PRC2 是保持 ES 细胞自我更新能力所必需的，因为 *Suz12*、*Eed* 和 *Ezh2* 缺失的 ES 细胞系都有利于自我更新。由 Ring1a 和 Ring1b 组成的 PCR1 介导组蛋白的泛素化。胚胎干细胞的自我更新能力因 *Ring1a* 和 *Ring1b* 位点的破坏而消失。概括来说，PRC2 募集 PRC1 到靶位点，但是它们可能有共同作用，因为只有 *Eed：Ring1b* 缺失的 ES 细胞，而不是缺少 PRC1 或者 PRC2 的胚胎干细胞，失去合适分化的能力。据报道，trxG（trithorax group）介导 H3 的 Lys4 的甲基化来执行 PRC 的沉默效应。最近，Wdr5 被认为是 trxG 的一部分，与胚胎干细胞的自我更新机制有关。

组蛋白 H3 的 Lys9 的甲基化通过异染色质蛋白（HP）-1 的募集参与异染色质的形成。尽管 H3K9 的 2- 和 3- 甲基转移酶 G9a 和 Glp 不是 ES 细胞自我更新必不可少的，但内皮细胞 H3K9 单甲基转移酶 *Eset* 的敲除导致内源的逆转录病毒去抑制（de-repression）。类似的表型在 *Kap1/Trim28* 缺失的 ES 细胞中发现，可能是因为 Kap1 是募集 Eset 到靶位点所需要的。

Jumonji 家族蛋白介导甲基化的组蛋白去甲基化。Jumonji/Jarid2 对于胚胎干细胞的自我更新是必需的。它通过与 PRC2 的相互作用参与磷酸调节 H3K27 的甲基化。敲除 *Jmjd1a* 或 *Jmjd2c* 导致胚胎干细胞分化，表明通过 H3K9 的去甲基化，它们参与与细胞多能性相关的基因的阳性调节。

7.1.1.5b DNA甲基化

DNA 的胞嘧啶残基的甲基化产生 5- 甲基嘧啶，是主要的表观遗传标记。Dnmt3a 和 Dnmt3b 被认为是从头合成型 DNA 甲基转移酶，然而 Dnmt1 在 DNA 复制过程中保持甲基转移酶的活性中起作用。尽管鼠胚胎干细胞高表达 *Dnmt3a* 和 *Dnmt3b*，但把它们都敲除后细胞仍有自我更新能力。然而这些 ES 细胞在长期培养过程中失去了 DNA 的甲基化，与野生型 ES 细胞相比，表现分化的概率更高。三重敲除的 ES 细胞没有三个 DNA 甲基转移酶，仍有活力，表明 DNA 甲基化不是 ES 细胞自我更新所必需的。

5- 羟甲基胞嘧啶是由 tet 家族去甲基化酶催化 5- 甲基胞嘧啶去甲基化后的产物。*Tet1* 在内皮细胞高表达，导致鼠内皮细胞基因组脱甲基化。然而据证明，尽管 *Tet1* 缺失的胚胎干细胞的 5- 羟甲基胞嘧啶有部分降低，但仍保持多能性。

7.1.1.5c 染色质重塑

染色质重塑通过改变组蛋白与基因组 DNA 的接触来实现在启动子区调节合适的转录激活。染色质重构蛋白被分为四个家族：SWI/SNF（switch/sucrose nonfermentable）、CHD（chromodomain helicase DNA binding）、ISWI（imitation switch）和 INO80（inositol-requiring 80）。据报道，鼠 ES 细胞高表达 SWI/SNF 复合体特殊表型能作为 esBAF。敲除其主要组分 *Brg1* 将导致增殖和分化能力降低，敲除 *BAF250a/Arid1a* 或 *Baf250b/Arid1b* 影响 ES 细胞增殖和分化，表明其作用是有意义的。最近，据报道，esBAF 和 Stat3 共同定位在基因组上，以将 PRC 2 从靶位点排除。相反，*Mbd3* 的表达阻断，其作为 CHD 家族的 NuRD 复合体的组成部分，将导致在缺少 LIF 时稳定进行自我更新，表明其在 ES 细胞自我更新中的负向调控作用。INO80 家族的 Tip60 介导 H3K4 的乙酰化，被认为与内皮细胞的自我更新有关，因为其敲除导致自我更新能力受抑制，CHD 家族的 Chd1 被认为是敲除实验中保持多能性所必需的。这些假说等待通过基因打靶证实。

7.1.1.6   内皮细胞自我更新中的miRNA

miRNA 通过结合到靶序列调节一系列基因的表达。Drosha/Dgcr8 介导 miRNA 的过程，缺少所有的 miRNA 时，*Dgcr8* 缺失的 ES 细胞表现低增殖率，表明 ES 细胞中的 miRNA 降低增殖能力。

7.2   抑制分化

为了维持胚胎干细胞自我更新的多能性，多能的转录因子必须阻止诱导分化的发生。小鼠的胚胎干细胞只能直接分化为三个胚层：原始外胚层、原始内胚层以及滋养外胚层。小鼠胚胎干细胞在缺少 LIF（白血病抑制因子）后不能分化为滋养外胚层或者形成拟胚体。然而，人工干预使得胚胎细胞的 *Oct3/4* 的表达减少，胚胎干细胞可以均一地转换为滋养外胚层，这提示 Oct3/4 可能阻断了其向滋养外胚层分化的机制。抑制胚胎干细胞 *Oct3/4* 的表达后，*Cdx2* 和 *Eomes* 在 ES 细胞的表达立即上调，这种强迫表达可以使胚胎干细胞向滋养外胚层充分分化，提示这两个与滋养外胚层相关的转录因子是 ES 细胞的 Oct3/4 的主要抑制靶点。这解释了 Oct3/4 和 Cdx2 形成抑制复合物抑制其自身表达，提示多能性和滋养外胚层相关转录因子之间的相互抑制反馈环在这些细胞谱系中是显著分离的。

以原始内胚层为例，Gata 家族的转录因子 Gata4 和 Gata6 对此细胞的命运起着决定性作用。在拟胚体培养时缺少 LIF 将诱导原始内胚层分化。诱导表达 *Gata4* 和 *Gata6* 将促进分化事件的发生，以及在鼠 ES 细胞内强制表达 *Gata4* 或 *Gata6* 将促使其向原始内胚层分化，这与胚泡来源的胚外内胚层干（extra-embryonic endoderm stem, XEN）细胞类似。由于 *Gata4* 和 *Gata6* 通过交叉自动调节的连接，它们的活性在 ES 细胞中被抑制。有研究发现，Nanog 作为 *Gata6* 表达的一个抑制子，不仅因为 Nanog 表型和 Gata6 在胚胎植入前相互作用，还因为 Nanog 在体外可以直接抑制 *Gata6*。此外，先前有报道称，*Nanog* 缺失的 ES 细胞获得 XEN 细胞样特征，尽管后来认为在 *Nanog* 缺失的 ES 细胞中没有此表型。为了建立一个相互表达的谱型，*Nanog* 和 *Gata6* 也许可以形成一个负反馈调节环，像在 *Oct3/4* 和 *Cdx2* 体系中那样。但是目前仍没有直接的证据证实 *Nanog* 被 Gata6 抑制。抑制 *Nanog* 的表达也许是间接通过抑制核受体如 Gcnf 和 Couptfs 的活性实现的。

拟胚体形成时小鼠的胚胎干细胞向原始外胚层自然发生转换。然而没有转录因子刺激诱导此转换的发生，因为滋养外胚层的 Cdx2 和原始内胚层分化中的 Gata6 已经被证实。当在原始和预处理（primed）的多能干细胞中，很多转录因子如 *Klf4*、*Tbx3*、*Dax1* 以及 *Rex1* 的表达水平在原始状态高于预处理状态。这类原始的特殊基因的表达下调对诱导此类初始状态的转换具有重要的作用，然而目前并没有直接的证据支持这类观点。

7.3　维持干细胞的多能性

小鼠胚胎干细胞可以持续增殖，加入 LIF 培养在 12 ～ 14h 内成倍增殖。如此快速增殖依赖细胞周期调控，从 G_1 期到 S 阶段可以无限转移。Rb 被证实在 G_1-S 期检验点作为主要调控元件是通过抑制 E2F 的转录活动实现的，但是 Rb 一般持续被磷酸化而失去活性，通常小鼠胚胎细胞缺失这三种与 *Rb* 相关的小鼠胚胎干细胞能正常增殖，尽管介导 Rb 高度磷酸化的精确机制仍不清楚。

Mybl2 是促进细胞周期的一个多效调节基因，其中一个主要功能是促进 G_2-M 期转化。*Mybl2* 也被称为 *B-Myb*，是胚胎进入子宫之前的发育和正常胚胎增殖必需的基因。令人兴奋的是，*Mybl2* 被认为是 Oct3/4 的靶基因，Mybl2 激活 *Oct3/4* 转录，被认为在细胞周期发生和多能转录调节网络中发挥积极的作用。

PI3K-Akt 通路在胚胎细胞内发挥双重作用。一个功能是转导 LIF 信号通路激活转录相关因子如 *Nanog* 和 *Tbx3*。另一个功能是可以促进其他细胞增殖。Eras 是 Ras 家族的小 GTP 结合蛋白，在胚胎细胞中特异表达。*Eras* 缺失的胚胎干细胞的增殖比率降低，然而其竞争性表达可以促进增殖，提示它可以正向调节胚胎细胞增殖。因 Eras 可以持续活化 PI3K 而不是 Raf-MAPK 通路，认为其功能是介导 PI3K-Akt 信号通路。Tcl1 编码的一个转移蛋白可以促进 Akt 二聚化和磷酸化。*Tcl1* 是 Oct3/4 的一个直接靶基因，敲降 *Tcl1* 的表达可以减少胚胎细胞的增殖能力，这提示通过与多能性有联系的转录因子正向调节 PI3K-Akt 信号通路促进胚胎细胞增殖。

Sall4 和 *Klf5* 缺失的 ES 细胞的增殖能力明显弱于野生型的胚胎干细胞，说明它们也可促进胚胎细胞增殖，Sall4 属于分裂锌指转录因子家族。*Sall4* 缺失的胚胎移植后死亡，并且分离自 *Sall4* 缺失的胚泡的细胞团（ICM）在体外培养过程中呈现增殖缺陷，提示其功能是促进多能细胞的体内增殖。*Sall4* 缺失的胚胎干细胞依然具备全能性，其胚泡注射可形成三个胚层。然而它们也显示出高频率分化为滋养外胚层的能力，证实其功能在于抑制结合 Oct3/4 介导的滋养外胚层结合转录因子，后者能通过与 Oct3/4 相互作用被介导。Klf5 编码 Krüpple 类型的锌指蛋白转录因子，*Klf5* 缺失的胚胎干细胞与 *Sall4* 缺失的胚胎干细胞表现出非常相似的表型，预测 Klf5 的促进增殖能力部分受到 *Tcl1* 的转录激活所介导。

7.4 维持端粒长度

小鼠胚胎干细胞被认为具有无限增殖的能力。研究发现，小鼠的胚胎干细胞可以维持 250 次的积累倍增且没有生存危机和转分化的迹象。其的确有很高的端粒酶活性，并且端粒酶 RNA 组分（*Terc*）缺失的 ES 细胞的端粒逐渐丢失，增殖比例也减少，只能分裂 300 次，低于实际的 450 次分裂。

关于维持 ES 细胞端粒长度的其他机制被证实，Zscan4（锌指和 SCAN 主要结合蛋白 4）第一次被关注是因为其在胚胎 2 细胞期表达，它的其他成分也在胚胎细胞中表达。当 *Zscan4* 敲除后，端粒长度变短，染色体组畸变积累，结果是第 8 代出现生长危机（大约分裂 50 次），尽管此时依然保持端粒酶活性。Zscan4 与减数分裂特异同源重组蛋白如 Dmc1、Spo11 形成一个复合体，*Zscan4* 的表达被瞬间活化时，通过在端粒之间的同源重组来维持端粒长度。有趣的是，*Zscan4* 被当作是 PI3K-Akt 通路中 Tbx3 和 Nanog 的靶点，这意味着其可以通过此通路影响细胞的增殖。

7.5 X染色体失活

雌性体细胞中，X 染色体中的一条随机失活作为剂量补充。这种现象被称为随机 X 染色体失活（X chromosome inactivation, XCI），发生在外胚层阶段，植入胚胎大约 E5.0 时期。此阶段的早期，雌性原始多能干细胞，例如雌性小鼠胚胎干细胞拥有两条有活性的染色体，一旦雌性预处理多能干细胞如 EpiSC 携带一条失活的染色体，认为其维持 X 染色体活性是通过抑制随机 X 染色体失活，这也是小鼠胚胎干细胞独有的特点。X 染色体失活的发生是由于 X 染色的非编码 RNA *Xist* 的表达。*Xist* mRNA 包被带有转录活性 *Xist* 的 X 染色体介导潜在机制如 PRC2 区来沉默整个染色体。有研究认为，*Xist* 的表达被 Oct3/4、Sox2 和 Nanog 负性调节，Rnf12 是 *Xist* 正向调节的一个调控元件，它也可被上述三个转录因子负性调节表达。相反，*Xist* 的负向调控元件（*Tsix*）可以被 Rex1、Klf4 和 Myc 正向调节。此外，Oct3/4 已被证实参与 X 染色体配对，与 Ctcf 共同作用。这个证据指示多能相关转录因子网络与 XCI 调节紧密相关，未分化时抑制其自身活性，分化后瞬间提高其活性。

有印记的 X 染色体失活是胚胎外细胞谱系中发生的标志性事件。雌性胚胎内的父本 X

染色体在受精后再次激活，但是在4～8细胞期选择性失活。这种状态一直持续到滋养外胚层和原始内胚层阶段，直到内细胞团的多能干细胞阶段再次被激活。有印记的XCI被父本和母本的X染色体上的表观遗传学标志物所调节。即便XCI印记与胚胎外细胞系的谱系限制紧密相关，当雌性胚胎干细胞被分别强制表达*Gata6*和*Cdx2*以引导它向原始内胚层和滋养外胚层分化时，雌性胚胎干细胞进行X染色体随机失活，说明可以完全消除雌性胚胎干细胞内XCI印记的表观遗传标记。

7.6 总结

小鼠胚胎干细胞是分析最透彻的干细胞。干细胞特有的多能性使其能够在发育过程中产生所有类型的细胞。特定转录因子的人为激活可引发纯合子分化，为研究自我更新如何转向分化提供了很好的模型系统。在分子水平对胚胎干细胞的自我更新和分化进行了大量分析，可为大体上如何调控干细胞的自我更新提供基本观点。

深入阅读

[1] Augui S, Nora EP, Heard E. Regulation of X-chromosome inactivation by the X-inactivationcenter. Nat Rev Genet 2011; 12 (6): 429-42.

[2] Gaspar-Maia A, Alajem A, Meshorer E, Ramalho-Santos M. Open chromatin in pluripotencyand reprogramming. Nat Rev Mol Cell Biol 2011; 12 (1): 36-47.

[3] Nichols J, Smith A. Naive and primed pluripotent states. Cell Stem Cell 2009; 4 (6): 487-92.

[4] Niwa H. How is pluripotency determined and maintained? Development 2007; 134 (4): 635-46.

[5] Niwa H. Open conformation chromatin and pluripotency. Genes Dev 2007; 21 (21): 2671-6.

[6] Niwa H. Mouse ES cell culture system as a model of development. Dev Growth Differ 2010; 52 (3): 275-83.

[7] Pires-daSilva A, Sommer RJ. The evolution of signaling pathways in animal development.Nat Rev Genet 2003; 4 (1): 39-49.

[8] Taga T, Kishimoto T. Gp130 and the interleukin-6 family of cytokines. Annu Rev Immunol 1997; 15:797-819.

[9] Teitell MA. The TCL1 family of oncoproteins: co-activators of transformation. Nat Rev Cancer2005; 5 (8): 640-8.

第 *8* 章

干细胞细胞周期调控因子

Tao Cheng[1], David T. Scadden[2]

郑景心　译

8.1　引言

　　哺乳动物从发育起始到形成成体的过程中，为了避免过早衰竭通常伴随着干细胞动力学活性的显著下降。然而这种细胞自身对增殖速度的限制也限制了成体干细胞的治疗应用和内源性组织的自我修复。本章简单介绍了干细胞细胞周期动力学以及哺乳动物细胞周期调控的研究成果，着重介绍了一些细胞周期调控因子对干细胞功能的特殊影响。例如两个细胞周期蛋白依赖激酶的抑制因子（CKIs）：p21$^{Cip1/Waf1}$（p21）和p27^{Kip1}（p27），它们各自控制着造血干细胞和祖细胞池的大小。虽然这些调控因子在原始造血干细胞中的抑制作用的相关研究还在进行，它们在不同类型干细胞中的差异作用已说明了调控因子的重要意义，同时为以治疗为目的的干细胞改造工程提供了范例。

8.2　干细胞在体内的细胞周期动力学

　　大量的造血系统模型显示，组织维持成熟细胞的数量稳定需要一个能应答细胞因子且具有强大增殖能力的祖细胞池，和一个数量相对少得多，但能周期性产生子细胞的干细胞群，其中一部分子细胞会组成增殖性的祖细胞室。移植等激活状态下干细胞分裂会加速，就会出现使用 S 期毒素（5- 氟尿嘧啶或羟基脲）耗尽周期细胞时的效果。显然，生物体的一生中有必要存在相对静止或分裂缓慢的干细胞池来避免生理压力下的过度损耗。因此，受到严格调控的 HSC 在机体稳态时仅以低速增殖。干细胞增殖率可以用溴脱氧尿嘧啶（BrdU）标记实验测定，因此可以估算出小的啮齿动物的细胞周期约 30d，即 24h 约 8%。根据类似的群体周期动力学分析，估测猫的干细胞每 10 周分裂一次，高级灵长类中干细胞的分裂周期为一年。目前我们仍不清楚干细胞室中的相对静止状态是否像克隆演替模型中一样，大多数细胞停滞在延长的 G_1 或 G_2 期。尽管以逆转录病毒为基础的克隆标记实验表明，大多数干细胞在特定时间内处于休眠状态，印证了克隆演替模型的结果，但竞争性种群恢复模型和特定干

---

[1]　University of Pittsburgh Cancer Institute, Pittsburgh, PA, USA.

[2]　Harvard University, Massachusetts General Hospital, Boston, MA, USA.

细胞池中加入 BrdU 的实验结论都与之相悖。

　　祖细胞群体的基本特征是不可逆地发育成为成熟细胞，在这个过程中伴随着多次快速的细胞分裂。祖细胞池就像一个细胞扩增机器一样运作，少数细胞进入后产生大量的分化细胞，最终分化为终末分化细胞。因此，祖细胞池也被叫做短暂扩增细胞池。干细胞群和祖细胞群在不同阶段的差异可以用来标记细胞在造血级联中所处的阶段。在备择模型（alternative model）中，细胞在细胞周期中的特定位置决定原始功能是干细胞还是祖细胞。在此模型中，细胞在细胞周期中的特定位置接收的刺激信号引发其增殖一分化，并由此形成干细胞或祖细胞。因此，此模型挑战了造血细胞分级分化发育的传统观点。但无论哪种模型，干性都与较低的细胞增殖速率存在关联。

　　其他组织中，干细胞在细胞周期中的相对停滞使它们有别于祖细胞。例如，在中枢神经系统（central nervous system, CNS）中，成体神经祖细胞的增殖池来源于静止的多能前体或神经干细胞（neuronal stem cell, NSC）。切除含谱系定向的神经祖细胞（neuronal progenitor cell, NPC）的增殖区，少量静止的 NSC 就开始重新进行种群恢复。内源性 NSC 参与了脑损伤后的自我修复，但可能正由于它们所处的静止状态导致严重脑损伤并不能完全恢复。小鼠皮肤干细胞中有另一个佐证，虽然干细胞和祖细胞都在细胞周期中稳定运行，但处于 $S-G_2/M$ 期的干细胞数目只有祖细胞池中祖细胞的 1/4。在许多非造血器官中，除了已确认的差别外，干细胞对增殖信号的相对抵抗和祖细胞的快速响应能力被认为是组织维持的重要特征。

8.3　干细胞回输体内后的扩增

　　干细胞的相对静止可以防止它们的过早耗竭，而这正是难以在体外大量扩增干细胞用于细胞移植和基因治疗的问题所在。探寻诱导干细胞分化的方法被视为重建损毁骨髓和利用干细胞作为转基因载体的可行之路。尽管人们不断尝试，甚至利用不同造血细胞生长因子的组合来直接扩增干细胞，依然只能有少数培养系统能应用于临床设置（setting），原因就在于缺少某种培养条件能支持人类长期种群恢复 HSC 扩增的证据。包括灵长类和人类在内的大型动物的基因标记研究表明，长期植入中干细胞区室的转导很差。基于细胞因子的扩增方法通常只增加了干细胞的群体数量，却失去了多种分化潜能。尽管有数据表明，在某些特殊情况下鼠 HSC 能在体外分裂，但种群数目的扩增总伴随着细胞分化。Notch 配体和 Wnt 蛋白在体外干细胞分化中具有强大作用的研究给解决上述问题带来了希望，但这种"成功的"方案能否用于临床 HSC 的扩增还不能确定。

　　人们在不断寻找锁定那些对干细胞活化或增殖起负调控作用的细胞因子。例如 TGFβ-1 和巨噬细胞抑制蛋白（MIP-1α）都参与了抑制造血细胞增殖动力学。特别是 TGFβ-1，有证据表明，它可以选择性抑制 HSC 和祖细胞的生长。反义寡核苷酸或特殊的抑制抗体可以促进原始造血细胞进入细胞周期并增强逆转录病毒的转导效率。然而，经历这种大量体外操作处理的长期移植物在体内的情况还需要更多的研究确认。此外，有必要发展更高效、特异性更强的方法，如用于敲除干细胞增殖抑制通路中某些基本元件的 RNAi 技术。

　　尽管 HSC 已经可以在体外诱导分裂，但哪些细胞因子组合可以诱导干细胞增殖却不引发分化还不甚明了。不仅如此，人们对干细胞周围复杂的微环境（小生境）以及由这种微环境造成的 HSC 的内在性质几乎一无所知。若想成功进行体外干细胞扩增，更深入地了解干细胞和微环境之间的关系及参与自我复制的信号通路必不可少。

8.4 哺乳动物细胞周期调控和周期蛋白依赖性激酶抑制因子

酵母细胞周期调控中的很多分子机制已明确，它们同样适用于哺乳动物细胞周期。当 DNA 发生损伤且无法修复时，大量细胞周期监视性的检验点能检测到这种损伤，并通过 p53 通路阻断周期进程。在真核细胞中，决定细胞继续增殖还是转向分化的细胞因子主要调控细胞周期的 G_1 期（图 8.1）。CDK 的有序活化和失活调节着细胞周期的进程。在体细胞中，活化的 cyclin D1、D2、D3/CDK4、CDK6 复合体和随后磷酸化的成视网膜细胞瘤（Rb）蛋白驱动着 G_1 期到 S 期的运转。Rb 蛋白一旦磷酸化后，重要的转录因子 E2F-1 从抑制状态解除，并启动一系列基因活化，包括 cyclin A 和 cyclin E，它们与 CDK2 和 cdc25A 磷酸酶组成复合体。cdc25A 能移除 CDK2 的抑制性磷酸盐，因而得到的 cyclin E/CDK2 复合体持续催化 Rb 蛋白磷酸化，最终完全释放 E2F，转录多个促进细胞进入 S 期和 DNA 合成的基因。与此平行的 c-Myc 通路也通过增强 cyclin E 和 cdc25A 基因的转录，直接作用于 G_1-S 期的转换（图 8.1）。CDK 的活性严格依赖于泛素化和蛋白水解作用调控的 cyclin 水平。细胞受到促有丝分裂刺激时，cyclin D 作为细胞周期装置必需的传感器，与 CDK4/6-Rb-E2F 通路相互作用。除了受到 cyclin 和催化亚基磷酸化 / 去磷酸化的调控外，CDK 主要受到 CKI 的调控。两个低分子量的 CKI 家族，Cip/Kip 和 INK4 通过与 CDK 的相互作用阻碍 G_1 期细胞的分裂进程。Cip/Kip 家族，包括 p21$^{Cip1/Waf1}$、p27^{Kip1}、p57^{Kip2}（下文写作 p21、p27、p57）能和大量的 cyclin-CDK 复合体相互作用，而 INK4 家族，包括 p16^{INK4A}、p15^{INK4B}、p18^{INK4C}、p19^{INK4D}（下文写作 p16、p15、p18、p19）能特异性地抑制 CDK4 和 CDK6 激酶。这两个家族在众多模型系统中都显示出有阻滞细胞周期的作用。使用反义策略后，它们能释放 G_0 期细胞进入细胞周期。啮齿动物模型中的敲除分析为进一步研究这些分子在干细胞生物学中的作用提供了坚实的基础。有趣的是，CKI 中的 p27 和 p18 对细胞整体结构和器官大小有重要影响，无论敲除哪个基因都会造成巨型动物。

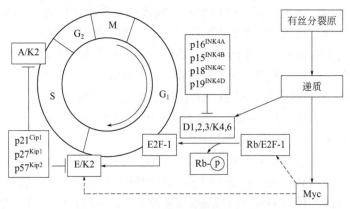

图8.1 G_1 期和 S 期的细胞周期调控因子

此外，干细胞在维持自身多能性时似乎有明显不同的细胞周期调控机制，如在小鼠胚胎干细胞中显示为"缺陷"的 Rb 通路和无响应的 p53 通路。由于干细胞、祖细胞和其他分化细胞有许多共同的细胞因子受体，因此，不同的干细胞通过各自上游的胞内介质，或通过独特的限制进入细胞周期的信号与普通生化介质形成组合关系调节细胞周期都是可能的。确定调控因子是否参与干细胞应答机制需要对每个细胞周期调控因子进行逐级分析，并最终通过系统方法确定这些调控因子间的相互作用以及和交叉信号通路的相互作用。

8.5 周期蛋白依赖性激酶抑制因子在干细胞调控中的作用

虽然我们已经深入了解了多种模型系统中的细胞周期调控，但对干细胞中的分子调控却不甚了解。考虑到干细胞在体内的相对静止状态，我们以分析细胞周期抑制因子以及减少抑制是否能促使干细胞进入细胞周期机制作为研究的起点（图8.2）。

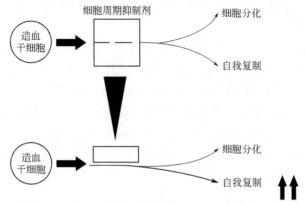

图8.2 靶向细胞周期抑制剂用于增强干细胞自我更新的模型。上：自稳状态；下：靶向细胞周期抑制剂用于干细胞扩增的潜在新方法。

大量干细胞和祖细胞系统中证实有 CKI 的参与。p21/p27 在果蝇中的同源物 *Dipio* 已被报道能控制胚胎祖细胞的增殖。小鼠基因敲除和特异性缺失 CKI 的研究都表明 CKI 在干细胞群体中有独特的作用。皮肤、神经、耳等组织的评估发现，p21$^{-/-}$ 或 p27$^{-/-}$ 小鼠中干细胞或祖细胞的潜能有所增加。造血系统中，大多数 CKI 家族成员在 CD34$^+$ 细胞中都有不同模式的表达。静止的 HSC 中有丰富的 p21 mRNA，而在祖细胞群中的水平却有所降低。因此，CKI 在干细胞生物学中功能的评定需要利用 p21$^{-/-}$ 小鼠来完成。

8.6 p21在干细胞调控中的作用

p21 缺乏时 HSC 在正常自我平衡状态下增殖且绝对数量增加。将动物暴露于细胞周期特异性毒物损伤时，动物会因造血干细胞耗竭而过早死亡。此外，p21$^{-/-}$ 小鼠骨髓连续移植后会因原始细胞自我复制减弱导致造血衰竭。由此可见，p21 调控干细胞进入细胞周期，它的缺失会增加细胞周期内的干细胞从而导致干细胞耗竭。在这种情况下，限制细胞周期对于防止未成熟干细胞耗竭和造血干细胞死亡非常重要。这些小鼠中的研究发现目前已经延伸到人类细胞及未发育状态中。在体外利用慢病毒载体阻断出生后 CD34$^+$CD38$^-$ 人类细胞中 p21 的表达，再将细胞回输体内，发现体内干细胞数目增加，受辐射的 NOD/SCID 小鼠的移植分析也证实了干细胞功能的增强。这类研究更进一步地支持另外一种可能，即通过解除细胞周期的阻滞来增加 HSC 的数目，而不是仅关注联合使用正向增殖性细胞因子。更重要的是，这些数据进一步支持了间接体外疗法中，可将出生后人类干细胞的增殖过程与分化过程分离开来的想法。

有趣的是，p21 能有效影响细胞因子刺激后祖细胞的增殖能力，这可能和 CDK4 和 D 型 cyclin 的结合需要 p21 作用有关。低浓度的 p21 能促进活化的激酶复合体的组装，并因此促进细胞进入细胞周期。高浓度的 p21 则对这一过程起到抑制作用。p21 和 cyclin-CDK 复合体的化学计量可能在决定细胞从 G_1 晚期进入 S 期的进程中起到重要的作用。鼠成纤维细胞中 p21 和 p27 是 cyclin D 依赖性激酶的基本激活因子的实验发现，进一步确认了这个观点。胸腺嘧啶的标记实验表明，除非使用编码 p21 的逆转录病毒载体转导细胞，否则鼠骨髓祖细胞难以增殖和克隆。p21 短暂升高时，阻滞的 32D 细胞立即释放回到细胞周期中。因此，和其他系统中的观察发现一致，造血系统中 p21 的双重功能取决于分化的阶段以及 CDK 复合体的类型和状态。此外，p21 在细胞凋亡或细胞分化中的综合作用可能会参与干细胞调控，尽管这些功能尚未研究清楚。

HSC 中 p21 表达升高的原因尚不清楚，但对其上游两个调控因子的研究已有结论。WT1 可以诱导 p21 转录，但它的过表达却导致原代造血细胞的分化和细胞周期的改变，而 WT1 无效突变鼠的干细胞却并未出现缺陷。p53 能对 p21 进行转录调控，而且是 p53 通路诱导捕获的下游介质。因此，逻辑上可以推断 $p53^{-/-}$ 和 $p21^{-/-}$ 动物的 HSC 表型一致。有趣的是，在压力状态下缺乏 p53 的 HSC 功能表现出与 p21 缺失时相反的显著增强状态。由于 p53 调控多种细胞的细胞凋亡，缺乏 p53 时 HSC 功能的增强可能说明在某些条件下，以增加 HSC 存活率为主而不是加速增殖。

8.7　p27 在干细胞调控中的作用

p27 直接参与细胞周期介导的细胞增生，因此，在组织再生中有特殊意义。直接流式细胞检测分析显示，原始细胞和成熟一些的祖细胞中 p27 都有表达，支持了 p27 在造血作用中发挥作用的假说。改良的逆转录病毒转导反义寡核苷酸敲除 p27 的实验也间接证实了这一点。p27 似乎聚集在有丝分裂信号影响细胞周期调控因子的位点，并在细胞周期限制点作为重要的调控因子发挥作用。由于祖细胞对生长因子有强烈反应，p27 可能在祖细胞池中有特殊作用，这种作用可能和 p21 表现的作为干细胞细胞周期调控分子开关的作用大有不同。p27 基因的破坏会导致小鼠多个器官的增生（包括造血组织），并自发产生特定类型的肿瘤。借助 $p27^{-/-}$ 小鼠，研究人员发现，p27 不影响干细胞数量、细胞周期和自我复制，但明显改变祖细胞的增殖和细胞池的大小。缺乏 p27 的干细胞在竞争性移植后生成了最终能产生主要是血细胞产物的祖细胞。因此，对数目较少的干细胞进行 p27 表达修饰能影响众多的成熟细胞，从而提供了一种在干细胞基因治疗中增强转导效果的策略。人们在肝再生时观察到类似造血种群恢复时由于 p27 缺乏导致的剧烈效应。小鼠 CNS 的实验报道了 p27 的特异性作用是在定向祖细胞水平而不是干细胞水平。此外，p27 和 p21 在造血中的不同作用已被明确，间接证据表明，这些区别可能保留在来自不同成体组织的干细胞和祖细胞池中。

8.8　干细胞调控中的其他细胞周期蛋白依赖性激酶抑制因子和成视网膜细胞瘤通路

细胞周期调控中研究最为深入的通路就是 Rb 通路，它在 G_1 早期就和 cyclin D、INK4 蛋白直接作用，并作为促有丝分裂刺激和在分裂后细胞命运定型之间的关键的和起始的分界面。人们发现 ES 细胞没有完整的 G_1 装置，但是获得 Rb 通路产物后能诱导对称性的细胞分裂成为不对称性分裂，这是成熟干细胞才有的特征，这也间接证明了 Rb 在干细胞调控中的作用。小鼠 Rb 缺乏将导致不育，并出现包括造血系统在内的多组织类型的缺陷。尽管 Rb$^{-/-}$ 小鼠造血功能的缺陷表明这个蛋白质对干细胞功能可能是重要的，但并未见到它对干细胞区室有决定性作用的更多报道，这可能和 Rb 无效突变胚胎的早期致死性有关。人们转而研究了与 Rb 有紧密联系的 INK4 蛋白的干细胞生物学功能。其中一个报道显示，p16^{INK4AINKIdffdsddasdfda} （p16）和 p19^{INK4D}（p19）表达的上游抑制因子 Bmi-1 对 HSC 的自我复制非常重要。如果没有 Bmi-1，HSC 和神经干细胞依赖于 p16 表达的自我复制将会减少。基因工程产生的 p16 缺陷小鼠中，还观察到一种复杂的 HSC 表型，表现为年轻小鼠干细胞数目的减少，而细胞的自我复制能力却在连续移植后得以增强。

包括造血细胞在内的多种组织类型中都表达 INK4 家族成员 p18^{INK4C}（p18），小鼠丢失 p18 可以导致在致癌物存在或老龄化时出现细胞结构明显增大的器官肿大以及肿瘤发病率的增加。此外，p18 参与小鼠脑发育中前体细胞的对称性分裂。最近的研究表明，p18 的缺乏导致了 HSC 数量的增加，在与 p21 无义突变相似的实验设置下，却发现了不同的结果，缺乏 p18 的干细胞自我复制增加。

对细胞周期中的调控因子进行系统性评估后，可以绘制一幅每个调控因子如何影响原发细胞功能的复杂图景。CKI 亚家族中的不同成员在干细胞或祖细胞种群中发挥着截然不同的作用，其功能表现出高度的分化阶段特异性，并对干细胞或祖细胞维持自稳态保持着高度的调节。目前已有记录的 p15 和 p27 间的相互作用可能证实两个 CKI 亚家族成员间的协同效应。人们正在研究 CKI 如何发挥各自独特的作用机制以及汇集这些调控因子的转导通路来对干细胞和祖细胞群的基因操作提供更深入的指导。我们尚不清楚是否所有组织中的原始细胞都共享这些通路，但初步的数据表明确实如此。

8.9 周期蛋白依赖性激酶抑制因子和转化生长因子β-1的关系

TGFβ-1 在造血细胞中有多种作用，包括强化粒细胞 - 巨噬细胞克隆刺激因子对粒细胞的增殖作用和抑制其他生长因子对祖细胞的作用。TGFβ-1 在造血系统和信号通路中的功能已有许多详细综述。TGFβ-1 被广泛认定为造血细胞增殖的显性负调控因子，包括对原始祖细胞的抑制作用。反义 TGFβ-1 或 TGFβ-1 的中和抗体能诱导静止的干细胞进入细胞周期，并能在人 CD34$^+$ 细胞中增强逆转录病毒转导下调 p27 的作用。基于 CKI 在造血细胞中的作用，人们开始研究 TGFβ-1 和 CKI 在干细胞调控中的关系。在包括人上皮细胞系、成纤维细胞、大肠和卵巢癌细胞系在内的多个细胞系中，TGFβ-1 通过 p15、p21、p27 介导对细胞周期的阻滞。p21 和 p27 可能是 TGFβ-1 在造血细胞中的关键下游介质，还有研究检测了它们在早期造血细胞中是否是最邻近介质。利用个体细胞精细的基因表达图谱，记录了 TGFβ-1 和 p21 在静止的、细胞因子抗性的 HSC、终末分化的成熟血细胞与未成熟的增殖祖细胞群中被上调。这些细胞亚类中的 TGFβ-1 II 型受体的表达没有明显调节。为了对 TGFβ-1 和 p21 或 p27 的协同调节是否代表它们之间的依赖关系提供更多的生化分析，人们分析了细胞因子反应性细胞系 32D 在有无 TGFβ-1 的情况下，经过细胞周期同步化和同步释放后 p21 或 p27 上调的情形。尽管 TGFβ-1 有明显的抗恶性增殖作用，但实验中既没有出现 p21 mRNA 转录的改变，也没有出现 p21 或 p27 表达的改变。为了在原始细胞中证实这些观察，使用了来源于缺乏 p21 或 p27 的基因工程鼠的骨髓单个核细胞进行实验。无论是基因敲除鼠还是野生型同窝对照组的祖细胞和原始细胞的功能都受到 TGFβ-1 的抑制，表明 TGFβ-1 在原始造血细胞中对细胞周期的抑制作用不依赖于 p21 和 p27。最近有报道造血祖细胞中 Cip/Kip 的

CKI 家族成员 p57 的研究结果。缺乏 p57 时，与缺乏对 TGFβ 的反应有关，不能阻滞细胞周期。此外，TGFβ 能诱导 p57 的表达，人们提出 TGFβ 和 p57 在对细胞周期调节功能之间有直接联系。另外，在人 CD34$^+$ 细胞中，阻断 TGFβ-1 能下调 p15 的表达，这说明造血细胞中 TGFβ-1 可能通过 INK4 家族和 Cip/Kip 家族发挥作用。当然，要如此定论还需要在原始细胞亚类中进行大量的生化分析。

8.10　CKI和Notch

Notch1 在包括干细胞自我复制和分化在内的造血级联反应的多个步骤中有决定性的介导作用，并发现其对细胞周期具有多重作用，包括抑制增殖以及相反的维持增殖但缩短细胞周期 G_1 期间隔。后一种作用的观测是通过更广泛地分析 Notch1 和 CKI 调节之间的相互关系来完成的。有报道称，Notch 可能通过改变 G_1-S 期检验点调控因子的稳定性，特别是影响 CKI 和 p27 蛋白酶体的降解来影响 G_1 期因子，开始出现受体介导的干细胞功能效应器和细胞周期调控因子间的关联并显现，并为更大规模的干细胞调节网络提供了必需的组分。

8.11　总结和未来方向

如果干细胞生物学研究能发现提高体外回输效率和体内种群恢复的方法与机制，人们就能提高对干细胞治疗潜能的预期。由于 HSC 处于相对静止状态（这在体外细胞因子调控中尚未得到令人满意的解决），人们已经试图直接控制细胞周期作为分开细胞增殖和细胞分化的手段，这种方法可能避开目前干细胞扩增方法的主要障碍。CKI 看起来是上述手段的有力备选，尤其是当我们知道 p21 和 p27 分别控制着造血干细胞和祖细胞池的大小，而且对造血细胞的抑制作用并不依赖于 TGFβ-1 的作用之后。因此，靶向特异性的 CKI 和 TGFβ-1 能够为增强造血细胞或祖细胞的扩增和基因转导提供互补策略。直接或通过上游介质对特异性 CKI 的控制，还有可能可以影响干细胞扩增或其他非 HSC 池的再生。

细胞周期调控因子对干细胞的调控还有许多有待解决的问题，需要大量的工作来完成描述细胞周期机制中每一个成员在某个组织特异性干细胞类型的发育背景中的作用，此外，各因子之间以及它们与单独影响某一特定干细胞群体的转导通路之间的相互作用还需要阐明。在了解干细胞如何响应其微环境的复杂环境之前，研究与细胞周期控制相关的外源性信号无疑是第一步。通过简化论或系统论方法能将各组分及其相互作用组合起来，可能为操纵干细胞提供更有效的靶标。

致谢

此项工作受到美国国家卫生研究院（NIH）基金项目 DK02761、HL70561（T.C.）、HL65909 和 DK50234 的支持，以及 Burroughs Wellcome 基金会和 Doris Duke Charitable（D.T.S.）基金会的支持。由于文章长度有限、题目固定，我们无法在本章中引用更多的相关文献，我们非常感谢其他研究者在这个领域做出的重要贡献，同时感谢 Mathew Boyer 对本章写作提供的帮助。

深入阅读

[1] Bartek J, Lukas J. Pathways governing G1/S transition and their response to DNA damage. FEBS Lett 2001; 490 (3): 117-22.

[2] Burdon T, Smith A, Savatier P. Signaling, cell cycle and pluripotency in embryonic stem cells.Trends Cell Biol 2002; 12 (9): 432-8.

[3] Cheng T, Scadden DT. Cell cycle entry of hematopoietic stem and progenitor cells controlled by distinct cyclin-dependent kinase inhibitors. Int J Hematol 2002; 75 (5): 460-5.

[4] Classon M, Harlow E. The retinoblastoma tumor suppressor in development and cancer.Nat Rev Cancer 2002; 2 (12): 910-7.

[5] Hartwell LH, Weinert TA. Checkpoints: controls that ensure the order of cell cycle events. Science 1989; 246 (4930): 629-34.

[6] McManus MT, Sharp PA. Gene silencing in mammals by small interfering RNAs. Nat RevGenet 2002; 3 (10): 737-47.

[7] Morgan DO. Principles of CDK regulation. Nature 1995; 374 (6518): 131-4.

[8] Pardee AB. G1 events and regulation of cell proliferation. Science 1989; 246 (4930): 603-8.

[9] Quesenberry PJ, Colvin GA, Lambert JF. The chiaroscuro stem cell: a unified stem cell theory.Blood 2002; 100 (13): 4266-71.

[10] Sherr CJ. Cancer cell cycles. Science 1996; 274 (5293): 1672-7.

第 *9* 章

细胞如何改变表型

David Tosh[1], Marko E. Horb[1]
靳继德，李苹　译

9.1 化生和转分化

9.1.1 定义和理论含义

"化生"定义为细胞由一种类型转变为另外一种类型，包括组织特异性干细胞之间的转变。"转分化"则是指细胞由一种分化类型转变为另外一种分化类型，因此，应该被看作化生的一个亚类。化生曾作为常用的病理学术语，而近年来转分化已成为更常用的术语，甚至用于组织特异性干细胞向非特定类型细胞系的转变。在医学界，化生的概念没有争议，但在科学界，有些人还在被转分化现象所困扰，而许多转分化现象常常是由于组织培养或细胞融合产生的。但是，研究化生和转分化对于更好地理解细胞分化调节是很重要的，可产生针对多种疾病包括肿瘤的新的治疗方法。

9.1.2 为何要研究转分化？

无论用哪个概念，我们认为研究转分化和化生都是很重要的。第一，可以让我们理解组织互变的正常生物学发育现象，在胚胎发育过程中，大多数转分化发生在正在发育的胚胎周围组织中，因此，可能只有一个或两个转录因子的表达差别。如果参与转分化的基因能被鉴别出来，那么就有可能揭示胚胎相邻区域发育不同的谜底。第二，研究化生的重要性是由于它与某种病理条件有关，如巴雷特化生（详情见后面的章节）。在这种条件下，食管下端含有具有小肠特征的细胞，这是发生腺癌的主要标志物。因此，掌握发生巴雷特化生的分子信号将有助于鉴别肿瘤发生的关键点，并提供一些潜在的治疗靶点和诊断工具。第三，理解转分化有助于鉴定发生改变的主要基因，这样我们就可以重编程干细胞甚至用于治疗。第四，我们可鉴定包括再生在内的一些分子信号，并促进无法再生组织的再生（如肢体再生）。

---

[1] Center for Regenerative Medicine, Department of Biology &Biochemistry, University of Bath, Bath, UK.

9.2　转分化的例子

尽管转分化备受争议，但是在人类和动物体内都存在着无数个转分化的例子；这里我们将重点关注一些选定的且已详细检测的例子，包括胰腺向肝、肝向胰腺、食管向小肠、虹膜向晶状体以及骨髓向其他细胞类型的转化。本书中其他章节也会更详细地描述其中一些或另外一些实例。

9.2.1　胰腺向肝的转分化

目前已经有大量文献报道胰腺向肝细胞的转分化。这两种器官均来源于内胚层的相同区域，被认为是来源于前肠内胚层区的双潜能细胞，这种类型的转化也就不足为奇了。此外，它们还拥有许多相同的转录因子，这些均表明它们具有相近的发育关系。胰腺中的肝细胞表型能被不同的方法诱导出来，包括给大鼠喂饲添加铜螯合剂曲恩汀的铜缺乏膳食、胰岛过表达角质细胞生长因子或给动物喂饲蛋氨酸缺乏的膳食并给予致癌剂。这种现象也见于自然状态下的灵长类动物——绿色猴。尽管对肝细胞的功能特征已做了详细的检测，但到目前为止，仍然没有被阐明胰腺向肝转化的分子和细胞学基础。

至今已经建立了两种胰腺向肝转分化的体外模型。第一个模型应用胰腺细胞系 AR42J，第二个模型用培养的小鼠胚胎胰腺组织；两种模型都依靠添加糖皮质激素来诱导转分化。AR42J 细胞是种双向分泌细胞，这种细胞来源于偶氮丝氨酸处理的大鼠，它们表现为外分泌和神经内分泌特征，也就是说，它们既可以合成消化酶，又能表达神经纤维。由于这种细胞具有明显的双重特性，当暴露于糖皮质激素中时，它们通过生产更多的淀粉酶而增强外分泌表型，而当与肝细胞生长因子和激活素 A 共孵育时，细胞则转变为分泌胰岛素的 β 细胞。AR42J 细胞的这些特征表明它们是内胚层前体细胞类型，并具有转变为外分泌或内分泌细胞类型的潜能。

从胰腺 AR42J 细胞转分化来的肝细胞可表达许多正常情况下成年肝脏表达的蛋白质——如白蛋白、转铁蛋白和转甲状腺素蛋白。它们还具有正常肝细胞的功能；特别是它们能对异源物质起反应（当用过氧化物酶体增殖物环丙贝特处理后，它们就增加过氧化氢酶的含量）。虽然小鼠胚胎胰腺与地塞米松共培养后也表达肝脏蛋白，但是目前还不清楚与 AR42J 细胞内的变化是否具有相同的细胞和分子机制。更可能的情况是肝样细胞来源于胰腺干细胞的一个亚群，而不是肝细胞来源于已经分化的细胞类型。

为了鉴定来源于胰腺 AR42J 细胞的肝细胞谱系，我们使用弹性蛋白酶启动子，依据绿色荧光蛋白（GFP）的持续性进行了细胞谱系鉴别实验。转分化之后，一些表达 GFP 的细胞也含有肝脏蛋白（如葡萄糖 -6- 磷酸酶）。这个结果表明新生肝细胞一定曾经含有活性的弹性蛋白酶启动子；因此，它们分化成外分泌细胞。为阐明细胞表型转化的分子基础，我们鉴定了几个肝脏表达丰富的转录因子。地塞米松处理后，C/EBPβ 活性被诱导，失去表达外分泌酶淀粉酶的能力，而肝脏蛋白（如葡萄糖 -6- 磷酸酶）被诱导表达。C/EBPβ 的这些特征使得其成为一个很好的候选基因，作为参与胰腺向肝细胞转分化的必需因子。的确，单独激活 C/EBPβ 即可使 AR42J 细胞转分化为肝细胞。因此，对于区分肝脏和胰腺细胞，C/EBPβ 是个很好的主管基因表达的候选基因。

9.2.2　肝到胰腺的转分化

大量胰腺向肝脏转分化的实例表明逆向开关应该也会随时发生；然而，这种类型的转变实例并不多见。胰腺组织出现在非正常的部位被称之为异位胰腺、副胰腺或迷走胰腺。据报道，这种情况的发生率在 0.6% ～ 5.6% 之间。在大多数情况下（70% ～ 90%），异位胰腺只在胃或小肠发现，被认为是胚胎发育异常。而肝内的异位胰腺仅有 6 例报道，占所有异位胰腺的不到 0.5%。一般情况下，异位胰腺组织可由外分泌、内分泌和双分泌表型的细胞组成。但是，几乎每一例肝脏中的异位胰腺仅出现了外分泌细胞，只有一例描述有内分泌细胞。与其他副胰腺的病例不同，肝内异位胰腺很少发生，这不能用发育异常来解释。实际上，大多数情况下病人被诊断为肝硬化，表明肝内的胰腺组织是一个化生的过程。这种结果与动物模型一致。

在另外一些动物中，通过喂饲大鼠多氯联苯，或将鳟鱼暴露于各种致癌剂，如二乙基亚硝胺、黄曲霉毒素 B_1 或环丙烯型脂肪酸，胰腺的外分泌组织可在肝内被诱导出来。在这些例子中，肝内的外分泌组织主要与肿瘤或损伤有关，如肝细胞癌（来源于肝细胞）或肝管细胞癌（来源于胆管）或腺纤维变性。这些结果与人类的病例极为相似，表明在肿瘤发生过程中，肝脏化生生成了胰腺组织。一种已知的抗癌剂——硫代葡萄糖苷吲哚 -3- 甲醇的确可抑制鳟鱼体内的胰腺化生。抑制了化生是否可以阻止肿瘤的发生还需要进行验证。无论发生率多低，一种细胞（肝）转分化为另一种细胞（胰腺）的能力表明控制细胞表型的分子开关信号应该能被鉴定出来，这样即可知道如何控制和指导这种转变以用于治疗。

近期两则报告显示，通过实验将肝细胞转变成胰腺细胞是可能的。它们分别采用改变细胞内外环境的方法诱导转分化。第一例实验通过添加白血病细胞抑制因子（LIF）的组织培养基培养分离肝卵圆细胞，若去除 LIF 并加入高浓度葡萄糖（23mmol/L），肝卵圆细胞则转分化为胰腺细胞。此外，卵圆细胞还可转变成其他类型的胰腺细胞，如表达高血糖素、胰岛素和胰蛋白多肽的细胞。最终这些来源于卵圆细胞的内分泌细胞可逆转链脲霉素导致的糖尿病。但葡萄糖诱导转分化的机制还不清楚，虽然前期实验表明葡萄糖可促进正常胰腺 β 细胞的生长和分化；也许这些细胞具有相类似的作用机制。第二个实验通过高表达胰腺转录因子 Pdx1，诱导肝细胞（体内或体外）转分化。胰腺形态发育之前，Pdx1 高表达于内胚层，且在整个胰腺发育中发挥着重要的作用。虽然之前的研究显示肝脏内持续高表达 Pdx1 可增加胰岛素的分泌，但仍不清楚这种结果是一种真实的转分化，还是仅仅简单地激活了胰岛素基因。在应用修饰 Pdx1 实验中，显示肝细胞发生了完全的转分化，并产生了外分泌细胞和内分泌细胞，包括表达胰岛素、胰高血糖素和淀粉酶的细胞。就自身而言，Pdx1 需要组织特异的共激活分子（结构域 -VP16）来刺激转录，而由于肝细胞中缺少一些合适的蛋白伴侣或存在抑制蛋白，故 Pdx1 不能诱导肝细胞转变为胰腺细胞。为了克服这个问题，实验中将 VP16 的激活结构域和 Pdx1 进行融合，VP16 通过与各种共激活分子和基本转录结构结合，即可直接激活 Pdx1 的转录，不再需要其他组织特异性蛋白。因此，当 Pdx1-VP16 在肝细胞内高表达时，应用肝特异的转甲状腺素蛋白启动子即可诱导肝细胞向胰腺细胞转分化。这个实例证实胰腺发育所必需的转录因子可经过基因工程改造成一个促进组织转分化的开关基因。

总之，这些实验结果证明无论是否分化完全，肝细胞转分化为胰腺细胞是可能的。既然肝细胞具有再生能力，因此，可利用肝脏来生产胰腺细胞用于治疗糖尿病。第一个实验证实可用细胞外因子葡萄糖诱导；第二个实验表明可用加工后的细胞内组织特异性转录因子 Pdx1-VP16 诱导。可见如果我们能找到参与成体胰腺生理调节和胚胎发育的关键因子，将对我们理解和促进各种类型的细胞向胰腺转分化具有重要作用。而高表达单一转录因子并不充分，因此，如要使转录因子具有改变细胞表型的能力，需要对转录因子进行修饰或基因工程加工（如 Pdx1-VP16），以使其能人为地组装转录结构。

9.3　巴雷特化生

巴雷特化生（或巴雷特食管）是指在食管底部组织中发现了小肠细胞的临床表现。用专业术语来讲，它是食管壁黏膜的复层鳞状上皮向柱状上皮的转变，其病理学特征为组织活检中含有酸性黏液的杯状细胞。巴雷特化生的重要性源于其发病率明显增高，且是食管腺癌发生的高危因素。但化生的细胞易于发生癌变的原因尚不清楚。

巴雷特化生的诱导因素之一是胃食管反流。众所周知，长时间来源于胃的酸性反流物（常常带有胆酸）可引起食管末端上皮的损伤，巴雷特化生早期阶段正常的复层鳞状上皮被替代，最终导致形成了与复层上皮相反的柱形鳞状上皮。而食管中不同小肠细胞是否来源于其基底层干细胞？是否存在柱状细胞向杯状细胞转分化？为何有些胃食管反流病人并没有发生巴雷特化生？这些都不清楚。

虽然巴雷特化生的分子机制还未被完全阐明，但可能与 *caudal* 相关的同源基因 *cdx1* 和 *cdx2* 相关。目前有些证据支持上述观点：首先，*cdx1* 和 *cdx2* 基因都在小肠表达（胃或食管未表达），且在小肠特异基因的表达中起着重要的调节作用。其次，当小鼠 *cdx2* 表达不足时，肠上皮即可向鳞状上皮（同食管相似）转化。最后，胃异位表达 *cdx2* 能诱导小肠的化生，并且在巴雷特化生的病人早期可表达 *cdx2*。这些证据均表明 *cdx* 基因可作为治疗和干预巴雷特化生的靶点。

9.4　再生

再生医学或组织工程的概念主要是指应用组织特异性干细胞来替代损伤或丢失的器官。随着越来越多具有可塑性的分化细胞被发现，应用它们比干细胞可能更具有可行性。过去经典的转分化范例发生在蝾螈的晶状体再生过程中，背侧的虹膜色素上皮（IPE）可转化为晶状体。其他物种可能是不同细胞转分化为晶状体，如光滑爪蟾的外角膜。神经视网膜也是通过相似模式由视网膜色素上皮（RPE）转分化而成的。在这两个例子中，再生可发生在成年的蝾螈以及其他脊椎动物的胚胎中，包括鸡、鱼和大鼠。

尽管背侧和腹侧 IPE 都具有转化为晶状体的潜能，但是去除晶状体（晶状体摘除术）后，只有背侧 IPE 高表达 Pax6、Prox1 和 FGFR-1，可经过三个阶段（去分化、增殖和转分化）转分化为晶状体，而腹侧则没有表达，表明这些因子可能在诱导转分化中发挥重要作用。抑制 FGFR-1 基因表达可阻断 IPE 向晶状体转分化，且爪蟾实验显示，FGF-1 能诱导外角膜向晶状体转分化。同样，在鸡胚中可通过添加 FGF-1 或 FGF-2 促进视网膜再生，但是其他生长因子如 TGFβ 却不行，表明细胞生存的微环境在调节转分化中起着关键的作用。

细胞对外加的生长因子的反应不同，有的细胞可改变表型（背侧 IPE），而有的却没有（腹侧 IPE），其原因可能依赖于每种细胞的特性（如表达合适的受体），如 FGF 诱导了组织转分化，或是高表达特殊转录因子可诱导增殖和转分化。这个经典的晶状体再生模型证明参与转分化的分子信号可被识别并用于促进细胞的增殖，这些细胞正常情况下被认为是不能改变表型的。

9.5 骨髓向其他类型细胞的转化

骨髓源干细胞向其他细胞类型转变已被证明是发生在生殖线的边缘部位（即中胚层到内胚层）。在这种情况下，细胞是否必须先变成不同的干细胞然后再沿不同的途径进行分化，还是直接转分化为另一种表型还需要证明。有人认为这种转化是由于循环血中的造血干细胞与组织细胞融合的结果，但仍存在争议。

9.6 去分化为转分化的先决条件

如果发生转分化，亲本细胞在获得新表型前必须失去自身的表型吗？IPE 转化到晶状体的例子显示转分化过程存在一个中间表型，即细胞不表达任何一种细胞类型的分子标志物 [图 9.1（b）]。然而，直接转分化的例子确实存在，如胰腺细胞向肝细胞的转分化（胰腺外分泌细胞转化到肝细胞）[图 9.1（a）]。细胞是直接转分化，还是通过去分化状态或通过干细胞进行转分化，这可能取决于研究的细胞类型（图 9.1）。换言之，亲本细胞含有直接改变其表型的必需信息？或者需要合成新的蛋白质？能进行直接转分化的细胞条件已经建立，即通过去除抑制因子或添加激活因子来促进细胞转分化。对于去分化和中间干细胞，在细胞经历转分化时，可能有必要检测亲本细胞的转分化能力。进一步检验单个转录因子的转分化潜能和检测多种细胞类型将有助于理解转分化的规律。

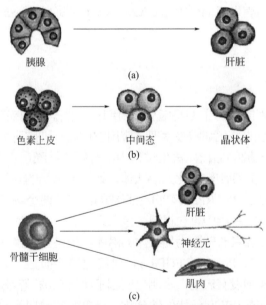

图9.1 转分化实例。转分化可发生在不同阶段：（a）胰腺向肝细胞的转分化不经过细胞分裂或中间表型。（b）色素上皮向晶状体的转分化需要一个中间阶段，在此阶段细胞不具备任何表型特征。（c）骨髓干细胞的多能性体现在它们具有转变为不同细胞谱系的能力。在这种情况下，转变是直接的，不会转变为其他组织特异的干细胞。

9.7 如何通过实验改变细胞表型？

改变细胞表型的能力将大大促进疾病的治疗，如糖尿病、肝衰竭和神经再生紊乱（如帕金森病）。目前有六个实验用来改变细胞表型。

（1）鉴定诱导转分化的潜在因子

转分化可通过细胞外生长因子、单个转录因子或这两种方式结合的方法获得。单个器官或细胞类型的形成将有助于识别那些可用于指导其他细胞类型转分化的分子。我们相信触发器官发育的那些必需因子将会有效，因为它们处于信号级联放大的最上端。功能性筛选，如以前用于鉴别新的中胚层诱导因子的方法，用以帮助我们识别一些潜在的可指导转分化的新因子。

（2）选择一种细胞类型进行转分化

在许多转分化的实例中，只有某些细胞可经历特殊的转分化，表明决定细胞是否能进行转分化是很严格的。因此，选择细胞的初始类型很重要。我们建议选择关系密切的细胞类型将大大提高转分化的概率，如胰腺细胞到肝细胞转化中使用胰腺 AR42J 细胞。此外，还要通过原代培养或体内试验将性质清楚的细胞类型进行转分化，以用于治疗。

（3）选择过表达的方法

决定是需要持续还是限制一种特定的因子过表达非常重要。一方面，组织特异的启动子将只允许因子相对短时间的表达；而当转分化时启动子就不再有活性。另一方面，通用的启动子将持续表达所选择的因子，并且可能会导致意外的结果。许多转录调节蛋白只瞬间表达，且需要严格的时序调节以达到合适的发育。例如，在正常胰腺中持续过表达 *Hlxb9* 会同时干扰外分泌细胞和内分泌细胞的分化。这样使用组成性启动子如巨细胞病毒可能就不合适。我们相信使用组织特异性启动子最适合这种实验，避免所选择的因子干扰新细胞类型的正常转分化。

（4）鉴定是否需要因子的修饰

选定因子后没有发生转分化是可能的。发生这种情况会有几种可能，但我们建议在放弃一种因子前，对它的最高活性形式进行检测。进行检测最容易的方法是使用功能已明确的强激活结构域，如 VP16。与它的 N 末端或 C 末端融合都没关系，但我们建议将 VP16 与转录因子的整个开放阅读框进行融合，而不仅仅限于 DNA 结合区。

（5）对新细胞类型的特性分析

使用报告蛋白结构将大大有助于鉴别细胞的成功转化——如肝向胰腺转化中使用淀粉酶启动子启动 GFP。最好的研究策略是在特定器官中选用所有细胞都表达的启动子，而不是在哪个器官中仅表达单一细胞的启动子。其中有三个问题需要强调：第一，如果器官内含多种细胞类型，转分化是产生一种特定的细胞还是会生成几种表型？在肝向胰腺细胞转分化的例子中，异位表达 Pdx1-VP16 产生了不止一种类型的胰腺细胞。第二，新细胞类型的鉴定标准是什么？能证明失去了其他表型吗？第三，转分化稳定吗？对于一种细胞类型的转变是真正的转分化，那么新细胞的表型必须是稳定的。

（6）在其他细胞类型中检测转分化活性

如前所述，在许多例子中只有一种细胞亚群能经历特定的转分化。因此，有必要鉴别哪种细胞可以被转分化，和为何一种细胞有反应而另一种细胞没有。理解每种细胞的性质将会使我们深入理解什么是发生转分化的必要条件，例如转分化的必要前提是什么？是否可以指导细胞转分化为某一特定的细胞类型，如分泌胰岛素的 β 细胞，这个问题还需要探究。

9.8 总结

近期的实验表明，成体干细胞，甚至是其分化细胞较以前所想的更具多面性，这意味着从这些细胞类型中可以获取丰富的组织细胞用于治疗。由于一些科学家和公众人物反对使用胚胎干细胞进行任何形式的临床治疗，因此，使用成体干细胞或分化细胞诱导转分化是较好的方法且符合伦理。

致谢

感谢英国医学研究理事会、威康信托基金会和 BBSRC 的基金资助。感谢 Lori Dawn Horb 提供的图片。

深入阅读

[1] Eguchi G, Kodama R. Transdifferentiation. Curr Opin Cell Biol 1993; 5 (6): 1023-8.

[2] Okada TS. Transdifferentiation: Flexibility in cell differentiation. Oxford: Clarendon Press; 1991.

[3] Shen CN, Slack JM, Tosh D. Molecular basis of transdifferentiation of pancreas to liver. Nat Cell Biol 2000; 2 (12): 879-87.

[4] Slack JM. Homoeotic transformations in man: implications for the mechanism of embryonic development and for the organization of epithelia. J Theor Biol 1985; 114 (3): 463-90.

[5] Tosh D, Slack JM. How cells change their phenotype. Nat Rev Mol Cell Biol 2002; 3 (3): 187-94.

第三部分

组织和器官发育

第 *10* 章

早期发育中的分化

Susana M. Chuva de Sousa Lopes[1], Christine L. Mummery[1]
靳继德　译

10.1　植入前发育

在哺乳动物中，受精发生在输卵管，在那里精子遇到卵细胞并与之融合。于是处于分裂间期的卵细胞核完成了减数分裂，两个亲本的原核融合形成二倍体合子核［图 10.1（a），见下页图］。受精后，合子发生进行性的 DNA 去甲基化，先是开始于父本的基因组，然后是母本的（除去基因组印记），这种变化作为表观重编程的组成部分发生在合子植入前的整个发育阶段。胚胎基因组的转录开始于小鼠的 2 细胞期，人类的 4 ～ 8 细胞期。直到此时，胚胎仅仅依赖母本的 mRNA，但是胚胎基因组激活后，父本的转录本被快速地降解，尽管其编码的蛋白质可能仍然存在，并发挥着重要的功能。当合子在一个保护性的糖蛋白外膜（透明带）里面移动，通过输卵管进入子宫时，胚胎持续地分裂但没有明显的生长（图 10.1，见下页图）。

10.2　细胞紧密过程中的极化

在小鼠 8 细胞期，人 8 ～ 16 细胞期，胚胎经历一个已知的实化过程形成桑葚胚：一种紧密的平滑的半球状结构［图 10.1（d）］。所有的分裂细胞变得扁平，它们的接触面变得最大化，并且产生极化。它们的胞质形成两个明显的区：顶点区聚集了内体、微管和微小纤维，而细胞核则移到底部区。在底部进一步形成空隙连接，以保证分裂细胞和无数微绒毛间的通信，在顶部形成紧密连接。

某些分裂球细胞接下来的分裂垂直于它们的极性轴，导致两个细胞有不同的表型（非对称分裂）。一个子细胞位于胚胎内（内层细胞），体积小且无极化，仅含有基底外侧的成分。另一个子细胞位于胚胎表面（外层细胞），体积大且极化，含有前体细胞的全部顶点区和一些基底外侧成分。这些极化的细胞继承了含有紧密连接的区域，由此在内层的非极化细胞和母体环境之间形成了一道物理屏障。

---

[1]　Department of Anatomy and Embryology, Leiden University Medical Center, Leiden, The Netherlands.

10.2.1　胚泡形成（空洞形成）

实化以后，假滋养外胚层（TE）细胞形成胚胎的外层。这些细胞间的联络变强了，这样就形成了一个真正的上皮。这个薄薄的单细胞层发育成一个连续的交叉复合体，包括缝隙连接、细胞桥粒和紧密连接。接着，TE 细胞的底部和顶部细胞膜的组成相差更多了，并在底部细胞膜聚集了 Na^+/K^+-ATP 酶。这些离子泵活跃地将钠离子转运到胚胎，并可能通过水通道蛋白导致水分子的积聚。囊胚腔，一个充满液体的空洞就这样在胚胎的一侧形成了［图 10.1（e）］。在这个过程中，内层细胞团（ICM）之所以可以保持着紧密的联系，不仅是由于细胞间的缝隙连接、紧密连接和细胞间指状突起的微绒毛，而且是由于 TE 细胞将 ICM 固定到胚胎的一极，并将其与囊胚腔部分分离开。TE 细胞间渗透压的密封性阻止了液体的丢失，由此在 64 ～ 128 细胞期，囊胚腔占据了胚泡的大部分空间［图 10.1（e）～（g）］。此时，胚胎围绕着胚胎 - 远胚轴不是呈放射状对称，而是由于这个透明带略呈卵圆形而为两侧对称。

滋养外胚层细胞和内细胞团分别由桑葚胚的外层和内层细胞的子代细胞组成。滋养外胚层又由两个亚群组成：与 ICM 联系的极化滋养外胚层和包围着胚泡腔壁的滋养外胚层。滋养外胚层的后代产生胚外结构如胎盘，而不形成合适的胚胎。内细胞团也由两个亚细胞群组成，开始以一种撒胡椒面的方式混在一起。但是，由于黏附性的差异，其中一个亚群（GATA6 阳性细胞）分隔到 ICM 的表面，在那里与囊胚腔联系并分化成原始的内胚层，也是一种胚外组织。ICM 不仅生成合适的胚胎，而且生成胚外中胚层，再由此生成卵黄囊、前羊膜、绒毛膜和尿囊，后期发育成脐带的结构。小鼠早期胚胎细胞谱系关系的总结见图 10.2。在植入前的发育过程中（小鼠为 3 ～ 4d，人为 5 ～ 7d），当在输卵管内时胚胎仍然在透明区内，借此阻止未成熟胚胎的植入。当到达子宫时，胚泡通过胰酶由透明带中"孵出"，然后准备植入子宫壁［图 10.1（h）］。表 10.1 总结了小鼠和人类胚胎植入前的发育阶段。

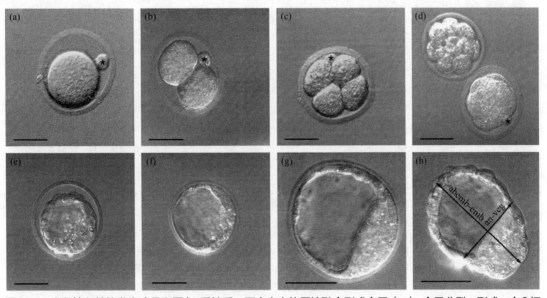

图10.1　小鼠植入前的发育（见彩图）。受精后，两个亲本的原核融合形成合子（a）。合子分裂，形成一个2细胞（b）、4细胞（c）和8细胞胚胎（c）。胚胎然后经历了紧密结合变成一个平滑的球状结构，桑葚胚（d）。注意这个第二极体还附着在胚胎上（*）。接着囊胚腔在胚胎的一侧发育形成早期的胚泡（e）。囊胚腔变大占据了大部分扩大的胚泡（f, g）。在胚胎生长大约4.5d时，后期胚泡到达子宫，从透明带中"孵出"，准备植入（h）。后期胚泡由三个细胞亚群组成：滋养外胚层（绿色）、内细胞团（橙色）和原始的内胚层（黄色）。在胚泡内见三个轴：胚胎-远胚轴、动-植物轴和与动-植物轴在同一平面并与之垂直的第三轴（显微照片由B. Roelen惠赠）。

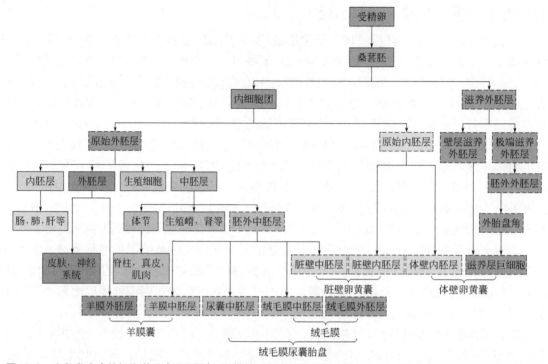

图10.2 小鼠发育中的细胞谱系（见彩图）。滋养外胚层来源的组织用绿色表示，内胚层来源的组织用黄色表示，外胚层来源的组织用橙色表示，中胚层来源的组织用蓝色表示。用灰色表示的细胞/组织被看作具有多能性。所有胚胎外的组织用虚线圈出，而胚胎组织用实线圈出。

表10.1 小鼠和人类胚胎植入前发育的总结

发育阶段（M）	时间（M）	发育阶段（H）	时间（H）	发育过程
合子	0～20h	2细胞合子	0～60h	轴确定？
2细胞	20～38h	4～8细胞	60～72h	胚胎基因组激活
4细胞	38～50h			谱系确定？
8细胞	50～62h	8～16细胞	～3.5d	实化
16细胞	62～74h		～4.0d	两种表型不同的细胞出现
32细胞	～3.0d	32细胞	～4.5d	囊胚腔形成（腔化）
64细胞	～3.5d		～5.5d	胚泡由两个细胞群组成（ICM和TE）
128～256细胞	～4.5d	166～286细胞	～6.0d	部分ICM分化成原始内胚层（PrE）；孵出，接着植入

注：1. 在小鼠和人类的发育过程中，每次的分裂时间依赖于环境因子（内部和外部）、个体的变异和小鼠的品系。这里提供的分裂时间是来自几个已报道的资料。

2. 改编自 Nagy A, Gertsenstein M, Vintersten K, Behringer R. (2003) Munipulating the Mouse Embryo. New York: Cold Spring Harbor Laboratory Press 和 Laesen WJ. (1997) Human Embryology. New York: Churchill Livingstone.

3. 表中：d，天；h，小时；H，人类；ICM，内细胞团；M，小鼠；PrE，原始内胚层；TE，滋养外胚层。

10.3 小鼠胚胎植入前体轴的确定

在低等脊椎动物中，身体的轴在受精卵未分裂前或分裂后很快便确定了，而在哺乳动物的胚胎中，认为只有在原肠胚形成期伴随着原始条纹的出现才确立了体轴。然而体轴确定（前－后）的第一个形态标志现在被认为是胚胎远端稍微立方形的内脏内胚层向更前部的轻微移动，在胚胎时间（E）5.5～6.0d 时形成前端内脏内胚层。数据显示，胚胎的前－后轴甚至可以通过分子在更早期（在胚胎 4.0～4.5d）确定，即通过 *Lefty1* 在原始内胚层一侧的非对称表达并最终对应于"tilt"（见"植入"部分内容）。哺乳动物的胚胎非常具有弹性并可以不受如分裂球的移动或聚集的影响，这个观察结果支持体轴确定相对较晚的观点。因此，普遍的观点变成了植入前胚胎没有进行预处理。

但是，这种观点受到了几个研究的挑战，指出哺乳动物的合子事实上已经极化，与低等脊椎动物模式类似，体轴在受精时某种程度上已确定。在小鼠的受精卵，标记为第二极体的动物极点位置，或促发钙离子波的精子进入点，或限定合子中两个原核的平面，它们都被认为是规定第一次的卵裂面的因素。然而，仍旧不清楚这些线索的位置是否直接确定了受精卵的极化和随后第一次卵裂的位置。另一种可能性，受精卵的极化，第二极体的位置和精子的进入点（母核）可能已在卵母细胞中被内在的非对称性所确定了。例如，已经发现卵母细胞具有线粒体和其他因子包括瘦素和 Stat3 的非对称分布。

第一次卵裂面恰好与胚泡的胚胎－胚外边界一致。但是，依然不能解决区分并预测两个分裂球命运的难题。含有精子进入点的分裂球通常先分裂，并优先进入胚泡的胚胎区，在那里它的姊妹细胞优先形成外胚区。不含有精子进入点的单性生殖卵可以分裂并发育成胚泡，尽管两个分裂球没有遵循不同命运的倾向。这表明虽然在正常发育中，精子进入点与后期胚泡的空间排列相关，但与胚胎排列无关。而且几个研究声称这两个分裂球是相似的，但是椭圆形的透明带限定了胚胎－外胚轴。受精卵与胚泡轴，以及胚泡和未来胚胎体轴之间的解剖学关系仍然存在着争议，尽管普遍的观点是存在着线索，但这些线索又很容易被驳回。

10.4　小鼠早期胚胎的发育潜能

在小鼠，2 细胞期胚胎的两个分裂球分别转移入母体都能发育成相同的小鼠。分离出的分裂球与遗传上明显不同而处于同一发育阶段的分裂球混合以产生嵌合体，并评价 4 细胞和 8 细胞的小鼠胚胎中每个分裂球的发育潜能。每个分裂球都能产生胚胎和胚胎外组织（TE 和卵黄囊），并能产生活的和可生育的小鼠。这些结果表明，在这些发育阶段，所有的分裂球仍是全能的。但是，4 细胞期和 8 细胞期的分裂球分离出的单个细胞仅可以发育成胚泡并植入，但是不能产生活的后代。这就解释了这个事实：在胚泡形成前，细胞分裂的次数是受到限制的（5 次）。这样与正常的 32 细胞的胚泡相比，由 4 细胞和 8 细胞的胚胎分离出的分裂球分别产生 8 细胞和 16 细胞的胚泡。由分离出的 4 细胞和 8 细胞的分裂球产生的胚泡在 ICM 中含有非常少的细胞，可能是要渡过胚泡期，最少量的 ICM 细胞是必要的。

胚泡中细胞的位置决定了它的命运：胚胎表面的细胞变成了 TE，而被包裹的细胞变成了 ICM。近期的研究揭示了分子的异源性在 4 细胞期即可被检测到，它们也许通过掌控分裂轴指导向 TE 或 ICM 发育（通过对称分裂产生两个外层细胞，或通过非对称分裂产生一个内层细胞和一个外层细胞）。

尽管表型不同，这个 2 细胞产生的后代在 16 细胞的桑葚胚时还具有可塑性，只要它们在胚胎的正确位置，即在内部或在表面就能产生其他谱系的细胞。32 细胞和 64 细胞胚胎的 ICM 细胞仍能够产生所有的孕体组织（包括胚胎组织和胚外组织），即是全能的。由于 TE 细胞很难分离（彼此联结紧密）和由于 TE 细胞很难整合进胚胎中（低黏附性），因此，它的潜能很难测定。64 细胞期后，ICM 即失去全能性。

小鼠胚胎一旦植入（到 E7.0），胚胎细胞（包括稍后发育中形成的原胚细胞）直接导入另一个胚泡形成嵌合胚胎或嵌合体时，即失去形成胚胎的能力。同样，由 E5.5 和 E6.5 胚胎（或上胚层）细胞分离出的干细胞，即所谓的 EpiSC 也不能形成嵌合体。令人惊奇的是，当导入遗传背景一致的成体小鼠时，上胚层细胞可以产生畸胎癌，一种含有来源于三胚层（内胚层、中胚层和外胚层）不同谱系组织的肿瘤和一种被称作胚胎瘤（EC）的干细胞群。当这些上胚层来源的 EC 细胞导入胚泡时，可以形成小鼠嵌合体（但不能产生生殖细胞），表明尽管细胞的多能性在上胚层丢失，但可得到一定程度的恢复。同样，由 E8.5 小鼠胚胎分离的原生殖细胞可培养成为胚胎生殖（EG）细胞，并且成体造血干细胞和神经干细胞也能恢复多能性，当导入胚泡时也可形成胚胎。

10.5　小鼠胚胎植入前发育过程中的重要基因

植入前，胚胎相对可以自足，例如能在体外无生长因子添加的简单培养基中进行发育。在植入前的发育中，特别重要的基因有调节胚胎基因组激活、基因 DNA 去甲基化和染色质重塑、细胞周期、实化、空泡化和孵化的基因。但是几乎没有报道基因突变（特定的基因删除、插入和更广泛的遗传异常）导致的植入前死胎（表 10.2）。其中的原因还不清楚，但有一点可能是在受精卵里最初存在的母本转录本能有效地挽救胚胎。由于候选基因的缺失常常导致成年前死亡，因此，用传统的基因敲除技术去除受精卵内特定的母本转录本总是行不通的。但是，越来越多参与植入前发育的母本作用基因正在被鉴定出来（见表 10.3）。有趣的是，在植入前发育中，转录的大多数基因在胚胎基因组激活后立即就能被检测到，并持续被转录，导致 mRNA 积聚。因此，在植入前发育过程中，对于触发不同的特定发育事件，转录后的调节可能发挥着重要的作用。

表 10.2　在小鼠早期发育过程中影响分化的致死性突变

基因 / 位点	突变表型	基因 / 位点	突变表型
Wt1 (Wilms' tumor 1)	受精卵不能有丝分裂	SNEV (Prp 19, Pso4, NMP200)	不能形成胚泡
Faf1	静止于 2 细胞期	Emi1	不能形成胚泡
Tgfb1	静止于 2～4 细胞期	Vav	胚泡不能孵出
C²ˢᴴ (pid)	2～6 细胞期胚胎不能有丝分裂	Os (oligosyndactyly)	早期胚泡静止在分裂中期
L2dtl	静止于 4～8 细胞期	Brg1	胚泡发育异常
Geminin	静止于 4～8 细胞期	Aˣ (lethal nonagouti)	胚泡发育异常
E-cadherin (uvomorulin, Cdh1)	细胞实化缺陷	l (5)-1	胚泡发育异常
Trb (Traube)	细胞实化缺陷	tʷᴾᵃ⁻¹	胚泡发育异常
Cdk8	细胞实化缺陷	PL16	胚泡发育异常
Mdn (morula decompaction)	细胞实化缺陷	CpG binding protein (CGBP)	胚泡发育异常
Om (ovum mutant)	不能形成胚泡	Mbd3	胚泡发育异常
SRp20	不能形成胚泡	Thioredoxin (Txn)	胚泡发育异常
Rbm19	不能形成胚泡	Gpt	胚泡发育异常
Wdr36	不能形成胚泡	Ltbp2	胚泡发育异常
t¹², tᵂ³²	不能形成胚泡	Wdr74	胚泡发育异常
Tʰᵖ (hairpin)	不能形成胚泡	Hbaᵗʰ⁻ʲ	TE 细胞数减少
Ts (Tail short)	不能形成胚泡	Aʸ (lethal yellow)	TE 形成缺陷
a-E-catenin	不能形成胚泡（TE 缺陷）	Evx1	TE 形成缺陷

续表

基因 / 位点	突变表型	基因 / 位点	突变表型
Eomes (Eomesodermin)	TE 形成缺陷	*Fgfr2*	ICM 形成缺陷
Cdx2	TE 形成缺陷	*Taube Nuss (Tbn)*	ICM 形成缺陷
Tead4	TE 形成缺陷	*Oct4 (Oct3，Pou5f1)*	ICM 形成缺陷
Arp3	TE 形成缺陷	*Nanog*	ICM 形成缺陷
Egfr	ICM 形成缺陷	*Eset*	ICM 形成缺陷
b1 integrin	ICM 形成缺陷	*Ronin*	ICM 形成缺陷
Lamc1	ICM 形成缺陷	*Sall4*	ICM 形成缺陷
B-myb	ICM 形成缺陷	*Grb4*	ICM 形成缺陷
Fgf4	ICM 形成缺陷		

注：1. 该表分成两部分，上部的基因和位点删除会造成植入前死胎。下部的基因和位点删除会引起植入期间胚胎死亡，而不是在形成卵柱体前。缺少表中大多数基因的胚胎发育成正常的胚泡并能孵出和植入，但之后很快整个胚胎或选择性的 TE 或 ICM（ICM 或原始内胚层来源的细胞）发生降解、再吸收。

2. 表中：ICM，内细胞团；TE，滋养外胚层。

表10.3　影响植入前胚胎发育的母本作用突变

基因 / 位点	突变表型	基因 / 位点	突变表型
Zar1	静止于受精卵	*Basonuclin (Bnc1)*	静止于 2 细胞期
Dicer	静止于受精卵	*Pdk1 (Pdpk1, Pkb kinase)*	静止于 2 细胞期
Brwd1	静止于受精卵	*Zfp3612*	静止于 2 细胞期
Hsf1	静止于受精卵到 2 细胞期	*Importin a7*	静止于 2 细胞期
Ago2	静止于受精卵到 2 细胞期	*Brg1*	静止于 2～4 细胞期
Npm2	静止于受精卵到 2 细胞期	*Tcl1*	静止于 4～8 细胞期
Mater (Nalp5)	静止于 2 细胞期	*Atg5*	静止于 4～8 细胞期
Hr6a (Ube2a)	静止于 2 细胞期	*Dppa3 (Stella, PGC7)*	不能形成胚泡
E-cadherin (uvomorulin, Cdh1)	静止于 2 细胞期	*Uchl1*	实化缺陷
Padi6	静止于 2 细胞期	*CTCF*	不能形成胚泡
Floped (Ooep)	静止于 2 细胞期		

注：此表列出了不断增加的母本效应基因。在杂合子中，缺少这些基因的胚胎至少可正常发育到植入 / 原肠胚形成，但在纯合子中（母体）不行。如果目的基因可导致纯合子死亡，可以通过条件性删除基因来删除母本的转录池，即通过携带 "floxed" 等位基因（*fl/fl* 或 *fl-*）的小鼠和 Cre 重组酶介导的表达透明带蛋白 3（ZP3）启动子 [de Vries, et al. (2000) Genes is 26, 110] 的转基因小鼠杂交，可以在生长的卵细胞中特异地删除这个基因。

　　ES 细胞来源于 ICM，因此，ES 和 ICM 细胞表达相同的基因也就不足为奇了。其中有些基因对于维持 ES 细胞的未分化表型是必要的，并被认为在由分化的 TE 细胞群中分离出多能性的 ICM 中发挥着重要的作用。然而，在小鼠基因删除实验中，大多数基因是在植入期间和原肠胚形成期间表现出关键的作用，而不是在 ICM 和 TE 都形成时的植入前期间。这方面最关键的基因是白血病抑制因子（LIF）及其受体。尽管小鼠 ES 细胞高度依赖于 LIF 来维持其在培养中的多能性，删除受体或配体基因都会影响胚泡期 ICM 的多能性。有趣的是，在体内 LIF 信号对于调节植入很重要（见 "植入" 部分内容）。

　　POU 转录因子八聚体结合转录因子 4（Oct4）最明显的特点是参与了哺乳动物细胞的调节能力。Oct4 最初在所有的分裂球中表达，但是随着胚泡的形成，表达仅局限于 ICM（图 10.3）。之后，向原始内胚层分化的 ICM 细胞发生一次瞬间上调 Oct4 的表达。有趣的是，在小鼠 ES 细胞中，Oct4 的表达水平也调节着早期的分化选择，在胚泡中也发挥着相同的作用：缺少 *Oct4* 的小鼠 ES 细胞向 TE 分化，而 Oct4 表达量增加 2 倍的 ES 细胞则形成内胚层和中

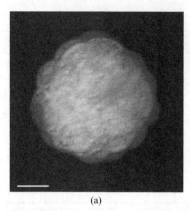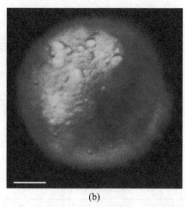

(a)   (b)

图10.3 在桑葚胚和胚泡期 Oct4 的表达（见彩图）。通过 Oct4 启动子远端元件启动的 GFP 表达被这里用来模拟 Oct4 的内源性表达。在桑葚胚，所有的分裂球都高表达 Oct4（a）。在早期的胚泡，内细胞团表达高水平的 Oct4，而在外滋养层仅观察到很弱的表达（b）。

胚层。缺少 *Oct4* 的小鼠胚胎不能形成成熟的 ICM 并大约死于植入期间。在植入前的发育阶段，其他被认为参与决定细胞命运的基因包括 *Taube nuss*、*B-myb*、*Nanog*、*Cdx2* 和 *Eomes*（表 10.2）。*Taube nuss* 和 *B-myb* 基因纯合子缺失的小鼠可发育成正常的胚泡。但是，在植入时，大量的 *Taube nuss*[-/-] ICM 细胞发生凋亡，胚胎变成一个由滋养层组成的球；在 *B-myb* 敲除的小鼠，尽管原因不清，ICM 也发生降解。*Taube nuss* 和 *B-myb* 基因好像对 ICM 的存活是必要的，而 *Oct4* 负责建立和维持 ICM 的身份，而不是细胞的存活。*Nanog* 仅在 ICM 中表达，而 *Oct4* 阻止 TE 的分化，*Nanog* 抑制 ICM 向原始内胚层的分化。同样，*Nanog*[-/-] 的胚泡可以形成，但在培养中生成的 ICM 向内胚层分化。相反，*Cdx2* 和 *Eomes* 参与滋养层的发育；缺少这些基因的胚胎植入后由于滋养层细胞系的缺陷而很快死亡。

10.6 由植入到原肠胚形成

对比植入前期的一般发育阶段，哺乳动物胚胎植入的机制存在种系的差异。此外，母体与胚胎间亲密且高度调节的交叉对话，使哺乳动物的植入为一复杂的过程。一旦到达子宫，胚泡由透明带中孵出，TE 细胞变得具有黏附性，表达的整合素使胚胎与子宫壁的细胞外基质（ECM）相连接。小鼠胚胎通过胚外区的腔壁 TE 细胞黏附到子宫壁，并有些倾斜。与之相比，人类胚胎通过胚胎区结合。一旦黏附至子宫，滋养层细胞分泌酶消化 ECM，使其渗入并侵入子宫。同时，胚胎周围的子宫组织经历了一系列的变化，这些变化统称为蜕膜反应。这些变化包括形成一个称之为蜕膜的海绵状结构，血管改变导致炎性和内皮细胞富集至植入点，以及子宫表皮的凋亡。

10.7 小鼠滋养外胚层和原始的内胚层细胞

子宫壁发生的凋亡使 TE 细胞有机会通过吞噬死亡的表皮细胞而侵入蜕膜。在大约 E5.0 期，腔壁的 TE 细胞停止分裂，但核内却复制它们的 DNA 而变成原始的滋养层巨细胞。这个细胞群通过迁移与胚胎周围的极性 TE 细胞连接在一起，同样变为多线染色体细胞（二级滋养层巨细胞）。然而，其他极性的 TE 细胞继续分裂并维持二倍体，产生胎盘外的锥体和胚胎外的外胚层，并将 ICM 推到囊胚腔（图 10.4）。这些增殖的 TE 细胞与成纤维因子 4

（FGF4）和肝素培养时，产生所谓的滋养层干（TS）细胞，它们能够自我更新，或分化成滋养层巨细胞。

植入期间，原始的内胚层形成两个亚群：内脏内胚层（VE）和腔壁内胚层（PE），二者都是胚外组织。VE 是一个极化的表皮，与胚外外胚层和 ICM/ 上胚层紧密相连（图 10.4 和图 10.5），它们在特征上是异源的（在胚外的 VE 有明显的空泡生成）。培养时原始的 / 内脏的内胚层也能生成具有自我更新能力的胚外内胚层（XEN）的干细胞群。

在发育后期，VE 负责形成内脏的卵黄囊，但是一些 VE 细胞可能形成肠道。PE 细胞主要是以单个细胞迁移到 TE 上部（图 10.4 和图 10.5），并分泌大量的 ECM 形成一层厚的基底膜，称为 Reichert 膜。PE 细胞连同滋养层巨细胞和 Reichert 膜形成了卵黄囊。

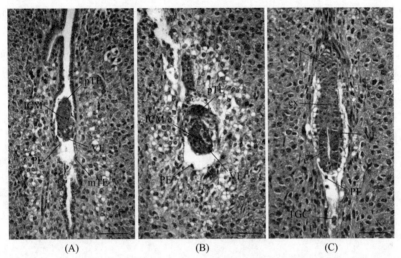

图10.4 小鼠胚胎（E5.0 ～ E5.5）植入期间和植入后不久的组织形成和运动（见彩图）。植入期间，胚胎中的细胞分裂速度上升，胚胎快速生长（A ～ C）。原始的内胚层细胞分离进入内脏内胚层（VE）和腔壁内胚层（PE）。极化的滋养细胞（pTE）形成外胎盘锥（ec）和胚外外胚层（ex）。pTE 细胞连同腔壁滋养细胞（mTE）形成了滋养层巨细胞（TGC）。内细胞团（ICM）发生腔化，并演化成为上胚层的表皮（e）。

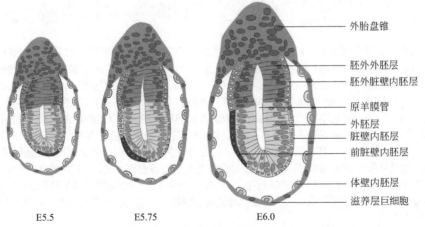

外胎盘锥

胚外外胚层
胚外脏壁内胚层

原羊膜管

外胚层
脏壁内胚层
前脏壁内胚层

体壁内胚层

滋养层巨细胞

E5.5   E5.75   E6.0

图10.5 小鼠胚胎（E5.5 ～ E6.0）原肠胚形成前期的组织形成和迁移（见彩图）。在这个阶段，胚外外胚层分化成上皮。最初局限于上胚层的前羊膜腔，现在向胚外外胚层扩展，形成前羊膜管。在 E5.5 期，最远端的内脏内胚层细胞（红色）表达不同的标记分子，然后是周围的内脏内胚层（VE）。这些（或其他）远端的 VE 细胞由远端顶点移动并包围即将出现的上胚层早期部分，并形成早期的内脏内胚层（AVE）。围绕胚外外胚层的 VE 由柱状上皮组成，而围绕上胚层的 VE 细胞则较为扁平。

10.8   小鼠内细胞团向上胚层的发育

ICM 位于来源于 TE 的胚外外胚层和来源于原始内胚层的 VE 之间，生成胚胎的所有细胞。植入期间，ICM 分化形成了包围中央腔的假复层柱状上皮（也指原始或胚胎外胚层、上胚层或卵筒）和羊膜腔（图 10.4）。来源于 VE 的信号分子（也许也来源于胚外外胚层），包括骨形成蛋白（BMP），引起上胚层中心区细胞的凋亡，导致形成它的空腔化。在 E5.5 和 E6.0 期，羊膜腔扩展至胚外外胚层，形成前羊膜管（图 10.5）。

植入后，发生一波从头的 DNA 甲基化，导致表观重编程（结束于 E6.5）。对胚胎和胚外细胞系的整个基因组产生了不同程度的影响，可能引起形成嵌合体能力的丧失。植入后，细胞分裂速度加快，接着出现快速生长。在 E4.5，ICM 由大约 20 ～ 25 个细胞组成，在 E5.5，上胚层大约有 120 个细胞，而在 E6.5，它由 660 个细胞组成。

在 E6.5，胚胎不是圆柱形，但已有了一个长轴和一个短轴。原肠胚形成开始于形态上可见的结构（原条）的形成，它是未来胚胎后侧的标志。奇怪的是原条形成于短轴的一侧。但是胚胎在底蜕膜内经历了一个明显的方向转换，原条终止于长轴的末端。此外，在原肠胚形成期，形成三个决定性的胚层，精原细胞被保留，生成负责生成卵黄囊的胚外中胚层、胎盘和脐带。在小鼠原肠胚发生期，组织形成和迁移的综述见图 10.6。

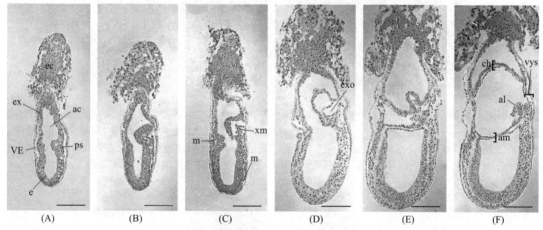

图 10.6   小鼠胚胎原肠胚（E6.5 ～ E7.5）形成期间的组织形成和迁移（见彩图）。原肠胚的形成开始于 E6.5 胚胎后侧原条（ps）的形成，即在胚外外胚层（ex）和上胚层（e）的连接处（A）。随着更多的细胞迁入原条，它向上胚层和内脏内胚层（VE）之间的远端胚胎伸长（B）。而新形成的胚胎中胚层（m）向远端和两侧移动，包围整个上胚层，胚外中胚层（xm）向上和中央推动胚外外胚层（C，D）。胚外中胚层发育形成中胚层的腔，称之为胚外体腔（exo）。胚外体腔不断增大，并由此引起胚外和胚胎外胚层边界发生融合，将前羊膜腔（ac）分成两部分，形成了羊膜（am）和绒毛膜（ch）（E）。胚外中胚层和内脏内胚层的细胞层共同形成了卵黄囊（vys）。在胚胎的后侧，形成尿囊（al）和精原细胞（E，F）。标注为绿色的组织［胚外外胚层和外胎盘锥（ec）］来源于上胚层。黄色的组织来源于原始的内胚层和上胚层细胞，它们穿过原条区生成最终的内胚层。最终内胚层细胞嵌入胚胎部分的内脏内胚层。橙色的组织来源于内细胞团成为外胚层。蓝色的组织在原肠胚形成期间形成，代表原条和中胚层来源的组织（除去位于尿囊底部的精原细胞）。小鼠早期发育的细胞谱系见图 10.2。

10.9   人类胚胎

人类胚胎在植入和原肠胚形成期的发育明显不同于小鼠。简单地说，人类绒毛膜细胞侵入尿膜囊组织形成合体滋养层，一个多核的组织。与 ICM 和囊胚腔联系的滋养层细胞保持为单个二倍体细胞，称之为细胞滋养层。这些细胞增殖并与合体滋养层融合或发育成柱状细胞滋养层，或发育成绒毛膜外细胞滋养层（一定程度的多倍体）。在人类中，认为相当于小鼠胚外外胚层的结构没有形成。

人原始内胚层细胞也叫下胚层，在 ICM 的表面分离出来并进行增殖。这些细胞中一部分迁移成线性的囊胚腔，并形成胚外体腔膜（或 Heuser 膜）。与小鼠的 Reichert 膜类似，形成于滋养层和胚外体腔膜之间，是一个非细胞海绵状层，称为胚外网状组织。这之后，胚外网状组织被胚外中胚层侵入。在人类中这个组织的来源还未确定（来源于上胚层或下胚层）。胚外中胚层进行增殖形成线状的 Heuser 膜（形成原始的卵黄囊）和细胞滋养层（形成绒毛膜）。接着胚外网状组织发生分解，并被充满液体的绒毛腔代替。尽管都是透明的结构，但人类原始的卵黄囊并不等同于小鼠的腔壁卵黄囊。此外，仍然不清楚人类胚胎是否发育成一个 PE 样细胞结构。

下胚层一波新的增殖产生的细胞形成了最终的卵黄囊，这个新的结构替代了原始的卵黄囊。而原始的卵黄囊通过出芽和分裂形成小的血管，并保留在胚外极体内。人类最终的卵黄囊等同于小鼠的内脏卵黄囊。

人类 ICM 分化形成假复层柱状上皮，并空泡化产生羊膜囊。位于下胚层上的 ICM 细胞被称为上胚层，将负责生成胚体。与滋养层联系的 ICM 细胞形成羊膜。与鸡胚类似，人类胚胎也形成一个两层的胚盘，并且在原肠胚形成过程中，细胞的移动模式在鸡和人类之间保持着相对的保守。

支持小鼠和人类 ICM 发育的胚外结构如此复杂多样，因此，小鼠和人类的 ES 细胞有差别也就不足为奇了。它们在发育潜能上存在着差别，如在分化成 TE 样细胞的能力方面。人类的 ES 细胞在培养条件下可以形成 TE，但是在正常环境下的小鼠 ES 细胞则不能。而且小鼠的 ES 细胞在结构上已经被证实可以发育成具有某些成熟精原细胞特征的细胞（精子和卵子样细胞）。这些细胞受精或被受精而生成存活小鼠的潜能还不清楚。人类的 ES 细胞在培养条件下是否具有形成成熟配子样细胞的潜能还不清楚。小鼠和人类的 ES 细胞也表达不同的细胞表面分子，在培养条件下对于维持自我更新有不同的需求，应对生长和分化刺激的反应不同，虽然它们表达的核心多潜能基因相似。

最近的资料显示，小鼠的 ES 细胞在表达标志物方面是一群异源的细胞，含有与 ICM 或上胚层细胞相似的细胞。与上胚层细胞关系最为相关的小鼠 ES 细胞与小鼠的 EpiSC 相似。与 ICM 样小鼠 ES 细胞相比，EpiSC 和人类的 ES 细胞拥有相似的特征。当前的观点提示小鼠 ES 细胞不常见的特征是由于小鼠使用了已知的选择滞育胚胎的生育策略。这意味着小鼠的胚泡具有在子宫内等待（暂时停止发育）的能力，直到植入和条件变得有利（如胚胎等到母亲停止泌乳）。小鼠的 ES 细胞在培养中将会反映出这种"静止"阶段。在人类和其他大多数哺乳动物中，胚泡都不能停止发育，当进入子宫内时，或者植入发育或者降解。

10.10 植入

在小鼠体内，胚泡进入子宫即可触发卵巢分泌黄体酮和雌激素。这两种激素对胚胎的存活是绝对需要的，因为它们负责子宫的植入和蜕膜化。子宫开始分泌 LIF 和表皮生长因子（EGF）家族，包括 EGF、结合肝素的 EGF、转化生长因子（TGFα）和双向调节因子。这些分子连同 HoxA10 诱导产生环氧合酶（COX）——生成前列腺素的限速酶。这些因子和相应的受体在"植入窗口"期发挥着关键的作用，当基因缺失或突变时，会导致雌性动物因子宫反应缺陷而不育，和在植入期间或植入后不久发生死胎。另外，胚胎也分泌重要的分子，包括白介素 -1β、TGFα 和胰岛素生长因子（IGF），它们以自分泌和旁分泌的方式刺激胚胎和子宫"对话"，导致植入。

在植入期间，抑制母体的免疫反应也是必需的，但是这种作用还未被完全理解。作为孕体与母体物理联系的唯一细胞群，TE 细胞发展了几种机制来避免免疫排斥。比如 TE 细胞生产了无数的因子和酶，包括吲哚胺 2,3- 双加氧酶，它们抑制了母体的免疫系统，还有 TE 细胞缺少主要组织相容性复合体（MHC）抗原多态性的 I 类和 II 类分子。

10.11　胚外组织在小鼠胚胎塑型中的作用

在发育过程中，胚外组织不仅对营养和调节植入是必需的，而且在原肠胚形成前和形成期间的胚胎塑型中也发挥着重要的作用。对于这一点明确的证据来自对嵌合胚胎的分析，嵌合胚胎是由 ES 细胞定植的胚泡生成的。在嵌合体中，ES 细胞选择性地生成了上胚层来源的组织。因此，由一个基因型的胚外组织和另一个基因型的上胚层来源的组织来生成胚胎是可能的。例如，Nodal 表达于胚胎和胚外组织（依据发育阶段），而且 Nodal 缺陷的胚胎不会形成原肠胚，这样起初难以将胚胎和胚外功能区分开。但是，当 Nodal$^{-/-}$ ES 细胞引入到野生型胚泡时，胚外组织是野生型，而上胚层来源的组织则缺少 Nodal。嵌合胚胎可以正常发育至原肠胚中期，表明仅在胚外组织中表达 Nodal 即足以恢复胚胎的塑型。

与上胚层细胞高度混合相比，标记的原始内胚层细胞发育成更为一致的克隆，与胚胎塑型中 VE 的功能一致。位于第二极体邻近的原始内胚层细胞主要来自上胚层周围的 VE 细胞，而位于第二极体较远的细胞主要来自胚外外胚层周围的 VE 细胞。

在 E5.5，最远端的 VE（DVE）细胞以表达 Hex 和 Lefty1 基因为特征。之前认为这种细胞群在发育的第 2 天向预期的胚胎前侧迁移，生成称为 AVE 的内胚层带（图 10.5）。但是最近的资料提示，迁移的 AVE 可能不是直接来自 DVE 细胞，而是组成了一个新形成的细胞群。AVE 负责产生无数的分泌信号分子。令人感兴趣的是产生 Nodal（Lefty1 和 Cer1）和 Wnt（Dkk1）信号通路的拮抗剂，它们在决定胚胎前端细胞的命运中发挥重要作用。对 VE 后部（PVE）产生的特定基因产物还知之甚少，但是 PVE 表达的 Wnt3、Wnt2b 和 BMP2 对于胚胎后部的塑型和发育非常重要。原肠胚形成之前，胚外外胚层也向近端的上胚层发送信号，诱导几种重要的基因表达，特别是通过 BMP4 和 BMP8b 对后部邻近的特性进行识别。通过控制 Wnt 和 Nodal/BMP 信号通路的活性水平，胚外组织 VE 和胚外外胚层决定了胚胎前部和后部的命运。

这两个信号通路也将在背 - 腹部的塑型和器官发生中发挥进一步的作用。VE 和 VE 样谱系细胞分泌信号诱导小鼠和人类 ES 细胞至少向心肌细胞分化。利用组织或胚胎用于自身塑型和分化的信号转导路径似乎是指导 ES 细胞分化最有效的方法，因此，要更精确地定义分化信号，首先要理解胚胎发育早期发生的事件。

深入阅读

[1] Chuva de Sousa Lopes SM, Roelen BA. On the formation of germ cells: the good, the bad and the ugly. Differentiation 2010; 79 (3): 131-40.

[2] Donovan PJ. Growth factor regulation of mouse primordial germ cell development. Curr Top Dev Biol 1994; 29:189-225.

[3] Hardy K, Spanos S. Growth factor expression and function in the human and mouse preimplantation embryo. J Endocrinol 2002; 172 (2): 221-36.

[4] Kuijk EW, Chuva de Sousa Lopes SM, Geijsen N, Macklon N, Roelen BA. The different shades of mammalian pluripotent stem cells. Hum Reprod Update 2011; 17 (2): 254-71.

[5] Li L, Zheng P, Dean J. Maternal control of early mouse development. Development 2010; 137 (6): 859-70.

[6] Paria BC, Reese J, Das SK, Dey SK. Deciphering the cross-talk of implantation: advances and challenges. Science 2002; 296 (5576): 2185-8.

[7] Reik W, Dean W, Walter J. Epigenetic reprogramming in mammalian development. Science 2001; 293 (5532): 1089-93.

[8] Rossant J, Tam PP. Blastocyst lineage formation, early embryonic asymmetries and axis patterning in the mouse. Development 2009; 136 (5): 701-13.

[9] Tam PP, Loebel DA. Gene function in mouse embryogenesis: get set for gastrulation. Nat Rev Genet 2007; 8 (5): 368-81.

[10] Wang J, Armant DR. Integrin-mediated adhesion and signaling during blastocyst implantation. Cells Tissues Organs 2002; 172 (3): 190-201.

第**11**章

来自羊水的干细胞

Mara Cananzi**❶❷**, Anthony Atala**❸**, Paolo de Coppi**❶❷❸**
金滢，李苹 译

11.1 羊水——功能、来源和成分

羊水是一种羊膜腔内包绕胎儿的清澈水样液体。它的存在可保证胎儿得以在子宫内自由生长及活动，并免受外界的伤害，缓冲突然的击打或活动，维持恒定的压力和温度，并作为运输工具进行自身与母体化学物质的交换。

人类羊水在妊娠第 2 周的早期出现，是外胚层细胞间的薄层液体。受精后第 8 ～ 10 天，液体逐渐增多膨胀，将外胚层细胞（未来的胚胎）从羊膜细胞（未来的羊膜）中分离出来而形成了羊膜腔。自此，羊水量逐渐增多，妊娠第 4 周后可完全包绕胚胎，自第 7 周增加至 20mL，第 25 周 600mL，而在 34 周达 1000mL，分娩时为 800mL。在妊娠前半期，伴随着水的被动运动，羊水来自羊膜对钠离子和氯离子的主动运输，以及非角化的胎儿皮肤，妊娠后半期，羊水由胎儿尿液、胃肠道分泌物、呼吸道分泌物和囊膜的交换物质组成。

羊水主要由水和电解质（98% ～ 99%）组成，但也包含很多化学物质（例如葡萄糖、脂肪、蛋白质、激素和酶）、悬浮物（例如胎儿皮脂、胎毛和胎便）和细胞。羊水细胞来自胚胎外结构（即胎盘和胎膜）和胚胎及胎儿组织。尽管已知羊水细胞表达所有三胚层的标志物，但其真正的起源仍值得探讨；众所周知，羊水主要包含隐藏于羊膜腔的细胞，包括胎儿发育皮肤、呼吸道、泌尿系和胃肠道。羊水细胞随着孕龄和胚胎发育展现一系列不同的形态和行为。在正常情况下，羊水细胞的数量随着妊娠的进展而增加；如存在胎儿疾病，羊水细胞量可迅速减少（如宫内死亡、泌尿生殖系闭锁）或增加（例如脑积水、脊柱裂和先天性脐疝）。根据其形态学和生长特点，来自羊水的细胞主要分为三类：上皮样细胞（33.7%）、羊膜细胞（60.8%）和成纤维细胞（5.5%）。在胎儿异常时，可发现其他类型的细胞，例如神经管缺损时发现神经细胞，腹壁畸形时发现腹膜细胞。

羊水中大多数细胞是增殖能力有限的且分化完全的细胞。但在 20 世纪 90 年代，有两个研究团队阐明，在羊水中存在很少量的一群具有增殖和分化潜能的细胞。其中 Torricelli 报

❶ Surgery Unit, UCL Institute of Child Health and Great Ormond Street Hospital, London, UK.

❷ Department of Pediatrics, University of Padua, Padua, Italy.

❸ Wake Forest Institute for Regenerative Medicine, Winston Salem, NC, USA.

道在妊娠 12 周前的羊水中存在造血祖细胞。随后 Streubel 得以将羊水细胞分化为肌细胞，从而提示羊水中存在非造血细胞的前体。这些结果开创了新的领域，使羊水成为获得治疗性细胞的另一个来源。

11.2　羊水间充质干细胞

羊水间充质干细胞代表了一群多能干细胞，可以自中胚层向谱系转化（例如脂源性、软骨源性、肌源性和骨源性）。最初发现于成人骨髓中，占有核细胞的 0.001% ～ 0.01%。间充质干细胞从多种成年人组织（例如脂肪组织、骨骼、肌肉、肝、脑）、胎儿组织（即骨髓、肝、血液）和胚外组织（如胎盘、羊膜）中分离获得。

2001 年有研究者首先报道，羊水细胞中存在一群具有间充质细胞特性的细胞，可以在体外较胎儿细胞和成人细胞更迅速地增殖。2003 年，In't Anker 阐明羊水可作为下列胎儿细胞的丰富来源：表现出与骨髓间充质干细胞相似的表型和多谱系分化能力；这些细胞被命名为羊水间充质干细胞（AF mesenchymal stem cell, AFMSC）。

11.2.1　分离和培养

AFMSC 易于获得：取人孕中期及孕晚期的少量羊水（2 ～ 5mL），其约占羊水细胞总量的 0.9% ～ 1.5%，对于啮齿类动物，来源于妊娠第 2 周或第 3 周的羊水。已提出多种流程来分离 AFMSC；所有流程均基于在富含血清、无饲养层的条件下扩增未选择的羊水细胞，通过培养条件进行细胞选择。不同作者报道分离 AFMSC 的成功率均达 100%。AFMSC 生长于含胎牛血清（20%）和成纤维细胞生长因子（5ng/mL）的基础培养基中。重要的是，近期报道人类 AFMSC 也可在无动物血清的条件下培养，而不会丢失其特性；这一发现是人类开始临床试验的基本前提。

11.2.2　特征

多个作者对 AFMSC 是胎儿来源还是母系来源进行了探讨。通过收集男性胎儿羊水，并进行性别决定区域 Y 基因（sex determining region Y, SRY）的组织相容性抗原（HLA）的分子鉴定和扩增，发现这些细胞均为胎儿来源。但 AFMSC 来源于胎儿部分还是胚胎外组织还存在争议。

AFMSC 是均一、梭状的成纤维细胞样细胞，形态上类似其他 MSC，培养时扩增迅速。取人羊水 2mL 提取 AFMSC，其可在 4 周（3 代）内增至 180×10^6 个细胞，通过生长动力学检测发现，与骨髓来源的 MSC 相比，AFMSC 具有更强大的增殖潜能（平均倍增时间为 25 ～ 38h）。而且 AFMSC 的克隆源性潜能超过骨髓分离的 MSC（86±4.3 克隆比 70±5.1 克隆）。尽管增殖率很高，经过充分的培养扩增后，AFMSC 仍保持了正常的核型，并不表现为肿瘤源性潜能。

分析 AFMSC 转录组发现：

（1）AFMSC 的基因表达谱与其他 MSC 一样，培养传代时保持稳定，能耐受低温储藏和冻融；

（2）AFMSC 与其他来源的 MSC 的核心基因一致，参与细胞外基质重塑、细胞骨架构成、趋化因子调控、胞质素活化、TGF-β 和 Wnt 信号通路；

（3）与其他 MSC 相比，AFMSC 显示了特有的基因表达信号，包括参与信号转导通路（例如 HHAT、F2R、F2RL）和子宫成熟及收缩（例如 OXTR、PLA2G10）的基因上调，因此，提示 AFMSC 具有调节妊娠期胎儿和子宫的相互关系的作用。

人 AFMSC 细胞表面抗原的轮廓已由不同的研究者通过流式细胞术阐明（表 11.1）。标记人 AFMSC 的间充质细胞标志物（即 CD90、CD73、CD105、CD166）、数个粘连分子（即 CD29、CD44、CD49e、CD54）和主要组织相容性复合体Ⅰ（MHC-Ⅰ）抗原表达阳性。而对造血和内皮细胞标志物（即 CD45、CD34、CD14、CD133、CD31）表达阴性。

表 11.1 孕中期或孕晚期人 AFMSC 扩增的免疫表型：不同研究组的结果

标志物	抗原	CD 号	You 等，2009	Roubelakis 等，2007	Tsai 等，2004	In't Anker 等，2003
间充质细胞	SH2，SH3，SH4	CD73	+	+	+	+
	Thy1	CD90	+	+	+	+
	Endoglin	CD105	+	+	+	+
	SB10/ALCAM	CD166	nt	+	nt	+
内皮和造血细胞	LCA	CD14	nt	−	nt	−
	gp105～120	CD34	nt	−	−	−
	LPS-R	CD45	−	−	−	−
	Prominin-1	CD133	nt	−	nt	nt
整合素	β1-integrin	CD29	+	+	+	nt
	β3-integrin	CD61	−	nt	nt	nt
	α4-integrin	CD49d	nt	−	nt	−
	α5-integrin	CD49e	nt	+	nt	+
	LFA-1	CD11a	nt	+	nt	−
选择蛋白	E-selectin	CD62E	nt	+	nt	−
	P-selectin	CD62P	nt	+	nt	−
Ig 超家族	PECAM-1	CD31	−	+	−	−
	ICAM-1	CD54	nt	+	nt	+
	ICAM-3	CD50	nt	+	nt	−
	VCAM-1	CD106	nt	+	nt	−
	HCAM-1	CD44	nt	+	+	+
MHC	Ⅰ (HLA-ABC)	无	nt	+	+	+
	Ⅱ (HLA-DR, DP, DQ)	无	nt	nt	−	−

注：nt=not tested，未检测。

AFMSC 具有向间充质谱系分化的潜能。体外诱导条件下，它们可以向脂肪源性、骨源性和软骨源性谱系分化。

尽管不是多能细胞，但 AFMSC 可通过逆转录病毒转导特定的转录因子（Oct4、Sox2、Klf-4、c-Myc）高效地重编程为诱导性多能干（iPS）细胞。引人注目的是，与体细胞例如皮肤成纤维细胞相比，AFMSC 的重编程效率更高（100 倍）、更快（6d 比 16～30d）。由于 iPS 来源于成人细胞，羊水来源的 iPS 形成拟胚体（EB），在体外向所有三个胚层分化，在体内注入重症联合免疫缺陷（severe combined immunodeficient, SCID）小鼠后形成畸胎瘤。

11.2.3 临床前研究

在 AFMSC 得到认同后，各种研究探讨了不同诱导下的治疗潜能。不同研究者阐明 AFMSC 不仅在特定的培养条件下可表达心脏和内皮特异性标志物，也可整合为正常和缺血的心脏组织，即向新心脏肌源性细胞和内皮细胞分化。在大鼠膀胱冷冻损伤模型中，AFMSC 具有向平滑肌分化的能力，并防止存活平滑肌细胞的代偿性肥大。

AFMSC 可作为先天性畸形组织工程的合适细胞来源。在一项膈疝的绵羊模型中，使用自体的间充质羊水细胞合成的移植物修补肌肉缺损与相等的胎儿成肌细胞为基础的非细胞组成的移植物相比，其结构和功能恢复更好。AFMSC 在无血清的软骨生成条件下，在可生物降解的补片上生长至少 12 周后，形成了组织工程软骨移植物；这些移植物已被成功用于在宫内修复胎羊的气管缺损。将 AFMSC 播种于纳米纤维支架，体外诱导向骨源性分化，然后手术植入胸骨缺损的野兔模型，可在 2 个月内完成骨修复。

有趣的是，近期的研究显示，AFMSC 可为中枢和周围神经系统提供营养和保护效应。Pan 指出，AFMSC 有利于周围神经损伤后再生，认为这是由细胞分泌神经营养因子决定的。移植到纹状体后，AFMSC 可存活，并在成年大鼠的脑组织整合，向缺血部位迁移。而且，向具有灶性脑缺血－再灌注损伤的小鼠心室内注射 AFMSC，可在实验动物中显著逆转神经缺陷。引人注目的是，观察到类似骨髓来源的 MSC，AFMSC 在体外存在免疫抑制作用。外周血单个核细胞以抗 CD3、抗 CD28 或植物凝集素刺激后，被辐射的 AFMSC 以剂量依赖的形式显著抑制 T 细胞增殖。

11.3 羊水干细胞

2003 年首次证明羊水中可能含有多能干细胞。Prusa 描述羊水细胞中存在一群独特的亚群（占羊水细胞的 0.1% ～ 0.5%），在转录和蛋白质水平均表达多能标志物 Oct4。Oct4（即八聚体结合转录因子 4）是一种细胞核转录因子，在维持胚胎干（ES）细胞分化潜能和自我更新能力方面发挥重要作用。除了 ES 细胞，Oct4 也特异性地被生殖细胞表达，失活后进入凋亡过程；也作为癌基因的命运决定子，表达于胚胎癌细胞和生殖细胞来源的肿瘤。它在胚胎来源干细胞中的作用还未被完全阐明，近期发现成体干细胞或祖细胞不表达 Oct4 之后，很多研究组确认了 Oct4 在羊水细胞的表达及其转录靶点（例如 Rex-1）。特别是在 Oct4 或 Rex-1 启动子存在的条件下，Karlmark 将绿色荧光蛋白转染人羊水细胞，发现部分羊水细胞可激活这些启动子，进而报道收获的羊水细胞可展示其多能干细胞特性。自此，有一个细胞群体可形成克隆细胞系，可向所有三胚层细胞分化得以证实。这些细胞命名为羊水干（AFS）细胞，其表面以表达 c-kit（CD117）为特征，后者为干细胞因子的 III 型酪氨酸激酶受体。

11.3.1 分离和培养

羊水细胞中 c-kit$^+$ 细胞的比例随孕期的不同而不同，Gaussian 曲线对此进行了描述；c-kit$^+$ 细胞在妊娠早期出现（即人类停经 7 周，小鼠 E9.5），在孕中期达高峰，相当于人类孕 20 周 90×10^4 细胞 / 胚胎，小鼠 E12.5 10000 细胞 / 胚胎。人类 AFS 细胞可来源于少量（5mL）孕中期羊水（孕 14 ～ 22 周）或来源于羊水穿刺培养。鼠 AFS 细胞来源于妊娠第 2 周（E11.5 ～ 14.5）的羊水收集。AFS 细胞的分离基于两步，包括此前的从羊水中免疫筛选

c-kit 阳性细胞（占所有羊水细胞的 1%），以及这些细胞的培养扩增。分离的 AFS 细胞可在无饲养层、富血清的条件下进行体外扩增，而无自发分化迹象。细胞在含 15% 胎牛血清和 Chang 添加物的基础培养基上培养。

11.3.2 特征

对人类男性胎儿 AFS 细胞进行核型分析表明其胚胎源性。AFS 细胞在体外扩增时增殖很好。培养条件下，其形态可呈从成纤维细胞样到椭圆形不等 [图 11.1（a）]。正如多名作者阐明到，AFS 细胞具有强大的克隆潜能。克隆的 AFS 细胞系在培养时迅速扩增（倍增时间 =36h），更有趣的是，在传代时维持恒定的端粒长度（20kbp）[图 11.1（b）]。几乎所有的克隆 AFS 细胞系都表达多潜能的、未分化状态的标志物：Oct4 和 NANOG。但是，已证实注射入 SCID 小鼠后不会形成肿瘤。

AFS 细胞表面抗原谱已通过流式细胞术由多名研究者证实（表 11.2）。培养的人 AFS 细胞对 ES 细胞标志物（如 SSEA-4）、间充质细胞标志物（如 CD73、CD90 和 CD105）、数种粘连分子（如 CD29 和 CD44）和主要组织相容性复合体 I（MHC-I）抗原表达阳性，而造血和内皮细胞标志物（如 CD14、CD34、CD45、CD133 和 CD31）及 MHC-II 抗原表达阴性。

由于细胞系的稳定是基础和转化研究的基本要求，AFS 细胞在传代过程中维持其基线特征的能力通过多重参数进行计算。尽管其增殖率高，但经过 250 倍的倍增后，AFS 细胞及其克隆系仍然显示了单一的、二倍体 DNA 容量，而没有染色体重组 [图 11.1（c）]。而且，传了 25 代后，AFS 细胞维持了恒定的形态学、倍增时间、凋亡速率、细胞周期分布和标志物表达（如 Oct4、CD117、CD29 和 CD44）。但是，在体外扩增研究中，细胞体积增加，采用基于凝胶的蛋白质组学方法观察到不同网络（例如信号转导、抗氧化、白酶体、细胞骨架、结缔组织和分子伴侣性蛋白质）途径所涉及的蛋白质显著波动；这些修正的重要性有必要进一步研究，但是在解释实验时需要考虑研究中传代的次数和比较不同组别的结果。

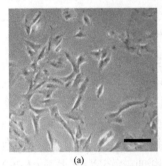
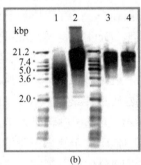
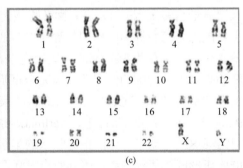

图11.1 （a）人AFS细胞在体外无饲养层、富含血清的条件下培养时主要为梭形。（b，c）克隆的人AFS细胞系传代250代后维持端粒长度及正常核型。（b）在早期（20次群体倍增，第3道）和晚期（250次群体倍增，第4道）AFS细胞保持的端粒长度。较短（第1道）和较长（第2道）的端粒标准由检测试剂盒提供。（c）Giemsa带核型图显示晚期（250次群体倍增）细胞。引自 de Coppi P, et al, 2007. Isolation of amniotic stem cell lines with potential for therapy. Nat Biotechnol, 25(1): 100-106.

更为重要的是，无论是在悬浮培养形成 EB 的条件下，或是在特定的分化条件下，AFS 细胞及其衍生出的克隆细胞系能自发性地向三个胚层进行组织分化。

EB 由 ES 细胞的三维聚集构成，概括了早期哺乳类胚胎形成的初期步骤。就像 ES 细胞，当悬浮培养且无抗分化因子时，AFS 细胞具有高效形成 EB 的潜能；AFS 细胞中 EB 形

表 11.2　c-kit⁺ 人羊水干细胞表达的表面标志物：不同研究组的结果

标志物	抗原	CD 号	Ditadi 等，2009	De Coppi 等，2007b	Kim 等，2007	Tsai 等，2006
ES 细胞	SSEA-3	无	nt	−	+	nt
	SSEA-4	无	nt	+	+	nt
	Tra-1-60	无	nt	−	+	nt
	Tra-1-81	无	nt	−	nt	nt
间充质细胞	SH2, SH3, SH4	CD73	nt	+	nt	+
	Thy1	CD90	+	+	nt	+
	Endoglin	CD105	nt	+	nt	+
内皮和造血细胞	LCA	CD14	nt	nt	nt	−
	gp105～120	CD34	nt		nt	−
	LPS-R	CD45	+		nt	−
	Prominin-1	CD133	−		nt	nt
整合素	β1-integrin	CD29	nt	+	nt	+
Ig 超家族	PECAM-1	CD31	nt	nt	+	nt
	ICAM-1	CD54	nt	nt	+	nt
	VCAM-1	CD106	nt	nt	+	nt
	HCAM-1	CD44	+	+	+	+
MHC	Ⅰ（HLA-ABC）	无	+	+	+	+
	Ⅱ（HLA-DR, DP, DQ）	无	−	−	−	−

注：nt=not tested，未检测。

成率（即从 15 悬滴复苏的 EB 数目的比例）为 28%，而 AFS 细胞克隆为 67%。类似 ES 细胞，AFS 细胞产生的 EB 由 mTor（即雷帕霉素的哺乳类靶点）通路调控，并伴随着 Oct4 和 Nodal 表达降低，及内胚层（GATA4）、中胚层（Brachyury, HBE1）和外胚层（Nestin, Pax6）标志物的产生。

在特定的间充质细胞分化条件下，AFS 细胞表达脂肪、骨、肌肉和内皮细胞的分子标志物（例如 LPL、desmin、osteocalcin 和 V-CAM1）。在脂肪源性、软骨源性或骨源性的培养基中，AFS 细胞相应地会形成细胞内脂肪滴、氨基葡聚糖或产生矿化的钙结节。在诱导细胞向肝系分化的条件下，AFS 细胞表达肝细胞特异性转录物（例如白蛋白、甲胎蛋白、多药耐药膜转运蛋白 1），并获得了肝脏特有的功能即尿素分泌 ［图 11.2（a）］。在神经细胞条件下，AFS 细胞能进入神经外胚层系。诱导后，它们表达神经元标志物（例如 GIRK 钾离子通道），表现为钡敏感的钾离子流，刺激后释放谷氨酸酯 ［图 11.2（b）］。目前正在进行的研究，探讨了 AFS 细胞产生成熟的有功能的神经元的能力。

AFS 细胞在体外很容易操作。它比成年人 MSC 可更有效地被病毒载体转导，而且感染后，维持其抗原谱及向不同谱系分化的能力。以超顺磁性的微米大小的氧化铁颗粒（MPIO）标记的 AFS 细胞可维持其潜能并无创注射于体内，且至少在 4 周内可被磁共振成像（MRI）示踪。

11.3.3　临床前研究

尽管 AFS 细胞近期才得到确认，但已经有多个研究报道其在不同方面的潜在应用。

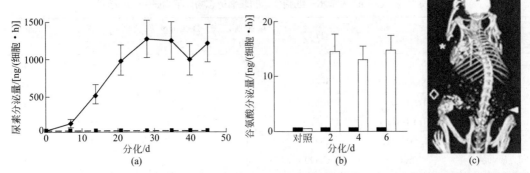

图11.2 AFS细胞向三个不同胚层谱系分化。（a）AFS细胞向肝细胞分化：人AFS细胞体外培养前尿素分泌（长方形）及体外培养后尿素分泌（菱形）。（b）AFS细胞向神经元细胞分化：神经元细胞培养条件下分泌谷氨酸。（c）AFS细胞向骨细胞分化：移植18周后行小鼠CT扫描检测人AFS细胞；箭头为对照组未移植AFS的部分。菱形为移植的AFS细胞。引自de Coppi P, et al, 2007. Isolation of amniotic stem cell lines with potential for therapy. Nat Biotechnol, 25(1): 100-106.

11.3.3.1 骨

大段骨缺损是骨科医生面临的最具挑战的问题。自体和异体骨移植仅限于少量适合的组织，并有较高的骨折率。组织工程策略是将生物降解的支架与向骨形成分化的干细胞结合，可作为骨移植的另一选择；但是，通过细胞为基础的骨再生仅能产生少量的骨细胞，不能满足应用。

AFS细胞在有孔的支架内合成矿化的细胞外基质的潜能已由多个研究小组进行了研究。在骨细胞分化条件下，AFS细胞向有功能的成骨细胞（即活化表达骨源性基因例如 *Runx2*、*Osx*、*Bsp*、*Opn* 和 *Ocn*，并产生碱性磷酸酶）分化并形成厚实的矿化基质。克隆矿化检测证实，与MSC相比，AFS形成骨源性克隆的能力为85%比50%。当种植于三维生物降解支架并以骨源性添加物（即rhBMP-7或地塞米松）刺激后，AFS细胞培养时可数月均维持高活力，根据支架总容量产生大量的矿化物。在体内，当给裸鼠皮下注射后，预分化的AFS细胞-支架结构能在4周内产生异位骨结构［图11.2（c）］。将AFS细胞包埋于支架中，但是，除非此前在体外预分化，否则在体内异位的部位不能矿化。这些研究表明，AFS细胞有产生三维矿化生物工程结构的潜能，提示AFS可能是功能性修复大的骨缺损有效的细胞来源。还需要进一步的研究来探索注射到骨损伤部位时AFS细胞的骨源性潜能。

11.3.3.2 软骨

加强透明质软骨的再生能力对于治疗软骨破坏是最重要的挑战。AFS细胞向功能性软骨细胞分化的能力已在体外试验中得到证实。在颗粒和海藻酸凝胶培养中，人AFS细胞经过TGF-β1处理后，可产生大量的软骨基质（即硫酸葡聚糖和Ⅱ型胶原）。

11.3.3.3 骨骼肌

采用干细胞治疗肌肉退行性疾病是一种引人注目的方法，仅需要少量细胞和刺激信号来扩增，即可产生治疗效果。对于细胞治疗肌病，确认哪种干细胞群可提供有效的肌肉再生很重要。

近期已经开始探索AFS细胞向肌源性细胞分化的能力。在含有5-杂氮-2'-脱氧胞苷的特定诱导培养基中，AFS细胞可在分子和蛋白质水平表达肌源相关的标志物，例如Mrf4、Myo-D和结蛋白。但是，当未分化时移植给骨骼肌损伤的SCID小鼠时，尽管表现为很好的组织移植物，但AFS细胞并没有向肌源系细胞分化。今后的研究还需要验证上述报道的结果。

11.3.3.4 心脏

尽管药物、介入和手术治疗不断发展，心血管疾病仍是发达国家首要的死亡原因。使用细胞移植来替代由于心肌梗死丢失的内源性心肌细胞是一种有前景的治疗手段。胎儿和新生儿心肌细胞是心脏再生的理想细胞，因为已证实其移植后可从结构和功能上整合为心肌。但是，由于使用胎儿和新生儿心肌组织的伦理问题，其应用还受到限制。

未分化的 AFS 细胞在分子水平表达心脏转录因子（即 Nkx2.5 和 GATA-4 mRNA），但不产生任何心肌分化标志物。在体外心血管诱导条件（即与新生大鼠的心肌细胞共培养）下，AFS 细胞表达分化的心肌细胞标志物例如 cTnI，提示在体外新肌源性的培养基可导致 AFS 细胞自发分化为心肌细胞样的细胞。在体内，当异种移植给心梗 20min 后的免疫缺陷大鼠时，AFS 细胞的分化由于细胞免疫排斥而受损。近期我们证实，可以通过与大鼠心肌细胞（rCM）共培养，在 GFP 阳性的大鼠 AFS（GFP-rAFS cell）中活化心肌基因。其通过旁分泌 /接触活动获得的分化，被采用免疫荧光、RT-PCR 和单细胞电生理检测证实。此外，尽管在同种异体急性心梗（AMI）的情况下仅有少量 Endorem 标记的 GFP-rAFS 细胞获得内皮或平滑肌表型，以及很少的心肌细胞（CM），但注射后 3 周用 MRI 检测发现射血分数仍有改善。这可能部分是由于胸腺素 β4 分泌介导的旁分泌过程。

11.3.3.5 造血系统

造血干细胞（HSC）位于造血个体发育的顶端，如移植在正确的位置，理论上可重建器官的血液供应。因此，从多能的、患者特异性的干细胞中产生自体 HSC，为遗传病及恶性血液疾病的细胞治疗提供了希望。

近期探讨了在羊水（AFKL cell）中存在的 c-kit$^+$ 造血系阴性细胞的造血潜能。在体外，人和小鼠 AFKL 细胞表现为很强的多系造血潜能。在半固体培养基，这些细胞可产生红系、髓系和淋巴系克隆。而且小鼠细胞和相同发育水平的肝脏来源的造血祖细胞一样，显示了同样的克隆形成潜能（0.03%）。在体内，免疫受损的宿主（即亚致死剂量照射的 Rag$^{-/-}$ 小鼠）经过一次和二次移植，小鼠 AFKL 细胞（即 $2×10^4$ 个细胞静脉注射）可产生所有三系的造血细胞，提示其具有自我更新能力。这些结果清晰地表明羊水中 c-kit$^+$ 细胞在体内和体外均显示了真正的造血潜能。

11.3.3.6 肾脏

终末期肾脏疾病（end stage renal disease, ESRD）的发生率在世界范围内持续升高。尽管肾移植是较好的治疗选择，但对 ESRD 患者而言，匹配器官的短缺仍是个严重的问题。因此，近些年无论是对肾小球还是肾小管疾病，均开展了以干细胞为基础的治疗性研究。不同干细胞类型均显示了在产生有功能的肾单位方面的潜能，但最合适的细胞类型仍需确认。

AFS 细胞在肾脏发生中的潜能近期也有研究。预采用间充质 /内皮分化的方案，可证实肾脏干细胞向肾分化的潜能。AFS 细胞和克隆衍生的细胞系可向肾细胞系分化；AFS 细胞继而在含有表皮生长因子（EGF）、血小板源性生长因子、beta/beta 同型二聚体（PDGF-BB）的间充质分化培养基中及含有干细胞生长因子（HGF）和成纤维细胞生长因子 4（FGF4）的上皮分化培养基中生长，减少了祖细胞标志物（即 Oct4 和 c-Kit），开始表达上皮（即 CD51、ZO-1）和足细胞标志物（即 CD2AP、NPHS2）。在体外将未分化的 AFS 细胞注入离体培养的小鼠胚胎肾脏中，AFS 细胞有助于原始肾结构的形成，参与肾脏形成的所有步骤，并表达早期肾脏分化的分子标志物例如 ZO-1、单核苷酸和胶原性神经营养因子（GDNF）。最后，近期的体内试验显示，直接注入损伤的肾脏的 AFS 细胞能够存活，整合入肾小管结构，表达成熟肾脏的标志物，并恢复肾功能。这些研究表明，AFS 的肾脏源性潜能，应进行进一步研究，探讨其进行以细胞为基础的肾脏治疗的应用潜能。

11.3.3.7 肺

慢性肺部疾病是常见病，医学治疗具有有限的功效，并且肺移植通常是唯一有效的治疗方法。干细胞用于肺修复和损伤后再生的应用有望作为许多肺疾病的潜在治疗方法；然而，目前的研究仍处于起步阶段。

AFS 细胞整合到肺中并分化成肺部谱系的能力已在肺损伤和发育的不同实验模型中进行了细致的研究。在体外，注射到小鼠胚胎肺外移植体中的人 AFS 细胞植入上皮和进入中膜并表达早期肺分化标志物 TFF1。在体内，在没有肺损伤的情况下，全身注射 AFS 细胞显示出归巢到肺的能力，但不能分化成特化细胞；而在肺损伤的情况下，AFS 细胞不仅表现出强的组织植入，而且表达特异性肺泡和细支气管上皮标志物（例如 TFF1、SPC 和 CC10）。引人注目的是，细胞融合现象被极大地排除，长期实验证实在 AFS 细胞注射后 7 个月内治疗动物中没有形成肿瘤。

11.3.3.8 肠

到目前为止，很少有研究考虑了干细胞在胃肠道疾病中的应用。虽然其仍处于初始阶段并与许多问题相关，不断增加的干细胞实验证据可能是治疗和 / 或预防肠疾病的候选方案。

在一项评估 AFS 细胞通过腹腔注射后移植到健康新生大鼠中的研究中，可观察到 AFS 细胞：

（1）在 90% 的动物中施用后几小时内全身性扩散；

（2）移植到腹腔和胸腔的几个器官中；

（3）在 60% 的动物中优先定位在肠中。

初步的体内试验研究表明，AFS 细胞在坏死性小肠结肠炎的新生大鼠模型中的作用显示了腹腔注射的 AFS 细胞不仅能够整合到所有肠道层中，还能够减少肠损伤，改善大鼠的临床状态，并延长动物的存活时间。

11.4　结论

迄今为止已描述了许多干细胞群体（例如胚胎、成人和胎儿干细胞）及用于产生多能细胞的方法（例如细胞核重编程）。所有这些都具有特定的优点和缺点，且到目前为止，尚未确定哪种类型的干细胞代表细胞治疗的最佳候选者。然而，尽管根据临床情况，一种细胞类型可能优于另一种细胞类型，但是 AF 中最近发现的容易获得的胎儿衍生细胞不受道德问题的困扰，具有开辟再生医学新视野的潜力。羊水穿刺术实际上常规地用于遗传性疾病的产前诊断，并且它的安全性已经由几项研究建立，该研究记录了与该操作相关的极低的胎儿总损失率（0.06% ～ 0.83%）。此外，可以从 AF 样品中获得干细胞而不干扰诊断程序。

迄今为止，已经从 AF 中分离了两种干细胞群体（即 AFMSC 和 AFS 细胞），并且这两种细胞群体可以在没有进一步技术操作的情况下用作初级（非转化或永生化）细胞。AFMSC 表现出典型的 MSC 特征：成纤维样形态、克隆能力、多谱系分化潜能、免疫抑制性质及间充质基因表达谱和一套间充质表面抗原。然而，在其他 MSC 来源之前，AFMSC 更容易分离并显示更好的增殖能力。骨髓增殖的结果事实上是高度侵入性的过程，并且这些细胞的数量、增殖和分化潜能随着年龄的增加而下降。类似地，UCB 来源的 MSC 以低百分比存在并且在培养物中缓慢扩增。

另一方面，AFS 细胞代表一类新的多能干细胞，其在 ES 细胞和 AS 细胞之间具有中间特征。它们表达胚胎和间充质干细胞标志物，能够分化成代表所有胚胎胚层的谱系，并且在体内植入后不形成肿瘤。然而，AFS 细胞只是最近才被识别的，并且许多关于它们的起源、表观遗传学、免疫反应性以及在体内的再生和分化潜力等问题需要被解答。事实上，AFS 细胞可能不像 ES 细胞那样迅速分化，并且它们缺乏肿瘤发生的能力，这可能与它们的多能性相矛盾。

虽然需要进一步的研究，以便更好地了解它们的生物学特性和确定其治疗潜力，存在于 AF 中的干细胞似乎是细胞治疗和组织工程的有前途的候选者。特别地，它们是治疗围产期疾病的有吸引力的来源，例如先天性畸形（例如先天性膈肌）和需要组织修复/再生的获得性新生儿疾病（例如坏死性小肠结肠炎）。在未来的临床情况中，在常规进行的羊膜穿刺术期间收集的 AF 细胞可以储存起来，并且在需要的情况下，通过培养扩增或在无细胞移植物中工程化。这样，受影响的儿童可以从出生前或新生儿期内准备好从自体扩增的或编码好的细胞中获益。

深入阅读

[1] Bianco P, Robey PG. Stem cells in tissue engineering. Nature 2001; 414 (6859): 118-21.

[2] Farini A, Razini P, Erratico S, Torrente Y, Meregalli M. Cell based therapy for Duchenne muscular dystrophy. J Cell Physiol, 2009, 221 (3): 526-34.

[3] Kim PG, Daley GQ. Application of induced pluripotent stem cells to hematologic disease. Cytotherapy 2009; 11 (8): 980-9.

[4] Koelling S, Miosge N. Stem cell therapy for cartilage regeneration in osteoarthritis. Expert Opin Biol Ther 2009; 9 (11): 1399-405.

[5] Miki T, Strom SC. Amnion-derived pluripotent/multipotent stem cells. Stem Cell Rev 2006; 2 (2): 133-42.

[6] Parolini O, Alviano F, Bagnara GP, Bilic G, Buhring HJ, Evangelista M, et al. Concise review: isolation and characterization of cells from human term placenta: outcome of the first international workshop on placenta derived stem cells. Stem Cells 2008; 26 (2): 300-11.

[7] Perin L, Giuliani S, Sedrakyan S, Sacco DA, De Filippo RE. Stem cell and regenerative science applications in the development of bioengineering of renal tissue. Pediatr Res 2008; 63 (5): 467-71.

[8] Price FD, Kuroda K, Rudnicki MA. Stem cell based therapies to treat muscular dystrophy. Biochim Biophys Acta 2007; 1772 (2): 272-83.

[9] Siegel N, Rosner M, Hanneder M, Valli A, Hengstschlager M. Stem cells in amniotic fluid as new tools to study human genetic diseases. Stem Cell Rev 2007; 3 (4): 256-64.

[10] Uccelli A, Pistoia V, Moretta L. Mesenchymal stem cells: a new strategy for immunosuppression? Trends Immunol 2007; 28 (5): 219-26.

第 *12* 章

脐血干细胞和祖细胞

Hal E. Broxmeyer[1]
于洋，李苹 译

12.1 解决脐血移植时间延迟和失败问题

　　相比于骨髓（bone marrow, BM）或动员后外周血（mobilized peripheral blood, MPB），脐血（cord blood, CB）移植的优势在于可以使用 HLA 型库中储存的脐带血，可轻松地获得细胞，降低移植物抗宿主病（graft versus host disease, GVHD）的发生率，并允许不太严格的 HLA 配型移植到不相关或相关受体。缺点包括单次脐血收集时获得的细胞数量有限，可增加移植失败的发生率，与 BM 和 MPB 相比，中性粒细胞和血小板的移植时间延迟，可推迟免疫细胞的恢复。这些问题在一定程度上与可供移植的脐血中供者细胞较少相关，虽然这可能并不是延迟移植时间的唯一或者主要原因。为了克服上文提到的第一个缺点，研究人员使用双脐血移植。这对该领域产生了积极的影响，并导致治疗成人和超重儿童的脐血移植数量大幅度增加，以及移植失败的数量减少。然而，双脐血的成本增加，可能是单个脐血的两倍。而且在大多数双脐血移植中，只有一份脐血占主导地位或成为唯一的长期移植物。针对这一现象的发生原因还不清楚。双脐血并没有显著加快中性粒细胞、血小板形成，或免疫细胞修复。此外，双脐血移植增加了 GVHD 的发生率，失去了单脐血移植 GVHD 低发生率的部分优势。

　　体外脐血造血干细胞培养还没能扩展到临床移植应用。人造血干细胞的自我更新及长期重建还不确定。研究发现，Notch 配体与细胞诱导因子相结合可促进临床相关的体外脐血造血干细胞的应用。然而造血干细胞并不是长期的，而是短期的。人造血干细胞应用的一个问题是缺乏明确的表型信息，另一个问题是没有在小鼠中观察到类似的情况，单一表型小鼠 HSC 能够长期移植到致死剂量辐射后的小鼠受体中。实验室 HSC 的功能研究表明，它能够移植到未达致死剂量辐射的免疫缺陷小鼠中。常用的一个传统模型是患有非肥胖型糖尿病（non-obese diabetic, NOD）和严重联合免疫缺陷（severe combined immunodeficiency, SCID）的小鼠。最近模型 NOD-SCID 中零突变 IL-2 受体 γ 被发现是人类 HSC 移植更有效的受体。这些模型可以更好地定义人类 SCID 重建细胞的表型（即 HSC）。这些信息可能会加速我们体外扩展 HSC 的能力，因为它们现在可以比体内移植实验更快地进行表型鉴定。然而，表型并不一定要对功能进行概括，特别是在体外培养的压力下，人 HSC 扩展的结果具有任何

---

[1] Department of Microbiology and Immunology, Indiana University School of Medicine, Indianapolis, IN, USA.

明确的表型都必须验证该细胞是否满足 HSC 的功能定义：免疫缺陷小鼠的一次和二次植入。

实验室研究提出了在有限数量的细胞中增强移植能力的方法，如在单个 CB 集群中，改变 HSC 增殖、自我更新、生存和归巢能力。这些研究不限于：

- 通过抑制 CD26/ 二肽基肽酶 IV（dipeptidylpeptidase IV, DPPIV），调节体外或体内 HSC 的功能；
- 用前列腺素 E（prostaglandin E, PGE）刺激体外细胞；
- 对靶细胞的细胞表面进行岩藻糖基化修饰；
- 使用雷帕霉素体外抑制 mTOR 通路。

这四种情况的前三种已经开始或准备进行临床试验。

CD26/DPPIV 存在于一定数量的造血细胞表面，包括 HSC 和造血祖细胞（hematopoietic progenitor cell, HPC）；DPPIV 在循环中以可溶的形式呈现。通过在 N 端截短基质细胞衍生因子 -1（SDF-1/CXCL12，具有趋化性能的归巢趋化因子），截断的 SDF-1/CXCL12 不再充当趋化试剂，截断的分子阻断全长 SDF-1/CXCL12 的趋化活性。有了这些信息，抑制 CD26/DPPIV 可提高小鼠受体中有限数量的 BM 细胞、人 CD34$^+$ CB 和 NOD/SCID 小鼠 MPB 细胞的移植能力。本课题组近期还未发表的研究表明，CD26/DPPIV 也可以缩短特异性集落刺激因子（colony-stimulating factor, CSF），操纵一个 DPPIV 体外抑制剂，增强 CSF 的功能活性；CD26$^{-/-}$ 小鼠敲除 CD26，可增强非致死剂量辐射和使用细胞毒性药物后的造血恢复。使用前列腺素 E（PGE）短期脉冲处理细胞，包含 HSC 和 HPC 细胞群体，通过对预处理的供体细胞进行刺激归巢和分裂，分别增强小鼠 BM 和人 CB 移植到致死剂量辐射小鼠和非致死剂量辐射免疫缺陷小鼠的能力。通过改变供体细胞的岩藻糖基化状态，可以增强小鼠模型中 BM HSC 的归巢能力。使用高表达 Rheb2 小鼠的 BM 细胞进行研究，发现这些转导细胞证明 HPC 的扩增能力提高，但降低了重建 HSC 的活性，导致研究使用雷帕霉素抑制 mTOR 途径，结合特定的细胞因子，增强体外人 CD34$^+$ 细胞移植 NOD/SCID IL-2Rγ 链缺陷鼠的能力。

希望以上的治疗策略及其他尚未开发的治疗策略能够增强移植。这种疗法的组合可能是最有效的，但必须仔细考虑这些疗法的正确时间并进行控制。为改善移植，操控人 HSC 需要对细胞因子及微环境如何影响 HSC 和对增殖、自我更新、生存、分化以及归巢 / 迁移在 HSC 内引发的细胞内信号进行更深入的了解。此外，还要关注包括 SIRT1 和 Tip110 在内的许多胞内信号。利用股骨原位注射替代静脉输注将供体细胞移植至受者体内，以提高有限数量 CB 细胞的移植，但是现在要确定这是否会成为首选的细胞注入策略还为时过早。

12.2　低温储藏 CB 细胞

CB 库在临床 CB 移植中发挥了重要的作用。这个领域正在经历加强审查和政府监管的改革。在这个领域内，解冻后能有效恢复 HSC 和 HPC 冷冻 CB 的最长储存时间仍未可知。以往的证据表明，经过 15 年冷冻储存的细胞可有效复苏。最近，我们发现经过长达 23.5 年冷冻储存的 CB 的恢复效率也很高。

在 CB 中，已经发现了许多不同的非造血细胞类型，包括内皮祖细胞（EPC= 高增殖内皮细胞集落形成的细胞）和间充质干细胞 / 基质细胞。有趣的是，HSC 和 HPC 的低温储藏方法对 EPC 或其他细胞类型可能不是最优的；而 EPC 可以冻存和复苏，复苏的效率小于 HSC/HPC。决定特定细胞类型有效恢复的关键是与完全相同的冷冻前样品的恢复进行比较。

12.3　诱导CB来源的多能干细胞

人们对新开发的诱导性多能干细胞（induced pluripotent stem cell, iPSC）领域感到兴奋。通过增强 / 诱导表达与后续中胚层、内胚层和外胚层生殖细胞层分化的细胞相关的某些关键转录因子（包括 Oct4、Sox2、KLF4 和 c-Myc），各种成熟的细胞类型已经被部分或完全重编程，成为胚胎干细胞（ESC）样状态；也包括 CB 内的不成熟细胞（如 CD34$^+$）。然而，在不久的将来，生成的 iPSC 是否可以作为"黄金时段"的临床使用是不确定的。不管怎样，我们可以从这些生成的 iPSC 正常和无序的细胞调控过程中学到很多。CB 细胞是否会优先生成 iPSC 的来源还有待确定。

12.4　总结

大约一年前（2012 年），采用脐带血进行造血干 / 祖细胞移植的数量首次超过骨髓移植。对 CB HSC 和 HPC 及其调控的了解的增加将使 CB 可以更有效地用于治疗恶性和非恶性疾病。我们期待着这样的进步。

深入阅读

[1] Broxmeyer HE, Douglas GW, Hangoc G, Cooper S, Bard J, English D, et al. Human umbilical cord blood as a potential source of transplantable hematopoietic stem/progenitor cells. Proc Natl Acad Sci USA 1989; 86 (10): 3828-32.

[2] Broxmeyer HE, Lee MR, Hangoc G, Cooper S, Prasain N, Kim YJ, et al. Hematopoietic stem/progenitor cells, generation of induced pluripotent stem cells, and isolation of endothelial progenitors from 21- to 23.5-year cryopreserved cord blood. Blood 2011; 117 (18): 4773-7.

[3] Broxmeyer HE, Srour EF, Hangoc G, Cooper S, Anderson SA, Bodine DM. High-efficiency recovery of functional hematopoietic progenitor and stem cells from human cord blood cryopreserved for 15 years. Proc Natl Acad Sci USA 2003; 100 (2): 645-50.

[4] Christopherson II KW, Hangoc G, Mantel CR, Broxmeyer HE. Modulation of hematopoietic stem cell homing and engraftment by CD26. Science 2004; 305 (5686): 1000-3.

[5] Delaney C, Heimfeld S, Brashem-Stein C, Voorhies H, Manger RL, Bernstein ID. Notchmediated expansion of human cord blood progenitor cells capable of rapid myeloid reconstitution. Nat Med 2010; 16 (2): 232-6.

[6] Haase A, Olmer R, Schwanke K, Wunderlich S, Merkert S, Hess C, et al. Generation of induced pluripotent stem cells from human cord blood. Cell Stem Cell 2009; 5 (4): 434-41.

[7] Ingram DA, Mead LE, Tanaka H, Meade V, Fenoglio A, Mortell K, et al. Identification of a novel hierarchy of endothelial progenitor cells using human peripheral and umbilical cord blood. Blood 2004; 104 (9): 2752-60.

[8] Notta F, Doulatov S, Laurenti E, Poeppl A, Jurisica I, Dick JE. Isolation of single human hematopoietic stem cells capable of long-term multilineage engraftment. Science 2011; 333 (6039): 218-21.

[9] Xia L, McDaniel JM, Yago T, Doeden A, McEver RP. Surface fucosylation of human cord blood cells augments binding to P-selectin and E-selectin and enhances engraftment in bone marrow. Blood 2004; 104 (10): 3091-6.

[10] Ye Z, Zhan H, Mali P, Dowey S, Williams DM, Jang YY, et al. Human-induced pluripotent stem cells from blood cells of healthy donors and patients with acquired blood disorders. Blood 2009; 114 (27): 5473-80.

第 13 章

神经系统

Lorenz Studer❶

韩莹，朱玲玲　译

13.1　引言

哺乳动物的大脑是已知的最复杂的生物学结构之一。研究生理和病理状态下的脑功能是一项艰巨的任务。因此，研究大脑细胞类型多样性的原因至关重要。发育生物学家的研究表明，中枢神经系统的细胞都来自一小部分的神经上皮细胞，随后产生多种神经元和神经胶质细胞的亚型，其中包括 CNS 和周围神经系统（peripheral nervous system, PNS）。ES 细胞为发育神经生物学的研究提供了一个功能强大的模型系统，并对神经细胞的鉴定和脑区特化的假设进行了检验。这有利于研究神经干细胞如何向神经元或神经胶质细胞分化。ES 细胞可以定向发育为特定的神经元和神经胶质细胞亚型，可以于在体水平研究基因功能。胚胎干细胞的研究与发育生物学的发展相互促进。对神经干细胞的研究不仅推动了人类对基础生物学的认识，而且将发育学研究应用到细胞治疗当中。虽然小鼠 ES 细胞的研究工作取得了一些成果；但是人类 ES 细胞的研究明显落后于小鼠的研究。所以，实现干细胞研究在临床医学中的应用是我们当下面临的重要任务。

本前言对神经细胞的发育做了一个简短的介绍，接下来的部分介绍了神经干细胞，对比了其在基础研究和临床应用的优势和局限性。随后介绍了几种诱导小鼠 ES 细胞神经分化的方式，此外，还列举了许多关于神经元、神经胶质细胞以及神经嵴在体外的具体发育过程。本章的结尾对已报道的关于利用表面标志物和细胞特异性的启动子选择培养方式的研究结果做了一个简单的总结。当前关于研究人类和非人灵长类的 ES 细胞在神经发育中的主要目的是通过细胞筛选解决神经发育的关键问题。最后一节对胚胎干细胞在治疗神经系统疾病的临床前模型应用进行了总结。

13.2　神经发育

研究神经系统的发育是研究干细胞发育的前提，神经板来源于背部的外胚层，并且其过程是由下方脊索的"组织者"信号所诱导形成的。神经系统诱导的主要学说是沉默假说。此

---

❶　Developmental Biology and Neurosurgery, Memorial Sloan Kettering Cancer Center, New York, NY, USA.

假说表明，早期原肠胚形成期，在骨形态发生蛋白（bone morphogenetic protein, BMP）信号缺乏的情况下神经组织可以自发的形成，并且当 BMP 信号存在的情况下会引起表皮的发育。因此，由组织者产生的信号分子如 chordin、noggin、follistatin 和 cerberus 均为 BMP 抑制剂，其对神经诱导至关重要。然而，通过 Sox3 的活化和对神经诱导的早期反应（early response to neural induction, ERNI），证实了由组织者前体原肠胚形成前发出的成纤维细胞生长因子（fibroblast growth factor, FGF）信号对于神经诱导必不可少。Churchill（ChCh）是一种含锌指结构的转录激活因子，可以被低剂量的 FGF 信号诱导产生，ChCh 能够抑制 FGF 的效应和对 BMP 信号敏感的细胞，由此可见，ChCh 是从原肠胚发育成神经胚的关键因子。其他的重要因子如胰岛素样生长因子（insulin-like growth factor, IGF）和 Wnt 信号通路，在神经诱导中亦发挥着重要的作用。

神经板形成后，细胞进行了有序的形态和分子变化，从而导致神经褶皱的形成和神经管的闭合，以及后续的神经增殖和分化。对神经分化起决定作用的是信号能够导致前－后（anterior-posterior, A-P）轴和背－腹（dorsal-ventral, D-V）轴的区域分化，决定同源蛋白的不同结构域和碱性螺旋－环－螺旋（basic helix-loop-helix, bHLH）转录因子的表达。关于 A-P 轴的区域分化研究占主导地位的假说是"命运"假说，即在早期的神经诱导阶段已经决定了其分化的方向，而且 FGF、Wnt 和维甲酸信号对细胞分化至关重要。D-V 轴的特点是由脊索和底板腹侧分泌的音猬因子（Sonic hedgehog, SHH）和由背侧分泌的 BMP 的拮抗作用决定的。大量关于移植以及 ES 细胞的分化研究证实了 SHH 信号在神经发育中起决定作用且有浓度依赖性，SHH 蛋白通过激活腹侧脊髓 Ⅱ 类基因导致神经管早期结构域的形成。然而，对 SHH/Gli3 或 SHH/Rab23 的基因研究表明，双突变小鼠在缺乏 SHH 蛋白时 D-V 轴也可以存在，这一发现对 SHH 蛋白在 D-V 轴形成中独一无二的作用提出了质疑。D-V 轴形成的周期是由成纤维细胞生长因子（FGF）和维甲酸信号通路拮抗作用所控制的，有研究表明，FGF 可以抑制 D-V 模式同源结构域转录因子的形成。还有研究证明，FGF 在抑制基因表达方面也有一定的作用。维甲酸是 Ⅰ 类基因的激活剂，对 D-V 轴的形成是必不可少的。SHH 拮抗剂对 BMP 的浓度依赖性已经在体外研究中得到了证实，虽然在体实验数据表明，基因敲除和转基因小鼠在 nestin 基因的调控下，能够过表达 BMP1a 型受体（BMPR1a/Alk3），这与 BMP 在背侧的作用相一致，也有研究发现，BMPR1b 对于神经分化的作用更加关键。此外，BMP 和 Wnt 信号能够促进背侧神经分化，尤其是神经嵴的发育。

神经前体细胞能够进行有序的分化，首先是神经元的形成，继之是星形胶质细胞和少突胶质细胞分化。神经元分化的起始信号是通过抑制 Notch 信号通路，从而抑制 bHLH 基因。星形胶质细胞的分化依赖于 Jak/Stat 的信号通路激活，从而促进多能神经干细胞分化成星形胶质细胞。然而，对放射状胶质细胞的神经源性的认识，以及将星形胶质细胞表面标志物作为成体神经干细胞的特性，表明了神经干细胞和星形胶质细胞之间存在复杂、动态的相互作用。少突胶质细胞被认为来自双潜能胶质细胞前体（称为 O2A 祖细胞）或其他胶质细胞前体。然而其他数据显示，脊髓中的运动神经元与少突胶质细胞以及前脑的 γ- 氨基丁酸（GABA）神经元和少突胶质细胞之间均存在密切联系，由于二者均表达 bHLH 转录因子中的 Olig2 成员，Olig2 主要促进少突胶质细胞的分化。一篇关于调控神经元亚型发育的综述对其进行了详细的描述，本章将对涉及到的重点信号通路在"ES 细胞来源的神经元分化"部分给予阐述。

13.3 神经干细胞

　　分离神经干细胞是体外培养神经元和胶质细胞的第一步。神经干细胞的培养体系是 ES 细胞定向分化为神经细胞的重要条件。本部分将简要介绍两种离体分化的方法，阐述其共性和差异。无论是处于发育状态的大脑还是已经发育完全的成熟大脑，神经干细胞的功能均与其他细胞不同。过去数十年的研究证明了神经干细胞具有自我更新和分化为神经元、星形胶质细胞和少突胶质细胞的能力，从而构成了中枢神经系统三个主要的细胞类型。然而，虽然许多组织特异性的干细胞，如造血干细胞，能够在某个特定的器官内分化为所有的子代细胞，但神经干细胞在成年脑内不能分化成为所有的神经细胞亚型，其在很大程度上分化成 γ-氨基丁酸（GABA）和谷氨酸能神经元。神经干细胞的分离、培养和纯化是通过条件培养基和增殖条件的选择来实现的。最常见的培养方式是神经球培养，在表皮生长因子（epidermal growth factor, EGF）和碱性成纤维细胞生长因子（FGF-2）的刺激下，神经前体细胞以低密度、自由漂浮的球体进行增殖。人源神经球的培养基除了添加 EGF 和 FGF-2 之外，通常也需要加入白血病抑制因子（leukemia inhibitory factor, LIF）。神经球可由单一的神经干细胞形成，因此，神经干细胞的成球能力通常被用来评价神经干细胞的特性。例如，神经干细胞表面标志物包括 AC133、Lex1 或者是两种标志物的结合，这在很大程度上取决于神经干细胞在体外的成球能力。然而，这些数据并不完全准确，神经球的形成不一定是神经干细胞真实功能的评价指标。因为神经球除了含有祖-干细胞群，也含有多种分化细胞。研究表明，神经球在形成短期扩增细胞时其效率远远大于成年人脑室下区的干细胞。

　　另一种研究神经球的技术是在 FGF-2 存在的前提下，神经干细胞黏附在基质上生长，典型的是生长在纤维粘连蛋白和层粘连蛋白上。这种培养方式更适合研究精确谱系分化，并且可以通过操作技术精准到单细胞水平。单个皮层干细胞完整的谱系分化通过这种方式已经被研究出来。目前限制神经干细胞技术发展的主要是在体外控制神经发育和神经元亚型的精准发育。

　　中脑多巴胺能神经元的分化为解决神经研究中的难题提供了一个很好的模型，通过分离幼年啮齿类动物和人类中脑可以获得短期扩增的前体细胞，从而分化形成多巴胺能神经元。然而，长期扩增导致中脑多巴胺能神经元的生成数量急剧下降。为了解决这一问题，研究者通过给予复杂的生长因子来改变氧含量或者通过转基因技术表达 Nurr1，Nurr1 是中脑多巴胺能神经元形成的关键转录因子。然而，这些方法均未成功地使幼稚的神经元分化成为成熟的、有功能的中脑多巴胺能神经元。虽然限制神经分化潜能的机制仍有待进一步证明，但从神经干细胞中最难获得的细胞类型是处于发育阶段的神经元，此时期先于神经干细胞的分离。这表明前体细胞产生神经元亚型的能力可能已经丧失，或者是缺乏含有特殊神经元亚型分化所需生长因子的环境。另外，可能是因为促有丝分裂剂不能有效地产生早期神经元亚型，使得有能力的神经前体细胞变成无能力的状态，或者直接下调神经分化状态，正如脊髓中的成纤维细胞生长因子（FGF-2）扩增的前体细胞。解决方案可能包括分离早期发育时期的神经干细胞以及通过优化条件让细胞维持在早期的生长状态，有效的生长因子不仅能够产生不同的神经元亚型，而且能够增强其再生能力。早期的研究表明，在缺乏 FGF2，但当 SHH、FGF8 和 TGFβ-3 存在的情况下，在体外能够增强其产生中脑多巴胺能神经元的能力，但并不能促进细胞扩增的能力。虽然在研究神经干细胞的分化时仍有很多问题尚未解决，但 ES 细胞无疑已经给我们的研究提供了一个很好的解决这些问题的模型。

13.4 小鼠ES细胞的神经分化

体外的 ES 细胞在未分化阶段能够无限增殖，这就克服了在观察组织特异性时神经干细胞表型不稳定性的现象。ES 细胞除了具有增殖的潜能，其在基础和临床研究中都有很大的优势，比如能够用于遗传学的研究，使我们更易于研究神经发育的早期阶段，并且对其分化潜能进行综合评价。当把 ES 细胞注入发育的胚泡中，ES 细胞的分化潜能完美呈现，ES 细胞的子代可以分化成包括生殖系统在内的全身所有的组织和细胞。在体外 ES 细胞分化研究中，神经干细胞分化是研究得最为详细的领域之一。其原因可能是 ES 细胞具有产生子代神经细胞的潜力，另一个重要的原因是干细胞治疗在神经系统疾病中的应用。鉴于人类 ES 细胞和胚胎生殖细胞首次分离成功，越来越多的研究开始关注 ES 细胞在再生医学中的应用。

13.4.1 神经诱导

正确的神经诱导是 ES 细胞能够产生神经元亚型的先决条件，体外小鼠 ES 细胞中至少有三种诱导分化的方法：基于拟胚体（embryoid body, EB）培养体系、基质介导的分化以及神经系统默认的分化方式（图 13.1）。

13.4.1.1 EB培养体系

EB 是由悬浮培养基中的 ES 细胞聚集形成的，EB 细胞中各细胞系的相互作用模拟了正常发育的模式，特别是在原肠胚的形成过程中。因此，在 EB 中可以观察到三个胚层的分化，EB 的培养往往是用来证明 ES 细胞具备多能性的首选工具，虽然在基础培养的条件下，神经细胞是不可再生的，但是我们仍然可以通过其他方式增加神经细胞诱导、扩增 EB 源性的神经前体细胞。

EB 介导的第一个神经诱导方案：首先将 EB 在缺乏视黄酸（retinoic acid, RA）的环境中培养 4d，然后在 RA 存在的情况下培养 4d，即 4-/4+ 方案。RA 是一种维生素 A 的衍生物，主要由周围的中胚层细胞所产生，其具有很强的神经诱导作用。在上述培养方式的基础上建立了很多新的培养方式。然而，对 RA 在 EB 中的作用仍不是十分清楚，并且一般情况下，在 RA 的刺激下能够分化出多种细胞类型。而且基于 RA 的神经分化方式能够激活 Hox 基因的级联效应，从而伴随着 RA 对 A-P 轴发育的效应。

另一种 EB 的诱导方式是基于肝癌细胞系 HepG2 条件培养基，其直接影响了神经外胚层的分化。因此，肝癌发生时并不表达内胚层和中胚层标志物，而是直接表达神经前体细胞标志物，如 Sox1、Sox2 和 nestin。HepG2 细胞条件培养基的活性成分仍然是相对独立的。一些证据表明，至少有 2 种可分离的成分与其活性相关，其中一个组成成分是一种已知的细胞外基质分子。不同于 RA 培养方式，HepG2 条件培养基并不是通过特异性作用于 A-P 轴或 D-V 轴来影响神经细胞亚型的组成。

神经诱导的第三种方式是无 RA 的 EB 培养方式，该方案使 EB 的后代处于神经选择性生长条件下。EB 后代的神经选择是在添加了胰岛素、转铁蛋白和亚硒酸钠的无血清的培养基中（ITS 培养基），在最小生长条件下完成的。在这些条件下，大多数 EB 衍生的细胞死亡，未成熟的细胞明显增加且表达大量的中间丝巢蛋白，在促增殖、促分化、促存活等生长因子的刺激下（详见 "ES 细胞来源的神经元分化" 和 "ES 细胞来源的胶质细胞分化" 部分），nestin⁺ 的前体细胞可以增殖并且分化成各种神经元和神经胶质细胞。利用这种技术获得多种神经元亚型的技术是相对成熟的（详见本章下一部分内容），且市面上已有商品化的试剂盒。

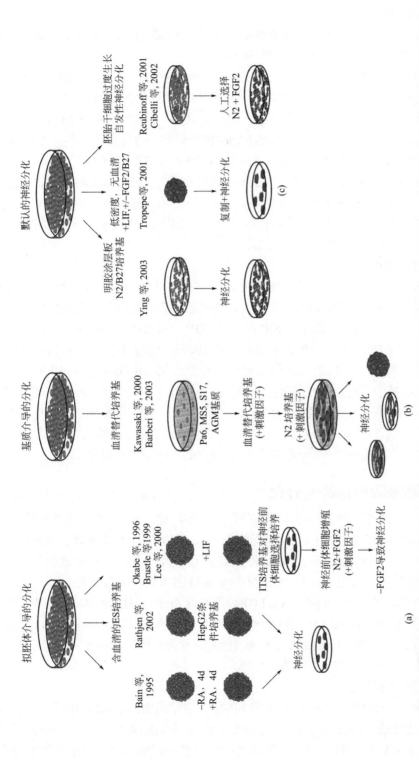

图13.1 体外诱导ES细胞向神经元分化的基本技术。(a) 未分化的ES细胞增殖聚集形成拟胚体，在RA刺激、HepG2条件培养基或是神经元选择培养基中ES细胞可诱导分化成神经元，再经典的研究都会采用这三种基于ES细胞的主要诱导分化方法。(b) 基质介导分化是通过将未分化的ES细胞以低密度种植在胚胎骨髓来源的基质细胞系。整个过程需要无血清培养。对于含有大量神经细胞的中枢神经系统来说，这种培养条件很容易获取特异型的神经细胞。(c) 低密度种植的细胞在最低条件培养或是存在BMP拮抗剂noggin时，可降低内源性BMP信号从而引起神经分化缺陷。我们也可以通过机械的方法分离定向分化的细胞板中的神经细胞。

然而，ES 细胞系在神经诱导过程中仍然存在分化差异（利用 ITS 条件培养的 EB 选择性地产生 nestin$^+$ 的前体细胞），尤其是在分化的 III 期，从而限制了其在某些方面的应用。

13.4.1.2 基质介导的神经分化

骨髓基质细胞已广泛应用于培养未分化的造血干细胞，其部分作用机制是通过表达膜蛋白 mKirre，*mKirre* 是黑腹果蝇基因 *kirre* 的同源基因。

近年来的研究发现，基质细胞不仅能够促进造血干细胞的生长，并且在与小鼠 ES 细胞共培养时能够表现出神经诱导作用。由此可见，基质细胞在神经诱导中具有重要的作用，尤其是在分化的早期阶段。虽然这些细胞大多由骨髓分离获得（例如，PA-6、MS5 和 S17），但源于主动脉—性腺—中肾区（AGM）的基质细胞对神经细胞的诱导分化作用，与小鼠 ES 细胞和核转染的 ES 细胞的效果相当。其诱导效应并不要求基质细胞存活与否，在多聚甲醛固定后仍可以观察到神经诱导活性的增加。其主要的活性物质存在于基质细胞的表面且不能远距离扩散，其诱导活性的分子机制仍然不明确，但是，初步的证据表明 BMP 或 Wnt 信号并不参与此过程。利用基质培养的神经诱导方式，其稳定性和有效性明显优于其他神经诱导方式，且其分化没有明显的区域和细胞类型差异。

13.4.1.3 默认的神经分化

除了上述介绍的共培养方式，默认的神经分化诱导方式是基于细胞与细胞之间的信号缺失情况下的默认假说提出的，尤其是 BMP 缺乏时，外胚层细胞将会调节神经元的发育。两项基于小鼠 ES 细胞的研究证实，在缺乏 BMP 但内源 FGF 信号存在的情况下，在悬浮或贴壁培养方式中均可以发生神经诱导。通过基因沉默和基因靶向的方式干扰 FGF 信号通路在神经分化中的作用，从而证实了 FGF 在体内参与早期神经分化。由此可见，细化的培养体系对研究小分子在早期神经分化中的作用至关重要。在无血清但 BMP4 和 LIF 存在的情况下培养未分化的小鼠 ES 细胞是实现神经分化的重要一步。然而，单一培养方式与 EB 培养和基质培养方案相比其有效性尚未得到证实。此外，虽然这些方式可以影响发育早期的分化，但神经分化一旦发生，即便是在单一培养的环境中，也会很快出现细胞的异质性。

13.4.2 ES 细胞来源的神经元分化

小鼠 ES 细胞在神经诱导下神经元可以迅速分化，然而，神经元和神经胶质细胞的分化却不尽相同。神经元诱导的方式可以影响神经元的亚型，尤其是在 RA 以剂量依赖方式诱导 *Hox* 基因的级联反应，以牺牲前脑分化为代价促进后脑和脊髓的分化。通过模拟早期胚胎的发育，研究神经元亚型的分化，从而在发育的胚胎中区分出 A-P 轴和 D-V 轴。A-P 轴含有很多大脑区域的标志性分子，其中包括 RA、FGFs 和 Wnts 分子。SHH 和 BMP 信号的拮抗作用调控 D-V 轴的发育。虽然小鼠 ES 细胞发育早期产生的神经元没有明显的特点，尤其是 GABA 能神经元和谷氨酸能神经元，目前很多较成熟的分化方法能够形成多种神经元亚型，关于神经元亚型的具体分化将会在下面的章节介绍。

13.4.2.1 中脑多巴胺能神经元

鉴于多巴胺能神经元的移植在治疗帕金森病中的临床应用前景，越来越多的研究者开始关注 ES 细胞中脑多巴胺能神经元的分化。小鼠 ES 细胞多巴胺能神经元分化方案的发现与移植研究密切相关，FGF8 和 SHH 信号通路被认为是中脑多巴胺能神经元分化的重要因素，首次提出 SHH/FGF8 信号通路在 ES 细胞源性神经前体中的作用是基于 EB 的五步（five-step）分化方案。在此基础上，高达 34% 的神经元表达酪氨酸羟化酶（tyrosine hydroxylase, TH），

TH 是多巴胺合成的限速酶。然而，SHH/FGF8 只能发挥有限的调节作用，且相较另一个多巴胺能神经元促进因子抗坏血酸（ascorbic acid, AA、维生素 C）的作用要小得多。另一项关于多巴胺能神经元研究较多的领域发现，当 ES 细胞中过表达 Nurr1 会导致多巴胺能神经元的增加，近 80% 的神经元诱导表达 TH，甚至当过表达的 Nurr1 不再有作用时，中脑多巴胺能神经元的标志物表达仍然处于稳定状态。中脑多巴胺能神经元分化也可以在基质细胞系（PA6）中与 ES 细胞共培养的条件下实现。PA6 细胞能调节神经元的诱导作用，当缺乏 SHH 和 FGF8 而仅有 AA 存在的情况下，多巴胺能神经元的分化也可以达到 16%。这些结果初步解释为 PA6 除了具有神经诱导的作用，还具有促进多巴胺能神经元分化的作用。然而，后续的研究表明，PA6 对中脑多巴胺能神经元产生的作用并无特异性，但在此条件下，A-P 轴和 D-V 轴的分化变得高度可控。在基质细胞介导神经分化的前提下，再给予 SHH/FGF8 刺激，约 50% 的神经元在没有任何转基因（如 Nurr1 基因）的条件下表达 TH15，进一步促进多巴胺能神经元表型的形成。

TH 阳性作为多巴胺能神经元的标志物是一种不可靠的指标，因为 TH 也在其他儿茶酚胺能神经元中表达，包括去甲肾上腺素和肾上腺素细胞，并且也可以在多种条件下产生，比如应激、缺氧或者是多种生长激素的条件下，因此，研究中脑多巴胺能神经元的分化为标记体内和体外的多巴胺能神经元的数量提供了另一重要途径。TH 神经元的分化可通过单层、默认神经诱导分化方式获得。然而，多巴胺能神经元诱导的有效性、中脑表型的特点以及体内体外的功能，迄今尚未报道。

13.4.2.2 5-羟色胺能神经元

5-羟色胺能神经元与中脑多巴胺能神经元密切相关。这两种神经元亚型均是依赖于峡部组织者发出的信号。因此，5-羟色胺能神经元是中脑多巴胺能神经元分化中的一个主要的"污染者"。FGF4 专门用来增加 5-羟色胺能神经元和多巴胺能神经元的分化。在体外培养 5-羟色胺能神经元的过程中，外源性 FGF4 的应用先于 FGF8 和 SHH。虽然在多步 EB 分化方案的 Ⅳ 期（神经前体细胞增殖期），在 FGF2 存在的前提下加入 FGF4 来诱导神经前体细胞，但并没有导致 5-羟色胺能神经元的显著增多，但当缺乏 FGF2 时，加入 FGF4 会明显导致多巴胺能神经元向 5-羟色胺能神经元分化。通过在缺乏 FGF2 时早期给予 FFGF4，以及后续添加 FGF2、FGF8 和 SHH 进行刺激，实现基质细胞介导的后脑 5-羟色胺能神经元的诱导分化。最新的关于 5-羟色胺能神经元分化方式的研究表明，转录因子 Lmx1b 发挥着重要的作用。在斑马鱼的研究中发现了影响多巴胺能神经元和 5-羟色胺能神经元比例的新基因，包括延长因子 foggy 和锌指蛋白等。虽然细胞治疗并不以优化 5-羟色胺能神经元分化为首要目标，但 ES 细胞分化产生的 5-羟色胺能神经元对深入理解大脑的发育以及对神经系统疾病相关神经递质的研究具有重要的意义。

13.4.2.3 运动神经元

利用功能缺陷的小鼠、鸡胚以及体外培养体系，研究者对脊髓运动神经元的功能进行了详细的研究，进而对参与运动神经元发育的信号有了深入的了解；并且技术上能够诱导细胞产生典型的表型，使得 ES 细胞分化获得运动神经元成了研究的热点。早期的研究表明，当 EB 的诱导方式中 RA 暴露（2-/7+）时，就可以产生表达运动神经元标志物的细胞。更加系统化的方式比如在 RA 刺激的前提下给予外源性的 SHH 从而促进腹侧的发育，能够有效地使 ES 细胞分化产生运动神经元，从而解释了神经发育通路怎样直接影响体外 ES 细胞的分化。通过在 ES 细胞系构建表达绿色荧光蛋白（green fluorescent protein, GFP）标签，该荧光蛋白受运动神经元的基因 *HB9* 调控，使这些由 ES 细胞分化产生的运动神经元易于识别和纯化。在体内，胚胎干细胞分化产生的运动神经元的功能在移植到早期鸡胚脊髓的实验中得以证实。胚胎干细胞分化形成的运动神经元在脊髓腹侧、相关的轴突和由神经支配的肌肉附近都可以观察到。

运动神经元的有效分化可以通过 SHH 和 RA 刺激基质培养方式如 PA6 和 MS5 细胞得以实现。体外神经元分化的另一个挑战是如何选择性地获得运动神经元。发育生物学的发现为进一步的深入研究提供了重要依据。ES 细胞衍生的运动神经元在脊髓损伤、肌萎缩侧索硬化症（amyotrophic lateral sclerosis, ALS）的治疗潜能将在很大程度上依赖于体外产生精准运动神经元亚型的能力，并且要求控制轴突的生长、走向以及神经支配肌肉的特异性。另一有效的方式可能是通过对 ES 细胞分化产生的运动神经元进行基因或者药物处理，从而克服了成年环境的生长抑制现象，通过激活环腺苷－单磷酸途径，成功解决了初级背根神经节的生长抑制现象。

13.4.2.4　GABA 能神经元

GABA 能神经元是脑内主要的抑制型神经元，其在基底前脑结构尤其是新纹状体中分布广泛。以往的研究表明，通过不同的培养方式，ES 细胞体外分化过程中有 GABA 能神经元产生，其中包括经典的以 4-/4+ EB 为基础的分化方式，这种方式产生约 25% 的 GABA 能神经元。有趣的是，首先在短时间内给予细胞无 RA 的 EB 培养方式，随后给予较长时间的 RA 刺激（2-/7+），得到的是运动神经元而非 GABA 能神经元。这表明 RA 的作用时间对决定神经元的分化至关重要，有报道表明，GABA 能神经元也在默认的神经诱导培养时产生。

GABA 能神经元的定向分化也可通过基质介导的神经诱导方式获得。首先给予 MS5 细胞 FGF2 刺激，使神经前体细胞增殖，然后给予 SHH 和 FGF8 刺激，诱导其分化，具体表现为前脑特异性标志物 FOXG1B（BF-1）和 GABA 能神经元分化的增加。除了前脑纹状体和皮层 GABA 能神经元，在其他脑区还有许多其他类型的 GABA 能神经元，包括丘脑、中脑和小脑。但是仍需要进一步地研究来源于 ES 细胞的不同的 GABA 能神经元亚型是否具有相同的分化方式，以及区域分化多样性的特异性标志物在此培养条件下是否可以观察到。GABA 能神经元和多种神经系统疾病密切相关，其中包括亨廷顿病、癫痫和脑卒中等。

13.4.2.5　谷氨酸能神经元

谷氨酸能神经元可以很容易地从小鼠 ES 细胞中获得。多种培养方式均发现，接近 70% 的神经元是谷氨酸能神经元，其受体包括 NMDA 和非 NMDA 两种受体亚型。继 ES 细胞分化产生的神经元能够在海马脑组织中存活的研究报道，更多的关于谷氨酸能神经元的生理数据被报道。有趣的是，AMPA 的受体亚型明显多于 NMDA 的受体亚型。目前关于基质培养方式以及默认的神经分化对谷氨酸能神经元分化的影响尚未有过报道。

13.4.2.6　其他神经细胞和神经元亚型

研究表明，利用经典的 4-/4+ EB 分化方式能获得 5% 左右的甘氨酸能神经元。然而在脊髓中定向分化成这种主要的抑制性神经元尚未得到证实。其他由 ES 细胞分化产生的有趣的神经类型是耳前体细胞。这些前体是通过将 EB 在 EGF 和 IGF 中培养 10d 后，再给予 bFGF 刺激获得的。当将这些前体细胞移植到体内后，可以观察到表达成熟毛发标志物的细胞。小鼠 ES 细胞分化产生放射状胶质细胞在神经发育的早期提供了另一个有意义的检测系统，即可以在发育早期研究神经元和神经胶质细胞的谱系关系。

13.4.2.7 神经嵴分化

神经嵴是脊椎动物胚胎时期神经管最背侧的瞬态结构。它包括感觉、情感和肠道神经节的周围神经系统的迁移细胞，以及包括施旺细胞、黑色素细胞和肾上腺髓质细胞在内的其他细胞。ES 细胞为研究体外神经嵴的分化提供了一个强大的分析系统。ES 细胞形成神经嵴样结构的基础是骨形态发生蛋白（BMPs，BMP2、BMP4 或 BMP7）的刺激作用以及后续的神经诱导。利用 PA6 基质饲养细胞系统对小鼠和部分非人灵长类 ES 细胞进行了实验研究，这项研究表明，感觉神经元和交感神经元对 BMP 存在剂量依赖性。鸡胚平滑肌细胞的分化需要在 BMP 缺乏的条件下进行，在上述培养中均不能得到黑色素细胞或施旺细胞。

研究表明，利用基于 EB 的多步分化方式和 BMP2 刺激，能够有效地诱导神经嵴和施旺细胞的分化。星状孢子素刺激下，HepG2 可以介导神经嵴的形成，以往在禽类神经嵴发育中有过相关的报道。然而对神经嵴的鉴定仅仅限于形态学观察和 Sox10 的表达，Sox10 是神经嵴发育和中枢神经系统的神经胶质形成过程中表达的一个标志物。后续的研究需要在整体水平确定神经嵴分化的条件以及在离体水平验证神经嵴的功能和稳定性。

13.4.3 ES 细胞来源的胶质细胞分化

小鼠 ES 细胞可以分化成星形胶质细胞和少突胶质细胞，其分化条件和原代神经前体细胞相似。关于小鼠 ES 细胞分化的首次报道是基于 4-/4+ EB 方式和多步 EB 分化方式，在上述条件下，大部分的胶质前体细胞是星形胶质细胞和少量不成熟的少突胶质细胞。随后的研究对培养条件进行了优化，从而能特异性地产生星形胶质细胞和少突胶质细胞。

13.4.3.1 少突胶质细胞

关于少突胶质细胞分化的首次报道是基于 EB 培养方式的一种改良的、多步骤的分化方式。FGF2 以及后续添加 FGF2+ 的 EGF 和 FGF2+ 的血小板来源的生长因子（platelet-derived growth factor, PDGF）能够促进 ES 细胞来源的神经前体细胞增殖，从而产生了一定量的 A2B5+ 的胶质细胞前体，这些前体细胞具有分化成星形胶质细胞（～ 36% 丝状原纤维胶质细胞阳性或者 GFAP+）和少突胶质细胞（～ 38% O4+）的能力。4-/4+ EB-RA 是诱导少突胶质细胞分化的最优培养方式。这项研究表明，利用阳性选择（Sox1 增强型绿色荧光蛋白或 EGFP）和阴性选择（Oct4 疱疹病毒胸苷激酶）验证神经前体细胞的有效性。RA 能够诱导 EB 产生少突胶质细胞，FGF2 能够刺激其扩增，通过后续的在无血清培养基中添加 FGF2 和 SHH 促进少突胶质细胞复制和分离；最后一步不再添加 SHH 和 FGF2，而是添加 PDGF、甲状腺激素 T3。在这些条件下，约 50% 的细胞表达少突胶质细胞的标志物。通过 HepG2 和默认神经元分化方式来分化获得少突胶质细胞的最优培养条件尚未有过报道。然而，基质细胞介导的分化方式最初被认为倾向于分化成神经元，后来发现其可以有效地应用于少突胶质细胞分化且无基因选择性。

13.4.3.2 星形胶质细胞

据报道，最有效的将 ES 细胞分化产生星形胶质细胞的培养方式是基质细胞介导的神经诱导，依次给予 FGF2、bFGF/EGT、EGF/CNTF 和睫状神经营养因子（ciliary neurotrophic factor, CNTF）刺激，促进了 ES 细胞向星形胶质细胞的有效分化，超过 90% 的细胞在此条件下表达星形胶质细胞的标志物 GFAP。利用 HepG2 基质介导的神经分化或多步 EB 分化方式也可以显著地获得大量的 GFAP 阳性的细胞。将多步 EB 分化方式获得的胶质细胞前体"移植"到小鼠海马，证明由 ES 细胞获得的星形胶质细胞通过和宿主环境的相互作用，其生理功能可以完全成熟。在此条件下，ES 细胞来源的星形胶质细胞通过缝隙连接从而完美地整合到宿主星形胶质细胞中。

13.4.4 谱系选择

基于细胞表面标志物或特异性启动子标志物的谱系选择为体外神经元的分化提供了另一种方式。基因标志物在 ES 细胞中的应用很有前景，这是由于其不仅容易诱导稳定的基因修饰，而且基于小鼠和 ES 细胞转基因和基因靶向研究大型文库的建立。通过将 *Sox1-EGFP* 敲入细胞系进行阳性选择以及通过控制内源性 Oct4 序列进行阴性选择，对小鼠体外 ES 神经前体细胞进行纯化。其他 ES 谱系成功运用到了体外神经前体细胞、神经元和胶质前体细胞的基因鉴定和纯化中。其中包括 *tau-EGFP* 敲入细胞系、GFAP 转基因细胞系 *GAD-lacZ* 基因敲入的小鼠 ES 细胞系、*BF1-lacZ* 基因敲入的小鼠 ES 细胞系和 Nestin 基因调控的 ES 细胞系。决定体外运动神经元分化的启动子的选择包括在 Olig2 基因位点表达 EGFP 或者在 *HB9* 的驱动下启动转录。

13.5 人类和非人灵长类ES细胞的神经分化潜能

当灵长类 ES 细胞或类 ES 细胞在人类和猴子的 ES 细胞以及人类 EG 细胞和猴子生殖干细胞中首次建立以后，神经前体细胞的分化潜能得以观察到。然而，来自人类 ES 细胞纯化的神经前体细胞的分化需要更系统的研究。一种有效的人源 ES 细胞的神经分化方式是基于一种改良的多步 EB 分化方式。ES 细胞在短时间内聚集（约 4d），并且随后在添加 FGF-2 的无血清培养基条件下复制。在这些条件下，神经前体细胞在多层上皮形成的基础上很容易被识别，称为玫瑰花环结构。这样的花环结构可能模仿体外神经管样结构。这些神经前体细胞可以用酶消化的方式从周围的细胞中分离出来，在 FGF-2 存在的情况下，神经球样结构中的神经前体细胞分化成神经元和星形胶质细胞。主要的神经元亚型是 GABA 能神经元和谷氨酸能神经元。当人类 ES 细胞来源的神经前体细胞由未分化的细胞过度生长而自发形成神经分化，那么这些分化细胞会具有相似的光谱。花环状的结构在显微镜下可人工分离，随后在培养神经球的培养基中进行传代。第三种产生含有丰富神经前体细胞的方式是基于改良的 ES-RA 诱导方式，后续在无血清的培养基中补充 bFGF，从而对细胞谱系进行选择。

更好的控制神经元亚型分化的方式仍在进一步研究中，已有研究表明，在非人灵长类 ES 细胞中可以获得中脑样多巴胺能神经元。有趣的是，PA6 基质细胞介导的分化除了诱导神经发育和 TH 阳性的神经元分化，还可以诱导神经前体细胞分化成视网膜上皮细胞。利用基质培养细胞的标准小鼠 ES 细胞分化方式，未观察到视神经优先分化的现象。然而，更加系统化的研究证实了在小鼠 ES 细胞能够产生类眼睛样组织分化的现象，证明眼睛的表型不仅可以在人源 ES 细胞中获得，也可以在小鼠 ES 细胞中获得。

人源和小鼠 ES 细胞的分化中存在一个有趣的现象，即在人源 ES 细胞神经元分化的早期阶段存在大量花环状的结构；而这些结构在小鼠 ES 细胞的分化中是很少见的。更好地理解这些结构的分化性质可能会提示我们如何在体外优化神经元亚型的特异性。在脊椎动物中，D-V 轴形成发生在神经管的形成时期，相关的转录因子的结构域在神经管闭合阶段形成。在培养的花环状结构中存在或者是缺乏这样的结构域能帮助我们区分 D-V 轴是否形成或这些结构是否对相关的刺激保持敏感性。

13.6 发展前景

高度可重复的体外分化方法的建立和越来越多的可用 ES 细胞系对细胞水平的发展提供了强有力的工具，此外，大量的基因捕获技术在小鼠染色体中已经可以突变大部分的基因。一些基于体外 ES 细胞的分化方式开始应用于诱导神经元分化研究中。利用激酶定向组合库能够帮助我们确定某个分子在小鼠 ES 细胞和 P19 细胞神经分化中的潜在抑制作用。结果表明，通过增加 β-catenin 水平和活化其下游分子，其中包括 LEF1/TCF1，可以激活 Wnt 信号通路，从而增加了神经元分化。与这些结果相一致的是，先前的研究已经表明，在 RA 介导的 P19 细胞的神经分化过程中，Wnt1 作为其下游靶点，足以触发这些细胞内的神经分化；与此相反，也有研究表明，Wnt 的拮抗剂 Sfrp2 参与 RA 介导的 EB 神经分化过程。通过消减杂交和 cDNA 的差异基因对 RA 暴露组和对照的 EB 的功能基因进行了筛选。两种分析方法发现 Wnt 信号在体内神经分化中的作用不同。筛选结果强调使用最优的发育方式在体外进行分化的重要性。更加全面的基因组工具将有利于研究所有体外胚胎干细胞分化时详细的基因表达谱，从而完善现有的数据库。早期的基因捕获研究发现，在体的分化模式可以优于甚至可以代替在体的研究。高通量功能基因组学的方法，如在果蝇和线虫中通过 RNAi 基因敲除筛选可能也适于研究体外 ES 细胞的分化基因，甚至通过细胞水平的分化体系可能对整体水平的神经分化带来前所未有的突破。在没有体外研究条件时，这些方法可能是研究人类神经分化的一个重要途径。

13.7 治疗前景

研究细胞分化的机制是为了将其应用于细胞治疗当中。然而，尽管在神经元修复过程中 ES 细胞具有不可忽视的作用，但是一些疾病相关的动物模型尚未得到证实。

13.8 帕金森病

通过人类 ES 细胞分化产生的多巴胺能神经元治疗帕金森病是目前关注的一大热点。细胞移植成为治疗该疾病的一种重要手段，由于帕金森病的病理学特征相对比较明确，主要影响中脑多巴胺能神经元，但其病因尚不是十分清楚，所以目前多采用排除病因治疗。在临床症状出现时，大部分中脑多巴胺能神经元的丢失，为细胞替代治疗提供了进一步的支持。在 6OHDA 损毁大鼠帕金森病动物模型中，ES 细胞治疗能够促进其功能的恢复。小鼠 EB 细胞通过短期分化获得大部分未分化的 ES 细胞，然后将少量的上述细胞移植到小鼠，从而能观察到 ES 细胞自发性地分化产生多巴胺能神经元。然而，将此研究成果用于临床应用的可能性却很小，因为会导致肿瘤的高发（大于 50% 的幸存移植体发展成畸胎瘤）。

通过移植过表达 Nurr1 的小鼠 ES 细胞，从而促进多巴胺能神经元的产生，缓解脑功能。这项研究基于多步 EB 分化方式。除了 6OHDA 损毁大鼠行为学得到恢复以外，本研究从移植动物得到的多巴胺能神经元电生理结果提示，大鼠体内的功能也得到了提高，然而，移植引起的 Nurr1 基因表达引发的安全问题，可能会限制其临床应用。已有的报道表明，naïve 小鼠 ES 细胞分化产生的多巴胺能神经元能够促进功能修复，这项研究证明，通过基质培养介导 ES 细胞和核移植 ES 细胞分化产生的多巴胺能神经元体内移植能够促进其功能的恢复。

核移植的 ES 细胞能够分化产生多巴胺能神经元的研究为克隆性治疗在神经系统疾病中的应用提供了成功的先例。人源性 ES 细胞分化为中脑多巴胺能神经元尚未被报道。然而在未来的几年里，在啮齿类动物和灵长类动物帕金森病模型中有可能得到证实。

在人类 ES 细胞来源的多巴胺能神经元的临床试验进行之前，一些问题仍然有待于解决。过去 20 多年里对胎儿组织的研究表明，胎儿中脑多巴胺能神经元可以存活，并且可以在帕金森病人的大脑中发挥 10 年以上的作用。然而，此研究结果和安慰剂对照组相比，其作用并不是十分明显，且有一定的副作用。干细胞研究必须从胎儿组织移植实验中吸取经验，从而使细胞移植能够成功应用到帕金森病的治疗中。高纯度的人类 ES 细胞来源的黑质多巴胺能神经元将是此研究获得成功的关键一步。

13.9　亨廷顿病

与帕金森病相似，亨廷顿病的病理学优先影响选择性神经元亚型，特别是 γ- 氨基丁酸的中型多棘神经元，它是纹状体主要的神经元亚型。胎儿组织移植实验的成功对于如何将干细胞移植治疗方法用于治疗亨廷顿病提供了经验。然而，不同于帕金森病，移植的细胞在纹状体中不能和原来的细胞相融合，但可以从纹状体靶向投射到苍白球和黑质网状部。移植的胎儿组织在病人体内是否可以形成长距离的投射仍然存在争议。亨廷顿病的分子缺陷被认为是 IT15 基因胞嘧啶 - 腺嘌呤 - 鸟嘌呤序列的不稳定导致的，表明细胞移植可以用于很多替代性治疗，这也为疾病模型的研究者提供了可以评价所有方法的基因模型。胚胎干细胞来源的 GABA 能神经元尚未在任何亨廷顿病动物模型中进行验证，但体外前脑 GABA 能神经元的分化效率已经得到了有效的提高。研究亨廷顿病干细胞的另一种有趣的方法是从移植前诊断后丢弃的胚胎中提取出具有亨廷顿病突变的人类胚胎干细胞，这样亨廷顿病 ES 细胞为研究选择性纹状体 GABA 能细胞群受损的人群提供了宝贵的解决方案。

13.9.1　脊髓损伤和其他运动神经元疾病

创伤性或退行性的脊髓损伤往往是不可逆的。干细胞的细胞移植被认为是干细胞研究的一个主要应用。然而，细胞治疗的复杂性在脊髓损伤细胞治疗中未得到解决。运动神经元是脊髓损伤和退行性疾病如 ALS 中最易受累的细胞类型。小鼠 ES 细胞中运动神经元分化的有效性已经在 EB 培养和间质培养方式中得到验证。然而体内 ES 细胞来源的神经元功能的有效性仅仅通过异种移植到分化阶段的鸡胚脊髓中得到验证。ES 细胞分化的运动神经元的行为在成年中枢神经系统和动物脊髓损伤或疾病模型中的作用尚未得到证实。

在实施定向分化方案之前，已有报道表明，在移植 ES 细胞衍生的子代之后，脊髓损伤的动物模型的功能得到了改善。由 D3 或者 Rosa26 ES 细胞分化而来的 4-/4+ 小鼠 EB 移植到急性损伤的脊髓的第 9 天，移植的细胞在体内分化成少突胶质细胞、神经元和星形胶质细胞，并且其 Basso、Beattie 和 Bresnahan（BBB）的功能得到显著改善，其评分均高于假注射组动物。然而，其功能改善的机制尚不是十分清楚。基于体内高效分化成少突胶质细胞的能力，因此认为裸露的轴突髓鞘再生可能是一个关键因素。也有报道，在移植了从人源 EG 细胞获得的 EB 细胞后其功能得到了改善。人源 EG 细胞的 EB 细胞移植到大鼠脑脊液（cerebrospinal fluid, CSF）从而用于治疗病毒导致的神经损伤和运动神经元丢失。虽然极少数的移植细胞开始表达运动神经表面标志物，然而大多数细胞分化成神经前体或神经胶质细胞。从而得出结论，功能的改善是通过提高宿主神经元的生存能力，而不是重塑运动神经元的功能联系。未来的研究需要将体外 ES 细胞分化研究的成果运用到体内移植研究中。

13.10 脑卒中

目前关于 ES 细胞在脑卒中动物模型中的研究鲜有报道。研究表明，移植的胚胎干细胞可以在大脑中动脉阻塞引起的短暂性大鼠脑缺血模型中存活。这项研究的目的是用超顺磁性铁氧化物颗粒转染移植物细胞后，用高分辨率 MRI 对其进行无创成像。作者提供了大量关于移植细胞沿胼胝体向缺血性病变区域迁移的证据。然而，此研究并没有对分化产生的所有细胞的表型进行分析，也没有检测对其功能的影响，将细胞移植应用于脑卒中的治疗其过程是相对复杂的。细胞移植用于脑卒中治疗的应用的复杂性取决于多种细胞表型的存在，并且影响细胞种群的因素取决于发生脑卒中的脑区。

13.11 脱髓鞘病变

当我们将高纯度的 ES 细胞来源的纯化的胶质细胞移植到大鼠佩梅病（Pelizaeus-Merzbacher disease, PMD）——其是一种罕见的弥漫性脑白质髓鞘形成障碍的 X 连锁隐性遗传疾病——疾病模型中，小鼠 ES 细胞来源的前体细胞在体内髓鞘再生的能力已经得到了证实。这项研究对在体分化的认识具有重要意义，并且对髓鞘少突胶质细胞的组成有了大体的认识。然而移植的细胞并不能延长短生命周期动物的存活时间，因此不能对其功能进行详细的研究。另一项研究表明，通过移植纯化的由 4-/4+ EB 分化产生的少突胶质细胞，能够促进 shiverer 小鼠或者化学药物所致的脱髓鞘病变后的髓鞘再生。

从人源 ES 细胞分化出有功能的少突胶质细胞并在体内对其功能进行验证将是我们面临的一项重要挑战，其中包括中枢神经系统其他区域的髓鞘再生。将 ES 细胞分化产生的少突胶质细胞移植到多发性硬化动物模型中亦有重要的临床应用前景。然而此研究的成功需要克服很多复杂的问题，包括预防少突胶质细胞成熟的宿主调节因子以及自身免疫性疾病的发生。

13.11.1 其他疾病

一些需要通过胎儿神经前体细胞建立的疾病模型尚未经过 ES 细胞的方法进行验证。其中包括癫痫和酶缺陷性疾病，如溶酶体贮积病。其他中枢神经系统疾病如阿尔茨海默病被认为是 ES 细胞治疗的未来应用。然而，在目前的研究阶段，更多的研究关注细胞移植在阿尔茨海默病治疗中的作用，ES 细胞的应用更多的是提供疾病细胞模型而不是细胞替代治疗。早期的一些研究包括 ES 细胞在神经分化中的作用比如将淀粉样前体蛋白（amyloid precursor protein, APP）突变体敲入到内源性 APP 位点。

13.12 总结

将 ES 细胞定向分化成神经细胞，为运用细胞技术治疗神经损伤后修复提供了重要的证据支持。虽然这些技术在小鼠 ES 细胞中较为普遍，但是在人类 ES 细胞中的研究则相对落后。然而在未来几年内，这些困难很有可能将被克服，并且实现 ES 细胞在中枢神经系统的首次临床应用。除了在再生医学中的作用，ES 细胞的体外分化将会作为基因研究的一项重要工具，并且可以作为神经发育的常规培养方式。突变体和转基因 ES 细胞库的建立为我们的研究提供了宝贵的资源。体外 ES 细胞分化为药物筛选和毒理学的药理实验提供了丰富的神经元亚型的资源。然而，其最重要的贡献可能是为我们提供了基础研究工具，帮助我们逐步解密控制单一多能性 ES 细胞发育的复杂信号，从而深入地理解包括哺乳动物中枢神经系统在内的多种细胞类型。

深入阅读

[1] Dunnett SB, Bjorklund A. Prospects for new restorative and neuroprotective treatments in Parkinson's disease. Nature 1999; 399 (Suppl. 6738): A32-9.

[2] Gage FH. Mammalian neural stem cells. Science 2000; 287 (5457): 1433-8.

[3] Gaiano N, Fishell G. The role of notch in promoting glial and neural stem cell fates. Annu Rev Neurosci 2002; 25: 471-90. doi:10.1146/annurev.neuro.25.030702.130823.

[4] Goridis C, Rohrer H. Specification of catecholaminergic and serotonergic neurons. Nat Rev Neurosci 2002; 3 (7): 531-41. doi: 10.1038/nrn871.

[5] Gottlieb DI. Large-scale sources of neural stem cells. Annu Rev Neurosci 2002; 25:381-407. doi:10.1146/annurev.neuro.25.112701.142904.

[6] Lee SK, Pfaff SL. Transcriptional networks regulating neuronal identity in the developing spinal cord. Nat Neurosci 2001; 4 (Suppl): 1183-91. doi: 10.1038/nn750.

[7] Lumsden A, Krumlauf R. Patterning the vertebrate neuraxis. Science 1996; 274 (5290): 1109-15.

[8] McKay R. Stem cells in the central nervous system. Science 1997; 276 (5309): 66-71.

[9] Puelles L, Rubenstein JL. Forebrain gene expression domains and the evolving prosomeric model. Trends Neurosci 2003; 26 (9): 469-76. doi: 10.1016/S0166-2236 (03) 00234-0.

[10] Rubenstein JL. Intrinsic and extrinsic control of cortical development. Novartis Found Symp2000; 228:67-75. discussion 75-82, 109-113.

第 *14* 章

眼睛和耳朵的感觉上皮

Constance Cepko[1], Donna M. Fekete[2]

金滢，李苹　译

14.1　引言

我们人类的视觉和听觉能力可被称为生活的左膀右臂，缺一不可。但不幸的是，这两种机能会随着年龄的增加而退化，另外，视觉与听力系统的发病与基因密切相关。干细胞可以通过原位替换或移植的形式来替换一些已经死亡的细胞。对于这些与组织有关的疾病，并没有有效的疗法，因此，这种以干细胞为基础的治疗曾一度让许多患者重新燃起希望。在过去的几年里，大量的研究旨在找出视觉和听力系统的干细胞。本章旨在对目前的这些发现进行一个概述。

14.2　视网膜内的干细胞和祖细胞

视网膜是我们认识中枢神经系统的解剖学特征、生理机能和发展的一个很好的模型。许多关于视网膜的研究，关注的是视网膜神经元与视网膜祖细胞的神经胶质。对于这些细胞的祖系分析显示，它们可以在发生过程中保持多种潜能，甚至对于一个单一的终端的细胞分裂，不但可以产生出神经元，也可产生出神经胶质。除最早期的祖细胞其克隆可以包含所有的视网膜细胞类型以外，一般的视网膜祖细胞并不表现出全能性。而且视网膜祖细胞暴露于不同的培养条件时，不能够在体内无限增殖或扩增。更多的近期研究旨在找到视网膜干细胞。这些研究主要采用在中枢神经系统研究的两种思路：第一种是在成年人体内寻找能够生成视网膜神经元的有丝分裂细胞。第二种是在生长因子中培育细胞。使用这两种方法的研究都已经取得了一些有意义的结果，但是要想解决这个问题，还需要更多的研究。

14.3　视泡产生不同种类的转分化细胞

为了评价视网膜干细胞的研究价值，必须总结一下由视泡产生的组织。视泡是神经管

---

[1]　Department of Genetics, Howard Hughes Medical Institute, Harvard Medical School, Boston, MA, USA.
[2]　Department of Neurobiology, Harvard Medical School, Boston, MA, USA.

的外翻部分。中脑和端脑在那里汇合。当神经管形成的时候，一开始视泡外凸形成简单的外翻。在那之后，视泡内陷形成一个双层的视杯。外层视杯会形成一个非神经的结构，叫做视网膜色素上皮细胞（retinal pigmented epithelium, RPE），同时也产生了眼部附属结构（图 14.1）。RPE 是单层上皮细胞，高度色素化来捕获从视网膜通过的杂散光。它具有多种支持功能，包括一些特异的功能，比如视网膜的顺反异构化以允许光色素和视蛋白继续捕捉光线。RPE 表达多种特定的基因产物。用系列基因表达分析方法（serial analysis of gene expression, SAGE）进行转录组分析显示，40%RPE SAGE 标签在基因库中并无相应的cDNA。对于该组织的认知水平远远低于对其他组织的认知（比如人类视网膜）。

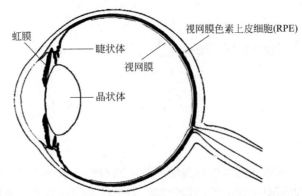

图14.1　眼睛是很复杂的器官，它是由神经管、神经嵴、外表面胚层和中胚层中的细胞发育而成的。视网膜是感觉神经的器官，由视杯的内层而产生。RPE 是从视杯的外层产生的。视杯的内层和外层都在睫状体和虹膜的形成中起到重要的作用。虹膜肌是从视杯的外层产生的。干细胞是独立于睫状体和虹膜的。在对孵化后的小鸡进行研究时发现，视网膜中的 Müller 神经胶质细胞被发现是用来分离和产生神经元的。

　　视杯的内层形成了神经视网膜（图 14.1）。主要的感觉细胞是光感受器。光感受器由两部分组成：视杆细胞和视锥细胞。视杆细胞在阴暗的光线下十分活跃，但视锥细胞在日光下十分活跃。另外，还有其他类型的中间神经元、水平细胞、无长突细胞、双极细胞、光系统神经元和视网膜神经节细胞。视网膜有一种神经胶质细胞跨越视网膜层，这种细胞被称为 Müller 神经胶质细胞。在视网膜神经形成早期，视网膜祖细胞以保守的方式产生不同种类的视网膜神经元，以神经节细胞的产生为开始，以视杆细胞、双极中间神经元和 Müller 神经胶质细胞的产生为结束。这些细胞的产生开始于视网膜中心，发展到视网膜的外围或边缘。在两栖动物和硬骨鱼中，睫状边缘地区（ciliary marginal zone, CMZ）的细胞持续增长，并贯穿动物的一生。另外，关于鱼的研究显示，随着视网膜的扩大，视杆光感受器会在后期再次产生。

　　视网膜外围的发育序列是复杂的，虽然它是干细胞的重要区域，但在分子水平上还不能理解。边缘是在初级光学囊泡的内陷之后形成的褶皱。初始在周围形成简单折叠（在此处RPE 和视网膜相遇）后，发生一些相当不寻常的形态事件，包括转分化，最终形成眼睛前面的支持结构。纤毛体与其相关的睫状冠和睫状体平坦部及虹膜均形成自该区域（图 14.1）。睫状体平坦部和睫状冠各自包括两个上皮层，一个色素层和一个未着色层。它们是晶状体悬韧带的附着部位。睫状体平坦部和睫状冠的无色素上皮层与视网膜相连，着色层与 RPE 相连。这两个上皮层紧密附着，并允许从睫状体分泌调节。除了水分（通过睫状体）和玻璃体液（通过睫状体平坦部）的分泌之外，睫状体还控制晶状体的形状。神经嵴衍生的肌肉在睫状体内形成，并在晶状体适应期间收缩和放松晶状体周围的韧带。

虹膜就像百叶窗一样，通过开与合来调控进入眼睛的光线。它包含着色的上皮层，该层源自视杯边缘，与 RPE 相连。此层逐渐色素化，但是，虹膜持续色素化是由于神经嵴来源的黑色素细胞。瞳孔的开与合是由肌肉控制的，这些肌肉源自视杯周围，是体内唯一由外胚层分化的肌肉。它的发生是由于分化转移，由最初色素化的细胞从上皮层分离并分化，形成肌肉。因此，视网膜边缘发育形成不同的功能，大多数这些不同种类的细胞源自早期视杯内层和外层壁。

以鸟、鱼、两栖动物和人类为对象的传统胚胎学实验研究了视觉组织的可塑性。比如说大量视网膜消退，导致视网膜色素上皮细胞的分化转移至视网膜。这个能力只在小鸡胚胎第 4 天和老鼠 E14 期存在。在有尾目动物身上，这个过程可以伴随终身。在小鸡身上，这个过程是由 RPE 培养基中的成纤维细胞生长因子（FGF）诱导的。在体内，FGF 是否参与最初视网膜和 RPE 的分裂还是未知的，但是 FGF8 的运输在体内可诱发分化转移。蝾螈晶状体再生是一个显著的过程，在这个过程中背部虹膜可以产生一个晶状体，并非来源于视杯，而是从表层外胚层产生的。这种类型的再生在禽类或者哺乳动物中未曾见到。所有这些实例揭示了末期分化的细胞不一定被连累或逆分化。最显著的是，如本章后面所解释的，源自视杯的这个区域的色素细胞在成年哺乳动物中显示广泛的发育潜力，它们是视网膜干细胞的来源。

14.4 孵化后小鸡体内的神经形成

在大多数禽类中，视网膜是在 E12 完成神经形成的。在探讨发育的视网膜干细胞的过程中，孵化后的小鸡（比如＞ E21）被用来检测溴脱氧尿苷（bromodeoxyuridine, BrdU）的融合情况。有研究表明，有两个区域可以被标记。在正常的没有受损的视网膜中，P7 视网膜在睫状体边缘被标记，与之前在两栖动物和鱼中的发现相呼应。用这些细胞的 BrdU 标记来追踪它们，发现这些细胞整合进了内核层（inner nuclear layer, INL），产生了双极和无长突的神经元。在包含 PR 的那一层，也就是外核层（outer nuclear layer, ONL），并没有细胞被找到。与 INL 的命运始终联系在一起的抗原被观察到了。新产生的细胞逐渐有效地趋于中心。这些发现表明，CMZ 细胞可产生更多的视网膜神经元来适应眼部的生长，这些之前被认为是通过玻璃腔体积的扩大和视网膜组织的扩展。然而，与两栖动物和鱼类不同，禽类的整个生命过程中未发生这些现象。因为对于禽类，在孵化后几周生长就停止了。在 CMZ 内有丝分裂细胞的数目在注射 NMDA（N-methyl-d-aspartate）毒素后并没有增多，这与之前在非洲爪蟾蜍眼中发现的不一样。但是，注射 100ng 剂量的上皮生长因子（EGF）、胰岛素或胰岛素样生长因子 -1（IGF-1），而不是 FGF，确实会增加此区域的有丝分裂活动。另外，如果胰岛素和 FGF2 一起注射，具有基因表达谱的细胞核神经节细胞命运抑制的过程被观察到。

在孵化后的禽类中，BrdU 融合的另外一个点可以在使用了毒素 NMDA 后被发现，主要以无长突细胞为目标。如果在 P7 注射 NMDA 2d 后再注入 BrdU，我们可以发现在视网膜的中心，BrdU 融入视网膜的 Müller 细胞。在导入毒素的 1d 或 3d 后再以 BrdU 标记，会发现 BrdU 标记的细胞减少。似乎可以理解为这是由毒素触发的过程，大约需要 2d 来激活 1 ～ 2 轮的细胞分裂。这个反应也是有局限的，因为很少的 BrdU 标记的细胞在 P14 后被发现，失去了从中心到外周的模式，这与在视网膜神经形成的最初阶段呈现一样的状况。视网膜的 Müller 神经胶质细胞确实具有发生反应性胶质增生的能力，它与成年哺乳动物和禽类的各种类型的视网膜损害有关。反应性神经胶质增生发生在整个 CNS 的星形胶质细胞中，其特征在于：有限的细胞分裂；表达中间丝蛋白［如波形蛋白和神经纤维胶质酸性蛋白（glial fibrillary acidic protein, GFAP）］和增加的凸起赘疣。尚未确定这种类型的细胞分裂是否导致在 CNS 中的其他地方或在成年鸟的视网膜中产生神经元。

通过毒素处理诱导 BrdU 标记的 Müller 胶质细胞在 ONL 和 INL 中均可发现，而 Müller 胶质细胞核通常仅在 INL 中发现。这些 BrdU 标记的细胞中的一些共表达视网膜祖细胞的两个标志物，Chx10 和 Pax6，另一些表达 bHLH 基因，*CASH-1*（早期视网膜祖细胞的标志物）。随后发现少量（<10%）BrdU⁺ 细胞具有神经元形态并表达无长突细胞和双极细胞的标志物。然而，许多细胞一过性地表达神经丝（neurofilament, NF）标志物，通常在视网膜和神经节细胞上表达。因为 NF⁺ 细胞的数量减少，并且没有看到与成熟神经节细胞和水平细胞一致的标志物和形态。研究人员没有发现 PR 细胞标志物。许多 BrdU 标记的细胞看起来持续至少 12d 的停滞状态。他们通过培养毒素处理视网膜来探讨内部环境限制产生 PR 细胞的可能性，但是同样不能观察到 PR 细胞的起源，尽管确定了在体外毒素处理的视网膜增殖比未处理的对照更多。

鸡 Müller 胶质细胞分裂后是神经元的发生，也可以在不添加毒素的情况下通过生长因子刺激产生。通过眼内注射胰岛素和 FGF2，从 P7 开始并持续 3d，导致产生许多有丝分裂的 Müller 神经胶质细胞。最后一次注射后 14d，一些 BrdU⁺ 细胞显示无长突细胞或神经节细胞的标志物，另有一些显示 Müller 神经胶质细胞的标志物。与 NMDA 注射后的结果类似，未观察到 PR 细胞的标志物。为了探究杀死靶细胞的毒素类型与生长因子注射结合是否可能更特异性地替代靶细胞，研究人员注射了几种类型的毒素、胰岛素和 FGF2。当用毒素、红藻氨酸或秋水仙碱处理神经节细胞，观察到具有神经节细胞标志物的细胞增多。这些研究导致燃起了新的希望，在各种视网膜疾病中特定细胞的死亡可以采用正确的因子混合物刺激干细胞后被有效地替代，例如青光眼的神经节细胞的死亡。

在哺乳动物未受伤的视网膜内的增殖研究中，用 BrdU 腹膜注射 4 周龄大鼠 5d。据报道，唯一的掺入是在睫状缘，即没有观察到 Müller 神经胶质细胞的标志物。还检查了父鼠和小鼠（以及鹌鹑）细胞，并且未观察到在中心位置的 Müller 神经胶质细胞中的掺入。观察到在鹌鹑的睫状缘有一些 BrdU 的掺入，但低于在鸡中的掺入，在父鼠的睫状缘中仅有几个标记的细胞，但在小鼠的睫状缘中没有标记的细胞。

辐射神经胶质细胞、星形胶质细胞和 Müller 神经胶质细胞与祖细胞共享一些抗原。我们系统研究了发育中和成熟鼠视网膜中的基因表达，发现有 85 个基因优先在成熟视网膜的 Müller 胶质细胞中表达。在这些基因中，大多数也在视网膜祖细胞中被发现。这些基因中的一些，例如细胞周期蛋白 D3 反映了 Müller 细胞保留分裂能力的事实；但其他基因更为神秘。然而，以前的研究和 SAGE 数据的结果认为，Müller 胶质细胞应该进一步探讨作为可能替代死亡的神经元细胞的来源。这个概念符合这样的想法，即在发育的 CNS 中的放射状胶质细胞，以及在成熟前脑中的星形胶质细胞，可能对神经元祖细胞和干细胞有用。

14.5　哺乳动物睫状体边缘的视网膜神经球的生长

在 EGF、FGF 或两者存在下培养 CNS 组织将促进具有无限增殖能力的细胞球或神经球的产生。随后神经球产生神经元、星形胶质细胞和少突胶质细胞，因此，神经球被鉴定为源自神经干细胞。一些研究组已经将这些方案应用于视网膜。使用 FGF 和 EGF 制备了来自小鼠、大鼠、人和牛的眼组织的培养物。视网膜神经球已经被回收，并且看起来像是具有无限增殖潜能、多能性和可能全能性的细胞。

成年小鼠的睫状体具有最丰富的视网膜干细胞来源。E14 RPE、视网膜和成年视网膜、RPE、虹膜和睫状体经研究在 FGF、EGF 或两者都存在的情况下用于产生神经球。胚胎或成人视网膜或成人虹膜、RPE 和睫状肌中均未发现具有干细胞增殖能力的神经球。从胚胎 RPE 中回收到了几个神经球，其包括外周边缘、睫状体的前体。在成人中，仅从睫状体的色素细胞（图 14.1）中回收神经球，称为色素睫状体缘（pigmented ciliary margin, PCM）。虽然从 E14 RPE 回收到一些，但每眼的数量在成人 PCM 比 E14 视网膜的整个 RPE 增加 10 倍。这个奇怪的结果表明，与人们预测的相反，这些细胞是在发展的结束时而不是开始时形成的。或者在 PCM 的成熟期间，存在少数早期干细胞的扩增。干细胞是微小的或是难以培养的，因为只有 0.6% 的成人 PCM 铺板的细胞会在 FGF2 的存在下产生神经球。在不存在 FGF 时确实出现神经球，尽管以降低的频率不需要外源 FGF。推测这可能是因为内源性 FGF，因为加入抗 FGF 抗体减少了神经球的形成。

由于 PCM 神经球起源于睫状体的色素细胞，因此，感兴趣的是确定色素是否是其作为干细胞的能力所必需的。这在白化病患者中被检查，它们与有色动物以相当的频率被分离。RPE 和睫状体通常不表达 Chx10。然而，在神经球的起源中，细胞开始表达这种视网膜标志物。如果在有利于分化的条件下培养，细胞表达 PR、双极细胞和胶质细胞的标志物。然而，没有观察到无长突细胞和水平细胞间神经元或神经节细胞的标志物。但是重要的是，视紫红质和 PR 细胞确定的标志物可以表达。视紫红质不被其他 CNS 神经球或从其他 CNS 位置衍生的神经细胞系表达。视网膜祖细胞通常不产生少突胶质细胞，并且未观察到少突胶质细胞的标志物 O4。

在小鼠（orj）中，配对型同源异型盒基因 Chx10 有一个天然存在的无效等位基因。该突变体的视网膜和 RPE 比野生型小鼠小约 10 倍，具有扩大的睫状体边缘。当从 orj 的睫状体边缘制备培养物时，回收了大约 5 倍多的神经球。这些球体大约是野生型球体大小的 1/3，与 Chx10 是视网膜祖细胞的完全增殖所需的保持一致。因此，Chx10 必须参与 PCM 中干细胞数目的分配或调节。

已经报道了从大鼠的睫状体以及来自死后的人和牛眼中分离视网膜神经球。大鼠神经球依赖于 FGF2，并且不能从视网膜、RPE 或纤毛上皮的无色素部分回收。还从大鼠眼中分离视网膜干细胞，但是从虹膜组织而不是从睫状体边缘组织分离。如图 14.1 所示，虹膜和睫状体在眼睛的边缘处彼此相邻。将虹膜细胞作为外植体在 FGF 存在下培养，而不是作为解离的细胞。与睫状体细胞不同，来自虹膜的解离细胞不产生神经球。从虹膜外植体迁移的细胞能够表达一些神经标志物，例如 NF200，但不表达 PR 特异性标志物。然而，如果细胞用 crx（在 PR 分化中重要的同源基因）转导，约 10% 的细胞表达视紫红质和恢复蛋白，即 PR 细胞的两个标志物。睫状体衍生的神经球可以产生携带相同的视网膜标志物的细胞，包括视紫红质，而没有 crx 的转导。这种差异可能是由培养条件引起的。睫状体衍生的细胞可以生长为球体，并且该环境可以支持 PR 的发展而不需要 crx 的转导。当睫状体来源的细胞作为单层培养时，如虹膜来源的细胞一样，睫状体来源的细胞不表达 PR 标志物。

来自虹膜的组织比较容易获得并用于自体移植物。从睫状体获得组织要困难许多，并伴随着对睫状体损伤的风险。然而，死后的人和牛 PCM 可以产生低频率的球体，因此，可能人类可以用作供体细胞的来源。这样的细胞不会像自体移植物那样在免疫学上相容，但是仍然可能是满足要求的，因为仍然不清楚视网膜移植物的耐受性。

色素性睫状体和虹膜细胞是视网膜干细胞的来源是相当令人惊讶的。估测眼睛的周边可能是干细胞驻留的区域，因为这是两栖动物和鱼的干细胞的位置。在两栖动物和鱼的CMZ中，与视网膜上皮邻近的非染色细胞位于最靠近视网膜的位置，形成了更多的视网膜细胞。然而，干细胞尚未从哺乳动物的该区域中恢复。另一种预测可能是视网膜干细胞将是RPE细胞。如前所述，RPE在哺乳动物和小鸡的发育早期和泌尿系统的整个生命期中是相当有可塑性的，保持产生视网膜细胞的能力以回应某些条件。然而，当在上述条件下培养时，成年哺乳动物RPE未显示产生神经球。此外，即使是胚胎RPE在神经球培养条件下也不提供许多神经球。与前述预测相反，成年哺乳动物中最强壮的视网膜干细胞的来源是睫状体色素沉着细胞。这些细胞与RPE直接相邻并邻接，但是它们不是RPE细胞，如前所述，至少在功能方面。我们没有进一步帮助确定它们的标志物。它们来源于视杯的外壁，并且内壁通常是在正常发育中产生视网膜。然而，应当注意，虹膜干细胞是源自视杯的内壁还是外壁是不清楚的。尽管虹膜干细胞是色素沉着的，但是视杯的内壁和外壁通常在虹膜的发展中色素沉着。虹膜和睫状体来源的干细胞都是色素沉着的，这可为它们的分离提供有用的标志物。

14.6　视网膜中干细胞治疗的前景

视网膜的大量疾病是由PR细胞的变性引起的。大约40%的被鉴定为导致失明的人类疾病的基因是视杆细胞独有的。然而，许多疾病导致锥形PR细胞的丧失。这种非自主死亡的视锥细胞是失去光感及视力的原因。因此，替换没有活力的视杆细胞或延迟视杆细胞的死亡可能会防止或减缓视锥细胞的死亡。替换没有活力的视锥细胞本身是另一种潜在的治疗方法。当疾病的病因不清楚时，这是特别合适的，如在最流行的疾病年龄相关性黄斑变性中一样。杆状或锥状PR细胞的来源可以是内源性干细胞本身。最好的情况是刺激Müller胶质细胞的分裂，其在整个视网膜分布，继而诱导PR分化。不幸的是，如前所述，没有观察到Müller胶质细胞在小鸡或已经研究的任何哺乳动物中产生PR细胞。然而，未来的研究可能找到方法使Müller胶质细胞刺激PR产生。PR细胞的第二来源可能是睫状体或虹膜中原位的内源性干细胞。尽管这些细胞在培养时可以产生PR细胞，但是它们没有显示在原位产生PR细胞。此外，除非细胞可以迁移并覆盖我们的大部分视力发生的中央视网膜，否则对高视力的保留或恢复无助。然而，如果它们可以导致周围视觉的保留，也将实现一些治疗益处。最后，可以尝试植入由干细胞在体外产生的干细胞或PR细胞移植物。如果不是自体移植物，将必须面对移植物排斥的问题，但是它们应该不会像移植到外周脏器那样难以克服。此外，虹膜来源的细胞可以用作自体移植物。源自PCM神经球的移植的初步数据是有希望的。将这样的细胞注射到出生后第0天大鼠的玻璃体中导致在ONL中形成表达视紫红质的许多PR细胞。如果这种细胞可以在患病的视网膜中形成，则可以实现两种可能的好处。第一种好处是简单地防止内源性PR细胞的进一步退化，如前所述，其可以通过非自主过程死亡。第二种好处可能是，植入的PR细胞与二阶神经元形成突触并产生视觉。到目前为止，这还没有实现。这里关注的是植入位点可能不支持突触发生——特别是在大多数视网膜退化的晚期阶段，可能是探索这种治疗的阶段。尽管如此，这样的策略是值得追求的，特别是现在有干细胞可以被控制以产生视网膜细胞，而我们对视网膜细胞发育过程的认识也在进步。

14.7　内耳起源组织的发育与再生

整个脊椎动物的内耳源自基板，即紧靠在后脑侧面的背侧表面外胚层的增厚。如同晶状体和嗅觉基板一样，耳部基板陷入和夹断以形成单层的细胞球，现在被称为耳囊泡。从这个简单的上皮上，出现了大量的组织和细胞类型。耳外胚层对于第八颅神经节和平衡听觉神经节的一级神经元是神经源性的。神经节的成神经细胞是最早可识别的细胞类型；它们在耳杯阶段从耳部外胚层分层，甚至在其完成囊泡形成之前。耳泡也是感觉源性的，产生 6 ～ 8 个不同的感觉基板。内耳感觉器官承担听力并感知平衡，并根据其功能区分。有三个主要类别的感觉器官：黄斑、嵴和声学器官。声学器官在结构和灵敏度上有很大变化，跨越了整个脊椎动物，在哺乳动物的螺旋器中达到其最高的复杂性和频率选择性。在所有的内耳感觉器官中，机械感觉毛细胞分散在支持细胞之间，后者对于毛细胞的存活和功能是至关重要的。最后，除了感觉基板，几种类型的非知觉组织来自耳朵上皮。最高度分化的是分泌细胞外液体的组织，称为内淋巴，其浸泡了所有耳部上皮细胞的顶面。内淋巴含有异常高浓度的钾离子。负责内淋巴生成的组织在解剖学上是复杂的、高度血管化的，并且具有许多离子泵和通道。其他非感觉上皮位于感觉器官侧面，可以与支持细胞一起，有助于毛细胞上方的特定的细胞外基质的分泌，以增强其机械敏感性。

谱系研究尚未揭示内耳细胞兴奋丛之间所有可能的关系，因此，我们还不知道个体耳基板细胞是否对所有内耳细胞类型是真的多能的。我们相信在鸟、斑马鱼的内耳和再生蝾螈侧线内机械感受器及其支持细胞具有共同的祖先。还有证据表明，感觉和非感觉细胞在鸡耳中具有克隆相关性。在小鼠中的初步研究包括具有感觉囊和无感觉囊中成员的单个克隆。此外，耳部神经元和感觉细胞与鸟类相关。到目前为止，没有直接的证据表明存在真正的耳干细胞，即不对称地分裂以复制自身，同时产生具有功能的下一代细胞。然而，谱系研究表明，多能祖细胞构成内耳发育的正常特征，留下类似的细胞可能在成熟的耳朵中潜伏的可能性，在成熟的耳朵中它们可能在适当的信号或培养条件下扩增。

各种生长因子和生长因子受体与内耳的发育相关。然而，重要的是区分可以调节细胞增殖的生长因子和可能以其他方式影响细胞命运特异性的生长因子，例如 FGF 在耳感应中的作用。此外，许多生长因子的测定在体外进行，可能使细胞和组织因培养条件而改变其对生长因子的反应性。例如，新生儿感觉上皮的培养导致 FGFR1/2 和胰岛素样生长因子受体 1（IGF-1R）在黄斑支持细胞中的上调和在螺旋体中 EFGR 的下调。尽管如此，当在培养物中呈递时，几个生长因子家族的成员可单独地或组合地增强发育的耳囊或新生内耳组织的细胞增殖。这些包括铃蟾肽（bombesin）、EGF、FGF、GGF2、heregulin、胰岛素、IGF、PDGF 和 TGFα。

14.8　胚后期动物体内的神经生长

14.8.1　在正常情况下的增殖（或在生长因子处理之后）

前庭黄斑涉及感知重力，并且在鱼和两栖动物中，这些器官在整个生命中的大小持续增加。在这里，我们专注于温血脊椎动物的感觉器官，其中在内耳器官形成的时间上，鸟和哺乳动物之间有明显的差异。在这两类动物中，感觉器官在胚胎发育中途停止产生新细胞。一个显著的例外是鸟的前庭黄斑，其中细胞的添加和死亡远远超过孵化。细胞计数或 BrdU 标记可以估计毛细胞在鸡小肠黄斑中的半衰期为 20d、30d 或 52d。在孵化两周内，可以每天加入球囊黄斑中近 500 个细胞和椭圆囊黄斑中约 1400 个细胞，在孵化后 60d，稳定状态每天添加 850 个毛细胞。然而，这些数目显然是在没有放大祖细胞的情况下实现的。相反，大多数祖细胞分裂一次可以产生由一个毛细胞和一个非毛细胞（假定是支持细胞）组成的一对同胞。超过三个细胞的 BrdU$^+$ 簇在标记后 2 ～ 4 个月很少。因此，如果在成熟的鸟类黄斑中存在自我更新的干细胞池，那么它由在极短的时间内分裂的细胞组成。有趣的是，嗅觉上皮的神经元集落被认为是这个感觉器官的真干细胞也是罕见的（3600 个纯化祖细胞中的 1 个），并且以非常低的速率分裂。在嗅觉上皮中不断进行的受体细胞周转（和再生）利用瞬时扩增祖细胞池，其继而产生一过性神经元前体群；后者将对称分裂以产生分化的嗅觉受体细胞。

与低等脊椎动物相反，在哺乳动物中，前庭黄斑从出生时就是静止的。鸟类和哺乳动物的听觉器官也是如此。例如，BrdU 注射未能标记成年小鼠 Corti 器官中的细胞。然而，在缺乏细胞周期蛋白依赖性激酶抑制剂 p27^{kip1} 或 p19^{Ink4d} 的小鼠中，细胞周转在出生后的动物中继续进行。在毛细胞（p19$^{Ink4d-/-}$）或支持细胞（p27$^{kip1-/-}$）层出生后数周可观察到分裂细胞。在 p27$^{kip1-/-}$ 中长期有丝分裂伴随着额外的毛细胞和支持细胞的分化。在这两种突变体中，许多毛细胞最终经历凋亡，导致听力损失。尽管如此，这些数据表明，Corti 的分化器官从未显示出自然再生，具有可以在适当的情况下分裂和分化细胞的能力。在这种情况下，令人感兴趣的是，新生小鼠的听觉和前庭器官中的细胞子集表达神经干细胞标志物巢蛋白（图 14.2）。巢蛋白在出生后约一周快速下调，但在第 15 天仍然存在于非感觉性耳蜗细胞中。

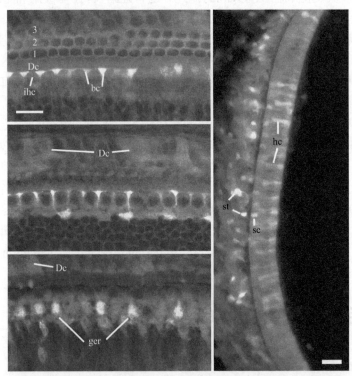

图14.2　在P5小鼠Corti器官中（左）和囊状黄斑中（右）的巢蛋白-GFP。在耳蜗中，GFP在围绕内毛细胞（ihc）的边缘细胞（bc）、围绕外毛细胞（表示外毛细胞行1、2和3）的Deiters细胞（Dc）和更大的上皮脊细胞（ger）中被观察到。在小泡黄斑中，GFP见于基质细胞（st）、支持细胞（sc）和毛细胞（hc）。图片由Ivan Lopez（UCLA）提供。

几种生长因子和细胞因子可影响未受损的成熟内耳感觉器官或感觉上皮支持细胞内的细胞增殖。胰岛素、IGF-1 或 IL-1β 在体外增强正常鸡椭圆囊细胞的增殖，FGF-2 减少增殖。啮齿类动物的椭圆囊细胞对 GGF2、EGF$^+$ 胰岛素、神经分化因子、TGFα 或 TGFα$^+$ 胰岛素的反应是增殖，但成年后丧失对 heregulin 的反应。

14.8.2　细胞破坏后的增殖

祖细胞存在于温血脊椎动物的静息感觉器官中的最强证据来自再生研究。从 20 世纪 80 年代末的开创性工作开始，大量研究表明，在鸡中损坏的感觉器官主要是通过增殖机制重新产生新的毛细胞。因此，尽管缺乏不断进行的周转，听觉器官（基底乳头）的支持细胞对破坏性条件产生有力的有丝分裂反应。其中高达 15% 进入细胞周期以产生毛细胞和新的支持细胞。支持细胞是否与自我更新的干细胞共存仍然是一个悬而未决的问题。数据表明，在耳毒性药物处理后的 3d 窗口期内，再生基底乳头中仅有 1% ～ 4% 的循环细胞将分裂超过一次。即使在这个池中，不断进行的扩散似乎是非常适度的，尽管尚未进行谱系分析以提供克隆扩增的明确测量。类似于基底乳头，鸡黄斑细胞也对毛细胞丢失产生分裂和分化的反应。在 TGFα 或 TNFα 存在下，药物损伤黄斑的增殖指数升高。

我们再次对比哺乳动物与低等脊椎动物。哺乳动物黄斑对毛细胞丢失仅有弱的增殖反应，无证据表明毛细胞可以通过循环中间体再生。相反，黄斑主要通过支持细胞的直接转化或通过亚损伤毛细胞的自我修复来恢复。伴随恢复的有限增殖可用于代替转分化支持细胞而不是毛细胞。通过在体内或体外加入 TGFα 和 IGF-1，视黄酸和脑源性神经营养因子促进毛细胞恢复。药物损伤黄斑的增殖反应微弱，平均每感觉器官有 26 个 BrdU$^+$ 细胞。这种增殖通过加入 heregulin（神经调节蛋白家族的成员）增强 10 倍，通过加入单独的 EGF 或 TGFα 或加入胰岛素增强的程度较小。哺乳动物 Corti 器官的毛细胞和支持细胞对 heregulin 无反应，但后者可对更加远距离的非感觉上皮细胞的耳蜗发挥作用。

14.8.3　对转录因子的需求

虽然许多细胞类型是从耳朵上皮产生的，但是相对少的转录因子已经与耳中的细胞命运特化有关。*NeuroD*、*Neurogenin-1* 和 *Eya1* 是耳神经节细胞命运的必要条件。*Brn3a/Brn3.0* 是神经节细胞存活和分化所必需的。*Math-1* 是毛细胞发育和存活所必需的，*Pou4f3/Brn3c/Brn3.1* 是随后毛细胞分化所需的。*Math1* 的异位递送导致在哺乳动物耳中、在成年豚鼠和出生后大鼠感觉器官的培养物中异位产生部分分化的毛细胞。因此，一些细胞保持转换为毛细胞命运的能力，甚至一直到成年。

14.9　耳祖细胞的体外扩增

几个研究组已经使用永生化癌基因从发育中的内耳分离细胞系并探索它们的分化潜力。扩展未成熟的耳部祖细胞的努力刚刚开始，使用未成熟或分化的耳部上皮作为起始材料。这项工作是根据起始组织的年龄按顺序报道的。迄今为止，一些研究仅以摘要的形式报道。

允许 E13.5 耳蜗祖细胞在有丝分裂期后持续存在的培养条件（EGF$^+$ 耳周间充质）已经阐明。有丝分裂的祖细胞产生 Math-1$^+$ 毛细胞群，其中毛细胞数在接种后两周持续增加。

感觉祖细胞在体内变为有丝分裂后细胞约 5 ～ 6d 后，来自新生大鼠 Corti 器官的细胞被分离。通过优质（15μm）尼龙网过滤使一群小细胞被分离，其中98%表达巢蛋白。当在EGF、FGF2或两种因子共存的条件下培养时，从细胞悬浮开始，称为耳球（otospheres）的球形克隆形成。仅2d的培养后，观察到表达毛细胞标志物肌球蛋白VIIA的BrdU$^+$祖细胞，尽管数量非常少（平均每个集落一个）。每个集落大约两个细胞对于细胞周期抑制剂p27^{kip1}是免疫阳性的，其通常标记Corti器官的支持细胞。肌球蛋白VIIA$^+$细胞的数量增加到14d内每个集落5个细胞，通常表现为一个连贯的小岛。在体外2d和14d后，毛细胞的一些超微结构特征在少数细胞中很明显。毛细胞分化没有因将培养条件转为贴壁培养而增强，可观察到后者在神经球中诱导神经元分化。重要的是，本研究中使用的方法不能确保每个耳球来源于单个祖细胞。

来自另一研究组的初步研究报道了从小鼠耳囊或耳蜗成功产生球形培养物，但仅直到出生后第6天。14d和21d的感觉器官的细胞在类似的培养条件下失效。

来自成年豚鼠Corti器官的细胞的球形体培养也获得成功。最初，球形体不表达巢蛋白或支持细胞标志物、细胞角蛋白。添加血清或EGF，或长期培养可诱导巢蛋白表达，并允许少量细胞分化为毛细胞（钙视网膜蛋白$^+$、肌球蛋白VIIA$^+$、prestin$^+$或Brn3.1$^+$）、支持细胞（细胞角蛋白$^+$或连接蛋白$^+$）、神经元（NF$^+$或β III-微管蛋白$^+$）或星形胶质细胞（GFAP$^+$）。分化的毛细胞的出现是非常罕见的，在长期培养物中小于1%。

迄今最有希望的是从成年小鼠的小囊黄斑中分离出单个细胞来产生和分化球形培养物。根据损伤的前庭感觉器官对生长因子的反应性，Heller的实验室使用EGF、IGF-1和bFGF来增强球形体的形成。EGF$^+$IGF-1的组合是最有效的。巢蛋白$^+$，球形细胞可以解离成单个细胞，然后通过几轮扩展成新的球形体。每次传代可以形成约2.5个球体，表明仅少量的细胞保持球形体更新能力。为了诱导分化，将球形体在血清存在时转移至贴壁培养条件，然后在无血清条件下生长14d。细胞巢蛋白下调，早期耳囊泡的其他标志物和几种分化的细胞类型的标志物上调。表达毛细胞标志物的细胞存在于高达15%的分化细胞中。许多表现出与基本的立体纤毛束形成一致的特征，并且被具有与支持细胞一致的表达序列的细胞包围。Math-1$^+$细胞用BrdU标记，表明这些毛细胞来自增殖祖细胞。显著地，从相同条件下培养的小鼠前脑的脑室下区生长的神经球不产生毛细胞。这表明椭圆囊干细胞具有形成内耳机械感受器的特殊能力。黄斑起源的球体也产生一定比例的具有神经元（6%）或星形细胞（35%）表型的细胞，上述两种细胞类型通常不存在于黄斑上皮。当细胞被递送到4级鸡胚的羊膜腔中时，球体还可以产生外胚层、中胚层或内胚层衍生物。球形体干细胞的比例在最佳生长条件下也是非常少量的：铺板细胞的0.07%。这与在小鼠的成熟感觉器官中缺乏BrdU标记的细胞是一致的，并且表明干细胞在体内也许是罕见的和静止的。

Heller的研究组还确定了诱导胚胎干（ES）细胞形成含有许多BrdU$^+$、巢蛋白$^+$细胞的球形体培养条件。在生长的培养条件下，细胞表达早期耳泡的巢蛋白和标志物（例如Pax2、BMP4和BMP7）。在分化的培养条件下，早期耳部标志物下降，毛细胞和支持细胞的标志物上升。这是非常令人鼓舞的，因为它表明可能不需要从内源性耳朵组织开始产生用于治疗目的的耳部祖细胞。

14.10　治疗前景

目前已经建立了培养耳干细胞的方法，有人会问是否添加不同的转录因子（例如Math1）

可诱导一种细胞类型到另一种细胞类型的分化。然后可将不同来源的干细胞或分化细胞植入动物体内，这些细胞是否可整合在内耳细胞损失动物模型中，促进听力功能的恢复？耳朵对于递送细胞或基因转移载体（例如病毒）具有一些明确的优点。内耳腔室的手术方法提供了进入内耳毛细胞的途径而不需要全身递送。例如，可以通过圆窗注射递送物质，例如神经营养蛋白，其可以影响感觉组织或神经节细胞的存活。递送释放可溶性分子（例如生长因子）的细胞可潜在地提供功能性恢复，而不必恢复结构的完整性。另一方面，考虑到毛细胞静纤毛的精密度必须与覆盖它们的无感觉基质相互作用，替代机械感受器的结构整合可能是必要的，即使是极端差异。功能性神经节神经元的替换，而不是感觉受体细胞，可能导致较少的问题。虽然仍然存在实质性的技术障碍，但我们预计在接下来的十年中与之相关的治疗方法将取得相当大的进展。

致谢

作者 Donna Fekete 感谢 S. Heller、H.B. Zhao 和 T. Nakagawa 分享其尚未发表的数据，感谢 I. Lopez 为本章提供图 14.2。

深入阅读

[1] Cotanche DA, Lee KH. Regeneration of hair cells in the vestibulocochlear system of birdsand mammals. Curr Opin Neurobiol 1994; 4 (4): 509-14.

[2] Duan ML, Ulfendahl M, Laurell G, Counter SA, Pyykko I, Borg E, et al. Protection and treatment of sensorineural hearing disorders caused by exogenous factors: experimental findings and potential clinical application. Hear Res 2002; 169 (1-2): 169-78.

[3] Fekete DM, Wu DK. Revisiting cell fate specification in the inner ear. Curr Opin Neurobiol 2002; 12 (1): 35-42.

[4] Holley MC. Application of new biological approaches to stimulate sensory repair and protection.Br Med Bull 2002; 63:157-69.

[5] Noramly S, Grainger RM. Determination of the embryonic inner ear. J Neurobiol 2002; 53 (2): 100-28. doi:10.1002/neu.10131.

[6] Oesterle EC, Hume CR. Growth factor regulation of the cell cycle in developing and matureinner ear sensory epithelia. J Neurocytol 1999; 28 (10-11): 877-87.

[7] Rivolta MN, Holley MC. Cell lines in inner ear research. J Neurobiol 2002; 53 (2): 306-18.doi:10.1002/neu.10111.

[8] Rubel EW, Fritzsch B. Auditory system development: primary auditory neurons and theirtargets. Annu Rev Neurosci 2002; 25:51-101. doi:10.1146/annurev.neuro.25.112701.142849.

[9] Streilein JW, Ma N, Wenkel H, Ng TF, Zamiri P. Immunobiology and privilege of neuronalretina and pigment epithelium transplants. Vision Res 2002; 42 (4): 487-95.

[10] Zhao S, Rizzolo LJ, Barnstable CJ. Differentiation and transdifferentiation of the retinal pigmentepithelium. Int Rev Cytol1997; 171:225-66.

第15章

表皮干细胞

Tudorita Tumbar[1], Elaine Fuchs[2]

李苹，李鹏　译

15.1　小鼠皮肤发育概况

经过胚胎外胚层和中胚层之间一系列复杂的信号交换，小鼠皮肤自胚胎第9天开始发育，18d时趋于完善（小鼠出生前1d）。皮肤的形成可作为屏障，保护机体免受各种环境的攻击，对于小鼠的生存至关重要。其中毛囊的形成开始于孕13d左右，出生后停止；可见毛囊具有时间特异性，仅发生于胚胎期，该时期的发育状况决定了小鼠出生后拥有的最大毛发量。

成熟的皮肤主要由两种组织构成：表皮和其附属物及真皮，表皮主要由特定的表皮细胞（角质细胞）组成，而真皮主要由间充质细胞构成。其中表皮包括最深处的基底层，其由表达K5和K14的有丝分裂活跃的角化细胞构成；此层细胞不断分化，逐渐向上推移、角化、变形，形成表皮其他各层；当进入棘细胞层时，从高表达K5和K14变为表达K1和K10，促进角蛋白丝产生以形成细胞间桥，维持细胞的形态。还可通过合成和储存蛋白如外皮蛋白、兜甲蛋白及SPRR等形成细胞屏障。而后，这些细胞进入皮肤颗粒层，可生成脂类物质并将其包裹成片状颗粒，合成中间丝相关蛋白，其可将角蛋白纤维捆绑成束甚至形成缆绳样。随着细胞完成上述转化，流入的钙离子可激活转谷氨酰胺酶，进而交叉偶合外皮蛋白及相关蛋白，使其形成角质化包膜，促进脂质向脂质双分子层的外面移动。随后这些角化细胞的新陈代谢过程变慢，细胞核及细胞器发生丢失，最后角化脱落，被表皮下层逐渐分化的细胞所取代。表皮细胞每隔几周更新一次，在刺激条件下发挥治愈、膨胀及收缩等作用。

表皮附属物镶嵌入真皮层，主要包括毛囊和皮脂腺（SG）（图15.1）。毛囊是由含8种以上不同类型的细胞构成的混合物，发根位于毛囊的正中部，向上生长至皮肤表面。包绕发根生长的同心圆层细胞由外根鞘（ORS）和内根鞘（IRS）形成（图15.1）。表皮的基底层细胞和外根鞘的表皮部分相接触，而内根鞘在毛囊上部逐渐退化，使发根上部暴露。

基底表皮层和外根鞘共同表达许多生化标志物，包括K5、K14及α6β4整合素等，代表了毛囊潜在的增殖能力。而增殖能力最强的则为毛囊球部的基质细胞，这些细胞可以产生内

---

[1]　Department of Molecular Biology and Genetics, Cornell University, Ithaca, NY, USA.

[2]　The Rockefeller University, New York, NY, USA.

根鞘和毛发细胞。基质细胞环绕囊状的间质细胞——真皮乳头，可诱导毛发的增殖，且能表达大量与毛囊分化相关的转录因子（如 Lef1、Msx-2 等）。在某种程度上，内根鞘细胞与表皮颗粒层细胞的外形相似，但它们的颗粒主要由单一的毛透明蛋白组成。相比之下，毛发细胞则与角质层细胞更加接近，二者由于分化完全，代谢都缓慢，但它们却表达一种毛发特异性角质蛋白。而皮脂腺位于毛囊的最上部，正好位于竖毛肌的上部，由向毛管释放脂质物质的脂肪细胞构成。皮脂腺内高度增殖分化的细胞均表达 K5 和 K14 等。

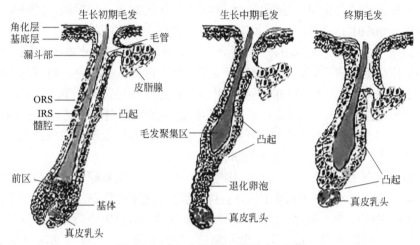

图15.1 成年小鼠皮肤毛囊的生长周期

毛囊的形态在出生时基本完成，出生 4d 内趋于成熟，毛干开始出现在皮肤表面。出生后，毛囊一侧的外根鞘变宽形成膨胀凸起，位于皮脂腺下方，靠近或位于竖毛肌的接合处，被认为是表皮干细胞聚集区域。皮肤组织中的干细胞在出生后可维持着表皮的不断更新。与表皮组织相同，出生后的毛囊也在不断地更新，经历着增殖、衰退及脱离等过程。至少在毛发生长早期，两者相对同步；小鼠毛发继续生长且完成毛发生长初期。出生后经历 17d 左右的生长期，毛发球囊部及球囊凸起下部的大量细胞发生死亡，毛发生长衰退；同时，真皮乳头细胞通过吸附力逐渐向上迁移至萎缩的基底膜，将表皮和间充质区域分隔，而后真皮乳头开始在球囊凸起下部休眠。在此阶段，毛囊进入了休眠静止期，新的毛发生长发生在生后 21d 左右，毛囊重新开始经历上述整个周期，可见外周环境和真皮乳头一些未知的信号分子调控系统对于调控激活干细胞重新启动毛发发生发挥着非常重要的作用。

成年小鼠的皮肤干细胞至少存在于两个不同的组织：表皮和毛囊。本章将重点介绍存在于毛囊球部的干细胞。尽管它们位于毛囊外根鞘，但此区域的细胞被认为可向毛发各层、皮脂腺及表皮进行更新。

15.2 表皮干细胞聚集于毛囊膨胀凸起处

目前一致认为干细胞可通过多种机制以纠正 DNA 复制错误而抑制癌症的发生，包括细胞周期减慢或异常和不对称性分裂（DNA 链假说）。截至目前，这些假说的准确性仍不确定。首先，在毛囊中，表皮干细胞的更新时间难以精准的估计，然而，干细胞很少发生细胞分裂，这与毛囊膨胀凸起部位较低的有丝分裂活性相吻合。其次，在相似的上皮细胞中，肠上皮细胞可发生不对称性分裂，进而保持其成体干细胞的保守性，因此，不对称性分裂是否发生在皮肤毛囊膨胀部位仍值得研究，而干细胞表面标志物的缺乏和干细胞分裂的缺少依旧是此项研究需要面对的问题。

目前值得肯定的是，皮肤表皮中存在一些具有干细胞性质的细胞，如有低分裂或不对称性分裂等特性。动物实验发现，在幼鼠生后 3 ～ 6d，采用氚标记的胸苷或溴脱氧尿苷进行饲养，结果证实标志物没有掺入新复制的 DNA，而大量分布在基底层和外根鞘两个部位；后对标志物进行 4 ～ 8 周的跟踪，发现这些细胞迅速分裂而标志物被稀释，然后标志物会向上移动到毛囊和表皮的分化层，最终从组织中消失；相比之下，分裂缓慢的细胞会一直保留标志物且表达于组织中。总之，这一实验证实了存在标志物的细胞主要存在于小鼠毛囊的凸起部位，只有一小部分位于表皮的基底层或其他地方。若表达标志物的细胞被认为是干细胞，那么小鼠出生后表皮干细胞主要聚集于毛囊膨胀凸起处。近年来，越来越多的研究开始采用荧光标记方法来分离缓慢分裂的细胞。此方法依赖于在特定的细胞中，可表达与组蛋白 H2B 相连接的绿色荧光蛋白。所有正在分裂的细胞中荧光蛋白不表达，染料慢慢稀释，最终被移出组织；只有缓慢分裂的细胞染色阳性。使用这种方法发现，在皮肤毛囊凸起部可检测到荧光染色细胞，并可将它们分离和提取。

采用溴脱氧尿苷法对毛囊膨胀部位的细胞进行染色，发现被标记细胞参与形成毛囊的下层和上层（漏斗部）。这是基于被标记细胞只在毛发球囊部被发现，但在毛发生长初期，溴脱氧尿苷标志物逐渐消失，考虑可能与毛发球囊部位的细胞发生分裂有关；这种现象也同样发生在外根鞘的上层和下层、基质和毛发的髓质。但溴脱氧尿苷单标记实验不能直接用来判断毛发生长与毛囊球部的关系，故采用双标记实验在细胞分裂期标记外根鞘上层细胞，结果发现在儿童和受伤的成人皮肤有大量的漏斗部（位于膨胀部上面的毛囊）细胞进入表皮。

采用四环素调控的 H2B-GFP 脉冲和追踪系统，被标记细胞应该足量且能发出明亮的荧光，能追踪细胞的八分裂期。在毛发生长初期，球囊部被标记细胞出现在毛囊的基质部位。有意义的是，基于该荧光染料方法，末端已分化的头发及内根鞘细胞均可能来源于球囊部；且在受伤信号的刺激下，被标记的细胞可能会离开球囊部向受伤部位趋化，来更新受伤的表皮，这些细胞可增殖，产生新的基底膜，并改变其某些生物化学特性。

研究表明，大鼠鼻毛的球囊部位也含有大量的多功能干细胞。尽管单个球囊细胞的多分化潜能需要进行克隆分析，但最新的研究已经证实，将微切割的大鼠鼻毛球囊组织移植到无胸腺小鼠的背部，可生成完整的毛囊、皮脂腺和表皮。体外试验也发现，当将这些细胞进行体外培养时，除处于分裂期的毛囊细胞外，大鼠球囊部位细胞均具有形成多集落的能力。此外，在大鼠鼻毛的茎部也发现了集落形成细胞。由于技术取材的难度太大，导致小鼠鼻毛和毛囊球部没有发现此功能，而人相关的研究得到了与大鼠相似的结果。

干细胞具备集落形成能力的原理基于一假说：干细胞的多能分化潜能可使细胞在体外大量增殖，至少这一假说在毛囊组织中成立。目前的研究也已证实表皮细胞体外培养后可作为皮肤移植物并促进创伤皮肤再生。但仍有矛盾的地方，即体内皮肤球囊部位干细胞的细胞分裂缓慢，而该部位的细胞体外培养 2 周可快速形成集落。分析其原因可能是：干细胞分离时受到刺激或暴露于培养基时会表现出高增殖能力；或者集落形成可能不是来自干细胞本身的增殖，而是来源于原始干细胞产生的极性细胞发生分裂，进而产生干细胞和暂时扩增细胞的混合体。作者的数据也显示分离干细胞的数量是保证体外集落形成及组织移植成功的必要条件。

目前球囊部被标记的细胞和从球囊部分离促进集落形成及毛囊移植的细胞之间的关系仍不是十分清楚。然而，已有证据表明，被标记细胞即为体外培养时促进集落形成的细胞。但是关于干细胞的体外研究需要注意的一点是其需要遵守海森堡原则，换句话说，干细胞的某些功能（如集落形成和移植）在不改变组织的情况下，改变组织中的干细胞的生活环境是无用的。

将分裂慢或者不对称性分裂细胞定义为干细胞时，染料残留实验可作为一个好的标志物。但是在某些干细胞中并不存在标志物；因此，尽管染料残留可作为有潜力的分子标志物，但仍具有偶然性且依赖于标志物的种类。因此，很多研究者可能会忽略掉一些没有特异性的标志物，但在组织增殖中起到关键作用的是干细胞，所以未来研究中必须要考虑到这种可能性。

采用逆转录病毒转染角质细胞，也证明球囊部含有大量促进组织再生的干细胞，研究者采用逆转录病毒转染的方式在脱毛小鼠皮肤导入 β- 半乳糖苷酶报道基因，随后追踪脱毛后毛囊生长的 5 个周期，时间长达 36 周。理论上讲，如果整个皮肤表皮均可来源于球囊部位具有多分化潜能的干细胞，那么 β- 半乳糖苷酶阳性细胞在毛囊和表皮的各层细胞中应该保持一致。而结果却不是这样的，经过长时间的追踪和对干细胞的重复刺激后，仅有30%的毛囊在外根鞘、内根鞘及皮脂腺均呈现出同一蓝色，其余阳性细胞可表达但不能同时表达于这三个位置。而且，一些细胞在表皮的蓝色远远浅于毛囊的蓝色，这一结果在由两种不同基因背景的干细胞形成的皮肤中同样出现。这些研究表明，皮肤球囊中存在多种不同的干细胞，甚至一种特定的干细胞可能不仅仅存在于球囊的一个位置。

尽管这些研究数据很难确定球囊的多组织发生假说，但仍不能排除这一假说，因为某些生长周期慢的多能干细胞可能很难被转染，那些 β- 半乳糖苷酶表达量高的毛囊可能起源于容易被转染的特定干细胞，这些细胞离开球囊部，进行分化并移动到特定的细胞层。目前有证据表明，花斑样皮肤可能是由染色质失活引起的，这种效应可自发静默逆转录病毒和导致报道基因表达的失活，这种现象可在干细胞及其后代中出现。这些理论说明具有多功能分化能力及组织特异性的干细胞在皮肤中存在是可信的。不管如何解决干细胞变异的问题，值得肯定的是，不同种类的皮肤伤害（去皮、脱发及细胞移植）已被用作研究正常组织的应激模型，可见这些问题还需依赖于单次克隆分析干细胞或它们的后代来解决。

尽管本研究有些争议，但可得到以下结论。

（1）球囊部位含有大量的被标记细胞，并可参与创伤皮肤的修复。

（2）球囊部细胞在体外培养时，可形成集落。

（3）球囊部细胞移植后，可形成完整的毛囊、皮脂腺、表皮。

球囊部的这些细胞具有干细胞的许多特性。我们将在下一节中考虑不同部分皮肤上皮中干细胞的激活及功能。

15.3　表皮干细胞激活模型

早期关于毛囊生长和干细胞功能的数据表明，毛囊球部，包括基质细胞，是干细胞的集聚地，但这一假说由于球囊部细胞的特性很难被证实，如这些细胞在毛发生长中期经历大量凋亡，只残留一小部分表皮细胞连接于真皮乳头和球囊。此外，球部被外科切除后，毛囊仍可以再生。但现有研究已证实球囊部包含大量的被标记细胞，同时，球囊作为毛囊发生的永久区域，这些均提示一种毛囊生长的新模式——"隆突激活假说"［图 15.2（c）］，此模式认为球囊部干细胞与真皮乳头接触后，可导致一些信号通路被激活。这种接触模式发生在每根毛囊的末端，因为周围的真皮鞘在毛发凋亡期慢慢缩小，不断将真皮乳头向上拉，直至接触球囊。尽管这种接触模式并不是唯一的激活模式，但是它对于激活一根或多根毛囊的细胞分裂，形成 TA 细胞仍是必要的。

至少在儿童和受伤的成人皮肤中，干细胞激活被认为是由大量的上部外根鞘细胞移动到表皮引起的。当细胞离开球囊并向上迁移时，它们将分化为 TA 表皮或 SG 细胞。当它们在毛发生长早期向下迁移时，它们形成 TA 外根鞘或基质细胞，最终特异性分化为内根鞘、皮质及髓质。当基质 TA 细胞停止分裂及增殖后，毛囊球部细胞开始发生凋亡（催化期）。一些基因包括编码转录因子和视黄素 X 受体的基因发生突变时，可使得真皮乳头在生后毛发生长周期末上移失败，导致球囊部细胞激活受限，大量毛发细胞停止分裂。而隆突激活模型假说本身并不能解释的是球囊细胞和真皮乳头长时间的毗邻但仍不能引起干细胞激活，因此仍需更多的实验研究来证实此激活模型。显然此种现象可能存在很多其他可能性，其中包括球囊部干细胞在毛发静止期需自我补充至阈值。

干细胞激活的第二种模式是"干细胞迁移假说"。此种模式基于在大鼠鼻毛的球囊部在毛囊发生的任何时间段都可发现增殖和形态发生改变的细胞，但这些细胞只在毛发生长中期末段和生长早期始段才能在球囊基底部看到。鼻毛部位的静止期是很短暂的，因为在真皮乳头向上移动到与球囊接触之前，鼻毛新的细胞周期已经开始。干细胞或者它的子细胞好像沿着外根鞘迁移，与真皮乳头接触，然后开始进行细胞分化。在毛发生长中期和早期始段，球囊细胞开始在毛囊的基底部以一种相对未分化的状态进行增殖；在毛发生长早期末段，这种开关被移除，球部基底部细胞开始分化成基质细胞，最终分化为内根鞘细胞和毛干细胞。但在沿着外根鞘附近的基底膜迁移时，这些细胞并不能形成集落或成功移植，考虑与它们的低浓度有关。在这种模式下，干细胞及其子细胞离开球囊部，并以每天 100μm 的速度，沿着外根鞘迁移至球部前大约 2mm 处［图 15.2（a）］。

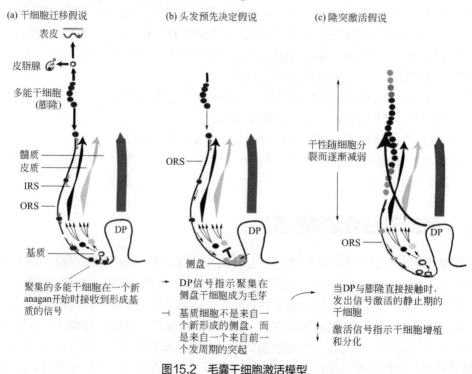

图15.2　毛囊干细胞激活模型

细胞激活的第三种模式来源于对现有数据的整合、积累及综合描述，被称为"头发预先决定假学"。此种假学基于对毛囊生长的诸多研究，尽管该观点只是理论推断的，但仍可为现有冲突的研究结果提供相应的解释方案。此种模型认为，在毛发生长早期的中段和尾段，干细胞受刺激后离开球囊并迁移，最终形成外根鞘，而不是基质或毛发的其他成分。这些干细胞的子细胞被认为在毛囊的基底部累积，毗邻真皮乳头，进而修饰成为球囊部的横盘细胞［图 15.2（b）］。在毛发静止期，横盘细胞与真皮乳头接触，在接下来的毛发生长期，它大量扩增形成新的基质细胞和毛囊内层。此时期新激活的球囊细胞更新外根鞘和补充横盘细胞，因此，新的毛囊由前一个毛发周期预计形成毛囊的横盘细胞形成。基于四环素调控的 H2B-GFP 染色技术，此种模型可更好地解释绿色荧光蛋白染色技术观察干细胞在毛发生长期离开球囊、增殖及参与基质细胞的形成过程。最终一些假说认为，除了球囊干细胞，还存在一些非球囊表皮干细胞，此类细胞可长时间存活，并具备单一和交叉分化功能（毛发细胞可称为表皮细胞或皮脂腺细胞，反之亦然）。这些表皮细胞比球囊被标记细胞更频繁地用来解释在上述追踪实验中荧光强度低很多的原因。

15.4　球囊部干细胞标志物的分子图谱

虽然经过大量的研究，但干细胞领域发展的主要问题是缺乏特异性生物标志物。这使得干细胞具备极少的独特特征。相反，正是因为这些使得干细胞的表现不同。生长周期较慢的球囊细胞可利用 H2B-GFP 染色技术被分离，进而比较了表皮球囊细胞及毛囊外根鞘的转录组学，通过对小鼠 1/3 的基因组进行的检查，发现共有 154 个 mRNA 在球囊被标记细胞表达上调，超过表皮基底层或外根鞘的 2 倍。同时，一项相似的研究采用 K15-GFP 的转基因小鼠来分离球囊细胞，也得到了同样的结果。尽管解释这些现象仍需大量的研究，但免疫荧光法已经证实 mRNA 编码的蛋白质在球囊部细胞高表达，但在球囊部发强荧光的被标记细胞不一定是特异性的。同时，通过研究不同组织中 mRNA 的表达差异，进一步证实了上述表达差异的 mRNA 并不能作为球囊部细胞的特异性标志物，因为这些标志物在皮肤的其他部位也有表达。这就是说，一些可作为球囊部位的特异性标志物，而只有很少几个比之前的标志物好，但特异性不高。

一般认为与干细胞功能相关的特异性标志物是整合素，整合素 β1 和 α6 被认为在角质细胞增殖期高表达；与毛囊下部和上部比较，球囊部也会出现整合素 β1 和 α6 的高表达。有趣的是，与 TA 细胞的子代细胞相比，编码整合素 β1 和 α6 也在三类人群干细胞鉴定的 200 种 mRNA 中，表明整合素和干细胞的关联同样适用于皮肤。

整合素水平和干细胞之间的关系也是十分有趣的，因为多能干细胞通过彼此间的黏附和与基底膜的黏附紧密地保持在壁龛内。干细胞的子代细胞通过减少整合素的表达，降低细胞底部的锚基沿着表皮和附属物周围的基底膜迁移。此外，细胞增殖需要整合素参与，高增殖力细胞一般整合素水平较高。因此，球囊部整合素水平是毛发生长的标志，但这些都没有被明确的证实。有意思的是，当球囊和外根鞘细胞向下迁移形成新毛囊时，毛发生长初期整合素 β6 在外根鞘高表达似乎验证了第二种说法。

整合素表达水平差异的分子机制是什么？干细胞中是否存在一些诱因可以促进 TA 细胞的整合素表达水平的改变，从而使它们迁移并离开其微环境？这些问题依然悬而未决。与此同时，不考虑干细胞可调控表皮黏附、生长及分化，整合素在皮肤的生长过程中也发挥着重要的作用。

球囊部差异表达的蛋白质包括：角蛋白 K15 和 K19（这两种蛋白质也存在于大部分 BL 细胞中）、CD71 低、S100 蛋白、E-cad 低、P63 和 CD34，在这些蛋白质中，编码 CD34、S100A6 及 S100A4 的 mRNA 在球囊部位表达上调。

不局限于球囊部细胞，通过观察皮肤的有丝分裂过程，发现 P53 家族蛋白 P63 在干细胞功能中扮演着重要的角色。P63 缺陷小鼠存在表皮生长缺陷，因此，推测 P63 可抑制表皮生长因子受体及调控细胞周期的其他基因的表达。有趣的是，在复层上皮组织里存在 P63 蛋白负性调控因子，可终止细胞周期，促进细胞分化。

另一调控干细胞功能的蛋白质是 c-myc。在干细胞和 TA 细胞聚集的皮肤基底层和外根鞘内高表达 c-myc 蛋白的转基因小鼠会出现表皮高增殖，严重损害伤口痊愈和脱发。采用微阵列技术比较周期缓慢的皮肤细胞和它们的转运扩增后代之间的差异表达蛋白，发现了一些候选蛋白。这些候选蛋白是通过系统检测发现的，一些可参与干细胞激活的新通路。

15.5 参与皮肤表皮干细胞分化的信号通路

在皮肤干细胞领域，特定的干细胞如何发育成毛囊而不是表皮这一问题一直是值得研究的重点，许多问题仍然不是十分明确，但是在过去的 5 年里仍取得巨大突破。众所周知，和生后毛发生长一样，胚胎期毛发发育信号通路涉及表皮细胞和间充质干细胞的相互作用，有趣的是，相同信号通路的激活不仅发生在毛发，还可作用于指甲、乳腺及牙齿的发育中。

在皮肤及其附属物的发育中，Wnt 信号通路和成骨信号通路起到了关键的作用。Lef1、β-catenin、hedgehog 基因调控及成骨信号通路的抑制剂可控制着毛囊的减少、消失、发育和修复。Wnt 信号通路通过大量的可溶性的 Wnt 形态因子而发挥作用，而这些因子可特异性识别一种称为卷曲素的特殊受体，从而激活 β-catenin，而 β-catenin 作用于细胞黏附和细胞发育信号通路的交叉处。Wnt 信号通路通过抑制 β-catenin 的降解而调节细胞黏附通路上游蛋白的积累。而 β-catenin 可以连接 HMG-DNA 结合蛋白，如 Lef/Tcf 蛋白家族，从而影响下游基因的转录和表达。在基底层外根鞘内高表达 β-catenin，使得皮肤变松弛，促使生后的皮肤内生长毛囊球，通常这是胚胎皮肤特有的特征。总之，这些数据表明，Wnt 信号通路使得成体干细胞较胚胎期更具特异性，且在毛囊发育过程中发挥着非常重要的作用。

在成人皮肤毛囊里，Tcf/Lef1 蛋白家族的两个成员在特定的区域表达，Lef1 蛋白在基质、前体皮质和真皮乳头中特异性表达，而 Tcf3 表达于皮肤表皮的球囊部和外根鞘，且 Tcf3 mRNA 常常在球囊部被标记细胞中高表达。Tcf3 的表达十分有趣，因为有研究发现，其相似蛋白 Tcf4 在肠道干细胞表达，并在发育及维持干性的过程中发挥着重要的作用。体外缺乏 Wnt 通路时，Tcf3 为抑制蛋白，存在 Wnt 通路时，Tcf3 变为激活状态。体内试验发现，在皮肤干细胞和 TA 细胞中，Tcf3 抑制因子的基因表达使得细胞成为致命表型，如表皮基底层具备外根鞘细胞的特征。总结起来，这些发现说明 Tcf3 在皮肤球囊部为抑制状态。尽管皮肤中 Tcf3 的靶基因并不是十分明确，考虑可能与 c-Myc 有关，c-Myc 已被证实为 Tcf/Lef1 的靶基因，可以促进细胞增殖，当它在转基因小鼠中高表达时，导致干细胞的缺失。

与 Tcf3 相比，Lef1 表达于基质细胞，但在前体皮质细胞内大量积累。发根前体皮质的祖细胞表达大量毛发特异的角蛋白基因，在该基因的启动子内具有 Lef1 结合位点。前体皮质细胞表达核 β-catenin，同时表达 Wnt 信号通路反应的报道基因 TOPGAL。这些细胞受到

Wnt 信号通路的调控，且在毛发生长初期的毛囊细胞中发现 Wnt 信号通路蛋白的表达。有趣的是，在毛发分化过程中，如果抑制状态的 Lef1 表达于毛发前体细胞中，则发育成皮脂腺细胞；若缺乏 β-catenin 蛋白表达，则分化为表皮细胞（图 15.3）。相比之下，转录因子 GATA3 已被证实是内根鞘细胞发育分化必不可少的，然而在造血干细胞的分化过程中，Lef1 和 GATA3 也都起到了必不可少的作用。

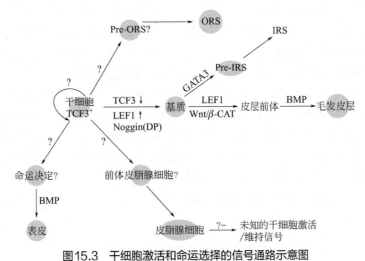

图15.3　干细胞激活和命运选择的信号通路示意图
Pre-ORS—前体外根鞘；ORS—外根鞘；Pre-IRS—前体内根鞘；IRS—内根鞘

尽管 Wnt 信号通路对于 β-catenin 蛋白的稳定起到了重要的作用，但是为了使 Wnt 信号通路发挥作用，细胞必须表达 Tcf/Lef 因子。作为成骨信号通路的抑制剂，Noggin 可促进角质细胞生成 Lef1，这一特点对于缺乏成骨信号通路受体 -1a 的角质细胞和表皮细胞已经得到证实。当这些细胞用 Wnt3a 处理时，它们会影响 Wnt 信号通路反应基因元件的表达。在大部分情况下，这样的结合会导致转录激活，而奇怪的是，E- 钙黏蛋白被上述因子抑制表达。在体内，E- 钙黏蛋白启动子的下调会诱导胚胎期发育毛发基板和毛囊中的二次毛发发生，同时，E- 钙黏蛋白高表达会抑制毛囊发生。总之，这些研究表明，Wnt 信号通路激活和成骨信号通路的抑制一起控制表皮细胞 Wnt 信号作用，而且通过下调 E- 钙黏蛋白表达，促进表皮细胞间重建，促进毛囊形态学发生。同时，这些研究表明，成人和胚胎干细胞可能存在相同的信号通路来促进组织分化。

Wnt 信号通路的一个重要特点是当其持续激活时，可促使皮肤、脑和肠道中的组织祖细胞增多。而且刺激 Wnt 信号通路可以促进造血干细胞增殖，在骨骼肌受伤后，刺激 Wnt 信号通路可以通过动员干细胞促进组织再生，总之，这些研究表明，Wnt 信号通路可以促进干细胞及其子细胞自我更新。同时，球囊部的抑制生长环境与 mRNA 表达上调相关，比较典型的是加入 Wnt 抑制剂。需要进一步的研究来证实它们之间的功能关系。

15.6　总结和展望

目前可以通过一些特定的因子来分离皮肤球囊干细胞，用于进一步研究皮肤干细胞增殖和分化的信号通路。这些特异性因子有分泌性的，也包括与细胞微环境相互作用的跨膜蛋白。其中一些蛋白因子已经被证实与同时包围球囊部位不同的细胞激活相关。然而另一些则与细胞外基质和基底膜组织相关。还有一部分与皮肤干细胞保持增殖、分化抑制状态相关。这些发现进一步证实了球囊部可促进移植后组织再生，揭示了促进组织发生的分子机理和作用机制。如果未来的研究检测证实这些蛋白因子，那么干细胞微环境的概念可能需要重新修改。成体干细胞可能具备更多的潜在功能，而且在整个存活过程中参与干细胞微环境的形成和维持。

　　然而以皮肤干细胞为例，仍然有许多有趣的疑问存在。如：是否存在多能干细胞？球囊部位是否包含大量单一功能的干细胞？干细胞干性维持是否需要特异的信号通路？这些信号通路是怎样作用的？当干细胞在体内离开干细胞微环境迁移或在体外离开干细胞微环境培养时，这些信号通路如何改变？受伤等应激如何改变干细胞的状态？什么信号可以使球囊促使细胞离开来更新表皮？慢生长周期细胞和干细胞的关联是什么？是否存在长周期或短周期干细胞，如果存在，如何区分它们？皮肤干细胞是否存在对称分裂或不对称分裂？

　　当我们开始研究皮肤干细胞以及它们自我更新的特点时，可能会发现更多干细胞微环境本身及其生长环境的线索和提示。当我们开始探索更深的组织学时，我们将会发现胚胎皮肤干细胞与成体皮肤干细胞之间的关系，以及皮肤干细胞与其他干细胞如胚胎多能干细胞之间的关系。干细胞领域的终极目标则是研究足够的专一干细胞、多能干细胞，使得干细胞生物学与人类医学达到统一。

深入阅读

[1] Botchkarev VA. Bone morphogenetic proteins and their antagonists in skin and hair follicle biology. J Invest Dermatol 2003; 120 (1): 36-47.

[2] Brantjes H, Barker N, van Es J, Clevers H. TCF: Lady Justice casting the final verdict on theoutcome of Wnt signaling. Biol Chem 2002; 383 (2): 255-61.

[3] De Arcangelis A, Georges-Labouesse E. Integrin and ECM functions: roles in vertebrate development. Trends Genet 2000; 16 (9): 389-95.

[4] Fuchs E, Raghavan S. Getting under the skin of epidermal morphogenesis. Nat Rev Genet 2002; 3 (3): 199-209.

[5] Muller-Rover S, Handjiski B, van der Veen C, Eichmuller S, Foitzik K, McKay IA, et al.A comprehensive guide for the accurate classification of murine hair follicles in distinct haircycle stages. J Invest Dermatol 2001; 117 (1): 3-15.

[6] Panteleyev AA, Jahoda CA, Christiano AM. Hair follicle predetermination. J Cell Sci 2001; 114 (Pt 19): 3419-31.

[7] Potten CS, Booth C. Keratinocyte stem cells: a commentary. J Invest Dermatol 2002; 119 (4): 888-99.

[8] Spradling A, Drummond-Barbosa D, Kai T. Stem cellsfind their niche. Nature 2001; 414 (6859): 98-104.

[9] Watt FM. Role of integrins in regulating epidermal adhesion, growth and differentiation.EMBO J 2002; 21 (15): 3919-26.

[10] Watt FM, Hogan BL. Out of Eden: stem cells and their niches. Science 2000; 287 (5457): 1427-30.

第 *16* 章

造血干细胞

George Q. Daley❶

苏永锋 译

16.1 胚胎干细胞与胚胎造血

过去的二十多年里，对小鼠的研究证实胚胎干细胞（ESC）具有多向分化潜能，能分化成所有成体器官细胞。胚胎干细胞在体外能够自然聚集分化形成囊性拟胚体（EB）。这些畸胎瘤样结构包含收缩的心肌细胞、横纹肌骨骼肌、神经环及含有血红蛋白的血岛等半器官组织。近 15 年来，这种体外系统已经用来研究组织分化及开发小分子药物。人胚胎干细胞有望分化产生特别类型的细胞以替代细胞治疗从而治疗多种退行性疾病。

胚胎来源的干细胞与发育后器官来源的成体干细胞具有根本不同的特性。成人体内的造血干细胞是最具特点的成体干细胞。这些罕见的细胞位于骨髓，被移植到受致死剂量照射的动物体内后能够产生各系血细胞并重建淋巴造血系统。骨髓移植被广泛应用于先天性、恶性及退行性疾病的治疗。成人造血干细胞可以作为基因修饰的靶点，但因其表达目的基因及培养扩增困难使其应用受限。另外，最近人们也关注到利用逆转录病毒进行基因治疗存在安全性问题。作为造血干细胞来源的 ES 细胞更易进行基因修饰，借此可以用来研究影响血细胞发育的小分子物质及基因等，使其成为基因与细胞治疗的临床前研究模型。

应用目前的方法使 ES 细胞在体外分化成的造血干细胞能否维持体内长期造血十分关键。所有已发表的关于体外 ES 细胞分化的方案都限于造血干细胞分化的卵黄囊阶段，这个阶段的细胞能否继续发育为成熟的造血干细胞还存在疑问。在卵黄囊及囊性拟胚体里发现的第一个血细胞是原核红细胞。这些细胞表达胚胎期血红蛋白，该血红蛋白能使氧合血红蛋白解离曲线左移以适应胚胎内的低氧环境。胚胎期血红蛋白是原始胚胎红细胞形成的标志。随着发育，卵黄囊及囊性拟胚体都会产生进一步分化的髓性细胞及有核红细胞，这些细胞表达成熟的血红蛋白，具有典型的循环血细胞的特点。这也意味着卵黄囊的前体细胞能够经历从原始到定向造血的转换，人们对卵黄囊祖细胞对成人体内长期造血的参与程度还存在不一致的意见。实验显示，卵黄囊造血祖细胞可能用来行造血干细胞移植。标记的卵黄囊细胞从一个胚胎移植入另一个胚胎后能够参与血细胞的形成。而卵黄囊细胞直接注射入成人体内则会植入失败。小鼠卵黄囊分离的高纯度 CD341/c-Kit1 祖细胞被注射入清髓处理的新生小鼠肝内，能够维持小鼠终生长期造血。显然，新生肝脏是胚胎造血干细胞的微环境，能支持卵黄囊细

---

❶ Division of Hematology/Oncology, Children's Hospital, Boston, MA, USA.

胞的发育成熟。在胚胎 AGM 区来源的支持基质细胞系上经过初次培养，卵黄囊细胞能够植入到受照射的小鼠体内。基质细胞能够再一次"教育"卵黄囊细胞适应成体环境。卵黄囊造血祖细胞确实能维持造血生成，基于近期诸多的研究证据，卵黄囊祖细胞可能参加胚胎造血的形成，此后，在胚胎环境内产生多种定向造血干细胞。证据提示，具有长期造血功能的定向造血干细胞主要来自胚胎发育中 AGM 区独特的细胞。

16.2　血细胞在 EB 中的形成

相对于卵黄囊祖细胞，证明 ES 来源的造血祖细胞能重建成年小鼠造血是一件更加困难的事。就像卵黄囊祖细胞移植所面临的阻力，来源于 EB 的胚胎祖细胞同样难以植入成人体内。这种现象归因于 ES 来源的 HSC 发育不成熟及成体与胚胎微环境的不同。ESC 体外分化能否促进 AGM 样 HSC 形成这个问题仍未解决。要想模拟 ES 细胞来源的造血移植，这个问题就必须克服。

尽管 EB 经历短暂的原始造血、定向造血及血细胞形成，研究 ES 来源的 HSC 的特性还是很有意思的。Keller 及其同事首先提出 EB 造血发育的划分标准。他们开创性的工作使体外 ES 细胞分化过程中的造血过程更加明确。他们定义爆式克隆形成细胞（BL-CFC）是 EB 里最原始的造血祖细胞，这些一过性细胞具有原始红系潜能，也能产生定向红系和多系髓系克隆。因为具有形成内皮细胞的潜能，这群细胞也被定义为血液血管母细胞。目前还没有证据显示该群细胞具有淋系分化潜能。仅有一个研究团队报道在偶然的时间点，来自 EBs 的细胞孕育出最大数量的 BL-CFC，该细胞能重建受照射小鼠的造血功能。但这篇报道无法证实淋系及髓系细胞是由单个造血定向分化细胞发育而来的。因此，至今 BL-CFC 与定向 HSC 的关系仍未明确，EB 是否支持 AGM 样 HSC 细胞的发育仍未解决。

16.3　BCR/ABL 引起 EB 来源的造血干细胞的转化

我们的问题是，淋－髓造血干细胞是否通过转化在分化的 EB 中继续发育。根据我们的经验，慢性粒细胞白血病（CML）是一种由 BCR/ABL 癌蛋白引起的典型的成人造血干细胞病理状态。BCR/ABL 癌蛋白具有几个独一无二的生物学特性，使其尤其适合研究 EB 中原始造血祖细胞的性质。在多能造血干细胞中表达是形成 CML 所必需的。大多数患者在诊断 CML 时多系造血仍是单克隆性质，BCR/ABL 融合癌蛋白使白血病干细胞比正常干细胞更具增殖的优势。尽管在各种各样的组织中表达，携带 BCR/ABL 的转基因小鼠在其种系发育过程中仅形成造血系恶性肿瘤，显示 BCR/ABL 仅倾向于针对造血细胞而很少作用于非造血组织。CML 患者中的费城染色体转位至淋系和髓系细胞中，尽管存在 BCR/ABL 转化，造血干细胞仍保持多系分化能力。

我们假定 BCR/ABL 能转化 ES 源造血干细胞，移植入小鼠体内后决定淋系及髓系的分化程度。我们在体外将 BCR/ABL 引入小鼠分化的 ES 细胞，通过模拟卵黄囊血细胞的形成，培养成能产生有核红细胞的原始造血细胞。取出单细胞克隆，经逆转录病毒整合验证克隆并扩增，然后注射入受照射的小鼠，发现在一代及二代小鼠体内都成功实现了淋－髓细胞的植入。来自移植小鼠的红系祖细胞仅表达人血红蛋白，说明这些细胞在体内能够发育成熟，成为定向造血干细胞。BCR/ABL 改变这些细胞的归巢特性，弥补了细胞因子信号缺失，阻断凋亡，使 ES 源细胞适应成人体内的微环境并分化成多系造血干细胞，最终实现造血在成人体内的植入。这些结果首次确定 ES 分化过程中能够产生胚胎 HSC（e-HSC）。这些细胞是原始胚胎红细胞（卵黄囊类型）及定向成体淋 - 髓造血干细胞的祖细胞。尽管 BCR/ABL 转化的细胞克隆具有 BL-CFC 克隆形态并具有原始红细胞潜能，它们与血液血管母细胞的关系还不清楚，因为 BCR/ABL 转化克隆不具有内皮分化潜能。

16.4　STAT5 与 HOXB4 促进造血植入

尽管 BCR/ABL 转化针对的是 ES 细胞培养中具有淋 - 髓发育潜能的一小群细胞，但移植的小鼠最终死于白血病，这促使我们开发新的方法来分离 e-HSC，无需将细胞诱导成已转化的表型。我们通过两条途径从 ES 细胞产生正常、非转化的造血祖细胞：（1）调节 BCR/ABL 激活的信号通路中单个蛋白（如 STAT5）的表达，理论上下游靶点的活化比完全转化癌蛋白的转化更少干扰细胞的生理特性；（2）利用新的 ES 细胞系条件表达候选基因，这种细胞系在四环素调节启动子的作用下能表达目的基因，这种基因效应能被诱发再逆转。我们创造的 Ainv15 ESC 细胞系表达 tet 依赖的转录活化蛋白，这种蛋白来源于活化的基因座（ROSA26）。

任何兴趣目的基因都能被高效地插入位于活化的 HPRT 基因位点中的表达盒。靶向正确的基因对新霉素（G418）抵抗。插入的基因只有在四环素类似物多西环素的存在下才能表达，移除多西环素后该基因能快速被沉默。我们之所以选择 STAT5 转录调节子及 HoxB4 基因，是因为 STAT5 在 BCR/ABL 信号通路中的中心性作用以及先前 Humphries 研究组的证据显示，HoxB4 具有增强造血植入却不诱导白血病的独一无二的特性。我们诱导修饰的 ES 细胞分化成 EB，在诱导分化的 4 ～ 6d，即原始多潜能造血克隆产生最高峰，向培养基中加入多西环素活化基因表达。6d 后，EB 被分离出来后培养在能增强造血祖细胞产生的 OP9 基质细胞系。在 STAT5 与 HoxB4 基因的诱导下，我们发现造血原始细胞得到扩增，在多西环素的存在下，造血干细胞增长更加活跃。这些细胞收获后种植在加有细胞因子的半固体培养基中，产生许多类型的血细胞克隆，这些克隆里最原始的多潜能克隆明显扩增。这些表达绿色荧光蛋白（GFP）的细胞通过静脉注射入同基因或免疫缺陷的小鼠。

利用流式细胞仪监测外周血中的 GFP1 细胞，根据细胞表面分化抗原及通过显微镜检测离心在盖玻片上的细胞，特异性淋系及髓系细胞群依据前向和侧向散射特性被分选出来。实验中，表达 STAT5 与 HoxB4 的细胞能植入小鼠并在外周血中产生淋系及髓系细胞群。有趣的是，尽管持续地诱导体内基因（通过给予小鼠饮用包含多西环素的水），STAT5 刺激的细胞只是短暂出现。而 HoxB4 表达的细胞在原代小鼠体内持续植入，即使缺失基因诱导，且原代动物体内的细胞能够被植入二代小鼠体内，提示这些长期造血重建的 HSC 能够自我更新。移植小鼠的外周血涂片检测也未见到异常造血形成。尽管有小部分动物最终死于源自供体的恶性血液疾病，提示基因修饰的 ESC 体内经历转化。利用逆转录病毒经过 4 ～ 6d 的分化后，EB 在小鼠中也能产生扩增的造血干细胞。这些数据显示，分化中 ES 细胞表达的 STAT5 或 HoxB4 能促使造血干细胞在受照射的小鼠体内的植入。

STAT5，尤其是 HoxB4 通过什么机制促使造血干细胞植入仍不清楚。在检测阈值之上，这两个基因通过促使细胞增生而增加这一小群细胞的数量。然而，HoxB4 作为众所周知的同源异形盒基因，可以促使原始造血干细胞向定向造血干细胞过渡而改变细胞命运。利用 RT-

PCR 技术，我们比较了表达 *HoxB4*、EB 起源的细胞与卵黄囊分离的造血祖细胞，结果证实 *HoxB4* 表达的细胞中探测到包括成人型珠蛋白等定向造血的标志物，另外，*HoxB4* 转导的细胞表达能使 HSC 归巢至骨髓的细胞趋化因子受体 *CXCR4* 和促使造血干细胞从胎肝迁移至骨髓造血微环境的转录因子 *Tel*。*HoxB4* 在未进入血液循环的卵黄囊细胞中不表达，却可以在成人骨髓 CD341 阳性的原始细胞群中检测到。我们也测试通过逆转录病毒注射使卵黄囊祖细胞表达 *HoxB4* 基因能否使它们具有植入的潜能。至于 EB 起源的细胞，*HoxB4* 表达能诱导卵黄囊祖细胞在 OP9 基质细胞上极度的扩增，并使造血祖细胞在成年小鼠内稳定的植入。卵黄囊来源的祖细胞也能被移植入二代小鼠体内。这些数据支持 *HoxB4* 活化使胚胎造血祖细胞具有植入成年造血微环境的能力这一假说，这一点对于造血从胚胎至成年的过渡至关重要。

免疫缺陷移植小鼠体内的淋巴短暂重建使我们确信 EB 起源的细胞具有完全造血分化潜能。单纯 EB 起源的造血祖细胞不足以重建成年宿主造血，或者在特异的培养条件下仅部分能发育。如果胚胎中原始卵黄囊和定向 AGM 造血的形成归功于不同的造血祖细胞，那么从 ES 细胞向 EB 分化过程中，不同的造血祖细胞会在不同的时间和空间点出现。促使 ESC 分化为成熟型定向造血干细胞的精确培养条件仍然是研究的关键目标。

目前，基因修饰技术被用来研究 ES 细胞向淋 - 髓造血干细胞发育。由于基因修饰的技术难题及内在的风险性，基因修饰还不足以促使造血的有效植入，我们通过模拟胚胎发育的途径，尽可能应用自然过程促使 HSC 的植入。特异性造血形成的体外系统应用原理使造血形成的研究方法更具安全性和有效性。

16.5　胚胎形态发生素促进体外造血形成

小鼠原肠胚形成期间，分泌的信号分子诱导中胚层细胞形成不同的命运。最早期的造血形成发生在胚外中胚层，在这里，血岛被内皮细胞环绕且与内脏（原始）内胚层紧密相对。*SCL*、*AML1/CBFa2* 和很少几个 *Hox* 基因与白血病的基因断裂位点相关，通过调节转录控制造血形成。利用基因敲除技术验证了这些因子在造血形成中的作用。近来，一小部分分泌因子在造血定向分化过程中作为中胚层胚胎细胞诱导剂被鉴定出来。其中最令人感兴趣的是 hedgehog 与 BMP4。

信号分子 hedgehog 家族在早期胚胎发育中发挥不同的作用，Indian hedgehog（Ihh）是其中一员。Baron 和其同事发现小鼠卵黄囊早期的造血活性依赖于毗邻的（原始 / 内脏）内胚层。最近他们发现内脏内胚层产生的 Ihh 足以介导这种诱导。Ihh 能调节细胞从神经内胚层向造血分化的命运，因为应用抗 hh 抗体阻断 Ihh 功能导致造血发育终止。Baron 等显示，Ihh 在小鼠胚胎外植体中诱导造血形成导致 BMP4 表达。BMP4 是 TGFβ 家族的成员，在非洲爪蟾发育中作为中胚层 ventralizing 因素和造血的诱导因子。Bhatia 等已经证明 hedgehog 相关因子 Sonic hedgehog（Shh）能增强移植到免疫缺陷小鼠体内的人类造血细胞的再生。BMP4 和其家族的其他成员也能调节原始造血细胞的增生和生存。抗 hh 的抗体和 BMP4 的特殊拮抗剂头蛋白（noggin）能终止 Shh 的促造血增殖效应。Ihh 由 EB 内脏内胚层表达。个案报道 BMP4 加入恒河猴 ES 细胞中增加造血集群的形成。最近，Bhatia 等已经证明 BMP4 可以增强人 ES 细胞的造血分化潜能。

这些研究首次提示我们，ES 细胞分化成 HSC 是可能的。当然，还存在许多问题：hES

细胞来源的 HSC 的功能正常吗？在体内，它们是否重建正常免疫功能且不具成瘤性？免疫系统能否避开核置换与基因修饰？ ES 来源的细胞应用于治疗的门槛还很高，不管如何，体外分化系统仍是研究胚胎发育和造血形成的重要模型。

深入阅读

[1] Choi K, Kennedy M, Kazarov A, Papadimitriou JC, Keller G. A common precursor for hematopoietic and endothelial cells. Development 1998; 125 (4): 725-32.

[2] Doetschman TC, Eistetter H, Katz M, Schmidt W, Kemler R. The *in vitro* development of blastocyst-derived embryonic stem cell lines: formation of visceral yolk sac, blood islands and myocardium. J Embryol Exp Morphol 1985; 87:27-45.

[3] Kennedy M, Firpo M, Choi K, Wall C, Robertson S, Kabrun N, et al. A common precursor forprimitive erythropoiesis and definitive haematopoiesis. Nature 1997; 386 (6624): 488-93.

[4] Kyba M, Perlingeiro RC, Daley GQ. HoxB4 confers definitive lymphoid-myeloid engraftment potential on embryonic stem cell and yolk sac hematopoietic progenitors. Cell 2002; 109 (1): 29-37.

[5] Medvinsky A, Dzierzak E. Definitive hematopoiesis is autonomously initiated by the AGM region. Cell 1996; 86 (6): 897-906.

[6] Nakano T, Kodama H, Honjo T. Generation of lymphohematopoietic cells from embryonicstem cells in culture. Science 1994; 265 (5175): 1098-101.

[7] Perlingeiro RC, Kyba M, Daley GQ. Clonal analysis of differentiating embryonic stem cells reveals a hematopoietic progenitor with primitive erythroid and adult lymphoid-myeloidpotential. Development 2001; 128 (22): 4597-604.

[8] Potocnik AJ, Kohler H, Eichmann K. Hemato-lymphoid *in vivo* reconstitution potential of subpopulations derived from *in vitro* differentiated embryonic stem cells. Proc Natl Acad Sci USA 1997; 94 (19): 10295-10300.

[9] Yoder MC. Introduction: spatial origin of murine hematopoietic stem cells. Blood 2001; 98 (1): 3-5.

第 *17* 章

外周血干细胞

Zhan Wang[1], Gunter Schuch[1], J. Koudy Williams[1], Shay Soker[1]
苏永锋　译

17.1　引言

外周血干细胞和祖细胞最有可能的来源是骨髓。血液血管母细胞是造血干细胞的胚胎期前体细胞，能产生定向造血祖细胞如淋系细胞、髓系细胞、胸腺细胞、粒 - 单核细胞、巨核细胞 - 红细胞和肥大细胞。这些祖细胞在骨髓、胸腺、外周血及靶组织完成分化。血液学 / 肿瘤学的进一步研究发现，许多细胞表面标志物可以用来鉴定和分离不同分化时期的造血干细胞。骨髓间充质干细胞（MSC）首先在体外被分离、扩增，并检测其多系分化潜能。随着进一步研究，骨髓来源的多能成体祖细胞（MAPC）也作为研究对象。这群特别的细胞在体外能长期生存，不会衰老，且具有多系分化能力，这些特性在体内有助于组织的再生。和 HSC 一样，MSC 也能离开骨髓微环境在外周血中出现。不同的细胞表面标志物使我们能鉴定及分离 MSC，并同循环中的 HSC 区分开来。内皮祖细胞（EPC）同 HSC 一样，可能来源于成血管前体细胞，但它们在骨髓中通过独有的途径分化。以前的观点认为血管形成过程仅限于胚胎时期，而对循环中 EPC 的鉴定提示我们血管形成可能会持续至成年。循环中的 EPC 具有成熟内皮细胞不具有的特异性表面标志物，当分化成内皮细胞后便丢失掉。

本章简要综述了外周血干细胞的来源与类型、特异性表面标志物及影响它们在外周血中富集的因素。我们将关注外周血 MSC 和 EPC 的体外分离及扩增，讲述它们在再生医学中的应用。我们还将进一步阐述外周血干细胞在正常及病理过程中的作用。尽管在过去一段时间里，对不同外周血干细胞的鉴定已积累了许多经验，但它们在临床中的潜在治疗应用还在进一步研究中。对于再生医学，外周血易于获得细胞且其作为细胞来源具有可行性，值得我们特别关注。

17.2　外周血干细胞的来源与类型

骨髓是外周血细胞的来源有据可查。造血干细胞是处于静止期的具有多向分化潜能的

---

[1]　Institute for Regenerative Medicine, Wake Forest University School of Medicine, Medical Center Blvd, Winston-Salem, NC, USA.

细胞,具有自我更新和分化能力。经过胎儿时期的发育,HSC 在整个成年期定居于成体骨髓并补充淋巴系、巨核系、红系及髓系造血。全身输注的 MSC 能归巢至骨髓,这提示 MSC 可能也定居在骨髓。我们最近的研究结果显示,像内皮细胞这样的成熟细胞也可以进入血液循环。我们将肌肉祖细胞与可辨别的骨髓细胞注射至致死剂量照射的小鼠血循环中来检测细胞命运。代表大多数成体血细胞系的肌肉源细胞在所有受者体内都可见高水平植入。总之,这些结果说明骨髓与外周血细胞处于持续相互交换过程中。另一方面,骨髓移植研究也说明这个过程可能反过来,即外周血细胞也可以补充骨髓。

17.2.1 骨髓细胞动员

相比骨髓,外周血中干细胞的数量很低。单采可以使干细胞得到富集,但需要处理大量的血液。外周血干细胞扩增技术使干细胞富集更加方便,且能够恢复来自骨髓的自体干细胞。造血生长因子能将 HSC 从骨髓动员至外周血。重组人粒细胞刺激因子(G-CSF)与重组人粒细胞-巨噬细胞刺激因子(GM-CSF)已经被用来作为刺激造血的动员剂。研究显示,应用 G-CSF 或 GM-CSF 的患者外周血中祖细胞的数量较高。实际上,采集 G-CSF 动员的外周血干细胞目前正逐渐代替骨髓采集用于自体骨髓移植。寻找更佳的动员技术使细胞采集更加有效,造血恢复更加迅速,这是十分重要的。最近有人设计一项试验研究血管生长因子在EPC 动员中的作用。研究者通过活化金属蛋白酶及黏附分子来动员骨髓中的 HSC 及 EPC。血管内皮生长因子(VEGF)与胎盘生长因子(PlGF)诱导 MMP-9 表达,MMP-9 的活化导致可溶性 kit 配体的释放,从而动员静止期的 HSC 与 EPC 至血管区。这些研究的结果显示,EPC 与 HSC 共同动员有助于血管再生过程。

17.3 内皮祖细胞

来自波士顿的研究者 Isner、Asahara 与纽约的 Rafii 首先提出外周血中能检测到 EPC。他们从外周血中分离出内皮特性的细胞并在体外扩增。他们提出血管损伤、血管生成的刺激、雌激素及一氧化氮合成酶等因素会增加外周血中 EPC 的数量,而例如冠脉疾病等慢性疾病状态则会使 EPC 的数量减少。循环中 EPC 主要来自骨髓,能根据造血、内皮细胞分化标志物的表达加以鉴定。HSC 与 EPC 拥有共同的祖先——血液血管母细胞。血液血管母细胞主要位于骨髓,能分化成 HSC 与成血管细胞。这种分化过程主要发生在早期的胚胎形成阶段,但在成人阶段也可见到。成血管细胞在 VEGF 与 PlGF 等成血管因子的刺激下分化成 EPC 并从骨髓动员至外周血。就像我们在损伤、糖尿病、肾病及肿瘤部位看到的一样,进入外周血后的 EPC 立即迁移至新生血管形成活跃的部位。接下来我们讲述 EPC 在生理及病理状态下的作用及其在治疗方面的应用。

17.3.1 内皮祖细胞的鉴定

表达 CD34 的骨髓及外周血细胞能产生 EPC。尽管 CD34 用来分离 EPC,但是 HSC 及MSC 也表达 CD34,因此,CD34 无法用来区分这些群体。同样,用来鉴定 EPC 的 VEGF-R2在 HSC 上也表达。CD133(AC133)是一种功能未知的干细胞表面标志物,成熟内皮细胞不表达 CD133,可以来区分 EPC 与成熟的 EC。Hebbel 等利用 CD146(MUC18)抗体 P1H12 识别外周血 EC,但单核细胞、粒细胞、血小板、巨噬细胞、T 和 B 细胞等除外。

KDR 及 Tie2 也常表达于祖细胞及成熟的 EC。纯化的 CD133$^+$/KDR$^+$ EPC 体外能以不依赖贴壁的方式增生，并诱导生成成熟的黏附 EC。CD133$^+$/KDR$^+$ EPC 是一群未成熟的 EC，从骨髓动员后参与新生血管形成。由于髓系单核细胞丢失 CD133，因此，CD133 可以有效地区分 EPC 与髓系单核细胞。最近的研究显示，表达典型的单核系列标志物 CD14 的细胞也能产生 EC。总之，这些研究提示用不同的细胞表面标志物，可以鉴定循环中的 EPC，并进一步区分其不同分化阶段及起源（表 17.1）。

表 17.1 成熟内皮细胞与内皮祖细胞表面标志物

项目	EPC/ECFC	血管壁来源的 CEC
增殖能力	高	有限
来源与动员	来源骨髓，CSF、VEGF 与其他刺激促进其增殖	内皮损伤，VEGF 下降，凋亡
标志物		
VEGFR-2（KDR）	+	+
CD34	+	+
CD31（PECAM）	+/−	+
CD133（AC133）	+	−
CD146（P1H12，MUC18）	−	+

注：CEC，循环内皮细胞；ECFC，内皮克隆形成细胞；EPC，内皮祖细胞。

根据鉴定的表面标志物计数，骨髓中的 EPC 数量极低（小于 10 个 /10^6 单个核细胞），但不同研究之间报道的数目差异很大。表面标志物如 CD34、CD133 和 KDR 等在实际应用中被用来富集 EPC。基质细胞衍生因子 1（SDF-1）通过增强蛋白激酶 B（Akt）及内皮一氧化氮合成酶活性动员 EPC。有趣的是，VEGF 能促进内皮细胞表达 SDF-1（CXCL12）和 CXCR4（SDF-1 受体），反过来，SDF-1 也能诱导 VEGF 的表达。在骨髓血管龛中，VEGF 与 SDF-1 可能通过蛋白水解酶（MMP2、MMP9）调节微环境及控制 EPC 动员。除了上面提到的因子，促红细胞生成素（Epo）、血小板衍生生长因子（PDGF）及一氧化氮也能刺激 EPC 动员。

有人根据体外的生长动力学设计试验来区分骨髓起源的 EPC 与血管壁来源的成熟 EC。本实验中，分离的细胞与 VEGF、碱性成纤维细胞生长因子（bFGF）、胰岛素样生长因子（IGF）、纤维连接蛋白或胶原等共孵育。来源于血管壁的循环 EC 较早产生 EC 克隆，而来源于骨髓 EPC 的克隆生长较晚。根据内皮标志物（VE- 钙黏蛋白 $^+$Flk-1$^+$vWF$^+$CD36$^+$CD146$^+$），早期 EPC（培养 7d）主要起源于 CD14 阳性的单核细胞，晚期 EPC（培养 4 ～ 6 周）起源于 CD14 阴性的细胞。起源于两群 EPC 的外周血所有单个核细胞经过培养，一些细胞 3d 即产生聚集群，称为早期 EPC，这些细胞的增生能力有限，经过 4 周的培养即消失。相反，另一群细胞种植 2 ～ 3 周才出现，这些细胞呈现内皮细胞样鹅卵石形态，称为晚期 EPC。晚期 EPC 增生强力，表达 VE- 钙黏蛋白、Flt-1 和 KDR，不表达 CD45。晚期 EPC 产生一氧化氮，能形成毛细血管。脐血及循环外周血单个核细胞中生长较晚的细胞称为内皮克隆形成细胞（ECFC），这些细胞种植 14 ～ 21d 后才出现鹅卵石样贴壁克隆。ECFC 表达细胞表面抗原 CD31、CD105、CD144、CD146、vWF 和 KDR，摄入乙酰化低密度脂蛋白（AcLDL）。ECFC 不表达造血或单核 / 巨噬细胞表面抗原如 CD14、CD45 或 CD115。自脐血及成人外周血中分离的 ECFC 具有克隆形成能力及相对高水平的端粒酶。综上所述，生长较晚的内皮克隆可被认为是成血管样 EPC。

长久以来，CD31（PECAM-1）被作为内皮细胞的表面标志物。CD31 最近也用来作为 EPC 的标志物。有争论认为 CD31 不足以鉴定 EPC，因为它无法区分祖细胞与完全分化的内皮细胞。这些研究中，CD31 分选的 EPC 具有典型的 EC/EPC 表型，增生强力，能融合至新生血管中。单细胞克隆形成实验突出强调成熟 EC 与祖 EC 间极其相似的表型。该试验显示，作为完全分化的内皮细胞，人脐静脉内皮细胞（HUVEC）与人主动脉内皮细胞（HAEC）都包含具有分化克隆及增生潜能的 EPC 亚群。这项工作认为 HUVEC 与 HAEC 并非同质，它们中既包括不能增殖的完全分化的 EC，也包括更具"干性"具有高增殖潜能与克隆形成能力的细胞群。还不清楚为什么 HUVEC 与 HAEC 在体外培养条件下显示异质性，但这些发现也提示 EPC 的培养与分类方法可以为不同研究群体的试验数据统一标准。

传统的 EPC 分离基于流式细胞术或免疫磁珠技术，该技术耗时、复杂且需要有经验的操作者。新设备能为 EPC 的获得缩短时间且操作简化。同样的策略使 EPC 的分离过程最简化，采用微流体实验室的单芯片器件使 EPC 的分离更为方便。包被 CD34、VEGFR-2、CD31、CD146 或 CD45 抗体的微流仓用来捕获 EPC。当细胞流经 EPC 芯片，该芯片显示对 EPC 特异的亲和力。尽管一个仓仅能包被一种抗体，但使 EPC 的选择性分离更为容易快速。一种体外细胞亲和柱能高效捕获表达 CD133 的祖细胞。在绵羊模型中，1.8L 血液流经含有琼脂糖、对 CD133 有亲和力的分离柱，未结合细胞及血浆重新返回动物体内。外周血标本结果显示，该过程对动物的血液生理参数具有极小的影响，但获取的 EPC 效率是传统密度离心方法的 600 多倍。该技术使临床获取大量祖细胞起源的细胞更为简易，减少获取临床级细胞数量的时间，最低限度地减少供者重要细胞的损失。

17.3.2　内皮祖细胞的体外扩增

循环中 EPC 的稀缺性与内皮细胞培养困难相关。分离血液中单个核细胞的密度梯度离心过程也存在这个问题。要成功培养 EPC，通常需要相对大量（50 ~ 100mL）的外周血或脐带血，但获得的集落形成单位（CFU）或 ECFC 却寥寥无几。单个核细胞种植在纤连蛋白包被的培养皿中，该培养皿中包含血管生长因子如 VEGF 和 bFGF 与内皮培养基。其他的生长因子如 EGF 和 IGF 也有助于细胞生长，但不影响分化。VEGF 对 EPC 的分化很重要，而 bFGF 用来促进 EC 的后续增生。培养基中血管生成因子的加入有助于防止诸如淋巴细胞、巨噬细胞和树突状细胞的污染。VEGF 抑制来源于 CD34 阳性单个核细胞的树突状细胞成熟。培养 7 ~ 10d 后，在纤连蛋白或胶原包被的培养皿中出现梭形细胞克隆。这些生长缓慢的细胞称为晚期 EPC。它们有别于体外快速增生的成熟 EC。全血培养方法增加了获取 EPC 培养的可能性。这种方法不需要单个核细胞的分离过程，极大地减少了由于密度离心方法造成的细胞损失。目前，全血培养方法产生的 ECFC 克隆数量是密度梯度离心方法的近 8 倍。全血培养方法简化 EPC 培养过程，增加 EPC 用于临床诊断及治疗的可能性。

已经引进的商业化试剂盒方便了 EPC 的培养。这些试剂盒提供试剂及培养基用于外周血 EPC 的培养。实际上，这些培养试剂盒对 EPC 的扩增及分化不是最好的。利用此种试剂分离的细胞增殖能力有限且不能整合至新生血管中。进一步的研究显示，单核细胞与 T 细胞有助于 CFU-EC 的形成，因此，关于某些试剂盒不适宜 EPC 的培养及实验的争论是有一定道理的。取而代之，ECFC 应该培养在 20 世纪 80 年代由 MCDB131 培养基发展来的 EGM-2 培养基中。ECFC 具有形成集落晚，增殖强，具有内皮形态，表达 EPC/EC 相关标志物，具有整合到新生血管的能力。不管细胞的来源如何，在培养 2 ~ 3 周后 EPC 表现出典型的扁平 EC 形态，表达成熟的 EC 标志物如 CD31、VE- 钙黏蛋白和 CD146（P1H12）。它们同 EC 的特性一样，代谢 acLDL、结合荆豆凝集素 1（UEA-1）和产生一氧化氮。EPC 起源的 EC 的固有特性需要联合细胞表面标志物来分析。

17.3.3　内皮祖细胞在病理性及生理性血管形成中的作用

血管形成分两个过程：①血管生成——毛细血管自预先存在的血管中出芽；②血管形成——未分化的 EC 聚集到毛细血管部位。

血管形成主要发生于胚胎形成的早期阶段。经过成血管细胞的分化，接着产生原始血管，卵黄囊中的血管通道在中胚层中产生。EPC 参与血管形成过程显示出生后新生血管不依赖预先存在血管的出芽，但出生后血管形成需要 EPC 的辅助。

在受伤愈合、角膜及肿瘤血管形成这几个模型中，骨髓起源的 EPC 有助于成人组织的新生血管形成。骨髓起源的 EPC 在脾、肺、肝、肠、皮肤、后肢肌肉、卵巢和子宫等正常器官都能检测到，说明 EPC 参与维持生理条件下新生血管的形成。激素诱导的排卵周期也与骨髓起源的 EPC 定位于黄体、子宫内膜和基质有关。这些发现说明 EPC 有助于出生后再生过程中新生血管的生理性形成。

最近的研究显示，在性别不合（女供男）的心脏移植中，患者体内存在内皮细胞、平滑肌细胞及施旺细胞嵌合。Y 染色体用来检测嵌合率。心脏移植后一段时间取活检，结果显示，内皮细胞的嵌合程度最高（24.3%），施旺细胞次之（11.2%），血管平滑肌细胞最低（3.4%）。这些结果说明循环中的祖细胞能再生心脏中的大多数重要细胞，但频率不一。募集内皮祖细胞的信号主要发生在早期且与手术中的损伤相关。

累积证据显示，骨髓细胞通过旁分泌刺激血管形成而非分化成收缩的心肌细胞来改善缺血心肌功能。另外，EPC 也能对心肌细胞提供旁分泌生存信号，间接或直接帮助新生血管形成。临床研究也显示，基于 EPC 的细胞治疗能改善心肌功能。

同样，EPC 也包含在如粥样硬化斑块、肿瘤、视网膜和脑组织缺血等病理性损伤的血管中。平滑肌细胞（SMC）增生导致内膜增生及再狭窄的发生。骨髓起源的 EPC 能融入增生内膜及粥样硬化斑块中。一项研究显示，斑块中含有供者起源的内膜细胞，证明骨髓起源的 SMC 有助于粥样硬化斑块的形成。循环中 EPC 的减少与心血管并发症的高风险相关。据推测，循环血中低水平的 EPC 降低了修复损伤血管的能力，但骨髓起源的 EPC 在病理条件下的作用还不清楚。循环血中 EPC 征集至损伤或病变组织依赖潜在的病变，也可能是因为这些组织释放特异的生长因子和趋化因子。糖尿病患者和年龄相关的早产儿中，视网膜新生血管形成异常促进视网膜增生性病变及黄斑退化。骨髓起源的成血管细胞促使增生性视网膜病变模型中视网膜新生血管的形成。这项研究报道了 EPC 整合至视网膜血管的成熟内皮中。脑缺血坏死也与缺血区域新生血管形成及新生血管生长有关。骨髓移植研究显示，移植后3d，EPC 可以在修复部位的新生血管中检测到。

Lyden 与其同事利用血管形成缺陷小鼠模型研究 EPC 在肿瘤血管形成中的作用的证据令人信服。缺失等位基因 *Id1*（*id1⁻/⁻*）和 *Id3*（*id3⁻/⁻*）的小鼠死于胚胎的 13.5d，并显示大量的血管畸形。*Id3⁻/⁻/id1⁺/⁻* 小鼠能够存活，但因为没能形成足够的肿瘤血管而不能支持几种类型的肿瘤细胞的生长。将野生型小鼠的骨髓移植给 *id3⁻/⁻/id1⁺/⁻* 突变的小鼠，产生的肿瘤不同于野生小鼠体内的肿瘤类型。另外，90% 的肿瘤血管包括骨髓起源的 EC，说明 EPC 参与了肿瘤新生血管的形成。VEGF 不能提高 *id3⁻/⁻/id1⁺/⁻* 突变小鼠的 EPC 数量而导致治疗失败，但用野生小鼠骨髓移植组则治疗成功。在另一个模型中，将人骨髓起源的 MAPC 移植到异种肿瘤小鼠体内，结果在小鼠肿瘤血管内皮中包括 40% 的人类细胞，进一步证实循环内皮细胞（CEC）对于肿瘤血管形成的重要性。肿瘤不同，分泌的成血管细胞因子及浓度不同，继而动员 EPC 的能力不同。人类癌症中，尽管肿瘤类型 / 阶段 / 大小与 EPC 的正相关性还未建立，某些肿瘤类型较其他类型更加依赖 CEC 作为内皮来源。

总之，这些研究结果说明 EPC 对于新生血管的作用不仅限于愈合过程，也明显参与几种病理过程。

17.4　间充质干细胞

间充质干细胞（MSC）是多能细胞，能分化成如骨、软骨、脂肪与肌肉等多种间质细胞。MSC 最初在成人骨髓中发现，体外作为成骨祖细胞能形成骨样结构而首次被鉴定。早期的研究提示骨髓 MSC 也是脂肪细胞的祖细胞。进一步的研究报道，MSC 所具有的再生能力在每种间质组织中都能发现。除了骨髓以外，肌肉、脂肪、皮肤、软骨、骨和血管中都分离出 MSC。MSC 具有一些干细胞的基本特点，如自我更新、多向分化能力、克隆形成及体内再生组织能力。另外，成人骨髓 MSC 成长多代而无老化。笔者分析了这些细胞的端粒酶长度，结果显示，它们的长度较中性粒细胞和淋巴细胞都要长，且在年轻和老年供者中无长度差别。这些结果显示骨髓 MSC 来源于体内静止细胞群，具有高度的端粒酶活性。

17.4.1　分离与鉴定

MSC 来源众多，分离方法多样，因此，不同研究间有关的鉴定标志物也不同。骨髓来源的 MSC 包括 CD34、CD44、CD45、c-Kit、Sca-1（小鼠）、CD133（人类）、CD105（Thy-1）、较高浓度的 CD13 和阶段特异性抗原 1（SSEA-1）等典型标志物。如上面提到的，MSC 能从多种组织分离获得，仅有的几个研究分析了它们在外周血的存在。全身输注 MSC 显示它们能植入各种间质组织。这些结果提示外周血中也可能存在 MSC。实际上，给予癌症患者应用 G-CSF 与 GM-CSF 后，外周血中可以分离出 MSC。这些细胞在体外生长，具有成纤维细胞样表型。这些细胞不表达造血标志物 CD34，表达 CD105、SH3、I-CAM 和 V-CAM。即使不动员，正常人外周血中也能分离得到 MSC。这些通过梯度离心分离的细胞种植在培养基中。两周后，成纤维细胞样贴壁细胞出现在培养基中。它们表达 CD105、Stro-1、vimentin 和 BMP 受体，不表达 CD34 受体。综上所述，这些结果说明外周血中存在一小部分 MSC。它们分离困难，但通过形态及 MSC 标志物的表达可以加以鉴定。

17.4.2　体外扩增

外周血来源的 MSC 主要利用 Histopaque™ 或 Ficoll™ 通过密度梯度离心方法获得。细胞密度、培养基 pH 值、血清来源与培养皿的类型等因素对于维持 MSC 十分重要。为了防止高密度细胞导致的细胞自然分化，人 MSC 的培养密度要求在 1500 ～ 3000 个细胞 /cm²。基础培养基可以是 DMEM 或 MEM 加 10% 的胎牛血清。总之，体外扩增骨髓起源的 MSC 所用的方法基本一致。随后，MSC 在体外分化成间质谱系并在体内进行检测。有趣的是，骨髓起源的 MSC 能被诱导成具有内皮细胞、肝脏细胞及神经外胚层功能特性的细胞。体外分化的细胞将来可用来进行治疗。但在临床应用前，我们需要确定分化细胞的表型及功能特性。

17.5　外周血干细胞的治疗应用

MSC 在组织再生中的生理作用使研究人员进一步评估它们在治疗方面的应用。由于胚胎干细胞在伦理方面还存在争议，包括 MSC 在内的成体干细胞应用于临床显得尤为重要。MSC 最先在几种动物模型中经过检测并已经用于临床研究。外周血 MSC 在动物实验中的结果令人欣喜，但其背后的再生机制仍未完全明了。治疗应用分三个部分：

（1）组织工程；

（2）细胞输注；

（3）作为载体用于基因治疗。

MSC 临床应用的优点在于它们存在于外周血中。如上面讨论的，MSC 培养扩增中的特性需要进一步评估。

17.5.1　内皮组细胞

许多情况下，器官组织再生需要重新建立血管网。内皮化有两个可能的来源：

（1）预存于血管的成熟内皮细胞迁移；

（2）外周血循环的内皮组细胞（EPC）。

培养的 EPC 是组织工程及细胞输注的丰富来源。来自同一患者的 EPC 可以避免免疫排斥。EPC 有助于组织血管再生，但其功能还未用于临床。依赖体外扩增用于组织工程的 EPC 对临床应用来说还不是最好的，因为培养的 EPC 产品来源于动物及培养环境不充分。

EPC 应用于治疗前需要强调两点。首先，当异基因细胞植入时，可能会发生由于残存的来源于 CD34 阳性细胞的 T 细胞部分导致的移植物抗宿主免疫反应。研究显示，骨髓来源的 CD34 阳性细胞在体内和体外都能分化成 T 细胞。CD34 是用于分离 EPC 的表面标志物之一。联合 CD34 与其他表面标志物来鉴定 EPC 亚群有利于临床应用并减少 T 细胞分化导致的风险。其次，为了培养临床使用的细胞，动物物质如血清必须从培养环境中去除。因为这些物质可能具有致病性或免疫原性。EPC 的培养条件必须符合 GMP 标准，要求不含动物产品。我们需要努力发展临床级别的人胚胎干细胞体系和培养条件。扩增外周血 EPC 的临床级别培养条件的文章已于最近发表。他们在培养环境中用 pHPL 代替 FBS，成功地从外周血中收集 EPC（ECFC）。这些 ECFC 具有增殖旺盛（超过 30 次倍增）、核型正常及能形成血管网等特点。

17.5.1.1　组织工程

血管性疾病是美国发病率及致死率最高的疾病。美国每年有超过 500000 例冠脉移植和 50000 例外周血管移植手术。实际上，这些需要行动脉旁路手术的患者中，高达 30% 的患者缺少适合或足够的自身血管如小口径血管或隐静脉。合成物如聚四氟乙烯（PTFE）和的确良（聚乙烯对苯二甲酸酯纤维）已经成功用于大口径及高血流速的旁路血管移植。但用于小口径及血流速度较慢的血管，这些移植无一例外的均失败，因为血栓发生率升高及内膜增厚加速导致移植早期血管狭窄和闭塞。

据报道，在假体移植物上融合一层 EC 能防止血栓形成。异体内皮细胞的应用受限于排斥，而自体内皮细胞用于移植血管重建目前还未大规模应用。有人发现 MSC 在体内有助于移植血管的定向分化，于是有人提出将 EPC 种植在工程改造的血管上。我们已经提出 EPC 是自体 EC 最理想的来源，可以用于种植在直径较小的移植物上，而无需去除固有血管来培养 EC。将 EPC 来源的 EC 种植在支架上，我们在血液与血管壁之间建立一个无血栓形成的屏障进而促进血管通畅。将 EPC 种植在猪去细胞动脉来源的胶原基质上，我们发现在绵羊体内能重建颈动脉。生物工程血管保持通畅 4 个多月，而无自体 EC 的对照组血管则在 15d 内发生阻塞。因此，利用脱细胞动脉和 EPC，我们能通过生物工程形成有功能的血管。我们报道生物工程血管经过短暂的复原后，发育成的血管壁具有三个细胞层，类似于内膜、中间层及外膜。尽管这些结果令人兴奋，但工程化的移植物仍然需要在相应的微环境上才能重建。

体外血管工程化应模拟体内血流条件以增强组织形成。局部血流的特点诱导内皮细胞发生形态及分化方向的变化。进一步的研究证实剪切力高低及持续时间诱导内皮细胞在形态、增生及分化等方面发生相应的改变。生理剪切条件比静态条件下培养的 EPC 高表达 VE- 钙黏蛋白。

我们评估来源于瓣膜的 EC 和来自外周血的 EPC 的内皮细胞在生物工程化心脏瓣膜方面的应用。研究显示，这两种来源的细胞种植在 PGA/P4HB 支架上，在 VEGF 的刺激下都开始增生。在 TGF-β1 的刺激下，EPC 能跨胚层分化成间质表型的细胞。研究结果表明，在瓣膜形成过程中，具有诱导作用的可溶性信号分子能影响 EPC 的分化（图 17.1）。

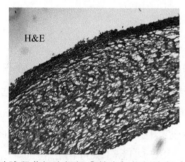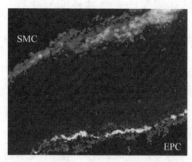

图17.1 猪动脉段非细胞组织［苏木与伊红染色（H&E），见彩图］，接种的外周血平滑肌细胞（SMC）（PKH26 染色为红色）与内皮祖细胞（EPC）（PKH27 染色为绿色）。

所有这些研究存在的问题是：扩增后种植在血管支架上的细胞具有异质性。像前面提到的，解决办法就是分离 MSC 并诱导分化成 EPC。另一个共性问题是生物工程血管的即刻利用性。例如，如果需要实行紧急血管移植手术，人造血管生长及移植准备需要的时间较长。另外，这些生物工程移植物可以与干细胞种植在一起，这些干细胞能分化成 EC。

17.5.1.2 组织再生

几项研究显示，通过征集 EPC 至再生部位，EPC 参与血管修复过程。在小鼠缺血的四肢部位可以探测到被标记的 EPC，这些 EPC 能加速血管重建过程。输注 G-CSF 和 GM-CSF 等细胞因子能增强 EPC 的动员和血管重建。人体中，EPC 有助于置有左心室辅助装置的患者的伤口愈合。EPC 黏附于装置上形成非血栓表层。这些研究说明 EPC 能被征集并有助于内皮形成，这些结果是下面我们要提到的临床及临床前研究工作的基础。

脐血 EPC 和 MSC 皮下注射至裸鼠体内，这些细胞形成血管结构达 4 周。血管网具有表达平滑肌肌动蛋白的内皮和外周细胞。利用 HUVEC 与人 MSC 制作的工程化血管在体内保持功能稳定超过 130d。这些发现为组织工程及再生医学实践提供指导，使内科医生能利用工程组织制作稳定而持久的血管结构。

基于四肢缺血的发病率，EPC 可替代血管移植用于血管疾病的治疗。在一项临床前研究中，输注骨髓来源的 EPC 明显改善了侧支血管形成及最大程度减少四肢缺血。患有外周动脉疾病的患者接受自体骨髓单个核细胞输注后，肢体功能得到恢复。肌肉灌注的改善可能归功于细胞制剂中存在 EPC。还不确定这种改善是否与骨髓单核细胞有关。

骨髓来源的 MSC 有助于心肌再生与血管再生。在心肌坏死的小鼠体内，细胞因子动员的 EPC 能归巢至坏死组织部位帮助新生血管形成。在类似的研究中，将 MSC 注射至坏死部位周边，MSC 分化成心肌细胞和内皮细胞。直接将细胞注入血管生成活跃的部位如坏死或缺血心肌部位对于心脏功能的改善与细胞掺入心肌是必需的。

急性心肌梗死或慢性缺血性心肌病都会损失心肌细胞和血管。在动物实验中，自体骨髓 MSC 输注有助于缺血心肌的血管形成。在病人中，自体骨髓单核细胞被输送到冠脉中营养梗死与缺血组织。所有试验中，心脏灌注与左心室功能都得到改善。这些结果意味着输注自体祖细胞是有效与安全的，对于短期治疗是有益的。后续的动物与人体试验中，研究者在再生血管网中仅检测到几个骨髓来源的细胞，说明仅有一小部分细胞参与血管形成。

尽管临床试验方面的最初发现令人兴奋，但这种细胞治疗对于心脏是否长期受益还取决于随机双盲临床试验。更重要的是，这种治疗是否具有远期毒性还不清楚。还不清楚这些髓系细胞是否会整合至再生心肌产生非心脏或纤维组织。因此，这些祖细胞预分化成 EPC 在临床方面的应用还需保持谨慎并长期监测。

17.5.2　间充质干细胞

MSC 作为系列定向分化细胞能产生多种特异的间质组织，包括骨、软骨、骨基质、肌腱、韧带、脂肪以及许多其他结缔组织。MSC 对于个体的健康状态影响深远，它们控制机体的自然修复、重建以及复原各种组织。人们最初应用 MSC 输注的方法修复组织。最符合逻辑的方法是应用 MSC 修复非连接骨缺损。通过多孔、磷酸钙载体，来自动物和人的 MSC 能再生骨组织。另外，成人软骨不能自我修复，MSC 可能对软骨再生有益。

MSC 在透明质酸骨架上能修复软骨组织，目前正进入临床试验阶段。骨髓来源的 MSC 也能与宿主肌管融合后形成功能性肌纤维并修复肌肉，骨髓来源的 MSC 经全身输注后能归巢至骨髓。以上发现促使研究者进行关于 MSC 修复放化疗导致的骨髓清除的临床研究。

据报道，MSC 的亚群在体外特定条件下能分化成心肌细胞，但这种说法还存在争议。MSC 在体内分化成心肌细胞的概率极低。MSC 也会像 EPC 一样通过旁分泌因子帮助受损心肌修复。这可能是 MSC 带来正面效果的主要机制。到目前为止，大多数临床研究显示骨髓 MSC 对于心脏功能无改善或效果甚微（可能对于临床研究很重要），而且功能改善主要考虑的是旁分泌作用，而非间充质细胞的分化作用。

17.5.3　外周血干细胞在基因治疗方面的应用

基因与细胞治疗应再生医学的要求并在许多临床试验中得到检验。MSC 具有生长潜能，经过修饰的 MSC 为组织工程与细胞治疗提供新的手段。详细了解载体运输系统对于实际应用至关重要。复制缺陷腺病毒是最流行的递送基因至祖细胞的载体之一。作为基因治疗理想的载体，腺病毒载体具有两方面的优势：首先，它们能感染非分裂期的细胞，这点对于处于细胞周期 G_0/G_1 的 MSC 来说很重要；其次，腺病毒载体能使重组基因短暂表达 3 周左右。当然，腺病毒载体也能诱发不必要的炎症反应。在许多研究中，经过修饰的干细胞已经用来再生骨、软骨或新生血管。在这些研究中，生长因子 VEGF 基因最常用。如上所述，VEGF 具有血管生成作用，能辅助 MSC 沿着内皮系列方向分化。为了增强工程化肌肉组织的成血管性，我们转染编码有 VEGF 和绿色荧光蛋白（GFP）的质粒至小鼠原代成肌细胞中。我们利用 FACS 分选出 GFP 细胞，与明胶混合后注射至免疫缺陷小鼠的皮下。到了 21d，VEGF 转染的细胞组织体积增长至原来的 3 倍。相反，对照组质粒转染的细胞逐渐减小至肉眼勉强可辨。用 vWF 对 VEGF 表达的组织进行免疫组化分析，结果显示，这些组织形成典型的肌肉并发育形成血管网络结构。VEGF 转染的干细胞也因为它们的新生血管作用及成血管特性被用来挽救缺血肢体。也有研究关注联合应用生长因子模拟血管发育的微环境。转染 bFGF、血管生成素 -1 及 VEGF 的祖细胞经诱导能发育为成熟的血管，这些血管具有中间层及外膜层。这些方法能减少 VEGF 介导的血管渗透性及液体泄漏。未来干细胞介导的基因治疗依赖于几个关键问题的解决。基因转染效率接近 100% 以保证未修饰的细胞干扰组织再生过程。最可靠的干细胞来源保证临床应用。最后，需要决定细胞采用全身输注还是局部注射。不管这些问题解决与否，以干细胞为基础的疗法将从基因修饰中受益无穷。

17.6　结论与展望

骨髓是外周血干细胞和祖细胞最可能的来源。血液血管母细胞是 HSC 在胚胎期的前体细胞，能产生定向造血祖细胞。骨髓也是其他干细胞和祖细胞的来源。MSC 体外具有自我扩增与多向分化潜能。研究显示，骨髓与外周血细胞之间稳定互换。骨髓移植的研究从另一方面证明外周血细胞也能再生骨髓。外周血干细胞要想成功应用于临床，需要解决这些细胞的动员、分离、扩增、分化及输注等方面的问题。例如，EPC 从外周血分离后，可以经过体外扩增一段时间后或者直接用于治疗血管生成方面的问题。深入了解细胞动员至再生组织部位信号通路方面的问题对于优化临床应用技术十分重要。

总结这些研究，为了增加血液中的细胞数量，干细胞从骨髓动员至外周血并存在于外周血中。人们在外周血来源的干细胞应用于人类方面做了许多尝试，有些结果鼓舞人心。但是只有经过进一步的验证及长期毒性的评估后，这些技术才能在临床上得以标准化应用。

深入阅读

[1] Asahara T, Kawamoto A. Endothelial progenitor cells for postnatal vasculogenesis. Am J Physiol Cell Physiol 2004; 287 (3): C572-9.

[2] Caplan AI, Bruder SP. Mesenchymal stem cells: building blocks for molecular medicine inthe 21st century. Trends Mol Med 2001; 7 (6): 259-64.

[3] Caplan AI, Dennis JE. Mesenchymal stem cells as trophic mediators. J Cell Biochem 2006; 98 (5): 1076-84.

[4] Hawley RG. Progress toward vector design for hematopoietic stem cell gene therapy. Curr Gene Ther 2001; 1 (1): 1-17.

[5] Ishikawa M, Asahara T. Endothelial progenitor cell culture for vascular regeneration. Stem Cells Dev 2004; 13 (4): 344-9.

[6] Rafii S, Lyden D. Therapeutic stem and progenitor cell transplantation for organ vascularization and regeneration. Nat Med 2003; 9 (6): 702-12.

[7] Rubart M, Field LJ. Cardiac regeneration: repopulating the heart. Annu Rev Physiol 2006; 68:29-49.

[8] Seifalian AM, Tiwari A, Hamilton G, Salacinski HJ. Improving the clinical patency of prosthetic vascular and coronary bypass grafts: the role of seeding and tissue engineering. Artif Organs 2002; 26 (4): 307-20.

[9] Unger C, Skottman H, Blomberg P, Dilber MS, Hovatta O. Good manufacturing practiceand clinical-grade human embryonic stem cell lines. Hum Mol Genet 2008; 17 (R1): R48-53.

[10] Verfaillie CM. Adult stem cells: assessing the case for pluripotency. Trends Cell Biol 2002; 12 (11): 502-8.

第 *18* 章

多能成体祖细胞

Philip R. Roelandt❶, Valerie D. Roobrouck❶, Catherine M. Verfaillie❶
周军年，王海洋，张彪　译

18.1　多能干细胞——胚胎干细胞

　　胚胎干细胞起源于胚泡期的内细胞团，是一群真正意义上的多能干细胞。小鼠胚胎干细胞和人胚胎干细胞分别表达细胞表面抗原 SSEA1 或 SSEA4，但二者均特异性表达一系列胚胎干细胞特异性基因，包括转录因子 *Oct4*、*Rex1*、*Nanog* 和 *Sox2*。*Oct4* 在前原肠胚期胚胎（pre-gastrulation embryo）、原生殖细胞、内细胞团以及生殖细胞中均有表达。*Oct4* 的正常表达可维持小鼠胚胎干细胞的自我更新。当 *Oct4* 的表达水平下调至 <50% 时，可导致滋养外胚层细胞自发分化；而 *Oct4* 的表达水平上调至 >200% 时，将导致原始内胚层的分化。*Oct4* 通过促进 *Oct4*、*Sox2* 等基因的转录促进细胞的自我更新，同时对促进滋养外胚层细胞分化的诱导基因 *Hand1*、*Cdx2* 发挥抑制作用。

　　有研究初步表明，*Sall4*、*Epas1*（*Hif-2α*）、*SF1* 以及 *RAR* 可激活 *Oct4* 的启动子，而 *Tcf3* 则抑制 *Oct4* 转录。又有最新研究发现，*Dnmt3a* 和 *Dnmt3b* 对于 DNA 甲基化调节的增强可促进 *Oct4* 的表达。大量的孤儿受体也可对 *Oct4* 发挥抑制（如 *GCNF* 和 *COUP-TFII*）或促进（如 *Nr5a2*）作用。同源蛋白 Nanog 对小鼠的早期发育以及胚胎干细胞的增殖同样重要。*Nanog* 通过抑制促进原始内胚层分化的诱导基因 *Gata4*、*Gata6* 来阻止内细胞团（ICM）细胞向胚外内胚层的分化。早期研究表明，*Nanog*$^{-/-}$ 小鼠无法形成上胚层，*Nanog*$^{-/-}$ 胚胎干细胞只能分化形成中胚层和内胚层。近期研究证实，*Nanog*$^{-/-}$ 细胞被阻滞在多能性前期的一个过渡阶段，最终形成滋养层或发生凋亡，而非形成中内胚层。在胚胎干细胞中过表达 *Nanog* 可诱导白血病细胞抑制因子（LIF）非依赖性的细胞增殖，证实了 *Nanog* 对于维持胚胎干细胞多能性的重要作用。

　　包括 *Oct4*、*Sox2* 以及 *Nanog* 在内的转录因子可形成复杂的调控网络，对于胚胎干细胞整体水平的转录激活或抑制具有重要意义。通过染色质免疫共沉淀－芯片检测，已确认了 *Oct4*、*Sox2* 和 *Nanog* 特异性结合或交叉性结合的启动子位点，以此发挥对转录的正向或负向调控作用。这些相互作用受到前反馈回路的调控，即初始的调控因子通过汇集和调控下游靶基因对其他的调控因子进行调控。目前也已通过蛋白质组学方法证实 *Nanog* 结合基因包

---

❶ Interdepartmental Stem Cell Institute Leuven, Catholic University Leuven, Leuven, Belgium.

括 *Oct4* 以及其他转录因子如 *Sall1*、*Sall4* 等。

18.2　后生组织特异性干细胞——不仅仅是多能干细胞？

在原肠胚期，内细胞团的多能性细胞先局限于特定的胚层然后至特定的组织。其中后者被称为多能干细胞（multipotent stem cells），在成体组织中终生存在。

20 世纪 90 年代后期，有研究表明，特定组织来源的成体干细胞在某些环境下，可生成令人意想不到的其他组织细胞，因此，经典的成体干细胞可能具有更高的多能性。有关干细胞可塑性的早期报道引起了科学界的极大兴趣。这些报道打破了成体干细胞只能维持特定组织功能的概念，并提示成体干细胞可作为不受伦理约束的、易取材的干细胞，应用于大量退行性疾病和遗传病的治疗。已有研究表明，造血干细胞可分化形成不同胚层的细胞（包括内胚层起源的肺上皮细胞、小肠上皮细胞、肾上皮细胞、胰腺内分泌细胞、肝细胞、胆管细胞，外胚层起源的表皮细胞和神经细胞，以及中胚层起源的不同于血细胞的中胚层衍生物、骨骼肌细胞、心肌细胞、内皮细胞）。

然而，尽管最初的报道很乐观，但后续研究对成体干细胞的多能性提出了不同的观点。比如有证据表明，造血干细胞不仅仅存在于骨髓中，还存在于其他组织中。

对于细胞可塑性的另一种解释是造血细胞与特定宿主细胞在体内发生融合而获得可塑性。杂交瘤细胞的产生便是这样一种现象。此外，造血细胞或神经球与胚胎干细胞的融合在体外同样可以发生。事实上，已有大量研究对造血细胞和肝细胞、心肌细胞、骨骼肌细胞、脑浦肯野细胞相互融合的现象进行了描述。许多例证表明，抑制造血编程并激活供体细胞融合所需的基因，供体细胞的细胞核将发生部分重编程。也有其他有说服力的证据显示，并非所有的可塑性都是通过细胞融合获得的，比如造血细胞向肺上皮细胞的分化，神经谱系的细胞向内皮细胞的分化。然而，无论是融合机制还是直接分化，从一个干细胞获得与原始组织不同的组织细胞表型的效率是有限的，这一现象在临床上的意义也尚待商榷。

关于一些成体干细胞具有产生与原始组织不同的组织世系细胞的能力，有另外两种可能的解释：在成体中一直存在具有较高多能性的干细胞，或成体干细胞通过去分化和再分化的过程，或者直接转分化从而发生重编程。

18.3　多能性能后天获得吗？

成年小鼠成纤维细胞可以被重编程为具有所有 ESC 特征的细胞，也就是所谓的诱导性多能干细胞（iPS 细胞），通过引入已知的在胚胎干细胞中表达的四种转录因子（*Oct4*、*Sox2*、*Klf4* 和 *c-Myc*），并筛选出开始表达内源性 *Nanog* 或 *Oct4* 的细胞。通过转染 *Oct4*、*Sox2* 和 *Klf4* 基因能驱动体细胞转变成 *Nanog-* 前多能干细胞阶段，而且 *Nanog* 基因的获得对于完全重编程到多能细胞是不可或缺的。这也为成熟体细胞能够被重编程提供了理论上的支持。

从最初的报道以来，除了小鼠的成纤维细胞，许多团队已经创建了多种不同细胞类型和物种的 iPS 细胞。此外，也出现了很多类似的实验操作方案，这些方案的不同之处主要在于利用较少的或不同的转录因子（*Nanog* 和 *Lin28*）、核孤儿受体（*Esrrb*、*Nr5a2*），以及小分子来代替一个或者多个初始的转录因子。

1993 年，人们首次从小鼠的睾丸中分离出了精原干细胞，它们仅占所有生殖细胞的

0.03%。将这些精原干细胞在饲养层或者加入了 LIF 的培养基中进行体外培养，它们会很容易转变成 ES 样的细胞。虽然四种用于重编程的转录因子在精原干细胞中的表达水平已经较低，但上文提到的出现于多能前阶段的 *Nanog* 却没有在精原干细胞中表达。然而，一旦其过渡到 ES 样的细胞后，*Nanog* 和 *Sox2* 基因的表达将会显著的上调，同时，原来典型的精原干细胞的基因会下调。

自 2001 年以来，除睾丸组织外，大量文献报道了从其他组织中分离出了更具潜能的细胞。其中包括 SKP（皮肤来源祖细胞）、PMP（胰腺来源的多能前体细胞）和 hFLMPC（人胎肝多能祖细胞）等，这些细胞都能分化成两个胚层的细胞。我们又在大鼠和小鼠的骨髓中分离出了更具多能性的干细胞，称为成体多能祖细胞（MAPC），自从 MAPC 被报道以来，人们又从骨髓、脐带血、胎盘组织和羊水中分离出了大量其他类型的细胞群体。这些细胞都具有向三系胚层分化的能力。它们分别被称为：骨髓来源的成体多谱系诱导细胞（MIAMI 细胞）、人骨髓来源的干细胞（hBMSC）、不受限制的体干细胞（USSC）、体细胞来源的胚胎干细胞（FSSC）、微小的胚胎样细胞（VSEL）、间充质前体干细胞（pre-MSC）、多能成体干细胞（MASC）和羊水干细胞（AFS）。虽然这些不同的细胞群体之间在表型上有一些不同，但它们也具有很多共同之处：如它们都能在体外进行大量扩增；它们中的多数都表达干细胞特异性基因如 *Oct4*；以及它们都能在体外分化为至少具有三系胚层部分特征的细胞。然而在这些细胞群体中，并非所有的研究都在单细胞水平上证明了上述结论，而且不同的研究证明分化的方法也不同。此外，几乎没有研究证实这些更具潜能的细胞群体能在体内再生出组织。

18.4　啮齿类成体多能祖细胞的分离

在 2001 年和 2002 年，我们报道了从人、小鼠和大鼠的 BM 中分离的成体多能祖细胞（MAPC），啮齿类动物的 MAPC 能在体外扩增而不会发生显著衰老，并能在体外单细胞水平上产生中胚层、内胚层和外胚层的细胞。我们也证实了 Rosa26 小鼠来源的 MAPC 系注入胚泡后能促进多种小鼠躯体组织的形成。

自最初分离 MAPC 以来，我们已经对培养方法进行了改进。现在 MAPC 的分离都是在低氧条件下进行的：将 BM 细胞以较高的密度平铺在纤连蛋白包被的孔板上，用 5% 的氧气和 6% 的二氧化碳进行孵育，约一个月后，通过美天旋磁柱去除 CD45 阳性和 Ter119 阳性的细胞。将其他细胞亚群按 5 细胞/孔进行接种，并根据其形态和 *Oct4* 的 mRNA 水平（q-RT-PCR）来进行识别和扩增，从而使得分离得到的 MAPC 具有很高的 Oct4 表达水平。此外，由此分离得到的 90% 的 MAPC 都能在细胞核中维持表达 Oct4 蛋白。这种小鼠的 MAPC 表型为 B220、CD3、CD15、CD31、CD34、CD44、CD45、CD105、Thy1.1、Sca-1、E- 钙黏蛋白、Ⅰ 和 Ⅱ 类主要组织相容性复合体（MHC）为阴性，上皮细胞黏附分子（EpCAM）低表达，以及 c-Kit、VLA-6 和 CD9 为阳性。大鼠的 MAPC 表型为 CD44、CD45、Ⅰ 和 Ⅱ 类 MHC 为阴性，但 CD31 为阳性。为了获得单细胞来源的 MAPC 群体，我们建立了 0.8 细胞/孔的 MAPC 亚克隆细胞系，这样的方法如果在克隆初始阶段通常是无法实现的，但是如果将初始细胞以 5 细胞/孔进行亚克隆处理之后再以 0.8 细胞/孔处理时，就会有 30% 的有效率。

转录组分析表明，啮齿动物的 MAPC 与 MSC 有显著差异，与 ESC 也有显著不同。啮齿动物的 MAPC 表达大量 ESC 特异性的基因（ES 细胞相关转录物或 ECAT），包括 *Oct4*、*Rex1* 和其他 8 个基因，但是不表达 Nanog 和 Sox2 以及其他 8 个 ECAT。值得注意的是，rMAPC

也表达具有原始内胚层特性的基因，如 *Sox7*、*Sox17*、*Gata4*、*Gata6*、*Foxa2* 和 *Hnf1β*。

18.5 MAPC的分离

和啮齿目 MAPC 一样，人 MAPC 也可以从骨髓中分离，并能大量扩增，但最终也会走向衰老。细胞表面标志物为下述标志物阴性：CD31、CD34、CD36、CD44、CD45、HLA-Ⅰ、HLA-DR、c-Kit、Tie、VE-钙黏蛋白、VCAM 和 ICAM-1。MAPC 低表达 β2 微球蛋白、AC133、Flk1、Flt1，高表达 CD13 和 CD49b。和啮齿目 MAPC 一样，转录组研究表明，人 MAPC 不同于人 MSC 和 ESC；与啮齿目 MAPC 不同的是，人 MAPC 不高表达 *Oct3a*。

18.5.1 MAPC的体外分化潜能

啮齿目和人 MAPC 在体内外可以分化为包括平滑肌细胞、成骨细胞、软骨细胞、脂肪细胞在内的间质类细胞和内皮细胞。

从首次描述 MAPC 向肝细胞样细胞分化开始，我们已经建立了一个能够强有力地从啮齿类 MAPC 诱导肝细胞表型及功能性特征的诱导方案。然而与 2003 年我们报道的方案相比，采用新的诱导方案并未增强人 MAPC 的分化能力。该培养条件包括：用 Wnt3 和 Activin-A 诱导早期内胚层；采用中胚层来源的因子序贯诱导肝脏内胚层：首先添加 BMP4、FGF2，然后是 FGF1、FGF4、FGF8，最后添加肝细胞生长因子（HGF）和卵泡抑素。通过上述诱导产生一群混杂的细胞，其中一部分细胞表达成熟的肝脏标志物，具有一些肝细胞功能性特征：包括白蛋白合成，将氨转换为尿素，糖原合成，胆红素结合以及诱导细胞色素 P450 活性。在做一个小的调整的基础之上，这个诱导方案也可以用于诱导人和小鼠的 ESC 向功能性肝细胞样细胞分化。

18.5.2 MAPC的体内移植

当小鼠的 MAPC 通过静脉输注移植到体内后，我们观察到了造血重建。这项研究在 2007 年进一步详尽说明，在此项研究中，两个不同的 MAPC 细胞株移植给半致死剂量照射并用抗 NK 细胞抗体处理过的 NOD-SCID 小鼠体内，因为 Tolar 等的研究表明，MHC-Ⅰ类抗原阴性的 MAPC 的体内移植受到 NK 细胞活性的抑制。我们发现在 75% 的动物体内都出现了多系的造血重建且在造血细胞中没有细胞融合发生的证据。来自第一代受体的 MAPC 来源的 KLS 细胞可以挽救遭受致死剂量照射的二次移植的 C57/Bl6 小鼠，并能重建长期造血。MAPC 来源的子代细胞为 CD45 阴性，虽然未能观察到组织特异性的分化，但能在多种器官中发现。2008 年，我们的研究表明，不管是人的还是小鼠的 MAPC 不仅能改善肢体缺血小鼠的血流，还能改善其功能，虽然观察到 MAPC 对于内皮细胞和骨骼肌细胞的一些直接贡献，但主要机制还是营养分泌效果。同样的，当将 MAPC 注射到左前降支动脉栓塞的心脏后，我们以及其他人观察到，与其他细胞如小鼠胚胎成纤维细胞（MEF）相比，MAPC 可以改善心脏功能。同样的，这也是通过营养分泌效果来实现的，改善了心脏细胞的存活和功能以及血管形成。

和 MSC 一样，小鼠、大鼠、人的 MAPC 具有很强的免疫调节功能，能够降低 T 细胞介导的免疫反应。这种现象在一些研究中是在全身注射后发现的，而在其他一些研究中只能在局部注射中观察到。

18.5.3　啮齿目 MAPC 对于嵌合体形成的贡献

虽然最初在《Nature》上报道的 MAPC 细胞株对于嵌合体形成具有贡献，但随后的一些 MAPC 细胞株的贡献并不明显。因为这些在新的培养条件下分离的细胞具有原始内胚层的表型，比如 Xen-P 细胞，而已经证明这种细胞对于内脏内胚层的形成具有贡献，我们目前正在评估 MAPC 对于卵黄囊形成的贡献。

18.5.4　MAPC 以及类似的成体干细胞具有很强分化潜能的机制

一个到目前为止还没能回答的问题是究竟以上描述的这些细胞群体（SKP、PMP、hFLMPC、MAPC、MIAMI 细胞、hBMSC、USSC、FSSC、AFS、MASC、VSEL 和 pre-MSC）是在体内存在的还是在体外培养的过程中通过去分化产生的。在上述所有细胞中，SKP 是没有干预培养步骤直接从皮肤中分离得到的。SKP 能直接从胎鼠或成体小鼠中获得而无需前期培养，它们似乎存在于毛乳头和触须毛囊的"龛"中。SSEA1$^+$ 且 *Oct4* 高表达的 MSC 前体细胞能在 MAPC 培养条件下扩增，具有向中胚层、内胚层、外胚层分化的能力，且移植到体内能够向血液细胞分化，这群细胞可在间质培养的第一代获得。与 MAPC 不同，这些细胞也表达 *Nanog* 和 *Sox2*。除此之外，一小群性质比较均一而稀少的 Sca-1$^+$ Lin$^-$、CD45$^-$ 细胞能够直接从骨髓中分离出来。这群称为 VSEL 的细胞表达 *SSEA1*、*Oct4*、*Nanog* 和 *Rex1*。后来的两项研究表明，这群存在于小鼠和人类骨髓中的细胞具有 MAPC、MIAMI、hBMSC、USSC、AFS 或 FSSC 的表型特征。而 MAPC 及其类似细胞的分化能力究竟是存在于原代分离的、未经培养的骨髓细胞里，这群细胞具有较高的分化潜能并一直持续到出生后，还是这种分化潜能是在体外培养扩增过程中由数目很少的 *Oct4*$^+$ 细胞去分化而来的，这一结论还不清楚。

诸如 MAPC 及类似的细胞是否存在问题不但具有学术重要性，其答案可能具有深远的生物学意义及临床应用价值。只要能采用一种有效且稳定的方式产生这一类细胞，这些体外产生的细胞就具有重大的潜在应用价值。如果 MAPC 真的存在于体内，也许有一天可能在体内操纵其功能而不需要在体外操作。因此，今后的研究应该着眼于解决 MAPC 及其类似的细胞是否存在于体内，如果存在，其最佳分离方法和体外扩增方法是什么；以及这些细胞是否能够在体内被动员和 / 或激活。如果答案是否定的，那么今后最重要的就是在特定组织中确定究竟是哪一群细胞在体外具有这么强的增殖分化能力，并开发出体外选择这群前体细胞和高效诱导这种表型的策略。

18.6　最新进展

自从 2010 年以来，对于人 MAPC 特性和培养方法的新视角已经崭露头角。与人间充质干细胞（hMSC）和人中胚层组织来源的多能祖细胞（hMab）相比，人 MAPC 在细胞表面标志物和功能上都是一群与众不同的细胞。CD140b 被认为是鉴定这三群细胞的一个标志物，其在 hMSC 中高表达，在 hMab 中低表达，而在 hMAPC 中不表达。而且与 hMSC 和 hMab 相比，hMAPC 有较强的扩增能力。三种细胞成骨、软骨、平滑肌细胞的分化能力类似，但只有 hMAPC 可以分化产生内皮细胞，而只有 hMab 可以分化产生骨骼肌细胞。转录组分析证实了三种细胞的不同性。有趣的是，这些不同可以通过改变培养条件而被去除。当 hMSC

或 hMab 在 hMAPC 条件下培养后，二者获得了分化为内皮细胞的能力，但同时 hMab 也失去了向骨骼肌细胞分化的能力。在另一方面，hMAPC 在 hMSC 培养条件下失去了产生内皮细胞的能力，但在 hMab 条件下不会。在 hMab 条件下培养，未观察到 hMAPC 功能的差异。在上述培养条件中，不仅功能发生变化，其转录组也发生改变。这些实验表明，表型、转录组、功能在部分程度上可以通过细胞培养条件发生改变。

关于小鼠 MAPC 免疫学行为的新见解也已经发表。高表达 *Oct4* 的小鼠 MAPC（*Oct4*[high] mMAPC）被发现在体内淋巴结中，能够抑制局部同种异体反应的 T 细胞扩增，但在一个全身的移植物抗宿主病（GVHD）动物模型中不能抑制免疫性。而且在体外也观察到了一个双向的免疫调节效果，在较低 stimulator-to-effector（S：E）比例（100：1 和 10：1）下具有免疫刺激效果，S：E 比例 1：1 时具有免疫抑制效果。在类似的实验中，无论 S：E 的比例是多少，只发现小鼠间充质干细胞（mMSC）和小鼠胚胎干细胞（mESC）有抑制效果。

另一方面，*Oct4* 阴性的小鼠 MAPC 的免疫调节能力也被进行了检测，因为这群细胞可能和人 MAPC 比较类似。在 *Oct4*[high] mMAPC 中观察到的免疫调节效果不再出现于 *Oct4*[neg] mMAPC 中，与 mMSC 类似，无论 S：E 的比例如何变化，在所有实验中，只观察到了 *Oct4*[neg] mMAPC 的抑制效果。在体内，注射 *Oct4*[neg] mMAPC 和 mMSC 后，也都观察到了局部的抑制效果。虽然具体机制还不完全清楚，但这些实验表明，在体内局部注射 mMAPC 具有免疫抑制效果，这可能对于干细胞的归巢具有重要作用。

致谢

我们感谢 FWO（奥德修斯基金）和 KUL COE 基金的资助。作者 PR 和 VDR 是由 IWT 基金资助的。

深入阅读

[1] De Rooij DG, Mizrak SC. Deriving multipotent stem cells from mouse spermatogonial stem cells: a new tool for developmental and clinical research. Development 2008; 135 (13): 2207-13.

[2] Kellner S, Kikyo N. Transcriptional regulation of the Oct4 gene, a master gene for pluripotency.Histol Histopathol 2010; 25 (3): 405-12.

[3] Kucia M, Ratajczak J, Ratajczak MZ. Bone marrow as a source of circulating CXCR4+ tissue-committed stem cells. Biol Cell 2005; 97 (2): 133-46.

[4] Kues WA, Carnwath JW, Niemann H. From fibroblasts and stem cells: implications for cell therapies and somatic cloning. Reprod Fertil Dev 2005; 17 (1-2): 125-34.

[5] Pelacho B, Luttun A, Aranguren XL, Verfaillie CM, Prosper F. Therapeutic potential of adult progenitor cells in cardiovascular disease. Expert Opin Biol Ther 2007; 7 (8): 1153-65.

[6] Reyes M, Dudek A, Jahagirdar B, Koodie L, Marker PH, Verfaillie CM. Origin of endothelial progenitors in human postnatal bone marrow. J Clin Invest 2002; 109 (3): 337-46.

[7] Silva J, Nichols J, Theunissen TW, Guo G, van Oosten AL, Barrandon O, et al. Nanog is thegateway to the pluripotent ground state. Cell 2009; 138 (4): 722-37.

[8] Takahashi K, Tanabe K, Ohnuki M, Narita M, Ichisaka T, Tomoda K, et al. Inductionof pluripotent stem cells from adult human fibroblasts by defined factors. Cell 2007; 131 (5): 861-72.

[9] Ting AE, Mays RW, Frey MR, Hof WV, Medicetty S, Deans R. Therapeutic pathways of adultstem cell repair. Crit Rev Oncol Hematol 2008; 65 (1): 81-93.

[10] Vassilopoulos G, Wang PR, Russell DW. Transplanted bone marrow regenerates liver by cellfusion. Nature 2003; 422 (6934): 901-4.

第 *19* 章

间充质干细胞

Zulma Gazit[1][2], Gadi Pelled[1][2], Dima Sheyn[1], Nadav Kimelman[1], Dan Gazit[1][2]

苏永锋　译

19.1　MSC 的定义

　　MSC 的确切定义仍是一个见仁见智的问题。目前。MSC 一般被定义为具有贴壁性、体外能直接分化为成骨、软骨、脂肪、肌肉以及其他系细胞的细胞群体。作为干细胞特性的一部分，MSC 能增生并产生具有同样的基因表达谱及表型的子代细胞，保持原始细胞的干性。MSC 的自我更新及分化潜能是其定义为干细胞的重要因素。这些特点仅仅是在体外人为处理及单细胞水平上得出的结论，对于未经处理的 MSC 在体内的特点还不清楚。

　　其他干细胞如 HSC 通过表面标志物 CD34 的表达得以鉴定，与其相比，MSC 缺少独特的标志物。表面抗原 CD105（内皮糖蛋白）最近被用来从骨髓中分离人间充质干细胞（hMSC），这种方法使新鲜分离未经培养的 hMSC 具有独特的特性。其他表面抗原如 CD45 和 CD31 在新鲜分离的 hMSC 中也有不同的表达，随着 hMSC 的培养扩增，这些分子的表达逐渐降低。这些数据再一次说明，hMSC 在培养过程中会发生改变。

　　有的研究依据表面抗原或者分化潜能来确定 MSC 的特点。国际间充质组织和干细胞治疗委员会提出以下最低标准定义 hMSC：

　　（1）在标准培养体系中具有贴壁性，能形成 CFU-F；

　　（2）表达 CD105、CD73、CD90，不表达 CD45、CD34、CD14 或 CD11b、CD79α 或 CD19 和 HLA-DR 表面分子；

　　（3）体外能分化成成骨、软骨和脂肪细胞。

19.2　MSC 的干细胞特性

　　干细胞具有自我更新能力，在适当的条件下能分化成功能细胞。下面将详细描述 MSC 所具有的分化为成骨、软骨、脂肪、肌腱、肌肉及间质系列的潜能。

　　在关于 MSC 是否是严格意义上的干细胞的讨论中，有人要求修改干细胞的定义。因为

---

[1]　Skeletal Biotechnology Laboratory, Hebrew University - Hadassah Faculty of Dental Medicine, Jerusalem, Israel.

[2]　Department of Surgery and Cedars-Sinai Regenerative Medicine Institute (CS-RMI), Cedars-Sinai Medical Center, Los Angeles, CA, USA.

根据现有定义，从骨髓、脂肪、羊水和血管等间质组织中分离得到非造血样干细胞都可以定义为 MSC。关键问题是这些细胞能否分化成非间质特性的细胞。许多研究显示，来自骨髓及其他组织的 MSC 能分化成上皮、内皮及神经细胞。研究者对于 MSC 的特异性标志物意见一致，而关于其干性标志物及多向分化潜能方面的意见还未统一。这是因为培养扩增的 MSC 会丢失部分标志物，获得其他非特异性标志物，但细胞仍保持其多向分化潜能。MSC 的分子标志物及其体内的分布状态目前还不清楚，目前大多数试验都在应用体外扩增的 MSC 做研究。

局部模型中，当 hMSC 直接注射至小鼠脑组织中，这些细胞能够长期植入，随后沿着类似于神经干细胞样的通路进行迁移。这些研究结果显示，骨髓来源的成人 MSC 具有多向分化潜能，适宜用于间质组织的再生。

19.3　哪些组织含有 MSC？

MSC 的胚胎起源仍不清楚。有研究显示，MSC 可能来源于主动脉—性腺—中肾（AGM）区的背主动脉的支撑层。与这些发现一致的是，MSC 样细胞在人早期血液中循环。成人 MSC 常驻于许多组织，对这些组织的正常更新代谢发挥作用。当组织需要修复时，这些细胞经刺激后开始增生分化。

MSC 与内皮细胞和脂肪细胞一起组成骨髓基质支持系统。在颅面部骨髓中也发现了 MSC 群。研究显示，在脂肪组织（ASC）、真皮组织、椎间盘、羊水、各种牙齿组织、人胎盘、脐血和外周血等组织中都存在 MSC 或 MSC 样细胞。但外周血中是否存在还不确定。

ASC 在形态与免疫表型方面都与骨髓来源的 MSC 十分相似。ASC 在培养皿中能形成更多的 CFU-F。脂肪组织作为 MSC 的来源用于再生医学具有吸引力：它相对容易获得，可以通过局部麻醉采集，给被采集者带来的风险及不适感最小。

19.4　MSC 的分离技术

分离 MSC 并使其分化成相应的细胞是 MSC 应用的前提。自 20 世纪 80 年代以来，密度梯度方法就已用来分离单个核细胞（MNC）与红细胞。将 MNC 以（$10 \sim 15$）$\times 10^5$ 细胞 $/cm^2$ 的密度种植在包含 10% 胎牛血清的培养基中。黏附的梭形细胞于 48h 后出现，这些细胞占 MNC 的 0.001% $\sim$ 0.01%。

脂肪组织经过胶原酶消化后，也能分离出干细胞（ASC）。获得的基质血管成分相当于骨髓中的 MNC 部分。收集这部分细胞，经过第一次离心，含有高浓度的脂肪酸部分被去除。SVF 中的贴壁细胞在体外具有高扩增潜能，并能分化成多种间质组织。

这些方法最大的不足之处在于培养的细胞中含有黏附的造血细胞，还需进一步进行体外培养、扩增。根据 MSC 的内在特性进行细胞分离，避免永生细胞的产生是解决这些问题的方法。

基于细胞表面标志物的免疫分离也是一种分离 MSC 的方法。有研究针对 CD105、Stro-1 和 CD146 等 MSC 标志物进行阳性免疫分选来分离 MSC。免疫剔除是一种阴性分选方法，通过洗掉主要针对造血标志物抗体标记的细胞，MSC 得到富集。最近，根据不同的表面标志物，联合应用免疫分离及免疫剔除技术可以分离获得更加特异及纯化的细胞。

Roda 等发明了另一种不依赖表面标志物的分离 MSC 技术。该技术根据细胞的生物物理特性，在悬浮流体的条件下分离获得。这种方法将在后面详细讲述。

19.5　MSC的免疫调节作用

有研究显示，MSC 逃离免疫识别，抑制免疫反应。BM-MSC 与 ASC 对免疫系统具有调节作用。这种特性使其适用于临床上各种异体再生医学，如肝移植。

MSC 避免不同物种间的异体排斥有多种原因：弱的抗原原性，干扰 DC 的功能与成熟，抑制 T 细胞增生，与 NK 细胞相互作用或分泌释放可溶性细胞因子。尽管因为实验方案不同导致的结果存在差异，但大多数研究都显示 MSC 低表达 MHC-Ⅱ类蛋白。有证据显示，MSC 干扰 DC 成熟，尽管 hMSC 能促使抗原诱导纯化的 T 细胞活化，但是 APC（单核细胞或 DC）的加入可以通过接触方式抑制 T 细胞反应。促 APC 成熟的细胞因子能部分解除这种抑制。在共培养实验中，MSC 或其上清都能干扰 DC 的内吞作用，降低其分泌 IL-12 和刺激异体 T 细胞的能力。在 hMSC 与 DC 共培养实验中，DC 低分泌肿瘤坏死因子，增加 IL-10 的分泌。

许多研究都认为 MSC 通过细胞间接触及分泌可溶性细胞因子作用于 T 细胞。有丝分裂原与异体抗原刺激 T 细胞增殖产生的结果不同。在混合淋巴细胞培养体系（MLC）中，MSC 增加 IL-2、IL-2 受体以及 IL-10 的表达，MSC 并不组成性表达这些细胞因子。当用 PHA 刺激外周血淋巴细胞，IL-2 及其受体表达下降，而 IL-10 水平不受影响。另外，在 PHA 培养体系中，前列腺素抑制剂吲哚美辛的加入部分解除 MSC 导致的抑制，而在 MLC 体系中没有这种影响。MSC 分泌 TGFβ1 和造血生长因子（HGF）抑制 T 淋巴细胞的增殖。transwell 试验避免 MSC 与效应细胞间接触，在此试验中，结果显示，MSC 通过可溶性细胞因子抑制 T 细胞。

另外，MSC 改变 NK 细胞表型，抑制其增殖及细胞因子分泌。这些效应通过可溶性细胞因子如 TGFβ1 和 PGE-2 介导。而 MSC 并不通过 TGFβ1 和 PGE-2 抑制 T 细胞的功能。在 NK 共培养体系中，PGE-2 表达上调与上面提到的 MLC 体系中 PGE-2 下调存在不一致。

综上所述，我们对于 MSC 以何种方式逃离免疫监视阐述的还不够详尽。随着试验中新的可溶性细胞因子及细胞的加入，新的作用机制有可能被发现。

19.6　MSC再生骨组织

19.6.1　骨

骨折及骨的小缺损无需外科干预即可再生愈合。但骨缺损达到一定程度单纯依靠自然愈合达不到完全修复，特别是发生在长骨、脊柱或颅面骨上的不愈合骨折或其他类型的缺损。另外，脊柱融合过程需要新生骨形成，而这些部位的骨形成并不是生理性的。

许多研究都已经证实 MSC 介导的骨形成具有可行性。MSC 可以通过静脉全身输注或直接植入到骨缺损部位。全身输注的方法可能是因为 MSC 能通过内皮细胞归巢至损伤部位，类似于白细胞迁移至炎症部位。在心、脑、肝、肺等脏器损伤实验模型中都存在这种现象。就像异体 MSC 治疗成骨不全症患者中所见，MSC 能归巢至骨折或骨退化部位。尽管全身输注对于临床应用极具吸引力，但最终有多大百分比的细胞植入损伤组织还是未知的。MSC 输入体内不久即滞留于肺，在其后几天逐渐释放至血循环中。因此，直接植入损伤部位的方法能使 MSC 达到较高浓度，而不必担心细胞迁移至身体的其他部位。

未分化的 MSC 在骨缺损部位能形成非特异性的结缔组织，因此，要么在移植前体外将细胞诱导向成骨分化，要么将细胞种植在包括羟基磷灰石和 β- 磷酸三钙的骨诱导支架上。动物模型中，载有 MSC 的骨诱导支架能修复长骨的节段性缺损。在兔、羊及恒河猴等大动物实验中，这种方法都达到脊柱融合的目的。根据这些实验原则，组织工程方法已经治疗了 3 例长骨缺损达 4 ～ 7cm 的患者。手术后 2 个月，植入物融合已经很明显了。手术后 6 ～ 7 个月（所需时间是传统方法的 1/2 ～ 1/3），患者恢复功能。接下来的 6 年都未发生问题。自此以后，陆续有报道应用此方法用于再生下颚、脊柱及股骨头。

羟基磷灰石支架的缺点是体内吸收慢。实际上，大部分这些支架甚至几年后都无法吸收，妨碍骨的完全再生。联合 MSC 与骨生成因子如 BMP-2 可作为备选方案。在制备过程中将 BMP-2 整合至支架中，接着与 MSC 联合应用。随着支架在植入部位降解，BMP-2 相应的缓慢释放。BMP-2 可诱导 MSC 向成骨分化。这种方法的缺点在于 BMP 的半衰期短，效果有限。

基于 MSC 的基因治疗还有一种方法，即在骨折部位联合应用 MSC 及持续分泌的成骨蛋白。这种方法需要修饰 MSC 使其过表达成骨基因。BMP-2 以及 BMP 家族的其他成员 BMP-4、BMP-6 和 BMP-9 的广泛应用就是基于此目的。这种组织再生的方法有几个优点：首先，植入的 MSC 在一段时间内分泌生理量的成骨因子。其次，MSC 迁移至骨折边缘促进骨折修复，而不是像 BMP-2 那样呈分散式骨化。最后，成骨因子的持续分泌使植入的 MSC 及组织周边的干细胞发挥自分泌效应，促进其成骨分化。要强调的是，BMP-2 修饰的 MSC 产生的骨在化学、结构和纳米生物力学特性上都与自然生成的骨非常相似。

19.6.2 软骨

关节软骨的修复能力有限，因此，在骨科医学方面，受损软骨的再生面临许多困难。成人 MSC 具有增生并分化成软骨的潜能，使其成为软骨修复理想的治疗方式。许多研究尝试应用移植细胞修复软骨缺损。因为小于 50 岁的患者还存在健康的软骨细胞，所以首个试验尝试将移植细胞与自体软骨细胞共同培养。软骨细胞仅能有限修复软骨缺损。软骨细胞在聚合物载体上发生凋亡限制其治疗潜能。因此，研究转向具有成软骨分化能力的多能干细胞。关于 MSC 能否再生软骨还存在争议。一些研究发现，MSC 不能长时间再生软骨，也有研究在绵羊、猪、兔子模型实验中发现，将 MSC 种植在生物降解的支架上能修复关节软骨。

基因修饰的 MSC 也尝试用于软骨形成，但仅发现几个基因能诱导 MSC 向软骨分化。体外载有 TGFβ 的腺病毒载体转染 MSC，MSC 能分化成软骨细胞，而 IGF-1 则不具这种作用。联合 IGF-1、TGFβ 或 BMP-2 基因转染，MSC 体外成软骨能力增强，并表达软骨标志物 X 型胶原。过表达 Brachyury 转录因子会诱导 MSC 在体外向软骨分化。表达 Brachyury 的 MSC 能分泌 II 型胶原，不分泌 X 型胶原。植入的细胞在体内能形成包含软骨细胞的软骨组织。有趣的是，工程化形成的软骨组织能抵抗类风湿性关节炎滑膜成纤维细胞的破坏。

19.6.3 肌腱

肌腱与韧带损伤（肩、跟腱、髌腱缺陷）是最普通的损伤，尽管其发生率低。修复这些缺损并不简单，目前的外科治疗措施并不理想。研究者尝试体外将 MSC 分化成肌腱或韧带细胞，它们利用外力作用于生长有细胞的支架，或在透明质酸制成的支架上诱导 hMSC 向韧带分化。目前还未证实体外由 MSC 分化成的韧带或肌腱能修复体内的相应组织。

未分化的 MSC 种植在各种生物降解支架上用于体内肌腱修复是一种可行的治疗方法。到目前为止，文献报道的结果不一。与水凝胶、支架或缝线相比，植入自体 MSC 改善兔损伤跟腱的物理特性，但这种效果仅能持续几周。老年动物中获得的 MSC 能诱导年轻动物的肌腱修复。一项近期的文献报道植入 MSC 治疗小鼠肩韧带撕裂并无效果。在这项实验中，研究者在 MSC 植入部位发现异位骨形成。有人提出，MSC 移植和胶原凝胶植入所形成的肌腱在形态上没有区别。

基因修饰后过表达 Smad8 和 BMP-2 cDNA 的 MSC 能在体内和体外分化成肌腱样细胞。将修饰过的 MSC 植入小鼠跟腱缺损 3mm 部位，双量子过滤磁共振和组织学检查发现缺损完全再生。到目前为止，仅有这一篇文章报道基因修饰 MSC 用于韧带及肌腱再生。

19.6.4 椎间盘

干细胞治疗用于椎间盘再生面临更多的困难，因为植入的细胞必须在其非适宜的环境中生存。兔子椎间盘环境缺血缺氧，椎间盘中心细胞距离最近的血管有 5 ～ 8mm 远。椎间盘细胞［主要是髓核（NP）细胞］通过无氧代谢产生能量。最终，乳酸（糖酵解的主要产物）聚集产生低 pH 环境。

研究概述了两种干细胞再生椎间盘的方法。一种是在椎间盘退化的早期，仅仅再生 NP。直接注射 MSC 至椎间盘再生 NP，就像临床上进行椎间盘照影一样。研究显示，MSC 与 NP 在椎间盘培养液或特别支架上共培养，其能分化成 NP 样细胞。退化椎间盘所处的低 pH 环境对于 MSC 的增生及分化有非常大的影响。在啮齿动物、犬和兔子的研究中，MSC 能在椎间盘髓核环境中生存几周（最高至 48 周），并增强胞外基质产生，增加椎间盘高度。天然组织与工程化组织间的全面生化对比可以评估这种方法产生功能性 NP 组织的能力。小心地选择注射干细胞的针十分重要，因为注射针的直径对椎间盘破坏有影响。如猪的模型中所见，细胞可能会经针刺的部位泄漏出来。

第二种椎间盘再生的办法主要与椎间盘晚期疾病有关。这种方法实现起来更困难，需要联合设计好的支架及诱导因子来再生 NP 和纤维环。有趣的是，在退化椎间盘中存在 MSC，这些 MSC 可以活化后再生椎间盘。

19.7 MSC再生非骨骼组织

20 世纪 90 年代中期，有两篇报道提出 MSC 具有非骨骼分化能力。这些报道在几年后得到验证。其后，MSC 便已用于心脏、骨骼肌、神经、肝脏、肾及胰腺的再生。

这种多能干细胞能再生受损的心脏组织，有人主张这种新的治疗方法除了用于心脏病或严重心肌坏死的治疗外，还可以用于心衰的治疗。研究阶段取得的成果促使研究者将其技术应用于临床。

MSC 来源的心肌细胞移植入成年小鼠心脏后能持续分化。在动物体内，MSC 移植改善心脏的功能，可能归因于 MSC 能提供血管形成、抗凋亡及有丝分裂因子，从而诱导心肌及血管形成，抑制心肌纤维化。

用于临床前大动物的研究结果令人欣喜。细胞注入组织中并监测它们的归巢、生存及植入效果，相应的研究方法已经得到改进。最近，研究人员确定了治疗心脏疾病的干细胞新来源，还检测了免疫抑制剂对 MSC 活性的影响，这些免疫抑制剂可能用于移植后。最后，临床研究取得非常好的结果：骨髓单核细胞的应用明显减少后续心血管的不良事件，尽管 MSC 应用的研究仅处于小规模级别，主要是针对安全性及可行性。

在动物模型中，外伤导致脑损伤及脑卒中，MSC 促进神经细胞存活，限制神经损伤的严重性。不管是否经过基因修饰，MSC 直接植入脊柱中能促进损伤脊髓的功能恢复。近期临床前动物实验显示，MSC 在脑中能迁移、分化及再生。MSC 能减轻神经性疼痛，保护青光眼小鼠的神经，诱导脑缺血新生儿神经再生，治疗抑郁、帕金森病甚至癫痫。MSC 通过分化代替病变及损伤的神经，诱导神经血管形成、突触形成，活化内源性恢复程序，调节炎症反应等达到神经保护作用。关于 MSC 在临床上的安全性及再生效果还未见报道。

随着糖尿病发病率的增长，MSC 作为治疗糖尿病新途径的首选。改变细胞培养环境，科学家已经可以诱导动物及人骨髓来源的 MSC 分化成具有胰岛样功能的细胞。近期胰腺组织中也能鉴定出 MSC，MSC 及胰岛联合移植明显改善胰岛功能。研究发现，全身或局部注射 MSC 都是有效的：高血糖的逆转，蛋白尿减少，小鼠胰腺 β 细胞再生，糖尿病、肾病的改善，甚至糖尿病周围神经病的改善。猪狗等大动物模型中的研究结果也证实 MSC 治疗糖尿病是可行的。MSC 治疗糖尿病可能是因为其免疫调节能力及旁分泌活性，而不是直接分化成胰腺细胞。

Schwartz 等首次报道成人多能祖细胞能分化成肝细胞样细胞。之后，许多研究都证明 MSC 能分化成肝细胞，并在临床前模型中加以应用，甚至进入 I 期临床试验。

总之，即使对于非骨骼组织损伤及疾病，MSC 也是将来治疗的重要选择。

19.8　结论

MSC 是一群最有希望用于各种组织工程的成体干细胞。这些细胞易于从身体各个部位分离，尤其是骨髓及脂肪组织。MSC 诱导分化成不同定向细胞体系已经建立，特别是成骨、成软骨及成脂肪。经过基因修饰后，MSC 过表达各种治疗性基因，是体内诱导分化及组织再生的强大工具。作为一种新技术，电穿孔系统能安全有效地将基因输送至 MSC 中，避开了病毒载体的不安全性。起源于 MSC 的工程化骨组织在超微结构、化学及纳米生物力学等特性方面与自然骨十分相似。通过贴壁黏附分离 MSC 的传统方法花费昂贵，还可能减少细胞的干性。免疫分离方法经过改进后，分离获得的 MSC 未经培养，可以即刻应用于体内移植，该方法更具吸引力。选择何种支架最有利于 MSC 植入是将来需要解决的问题。最后，为了以后自体细胞能再利用，发展存储技术也是面临的问题。非侵入性成像技术将继续在分析各种缺陷模型中 MSC 再生组织的能力方面发挥重要作用。克服这些障碍后，MSC 毫无疑问将是 21 世纪最佳的生物组织替代物。

致谢

本文受以下基金资助：NIH（R01DE019902，RO3AR057143，R01AR056694，R43AR057587-01）、CIRM（RT1-01027）及以色列科学基金（ISF）。感谢 Olga Mizrahi、Amir Lavi、Shimon Benjamin 和 Ilan Kallai，以及研究生提供文献支持与热情帮助。

深入阅读

[1] Abedin M, Tintut Y, Demer LL. Mesenchymal stem cells and the artery wall. Circ Res 2004; 95 (7): 671-6.

[2] Chamberlain G, Fox J, Ashton B, Middleton J. Concise review: mesenchymal stem cells:their phenotype, differentiation capacity, immunological features, and potential for homing.Stem Cells 2007; 25 (11): 2739-49.

[3] Dharmasaroja P. Bone marrow-derived mesenchymal stem cells for the treatment of ischemic stroke. J Clin Neurosci 2009; 16 (1): 12-20.

[4] Javazon EH, Beggs KJ, Flake AW. Mesenchymal stem cells: paradoxes of passaging. Exp Hematol 2004; 32 (5): 414-25.

[5] Joggerst SJ, Hatzopoulos AK. Stem cell therapy for cardiac repair: benefits and barriers.Expert Rev Mol Med 2009; 11:e20.

[6] Jones E, McGonagle D. Human bone marrow mesenchymal stem cells in vivo.Rheumatology (Oxford) 2008; 47 (2): 126-31.

[7] Popp FC, Renner P, Eggenhofer E, Slowik P, Geissler EK, Piso P, et al. Mesenchymal stemcells as immunomodulators after liver transplantation. Liver Transpl 2009; 15 (10): 1192-8.

[8] Reinders ME, Fibbe WE, Rabelink TJ. Multipotent mesenchymal stromal cell therapy inrenal disease and kidney transplantation. Nephrol Dial Transplant 2010; 25 (1): 17-24.

[9] Smits AM, van Vliet P, Hassink RJ, Goumans MJ, Doevendans PA. The role of stem cells incardiac regeneration. J Cell Mol Med 2005; 9 (1): 25-36.

[10] Yoon YS, Lee N, Scadova H. Myocardial regeneration with bone-marrow-derived stem cells.Biol Cell 2005; 97 (4): 253-63.

第**20**章

骨骼肌干细胞

Mark A. LaBarge❶, Helen M. Blau❷

李苹，李璺　译

20.1　引言

　　成年动物组织特异性干细胞主要存在于更新较快（如血液、皮肤）及细胞成分复杂的组织（如中枢神经系统）中。这些组织均需充足的养分，或需频繁的组织重构；而这两种过程都需要存在一个具有替代其他种类细胞潜能的细胞亚群。最早使用造血系统进行细胞干性特征研究，也是目前研究最深入的系统。基于造血系统的研究表明，干细胞须具有自我更新、高度增殖及分化为至少一种其他类型细胞的潜能。与血液、皮肤及中枢神经系统不同，肌肉组织中最主要的骨骼肌纤维不具有自我更新的能力。但由于骨骼肌纤维细胞的结构具有高度组织特异性，且易受到机械应力的损伤，因此，其再生潜能对于结构和功能的维持十分重要。

　　骨骼肌由大量的肌纤维束组成，而肌纤维细胞呈长梭形，是一种终末分化的多核细胞，由单核的骨骼肌干细胞融合而成。根据功能及肌球蛋白重链异构体的不同，肌纤维可分为两类：快缩肌纤维和慢缩肌纤维。在胚胎发育过程中，通过应用种间嫁接技术和谱系示踪技术，证实表达肌球蛋白重链的中胚层体节来源的单核肌细胞可在四肢中分泌肌纤维。相反，颅面部肌肉来自体细胞。单核肌细胞可从体节迁移至肢芽进而形成四肢肌肉。小鼠肌纤维最早出现在胚胎形成期的第 13 天，第 16 天开始形成二级肌纤维，其包绕初级肌纤维，并与初级肌纤维平行排列，其中四肢中的二级肌细胞可形成不同种类的肌纤维：初级肌纤维的直径较大，表达慢缩型的肌球蛋白重链；二级肌纤维较小，最初形成时表达快缩型的肌球蛋白重链。而新生儿期肌肉组织中含有的快缩肌纤维和慢缩肌纤维的直径都较小，因此无法明确区分初级和二级肌纤维。由于肌球蛋白是由细胞核中特定部位编码并保存在细胞核内，因此，单个纤维细胞中可以清晰地辨认肌球蛋白重链的合成。从小鼠体内分离并扩增的成肌细胞可表达所有的肌球蛋白重链，这表明体内存在相应的调节机制：肌纤维发生过程可受到"螺旋 - 环 - 螺旋"结构域层级转录因子（MRF，即肌肉调节因子）的调控，肌肉调节因子是在肌肉生成过程中持续表达的，而生肌决定因子 -5（Myf-5）和成肌分化因子（MyoD）仅在单核细胞阶段表达，在分化过程中，随着肌细胞生成素和 MRF4 的表达增高而降低。而后，

❶　Cancer & DNA Damage Responses, Berkeley Laboratory, Berkeley, CA, USA.

❷　Baxter Laboratory for Stem Cell Biology, Stanford University School of Medicine, Stanford, CA, USA.

肌纤维可表达肌球蛋白、肌动蛋白、收缩装置的其他组成蛋白及细胞表面分子，如肌营养不良蛋白聚糖、整合素和肌营养不良蛋白等。由于成年动物体内这些结构复杂的肌纤维的结构易受到来自机体运动、化学药品和基因缺陷等相关损伤，显示再生细胞池对保持肌肉的结构和功能有着重要的作用。当新生肌肉组织发生结构异常或无功能（如杜氏肌营养不良、老化过程、受大剂量 γ 射线辐射）时，再生细胞池尤为重要。如果肌肉干细胞在数量和功能上存在缺陷，会发生进展性肌退化和肌萎缩。

20.2　原始肌干细胞——卫星细胞

1961 年，首次运用透射电镜对蛙胫前肌纤维周围区域进行观察性研究，在解剖学角度定义为成年动物体的肌肉干细胞，即卫星细胞。卫星细胞的发现也开创了肌组织再生的研究领域。其特点是高核质比，紧贴肌纤维平行排列，且在肌纤维膜和基膜间自发形成了薄膜包裹。卫星细胞和肌纤维细胞联系紧密，以至于使用传统光镜下的肌纤维难以识别肌细胞核。因此，准确定位肌细胞核需要借助于激光共聚焦显微镜或透射电镜。鹌鹑和鸡具有相似的发育过程，但在显微结构中细胞核却有不同的形态。将鹌鹑的肌细胞移植入鸡胚后，可观察到鸡成年后的肌细胞源于最初植入的鹌鹑肌细胞。在卫星细胞被发现前，由于可进行自我修复，尚不清楚是否存在具有修复受损肌纤维的单一功能的单核细胞，或者是否受损的肌纤维细胞核在自我复制和包裹的同时经历了某种过程。前一种假说受到广泛认可，但是并无相关的结论性描述。目前，解剖部位相同的卫星细胞的不对称分裂、自我更新、分化以及产生肌纤维细胞核等现象是无法观察到的。然而，下文将介绍一系列现象，以表明卫星细胞就是可以行使以上功能的肌肉干细胞。

第一，利用基于电镜的观察研究发现：向体内注射 [^{3}H] 胸腺嘧啶后，只有少部分卫星细胞被标记，未见被标记的肌细胞核，表明卫星细胞源于肌肉干细胞，是肌组织中唯一可增殖的细胞，且其在大部分时间内是静止的。随后的研究表明，将 [^{3}H] 胸腺嘧啶标记的趾长伸肌（EDL）移植到另一个动物的相应部位，受体动物的肌细胞核中也可观察到 [^{3}H] 胸腺嘧啶。而移植过程对肌组织的损伤导致了供者趾长伸肌中的卫星细胞的增殖和分化，使得供者肌细胞核进入了受者的肌纤维中。总之，这些研究表明，卫星细胞在组织损伤时可扩增并补充给损伤的肌组织。

卫星细胞干细胞源性的第二个证据源于以下研究：与其他增殖细胞相同，卫星细胞对 γ 射线较敏感，致使其照射后功能受限，难以满足机体增重和增加活动量的需要。当胫前肌被部分切除后，趾长伸肌的功能代偿性增强。在机体体重和活动量增加时，趾长伸肌表现出适应性肥厚，进而导致质量增加。相比没有进行胫前肌切除的对侧肢体，超负荷下的实验组趾长伸肌在绝对质量和平均肌纤维直径上都有明显增加。另外，如果在实验组肢体进行胫前肌切除前接受一次大剂量 γ 射线（25Gy）照射，趾长伸肌则不能良好地适应负荷的增加，并且与未接受照射的对照肢体相比，实验组肌组织表现出绝对质量和肌纤维直径的减少。该实验结果表明卫星细胞在肌组织肥大化的过程中保持了其增殖活性，该结论同时也被其他研究所证实。

第三个可证明卫星细胞是骨骼肌干细胞的证据源自对具有肌萎缩症的动物模型的研究。最常用的杜氏肌萎缩症小鼠模型是 *mdx* 突变小鼠，即肌营养不良蛋白基因的点突变会导致翻译错误，形成截短体蛋白。如前所述，肌营养不良蛋白是膜结合肌营养不良蛋白 - 糖蛋白复合体（DGC）的关键蛋白。DGC 的作用是增强日常活动中肌纤维质膜抗高强度剪切力的能力。*mdx* 小鼠肌组织含有表达肌营养不良蛋白的可以自行回复的肌纤维，是由于代偿性的点突变纠正了翻译过程的错误。因此，随着 *mdx* 小鼠年龄的增大，肌组织中会出现肌纤维的成簇聚集现象，这些肌组织中的所有肌纤维都含有相同的代偿性突变。且每一簇内所有的肌纤维代偿性突变位点都是相同的，说明它们源于同一个单细胞的突变。这些研究表明，有限稀释可编码 β-半乳糖苷酶的逆转录病毒转染标记的卫星细胞表现出增殖和横向迁移的能力，从而证明了以上观点。总之，卫星细胞可通过增殖产生纤维束，同时参与自身纤维和邻近肌纤维的再生过程，*mdx* 突变小鼠体内的单个卫星细胞通过增殖、融合、分化产生的可恢复的肌纤维束即是有力的证据。

第四个证据显示含有肌营养不良蛋白聚糖的肌组织营养障碍的研究模型已得到证实。基于该模型的研究，与肌纤维融合的卫星细胞被标记，某种转基因鼠的分化肌纤维中含有活化的肌酸激酶启动子，它可以调控 Cre 重组酶。将该鼠与另一种含有编码肌营养不良蛋白聚糖基因并含有 LOX 位点的转基因鼠进行交配后，后代的卫星细胞可产生正常数量的肌营养不良蛋白聚糖直至与成熟的肌纤维融合，此时受体细胞核内转入的肌营养不良蛋白聚糖基因已被肌纤维胞质中的 Cre 酶在基因组中去除。在该小鼠模型中，Cre 酶介导的 LOX 重组事件不是在卫星细胞融合后即刻发生的，在滞后时间间隔中，肌纤维中仍有肌营养不良蛋白聚糖的短暂表达。最终，肌营养不良的显性发病往往被延后。另外，卫星细胞短暂分泌的肌营养不良蛋白聚糖也有力地证明了卫星细胞最终与肌纤维细胞融合。

第五，典型的骨骼肌干细胞的分离方法是将粗制备的骨骼肌细胞贴附于预铺了胶原或明胶的板上，该方法分离的肌干细胞大多为成肌细胞。如果这些细胞不断增殖达到一定密度，可在低分裂素培养基中分化成为多核肌小管，注射入成体组织后可与成熟肌纤维融合，因此被认为是具有高度增殖能力的卫星衍生细胞。但这些细胞的来源、准确的分离过程及解剖学上与卫星细胞的关系都没有明确的定论。成肌细胞可以在扫描电镜下被识别，并且从游离培养的肌纤维上分离获得，这种方法可以用以追踪卫星细胞的子代细胞。单核细胞在离体培养时可从肌纤维上迁移出来，并分化成新的肌小管。但鉴于培养方法的局限和特异性标志物的缺乏，使得从肌纤维分离的单个核肌细胞的最初位点是处于基膜下平行于肌膜的肌纤维。因此，卫星细胞是否是成肌细胞前体的证据确凿但并不充分。

第六，卫星细胞的某些生理和生化性能对肌组织再生是必不可少的。在猫跖肌的快缩肌纤维中，去神经和随后的固定可导致肌萎缩，且肌细胞核的数量和肌纤维的直径较对照组都有明显减小。与此相反，神经刺激和增强跖肌的负荷可表现出细胞核数量和纤维直径的增加。这一结果辅证了运动诱发肌损伤和应激可以激发卫星细胞反应的假说。同时，转染 β-半乳糖逆转录病毒的成肌细胞体外扩增后注射到 *mdx* 突变小鼠的胫前肌及趾长伸肌，可使从该小鼠分离的单条肌纤维在表达 β-半乳糖苷酶的供体细胞核周围区域表达肌营养不良蛋白，从而证明了肌肉干细胞在肌纤维恢复表达肌营养不良蛋白的过程中有重要的作用。

总之，以上所有实验结果均有力地支持了"卫星细胞是肌干细胞"的假说，因为卫星细胞符合自我更新、增殖并分化为多种不同细胞（包括卫星细胞、成肌细胞以及肌纤维细胞）的干细胞标准。与造血干细胞（HSC）相同，静止期的卫星细胞可在分离培养时进行自我更新，也可在小鼠体内进行迁移，同时还能在体外或体内环境中增殖为成肌细胞，最终培养分化为有丝分裂期后的肌小管，并在体内融合为肌纤维。这些研究结果表明，肌干细胞，即卫星细胞，具有再生和维持骨骼肌的作用。

20.3　肌干细胞的功能和生化异质性

在肌干细胞及其在骨骼肌再生作用的研究中，发现肌干细胞的功能和生化特性表现出了明显的异质性。不同年龄、区域及种类的肌纤维，慢缩或快缩肌纤维、胚胎来源不同的肌组织、四肢肌或咀嚼肌等，都有着不同的生化特异性表型。产生这种复杂性的生物学目的并不明确。因此我们提出以下问题：在不同时间点观察到的细胞是否是相同的？是否存在可以明确区分的肌干细胞的亚群？换言之，是否存在某个亚群可引发另一亚群在特定的发育阶段参与特定肌组织的再生？

以下有一些证据表明卫星细胞具有功能异质性：具有生肌功能且处于分化阶段的卫星细胞亚群一次有丝分裂至少需要 32h；而另一种卫星细胞亚群不进入有丝分裂，只在非对称分裂后形成其卫星细胞。有报道指出，注射细胞毒性蛇毒——虎蛇毒素，可激活一种抗辐射的卫星细胞亚群。显然，*mdx* 突变小鼠体内缺乏这种对虎蛇毒素敏感的卫星细胞。另外，小鼠成肌细胞 C2C12 细胞系及人原代成肌细胞都具有两种肌干细胞亚型，其中一个亚型可促进另一个处于静止期亚型的产生。小鼠 C2C12 成肌细胞培养过程中，Myf-5$^+$ 和 MyoD$^+$ 等转录因子参与了细胞的增殖过程，而成肌素$^+$和 MRF4$^+$ 等转录因子则参与了细胞的分化过程。然而，一个小卫星细胞亚群即使在诱导分化的介质中仍然保持单个核细胞的形态，但已停止表达 Myf-5 和 MyoD。若重用增殖培养基进行培养，这些单个核细胞仍能表达其亲代细胞的特性。总之，这些研究证实了卫星细胞及其子代细胞具有功能异质性。

肌干细胞的生化异质性也得到了深入的研究。用毒素注射法使单个肌纤维细胞坏死，该纤维剩下的部分可被认为是静止期的卫星细胞，并即刻用于进一步研究。静止期和活动期的卫星细胞从肌纤维分离后，运用单细胞 RT-PCR 的方法进行基因表达研究。研究显示，所有静止期的卫星细胞都表达酪氨酸激酶受体 cMet，只有 20% 的卫星细胞表达 m- 钙黏蛋白，几乎不表达转录因子 Myf-5 和 MyoD。同时，活动期的卫星细胞附着于肌纤维上增殖且表达所有的 MRF 转录因子（Myf-5、MyoD、成肌素以及 MRF4）、cMet 和 m- 钙黏蛋白。另一个研究提出，静止期的卫星细胞表达细胞表面抗原 CD34，且另一种结合型的异构体也有短暂表达。不同的是，该研究发现静止期 CD34$^+$ 卫星细胞可表达 Myf-5 和 m- 钙黏蛋白。作者推测 CD34 是卫星细胞保持静止期状态的重要分子，而且 CD34$^+$/Myf-5$^+$ 卫星细胞的亲代细胞表型为 CD34$^-$/Myf-5$^-$。总之，活动期的卫星细胞可表达以下细胞表面标记分子和转录因子：cMet$^+$/m- 钙黏蛋白$^+$/CD34$^+$/Myf-5$^+$/MyoD$^+$。相比之下，静止期的卫星细胞的表面标记分子和转录因子的表达情况不确定：cMet$^+$/m- 钙黏蛋白$^±$/CD34$^±$/Myf-5$^±$/MyoD$^-$。此外，Pax7 也可作为该细胞的分子标志物。另外，不是所有的分子标志物都是卫星细胞特有的，如一些血液细胞也表达 cMet 受体，可见这些标志物仅仅是卫星细胞较为明显和可靠的标志物，但不是特异的。静止期的卫星细胞是活动期和稳定期的卫星细胞前体的唯一证据是体外试验中应用的是 C2C12 细胞系而非原始细胞。显然，深入研究肌干细胞的异质性和形成原因需进一步的谱系研究，并可用于寻找更加可靠的表面标志物。

20.4　骨骼肌的异位发生

肌干细胞的异质性现象使得缺乏足够的证据证明卫星细胞是唯一的肌干细胞，即肌组织中可能存在其他具有生成肌纤维功能的干细胞。过去 30 年间，一些研究显示，肌干细胞的替代来源可能包括胸腺、真皮、血管、滑膜及骨髓。本节主要对骨髓细胞来源的肌干细胞的相关研究进行描述，此外，对其他组织来源的肌干细胞也有了较为深入的认识。

目前很多研究发现小鼠或人进行骨髓移植后，骨髓源干细胞可出现在多种组织中（包括心脏、上皮、肝脏、骨骼肌及脑组织），并表达组织特异性蛋白。这些结果表明，包括骨骼肌在内的多种组织的修复不仅依靠自身组织特异性干细胞，还可来源于骨髓干细胞。

早在 1967 年和 1983 年，已对肌肉组织可能来自循环系统的观点开展研究，但由于检测手段的限制，该项研究并没有观察到循环系统相关细胞向肌细胞的转变。近年来，随着骨髓细胞敏感分子标志物的原位杂交技术、β-半乳糖苷酶活力测定技术、GFP 表达示踪等技术以及高分辨率仪器如激光扫描共聚焦显微镜和流式细胞仪等的出现，可以对该观点开展研究。利用 β-半乳糖苷酶的表达受特异性肌球蛋白轻链 3F（MLC3F-nLacZ）调控的转基因小鼠发现：骨髓干细胞在心脏毒素损伤肌纤维的修复过程中发挥了重要的作用。肌内注射骨髓贴壁细胞或悬浮细胞成分后，可在两周后检测到供体源性的肌细胞核。将野生型鼠的骨髓移植到致死剂量辐射后的营养不良性 mdx 小鼠体内后，接受移植后的 mdx 小鼠肌营养不良蛋白的表达相对提高。这些研究表明，损伤的肌组织可引发骨髓细胞反应，并在肌组织再生过程中发挥作用。但移植受体中供体源性的肌纤维含量较少，移植 10 个月后一般不超过受体总肌纤维的 0.3%。

在骨髓移植受体再生肌组织中，可发现一些单核的骨髓源细胞，而这些细胞并不与再生肌组织融合，表明骨髓源性细胞在转化为成熟的肌纤维的过程中，会经历一个中间状态，即单个核的肌干细胞样细胞。将 GFP 标记的全骨髓细胞移植到致死剂量辐射后的野生型鼠体内后，在受体游离单条肌纤维的卫星细胞区域内，可发现被 GFP 标记的细胞且表达特异性标志物，包括肌间线蛋白、Myf-5、cMet 受体及 α7-整合素。另一研究表明，将以上细胞分离后仍具有可遗传性并可像成肌细胞一样进行自我更新和增殖，其中部分还可以在体外或在宿主肌内注射后融合形成肌小管。本研究中 2/3 的内生性卫星细胞在骨髓移植要求的辐射剂量照射下已经死亡，从而为骨髓源性细胞的植入腾出了大量的细胞龛并创造了适宜的微环境。但供体骨髓源性细胞向宿主肌纤维转化的能力是十分有限的，文献报道其转化率大概为 0.3%。为了在宿主小鼠体内形成数量可观的成熟肌纤维，运动性应激的"二次打击"可使 GFP$^+$ 标记的骨髓细胞源性的卫星细胞向肌纤维转化，且转化率较未进行"二次打击"的宿主小鼠提高了 20 倍，可达到 4%。这些研究表明，骨髓源性细胞可转化为肌干细胞，并具有自我更新及促进肌再生等内源性卫星细胞表现出的性质。

总之，骨髓源性细胞可转化为肌干细胞，但其具体的性质与影响因素仍需进一步研究，目前可能的解释包括以下几种：

（1）肌肉干细胞本身存在于骨髓中；

（2）造血干细胞不仅可产生血细胞，还能转化为间充质细胞，如肌细胞；

（3）有更原始的干细胞可产生造血干细胞、肌干细胞及其他间充质干细胞等。

虽然有报道称肌源性细胞可在体外环境中向其他中胚层细胞种类转化，如脂肪细胞、软骨细胞及骨细胞等，但并未出现其向中胚层循环细胞（如造血干细胞）转化的现象。也有一些研究应用荧光激活分选技术鉴定骨髓中 Hoechst 染色阴性的侧群（SP）细胞，这些细胞具有形成骨骼肌和血细胞的功能。而从肌组织分离出的 SP 细胞也具有产生肌组织和血细胞的功能。还有研究表明，CD45$^+$ 型肌 SP 细胞表达全造血细胞标志物，主要生理功能是造血，主要来源是循环造血干细胞；而 CD45$^-$ 型肌 SP 细胞的主要功能是形成肌组织，其主要来源是肌干细胞，或是肌组织内的干样细胞群。CD45$^+$/Sca-1$^+$ 型肌 SP 细胞不表达 Myf-5，其功能仅限于造血；而 Sca-1$^+$/CD45$^-$ 型肌 SP 细胞在体外仅有成肌功能。但将 Sca-1$^+$/CD45$^+$/Myf-5$^-$ 型肌 SP 细胞植入肌组织后，可表达 Myf-5 并分化形成肌纤维。因此，我们可以预想骨髓源性细胞直接产生了血管相关 Sca-1$^+$/CD45$^+$ 型 SP 细胞，同时，这种血管相关细胞可直接产生肌干细胞，或产生稳定型、生肌型及可分化形成间充质干细胞的 muscle-SP 的中介细胞。总之，成人间充质干细胞、血液及肌组织之间联系的紧密程度已超出了以前的认识。但是从骨髓单核细胞到骨髓源肌干细胞的直接分化过程还有待进一步阐明。

20.5 肌干细胞龛

组织特异性干细胞龛即干细胞生存的微环境，是干细胞自我更新、增殖分化的重要场所，为干细胞提供了相邻的共生细胞、信号分子及特定的细胞外基质成分。肌肉老化及肌营养不良的研究表明，肌干细胞与其生长的细胞微环境是不可分离的。卫星细胞功能失调的原因不仅是其复制能力的丧失，更是由于疾病或老化导致的细胞微环境的改变。这些微环境因素中的复杂机制有望揭示循环细胞在肌干细胞微环境的影响下向肌组织募集并形成肌干细胞的详细过程。

我们可以从营养不良肌组织中相关突变基因及肌组织损伤后释放的信号因子中获得部分肌干细胞龛的特性，原因在于这些因素都会影响甚至调控卫星细胞的细胞学行为。肌营养不良蛋白 - 糖蛋白复合体（DGC）中组成成分（如肌营养不良蛋白、α7- 整合素、dysferlin 蛋白、小凹蛋白以及肌营养不良蛋白聚糖等）的缺失及 DGC 相关细胞外基质蛋白（如层粘连蛋白 -α2）会导致不同程度的肌营养不良。DGC 被认为是肌纤维细胞膜抵抗一般活动过程中产生剪切力的重要物质，并且介导了肌纤维细胞与其细胞外基质微环境的相互作用。随着 DGC 的分解，肌组织会快速进入退化与再生程序。在多数肌营养不良病的起始阶段，卫星细胞具有完整再生肌组织的能力；但随着疾病的进展，卫星细胞开始衰老并停止其生肌程序。假肥大性肌营养不良（DMD）是一种严重的肌营养不良性疾病，即为该机制导致的典型疾病。在该病的进展过程中，肌细胞在修复程序中的增殖过程伴随着短时间内细胞的迅速老化。其他肌干细胞龛的特性包括细胞因子，如介导肌细胞肥大过程并刺激卫星细胞增殖分化的胰岛素样生长因子（IGF-1 和 IGF-2）。DMD 患者的肌组织中表达更多的转化生长因子 -β（TGF-β），这是卫星细胞增殖停滞的相关因素。肌干细胞龛中的某些分子可能在肌组织再生及老化时诱导形成肌干细胞的过程中发挥重要作用，并且可能是将骨髓源性细胞向肌组织募集，并形成肌干细胞的重要因素。

骨髓源性细胞的生肌过程主要与基因、化学及物理因素导致的损伤相关。目前已知高剂量 γ 射线辐射不会造成肌纤维损伤，但骨髓源性细胞仍可在其基因组正常表达且在未受损伤的肌组织再生中发挥一定的作用。γ 射线的作用并未得到充分的阐述，已知结果如下：

（1）具有增殖潜能的卫星细胞出现再生功能损害，而非有丝分裂后的肌纤维；

（2）空置的细胞龛导致了肌组织的再生障碍；

（3）一些细胞因子释放可改变肌干细胞的微环境特性，导致循环干细胞的植入并被微环境诱导后，代替了细胞龛内原有干细胞的功能。

最终，骨髓源性细胞被募集到肌组织中，转化形成了新的细胞特性，并参与肌组织再生过程，降低了辐射对骨骼肌组织再生功能的损害。

另外，还有一些证据表明：γ 射线照射除可抑制卫星细胞增殖外，还可刺激卫星细胞增生。在γ射线照射后的肌组织中移植成肌细胞系后，肿瘤形成速度较没有照射的明显加快，并且γ射线的作用与照射剂量相关，表明原位增殖细胞一旦被清除，成肌细胞就具有选择性优势。同时，与损伤性高能γ射线相比，低能激光辐射（LELI）反而表现出了促进肌干细胞和肌纤维生存的功能。这些研究恰好验证了短暂的辐射刺激可改变癌前细胞所处的微环境，从而导致了细胞增殖和分裂的失控。因此，包括生长因子、细胞因子及黏附分子在内的细胞龛或微环境中其他因素的改变，可显著影响其刺激细胞增殖的能力及其可塑性。正如前文所述的骨髓源性细胞向肌样细胞和纤维的转化过程中细胞微环境的变化一样，在骨骼肌及其干细胞受到机械损伤或应激刺激的情况下，骨髓源性卫星细胞在所有肌干细胞中所占的比例显著提高，并且在肌组织再生过程中形成了备用干细胞池，从而发挥更重要的作用。这些细胞资源在一些肌干细胞数量不足或功能缺陷性的遗传性肌营养不良疾病的治疗中具有更加重要的应用价值。

20.6　结论

近40多年来的研究表明，卫星细胞是生后动物肌组织再生的主要介质。这个结论最初是基于透射电镜的组织学观察、应用特异性蛋白的抗体进行鉴定及肌纤维局部损伤的修复过程中卫星细胞发挥的作用共同得出的。然而，目前诸多现象表明，该结论是一个过分简单化的解释，在肌组织再生过程中发挥功能的并非只有一种细胞。或许存在迄今为止并未被发现的细胞系，或通过卫星细胞池，或直接地分化形成肌纤维组织。首先，肌干细胞在功能和生化性质方面的异质性已逐渐被认识；其次，其他生肌细胞群在肌组织修复中的作用也逐渐明确，如肌组织SP细胞；最后，一些非肌源性细胞也在肌组织的再生中发挥重要作用，如骨髓源性细胞、造血干细胞及其他更原始多向分化潜能的前体细胞。但是，目前并不能肯定的是，这些细胞是否具有相似的细胞起源，并仅仅表现为同一发育途径的不同时间点，或者这些细胞是完全不同谱系来源的细胞种类，并且在肌组织再生中发挥各自的作用。由于目前已有来源于多种非肌源性组织的细胞具有生肌潜能，因此，深入地认识这些细胞在正常肌组织再生中的作用及其与组织学概念中的卫星细胞的相互关系是非常重要的。显然，这些细胞与其种类繁多的细胞标志物之间的相互关系以及其相互之间、其与经典的卫星细胞之间的对比分析应当在未来的研究中受到更多的关注。

结合谱系追踪研究，在纳入卫星细胞典型的功能特性后鉴定肌干细胞更加全局化的方法主要包括：

（1）高度增殖潜能，并且可与现有肌纤维融合或重新组成肌纤维；

（2）对于肌组织微环境再生的分子信号给予准确反映；

（3）细胞功能缺失或障碍会导致肌萎缩或肌病；

（4）与肌纤维融合之前表达细胞间或细胞表面调节蛋白；

（5）在实验条件下肌组织微环境缺失时，默认为骨骼肌细胞。

因此，今后的研究重点在于认识骨骼肌再生过程中循环细胞、血管相关性细胞、肌组织中具有生肌潜能的非卫星细胞及其他非肌源性组织细胞的作用。虽然这些非肌源性细胞在肌组织修复的自然过程中并不起到重要的作用，但对其进一步研究有助于明确这些细胞潜能的可能范围。对这些调控细胞行为及增强其肌细胞表型（细胞核重编程）的因素的进一步研究将可以在肌病生化治疗方法的创新中得到深入应用。

致谢

Helen M. Blau 的实验室受以下基金和企业资助: Baxter 基金、Ellison 医学基金 AG-SS-0817-01、Aventis Pharma/Gencell 有限公司,以及 NIH 基金 AG09521、AG20961、HL65572、HD018179。Mark A. LaBarge 受 NIH 奖学金 AG00259 及 NIH 基金 HD018179 资助。

深入阅读

[1] Bissell MJ, Radisky D. Putting tumors in context. Nat Rev Cancer 2001; 1 (1): 46-54.

[2] Buckingham M, Bajard L, Chang T, Daubas P, Hadchouel J, Meilhac S, et al. The formation of skeletal muscle: from somite to limb. J Anat 2003; 202 (1): 59-68.

[3] Glass DJ. Signaling pathways that mediate skeletal muscle hypertrophy and atrophy. Nat Cell Biol 2003; 5 (2): 87-90.

[4] Goodell MA, Jackson KA, Majka SM, Mi T, Wang H, Pocius J, et al. Stem cell plasticity inmuscle and bone marrow. Ann N Y AcadSci 2001; 938 208-218; discussion 218-220.

[5] Grounds MD, White JD, Rosenthal N, Bogoyevitch MA. The role of stem cells in skeletal and cardiac muscle repair. J Histochem Cytochem 2002; 50 (5): 589-610.

[6] Gullberg D, Velling T, Lohikangas L, Tiger CF. Integrins during muscle development and inmuscular dystrophies. Front Biosci 1998; 3:D1039-D1050.

[7] Spradling A, Drummond-Barbosa D, Kai T. Stem cells find their niche. Nature 2001; 414 (6859): 98-104.

[8] Watt FM, Hogan BL. Out of Eden: stem cells and their niches. Science 2000; 287 (5457): 1427-30.

[9] Weissman IL. Stem cells: units of development, units of regeneration, and units in evolution.Cell 2000; 100 (1): 157-68.

[10] Zammit P, Beauchamp J. The skeletal muscle satellite cell: stem cell or son of stem cell? Differentiation 2001; 68 (4-5): 193-204.

第 *21* 章

干细胞与心脏再生

Nadia Rosenthal[1], Maria Paola Santini[1]
孙腾　译

21.1　引言

哺乳动物心脏损伤后无法重建自身的原因是什么？心脏这一器官的干细胞在哪里？如果心脏没有干细胞，那么它是如何维持数十年自身结构和功能的完整性？成年心肌再生的障碍使它有别于胚胎期心脏的组织学特性。在脊椎动物的发育过程中，心脏是第一个完全分化形成的功能性器官。最初，心内膜细胞层分化出收缩的心肌细胞，这些细胞组成了原始心管，原始心管则为对整个胚胎生长发育至关重要的循环系统的建立奠定了基础。胚胎期的心脏在如此早期就表现出惊人的能力取决于它从多能中胚层迅速自我装配，这是一个依靠一系列有序交互感应的累计过程。由前体细胞优先形成心脏表型开始于原条期的早期，以便于心脏新月结构能够及时完全形成，而在原始心管中存在着协调收缩。对于胎儿期的骨骼肌细胞，一旦功能性收缩装置完全形成，其便不再增殖。与胎儿期骨骼肌细胞形成鲜明对比，活力旺盛的胎儿期心肌细胞会继续分裂以供给胚胎心脏进一步发育。心肌细胞分裂期会在胎儿出生后迅速结束，这时心肌细胞的体积逐渐增大，心肌组织大量聚集，通常认为此时心脏才发育完全。

一旦心脏发育完全，心肌细胞便很大程度地丧失了其在胚胎期和胎儿期的不寻常的分裂增殖能力。哺乳动物骨骼肌在受到损伤后，能够通过激活静息状态的肌源性前体或者成体多能干细胞群进行再生，然而，心脏似乎没有用类似于骨骼肌再生的细胞群以促进肌纤维修复，同时，心脏内祖细胞的缺乏对于替换受损的心肌层存在极大的局限性。因此，目前普遍被接受的观点是心脏不能像其他器官一样再生，因为它没有足够数量的祖细胞群。

21.2　招募循环干细胞储备

成体心肌中祖细胞的缺乏引起人们对循环体细胞组织中祖细胞再生源的研究，这些祖细胞再生源可能是心脏抵抗损伤的关键所在。心脏祖细胞的存在增加了人类心脏移植中性别不匹配（即一位女性的心脏移植到一位男性的身体中）结果的可信度。在这些患者中，Y 染色体标记了在移植的心脏中宿主来源的细胞，在移植的女性心脏中，人们发现了多种多样的 Y

---

❶　National Heart and Lung Institute, Imperial College, London, UK.

染色体标记阳性的细胞和冠状血管。通过单个 X 染色体的存在已经在其他再生组织中证明了排除宿主细胞与供体心脏细胞的细胞融合。移植组织中分化的宿主细胞的存在证明了被心脏环境诱导分化的迁移前体细胞的存在。虽然这种现象可能是对器官移植的反应，但它也可以反映用于维持心肌和冠状动脉血管系统的正常稳态过程。

由于缺乏这些人体移植物中供体细胞的精确起源信息，促使人们进行了将表面富集不同标志物的干细胞从骨髓中分离的动物实验。可以通过 Hoechst 33342 染料与 MDR1（一种能够泵出染料、有毒物质和药物的 P- 糖蛋白）的相对外排特性来分离富含干细胞的侧群细胞（SP 细胞）。若从表达遗传标志物（如 lacZ）的供体小鼠中提取骨髓 SP 细胞，并用于辐射致死受体小鼠的骨髓重建，则可以追踪骨髓 SP 细胞的运动。此类实验中，在重组动物的造血组织中通常只能发现非常少的被标记的细胞。然而，当小鼠经冠状动脉闭塞后，可以在梗死边界区的血管内皮细胞和心肌细胞中发现 lacZ 标记的细胞。在其他研究中，将从骨髓中分离出的表达 c-kit（一种干细胞因子受体）的细胞群直接注射到实验诱导梗死的边界区，随后它们迁移到受损区域，分化成心肌细胞和血管细胞，部分取代坏死心肌。在人移植研究中，标记的骨髓细胞的这些不同亚群代表与移植性 Y 染色体供体细胞相同的细胞群，相同到什么程度仍有待确定。

其他用于心脏再生的骨髓衍生物还包括间充质干细胞，不同于造血干细胞，其具有多重潜能，通常可以产生多种间充质组织类型。将人类供体的间充质干细胞注射到正常小鼠的心室腔之后，会发现低水平的间充质干细胞出现在肌肉壁中，并具有获得性心肌细胞的特征。更高水平的间充质干细胞的心肌植入，是在归巢过程中急性缺血损伤后为了强调损伤的重要性，通过直接注射到猪的心室壁中实现的。因此，多种类型的细胞（包括骨髓细胞、内皮祖细胞或骨骼成肌细胞）有希望用来改善患者急性心肌梗死后的心脏再生。无论它们的来源如何，新形成的心肌细胞必须精确地整合到现有的心肌肌肉中，以避免危及生命的心律失常（用非心源性细胞治疗急性缺血梗死时的常见并发症）。

血管重建的不充分，会阻碍缺血性心肌组织的重建，也是预防瘢痕组织进一步形成的一个主要障碍。尽管血管生成是梗死区域重塑过程的一部分，但通常毛细血管网不能够支持肥大心肌的更多需求。幸运的是，成体骨髓含有类似于胚胎成血管细胞的内皮前体，如果充分动员，可参与缺血组织的血管再生。在证明这一令人兴奋的概念的过程中，将从基于表达 CD34 和 c-kit 的人成体骨髓中分离的内皮祖细胞，静脉注射到刚刚诱导心肌梗死的无胸腺大鼠体内。人内皮前体细胞选择性地迁移至缺血心肌，它们在其中介导梗死床中新血管的形成（血管发生）和边界区中既存的成熟血管内皮的脉管系统增殖（血管生成）。经过这种处理的动物显示出在梗死周围区域中肥大细胞的凋亡减少，心肌保持存活的时间延长，胶原沉积的减少和心脏功能的持续改善。往急性心肌梗死（AMI）患者的冠状动脉内注入内皮祖细胞可以显著改善梗死后左心室（LV）的重塑过程、梗死区段的区域收缩功能和梗死动脉中的冠状动脉血流储备。

尽管在这些研究中，毫无疑问可以通过受损心肌中血管再生来增加心肌细胞的存活，但是内皮前体细胞也可能直接有助于心肌组织再生。事实上，人脐静脉内皮细胞或从胚胎小鼠背侧主动脉分离的内皮细胞的克隆培养物可以在与新生大鼠心肌细胞共培养 5d 后被诱导表达肌节蛋白。其他可以支持这种假设的证据有：来源于外周血单核细胞或 CD34+ 造血祖细胞的成年内皮祖细胞在与大鼠心肌细胞共培养后可转分化为心肌细胞。在这两个研究中，细胞和细胞接触或细胞外基质相关的信号转导似乎是关键的，因为来自心脏细胞培养物的条件培养基不足以发展为心肌细胞表型。

显然，无论心脏祖细胞的来源和潜力是什么，至少在哺乳动物中，循环性干细胞向心肌损伤部位的相对较差的募集限制了修复过程身体的协助能力。许多与炎症相关的趋化信号，包括细胞因子和黏附分子，优先在梗死边界区表达，并且可以促进干细胞归巢。实际上，越来越多的证据支持趋化因子在成血管细胞从骨髓导向缺血心肌的过程中起着核心作用的观点。损伤的心脏组织的成血管细胞群可以通过抑制骨髓来源的 CXC 趋化因子 SDF-1 和其受体 CXCR4 在成血管细胞上的相互作用或通过增加缺血性大鼠心脏中的 SDF-1 的表达而实验性地增加。对心脏组织的持续改善包括保护对抗凋亡和诱导内源性心肌细胞的增殖，意味着可以利用增强干细胞运输来增强内源性归巢过程的新的治疗途径。

21.3 难以捉摸的心脏干细胞

长期以来，成年哺乳动物的心脏被认为是没有干细胞的内源性群体有丝分裂后的器官，其包含相对恒定数目的肌细胞，在出生后不久分裂并保持恒定数目直至衰老。长期存在的观点是已经分化的心肌细胞不能重新进入细胞周期，这可能是目前心脏再生能力的根本障碍。心肌细胞的终末分化可能在肿瘤抑制剂（例如 Rb 和细胞周期蛋白依赖性激酶抑制剂）的控制下，因为其中这些细胞周期检查点的个别组分已经被基因敲除系统性破坏的小鼠未显示肌细胞数目的显著增加，所以必须存在多种机制以防止成年肌细胞的进一步增殖。

心肌是终末分化组织的假设已经受到严格的审查和相当大的争论。出生后不久，心肌细胞就不可逆地从细胞周期中撤出，已经造成了心肌梗死后存活的心肌中急慢性心肌细胞死亡的严重影响，以及不能从成年哺乳动物心脏中获得复制的哺乳动物心肌细胞培养物。心肌细胞在许多哺乳动物物种中是多核体和多倍体这一事实对任何可能代表肌细胞增殖的可观察到的 DNA 合成具有复杂的解释。然而，也有人认为，面对大量心肌细胞凋亡和坏死，患病的心脏不能继续在没有新的肌细胞形成的情况下发挥作用。然而，肌细胞数目的增加不提供关于这些新细胞的来源的信息。虽然围绕哺乳动物心脏再生的大部分争论集中在支持或反对现有心肌细胞复制的证据，但是能够在成年心脏中分化成肌细胞的细胞可以通过前体细胞对肌细胞谱系的承诺而起始，通过复制预先存在的肌细胞，或通过这两种机制的组合。

对固有心脏干细胞群数十年的沮丧探索，通过研究成人造血隔室中的干细胞的方法的采用，终于产生了更加令人鼓舞的结果。已经在表达相应转运蛋白的成年啮齿动物心肌中发现了类似于从骨髓分离的细胞的 SP 细胞。在成人心脏中未分化的前体细胞亚群中也发现了标记其他组织中的干细胞群的细胞表面蛋白。这些原始细胞可以通过参与细胞信号转导和细胞黏附的 Sca-1 检测。Sca-1 不是干细胞特异性的，因为它在造血干细胞和其他细胞类型的表面上也有发现。在某些情况下，凭借其干细胞标志物从成体心脏分离的细胞不仅表达适当的标志物，而且在体外表现的像心脏祖细胞，导致产生表达肌细胞、平滑肌和内皮细胞的生化标志物的复制品。

祖细胞的另一个特征是通过端粒酶的作用维持染色体端粒的完整性。在心脏中，端粒酶水平在出生后降低，大多数心肌细胞从细胞周期中退出。尽管在小比例的成年大鼠心肌细胞中已经显示端粒缩短，端粒酶的强制表达延长了体内心肌细胞循环，并且提供保护，免于应激诱导的端粒缩短和成体心脏的凋亡。值得注意的是，成体心肌中的端粒酶活性限于表达 Sca-1 但缺少造血干细胞其他标志物（c-kit、CD45、CD34）或内皮祖细胞标志物（CD45、CD34、Flk-1、Flt-1）的细胞。纯化的心脏 Sca-1$^+$ 细胞特异性归巢到梗死心肌和激活心源性程序，以显著的比例融合到现有的心脏细胞。这些研究表明，在心脏中，端粒完整性是维持 Sca-1$^+$ 祖细胞池的关键因素。

这些细胞与罕见的小循环心肌细胞群的关系仍有待观察，其保留增殖的能力来应答损伤，并且通过干细胞样细胞的分化作为心脏稳态的正常功能而被连续地更新。循环心肌细胞可能来源于从成年大鼠心脏分离的保留了干细胞特征的 Lin⁻/c-kit⁺ 细胞。这些细胞在体内外都具有自我更新、增殖及多样分化能力，并且可产生肌细胞、平滑肌和内皮血管细胞。当注射到缺血性大鼠心脏中，这些细胞群或其克隆子代可以重建高达 70% 的受损心肌壁。再生的心肌包含小肌细胞，其呈现年轻肌细胞的结构、生化和功能性质。这些数据都可以支持成年哺乳动物心脏中肌细胞的更新不断发生，虽然速度非常慢。内源性心脏干细胞可以被动员起来，从健康心脏内它们的壁龛迁移，以支持患病心肌的再生，这对治疗干预具有令人激动的意义。

21.4 再生概念的发展

成年哺乳动物心脏有限的恢复能力是由于出生后不久心肌细胞丧失了多功能性。其他脊椎动物物种中受损心脏相对强劲的增殖能力，有力地说明了再生作为"发展的变量"这一概念的出现。两栖类动物肢体显著的再生能力，再延伸到它们有效地修复受损心肌的能力。蝾螈修复它们的心脏来响应心脏损伤，并没有留下哺乳动物心肌梗死后典型的功能障碍性瘢痕组织。与哺乳动物不同，蝾螈成体心肌细胞可以在损伤后很容易地增殖，并有助于损伤心脏的功能性再生。认识到某些脊椎动物的心脏组织可以经受住大量的修复，已经提出了再生可能是哺乳动物进化过程中已经丧失的原始属性的议案。

通过对蝾螈肢体再生的研究提出了一种机制，受损组织的重建可以耦合对损伤的急性反应与周围组织中的可塑性的局部激活和/或干细胞池的激活。由凝血酶产生的瞬时活性是凝血连锁反应的一个关键组成部分，可以确保止血并触发伤口愈合的其他项目，这种瞬时活性与蝾螈肢体再生期间细胞周期重返多核肌管中相关。选择性激活凝血蛋白酶为损伤反应的作用提供了损伤控制和再生生长启动之间的可行连接。这样的连接是否可以在再生心肌中建立仍有待观察。

蝾螈心脏再生的能力可能不是所有心肌细胞共有的属性。虽然单个培养的蝾螈心肌细胞的纵向分析显示，许多细胞通过响应依赖于 Rb 蛋白的磷酸化的血清激活途径进入 S 期，但是这些细胞中的大多数在进入有丝分裂或在胞质分裂期稳定地停滞。然而，重要的细胞亚群通过有丝分裂发展并参与连续的细胞分裂，提供一个易于处理的模型系统，以研究蝾螈心肌细胞维持其显著增殖潜能的机制。

斑马鱼心脏再生提供了一个更加可接受的基因的模型，可用作心脏修复的分子基础。手术切除心室尖端，切除部位快速凝固后，增生的心肌肌纤维代替凝块并再生缺失的组织，形成很小的瘢痕。在该模型中，细胞周期再进入的必要条件包括再生的减少和在有丝分裂检验点激酶 mps1 的温度敏感型突变体纤维化的增加。

形式上的可能性仍然是，成年斑马鱼恢复大部分心脏的非凡能力在很大程度上是由于心脏祖细胞的活化。传统上假设再生包括在胚胎发育期间基因遗传途径的再现。这种设想因发现了一些标志物，如 Nkx2-5 或 Tbx-5，在心脏发育中发挥关键作用，而在再生斑马鱼心肌中没有检测到而被挑战。相反，表达心肌标志物的循环细胞伴随着在心脏发育期间表达的诸如 Msx 转录因子和 Notch 途径组分的基因的活化而增加。在斑马鱼心脏再生过程中激活的基因与心脏发生过程中激活的基因不同，这与分化的心肌细胞可以重新进入细胞周期并在心脏损伤处增殖的新概念是一致的。这将为脊椎动物心脏中真正的割处再生提供证据，并认为在再生与发育过程的工作机制之间有明确的区别。如果心脏祖细胞确实参与这个过程，那么它们可能在受损的心脏组织重建过程中发挥更有指导意义的作用。

有限心肌细胞增殖的过程在哺乳动物物种中可能不被正式排除在外，这是由 MRL 小鼠品系的"愈合者"表型支持的，所述 MRL 小鼠品系是做了充分鉴定的自身免疫模型。MRL 小鼠心脏组织经低温损伤后，可明显观察到肌细胞重新进入 S 期并发生无瘢痕形成的心肌置换。MRL 小鼠修复外科伤口的能力增强和遗传能力是映射到至少 20 个遗传基因座的复杂性状。虽然自身免疫的潜在作用仍有待确定，但 MRL 伤口修复潜在地由基质金属蛋白酶及其抑制剂的活性差异介导。MRL 愈合物表型与蝾螈再生过程的相似性大概显示了一种机制：通过伤口下的细胞局部去分化和生长，然后逆转至分化的细胞类型，最后形成再生胚细胞。对 MRL 小鼠做进一步的研究是很有必要的，以确定更多与再生脊椎动物的分子共性，并确定心脏干细胞在这个充满吸引力的小鼠模型的治疗能力的潜在作用。

哺乳动物心脏的再生潜能是一个快速演变的概念。在不久的将来，修复心脏的途径会越来越多（图 21.1）。施用外源的祖细胞可以在动物和人心肌修复中起显著的改善作用，这强调了它们的治疗潜力。虽然目前固有的心脏祖细胞群已经被认同，但是内源性干细胞在减轻哺乳动物心脏组织的急慢性损伤方面的不足仍有待克服。我们认知的发展揭示了心脏稳态的意想不到的动力，强调了固有心肌细胞增殖潜力的多样化。增强这种最常见的器官的功能再生提出了令人兴奋的前景，可能类似于利用成年哺乳动物其他组织中的体细胞的再生过程来防止衰老和疾病的肆虐，来作为自我更新的新的范例。

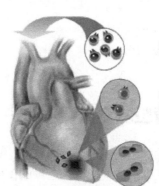

(a) 循环干细胞向受伤组织的归巢

(b) 固有心脏祖细胞响应于损伤而增殖

(c) 心肌细胞响应于损伤而增殖

图21.1 近年来研究的几种支持心脏再生的模式。(a) 循环干细胞回到梗死区域，由化学吸引机制指导，并参与多种功能，包括新血管生成和肌细胞更新。(b) 损伤刺激固有的心脏祖细胞的增殖，类似于组织干细胞的表型和参与心脏再生的能力。(c) 一组有能力的心肌细胞重新进入细胞周期以替换和重建缺失的组织。虽然这些内源性再生模式不是相互排斥的，但它们为治疗干预提供了其他的可能性。

深入阅读

[1] Anversa P, Kajstura J. Ventricular myocytes are not terminally differentiated in the adult mammalian heart. Circ Res 1998; 83 (1): 1-14.

[2] Anversa P, Nadal-Ginard B. Myocyte renewal and ventricular remodelling. Nature 2002; 415 (6868): 240-3.

[3] Brockes JP, Kumar A. Plasticity and reprogramming of differentiated cells in amphibian regeneration. Nat Rev Mol Cell Biol 2002; 3 (8): 566-74.

[4] Brockes JP, Kumar A, Velloso CP. Regeneration as an evolutionary variable. J Anat 2001; 199 (Pt 1-2): 3-11.

[5] Itescu S, Kocher AA, Schuster MD. Myocardial neovascularization by adult bone marrow-derived angioblasts: strategies for improvement of cardiomyocyte function. Heart Fail Rev 2003; 8 (3): 253-8.

[6] Lyman SD, Jacobsen SE. c-kit ligand and Flt3 ligand: stem/progenitor cell factors with overlapping yet distinct activities. Blood 1998; 91 (4): 1101-34.

[7] MacLellan WR, Schneider MD. Genetic dissection of cardiac growth control pathways. Annu Rev Physiol 2000; 62:289-319.

[8] Nadal-Ginard B, Kajstura J, Leri A, Anversa P. Myocyte death, growth, and regeneration incardiac hypertrophy and failure. Circ Res 2003; 92 (2): 139-50.

[9] Pasumarthi KB, Field LJ. Cardiomyocyte cell cycle regulation. Circ Res 2002; 90 (10): 1044-54.

[10] Poss KD, Wilson LG, Keating MT. Heart regeneration in zebrafish. Science 2002; 298 (5601): 2188-90.

第 *22* 章

胚肾中的细胞谱系和干细胞

Gregory R. Dressler ❶

郭大志，张伟　译

22.1　肾脏发育解剖学

本章最后列出的由 Kuure（2000）编写的综述将会有益于详细描述早期肾脏发育和肾单位形成。肾脏结构和肾祖细胞起源的简要概述必须从原肠胚开始。在脊椎动物中，原肠胚形成过程中将多功能的胚胎组织、外胚层或胚胎外胚层转换成三胚层：内胚层、中胚层和外胚层［图 22.1（a）］。在哺乳动物中，原肠胚形成的标志是外胚层后极延伸出的所谓原条的沟。更多外侧外胚层细胞向沟回的增殖和迁移引起原条的延伸，随后是通过沟内陷遣返到外胚层。原条的最前端是节点或形成体，在鸡中称为 Hensen 节点，而且其功能相当于两栖类胚胎的胚孔唇或 Speeman 形成体。节点是一个信号中心，它表达了一个建立体轴和左右不对称的分泌因子的有效组合。节点位于原条的前极，近外胚层的中点。靠前的外胚层产生大部分的头部和中枢神经系统，并且以同样的方式无法形成原肠胚。一旦到达节点，原条就开始退回到后极。在原条退回的过程中，脊索沿着胚胎中线和神经板腹侧形成。脊索是神经板和旁轴中胚层的背腹侧分布的第二大关键的信号中心。轴中胚层指的是最内侧的中胚层细胞，由于原条退回，轴中胚层分割成体节，即一堆简单的上皮细胞围绕的细胞。在第一个体节的形成阶段，从内侧向外侧，脊索标记中线、紧靠脊索两边的体节和未分割的中胚层定义为体节和侧板的中间体［图 22.1（b）］。肾脏形成的间介中胚层区域是本章的主要焦点。

间介中胚层产生的独特的衍生物的最早形态标志是前肾管或原发性肾管的形成。在鸟类和哺乳动物中，这种单细胞厚的上皮管从第十二体节周围开始向两侧活动。肾总管向尾部延伸至泄殖腔。随着上皮管的生长，它诱导出线性阵列的上皮小管，将向中腹侧延伸，并被认为是来源于导管周围间质（图 22.2）。小管被称为原肾或中肾，这取决于它们的位置和发展程度，并且代表了进化上更为原始的排泄系统。这一系统在哺乳动物中瞬时形成，直至被成人或后肾取代。沿着肾管，肾小管发育有一个梯度的演变过程，即最前端或前肾小管非常简单，而中肾小管则发育良好，具有肾小球和复杂的近端管样结构。相反，斑马鱼幼体的前肾是一个充分发育的具有单个中线的肾小球的功能过滤单元。两栖类动物如非洲爪蟾的胚胎有双侧的前肾小球和肾小管，这些直到被蝌蚪中的中肾替代才具有功能。事实上，区分哺乳动

❶　Department of Pathology, University of Michigan, Ann Arbor, MI, USA.

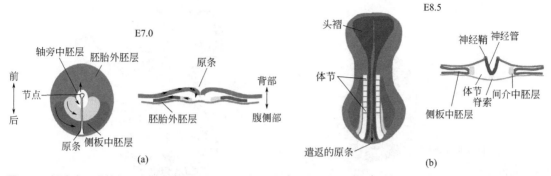

图22.1 间介中胚层的起源。(a) 原肠胚形成时, 外胚层或胚胎外胚层细胞通过原条迁移。在小鼠中, 单层胚胎外胚层细胞排列成一个杯状的鸡蛋圆柱形。从上往下看杯里, 左边是小鼠中胚层, 是平面形式。原条开始于后端, 然后向前端移动。遗传命运图谱研究表明, 侧板中胚层来源于后外胚层, 而轴中胚层来源于靠前端的外胚层细胞。间介中胚层最有可能起源于这两个区域之间的细胞。在中条期, lim1表达已经可以在原肠胚形成前的后外胚层细胞中检测到。右边的图是通过原条的横截面, 显示外胚层细胞向原条迁移, 然后内陷并在外胚层薄层下反向形成中胚层。(b) 在原条回归时, 沿腹中线形成脊索。轴旁中胚层开始从前往后形成体节段或体节。侧板中胚层由称为壁层(背侧)和脏层(腹侧)的两薄层组成。体节和侧板之间的区域就是间介中胚层, 首个肾上皮小管在此形成。

物中前肾小管和中肾小管的不同之处, 这并不是显而易见的。成熟的中肾小管的特点是流入输尿管的小管近端的血管化的肾小球; 中肾小管的最前端和后端更简陋, 而最后端的小管并非全部与输尿管相连。

当输尿管芽或肾憩室的产物延伸到周围的后肾间质时, 成人肾或后肾在肾管的尾端形成。上皮的生长和萌芽需要从间充质细胞发出的信号。遗传和生化研究表明, 输尿管芽的生长是由中肾小管中表达的跨膜酪氨酸激酶RET和后肾间质中表达的分泌神经营养因子(GDNF)调节的。一旦输尿管芽侵入后肾间质, 来自输尿管芽的感应信号就会启动后肾间质向上皮的转化

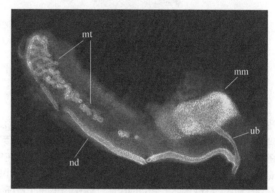

图22.2 后肾诱导时Pax2的表达。从E11.5小鼠胚胎中切割间介中胚层来源的肾索一侧, 用抗Pax2抗体染色。显微图像显示肾管(nd)和后肾小管分支的输尿管芽(ub)中的Pax2表达。Pax2存在于中肾小管(mt), 甚至更后端与肾管不相连的小管。在后端, Pax2存在于输尿管芽周围尚未开始形成上皮的后肾间充质干细胞(mm)中。

(图22.3)。诱导、凝聚的间充质细胞聚集在芽尖周围会形成原始的极化上皮即肾泡。通过一系列裂口的形成, 肾脏囊泡首先形成一个逗号, 然后是S形的胞体, 其最远端仍然与输尿管芽上皮细胞接触, 并融合形成连续的上皮小管。这种S形小管开始在其近端表达肾小球足细胞特异的基因, 靠近输尿管芽融合的较远端的小管的标志物, 以及两者之间的近端小管标志物。随着肾小球丛的血管形成, 内皮细胞开始侵入S形胞体的最近侧裂。在这个阶段, 肾小球上皮由脏层和壁层组成, 具备形成足细胞的内脏细胞和泌尿系统周围上皮的壁细胞。毛细血管丛由毛细血管内皮细胞和一种特殊的平滑肌细胞组成, 这种细胞被称为肾小球系膜细胞, 其来源尚不清楚。

由于这些肾小泡产生许多的肾上皮细胞, 输尿管芽上皮细胞继续经历分支形态发生, 响应来自间充质细胞的信号。分支遵循刻板模式, 并且在分支尖诱导形成新型间充质聚集, 而新的肾单位被依次诱导。如此反复的分支和诱导导致肾脏径向轴旁边肾单位的形成, 最老的

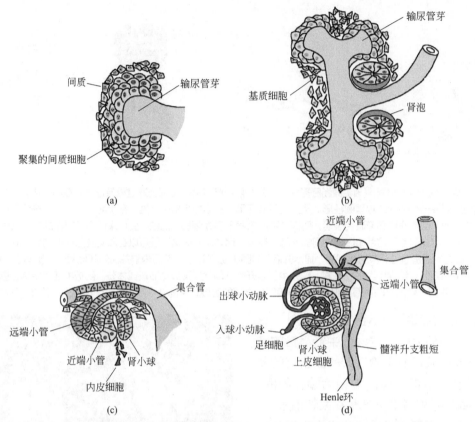

图22.3 后肾间质向肾上皮的依次转化。输尿管芽上皮顶端的后肾间充质的凝聚和极化示意图显示，（a）上皮前体聚集在顶端，而间充质细胞一直在外周。（b）随着输尿管芽上皮细胞向外延伸诱导新的聚集，初始聚集形成一个原始的球体，即肾脏囊泡。基质细胞开始迁移到间充质。（c）在S形胞体阶段，间充质来源的结构融合于输尿管芽上皮，形成集合管和肾小管。内皮细胞入侵S形胞体近端裂口。肾小球、近端小管和更远端小管的特异性标志物的表达可以出现在这个阶段。（d）阐述肾单位的结构。内脏肾小球的上皮细胞与毛细管丛接触，肾小球基底膜置于下方。近端小管变得更复杂，并生长入髓区，形成Henle环的下降和上升支。远端小管和集合管开始表达高分化和特异性的上皮的标志物。

肾单位更容易是髓质的，而更年轻的肾单位向周边分布。然而，并非所有的间充质细胞可被诱导并转化为上皮细胞，部分细胞仍然是间充质细胞并迁移到间质。这些间质细胞或基质细胞对提供维持输尿管芽的分支化形态发生的信号和间充质的存活是非常必要的。

从干细胞角度来看，定义产生肾的细胞数量部分取决于考虑阶段。在后肾间质诱导时，至少有两个主要的细胞类型：间充质和输尿管芽上皮。虽然这些细胞的表型不同，但它们表达了一些常见的标记物，并具有共同的起源区域。随着发育的进展，大多数的肾上皮细胞被认为是来源于后肾间质，而分支的输尿管芽上皮细胞产生集合管和最远端小管。这一观点受到了体外细胞谱系追踪方法的挑战，表明在输尿管芽上皮的顶端的一些可塑性，两种群可能混合。因此，上皮细胞在诱导时可以转化为间充质，正如间充质聚集可以转化为上皮。无论间充质细胞如何诱导，这些细胞预定形成肾小管上皮细胞。因此，它们作为肾干细胞的潜力的探索已经开始。为了了解后肾间质的来源，我们从间介中胚层的分布开始。

22.2 控制早期肾脏发育的基因

小鼠的遗传学研究为肾脏发育的调节机制提供了新的见解。虽然有许多基因会影响肾脏的生长和结构，但对于潜在的肾干细胞来说，特别重要的是控制肾管上皮形成和后肾间质增殖和分化的基因（表 22.1）。

表 22.1　调节早期肾细胞谱系的基因

基因	表达	突变类型
lim1	侧板 肾管	无肾管，无肾
Pax2	中间体，中胚层 肾管	无中肾小管 无后肾
Pax2/Pax8	中间体，中胚层	无肾管，无肾
WT1	中间体，中胚层 间充质	中肾小管减少 间充质凋亡
Eya1	后肾间充质	无间充质感应
wnt4	间充质聚合	聚合无极化
bmp7	输尿管芽和后肾 间充质	发育停留于感应后期 有些分支少肾单位
bf-2	后肾间充质 空隙间的基质	发育停滞，肾单位少 分支受限
pod-1	基质和足细胞	分化差的祖细胞
Pdgf(r)	S 形胞体	肾小球丛无血管

22.2.1　决定肾原性区域的基因

从干细胞和潜在治疗的角度来看，成人或后肾应该是一个主要的焦点。然而，控制肾细胞谱系特异性的早期过程可能在原肾和中肾区是常见的。事实上，许多在原肾和中肾小管中表达的相同的基因有助于早期的后肾发育。此外，构成区域特异性的最早过程在更适合的生物体中得以研究，包括鱼和两栖动物，其中前肾发育更短暂，且功能意义更少。

虽然肾管形成是肾脏发育最早的形态学证据，但是间介中胚层特异性标志物的表达先于肾管短暂形成的时间，并且标记沿着大部分前 - 后端（A-P）体轴的间介中胚层。间介中胚层特异的最早期标志物是 Pax 家族的两种转录因子（图 22.4）：*Pax2* 和 *Pax8*，它们似乎在肾管的形成和延伸过程中具有多余的功能。同源盒基因 *lim1* 在间介中胚层中也有表达，但它在受到更多适当的限制前最初在侧板中胚层表达。遗传研究表明了所有的三个基因在间介中胚层区域划分方面的考虑。在小鼠中，*Pax2* 突变开启肾管的形成和延伸，但缺少中肾小管和后肾。

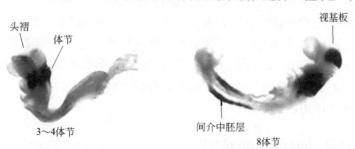

图22.4　间介中胚层中Pax2的表达激活。在轴和侧板中胚层之间的细胞内，在4 ~ 5体节期肾区Pax2表达的最早标志物之一被激活。胚胎显示携带*LacZ*基因驱动的Pax2启动子，用β- 半乳糖苷酶活性染色可观测其表达。到8体节期，Pax2标记正在生长的间介中胚层，甚至在肾管形成之前。Pax2还在部分神经系统中表达，特别是在中脑 - 后脑交界处，被称为rhombencephalic ismuth，以及在视基板和视杯中表达。

Pax2/Pax8 双突变体没有肾管形成的证据，而且不表达 *lim1* 基因。*lim1* 无效突变体也缺乏肾管，并显示出分化为间介中胚层特异衍生物的能力降低。*lim1* 突变体中 *Pax2* 表达降低可以解释这些细胞为什么不能分化为生殖上皮。虽然在 *Pax2/Pax8* 双缺失的胚胎中，lim1 表达缺失可能是表型的一个组成部分。因为 lim1 表达发生在 Pax2 和 Pax8 之前，并且在原肠胚形成前、后的胚胎中分布广泛，而且还是 Pax 非依赖的，因此，间介中胚层中 lim1 表达的维持和限制看似有可能需要在 5～8 体节期激活 *Pax2/8* 基因。*Pax2/8* 是否足以确定肾祖细胞？使用具有复制活性的表达 Pax2b cDNA 的逆转录病毒，这一问题在鸡胚中得到解决。依靠逆转录病毒驱动 Pax2b 表达，异位肾管产生于间介中胚层的普遍区域内。单纯依靠 lim1 或 Pax8 无法获得这些异位输尿管。引人注目的是，异位输尿管与内生管并行，而且在旁轴或侧板中胚层中没有发现。这可能表明 Pax2 诱导胆管形成的能力确实需要一些区域竞争，也许只有在 lim1 表达的区域。

如果间介中胚层的 Pax 2/8 和 lim1 表达限制是区分肾区与周围的轴旁和侧板中胚层的最早期条件，那么问题在于这些基因如何被激活。在轴的中胚层中，来自腹侧脊索的信号沿背-腹轴布局体节。类似的脊索源信号也可以沿内-外侧轴布局中胚层。然而情况似乎并非如此。在鸡胚中，脊索对间介中胚层中 *Pax2* 基因的活化可有可无。相反，Pax2 激活需要来自体节或轴旁中胚层的信号。虽然值得注意的是，在两栖类胚胎中维甲酸和激活素 A 结合能激活前肾区域的早期标志物，包括 lim1，但这些体节来源的信号究竟是什么还有待确定。

除了体节来源的信号，预设的间介中胚层中上皮细胞的形成可能需要额外的信号。研究发现，Pax 2/8 出现在肾管形成之前。因此，并不是所有的 Pax 2 阳性细胞都会形成原肾管。在鸡胚中，上覆外胚层是肾管形成的必要条件，以邻近 10～12 体节开始，明显在初始 Pax 2 阳性区域之后很多。表达分泌信号分子骨形态发生蛋白 4（BMP4）的上覆的外胚层组织的清除，阻断了肾管的形成和延伸。通过重组 BMP4 蛋白可以克服这一阻断，这表明 BMP4 确实是必要的外胚层衍生因子。

如果 Pax 2/8 标记整个肾区，必须有其他的因子指定间介中胚层中沿 A-P 轴上各个元件的位置。这些结构基因可以决定 Pax2 阳性区域内到底形成中肾还是后肾。已知的 A-P 结构基因都是 HOX 基因家族的成员。事实上，已删除 Hox11 旁向性同源的所有基因的小鼠没有后肾，尽管尚不清楚这是否是 A-P 结构或诱导缺失中的一个真正的转变。A-P 间介中胚层结构也可能依赖于 FoxC 家族的转录因子。*Foxc1* 和 *Foxc2* 早在 E8.5 的体节前和间介中胚层中就有相似的表达域。随着肾管延伸的进展，Foxc1 在背腹侧梯度表达，即神经管附近的表达水平最高，而 BMP4 阳性的腹外侧区的表达水平较低。在 *Foxc1* 纯合缺失突变中，GDNF 表达标记的后肾间质的前边界向前延伸。这引起了沿 A-P 轴上更广泛的输尿管芽形成和输尿管的终极复制。*Foxc1* 和 *Foxc2* 基因复合杂合子中观察到有类似的缺失，这表明一些重复和基因剂量效应。因此，通过抑制基因的转录水平，在输尿管芽过度生长时，*Foxc1* 和 *Foxc2* 可能设置后肾间充质的前边界。

22.2.2　后肾诱导时的功能基因

Pax2 和 Pax8 在肾管中共表达，但 Pax2 表达仍然更为广泛，包括中肾小管和肾间充质。因此，*Pax8* 突变体没有明显的肾脏表型，*Pax2* 突变体有肾管，但无中肾小管或后肾，而 *Pax2/8* 双突变体完全缺失肾管。因此，Pax2 或 Pax8 都足够形成小管，但 Pax2 对后肾间充质转化为上皮细胞显然是必不可少的。

Pax2 表型是复杂的。尽管存在肾管，但没有证据显示输尿管芽的生长发育。输尿管芽的生长主要通过肾管上皮细胞上表达的受体酪氨酸激酶 RET、后肾间充质表达的分泌信号蛋白 GDNF 和两种组织上都表达的 GPi 锚定蛋白 GFRα1 调控。因为在间充质细胞中不表达 GDNF 和不能在肾管中保持高水平的 RET 表达，所以 Pax2 突变体没有输尿管芽。尽管缺乏输尿管芽，Pax2 突变体的后肾间质的形态不同。虽然缺少 GDNF，但它表达间充质细胞的其他标志物，如 Six2。在体外重组实验中，使用从 E11 小鼠胚胎中手术分离的 Pax2 突变的间充质细胞和异源诱导组织，表明 Pax2 突变体无法对诱导信号做出回应。因此，Pax2 对指定间介中胚层注定发生上皮 – 间充质转化的区域是很有必要的。在人类中，因为单个 Pax2 等位基因丢失与肾功能缺损综合征有关，其特点是膀胱输尿管返流的肾发育不良，因此，Pax2 功能的必要性应该进一步地强调。

后肾间充质转化为上皮细胞的另一个必需基因是 Eya1，它是一种果蝇眼睛缺失基因的脊椎动物同源基因。在人类中，Eya1 基因突变与一种复杂的多方面表型的耳综合征相关。在 Eya1 纯合子突变的小鼠中，虽然 Pax2 和 WT1 的表达是正常的，但输尿管芽的生长受到抑制，以及间充质细胞始终无法诱导，所以肾脏发育在 E11 时被遏止。然而，后肾间充质的两个标志物，Six2 和 GDNF 的表达在 Eya1 突变体中也缺失。GDNF 表达缺失最可能导致输尿管芽无法生长。然而目前还不清楚如果体外使用一种野生型诱导剂，间充质细胞是否能够对诱导信号做出反应。"缺眼"基因家族是引起几种其他发育组织中细胞特异性的保守网络的一部分。Eya 蛋白共享一个保守结构域，但缺乏 DNA 结合活性。Eya 蛋白直接与 DNA 结合蛋白的 Six 家族相互作用。哺乳动物的 Six 基因是果蝇（Drosophila sina oculis）同源盒基因的同源物。Six 和 Eya 蛋白之间的这种协同作用对核易位和 Six 靶基因的转录激活是非常必要的。

肾母细胞瘤（Wilms）肿瘤抑制基因 WT1 是后肾间充质的另一个早期的标志物，也是其存活的关键。Wilms 肿瘤是一种胚胎肾肿瘤，由未分化的间充质细胞、组织混乱的上皮细胞和周围的基质细胞组成。各种组织中 WT1 基因的表达通过时空调节，由于存在选择性剪接产生的至少四种异构体而更为复杂。在发育的肾中，WT1 基因被发现存在于未诱导的后肾间充质和诱导后分化的上皮细胞中。WT1 基因的早期表达可能由 Pax2 介导。后肾间充质中的初始表达水平很低，但在 S 形胞体阶段肾小球上皮的前体细胞，即足细胞中的表达上调。成人足细胞中始终维持 WT1 表达高水平。在小鼠中，WT1 基因缺失突变体出现彻底的肾发育不全，因为后肾间充质凋亡和输尿管芽无法长出肾管。输尿管芽生长阻滞最可能是由于 WT1 基因突变的间充质细胞的信号缺失。正如在 Pax2 的突变体中，间充质细胞无法对诱导信号做出反应，即使体外使用了外源诱导剂。因此，WT1 似乎在间充质细胞中是早期需要的，从而促进细胞的存活，使细胞对诱导信号做出反应，并表达输尿管芽生长促进因子。

22.3 建立额外的细胞谱系

在输尿管芽入侵时，至少有两个细胞谱系建立：后肾间充质和输尿管芽上皮细胞。随着分支化形态的发生和间充质细胞诱导的发展，额外的细胞谱系是显而易见的。早期 E11.5 小鼠后肾包含了几乎所有细胞类型的前体，包括内皮细胞、基质、上皮细胞和系膜细胞。然而，现在还不清楚这些细胞类型是否具有一个共同的前体，或者后肾间充质细胞是否是前体的混合种群。后一观点对内皮系可能是真实的。虽然对谱系标记的移植研究表明，血管可以来源于 E11.5 后肾，Flk1 阳性内皮细胞前体已被观察到与入侵后不久的输尿管芽上皮紧密关联，而且可能不是来源于后肾间充质。后肾间充质中很有可能具有共同起源的谱系是基质和上皮细胞。这两个谱系的维护对肾脏的发育至关重要，因为基质对上皮细胞的比率是间充质更新和新的肾单位持续诱导的关键因素。

22.3.1　上皮与间充质

诱导的间充质中将基质谱系从上皮谱系分离的早期事件是什么？针对诱导信号，Pax2 阳性细胞聚集在输尿管芽尖。这些早期聚集中的 *Wnt4* 基因激活似乎是促进极化的关键。*Wnt* 基因编码一个公认的在许多组织发育过程中发挥功能的分泌多肽家族。*Wnt4* 基因突变的纯合子小鼠表现出输尿管芽分支后不久生长阻滞导致肾发育不全。虽然已经发生了一些间充质聚集，但没有证据表明细胞分化成极化的上皮囊泡。*Pax2* 维持表达但有所减少。因此，*Wnt4* 基因可能是间充质中的次级诱导信号，用以传送或保持上皮细胞谱系中的主要诱导反应。转录因子 FoxD1/BF-2 在非诱导的间充质中表达，并且不允许这些细胞在诱导后发生上皮转化。FoxD1 表达也见于肾脏周围和间充质或基质。诱导后，FoxD1 和 Pax2 表达域之间几乎没有重叠，这在冷凝的前肾小管聚集中非常突出。虽然表达图谱与间充质细胞在诱导前或后不久可能已经被划分成 *FoxD1* 阳性间充质前体和 Pax2 阳性上皮前体的解释相符，但目前仍然缺乏清晰的谱系分析。小鼠 *FoxD1* 突变表现出严重的肾脏发育缺陷，这表明 FoxD1 在维持生长和结构中的重要作用。早期输尿管芽的生长和分支都不受影响，首次间充质聚集的形成也是。然而，在后期阶段（E13 ～ 14），这些间充质聚集无法分化成逗号和 S 形的胞体，这一比例类似于野生型。这一阶段的输尿管芽的分支明显减少，导致更少的新的间充质聚集的形成。最初的聚集的间充质的命运不是固定的，因为一些能够形成上皮，而大多数表达适当的早期标志物，如 Pax2、Wnt4 和 WT1。然而，FoxD1 表达的基质谱系似乎对保持输尿管芽上皮和聚集的生长是必要的。基质分泌的可能因素为上皮前体提供生存或增殖的条件，没有它时非自我更新的间充质就会耗尽。

一些作用于间充质的存活因子已经明确。分泌转化生长因子 β（TGFβ）家庭成员 BMP7 和成纤维细胞生长因子 -2（FGF2）一起在体外极大地促进非诱导的后肾间充质的存活。FGF2 在体外对保持间充质感应诱导信号的能力很有必要。BMP7 单独抑制细胞凋亡而不足以使间充质在晚些时候发生管腺增生。诱导后，外源性增加的 FGF2 和 BMP7 减少了发生管腺增生的间充质的比例，而增加了 FoxD1 阳性基质细胞的数量。至少在诱导发生后，自我更新的基质和上皮前体细胞之间存在微妙的平衡，这一比例一定是受自分泌和旁分泌因子的妥善调节。非诱导的间充质中是否已经做出谱系决定仍有待确定。

视黄酸受体的研究进一步强调了基质在调节肾脏发育中的作用。研究证实，维生素 A 缺乏导致严重的肾功能缺陷。在器官培养中，维甲酸促进 RET 的表达，大大提高输尿管芽分支点的数量，从而增加肾单位的数量。然而，维甲酸受体（RAR），特别是 RARα 和 RARβ2 正是基质细胞表达的。*RARα* 和 *RARβ2* 纯合子突变小鼠的遗传研究表明，当 *RARα* 或 *RARβ2* 基因删除时不出现明显的肾功能缺陷。然而，*RARα* 或 *RARβ2* 双纯合子突变体表现出严重的肾脏生长迟缓。这些缺陷主要是由于输尿管芽上皮中 RET 蛋白表达降低和分支形态发生受限。令人惊讶的是，利用 HoxB7/RET 转基因过表达 RET 可以彻底救治双重 *RAR* 突变体。这些研究表明，基质干细胞对维持输尿管芽上皮中 RET 表达提供旁分泌信号，而且维甲酸对基质增殖是必要的。特别是在 *RAR* 双突变的间充质中的基质细胞标志物 FoxD1 的表达减少，支持了这一假说。

22.3.2　肾小球丛细胞

肾小球的独特结构与保留循环血液中大分子的能力有错综复杂的联系，允许离子和小分子快速扩散到膀胱。肾小球由四种主要的细胞类型组成：微血管内皮细胞、系膜细胞、内脏上皮的足细胞和壁细胞。肾小球结构的发育和单个细胞类型的起源刚开始得到了解。

足细胞是高度特异的上皮细胞，其功能在于完整地维护肾小球的过滤屏障。肾小球基底膜将毛细管丛内皮细胞与膀胱分离。肾小球基底膜面对膀胱的外侧由足细胞和互相交叉的足突覆盖。在基底膜上，这些相互交叉用以形成高度特异的细胞间连接，称为裂孔隔膜。裂孔隔膜具有特定的孔径，使小分子穿过过滤屏障进入膀胱，同时保留血液中的大分子。足细胞来自冷凝的后肾间充质，可在S形胞体阶段用特异性标志物显现。虽然有一些基因在足细胞中表达，只有已知的少数几个因子调节足细胞分化。其中包括 *WT1* 基因，它在后肾间充质的存活是早期需要的，但其在S形胞体阶段时的足细胞前体中的表达水平增加。在小鼠中，*WT1* 完全缺失的动物缺乏肾脏，但 *WT1* 基因剂量和表达的降低导致特定的足细胞缺陷。因此，在足细胞中 *WT1* 基因表达水平高似乎是必需的，并使得这些前体细胞对基因剂量更敏感。碱性螺旋－环－螺旋蛋白 Pod1 在上皮前体细胞和更成熟的间充质中表达。在后来的发育阶段，Pod1 局限于足细胞。在 *Pod1* 缺失等位基因的纯合子小鼠中，足细胞的发育似乎受到阻滞。正常的足细胞变平并包绕肾小球基底膜周围的足突。*Pod1* 突变的足细胞保持柱状，无法完全形成足突。因为 Pod1 在上皮前体和间充质中表达，目前尚不清楚这些足细胞的影响是否是由于 *Pod1* 突变的足细胞前体细胞中的基质环境或细胞自发缺陷引起的整体发育阻滞。

在肾小球的丛中，内皮细胞和肾小球系膜的起源尚不清楚。在S形胞体阶段，在离输尿管芽上皮最远的部位形成肾小球裂口。发育中肾脏的血管化在发育中的肾小球中最明显。这些侵入的内皮细胞的起源已在一些细节上得以研究。在正常的生长条件下，诱导时分离肾脏并体外培养并不表现出血管化的迹象，这得出内皮细胞在诱导后一段时间迁移到肾脏的假设。然而，低氧或血管内皮生长因子（VEGF）治疗促进这些相同培养中内皮细胞前体的存活和分化，这表明内皮细胞前体已经存在，并且需要生长分化刺激。利用 lacZ 表达供体或宿主，体内移植实验还说明 E11.5 肾雏形具有产生内皮细胞的潜力，虽然内皮细胞加入也见于外源性组织，这取决于环境。这些数据与 E11.5 肾脏内的细胞具有沿内皮细胞谱系分化的能力的看法一致。这些内皮细胞是否产生于后肾间质？利用 lacZ 敲入内皮特异性受体 Flk-1 的等位基因，可见预期的成血管细胞分散在 E12 肾间充质周围，一些阳性细胞沿输尿管芽的生长方向侵入间充质。在稍后的阶段，Flk-1 阳性的成血管细胞定位于肾区、S形胞体的发育中的肾小球裂和更成熟的毛细血管袢，而 VEGF 定位于肾小球壁层和脏层上皮细胞。在肾发生仍然进行时，中和 VEGF 的抗体注射到新生小鼠体内，干扰血管生长和肾小球结构。数据表明，内皮细胞是独立地起源于后肾间充质，并从外围和沿着输尿管芽侵入生长中的肾脏。

肾小球系膜细胞位于肾小球毛细血管袢之间，被称为特异的周细胞。周细胞可见于毛细血管基底膜，并具有收缩的能力，正如平滑肌细胞。系膜细胞是否来源于内皮细胞或上皮细胞系尚不清楚。然而，小鼠遗传和嵌合分析揭示了血小板源性生长因子受体（PDGFR）及其配体血小板衍生生长因子（PDGF）的明确作用。在缺失 PDGF 或 PDGFR 的小鼠中，完全没有系膜细胞导致肾小球缺陷，包括肾小球中微血管的缺失。PDGF 在发育中的肾小球内皮细胞中表达，而其受体可见于预期的系膜细胞前体。利用 *Pdgfr*－/－ 和 +/+ 基因型的胚胎干细胞嵌合体，只有野生型细胞有益于系膜细胞谱系。这种细胞自主效应表明，来自发育中血管的信号促进肾小球系膜前体细胞的增殖和 / 或迁移。另外，PDGFR 和平滑肌肌动蛋白的表达支持一个模型，其中肾小球系膜细胞来源于肾小球成熟期间输入和输出小动脉的平滑肌。

22.4 什么是肾干细胞？

随着关于发育和谱系特异的新信息得以阐明，肾干细胞问题开始引起人们更多的关注。前瞻性的肾干细胞应该是自我更新的，并能够产生所有的肾脏细胞类型。体内是否存在这样的细胞仍有待证明，虽然体外数据似乎是可能的。简单地说，肾脏中所有的细胞都可以由单一的干细胞产生，如图 22.5 所示。尽管有可能，但有几个突出的问题有待解决。甚至在肾脏发育的最早期阶段，已经有两种可识别的细胞类型。诱导时早期内皮前体的存在可能形成第三种不同的细胞类型。如果最早的三种类型的细胞确实可以来源于后肾间充质，单个干细胞确实可能存在并随着发育进程继续增殖。目前，数据表明，基质和上皮可能有一个共同的起源，而内皮细胞及其潜在的平滑肌衍生物构成另一谱系。然而，即使有三种不同的谱系已经划定到后肾间充质，肾组织修复方面最相关的是上皮谱系。因此，如果我们考虑上皮干细胞的可能性，以下几点将是选择的标准之一：

（1）细胞最有可能是间介中胚层的衍生物；

（2）细胞可能表达后肾间充质特异的标志物组合；

（3）细胞应该可以在体外和体内促成肾单位的所有上皮成分。

不同于胚胎干细胞（ES 细胞），来自间介中胚层的细胞可以无限期地培养却不发生额外的转化或永生化，这似乎是不可思议的。胚胎成纤维细胞可以用小鼠培养，但几乎在每一种

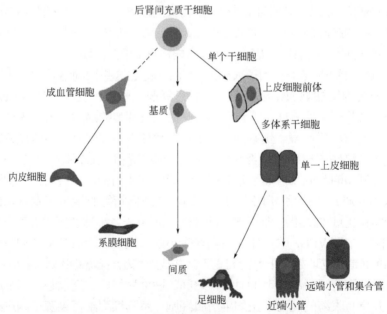

图22.5 肾脏的主要细胞谱系。肾脏来源于单个肾干细胞还是多个独立的谱系仍有待确定。然而，基础分化示意图变得更加清楚。示意图概述了细胞谱系关系，虚线反映出直系谱系方面的不明确性。后肾间充质包含成血管细胞、基质和上皮前体。成血管细胞起源于间充质细胞还是间充质周围独立的谱系，这点不是完全清楚。同样，系膜细胞的起源也没有很好的定义。基质和上皮细胞可能具有一个共同的前体，即后肾间充质，但在诱导时分开。上皮细胞前体可见于输尿管芽尖上聚集，并产生几乎所有类型的肾上皮细胞。

情况下，细胞分裂发生的数量有限。这个问题在体内尤为明显，因为 E11 后肾间充质基本上是静止的，无诱导时不能增殖。然而，模拟诱导的生长条件或许可以使间充质细胞增殖，而抑制其分化为上皮。或者，生长和组成因子的结合可能使 ES 细胞分化成间介中胚层细胞，这已经应用到运动神经元分化。

如果后肾间充质细胞可以在体外增殖，那么它们可能表达的标志物应包括以下几种：Pax2、lim1、WT1、GDNF、Six2 和 FoxD1。这些标志物的表达可以表明基质和上皮谱系之间无法确定的间充质细胞。如果细胞表达 Pax2、WT1 和 Wnt4 而不表达 FoxD1，它们可能是上皮干细胞。这些上皮干细胞注射或重组到体外培养的后肾中应该能沿肾单位的近 - 远端轴形成所有的上皮细胞。这种上皮干细胞可能在急性和慢性肾损伤中受损肾小管再生方面意义重大。

目前，肾脏的复杂性仍然阻碍组织和细胞疗法领域的进展。不仅要形成正确的细胞，它们还必须能够组成一个特异的三维管状结构，能够满足肾单位上所有的生理需求。发育生物学为了解这些细胞如何产生以及哪些因素促进其分化和生长提供了一个框架。虽然我们可能无法完全自制一个肾脏，但为受伤的成年肾脏提供细胞或因子促进自身的再生似乎是在可能性范畴内的。鉴于急性和慢性肾功能不全的高发病率和严重程度，这种疗法确实是最受欢迎的。

致谢

感谢实验室成员关于这个话题非常有价值的讨论，特别是 Pat Brophy、Yi Cai 和 Sanj Patel。G. R. D. 得到美国国家卫生研究院（NIH）基金 DK54740 和 DK39255 以及多囊肾研究基金的支持。

深入阅读

[1] Al-Awqati Q, Oliver JA. Stem cells in the kidney. Kidney Int 2002; 61 (2): 387-95. doi:10.1046/j.1523-1755.2002.00164.x.

[2] Brophy PD, Ostrom L, Lang KM, Dressler GR. Regulation of ureteric bud outgrowth by Pax2-dependent activation of the glial derived neurotrophic factor gene. Development 2001; 128 (23): 4747-56.

[3] Hyink DP, Tucker DC, St John PL, Leardkamolkarn V, Accavitti MA, Abrass CK, et al. Endogenous origin of glomerular endothelial and mesangial cells in grafts of embryonic kidneys. Am J Physiol 1996; 270 (5 Pt 2): F886-899.

[4] Kuure S, Vuolteenaho R, Vainio S. Kidney morphogenesis: cellular and molecular regulation. Mech Dev 2000; 92 (1): 31-45.

[5] Mendelsohn C, Batourina E, Fung S, Gilbert T, Dodd J. Stromal cells mediate retinoid-dependent functions essential for renal development. Development 1999; 126 (6): 1139-48.

[6] Oliver JA, Barasch J, Yang J, Herzlinger D, Al-Awqati Q. Metanephric mesenchyme contains embryonic renal stem cells. Am J Physiol Renal Physiol 2002; 283(4): F799-809. doi:10.1152/ajprenal.00375.2001.

[7] Qiao J, Cohen D, Herzlinger D. The metanephric blastema differentiates into collecting system and nephron epithelia in vitro. Development 1995; 121 (10): 3207-14.

[8] Torres M, Gomez-Pardo E, Dressler GR, Gruss P. Pax-2 controls multiple steps of urogenital development. Development 1995; 121 (12): 4057-65.

[9] Tsang TE, Shawlot W, Kinder SJ, Kobayashi A, Kwan KM, Schughart K, et al. Lim1 activity is required for intermediate mesoderm differentiation in the mouse embryo. Dev Biol 2000; 223 (1): 77-90. doi:10.1006/dbio.2000.9733.

[10] Vize PD, Seufert DW, Carroll TJ, Wallingford JB. Model systems for the study of kidney development: use of the pronephros in the analysis of organ induction and patterning. Dev Biol 1997; 188 (2): 189-204. doi:10.1006/dbio. 1997.8629.

第 23 章

成体肝脏干细胞

Markus Grompe[1]

郑荣秀　白博乾　译

23.1　哺乳动物肝脏的组织结构及功能

在本章，我们将详细描述哺乳动物肝脏的细胞结构及其功能，从而帮助我们理解肝脏干细胞生物学。

肝脏由几个相互分开的肝叶组成，其质量占人类体重的 2%，鼠科动物体重的 5%。肝脏是动物体内唯一具有双重血液供应的器官。肝脏门静脉内运输富含营养成分及激素的静脉血，其来源于内脏血管（主要是肠及胰腺），而肝动脉内则流有富含氧气的血，然后由肝静脉回流至静脉腔内。肝细胞分泌的胆汁由"胆管树"逐级收集，最终排入十二指肠。肝动脉、门静脉和胆总管在肝门处一起汇入肝脏。

肝脏主要由以下几种细胞构成：肝细胞、胆管上皮细胞、肝星形细胞（正式名称为 Ito 细胞）、库否细胞（Kupffer cell）、血管内皮细胞、成纤维细胞及白细胞。一只成年鼠的肝脏大约有 5×10^7 个肝细胞，而成年人类则有约 8×10^9 个。肝的细胞结构知识能够帮助我们理解肝脏肝细胞生物学。肝小叶是肝脏的基本功能单位（图 23.1）。由小叶间静脉、小叶间动脉和小叶间胆管组成的肝门三联（portal triad）位于肝小叶的周边区。肝动脉及门静脉的血液汇聚于此，再流经肝细胞到小叶中央，最终汇入中央静脉。肝血窦是连接门静脉和中央静脉的脉管系统。与其他的毛细血管床相比，肝血窦的内皮带有小孔，可以直接持续连接血液和肝细胞表面。肝脏二维成像显示，肝细胞排列为从门静脉到中央静脉方向的肝板（hepatic plate）。

相邻的肝细胞之间形成的细微管道称为胆小管，能将肝细胞分泌的胆汁引流到肝门三联中的胆管中。胆管内覆盖有胆管内皮细胞。Hering 管（canal of Hering）位于肝小叶和肝门三联之间，是胆小管和胆管之间的连接管道。肝星形细胞占所有肝细胞总数的 5% ～ 10%，其可储存维生素 A，还能合成细胞外基质蛋白和肝细胞生长因子，后者在肝脏再生中起了重要的作用。库否细胞是肝脏内组织的巨噬细胞，占肝细胞总数的 5%。

肝脏在氨基酸、脂质和糖类的代谢、外源性解毒和血清蛋白的合成过程中起主要作用。此外，肝细胞分泌的胆汁对于小肠营养物质的吸收、胆固醇的转化以及铜的排泄等都起着重

---

[1]　Oregon Health & Science University, Papé Family Pediatric Institute, Portland, OR, USA.

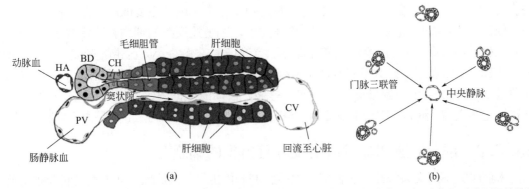

图23.1 肝小叶结构。(a) 肝门三联包括胆管（BD）、肝动脉（HA）和门静脉（PV）；来自肝动脉和门静脉的混合液通过肝窦的有孔的内皮细胞流过肝细胞汇集到中央静脉（CV）；肝细胞分泌的胆汁由胆小管收集后汇入胆管；Hering管（CH）是卵圆细胞前体细胞产生的地方，它连接肝板和胆管。(b) 每个肝小叶包含1条中央静脉和6个围绕着中央静脉的肝门三联。

要的作用。以上这些功能都主要由肝细胞进行。每个肝细胞的理化性质和基因表达并不一致。主要"代谢区带"（metabolic zonation）是根据门脉周围的细胞和中央静脉周围的细胞的性能而区分的。例如，只有中央静脉周围的肝细胞可以合成谷氨酰胺合酶，从而将氨分子转化谷氨酰胺；而门静脉周围的肝细胞可合成尿素循环酶，并可将氨转化为尿素。

23.2 肝脏干细胞

众所周知，肝脏具有很强的再生能力。哺乳动物（包括人类）在切除75%的肝脏后仍能生存，并在一周内恢复肝脏的细胞数量，2～3周恢复器官体积。重要的是，肝脏的体积由防止过度生长的机制进行控制。很多化合物都能刺激肝脏过度生长，例如肝细胞生长因子（hepatocyte growth factor, HGF）或过氧化物酶体增殖体（peroxisome proliferator），但这些刺激因子一经移除，肝脏即可恢复正常大小。目前已有强有力的证据证明：肝脏损伤的类型决定了修复时所用的细胞种类及其修复机制，此外，内源性细胞进行再生完全不同于供体细胞移植。因此，肝脏干细胞的定义包含：

（1）能够维持正常的组织转换率；

（2）部分肝切除术后可引发组织再生；

（3）引发祖细胞依赖性的组织再生；

（4）可以移植，移植后可进行肝脏种群的恢复；

（5）在体外可以转化为肝细胞或胆管上皮细胞。

下面，我们将依据这些定义探讨肝脏干细胞的特征。

23.2.1 维持正常肝脏组织转换率的细胞

成熟哺乳动物肝细胞的平均寿命约200～300d。人们一直在研究成体肝脏在维持正常细胞转换率的过程中保持结构和功能恒定的机制。研究使用的主要模型之一是"流肝模型"（streaming liver model）。根据这个模型，正常的肝细胞的转换类似于小肠再生：新生的肝细胞出生在门静脉区，然后向中央静脉区迁徙。门静脉周围和中央静脉周围的肝细胞基因表达图式的差别反映了肝细胞在迁徙过程中逐渐成熟及分化。然而，最近有些研究提出了反对肝流假说的有力证据。首先，有研究表明，肝细胞基因表达图式主要取决于血液流通的方向，如果血液从中心静脉流入小叶并通过门静脉流出，则上述模型的细胞表达图式会出现逆转。因此，最好用代谢诱导的基因调控而非谱系发育的调控来解释小叶区带的形成。其次，逆转录病毒标记的细胞示踪研究没有发现正常组织转换过程中肝细胞迁徙的证据，且此项研究已在雌性 X 失活嵌合体小鼠模型中被证实。总之，目前的证据清楚地表明，成年动物正常的肝转换主要是由肝细胞和胆管上皮细胞本身的原位细胞分裂介导的，而不是由干细胞介导的。

23.2.2　部分肝脏切除术后引发肝脏再生的细胞

人们研究不同实验条件下肝脏切除术后肝脏的再生，目前比较认可的有几种学说。部分肝切除术后，特定肝叶被完整切除而不会损伤其余肝叶。一周后，尽管被切除的肝叶无法再生，但剩余肝叶能继续生长以代偿被切除的肝叶。此外，在肝脏的正常更新过程中，没有证据表明干细胞参与其中。经典的胸苷标记研究显示，在切除术后的 3 ～ 4d 内，几乎所有的残余肝细胞均分裂 1 ～ 2 次，使肝脏恢复到原来的细胞数量。最早可于术后 24h 观察到被标记的细胞，24 ～ 48h 可检测到 ^{3}H-TdR 的掺入量的高峰，但不同类别的动物具体数值不同。有趣的是，根据手术切除肝组织范围的不同，细胞分裂表现出区域的差异。例如，当通过手术摘除 15% 的肝组织时，肝脏门脉周围（1 区）的肝细胞优先分裂；当切除 75% 的肝组织时，则所有 3 个区域中均能观察到细胞分裂。在肝细胞分裂后，肝内其他类型的细胞也开始进行有丝分裂，进而在 7d 内恢复原有的肝细胞数量。

目前已发现一些对部分肝切除后启动再生过程有调控作用的刺激因子和抑制因子，重要的有肝细胞生长因子（hepatocyte growth factor, HGF）、白细胞介素 -6（interleukin-6，IL-6）、肿瘤坏死因子（TNF-α）、转化生长因子（transforming growth factor-alpha, TGF-α）和表皮生长因子（epidermal growth factor, EGF）等。非肽类激素在肝损伤后的再生过程中也发挥着重要的作用，例如三碘甲状腺原氨酸和去甲肾上腺素可刺激体内肝细胞进行分裂。但目前尚不清楚这些因子是否也在祖细胞依赖性的肝脏再生或者肝脏干细胞的移植和扩增中发挥作用（详见下文）。

我们对于肝脏恢复适当体积后，肝细胞分裂及再生过程停止的机制知之甚少，感知肝细胞总数并对肝脏体积进行调控的过程需要哪些外源性信号（内分泌、旁分泌或自分泌）仍不清楚。但是，一些证据表明 TGF-β1 可能在肝脏再生的终止中起作用。

23.2.3　引发祖细胞依赖性再生的细胞

23.2.3.1　卵圆细胞

正常组织细胞及部分肝切除术后的细胞再生常需祖细胞的参与，但此机制并不适用于所有的肝脏损伤。在某种类型的肝细胞损伤后，会在门静脉区出现一种卵圆形细胞核、核 / 质比例很大的细胞，它们广泛增生并迁徙到肝小叶中。这种细胞因其形态被称为"卵圆细胞"（oval cell）。这些卵圆细胞并不由肝细胞分化而来；相反，它们是 Hering 管原始细胞的后代（图 23.1）。卵圆细胞的增殖和分化证明存在祖细胞依赖性的肝脏再生，产生卵圆细胞的原始细胞可以被认为是"兼性肝脏干细胞"（facultative liver stem cell）。通过 DL- 乙硫氨酸（DL-ethionine）、半乳糖胺和偶氮染料等化学物质对大鼠可建立肝损伤模型（见表 23.1）。这些毒性药物通常与肝部分切除术联合使用。由于很多诱导卵圆细胞增殖的化合物是 DNA 损伤剂或致癌物，所以卵圆细胞的出现被认为是癌前状态。祖细胞依赖性肝脏再生的前提条件是现有的肝细胞不能增殖。例如，慢性炎症时肝脏实质细胞被严重的损伤或 / 和无法有效

表 23.1　祖细胞依赖型诱导性肝再生（化学操作）

小鼠	大鼠
双吖丙啶氧膦哌嗪（dipin） 3,5- 二乙氧羰基 -1,4- 二氢氯乙烯（DDC） 苯巴比妥 + 可卡因 + p.H.[①] 胆碱 - 缺乏饮食 + DL- 乙硫氨酸（DL-ethionine）	2- 乙酰氨基芴（AAF） 二乙基亚硝胺（DEN） 缓慢型法波模型（DEN + AAF + p.H.） 修饰缓慢型法波模型（AAF + p.H.） 胆碱 - 缺乏饮食 + DL- 乙硫氨酸 D- 氨基半乳糖盐酸盐 + p.H. 毛果天芥菜碱（lasiocarpine）+ p.H. 倒千里光碱（retrorsine）+ p.H.

① p.H.= 部分肝切除术。

的再生修复时，肝脏可能利用祖细胞依赖性再生的方式进行修复。卵圆细胞表达胆管上皮细胞（CK19）和肝细胞（白蛋白）两种细胞的标志物。在大鼠模型中，它们高表达甲胎蛋白（α-fetoprotein），因此，其在基因表达图式中与胎儿成肝细胞相似。卵圆细胞在体外培养中呈双能性，具有向胆管内皮和肝细胞两个谱系分化的能力。由于它们与肝母细胞的共性以及具有的双分化潜能，卵圆细胞被认为是祖细胞群；位于 Hering 管的卵圆细胞前体细胞则被认为是肝再生干细胞。

在大鼠体内针对几种卵圆细胞的单克隆抗体进行研究。细胞表面标志物 OV6 已经在多项研究中得到应用。卵圆细胞及胎儿肝母细胞之间的相似性已由这些标志物所证实。

不久前，人们还不能诱导小鼠卵圆细胞增殖并充分利用这个有利的遗传学工具。但可以利用转基因技术，确定在部分肝切除术后的肝组织再生中的决定因素是否是卵圆细胞诱导肝脏细胞再生。

现在，人们已经研究出了若干个使小鼠肝脏发生祖细胞依赖性再生的方法。其中一种特别有效的方法是利用化学物质 1,4- 二氢 -3,5- 吡啶二羰酸二乙酯（DDC）诱导成模。小鼠卵圆细胞不同于大鼠和人类，其不表达 α- 甲胎蛋白及 OV6。迄今为止，发现鼠卵圆细胞表面标志物有一些例如 A6 特异性抗体，经证实可以使用。尽管如此，卵圆细胞增殖的表观遗传学研究仍有待进行。例如利用转基因小鼠进行研究，发现 TGF-β1 可抑制卵圆细胞增殖。

表 23.1 列出了在大鼠和小鼠中诱导卵圆细胞增殖的条件。卵圆细胞的增殖现象出现在多种人类的肝脏疾病中。慢性肝损伤时也发现卵圆细胞，它们经常出现在肝硬化结节的周围。大鼠和人都可以表达的细胞表面标志物 OV6，有助于确定卵圆细胞的存在。

有趣的是，由典型的致癌物诱导的大鼠卵圆细胞可表达和原始造血干细胞（HSC）相关的基因及其受体、c-kit 酪氨酸激酶等。通过荧光激活细胞分选技术（FACS）分离 HSC 使用 c-kit 抗原作为重要的阳性标志物。在二乙酰氨基芴（AAF）/ 部分肝切除模型中，卵圆细胞在增殖的早期阶段同时表达 SCF 和 c-kit。但是单纯进行部分肝切除术或单独使用 AAF 所形成的模型均不能引出上述效果。mRNA 原位杂交显示 c-kit 表达于卵圆细胞，而 SCF 则在卵圆细胞和网状细胞中均表达。

此外，后来的研究发现，用于在小鼠中分选 HSC 的 Thy-1 标志物在大鼠卵圆细胞上也高度表达。Thy-1 与经典的卵圆细胞标志物如甲胎蛋白均为卵圆细胞的分化标志物。

卵圆细胞表达 HSC 标志物的现象并非仅限于大鼠。从患有慢性胆汁疾病的患者身上分离得到的卵圆细胞就同时表达 CD34 以及胆管标志物细胞角蛋白 19（cytokeratin 19，CK19）。此外，人类儿童肝病中也确认存在表达 c-kit 的细胞，但其造血肝细胞标志物为阴性。由

DDC 诱导的鼠模型的卵圆细胞高表达干细胞抗原 -1（Sca-1）。很多独立研究的结果都支持一个理论，"这些在 HSC 中也能发现的基因是由卵圆细胞而不是由再生的肝细胞表达的"。卵圆细胞和 HSC 在表型上的关联提示，卵圆细胞的前体细胞可能来源于骨髓（详见后述）。

23.2.3.2 其他肝细胞的祖细胞

卵圆细胞的命名只是来源于其形态学外观，其实在诱导分化的不同时期，它可以表达不同的标志基因。此外，不同的诱导剂也可以出现不同表型的细胞。因此，尚不清楚所有卵圆细胞是否相同或卵圆细胞是否存在亚群。由倒千里光碱（retrorsine）诱导和肝部分切除术后的大鼠模型描述了另一类肝脏的祖细胞。倒千里光碱可以阻断成熟肝细胞的分裂，但其不会引起典型的甲胎蛋白和 OV6 阳性的卵圆细胞的产生。取而代之的是出现肝细胞样小细胞灶并最终导致器官重建。这些小细胞同时表达肝细胞和胆管的标志物。但是它们的来源（未分化的肝细胞、Hering 管中的移行细胞或骨髓）尚未可知。

23.2.4　可移植的肝脏种群恢复细胞

在评估干细胞功能时最严格的标准就是检测细胞重建器官和恢复功能的能力。在定义 HSC 时就是根据它们可以恢复受致死剂量照射动物的全部血细胞系。20 世纪 90 年代，人们在不同的动物模型中进行了类似的肝脏种群回复实验。实验将少量供体细胞移植到受体动物的肝脏内，这些细胞定植后经过扩增，可以替代大于 50% 的肝脏体积的肝脏细胞。因此，已经可以开展一些与血液系统类似的肝脏研究，包含细胞分选、竞争性功能种群恢复、系列移植和逆转录病毒标记等。肝干细胞现在可以通过它的再生能力来定义，但应注意的是，肝脏的种群恢复一般仅限于肝细胞，对胆管系统无效。

广泛用于肝脏种群恢复研究的动物模型见表 23.2。在所有模型中，通过细胞移植实现的肝脏种群恢复都有一个共同的前提，即移植细胞比受体肝细胞具有更强的选择优势。许多模型都是通过遗传差异（基因敲除/基因转移）实现的，但损伤受体 DNA 也是一种可行的方法，尤其适用于大鼠模型。

表 23.2　肝脏种群恢复的动物模型

动物	模型	选择性压力
小鼠	白蛋白 - 尿激酶转基因	尿激酶介导的转基因肝细胞损伤
小鼠	Fah 基因敲除	酪氨酸有毒代谢产物聚集
小鼠	白蛋白 -HSVTK 转基因	HSVTK 介导的更昔洛韦向毒性物质的转化
小鼠	Mdr3 基因敲除	胆汁酸聚集
小鼠	Bcl2 转基因供体细胞	Fas 配体（Jo2）诱导不表达 Bcl2 的肝细胞凋亡
大鼠 - 小鼠	倒千里光碱（retrorsine）处理	应用倒千里光碱（DNA 损伤）使受体肝细胞失活
大鼠	放射环境	通过 X 射线（DNA 损伤）使受体肝细胞失活

之前描述的动物模型已经用于了解移植的肝脏再增殖细胞的性质及确定未分化干扰细胞是否驱动该过程。干细胞假说通过观察可以连续移植大于 100 个细胞的倍增时间而不失去其特征而成立。有趣的是，本实验中唯一的供体来源细胞为肝细胞，未发现胆管上皮细胞或其他类型细胞的供体来源，从而提高了"单能"干细胞的可能性。

23.2.4.1 肝细胞作为肝脏种群恢复细胞

在进行造血细胞的种群恢复实验时，常常在全骨髓的纯化提取物中寻找具有高度重建能力的细胞亚群。最近对肝细胞开展了类似的实验，发现两种组织器官的成熟细胞之间有一个重要的区别：造血系统中分化的细胞增殖能力有限，而分化的肝细胞却具有很强的种群恢复能力。

在 *Fah* 突变小鼠模型中，对原始肝细胞和已连续移植的肝细胞进行了大小分级、逆转录病毒标记和竞争性功能种群恢复等。三种实验方法都表明，占 70% 的体积较大的双核肝细胞是使肝脏种群恢复的原始细胞。现已通过移植根据其倍性（DNA 含量）分类的肝细胞证实了这一发现。$2n$、$4n$ 和 $8n$ DNA 含量的肝细胞都具有种群恢复能力。因此，罕见的干细胞对肝脏再增殖有作用的证据没有被检测到。总之，这些试验表明，占肝脏细胞绝大多数的已经完全分化的肝细胞都是高效率的种群恢复细胞，能够像干细胞一样增殖。

23.2.4.2　通过非肝细胞的肝脏种群恢复

尽管有证据表明肝细胞在种群恢复中具有高效、可多次移植等特点，但另外一些细胞也可用于肝脏种群恢复。这一发现类似于肝脏种群恢复，肝细胞和未分化的肝细胞祖细胞能够重建器官。下面分别描述了几个非肝细胞种群恢复细胞：

（1）胎儿成肝细胞；

（2）卵圆细胞；

（3）胰源性肝脏祖细胞（pancreatic liver progenitor）；

（4）造血干细胞。

23.2.4.2a　通过胎儿成肝细胞进行肝脏种群恢复

在哺乳类动物的发育过程中，成肝细胞出现在胎儿的肝芽中，称之为胚胎肝脏干细胞，其表达甲胎蛋白、肝细胞（白蛋白）和胆管细胞（CK19）的标志物。因此，这些细胞可以表现具有肝细胞种群恢复的能力及具有胆管系统重构的潜能。

已经有关于肝细胞移植的报道，在胚胎日龄（embryonic day, E）12 ～ 14d 时，胎鼠肝脏中经倒千里光碱（retrorsine）刺激生成的祖细胞至少分成 3 个明显的成肝细胞亚群（即双能的、单能成肝细胞的和单能成胆管的）。移植后，双能细胞能够在倒千里光碱处理的大鼠内增殖，而单能细胞仅能在未经处理的大鼠体内生长。然而，没有一个胎肝细胞种群可自增殖。移植细胞的增殖需要行部分肝切除术或服用甲状腺素来刺激。尽管如此，胎儿成肝细胞比成熟肝细胞更容易增殖。最后，移植的胎儿细胞分化为肝细胞索和成熟的胆管结构。然而，没有证据可以证明这两种细胞起源于同一前体。

总之，胎肝细胞比成体肝细胞增殖得更快，提示它们具有更强的增殖和分化潜能。

23.2.4.2b　通过卵圆细胞进行肝脏种群恢复

卵圆细胞具有胎儿成肝细胞的双分化能力，并因此成为有用的肝脏种群恢复细胞。曾有报道在大鼠体内进行肝或胰腺来源的卵圆细胞的移植。移植细胞后，在不施加选择压力的情况下就能观察到它们适度地增殖和分化并迁徙到成熟肝细胞中的现象。然而，由于其不施加选择压力，这些实验不能证实肝脏种群恢复的真实能力。但是近期已经用 DDC 诱导纯化的鼠卵圆细胞进行了增殖研究。这些实验清楚地表明卵圆细胞具有很强的增殖能力，是细胞移植疗法中很有吸引力的候选细胞。

23.2.4.2c　胰通过胰腺祖细胞进行肝脏种群恢复

在胚胎发育期间，主要的胰腺细胞由位于腹侧前肠的内胚层前体发育而来，分化成导管、小管、腺泡细胞和内分泌 α、β 和 δ 细胞。重要的是，肝脏主要的上皮细胞、肝细胞和胆管上皮细胞也被认为来自前肠内胚层的相同区域。

肝脏和胰腺在胚胎发育中的密切关系使成体肝胰共同前体细胞（胰源性肝脏干细胞）的存在成为可能。事实上，几个独立的研究证明成人胰腺含有可以分化为肝细胞的细胞。胰源性肝细胞最早发现于使用胰腺致癌物质 *N*- 亚硝基 - 双胺（2- 氧代丙基）处理的仓鼠模型中。类似地，在用过氧化物酶促增殖剂 Wy-14643 处理的大鼠中也发现了少量的肝细胞样细胞群。一些相似的致癌物可促进分化成肝卵圆细胞，尤其是部分肝切除术后。最著名的例证就是铜耗竭的大鼠重新喂食铜膳食后再次出现肝细胞。建模时，断奶大鼠饲喂无铜饮食 8 周，使得胰腺腺泡完全萎缩，然后再补充铜剂。重新喂含铜膳食后的数周，残余胰腺导管中出现带有肝细胞特征的细胞。这个实验可以证明胰源性肝干细胞的存在。人们还发现胰腺癌细胞可以表达肝细胞标志物，从而引证上述动物实验的结论。最近，人们鉴定出一个可能与驱动这个过程相关的特异性细胞因子。携带由胰岛素启动子驱动的角化细胞生长因子（keratinocyte growth factor, KGF）基因的转基因小鼠能持续地分化为胰源性肝细胞。在多种实验条件下多种哺乳动物模型中开展的研究都证实了胰腺内肝脏前体细胞的存在。人们还发现了肝脏和胰腺相反关系的证据：肝脏内存在胰腺前体细胞。某些肝肿瘤，特别是胆管癌，出现了典型的胰腺细胞的标志物。一个有关肝肿瘤的实验显示，61% 的胆管癌表达胰淀粉酶，也有报道胆管癌可表达脂肪酶。与这一发现相似的是，源自大鼠肝脏的卵圆细胞系可在体外分化成具有调节功能的分泌胰岛素的细胞（即与胰腺 β 细胞的特性类似）。这些细胞甚至能够移植到糖尿病大鼠体内使其康复。还有一些实验证明，用表达胰腺的转录因子的载体处理过的动物体中，动物肝脏出现了胰岛样细胞。

因此，我们可以假设，成年肝脏和胰腺仍拥有一小部分原始肝胰干细胞，它们具有与胚胎发生期间相同的分化后代的潜力。

移植实验已用于检验胰源性肝干细胞假说。如前所述，由铜缺乏诱导的胰卵圆细胞出现在体内分化为形态正常的肝细胞。此外，*Fah* 敲除模型已被用于证明成年人胰腺中肝细胞祖细胞的存在。

将野生型 *Fah* 小鼠的胰腺消化成单个细胞，然后移植到 *Fah* 突变小鼠中。重要的是，这些实验中使用的细胞来自正常成人胰腺，并且在供体小鼠中不使用化学试剂处理或用卵圆细胞进行诱导。虽然只有少于 10% 的 *Fah* 突变小鼠经胰腺细胞移植后长期存活并且具有广泛的肝增殖，但超过一半的小鼠形成

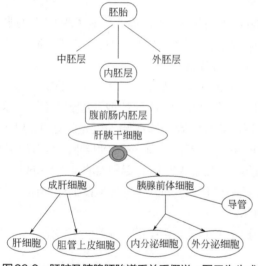

图23.2 肝脏及胰腺胚胎谱系关系假说。图示为生成肝脏和胰腺谱系的全能性内胚层；在发育过程中生成胰腺和肝脏的腹前肠的内胚层细胞在成体生命中以肝胰干细胞的形式存在。

了供体来源的（Fah⁺）肝细胞结节。这个结果很可能反映了这些祖细胞数量的稀缺。根据生成的肝细胞数计算得出，供体细胞中祖细胞的比例大约为 1/5000。还有实验显示，胰腺管在肝脏增殖测定实验中不分化为肝细胞。这些发现与铜耗竭模型获得的结果不一致，所以胆管周围、肝细胞间质细胞以及管道本身均被认为是卵圆细胞前体细胞的来源。

肝脏和胰腺细胞之间的谱系关系的模型如图 23.2 所示。这一模型承认成体肝胰干细胞的存在，其功能类似于胚胎腹前肠的内胚层祖细胞。

23.2.4.2d 通过骨髓来源的祖细胞进行肝脏种群恢复

成熟哺乳动物的骨髓含具有多种不同能力的细胞。众所周知，产生所有血细胞的 HSC 储存于此。此外，骨髓还含有能够转化为浆细胞、成骨细胞和其他结缔组织细胞类型的间充

质干细胞。HSC 是悬浮细胞；间充质干细胞黏附在组织培养瓶的壁上并增殖。其中很大一部分是原始的悬浮的细胞，它们的特征是可以由 Hoechst 进行细胞核的染色，并且可以分化为肌细胞和造血细胞。因此，成体骨髓细胞可分化为多种中胚层来源的组织细胞。骨髓内也存在上皮细胞的前体细胞。在遗传表观不同的物种中进行骨髓和全肝移植，一部分肝卵圆细胞是在 AAF 诱导后衍化来的供体。骨髓源性的肝细胞（BM 衍生的）也存在于小鼠体内，并且对于这种细胞不需要卵巢细胞的诱导。最近，几份实验结果证明供体来源的上皮细胞也存在于性别不匹配的骨髓移植患者体内。在所有这些研究中，细胞的上皮性质通过形态学和肝细胞特异性标志物的表达得到证实。

23.2.4.2d. i　HSC 作为肝细胞的前体细胞

为了确定究竟是骨髓中的哪种细胞类型在 *Fah* 基因敲除小鼠中生成了肝细胞，人们在移植时使用了单一组分的细胞群。结果发现，c-kit^{high}Thy^{low}Lin$^-$Sca-1$^+$（KTLS）表型的纯化 HSC 在经过有限稀释后可以产生肝细胞。该项目还研究了大量的肝增殖和代谢性肝疾病（例如家族性酪氨酸血症），进而全面地阐述了骨髓细胞来源的肝细胞的相关功能。代谢异常的纠正可通过一些肝细胞特征性参数来反映，例如血浆氨基酸水平、胆红素的结合及排泄和血清转氨酶水平。

在单细胞移植中，一种 HSC 不仅可以重建受体小鼠的造血系统，而且可以转化为多种组织类型，包括肝细胞上皮细胞。有趣的是，在这个实验中，供体细胞的标志物仅在少数肝胆管细胞上被发现，而非肝细胞。

还应注意的是，所使用的骨髓干细胞不是用 KTLS 表型分离的；而是使用了一种特殊的方法。因此，KTLS 干细胞与这些单个细胞的组织重建产生相似的效果尚需研究。

目前发现，人类的 HSC（特别是从脐带血来源的）也可以在异种移植实验时分化为肝细胞样细胞。使用标准程序，将人 CD34$^+$ 脐带血细胞低剂量照射处理后移植到非肥胖性糖尿病合并严重联合免疫缺陷（NOD-SCID）小鼠体内。然后使其肝损伤（特别是使用四氯化碳造成其肝损伤）后，可以发现产生一种肝细胞标志物（白蛋白）的人类细胞，但频率很低（<1/1000）。这个发现阐明人 HSC 也可能产生肝细胞，损伤后此现象尤为可见。这一发现已被多个实验报道。而且现在在发现只有补体分子 C1q [C1qR(p)] 的受体表达阳性的 HSC 的亚群能够分化为肝细胞。然而，由于缺乏相应功能的检测方法，有些异种移植实验的结果还不能很好地解释。

23.2.4.2d. ii　多能成体干细胞作为肝细胞祖细胞

尽管具有 KTLS 表型的 HSC 是人们最早确定的能够在体内生成骨髓源肝脏上皮的细胞，但不是骨髓中唯一能够分化为肝细胞谱系的细胞。多能成体干细胞（MAPC）是可以从多种哺乳动物（包括人、大鼠和小鼠）的骨髓中分离出来的。通过铺板非造血性贴壁细胞和连续传代在培养物中产生 MAPC。

MAPC 是端粒酶阳性的细胞，如果在体外培养中保持低密度，能够稳定生长很多代。这些细胞具有胚胎干细胞的某些性质，在体外合适的生长条件下能够分化成许多谱系。有实验表明，已经可以允许诱导人类和鼠类的 MAPC 的基因表达。但是需要一些条件，包含使用基底膜基质、成纤维细胞生长因子 4（FGF-4）和 HGF。只需培养时间超过 2 周，大多数 MAPC 分化并表达多种肝细胞的功能，包括合成尿素、分泌白蛋白、使用苯巴比妥可诱导细胞产生 P450 等。

MAPC 也已经进行体内移植实验。首先，以类似于胚胎干细胞的实验方法将 MAPC 注射入胚泡中。以这种方式产生的胚胎对各个组织都有不少的影响，例如肝脏。在成年小鼠体内移植 MAPC 后，在其肝脏中发现肝细胞样的供体细胞。尽管这些细胞也表达肝细胞标志物，但是否能够治疗肝脏疾病还有待测试。

23.2.4.2d.iii 骨髓源肝细胞的生理意义

尽管我们明确确定全功能骨髓源性肝细胞的存在，但在肝损伤中所起的重要作用仍存有异议。

按照在一个模型的假设 [如图 23.3（a）所示]，由骨髓分化为肝细胞是一种重要的损伤应答通路，尤其是在祖细胞依赖性的肝脏再生（即卵圆细胞反应）过程中。因此，肝细胞可通过 HSC 的直接分化或卵圆细胞中间型的间接分化产生。如图 23.3（b）所示，相反的模型表明卵圆细胞祖细胞是一种组织常驻细胞，即使在组织损伤的时候，骨髓对肝脏上皮细胞的生成几乎没有贡献。为了确定肝损伤是否促进 HSC 向肝细胞的转变，不仅在健康小鼠中，还在原来就存在肝细胞损伤或者卵圆细胞再生的小鼠中测量了骨髓移植后的细胞转化率。结果表明，在 *Fah* 基因敲除小鼠急性肝损伤时，骨髓源肝细胞的比例并没有超过健康对照鼠。此外，在 DDC 诱导的卵圆细胞反应中，也没有检测到骨髓来源的前体细胞。综上所述，尚待确定 HSC 是否在任何临床相关的肝损伤模型中发挥重要作用。

23.2.4.2d.iv 骨髓源肝细胞生成的机制

通过骨髓源细胞实现肝脏种群恢复这一过程有 3 个基本机制。首先，从理论上讲，骨髓可能含有一种特异性内胚层干细胞，能够产生肝细胞和其他上皮细胞，这种细胞类似于间充质干细胞，能够产生中胚层衍生物，如肌肉、软骨和脂肪。其次，肝细胞和血细胞可能是共同的多能干细胞级联分化的产物 [图 23.3（a）转分化模型]。直到最近，这仍是众人在本领域最支持的假设机制。再次，骨髓源性肝细胞可以完全不经过分化，而仅由细胞融合形成

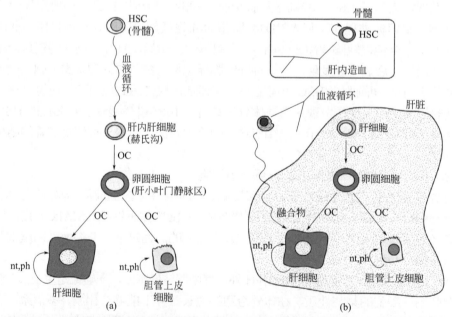

图23.3 骨髓常驻干细胞维持肝细胞恒定的模型。图中列举多重肝脏再生的类型（详见正文）。（a）转分化模型。细胞的解剖位置用括号标示：HSC通过血液循环到达肝脏，驻留并分化为上皮细胞祖细胞（肝内干细胞），它们在祖细胞依赖性肝再生过程中被激活（卵圆细胞反应）并生成卵圆细胞，最后进一步分化为肝细胞或胆管细胞。（b）细胞融合模型。HSC和肝脏上皮细胞之间没有直接谱系联系。骨髓源的肝细胞是HSC在血液循环中的后代细胞与肝细胞发生细胞融合的结果。祖细胞依赖性肝再生（OC）是通过非骨髓源的肝内干细胞实现的（nt：正常组织转换率；ph：部分肝切除术后的再生；OC：祖细胞依赖性再生即卵圆细胞反应）。

[图 23.3（b）细胞融合模型]。这种可能性存在的原因是体外观察到造血干细胞与胚胎干细胞自发融合并产生了嵌合鼠胚胎中的多种组织。为了验证这些假说，人们在 *Fah* 基因敲除模型中进行移植实验，同时检测供体骨髓和受体肝细胞两种标志物。这项研究的结果表明：大多数骨髓源性肝细胞含有来自供体和受体双方的基因信息，提示细胞融合的可能性。

在雌雄性别错配的模型体内进行移植后再行细胞遗传学分析，结果和所预料的细胞融合一样，可见高频率发生的四倍体 XXXY 和六倍体 XXXXYY 核型。重要的是，这一结果也在其他系统和组织类型的模型中得到证实。不仅如此，一些实验还进一步确认基因融合是 *Fah* 敲除模型中骨髓干细胞分化为肝细胞的主要机制。但仍需要了解骨髓祖细胞是否可以通过非融合依赖性机制（即有适当的差异性）分化为有功能的肝细胞。有项研究表明，使用人脐带血细胞异种移植到 NOD-SCID 小鼠体内，可以观察到产生人白蛋白的细胞不是通过融合而来的。

23.2.5 体外产生肝细胞和胆管上皮细胞表型的细胞

目前已经研究出几种肝脏干细胞分化及生长的体外模型。在进行肝脏干细胞体外研究时有两种常用方法。

第一种，根据细胞表达的表面标志物，利用细胞分拣方法分离假设的肝脏干细胞，再通过体外培养确定其生长和分化能力。第二种，可以从肝脏组织中衍化成永生的细胞系，其可在体外生长和分化。到目前为止，很少有研究利用细胞分拣方法来分离肝祖细胞。相比之下，人们已经分离并在组织培养下繁殖了许多哺乳动物种属的肝祖细胞系，包括小鼠、大鼠、猪和人。这些对科学理论和医学发展具有潜在的作用。这些都有助于提高人们对调控肝细胞和胆管细胞分化因子的认识，并可能在体外大量生成治疗性移植的肝细胞。通过细胞分拣出的原代细胞及永生的祖细胞系均可表达某些标志物，用于了解胰肝细胞的转归。除了建立肝祖细胞系以外，一些研究者还设计了使已经分化的肝细胞在一定条件下永生化的策略。然而到目前为止，能够在动物模型中得到治疗效果的研究仍然是依靠肝祖细胞系和原代肝细胞。

23.2.5.1 通过细胞分拣分离肝祖细胞

幼鼠通过 FACS 分拣法得到肝细胞，并分析其增殖及分化能力。结果提示，小鼠 E13.5 肝细胞有多种表面标志物，主要为 c-kit、CD45⁻、c-met⁺、Ter119⁻ 和 CD49f^{+/low}。在体外，它们广泛增殖，并可以分化形成肝细胞或胆管谱系。然而，当长期培养或移植到胰腺细胞生存的环境后，其也可以表达多种胰腺细胞表面标志物。细胞在体外可表达的基因产物包括内分泌标志物（前原胰蛋白酶和前胰高血糖素原）、胰腺特异性转录因子（pdx-1 和 pax6）和外分泌标志物（淀粉酶 -2 和脂肪酶）。这个相同的组最近在新生小鼠胰腺中使用类似的分选方法（Suzuki 等，2002b）。表达 c-kit⁻、CD45⁻、c-met⁺、Ter119⁻ 和 CD49f^{+/low} 的胰源性细胞在体外分化为肝细胞。

23.2.5.1a 大鼠细胞系
23.2.5.1a．i WB-344 细胞系

该细胞系从鼠肝脏非实质细胞经克隆遗传衍化而成，可能是研究中使用最广泛的细胞系。WB-344 细胞可能来自 Hering 管。虽然 WB-344 细胞可以在体外无限繁殖，却无致瘤性。迄今为止，WB-344 是唯一符合严格标准，表现为真正的肝干细胞的细胞系。然而，人们对其从干细胞转变为肝细胞的分子机制几乎一无所知，通过它们进行肝脏功能性种群恢复的研究亦未见报道。

23.2.5.1a．ii 大鼠卵圆细胞系

很多实验室都从致癌物处理的大鼠体内分离并培育出卵圆细胞系。与卵圆细胞在肝癌形

成中的作用一样，将这个细胞系移植到免疫缺陷的受体中能够形成肿瘤，这些细胞的分离、培养和移植已经得到了很好的评价。

23.2.5.1b　小鼠细胞系

尽管通常难以从小鼠肝脏建立永久性细胞系，但是这种细胞系可以从过表达组成型活性形式的 HGF 受体 c-met 的转基因小鼠中建立肝细胞系。利用这种方法可见两种形态学不同的细胞。两种细胞在特定条件下可增殖生长，并被适合的信号诱导分化。具有"上皮"形态的克隆细胞系类似于肝细胞，仅产生类肝细胞子代。相比之下，"掌状"形态的克隆能够依据分化的条件，产生两个不同的细胞谱系。目前已经发现引起其分化的一些条件。例如酸性 FGF 或二甲基亚砜（dimethyl sulfoxide, DMSO）诱导其分化为肝细胞，而该细胞系在基底膜基质中可诱导形成胆管样结构。HBC-3 细胞是源自小鼠 E9.5 胚胎肝组织的新型双能细胞系。这种克隆细胞系可以由 DMSO 或丁酸钠诱导分化成肝细胞。

23.2.5.1c　猪细胞系

从猪外胚层建立了一株有趣的细胞系。PICM-19 细胞具有双向分化性，类似于上述描述的小鼠细胞系。然而，与其他细胞系不同，PICM-19 细胞来源于非常早期的胚胎，然后形成肝前质。

23.2.5.1d　人细胞系

只有一种人体来源的细胞系，即 AKN-1，其可能拥有上面描述过的肝祖细胞的特征。

23.2.5.1e　胰源性细胞系

有几个实验室利用成体胰腺建立了细胞系并应用于转分化研究。在相同的培养条件下，利用肝脏和胰腺都可以建立带有表皮特性的永久细胞系。进一步的表型鉴定发现，在该培养条件下，所有细胞系均未表达肝脏或胰腺的分化标志物。然而，其形态学特征及醛缩酶、乳酸脱氢酶和角蛋白的表达水平无差异，表明这些胰腺和肝脏上皮细胞的前体来源相近。

还有实验室从表达 CK8、CK19 和碳酸酐酶的大鼠体内分离出永久"导管"上皮细胞系，将这些细胞包埋在胶原基质中经皮下或腹腔移植给正常大鼠。移植后一些肝细胞特异性标志物开始表达，同时，胰腺管标志物表达关闭。对于移植入肠系膜脂肪体的细胞确实如此。而白蛋白、转铁蛋白以及醛缩酶 B 的表达似乎类似正常成体干细胞表型。此外，这些数据与"共同内胚层肝胰干细胞"的假说一致。

深入阅读

[1] Alison MR, Golding M, Sarraf CE. Liver stem cells: when the going gets tough they get going. Int J Exp Pathol 1997; 78 (6): 365-81.

[2] Grisham JW. Cell types in long-term propagable cultures of rat liver. Ann N Y Acad Sci1980; 349:128-37.

[3] Grompe M, Laconi E, Shafritz DA. Principles of therapeutic liver repopulation. Semin Liver Dis 1999; 19 (1): 7-14.

[4] Jungermann K, Katz N. Functional specialization of different hepatocyte populations.Physiol Rev 1989; 69 (3): 708-64.

[5] Michalopoulos GK, DeFrances MC. Liver regeneration. Science 1997; 276 (5309): 60-6.

[6] Ponder KP. Analysis of liver development, regeneration, and carcinogenesis by genetic marking studies. FASEB J 1996; 10 (7): 673-82.

[7] Prockop DJ. Marrow stromal cells as stem cells for nonhematopoietic tissues. Science 1997; 276 (5309): 71-4.

[8] Sirica AE. Ductular hepatocytes. Histol Histopathol 1995; 10 (2): 433-56.

[9] Sirica AE, Mathis GA, Sano N, Elmore LW. Isolation, culture, and transplantation of intrahepatic biliary epithelial cells and oval cells. Pathobiology 1990; 58 (1): 44-64.

[10] Thorgeirsson SS. Hepatic stem cells in liver regeneration. FASEB J 1996; 10 (11): 1249-56.

第 *24* 章
胰腺干细胞

Yuval Dor[1], Douglas A. Melton[2]
郑荣秀，张彦彦，周娜，李苹　译

24.1　简介

从临床角度而言，胰腺是干细胞研究的一个重要焦点，因为胰腺是细胞移植治疗的重要器官。1 型糖尿病是由于胰岛 β 细胞被自身免疫损害，有假想提出具有自我更新能力的干细胞可以无限制地提供 β 细胞移植。这种治疗效果需要干细胞成功分化成 β 细胞，并指导其增长和分化。

从发育生物学的角度而言，胰腺干细胞是一个吸引人的问题。新细胞在成人期产生，但其起源尚不清楚。胰腺前体细胞的鉴定及分子特征成为许多领域的研究焦点，但尚不明确它在胰腺形态维持和再生中的作用及成人胰腺中是否含有一定数量的干细胞。因此，体外诱导胰腺前体细胞分化为干细胞变得非常重要。在本章中，我们将介绍胰腺前体细胞和干细胞。

24.2　干细胞和前体细胞的定义

干细胞是一种具有多向分化潜能和高度自我更新能力的多能干细胞。干细胞在胚胎形成时短暂存在，或在组织器官中终生存在，自我更新能力是其特性。另外，祖细胞是一种能产生另一种分化细胞类型的细胞。

干细胞与胰腺相关的重要生物学特征是有兼性干细胞的特性。其在人体器官中是有功能和分化的细胞，通过去分化对某些特殊的信号通路做出应答（通常认为是组织损伤），之后分化为另一种细胞。例如，通常认为肝脏中的干细胞存在于胆管中，并且能够分化为肝细胞。尽管胆管细胞不能在信号水平上满足干细胞的判断标准，但它可以作为肝脏祖细胞的储存地，以应对组织损伤。

我们如何证明某一种细胞是否为干细胞？这种证明一般需要以克隆分析为基础。需要长时间地观察单个细胞是否可以产生多个干细胞或分化为其他细胞。干细胞鉴定的金标准是通

❶　Department of Developmental Biology and Cancer Research, The Institute for Medical Research Israel-Canada, The Hebrew University-Hadassah Medical School, Jerusalem, Israel.

❷　Department of Molecular and Cellular Biology, Harvard University, Investigator, Howard Hughes Medical Institute, Cambridge, MA, USA.

过体外（通过亚克隆单个细胞系）和体内（向受致死剂量辐射的小鼠移植干细胞）实验证明干细胞存在于造血系统。相比之下，祖细胞的证明相对容易。只需要进行谱系追踪实验，即一种未分化的细胞群产生分化细胞。

即使某些特定器官中不能分离鉴定干细胞，但是可以通过 5- 溴 -2- 脱氧尿核苷的动力学研究证明它的存在。因为通常认为干细胞分裂缓慢，延缓标记细胞能够发现干细胞活动范围的解剖学定位。这种分析方法在皮肤、头发等具有自我更新能力的器官系统中已经得到证明。根据这些定义，我们将在下面的部分讨论在胰腺形成和个体生命全过程中干细胞和前体细胞存在的证据。

24.3 胰腺前体细胞在胚胎时期形成

人体胰腺含有三类细胞：外分泌腺细胞，构成腺泡，分泌消化酶；导管上皮细胞，运输消化酶到十二指肠；内分泌腺细胞，构成胰岛，分泌激素入血。人体胰腺中胰岛约占 1%，包

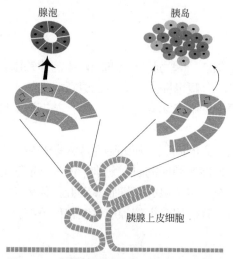

图24.1　胰腺的胚胎发育（见彩图）。早期胰腺中Pdx1⁺上皮细胞（浅蓝色区域）；腺泡细胞（红色）；α-、β-、δ-和pp细胞（在胰岛中分别用橘色、蓝色、黄色和绿色表示）。其他区域为内、外分泌腺的前体细胞。

含四种分泌不同激素的主要细胞：α-、β-、δ- 和 pp 细胞，分别分泌胰高血糖素、胰岛素、生长抑素和胰多肽。关于胰腺形成细胞和分子组成见图 24.1。祖细胞在器官形成中扮演何种角色是诸多现存问题中反复提及的主题。在小鼠胚胎第 9 天，肠管产生表达同源基因 $pdx1$ 的上皮细胞。这些起源于肠管的上皮细胞在胚胎第 12.5 天增殖分化形成管状结构，构成成熟胰腺的外分泌腺和内分泌腺。许多实验证明上述过程是基于前体细胞的增殖和逐步分化。如运用他莫昔芬诱导 Cre 重组酶进行谱系追踪实验，早期 $pdx1^+$ 细胞（在胚胎第 10.5 天也表达转录因子 p48/ptf1）产生人体胰腺的所有细胞。之后，前体细胞分裂、增殖、分化产生导管、腺泡和内分泌腺。内分泌腺前体细胞来源于早期胰腺的管状结构，并且在分娩之前参与形成胰岛。在此期间，祖细胞的潜能被短暂表达的标记基因所限制。特别是表达神经元素 3 的所有内分泌腺谱系的祖细胞。祖细胞标志物的下调和激素基因的表达是内分泌细胞终末分化的标记。虽然还未确定，但认为胰腺外分泌腺的形成也有相似的机制。

胰腺祖细胞如何选择自己的命运？有假说认为早期胰腺上皮细胞有丝分裂轴与子代细胞有关，甚至决定子代细胞的分化（图 24.1）。当垂直分裂时，子代细胞既保持上皮特性（对称分裂），又可形成外分泌腺泡。当水平分裂时，一个子代细胞可能变成一个内分泌前体细胞（不对称分裂）。这项假说虽然未经证实，但是支持人胰腺干细胞存在于肠管中的普遍观点。最近，遗传学证据表明，Notch 信号通路介导细胞间相互作用在多个调节位点影响前体细胞。因此，Notch 信号通路基因突变能够引起胰腺外分泌腺的分化加快且不完全。已知 Notch 信号通路能够影响神经前体细胞的水平分裂，这两种模式在实际上可能是相通的。

祖细胞和分化细胞在胚胎胰腺中的相互作用是什么呢？虽然这个问题尚未得到证明，但

激素表达细胞在早期胰腺形成中的作用已经得到证实（E9.5 ～ 10.5）。这些细胞大多数表达内分泌素，最初认为它们复制和产生成熟胰岛。然而谱系追踪和消融实验表明，多激素表达细胞对胰腺内分泌没有作用。成熟内分泌细胞来源于妊娠中期的前体细胞。

在这个基于祖细胞的形成阶段之后，在妊娠晚期和产后生活中，胰腺的快速生长被认为涉及祖细胞的分化逐渐减少和完全分化细胞的更多复制（见本章后面的部分）。虽然在胰腺发育期间祖细胞的身份和重要性是清楚的，但在这期间没有真正指示细胞的自我更新。最近的早期胰腺的 *pdx1*⁺ 细胞异质性的演示表明，在胰腺器官期，谱系分离发生得非常早。此外，尚未对胚胎胰腺进行克隆分析。体外克隆分析证明了外分泌和内分泌胰腺有共同的起源，但不是自我更新。因此，可以清楚地得出结论：在胰腺形成中，祖细胞起主要作用。然而，没有证据表明胚胎发育过程中胰腺干细胞的自我更新。我们现在转向胰脏出生后的生长和维持，要特别注意 β 细胞。胚胎类型的祖细胞在成人生活中保持活性或潜在形式？是否有干细胞能够在成人中产生新的胰腺细胞的证据？

24.4 成熟胰腺祖细胞

当描述成人胰腺干细胞／祖细胞时，将两个问题区分开来是很重要的：第一，在出生后的生长或损伤应激中，胰腺不同细胞的周转率是什么？第二，新细胞是衍生自干／祖细胞（新生）还是复制分化细胞？必须考虑到稳态维持或再生的强大能力并非新生。例如，受损肝脏的显著再生可以仅通过分化肝细胞的增殖而发生，而不需要干细胞。

24.4.1 细胞动力学的证据

出生后，胰腺持续生长，但在小鼠和大鼠约一个月大时胰腺生长显著减慢。然而，即使在老年动物中，在所有胰腺隔室中存在可测量的细胞出生率。在已经进行大多数研究的 β 细胞区室中，复制速率从 4 周龄动物中的 5% 降低至 3 个月以上老年鼠中的 0.1%。胚胎型祖细胞（基于表达模式）在正常成年动物中不可见（可能有从神经元素 3⁺ 祖细胞产生的稀有胰岛细胞例外）。

尽管其基础周转率低，但在某些生理和病理条件下，在成人胰腺中可观察到显著的增生。例如，在怀孕期间，归因于胰岛 α 细胞肥大和细胞增殖的组合响应，β 细胞群体加倍。更显著的是，几个报告已经证明了 β 细胞区室对遗传编程、自身免疫、手术或化学损伤恢复的能力。

新细胞在正常稳态或再生环境中是否可以完全被算作细胞的复制？根据经验，对于 β 细胞区室，能用在连续使用 BrdU⁺ 后脉冲标记的 β 细胞的数目来解释 BrdU⁺β 细胞的积累吗？如果不能，未分化的祖细胞的存在必须被调用。然而，这种类型的分析被证明是困难的，因为它需要几个难以捉摸的参数的可靠值：S 期的持续时间和特定隔室中的总细胞周期是多少？死亡率是多少，死亡细胞被清除需要多长时间？此外，通过免疫染色，因为细胞肥大，不容易从总细胞面积推断获得细胞数。因此，一项 β 细胞动力学研究必须包括荧光激活细胞的 β 细胞计数分选或通过对整个胰腺的仔细的组织学分析，这个标准并不总是满足的。

在这方面最广泛的努力是投入到在大鼠的整个寿命进行的 β 细胞动力学研究。在出生后第一周观察到祖细胞对 β 细胞群的显著贡献，随后转向组织维持和较慢的 β 细胞复制。此外，在大鼠慢性高血糖的类似研究中推导出显著的 β 细胞新生。这些动力学研究表明成年胰腺祖细胞的存在。但是，它们不能帮助确定这些细胞的分子和解剖学起源。

β 细胞祖细胞存在的另一个论据是嵌入成体外分泌组织中的单个 β 细胞的确认。这些孤立的细胞据报道在损伤后时常发生，这导致产生了一种观点，即认为它们是由存在于导管或腺泡中的祖细胞新产生的（可以在本章后面的部分看到）。人们认为新的 β 细胞以类似于发育胰岛形态发生的机制聚结进入胰岛。然而，需要仔细分析以区分这种解释和其他可能的解释（例如，现有胰岛的解体）。事实上，遗传谱系追踪实验表明 β 细胞的小簇衍生自 β 细胞，而不是来自干 / 祖细胞。BrdU 脉冲追踪实验和分化细胞（例如，使用可诱导的 Cre 重组酶）遗传标记的组合允许直接比较祖细胞和分化细胞对胰腺生长和维持的贡献。

许多实验忽略了新生的动力学方面，并集中于基于某些解剖位置的祖细胞的组织学鉴定。然而，没有谱系追踪，这些研究不能证明假定的祖细胞的命运，或确定它们的重要性。在接下来的章节中，考虑到成人胰腺干细胞祖细胞的身份，我们将描述最值得注意的建议。

24.4.1.1　导管

广泛认为成人胰腺干细胞位于导管上皮。实际上，表达 β 细胞标志物（胰岛素、glut-2、pax6、isl1 和 HNF3b）的细胞通常被发现嵌入或邻近成体导管。

此外，导管细胞复制（通过 BrdU 合并评估）在这种损害后增加了，还有人声称成人导管制品能够在体外进行内分泌分化（参见本章后面的部分）。在概念上，在导管中或附近的内分泌细胞的出现被解释为胚胎胰腺形态发生的重演，内分泌祖细胞从上皮产生。然而成人导管在其遗传程序中与应被称为"管状结构"的胚胎导管没必要一样。实际上，谱系实验表明，确定的导管和内分泌谱系早在 E12.5 就分离了。关于从导管出芽的内分泌细胞，对静态组织学的动态解释时需谨慎（图 24.2 和图 24.3）。

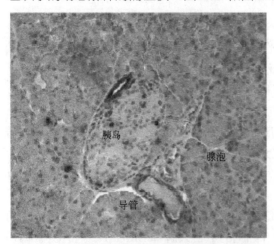

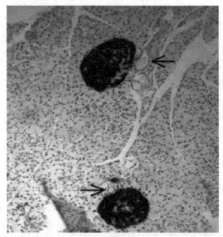

图24.2　成人胰腺的组织学结构（见彩图）。图示为 4 周龄小鼠胰腺中分离的外分泌组织（腺泡和导管）和内分泌组织（胰岛）。BrdU 标记的导管为红色，导管染色为蓝色，注意导管和胰岛之间的关联。原始放大倍率为200×。

图24.3　内分泌胰腺的谱系标记（见彩图）。图示为 4 周龄的ngn3-Cre、Z/AP 双转基因小鼠的胰腺切片；碱性磷酸酶染色（深蓝色）。在 *ngn3*⁺ 胚胎内分泌祖细胞内 Cre 介导的重组导致人胎盘碱性磷酸酶的基因可遗传表达。只有胰岛细胞被标记，这表明导管（箭头）和腺泡从来没有表达 *ngn3* 基因。原始放大率=100×。

前面的描述显示了特定导管标志物对于内分泌细胞的导管起源评估的重要性。虽然已经发现了几个导管标志物（如碳酸酐酶、囊性纤维化跨膜电导调节剂和细胞角蛋白 19），到目前为止，没有在转基因小鼠中被翻译成有用的谱系标志物。

总之，导管似乎可以引起对组织损伤的增殖反应，并且内分泌标志物偶尔在导管上皮细胞中表达。然而，这些细胞的命运及其对内分泌或外分泌胰腺的相对贡献尚未得到证实。

24.4.2　腺泡

从观察嵌入外分泌组织中的独立的 β 细胞开始，其他研究者提出无论复制与否，腺泡细胞可以转分化为内分泌细胞。体外试验表明，在一定条件下，腺泡细胞系可以采用内分泌特征，这就支持了这种可能性。然而，例如在导管内嵌祖细胞的情况下，这些细胞的谱系在体内未被跟踪；因此，它们的起源和命运无法确定。但是，在这种情况下，存在良好的谱系标志物，因此，可以直接检测内分泌细胞的可能的腺泡来源。用 Elastase 启动子驱动的 Cre 重组酶的初步实验已经表明，在正常条件下，表达弹性蛋白酶的细胞不产生内分泌或导管细胞。然而，仍然要检测腺泡细胞内是否含有在损伤后激活的"兼性"内分泌祖细胞。

24.4.2.1　胰岛内祖细胞

几个研究组已经证明胰岛内存在能够增殖和分化成 β 细胞的祖细胞。这些报告是基于推定的干 / 祖细胞标志物在胰岛中的表达。一个这样的提议是神经元祖细胞的标志物巢蛋白的表达，标记具有体外分化成几个命运的潜力的胰岛内分泌祖细胞。然而，最近使用由巢蛋白启动子驱动的 Cre 重组酶做的谱系分析显示，胰腺内分泌细胞不是通过巢蛋白 + 细胞的分化形成的。此外，最近显示巢蛋白在间充质中表达，但不在胚胎胰腺的上皮细胞中表达，进一步质疑其与胰腺谱系的相关性。

其他人已经记录了紧随糖尿病性损伤发生的胰腺中胰腺激素的共表达。例如，在链脲佐菌素处理后，生长抑素 + 细胞和胰高血糖素 + 细胞通过生长抑素 + pdxl+ 的增殖和分化及胰高血糖素 +/glut-2+ 中间体细胞类型产生 β 细胞。这些建议尚未通过谱系分析证实。

最后，胰岛的临床移植可能提供胰岛细胞动力学的重要线索。胰岛移植入门静脉（如对糖尿病患者所做的那样）或肾囊下（如用啮齿动物常规进行的），存活了数月并提供血糖控制。虽然很清楚细胞在移植物中死亡和增殖，但还不知道在移植物中新的内分泌细胞是否仅来自复制的分化细胞或也来自祖细胞。因为使用具有最小外分泌组织的纯化的胰岛进行移植，移植物中存在祖细胞的任何迹象将指向胰岛内来源。

24.4.2.2　骨髓

已经发现骨髓来源的细胞在除了辐射之外没有组织损伤的情况下有助于 β 细胞区室。为了方便检测骨髓衍生的 β 细胞，骨髓取自转基因在胰岛素启动子下表达 Cre 重组酶的小鼠，以及前面是一个 Cre 可去除转录终止信号的增强型绿色荧光蛋白（eGFP）。因此，供体小鼠的骨髓细胞应当仅在它们打开胰岛素启动子时才表达 eGFP。通过在受体小鼠的胰岛中的 eGFP+ 细胞的分类，高达所有 β 细胞的 3% 在骨髓移植后 2 个月被鉴定为供体来源。实验的设计是如此巧妙，以至于携带受体 β 细胞的骨髓细胞的融合可以被排除。这些令人惊讶的结果仍有待确认。

24.4.3　成人胰腺祖细胞的其他证据

已经报道，成年胰腺中的细胞可以重建缺乏延胡索酰乙酰乙酸水解酶的变性肝脏。这个观察表明在能够肝分化的胰腺中存在祖细胞。然而，最近的结果表明，肝脏通过骨髓细胞重建代表通过细胞融合补充有缺陷的肝细胞，而不是骨髓细胞向肝的转分化。因此，胰腺细胞的肝重建可能代表"融合性"，而不是这些细胞的可塑性。

总之，间接的证据表明，在成人胰腺损伤后存在或可出现内分泌祖细胞。详细的谱系分析还没有证明这些细胞对胰腺稳态的存在、起源、命运和重要性。类似于胚胎的情况，没有证据表明成人胰腺中存在自我更新的干细胞。

最近，我们使用遗传谱系分析系统来研究成人胰腺 β 细胞的动力学。这个分析表明，在小鼠的正常生活期间以及在胰腺切除术的再生期间，成熟 β 细胞主要维持自我复制，而不是干细胞分化。这一结果使人质疑干细胞在成年期对新 β 细胞的形成有显著贡献的观点。我们不能排除成人胰腺干细胞的存在；然而，这种推定的细胞对新的 β 细胞的贡献似乎是最小的。此外，兼性胰腺干细胞可能存在，并引起其他类型的伤害。该方法可以用于在体内和体外检测干细胞分化为 β 细胞。

24.5　诱导其他组织产生胰腺组织表型

从治疗的角度来看，在其他细胞类型内人工诱导 β 细胞的产生与发现和扩增内源性胰腺祖细胞一样有用。此外，非胰腺细胞，如果确实有能力采取 β 细胞程序，可以更容易扩展和体外操作。在这个方向的努力集中在被认为由于共同的谱系起源或类似的遗传程序而有能力进行胰腺分化的组织上。在这里，我们解释这种实验最常见的起始组织的胰腺连接。

24.5.1　从肝脏到胰腺

从转化所需的步骤看，几个观察结果使人产生了成人肝脏可能是胰腺的近亲的观念。首先，两种器官衍生自胚胎肠管的内胚层。此外，Zaret 及其同事的研究表明，E8 在腹侧前肠内胚层中存在双能性肝胰腺祖细胞群体。使用胚胎组织切除实验，他们已经证明来自心脏中胚层的成纤维细胞生长因子信号可以将这些祖细胞从默认的胰腺发生转移到肝脏发生。然而这些组织并不能像双潜能细胞一样出现类似的分化现象。

其次，胰腺向肝的转分化（其中肝细胞簇在胰腺中出现）在人中自发发生，并且可以在大鼠中实验性诱导。在培养的胰腺细胞中，通过单个转录因子（C/EBP-b）的激活证明了肝转分化，而不需要细胞分裂。这些观察结果表明，成年肝脏和胰腺细胞可以允许一定程度的可塑性转分化的发生。或者，这些器官中尚待鉴定的罕见干细胞祖细胞群可能负责化生现象。值得注意的是，没有发现在成人胰腺和肝的遗传程序中的深度相似性的证据。基于这些观察，几个团体试图通过实施将肝脏转化为胰腺的关键胰腺基因的表达。给人深刻印象的是，一个胰腺命运的候选因子是 Pdx1，是胰腺程序的最上游组件。的确，腺病毒介导的 Pdx1 向成年小鼠的转移，据报道能诱导在肝脏中胰岛素或外分泌胰腺标志物的低水平表达。

Pdx1 的简单过表达的概念问题需要特异性转录辅因子的出现。例如，人们知道 Pdx1 要求 Pbx 和 Meis 蛋白质具有适当的功能。怀着绕过对不存在于肝脏的 Pdx1 辅因子需求的希望，最近构建了 Pdx1-VP16 的融合基因。在非洲蟾蜍肝脏中 Pdx1-VP16 的转基因表达（不是未修饰的 pdx1），导致胰腺内分泌和外分泌基因在肝脏中的显著表达，伴随着肝脏基因下调。使用肝特异性启动子（来自转甲状腺素蛋白基因），并且发现相同的构建体在肝细胞系中诱导胰腺表型，应答细胞是分化的肝细胞而不是未提交的祖细胞或干细胞。

总之，似乎胰腺转录因子在胚胎和成年肝脏中的异位表达可导致胰腺程序的激发。可用的数据表明，这个机制是直接的肝细胞转分化，而不是共同的肝胰腺祖细胞的活化。除了该方法的治疗潜力，分子细节的分析可以对能力和潜力的问题提供重要的见解。

24.5.2　从神经元到胰腺

虽然胚胎发生过程中存在不同的谱系起源，但包括胰腺在内的内分泌系统和神经系统大部分来自同一谱系。例如，大多数参与内分泌胰腺逐步分化的转录因子也在发育中的大脑里表达。例如 isl1、Hb9、神经元素 3、神经 D、Nkx2.2、Nkx6.1、pax6 和 brn4 等。不同的是，大脑中缺乏 Pdx1 及胰岛素的表达。而胰岛素启动子包含在被抑制的内源性胰岛素基因座的神经元调节元件，但当驱动转基因时，引发神经表达。人们还没有完全理解这个使人好奇的相似性的意义。一种可能性是它反映了脑和内分泌胰腺的一个共同的祖先世系，随着内分泌程序受 Pdx1 控制，其在进化过程中分歧。这个想法的证据是胰岛素和胰高血糖素在苍蝇（缺乏胰腺）中的特定神经元中表达。因此，在遗传程序方面，神经元祖细胞是胰腺祖细胞已知最接近的关联。这表明神经元祖细胞［容易衍生自胚胎干（ES）细胞］要胰腺化可能只有几步。然而，迄今为止，诱导 ES 衍生的神经祖细胞到胰腺化的尝试都失败了。

24.5.3　从肠到胰腺

有多个研究探索了把消化系统非胰腺部分转化为胰腺的潜在可能性。由基因表达和上皮组织生出的细胞来判断，Pdx1 异常表达造成了局部胰腺干细胞转化。相似的，小鸡或小鼠胚胎内神经元素 3 的异位表达导致内分泌细胞表达胰高血糖素和生长抑素（但不是胰岛素）。通常在胰腺祖细胞中转录因子（ptfla-p48）失活，导致细胞自主反向交换，即胰腺到十二指肠上皮的转换。这些结果表明，即使在开始的特定节段之后，胚胎肠上皮仍保持可塑性。这种可塑性是否保留在成年人的肠内尚不知道。

24.6　体外研究

运用假定存在的胰腺干细胞的特性，人们已经做了大量的体外试验：从胰腺组织中生产β细胞。同样培养胰管，记录出现的分化细胞的类型。有些团队已报道从胰管中培养产生内分泌细胞，也有一些团队宣称通过移植体外生产的胰岛样群已经治愈动物的高血糖症。其他研究人员已经使用胰岛准备作为起始材料。然而，这些研究都有方法上的问题，这些问题使他们的表述变得复杂。第一，培养阶段开始和结束时的内分泌细胞的数目没有被仔细评估。第二，所有研究都是在多种细胞群而非单一细胞群上开展的，这就不能排除隔间有污染细胞出现的可能性。第三，没有进行克隆分析。第四，这些研究中许多人用了胰岛素免疫染色作为β细胞分化的标志物，并在培养基中投入了大量的外源胰岛素。因此，他们可能对增加的胰岛素而非重新合成的胰岛素做了计数。或许解决该问题的一个更有前景的方法是用胚胎胰腺作为起始材料，因为它包含能增殖和分化的祖细胞。但是这个方法已被证明比较困难。主要困难可能来源于缺少合适的可以模拟胚胎环境的培养环境。

24.7　总结

关于胰腺干细胞/祖细胞的研究可提供对器官稳态基本机理的深刻认识，以及糖尿病可能的一种治疗方法。尽管对于控制胰腺干细胞的机理和分子还需要做更多的研究，但存在胰腺干细胞并且它在胚胎发育中起主要作用。然而，目前还没有胰腺干细胞能自行再生的证据。

对于成人胰腺，没有确凿的证据表明胰腺祖细胞或干细胞在成人机体中的重要性或是仅仅存在。相反，至少就胰岛 β 细胞来说，似乎是组织保持自我复制而不是干细胞的分化。然而，在某些压力的作用下，干细胞看起来亦可能对胰腺的维护做出贡献，这也是有可能的。绝大部分证据指向胰腺管作为这种兼性胰腺祖细胞的储存地。支持游离胰腺组织的成长和分化的培养条件以及体外谱系分析系统的发展，是解决这个问题最需要的工具。

其他细胞类型也许保持了允许在人工环境下进行胰腺分化的可塑性。胚胎干细胞是唯一可获得的在体外可分化为胰腺干细胞类型的细胞；然而，这种潜在的可能性在生物体内尚待证实。理论考虑和一些实验证据使人想到神经元细胞、肝脏细胞和小肠上皮细胞也许可以进行胰腺干细胞化。

深入阅读

[1] Bonner-Weir S, Sharma A. Pancreatic stem cells. J Pathol 2002; 197 (4): 519-26.

[2] Bouwens L. Transdifferentiation versus stem cell hypothesis for the regeneration of islet beta-cells in the pancreas. Microsc Res Tech 1998; 43 (4): 332-6.

[3] Deutsch G, Jung J, Zheng M, Lora J, Zaret KS. A bipotential precursor population for pancreasand liver within the embryonic endoderm. Development 2001; 128 (6): 871-81.

[4] Dor Y, Brown J, Martinez OI, Melton DA. Adult pancreatic beta-cells are formed by selfduplication rather than stem-cell differentiation. Nature 2004; 429 (6987): 41-6.

[5] Finegood DT, Scaglia L, Bonner-Weir S. Dynamics of beta-cell mass in the growing rat pancreas.Estimation with a simple mathematical model. Diabetes 1995; 44 (3): 249-56.

[6] Gu G, Dubauskaite J, Melton DA. Direct evidence for the pancreatic lineage: NGN3+ cells are islet progenitors and are distinct from duct progenitors. Development 2002; 129 (10): 2447-57.

[7] Kodama S, Kuhtreiber W, Fujimura S, Dale EA, Faustman DL. Islet regeneration during the reversal of autoimmune diabetes in NOD mice. Science 2003; 302 (5648): 1223-7.

[8] Murtaugh LC, Melton DA. Genes, signals, and lineages in pancreas development.Annu Rev Cell Dev Biol 2003; 19:71-89.

[9] Pelengaris S, Khan M, Evan GI. Suppression of Myc-induced apoptosis in beta cells exposes multiple oncogenic properties of Myc and triggers carcinogenic progression. Cell 2002; 109 (3): 321-34.

[10] Shapiro AM, Lakey JR, Ryan EA, Korbutt GS, Toth E, Warnock GL, et al. Islet transplantation in seven patients with type 1 diabetes mellitus using a glucocorticoid-free immunosuppressive regimen. N Engl J Med 2000; 343 (4): 230-8.

第 25 章

消化道干细胞

Sean Preston❶, Nicholas A. Wright❶, Natalie Direkze❶, Mairi Brittan❶
李超，张伟，李苹　译

25.1　引言

近年来，人们越来越关注干细胞生物学及其潜在应用。有趣的是，关于"肠干细胞群落"的研究虽然是干细胞研究的一个很小的分支，但受到胚胎干细胞研究的影响，其研究也有 40 ～ 50 年的历史了。现在干细胞受到相当大的关注，回顾起来，许多我们对器官特异性干细胞的理解基本来自胃肠道和造血系统。

大量的证据显示，消化道多能干细胞存在于特定的区域或位置——胃腺体和肠道隐窝，由相邻的固有层中的肌成纤维细胞组成并维持。本章我们将回顾相关证据：这些多功能干细胞可以生成所有的胃肠道上皮细胞谱系，这是通过存在于胃腺体和肠道隐窝间隔内的前体细胞生成的，而这个共识的形成是个漫长而艰难的过程。尽管这个共识有重要的意义，但由于缺乏被广泛认可的单细胞水平的形态和功能标志物，胃肠道干细胞仍不能被确定。我们同时也会探讨干细胞的数量、位置和命运，并且我们也会去了解一下胃肠道干细胞在整个肠道隐窝和绒毛细胞谱系损伤后的再生能力。

胃肠道显示出功能的区域专能化——胃黏膜主要用于吸收，肠黏膜具有吸收和分泌的功能。各个组织成熟细胞系的多样性可以反映出这一点。因此，我们也认为每个组织的干细胞的命运也不尽相同。我们开始去探讨产生如此多样性的机制。有关干细胞可塑性的争议我们在本章也会谈到。由于干细胞的寿命被认为跟生物体差不多一样长，干细胞经常被认为是致癌物的靶细胞和肿瘤发生的起始细胞。

最近的研究认为，结肠干细胞的位置已经引发了关于干细胞转化形态进展的争议。这包括位于黏膜表面隐窝间区域内的突变干细胞自上而下的扩展，其向下扩展到相邻的隐窝中。与之相反的是自下而上的理论，该理论认为隐窝中的突变干细胞向上增殖，通过隐窝裂变扩展和复制生成新的隐窝。这使得肠道生物学的其他方面成为尖锐的焦点——隐窝再生机制、正常和发育不良的胃腺体克隆结构、肠隐窝、衍生的肿瘤以及干细胞在这些机制中扮演的角色。在这里，我们假定干细胞积累导致肿瘤发生的多种遗传事件，并探讨这些突变克隆在胃肠道上皮扩展的方式。我们将在分子调节途径探讨这些观点，如 Wnt 和转化生长因子 β

❶　Histopathology Unit, Cancer Research UK, London, UK.

（TGFβ）的信号通路。

25.2 胃肠道黏膜的多能性

在小肠，上皮层形成很多隐窝和较大的五指型的绒毛。在结肠，有很多长短各异的隐窝，最短的在升结肠。肠道上皮中共存在四种主要的上皮细胞谱系：柱状细胞，黏蛋白分泌杯状细胞，内分泌细胞和小肠潘氏细胞。肠道中也有一些不常见的细胞谱系，比如膜状细胞和膜/微球细胞。顶端有微绒毛的柱状细胞，是最多的上皮细胞，称为小肠的肠上皮细胞和大肠的结肠上皮细胞。杯状细胞含有黏蛋白颗粒，并因此产生了肿胀的杯状细胞，杯状细胞在整个结肠上皮细胞中都可见，可分泌黏液进入肠腔。在肠道上皮细胞中充满了内分泌细胞或神经内分泌细胞或肠道内分泌细胞。这些细胞通过含有致密核心的神经分泌颗粒，以内分泌或旁分泌的方式分泌肽激素。潘氏细胞几乎只存在于小肠和升结肠的隐窝基底部，它包含有大量的顶端分泌颗粒，并表达多种蛋白质，包括溶菌酶、肿瘤坏死因子和抗菌隐窝素（与防御素相关的小分子量肽）。

在胃里，上皮细胞形成了长的管状腺体，腺体被分为小凹、峡部、颈部和基底区。胃小凹或表面黏液细胞位于黏膜表面和小凹中。它们的核质中含有紧密包裹在一起的无膜的黏液颗粒。黏液颈细胞分布在腺体的颈部和峡部，它含有顶端分泌黏蛋白颗粒。主细胞或酶原细胞主要分布在胃底部和胃体部的腺体基底部，它们从卵泡生成颗粒中分泌胃蛋白酶原。壁细胞或泌酸细胞位于胃体部，在腺体基底部，它们有很多表面凹陷或小管，形成一个几乎到达腺体基底部的网络。内分泌细胞家族包括位于底部或体部的产生组胺的肠嗜铬样细胞。胃泌素细胞是胃窦黏膜的主要组成部分。

肠隐窝和胃腺体被肠上皮下肌纤维母细胞（ISEMF）构成的有孔鞘膜所封闭。这些细胞像合胞体一样存在，扩展至整个固有层和其周围的血管。ISEMF 与肠道上皮密切联系，并在上皮－间充质相互作用中起了重要的作用。ISEMF 分泌肝细胞生长因子（HGF）、TGFβ和角质形成细胞生长因子（KGF），但是这些因子的受体存在于上皮细胞中。因此，ISEMF通过分泌这些和其他可能的生长因子来调节上皮细胞的多样性。肠上皮细胞表达血小板衍生生长因子 -α（PDGF-α），依靠它的间充质受体（PDGFR-α）通过旁分泌起作用，来调节上皮－间充质相互作用。通常，ISEMF 是平滑肌肌动蛋白阳性（αSMA$^+$）和结蛋白（desmin）阴性，但是一些肌成纤维细胞也表达肌球蛋白重链。尽管表达 MyoD，但 ISEMF 仍会增殖。这不像其他的骨骼肌成肌细胞，一旦有 MyoD 表达就不增殖了。目前推测是由于这些细胞形成了一个更新的群体，并伴随着上皮细胞的生长而向上迁移。尽管它们出现了增殖和迁移，但它们的生长相对缓慢，并且随后它们进入固有层成为多倍体。

肠中的第二大肌成纤维细胞群是间质细胞的 Cajal 细胞。这些细胞与肌层神经元紧接，它们是胃肠平滑肌活动的发动者，进行电传导，并调节神经传递。它们也是 αSMA$^+$ 和结蛋白$^+$，并且伴有 c-kit 和 CD45 免疫染色阳性。

25.3 上皮细胞谱系起源于普通的前体细胞

由于缺乏被广泛认可的标志物，胃肠道干细胞的位置和命运很少被了解，虽然通常它们以未分化状态表现，并且在它们重新生成受损的腺体和隐窝时能够被识别出来。

单克隆假说认为胃肠道上皮内的所有分化细胞谱系都来自一个共同的干细胞起源。虽然这一假说很早就被提出，但直到最近仍很少有确凿的证据来支持这一假说。而胃肠道内分泌细胞源于神经嵴中神经内分泌细胞的迁移，这个观念仍有它的支持者。

虽然把鹌鹑神经嵴细胞移植到鸡胚中的研究，以及去除神经嵴的研究，都显示了肠道内分泌细胞是内胚层起源的，也显示了内胚层通过"神经内分泌程序化干细胞"从原始上胚层发展而来，原始上胚层产生了肠道内分泌细胞。这个假说没有被鸡－鹌鹑嵌合体实验排除，因此，其他的模型必须用来证明肠道内分泌细胞的起源，如后面描述的小鼠嵌合体实验。有几点证据提示干细胞存在于小肠肠腺隐窝基底部，它位于潘氏细胞上方（约小鼠的第四或第五细胞处）。

在大肠，干细胞被认为存在于升结肠的隐窝中间和降结肠的隐窝基底。然而，在胃腺体内，细胞从颈峡部双向迁移形成简单的小凹黏液上皮，细胞向下迁移形成壁细胞和主细胞。因此，干细胞被认为存在于胃腺体的颈峡部。单克隆假说现在正被大量的研究所支持。

25.4　单个肠道干细胞再生出包括所有上皮细胞谱系的整个隐窝

通过隐窝微集落测定方法，可以观察到肠道干细胞会再生出经过细胞毒性处理后的整个肠道隐窝和绒毛上皮细胞。照射处理后4d，灭菌的隐窝经历凋亡并消失，但它们能在隐窝基部的剩余的抗辐射潘氏细胞中被找到。在较高的辐射剂量水平下，每个隐窝中只有单一的细胞存活，因为辐射剂量增加一个单位可以导致一个单位隐窝的存活数减少。在小肠，一个或更多克隆形成细胞在隐窝或绒毛的存活（在辐射后）确保了隐窝持续存在，并且会使这个隐窝或绒毛的所有上皮细胞再生。因此，在细胞毒损伤后，单个存活的干细胞可以制造出所有的肠道上皮细胞，并再造一个隐窝。

25.5　聚集嵌合体小鼠显示肠道隐窝是克隆群

鼠胚胎聚集嵌合体容易制备，嵌合体中的两种克隆容易区分。在C57BL/6J Lac（B6）×SWR鼠胚胎聚集嵌合体中，双穗双歧杆菌凝集素（DBA）结合到B6来源的细胞位点上，但不结合到SWR来源的细胞位点上，这可以用于区分肠上皮中的两个亲本株。

在数以千万个关于嵌合体肠道隐窝的研究中，每个肠道隐窝要么是DBA阳性，要么是阴性，没有混合型［图25.1（a）］。因此，每个隐窝形成了一个克隆种群。这是在潘氏细胞、黏液细胞和柱状细胞的研究结果，虽然在内分泌细胞中还不能发现标志物，因为内分泌细胞表面不能结合凝集素。在新生2周内的C57BL/6J Lac（B6）×SWR嵌合体中，有混合型（如多克隆）隐窝，这提示在生长中存在多能干细胞［图25.1（b）～（d）］。

然而，在生成14d内，所有的隐窝最终来源于一个单独的干细胞，这是所谓的单克隆转化。这种对隐窝的清洁或"净化"可能是由于一个干细胞谱系的随机丢失，或是由于在这个发育时期通过裂变对隐窝进行非常活跃的复制而导致的谱系分离。为了排除器官生成时期隐窝从不同株发展来的可能性，这些发现在X链相关的葡萄糖-6-磷酸脱氢酶（G6PD）缺陷型基因小鼠中得到了证实［图25.1（e）和本章后面的部分］。

在胃中，情况类似，但是更为复杂。小鼠胃窦黏膜上皮细胞谱系（包括内分泌细胞）来源于一个普通的干细胞。通过对原位杂交的XX-XY嵌合体小鼠中的Y染色体的鉴定显示胃腺体也是克隆群体［图25.1（f）］。这些发现在 CH3×BALB/c 嵌合体小鼠中得到证实。该种小鼠的每个胃腺体由 CH3 或 BALB/c 细胞组成，没有混合型腺体。因此，我们可以进一步提出假说，除了肠道隐窝，小鼠胃腺体也来源于克隆。

此外，通过结合胃泌素（一个内分泌细胞的标志物）的免疫组织化学，并通过原位杂交以检测 Y 染色体，胃腺体雄性区域差不多只有 Y 染色体阳性、胃泌素阳性的内分泌细胞，然而嵌合胃腺体的雌性区域呈现胃泌素阳性和 Y 染色体阴性［图25.1（d）］。这些结果最终否定了 Pearse 的概念——肠内分泌细胞源自单独的干细胞池。

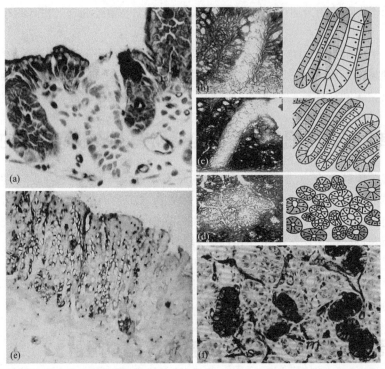

图25.1　胃肠道克隆化研究。小鼠胚胎聚集嵌合体，XX-XY嵌合体小鼠及X染色体失活小鼠。（a）经ENU处理的C57BL/6J-SWR（12周龄）F_1代嵌合体的小肠DBA染色，显示完整的阴性和阳性（黑色）的肠隐窝。（b）～（d）G6PD对ENU处理的C3H小鼠小肠黏膜冰冻切片的免疫组化染色显示：（b）部分隐窝阴性，（c）全部隐窝阴性，（d）21周龄的8个隐窝聚集区的横向截面。（e）XX-XY嵌合体小鼠小肠黏膜和黏膜下组织的Y点形态。（f）B6-SWR嵌合体幼鼠十二指肠交界处DBA染色（B6=黑色，SWR=无着色），可见混合体隐窝（m）及单克隆隐窝（s）。图（a）经允许翻印自Winton DJ, Ponder BA. 1990. Proc Biol Sci 241: 13-8；图（b）授权于Park HS, Goodlad RA, Wright NA. 1995. Am J Pathol 147: 1416-27；图（e）由Thompson EM惠赠；图（f）授权于Schmidt GH, Winton DJ, Ponder BA. 1988. Development 103: 785-90。

25.6　干细胞中体细胞突变揭示干细胞的谱系和克隆的连续性

某些位点的体细胞突变使我们可以研究胃肠道内干细胞的层次结构和克隆。11 号染色体中 *Dlb-1* 的突变是个很好的例子，C57BL/6J×SWR F_1 嵌合体小鼠杂合表达肠上皮细胞对 DBA 凝集素的结合位点。当 *Dlb-1* 因自发地或通过化学诱变剂乙基亚硝基脲（ENU）处理而发生突变时，这个结合位点会消失。在 ENU 处理后，这些隐窝最初是部分 DBA 染色阴性，然后是全部阴性。对这个现象最简单的解释是小肠隐窝中的干细胞的 *Dlb-1* 发生了突变。这些突变的细胞能随机扩展产生 DBA 染色阴性的克隆族群细胞［图25.1（e）］。如果是这种情况，那么单个干细胞可以产生小肠内的所有上皮谱系细胞。

Dlb-1 的敲入策略也可被用来解释之前的发现。如果 SWR 小鼠的肠上皮细胞不表达 DBA 结合位点，但可以通过 ENU 处理诱导结合 DBA，全部的 DBA⁺ 或 DBA⁻ 肠隐窝就会产生。从这个模型的应用可推论小鼠肠道隐窝存在"上皮祖细胞"，通过小鼠小肠隐窝和绒毛观察突变体克隆的形态、位置和寿命。这些短暂的定向祖细胞，即柱状细胞的祖细胞和黏液细胞的祖细胞，从多能造血干细胞进化而来，并且进一步分化为各种类型的成熟小肠上皮细胞。

关于这些祖细胞增殖的调控机制我们知道的并不多，给予 SWR 小鼠高血糖素衍生的胰高血糖素样肽 2（GLP-2）可诱导肠上皮生长，通过刺激柱状细胞祖细胞特异性修复而导致正常小肠中隐窝和绒毛增长。GLP-2 受体（GLP2R）被显示位于肠神经元，而不是如以前所想的那样位于肠道内分泌细胞和脑中。GLP-2 活化肠神经元快速诱导 *c-fos* 表达，然后发出信号促进柱状上皮细胞祖细胞的生长和产生成年柱状细胞的干细胞的生长。但它没有刺激黏液细胞谱系的生长，黏液细胞谱系的生长是由 KGF 刺激的。因此，祖细胞可能通过神经调节途径参与受损上皮的再生［图 25.2（b）］。

用结肠致癌物二甲基肼（DMH）或 ENU 处理的小鼠也可以产生隐窝，这些隐窝起初是部分 G6PD 阴性，最后全部成为 G6PD 阴性。部分阴性的隐窝可能由于来源于一个突变的细胞，这个细胞在分裂成隐窝的过程中缺少干细胞特性。下面的证据支持这一推论：这些部分阴性的隐窝是暂时的，并且出现的频率是减少的，而完全阴性的隐窝出现的频率增加。相反的，通过突变干细胞的随机扩增，这些部分阴性的隐窝可以变成全阴性隐窝。全阴性的隐窝可能是由突变干细胞衍生的克隆群体。

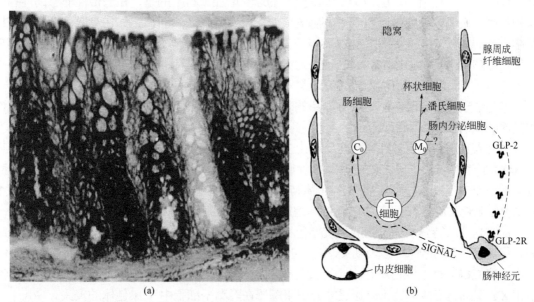

图25.2 干细胞微环境假说。（a）单次DMH给药14d后的CH3小鼠小肠黏膜冰冻切片经G6PD染色显示单个完全突变的隐窝，隐窝内的所有细胞被替换为突变体类型。（b）干细胞微环境示意图。一个活跃的多能干细胞产生一个可以分化为柱状细胞祖细胞（C_0）的子细胞，以及可以分化为杯状细胞、潘氏细胞和肠内分泌细胞的另一子细胞（尽管尚未确定这些细胞来源于M_0）。由少数肠内分泌细胞产生的GLP-2可与表达GLP-2受体（GLP-2R）的肠神经系统神经元相互作用，以刺激C_0子代细胞增殖。[C_0：柱状细胞祖细胞；M_0：黏液细胞祖细胞；GLP-2：胰高血糖素样肽2；GLP-2R：胰高血糖素样肽2受体]。图（a）经授权翻印自Williams ED, Lowes AP, Williams D, Williams GT. 1992. Am J Pathol 141: 773-6；图（b）经授权翻印自Mills JC, Gordon JI. 2001. Proc Natl Acad Sci USA 98: 12334-6。

使用诱变剂后，在 *Dlb-1* 和 G6PD 模型中，在小肠中部分突变的阴性隐窝减少和完全阴性的隐窝出现达到顶峰约需 4 周时间，在大肠中这一时间可达到 12 周。有趣的是，这个区别最初被认为是由于结肠和小肠之间的细胞周期差异导致的。然而，此种现象的解释可以在干细胞生态位假说中找到。这个假说认为，多能干细胞分裂占据一个隐窝，伴随着细胞随机丢失。小肠中干细胞的数量比大肠中可能更多，导致诱变处理后突变干细胞随机扩展后表型变化所需的时间不同［图 25.2（a）］。

另一种可能的假设是隐窝裂变，诱变剂处理时大肠的裂变率高于小肠。在隐窝裂变时，当隐窝沿纵向分开时，可发生两种细胞群体的选择性分离，通过分离突变、非突变细胞和复制完全阴性隐窝以创建单克隆隐窝来"清洗"部分阴性的突变隐窝。

25.7 人肠隐窝含有来自单一干细胞的多种上皮细胞谱系

在大多数人体内，结肠杯状细胞分泌 O- 乙酰化黏蛋白。然而，大约 9% 的高加索人群在 O- 乙酰转移酶（$OAT^{-/-}$）中具有纯合基因突变，并且杯状细胞分泌这种非 -O- 乙酰化唾液酸，即当用温和的高碘酸－希夫（mPAS）染色时，这些是阳性的。约 42% 的人群是杂合子（OAT^-/OAT^+），隐窝对 mPAS 染色呈阴性。偶然条件下，失去剩余活性的 OAT 基因将基因型转化为 OAT^-/OAT^-，显然是随机分布的 mPAS 染色阳性的隐窝，这些隐窝有从基底到腔面均匀染色的杯状细胞，这会随年龄的增加而增加。这可能是因为单个隐窝干细胞中的体细胞突变或不分离，以及随后通过突变的干细胞定植隐窝。这些事件发生的频率是种族决定的，并且在照射后增加。这表明干细胞突变的速率增加。有趣的是，在遗传性非息肉性癌患者和左侧、右侧癌黏膜中，表观干细胞的突变率没有增加。然而，正如在老鼠干细胞突变模型中，当患者经历照射后进行 mPAS 染色时，最初有部分隐窝染色，然后杯状细胞 mPAS$^+$ 的所有隐窝染色。克隆稳定时间（定义为大多数这种完全染色的隐窝出现所需的时间）在人类大约是 1 年，我们以前称为单克隆隐窝转化的过程。

这些结果提示肠道中杯状细胞谱系的起源：它们起源于隐窝干细胞，然而，它们不能说明其他细胞谱系。

也许人肠道隐窝克隆性和包含所有上皮细胞谱系干细胞衍生的最好证据，来自一名罕见的 XO-XY 型患者，该患者接受了家族性腺瘤性息肉病（FAP）的预防性结肠切除术。非同位素原位杂交（NISH），使用 Y 染色体特异性探针显示患者的正常肠隐窝是由差不多整个 Y 染色体阳性细胞或 Y 染色体阴性细胞组成的，20% 的隐窝是 XO 型。

神经内分泌特异性标志物的免疫染色和 Y 染色体 NISH 联合使用，显示隐窝神经内分泌细胞和其他隐窝细胞有一样的基因型。在小肠，绒毛上皮是 XO 型和 XY 型细胞的混合体，这也使我们确信绒毛源自不止一个隐窝的干细胞。检查的 12614 个隐窝中，只有 4 个由 XO 型和 XY 型细胞组成，这可以通过非分离来解释在隐窝干细胞中 Y 染色体的丧失。

重要的是，在交界处没有混合隐窝。这与之前的发现吻合，嵌合小鼠肠隐窝上皮细胞（包括神经内分泌细胞）是单克隆的，并且来自单个多能干细胞。结果是，肠内分泌细胞和结直肠上皮内的其他细胞共有一个共同的细胞起源的假说（单克隆起源假说）对于人类和老鼠都适用。这些结果在撒丁岛的一个有缺陷的 *G6PD* 基因杂合的妇女身上已经得到证实。

目前认为，可以通过研究结肠非表达基因的甲基化模式来观察干细胞的组织形式。在正常人的结肠中，甲基化模式是体细胞遗传的内源性序列，它随机变化并随着老化的发生而增加。研究甲基化模式，对研究隐窝发展史和寻踪是一个可以选择的组织学标志物。检查正常人群结肠细胞中的三个中性基因座的甲基化标签，显示出在隐窝序列和隐窝内甲基化拼接序列的多样性。多个唯一的位点出现在形态相同的隐窝，如一个病人的所有隐窝没有相同甲基化序列的基因，虽然所有的序列是相关的。这表明一些正常人的结肠隐窝是每个隐窝多能干细胞的准克隆。甲基化标签的差异可以突出隐窝细胞之间的关系，其中不密切相关的细胞显示更大的序列改变，而密切相关的细胞具有相似的甲基化模式。序列差异提示隐窝由干细胞掌控，它是随机丢失并以随机方式替换的，最终导致"瓶颈"效应，其中隐窝内的所有细胞与单个干细胞后代密切相关。这种最近常见的隐窝祖细胞的减少在预期生活中出现多次，表面上类似于肿瘤进展的克隆性继代。

在人胃腺克隆性的原位分析中显示出更多的问题。X染色体接连失活用于研究人类女性胃中的基底和幽门腺。使用X连锁基因的多态性，如雄激素受体（HUMARA）来区分两条X染色体的研究表明，虽然幽门腺看起来是同型的和单克隆的，但是大约一半的基底腺在HUMARA位点是异型的和多克隆的。这项发现显示，与嵌合体小鼠中胃腺的克隆性研究相比，更为复杂的情况发生在人体中。然而，我们已经发现许多腺体在老鼠的一生中依然是多克隆的。

25.8　骨髓干细胞对肠道损伤后的重建作用

骨髓干细胞来源于中胚层，其功能和细胞表面标志物已被很好地表征。长期以来一直认为和临床骨髓移植中一样，当造血干细胞移植到接受致命照射的动物和人类时，造血干细胞定植在宿主组织中仅能形成新的红细胞、粒细胞、巨噬细胞、巨核细胞和淋巴细胞谱系。虽然早期的研究表明血管内皮细胞可以源自移植的供体骨髓，最近的研究不仅证实了这些早先关于内皮细胞的假设，同时表明成人骨髓干细胞具有相当程度的可塑性，可以分化出不同的细胞类型，包括肝细胞、胆管上皮细胞、骨骼肌纤维、心肌细胞、中枢神经系统细胞和肾小管上皮细胞。

这些路径可以是双向的，因为肌肉和神经干细胞也明显可以形成骨髓。更需指出的是，靶器官损伤诱导的选择压力可强化这个过程的功效，就像在心肌梗死和冠状动脉闭塞后缺血性细胞死亡，可使小鼠骨髓干细胞分化成心肌细胞、内皮细胞和平滑肌细胞一样。骨髓干细胞也已显示可分化成胰腺β细胞，也许更有说服性的是，完全分化的细胞可以分化成其他成人细胞类型而不经历细胞分裂，如胰腺外分泌细胞可以在体外分化成肝细胞。而且，从胎鼠肝脏分离潜在的肝干细胞，当移植到受体动物中时，其分化成肝细胞和胆管细胞，可形成胰腺导管腺泡细胞和肠上皮细胞。

因此，经典的认为骨髓干细胞产生单谱系的细胞类型（如外周血中的所有成分）的观点已被纠正，这支持成人骨髓干细胞是高度可塑的，并且可以在各种器官内分化成许多细胞类型的研究结果。

这些结果提示再生衰竭器官的可能性，即通过移植个体自身的骨髓干细胞以定植和再生患病组织，虽然需避免同种异体移植反应。有证据显示，富马酰乙酰乙酸水解酶（FAH）缺陷小鼠（类似于人类1型酪氨酸血症）可通过移植纯化的造血干细胞而挽救肝衰竭，这些造血干细胞可变成形态正常的肝细胞，表达FAH酶，且功能正常。

现在有几个报告称，骨髓细胞可以在肠道中重建上皮和间充质谱系。分析了接受来自雄性小鼠供体的骨髓移植的雌性小鼠的结肠和小肠，以及来自雄性供体的骨髓移植后患有移植物抗宿主病的女性患者的胃肠活检。骨髓细胞常植入小鼠的小肠和结肠，并分化形成固有层内的 ISEMF。

原位杂交证实了这些细胞中 Y 染色体的存在。它们对 αSMA 免疫染色阳性，对结蛋白免疫染色阴性，小鼠巨噬细胞标志物 F4/80 以及造血前体标志物 CD34 在移植骨髓固有层中确定了它们作为隐窝周围肌成纤维细胞的表型。这种移植和转化早在骨髓移植后一周即可发生，在移植 6 周后几乎 60% 的 ISEMF 是骨髓来源的，表明移植的骨髓细胞能够对固有层中的 ISEMF 细胞进行持续更新。在人肠道活检材料中也观察到 Y 染色体阳性的 ISEMF。致死剂量照射的雌性小鼠给予雄性骨髓移植，并且随后的异物腹膜植入可形成肉芽组织团，该组织团含有来自移植骨髓造血干细胞的肌成纤维细胞。

这表明肌成纤维细胞通常可以来源于骨髓细胞。有越来越多的报告称，骨髓细胞可以在动物和人中重新形成胃肠上皮细胞。在小鼠的单个造血骨髓干细胞移植后 11 个月，在肺、胃肠道和皮肤中发现骨髓来源的上皮细胞。在胃肠道中，移植细胞以柱状上皮细胞存在于食管内壁、小肠绒毛、结肠隐窝和胃小凹中。但没有报道显示，移植细胞能植入到隐窝周围的肌成纤维细胞鞘中，且由于仅移植了单个造血干细胞，因此，ISEMF 可能来自移植的全骨髓内的间充质干细胞。

然而，一般认为基质细胞群体在骨髓移植后不存活，尽管若存在空隙，在肠照射后可能发生植入。局部应用骨髓干细胞，直接注射到胃和十二指肠中，或在应用于诱导实验性结肠炎后的黏膜中也可以导致上皮转化。在性别错配的造血骨髓移植的女性患者的活组织检查中，用细胞角蛋白免疫组织化学染色的原位杂交的 Y 染色体特异性探针，显示黏膜细胞的供体来源于胃贲门。

此外，观察了四个骨髓移植的长期存活者，已经观察到移植后 8 年，供体骨髓细胞植入到食管、胃、小肠和结肠上皮细胞，强调了这种转化的长期性。如果不提到这种现象的机制和意义，就不可能完成关于这一主题的任何部分。起初认为是由转化或谱系相近（常见于无脊椎动物，在原肠胚形成期间或器官发生期间）引起的，但是这种变化既不简单也不容易再现。一些实验室不能再现早期的发现，也有人声称成人组织被骨髓前体污染。

最后，移植的骨髓细胞与宿主细胞的融合被认为是骨髓干细胞获得靶细胞谱系表型的机制。最初，细胞融合被认为是罕见的事件，仅发生在体外和极端的情况下。在先前描述的 FAH 模型中显示细胞融合是常见的，并且不能排除骨髓干细胞转化为功能性肝细胞是其主要的机制。

然而，在受体细胞中基因表达是被关闭的遗传机制（例如随后是克隆扩增以重新填充肝脏的大部分）尚不清楚。我们还应该记得，小鼠的几种组织是多倍体，例如肝脏和胰腺外分泌腺的腺泡细胞。混合性别骨髓移植用于显示可塑性的其他研究，在动物或人中没有细胞融合的证据。例如，人胃、肠、颊黏膜和胰岛细胞中的骨髓移植细胞显示其是 X 和 Y 染色体的正常组成。无论是什么机制，显而易见的是改变谱系的最重要的标准仅在几个模型中完成了，例如 FAH 模型和可能的心肌梗死后的心肌移植模型。这个领域的未来将很有趣。

在炎症性肠病如克罗恩病中，肠肌纤维母细胞被激活以增殖和合成细胞外基质，并且过量的胶原沉积在肠壁固有层和肌层中引起纤维化和炎症后瘢痕形成。现在认为，肠道炎症是由肠道细菌和细菌壁聚合物介导的，并且肿瘤坏死因子（TNF）在炎症性肠病的发病机制中起关键作用，因为 TNF 中富含 AU 元素的靶向性缺失的小鼠可发展成类似克罗恩病样表型的慢性回肠炎 [图 25.3（a）～（d）]。此外，单剂量的针对克罗恩病患者的抗 TNF 抗体可以显著减轻炎症。其他细胞因子，包括白细胞介素 -10 和 TGFβ 涉及炎症性肠病中的纤维化的形成。之前得出结论，发生在炎症性肠病和其他疾病中的纤维化反应是由肌成纤维细胞和成纤维细胞的局部增殖引起的。我们的数据显示，移植的骨髓有助于肠上皮下肌纤维细胞群的形成，这表明肠外细胞可能在纤维化中起作用。在这方面，我们已经证实具有成纤维细胞 - 纤维细胞表型的细胞可以源自移植的骨髓，并且有助于肠壁内和周围的纤维化反应［图 25.3（f）］。除了淋巴和骨髓谱系之外，固有层细胞与骨髓前体是平衡存在的，这个概念是有趣的。这可以为肠内细胞因子的治疗性传递提供机会，以防止纤维化的发展，甚至治疗纤维化。进一步的数据显示，在 2, 4, 6- 三硝基苯磺酸（TNBS）诱导形成结肠炎的小鼠中，被诱导到小鼠固有层和黏膜下层的许多肌成纤维细胞和成纤维细胞是骨髓来源的［图 25.3（g）］。

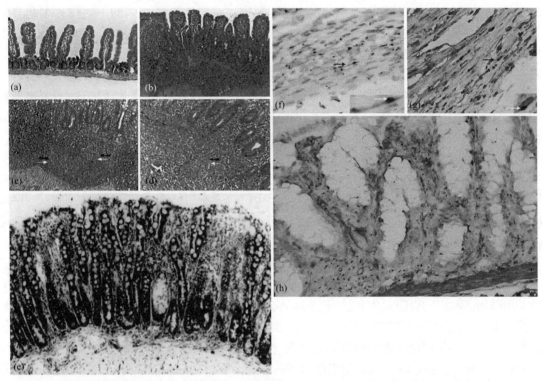

图25.3　纤维化小鼠模型。TNF Δ ARE和SAMP/Yit小鼠回肠炎症性肠病模型类似人类克罗恩病（Crohn's disease）。（a）正常8周龄小鼠的回肠形态。（b）7周龄TNF Δ ARE敲除纯合子小鼠胃肠道有慢性炎症浸润，并伴有卷曲的小肠绒毛。（c）取自患有绒毛上皮慢性炎症的16周龄TNF Δ ARE杂合子小鼠，未确定的肉芽肿位于黏膜下层（箭头所示）。（d）从克罗恩病人回盲肠部获取的组织与小鼠模型的肉芽肿组织相似（箭头所示）。（e）20周龄 SAMP/Yit鼠表现出重症黏膜炎症、隐窝下增生延伸和绒毛萎缩。（f）经扑热息痛处理的照射后雌雄嵌合体小鼠的纤维化浆膜组织，可见许多带有Y染色体以标示其骨髓来源的纺锤样细胞，同时呈（g）波形蛋白阳性，证实其成纤维细胞谱系来源。（h）三硝基苯磺酸（TNBS）致雌雄嵌合体小鼠肠炎，可见大量肥大的骨髓源性的肌成纤维细胞。图（d）授权自Kontoyiannis D, Pasparakis M, Pizarro TT, Cominelli F, Kollias G. 1999. Immunity 10: 387-98；图（e）授权自Matsumoto S, Okabe Y, Setoyama H, Takayama K, Ohtsuka J, et al. 1998. Gut 43: 71-8；图（f）～（g）授权自 N. Direkze；图（h）授权自 M. Brittan。

25.9　胃肠道干细胞占据了固有层中被ISEMF占据的微环境

许多组织内的干细胞被认为存在于由一组周围细胞及其细胞外基质形成的微环境中，它们为干细胞起作用提供了最佳的微环境。任何组织内微环境的识别包括对干细胞的定位的认知，在胃肠道中实现是有困难的。为了证明微环境的存在，干细胞必须被移除，而微环境依然存在，并为剩余的外源性细胞提供支持。虽然在果蝇中可以完成这样的实验研究，但是这样的操作在哺乳动物中还不可能。

在这种情况下，在小集落测定中肠隐窝细胞毒性损伤后单个上皮细胞的存活是令人感兴趣的，因为许多肠上皮下肌纤维母细胞在受照射后会丢失。尽管足够数量的细胞可以保留或被来自骨髓的局部增殖的或迁移的细胞代替，以便为存活的干细胞提供微环境。ISEMF 围绕隐窝的基底和胃腺体的颈 – 峡部，为肠和胃干细胞提供微环境。现在认为，ISEMF 通过上皮 – 间充质交互作用影响上皮细胞增殖和再生，并且它们最终决定上皮细胞的命运。

关于肠中干细胞标志物的研究已经进行了长期的探索。神经 RNA 结合蛋白标志物 Musashi-1（Msi-1）是果蝇蛋白的哺乳动物同源物，对感觉神经前体的不对称分裂是必需的。在小鼠中，Msi-1 在神经干细胞中表达，最近被提议作为第一种肠干细胞标志物，因为 Msi-1 会在发育的肠道隐窝中表达，特别是在成年小肠隐窝的干细胞区域内表达。在照射后，通过在小肠内遍及整个克隆区的扩展表达也进一步证实了该理论。

在微环境中，干细胞分裂的调节机制如何产生（平均起来一个干细胞和一个分化的细胞）尚且未知，但潜在的模型并不缺乏。在干细胞区假说中，小肠隐窝底部的几个细胞位置被混合类型的细胞占据，如潘氏细胞、杯状细胞和内分泌细胞。迁移是朝向隐窝底部进行的。

在细胞位置 5 上方，细胞会向上迁移，尽管只有在下面的干细胞区中分化的细胞才是干细胞。其他的模型认为，干细胞会占据紧接在潘氏细胞上方的环，虽然对于这样的断言几乎没有实验基础，因为在狭窄部位的潘氏细胞中也可看到类似外观的"未分化"细胞。此外，Msi-1 和 Hes1 的表达没有差异，由 Notch 信号通路调节的转录因子在位于干细胞区或紧接在潘氏细胞上方的未分化细胞中也是神经干细胞更新和神经元谱系发生所必需的。这表明两个群体可能与推定的干细胞具有相同的潜力。

目前还不知道隐窝或腺体中干细胞的数量。最初，所有的增殖细胞被认为是干细胞。虽然使用微集落测定的克隆再生实验表明肠隐窝中含有多种干细胞。但是清楚的是，这少于增殖的细胞。推定的干细胞数目从 1 个干细胞到 16 个甚至更多。有人认为，每个隐窝的干细胞数目在整个隐窝周期中不断变化，达到每个隐窝的阈值数目的干细胞是发生裂变的信号。但没有实验证据支持这些推论。尽管隐窝中的所有细胞最初来源于单个细胞，如先前讨论的嵌合和 X 失活实验所显示的那样，如图 25.1（e）和图 25.2（a）所示的诱变研究强烈地证明了每个隐窝具有多于一个干细胞，由突变克隆进行随机克隆扩增。在此基础上提出了三个干细胞结肠隐窝的概念。

在生物体如果蝇和秀丽隐杆线虫中，已知干细胞分裂是不对称的。虽然已有一些证据支持该情况，但哺乳动物肠道是否存在这种情况还不能十分确定。在肠干细胞中，通过在发育或组织再生期间用氚化胸苷标记 DNA 模板链，并通过用溴脱氧尿苷标记新合成的子链，可以研究两种标志物的分离。用氚化胸苷标记的模板 DNA 链会保留，但是新合成的标记有溴脱氧尿苷的链在干细胞的第二次分裂后消失。这表明不仅发生了不对称的干细胞分裂，而且通过将新合成的 DNA（易于突变）丢弃到要分化的子细胞中，提供了干细胞基因组保护的机制。

当干细胞分裂时，可能的结果是产生两个干细胞（P），产生用于分化（Q）细胞的两个子细胞，或者可能导致一个 P 和一个 Q 细胞的不对称分化。这些有时称为 p、q 和 r 分化或 p 和 q 分化。如果 $p=1$ 且 $q=0$，则不管每个隐窝的干细胞的数目是多少，细胞是永恒的，并且不会随时间的推移而在微环境中改变。这种情况被称为"确定性"。然而，如果 $p<1$ 且 $Q>0$（如随机模型），则一些干细胞系将最终消失，并且由所有其他细胞起源的细胞向常见的干细胞转移。

我们之前描述了在人类结肠隐窝中发生的甲基化模式或"标签"的变化，并解释了隐窝显然有几个独特的"标签"。将这些独特的标签的方差与使用各种模型所期望的方差进行比较，包括不随老化而转化（确定性模型），随着扩散的永恒干细胞而转化（独特标签的数量与干细胞数量成比例），每个隐窝有一个干细胞、具有最近转化的干细胞微环境（从转化开始随着时间的推移，干细胞成比例的消失）。

在一些隐窝中发现了多个独特的标签，并且独特标签的数目随着计数的标记数目的增加而增加，这有利于每个隐窝的随机标签转化和扩增干细胞。差异与永恒干细胞中的转移一致，其中 N（干细胞的数量）=2，但支持 $0.75<P<0.95$ 和 $N<512$ 的模型。因此，数据支持每个隐窝具有多个干细胞的随机模型。然而，如在许多这样的尝试中，有几个主要的假设是必需的，例如恒定的干细胞数目。

很明显，在这个模型中发生 P 和 N 的变化。然而，该分析与数据一致，即单克隆转化所用的时间或 $OAT^{+/-}$ 个体在照射后转化为 $OAT^{-/-}$ 细胞的"克隆稳定时间"被发现为约一年。假设每个微环境有 64 个干细胞且 $P=0.95$，平均转换时间应为约 220d。相同的假设遇到瓶颈，其中所有干细胞都与最近的普通祖细胞相关，每 8.2 年发生一次。

25.10　多重分子调控胃肠道发育、增殖和分化

虽然胃肠道多能干细胞产生各分化细胞类型的分子机制尚不清楚，但越来越多的基因和生长因子已被发现，这些因子在调节发育、增殖和分化及肿瘤发生中起作用。它们由肠间充质细胞和上皮细胞表达，包括成纤维细胞生长因子家族、表皮生长因子家族、TGFβ、胰岛素样生长因子 1 和 2、HGF-分散因子、Sonic 和 Ihh、PDGF-α 和其他因子。

25.11　WNT/β-catenin 信号转导通路控制肠干细胞的功能

Wnt 信号蛋白家族在许多物种的胚胎发育和器官发生过程中起关键作用。在 16 种已知的哺乳动物 Wnt 基因中（结合卷曲家族受体 Fz），有 8 种已在哺乳动物中被识别出来。多功能蛋白 β-catenin 通常与糖原合酶激酶 3-β（GSK3-β）、轴蛋白和腺瘤性结肠息肉病（APC）肿瘤抑制蛋白复合物相互作用。随后通过 GSK3-β 导致泛素化和蛋白酶体降解，胞质 β-catenin 被丝氨酸磷酸化，从而保持胞质和核的低水平的 β-catenin。Wnt 配体与其 Fz 受体结合激活细胞质中的磷蛋白 *dishevelled*，其反过来启动级联信号，导致 β-catenin 的胞质水平增加。随后 β-catenin 易位到细胞核，在细胞核中它通过与 T 细胞因子/淋巴细胞增强因子（Tcf/LEF）DNA 结合蛋白家族的成员组合形成转录激活剂。这就激活特定的基因，导致靶细胞的增殖，如在胚胎发育中（图 25.4）。除了其在正常胚胎发育中的作用外，Wnt/β-catenin 通路在恶性转化中起关键作用。散发性结直肠肿瘤人群中高达 80% 的人存在 APC 肿瘤抑癌基因的突变。该突变通过 GSK3β/axin/APC 复合物阻止正常的 β-catenin 转换。这导致核 β-catenin/Tcf/LEF 基因转录的增加和随后 β-catenin 诱导的 Tcf/LEF 转录的增加。APC 的主要功能之一似乎是使 β-catenin 不稳定。游离 β-catenin 是鼠小肠和人结肠肿瘤发生的最早事件

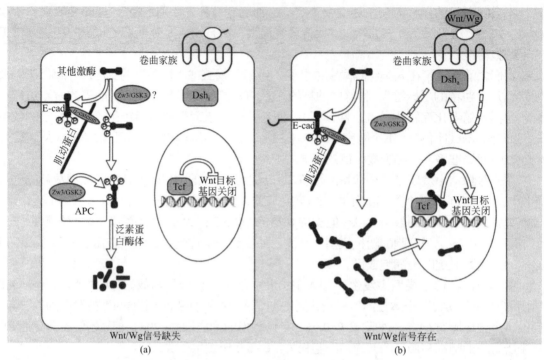

图25.4　Wnt信号通路。（a）Wnt信号缺失时，*dishevelled*蛋白失活（*Dsh*ᵢ），而果蝇zeste-*white* 3 或其哺乳动物同源物的糖原合成激酶3（Zw3/GSK3）是活化的；β–catenin（黑色哑铃形）被APC-Zw3/GSK3复合体识别并结合，发生磷酸化并经由泛素蛋白酶体途径降解；与此同时，T细胞因子（TCF）在细胞核与其DNA结合位点相结合并抑制基因（如爪蟾*Siamois*）表达。（b）Wnt信号存在时，*dishevelled*蛋白被激活（*Dsh*ₐ），通过某未知机制使Zw3/GSK3失活；β–catenin不被磷酸化，从而不再经泛素蛋白酶体（ubiquitin proteasome）途径降解，在细胞质内聚集，通过某途径进入细胞核，与TCF相互作用以解除对下游基因的抑制作用，同时提供转录活化域。（*Dsh*ᵢ：*dishevelled*蛋白失活；*Dsh*ₐ：*dishevelled*蛋白激活；Tcf: T细胞因子；APC：腺瘤性结肠息肉病；E-cad: E–钙黏素蛋白）授权自Willert K, Nusse R. 1998. Curr Opin Genet Dev 8: 95–102.

之一，甚至是初始事件。许多基因，包括 *c-myc*、*cyclin D1*、*CD44*、*c-Jun*、*Fra-1* 和尿激酶型纤溶酶原受体（urokinase-type plasminogen receptor）已被认为是 β-catenin/Tcf/LEF 核复合体的靶标，虽然导致癌发生的确切机制尚未完全了解。

　　Tcf/LEF 家族的转录因子有四个成员：Tcf-1、LEF1、Tcf-3 和 Tcf-4。Tcf-4 在从胚胎（E）13.5d 起发育的肠中以及在成年小肠、结肠和结肠癌的上皮中高水平表达。当 APC 的功能丧失或 β-catenin 突变时，β-catenin/Tcf-4 复合物产生增加，导致靶基因转录不受控制。靶向破坏 *Tcf-4* 基因的小鼠其小肠隐窝内没有增殖细胞，并且缺乏功能性干细胞区。这表明 *Tcf-4* 负责在肠隐窝内建立干细胞群，这又被认为被来自干细胞微环境下面的间充质细胞的 Wnt 信号激活。

　　表达融合蛋白的嵌合体 ROSA26 小鼠含有 Lef-1 的高迁移率组框结构域，该结构域连接到 β-catenin 的反式激活结构域［B6Rosa26 < > 129/Sv（Lef-1/*β*-cat）］，使肠上皮凋亡增加。这发生在整个隐窝形态形成期间的 129/Sv 细胞中，并与增强的细胞增殖无关。在隐窝形成后和在成年小鼠中，所有 129/Sv 细胞完全丧失。干细胞选择似乎更偏向这些嵌合体中未经处理的 ROSA26 细胞，这提示在形成期间 β-catenin 的"适当阈值"水平允许细胞的持续增殖和选择，形成干细胞层次。β-catenin 的增加表达似乎可诱导凋亡反应，因此，在肠隐窝发育期间，干细胞微环境不受增加的 Lef-1/β-catenin 的影响。

25.12　转录因子决定肠区域的特异性和肠干细胞的命运

25.12.1　Hox基因决定肠区域的特异性

哺乳动物的同源框基因 *Cdx-1* 和 *Cdx-2* 在发育和成熟的结肠和小肠中显示特异性的区域表达。在胚胎发生期间，*Cdx-1* 定位于隐窝的增殖细胞，并在成年期保持这种表达。*Tcf-4* 敲除小鼠的小肠上皮细胞中不表达 *Cdx-1*，因此，Wnt/β-catenin 复合物可能在肠隐窝发育期间诱导与 Tcf-4 相关的 *Cdx-1* 转录。*Cdx-2* 突变的杂合小鼠，会形成由鳞状、体和窦部胃黏膜及小肠组织形成的结肠息肉。具有低 *Cdx-2* 水平的 *Cdx-2* 结肠细胞的增殖可以产生表型上类似于胃或小肠上皮细胞的细胞克隆。这可能表明干细胞表型的同源转化转变。区域特异性基因如 *Cdx-1*、*Cdx-2* 和 *Tcf-4* 似乎决定了肠上皮的不同区域的形态特征，并调节干细胞的增殖和分化。

25.12.2　forkhead家族是肠道增殖的必要条件

翼状螺旋的 forkhead 转录因子家族对于肠外胚层和内胚层区域的适当发育是必需的。共有 9 个鼠 forkhead 家族成员，其产生 forkhead 盒（Fox）蛋白、大鼠肝核因子 3 基因（*HNF3α*，*HNF3β* 和 *HNF3γ*）的三个同源物和 6 个被称为 forkhead 同源物的基因（*fkh-1* ～ *fkh-6*）。*fkh-6* 在胃肠间充质细胞中表达，现在重新分类为 *Foxl1*。

Foxl1 敲除小鼠具有显著改变的胃肠上皮：胃腺体的分支和延长、肠道细长的绒毛、过度增殖的隐窝和杯状细胞增生，这些是因为上皮细胞增殖的增加所致。它们显示硫酸肝素蛋白聚糖（HSPG）水平的上调，增加 *Wnt* 对胃肠上皮细胞上 *Fz* 受体的结合功效。这导致 Wnt/β-catenin 途径的过度活化和核 β-catenin 的增加。结果是 β-catenin/Tcf/LEF 复合物激活靶基因，如 *cyclinD1* 和 *c-myc*，从而增加上皮细胞增殖。因此，*Foxl1* 调节 Wnt/β-catenin 途径是与 HSPG 的增加相互联系的，证明在胃肠道胚胎发生期间通过间充质因子而调节上皮细胞。由于 *c-myc* 是公认的原癌基因，*Foxl1* 的突变和不适当的 *c-myc* 活化导致上皮细胞增殖的增加，这可导致结直肠癌的发生。

25.12.3　E2F转录家族是隐窝增殖区形成的关键

E2F 家族的转录因子调节细胞增殖，允许细胞从 G_1 期转入 S 期。E2F4 在胚胎期肠的增殖区以及成年小肠和结肠中表达。在 E2F4 敲除小鼠中，肠隐窝不发育，固有层显得变厚了。因此，E2F4 对于肠上皮增殖区的发育是必需的，但在发育过程中影响 E2F4 的分子途径是未知的。

25.12.3.1　多重分子决定绒毛-隐窝轴中干细胞的命运和细胞位置

结肠隐窝和绒毛 - 隐窝轴提供了一个系统，该系统决定了干细胞的命运。它们在该轴中的位置很容易确定。杯状细胞的数目通常保持相对恒定，而潘氏细胞获得位置信息并将利用它停留在隐窝基底中。在小鼠中，*Math1* 基因（一种碱性螺旋 - 环 - 螺旋转录因子和 Notch 信号通路的下游元件）缺失会导致小肠中杯状细胞、潘氏细胞和肠内分泌细胞谱系的减少。这表明 Math1 对于干细胞发展成为三种成熟的上皮细胞类型是必需的。Math1 祖细胞仅仅成为肠细胞。高水平 Notch 打开 Hes1 转录阻遏物。这阻断 Math1 的表达，使得细胞保持祖细胞形态并最终变成肠细胞。相反，低 Notch 表达会增加其配体 Delta 的水平，这会通过阻断 Hes1 诱导 Math1 表达，从而导致细胞成为杯状细胞、潘氏细胞或肠内分泌细胞。无 Hes1 表达的小鼠会提高 Math1 表达，因此，有更多的肠内分泌细胞和杯状细胞，并有较少的肠上皮细胞。这支持 Math1 通过调节 Notch-Delta 信号通路而决定细胞命运的证据（图 25.5）。

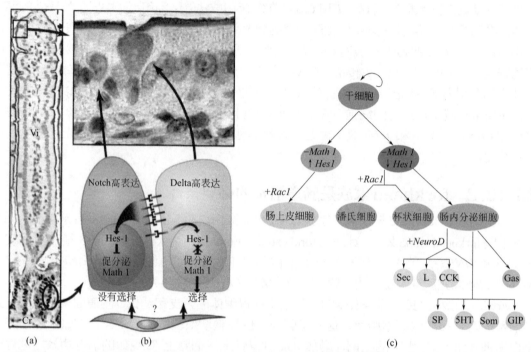

图25.5　Math1信号通路。（a）成年小鼠的小肠结构（低倍）。前体细胞染色检测周期蛋白增殖细胞核抗原，肠上皮细胞表达肠碱性磷酸酶，并且杯状细胞分泌黏蛋白。图例显示杯状细胞及小肠黏膜上皮细胞的高清病理图。（b）Notch通路组分Math1，影响肠上皮细胞的命运决定。隐窝前体干细胞表达高水平Notch激活Hes1转录因子，Math1表达及其他促分泌基因表达关闭，导致祖细胞分化为肠上皮细胞。低表达Notch的细胞内，Delta的表达水平高，Hes1的表达被阻遏，而Math1的表达被激活。Math1编码螺旋-环-螺旋结构的转录因子，可驱动祖细胞分化为杯状细胞、潘氏细胞或是其他肠内分泌细胞。（c）Math1是分泌细胞所必需的。但表达Math1的细胞起源于干细胞还是中间前体细胞尚未知晓。（Vi：绒毛；Cr：隐窝；Sec：促胰液素；L：胰高血糖素样肽YY；CCK：缩胆囊素；SP：P物质；5HT：5-羟色胺；Som：生长抑素；GIP：抑胃肽以及Gas：胃泌素）。图（a）和图（b）授权自van Den Brink, et al.（2001），图（c）授权自Yang Q, Bermingham NA, Finegold MJ, Zoghbi HY. 2001. Science 294: 2155-8.

　　最近的研究显示，β-catenin 和 Tcf 可逆向控制 EphB2/EphB3 受体及其配体 ephrin-B1 在结直肠癌和隐窝-绒毛轴中的表达。当 EphB2 和 EphB3 基因表达发生改变时，隐窝内的细胞定位也被破坏。如潘氏细胞不再向下迁移到它们在隐窝底部的正常位置，而是沿着隐窝和绒毛分散分布。这表明 β-catenin 和 Tcf 可通过 EphB/ephrin-B 系统分选细胞群。很明显，未来功能基因组学将在研究和识别肠干细胞中发挥更大的作用。

　　通过激光捕获显微切割技术，从缺乏潘氏细胞的无菌转基因小鼠中分离出干细胞群。与正常隐窝基底上皮相比，这些干细胞富集了不少于 163 个转录产物，其中潘氏细胞占多数。这显示了涉及 c-myc 信号转导的基因显性表达及 mRNA 的加工、定位和翻译。关于小鼠胃的类似研究显示，在胃干细胞中，生长因子反应途径是显著的，例如胰岛素样生长因子。相当一部分的干细胞转录编码产物需 mRNA 加工和胞质定位。这包括果蝇基因的许多同源物，这些同源物是在卵子发生期间的轴形成所需的。

25.13　干细胞群落产生胃肠道肿瘤

　　我们以结直肠癌的发生为例。腺瘤－癌即腺瘤发展成癌，现在被广泛接受。大多数结直肠癌被认为起源于腺瘤。大多数结直肠腺瘤发展中的初始基因变化被认为是在 APC 基因座中，与这些阶段相关的分子事件是清楚的：至少在 FAP 中，APC 基因的第二次打击足以产生微腺瘤。大体有两种腺瘤形态发生的模型，这两者都紧密地涉及干细胞生物学在结肠中的基本概念。突变细胞出现在隐窝孔之间的隐窝交界区，并且当克隆扩增时，细胞横向和向下迁移，取代相邻隐窝的正常上皮。关于该理论的一个修正的地方是，在隐窝基底中的突变细胞（通常是干细胞区的位点）迁移到其扩展的隐窝顶点。这些理论基于对一些早期非 FAP 腺瘤研究的发现——发育不良细胞完全在结肠隐窝孔和结肠隐窝的腔表面上见到。通过对这些腺瘤行显微解剖（定向组织切片），并经 APC 的杂合性缺失（LOH）的测量和 APC 基因突变簇区域的核苷酸序列分析，显示一半的样品在隐窝的上部具有 LOH，大部分具有 APC 截短突变。只有这些表面细胞显示突出的增殖活性，β-catenin 的核定位显示，仅在这些顶端细胞中有 APC 突变。关于这些表现的更早期的形态学研究已经引起注意。这种自上而下的形态发生对肠道中干细胞生物学的概念具有广泛的影响。很明显，大多数证据表明，隐窝干细胞发现在细胞通量的起源处，即在隐窝基底部附近。然而，这些研究再次印证了干细胞区存在于隐窝交界区域，或者说是隐窝交界区域成为干细胞（受到第二次打击）扩张的有利区域。

　　另一种假说提出，最早的病变是单隐窝腺瘤，其中发育不良的上皮占据整个单隐窝。这些病变在 FAP 中是常见的，在非 FAP 患者中是罕见的。在这里干细胞受到第二次打击，然后它随机或更有可能由于选择性优势而扩展到整个隐窝。因此，这种单隐窝病变应该是克隆性的。突变干细胞类似的隐窝限制性扩增已经在 ENU 处理后小鼠和在 OAT 基因杂合人类中有详细记录，在 LOH 之后，开始时是一半，最后是整个隐窝被突变干细胞的后代定植。有趣的是，具有 FAP 的 OAT$^+$/OAT$^-$ 个体显示干细胞突变频率增加，其具有突变隐窝聚集。因此，与之形成鲜明对比的是，突变克隆不是通过横向迁移而是通过隐窝裂变而扩展的，其中隐窝通常在底部对称分裂。有几个研究已经表明，腺瘤性隐窝的裂变是腺瘤进展的主要模式，这种模式主要在 FAP 中（这样的事件在 FAP 中更容易评价），但也在散发性腺瘤中。FAP 的非腺瘤性黏膜（仅具有一个 APC 突变）裂殖隐窝的发生率大大增加。异常隐窝灶被认为是腺瘤的前体，它通过隐窝裂变生长，如增生性息肉。这个概念不排除克隆随后通过侧向迁移和向下扩散到相邻隐窝中的可能性，但因为初始病变为单隐窝腺瘤，这种形态发生模型在概念上非常不同。

　　一项支持结直肠腺瘤自下而上扩展的研究观察了许多小的管状腺瘤（<3mm）。在这里，β-catenin 的核积累可被观察到，表明 Wnt 通路中一个基因（最可能是 APC）的功能丧失，随后 β-catenin 移位到细胞核。连续切片显示，β-catenin 核染色延伸到隐窝的底部，并且在隐窝裂变过程中存在于隐窝中。β-catenin 的表达在核芽中最为显著。在表面，在显示核 β-catenin 的隐窝的腺瘤细胞和那些不显示核 β-catenin 的腺瘤细胞间有巨大的差异。相邻隐窝充满含有核 β-catenin 的发育不良细胞，这不局限于隐窝的上部。在较大的腺瘤中，有明确的证据显示表面细胞向下生长和替换正常的隐窝上皮。隐窝裂变在正常和非侵入性黏膜中是罕见的，并且通常开始于腺体基部的基底分叉。而在腺瘤中，裂变通常与表面和中间隐窝的出芽不对称。在腺瘤中经常可观察到多个裂变事件。腺瘤中的隐窝裂变指数（裂变中隐窝

的比例）显著大于非腺瘤黏膜中的隐窝裂变指数。

　　这些考虑对我们关于单个（干）细胞起源或结直肠腺瘤克隆性的概念的影响是什么？我们已经知道隐窝是克隆单位。因此，因为克隆隐窝和克隆性腺瘤的混合物使这些病变成为多克隆的。虽然在这种情况下，它们仍具有不同的克隆来源。通过应用 X 连锁限制片段长度多态性对散发性腺瘤和 FAP 腺瘤进行研究，研究显示，这样的病变显然是单克隆起源的。另一方面，结肠中的 X 连锁斑是巨大的，并且在直径上可以超过 450 个隐窝（参见图 25.6）。因此，X 灭活分析总是显示此类病变是单克隆的，除非腺瘤斑在斑边界上生长和侵及边界任一侧的隐窝。在这种"自下而上"的观点中，通过隐窝裂变扩增克隆性单隐窝腺瘤将不可避免地导致单克隆微腺瘤，从而产生腺瘤。

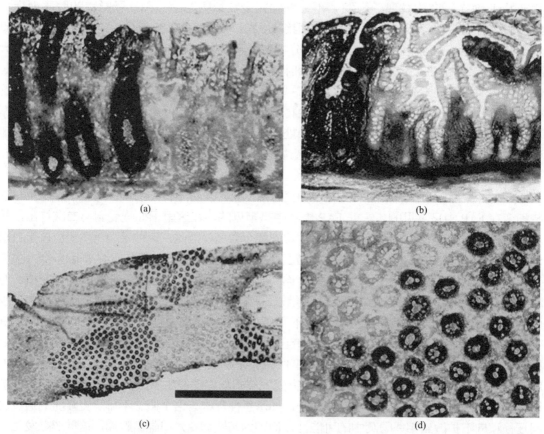

(a)　(b)　(c)　(d)

图25.6　对患有杂合 G6PD 地中海突变（563 C 3 T）的撒丁妇女的外科切片进行酶组化显像分析结果表明，以前表现为 G6PD 酶活性降低；在对染色体采用 MBOII 限制性内切核酸酶酶切后进行 PCR 反应，证明 G6PD 地中海突变是杂合性的。（a）对克隆隐窝的纵向切片进行 G6PD 染色，每个隐窝上全部的上皮细胞显示出相似的染色形式。（b）隐窝和小肠黏膜绒毛的纵向切片显示 G6PD 的活性，全部隐窝的上皮细胞均显示相似的染色形式，但在绒毛上皮显示出部分区域染色阳性与部分区域染色阴性，证明其多克隆来源。（c）在结肠 G6PD 染色轻微。（d）隐窝染色的高强度区域，且边界不规则。标尺 =2mm。授权自 Novelli M, Cossu A, Oukrif D, Quaglia A, Lakhani S, et al. 2003. Proc Natl Acad Sci USA 100: 3311-4.

　　然而，如前所述，在 Rosa26-Min 嵌合体小鼠中，通过对平均斑大小为 1.48 个隐窝的 XO-XY 个体的研究表明，约 76% 的腺瘤是多克隆的。这可通过转化干细胞的非相关隐窝的转化来解释。

　　那么，在这些早期单隐窝细胞的病变的发生中，干细胞发生了什么？FAP 中的腺瘤隐窝含有两种干细胞系，即 $APC^{-/+}$ 和 $APC^{-/-}$，这意味着在同一隐窝内 $APC^{-/-}$ 细胞随机扩增。有很好的证据表明这种单克隆转化是随机发生的。先前通过对年龄相关的甲基化的定量分析表明，隐窝中存在含有多种干细胞的微环境。随机干细胞丢失替换表明，除一个微环境系之外的所有谱系将消失。相当清楚的是，克隆演变与肿瘤进展有关。正常个体中的情况是干细胞是野生型（APC$^{+/+}$）且单个干细胞中一个 APC 等位基因丢失。这种 APC$^{+/-}$ 干细胞（除非它具有生长优势）可能在微环境中随机丢失。可以说，这将发生在绝大多数情况下。但 APC$^{+/-}$ 细胞可以存活，微环境将由这种 APC$^{+/-}$ 细胞的子代填充，这将类似于 FAP 隐窝。这个隐窝遭受再次打击将导致在先前提到的模型上形成单隐窝腺瘤。

其他研究也证实隐窝上皮细胞的迁移是 APC 突变转化的主要靶标。在隐窝底部，祖细胞积累核 β-catenin 并表达 Tcf 靶基因，这是周围基底隐窝旁肌成纤维细胞 Wnt 刺激的结果。在正常隐窝中，到达中间隐窝区的细胞下调 β-catenin/Tcf，导致细胞周期停滞和分化。携带 β-catenin 或 APC 突变的细胞不响应控制 β-catenin/Tcf 活性的信号，并且这些细胞继续表现为表面上皮中的隐窝祖细胞，从而产生微腺瘤。计算机建模产生的数据表明，隐窝干细胞群中的扩展解释了假设的 FAP 中的增殖异常，即在增殖区内朝向隐窝顶部的向上移动。FAP 隐窝标记指数分布曲线（该研究使用单一机制设计来拟合来自对照和 FAP 隐窝的数据）表明，增殖性异常不改变增殖性隐窝细胞的细胞增殖周期、分化或凋亡的速率。相反，隐窝干细胞群体的扩张足以解释在 FAP 中观察到的增殖异常。

因此，结肠隐窝 β-catenin 信号转导控制干细胞的数量。因为种系 APC 突变激活了 Tcf-4，干细胞群体在 FAP 隐窝中扩展。干细胞群体的任何增加可导致隐窝裂变率的增加。因此，隐窝裂变是腺瘤中突变克隆扩增的重要事件。这个过程的形态是不同的，但控制它的分子机制还不清楚。我们进一步研究发现，在结直肠腺瘤中，散发性腺瘤和 FAP 腺瘤起源于单隐窝腺瘤。初始生长通过隐窝裂变发生，扩散到相邻的隐窝区是较晚的次级事件。

25.14　总结

胃肠道细胞通过不断更新、再生和再增殖修复损伤。其每个区域在形态上是不同的，并具有其自己的细胞类型。虽然干细胞是胃肠道最重要的细胞，负责在胃肠黏膜中产生各种细胞类型，但干细胞还没有被完全弄清楚。起初以任何速率，在每个肠道隐窝或胃腺中的单个干细胞通过产生定向祖细胞间接产生其他干细胞、转运扩增和分化细胞克隆。该细胞还通过隐窝裂变产生新的隐窝，当损坏时修复整个隐窝和绒毛，并产生胃肠肿瘤。干细胞或干细胞群占据微环境，该微环境由间充质细胞例如 ISEMF 和细胞外基质分子形成，其通过间充质－上皮串扰调节上皮干细胞。调节胃肠道的发生和正常组织中上皮细胞转变和癌形成。显然，Wnt/β-catenin 信号通路和下游分子例如 APC、Tcf-4、Fkh-6、Cdx-1 和 Cdx-2 对于正常胃肠道干细胞的功能是至关重要的。该分子途径决定进一步增殖的祖细胞转变成特定的上皮细胞谱系：涉及 Hes1 和 Math1 转录因子的 Notch-Delta 信号通路可调节小肠中杯状细胞、潘氏细胞和肠内分泌细胞的分化。间充质细胞分泌和表达的调节胃肠黏膜发育和上皮增殖的因子（KGF、HGF 等）正越来越快地被识别出来。上皮和肠上皮下肌纤维细胞谱系来源于骨髓，这将使治疗基因转染到受损固有层成为可能。例如，在引起纤维化的疾病（例如克罗恩病）中，甚至可以重建损伤的肠。最后，我们可以得出这样的结论，结肠干细胞在了解结肠肿瘤发生的机制中起着关键的作用。但需先了解胃肠干细胞的分离和特征。

深入阅读

[1] Dignass AU, Sturm A. Peptide growth factors in the intestine. Eur J Gastroenterol Hepatol 2001; 13 (7): 763-70.

[2] Giles RH, van Es JH, Clevers H. Caught up in a Wnt storm: Wnt signaling in cancer.Biochim Biophys Acta 2003; 1653 (1): 1-24.

[3] Karam SM. Lineage commitment and maturation of epithelial cells in the gut. Front Biosci 1999; 4:D286-98.

[4] Kim KM, Shibata D. Methylation reveals a niche: stem cell succession in human colon crypts. Oncogene 2002; 21 (35): 5441-9.

[5] Potten CS, Loeffler M. Stem cells: attributes, cycles, spirals, pitfalls and uncertainties. Lessons for and from the crypt. Development 1990; 110 (4): 1001-20.

[6] Powell DW, Mifflin RC, Valentich JD, Crowe SE, Saada JI, West AB. Myofibroblasts. II.Intestinal subepithelial myofibroblasts. Am J Physiol 1999; 277 (2 Pt 1): C183-201.

[7] Spradling A, Drummond-Barbosa D, Kai T. Stem cells find their niche. Nature 2001; 414 (6859): 98-104.

[8] Walker GA, Guerrero IA, Leinwand LA. Myofibroblasts: molecular crossdressers. Curr Top Dev Biol 2001; 51:91-107.

[9] Willert K, Nusse R. Beta-catenin: a key mediator of Wnt signaling. CurrO pin Genet Dev1998; 8 (1): 95-102.

[10] Wong WM, Garcia SB, Wright NA. Origins and morphogenesis of colorectal neoplasms.APMIS 1999; 107 (6): 535-44.

第四部分

方　法

第 *26* 章
诱导性多能干细胞

Keisuke Okita[1], Shinya Yamanaka[1][2]
裴海云　译

26.1　iPS 细胞系的建立

26.1.1　重编程因子

通过导入与多能性相关的几种外源性基因可以将体细胞重编程为诱导性多能干细胞（induced pluripotent stem cell, iPS cell），其中，Oct3/4、Sox2、Klf4 和 c-Myc 是最为经典的重编程因子组合，它们可以实现小鼠、人、大鼠、猴以及犬的体细胞重编程。这些因子均具有转录活性，不仅可以调节自身的表达水平，而且 Oct3/4、Sox2、Klf4 还可以联合起来调节许多胚胎干细胞（embryonic stem cell, ES cell）特异性的基因。Oct3/4、Sox2、Klf4 基因家族的某些成员也可以诱导形成 iPS 细胞，例如，Sox2 可以由 Sox1、Sox3、Sox7、Sox15、Sox17 或 Sox18 替代，而 Klf4 也可以由 Klf2 替代。通过比较这些重编程因子的靶基因和家族基因可能会有助于理解与探究 iPS 细胞形成的分子机制。据报道，其他因子组合如 Oct3/4、Sox2、Nanog 和 Lin28 也可以用于产生人的 iPS 细胞。Nanog 是维持小鼠 ES 细胞多能状态最为关键的因子之一，可以与 Oct3/4、Sox2 和 Klf4 形成一个转录环。Oct3/4、Sox2、Nanog 与 RNA 多聚酶 Ⅱ 一起结合并上调 ES 细胞特异性的基因如 STAT3 和 ZIC3，另一方面，它们也和 SUZ12 一起定位于发育相关的调控基因如 PAX6 和 ATBF1，从而发挥抑制作用。遗传表达一些 ES 细胞的核心组分，将诱导体细胞形成 ES 细胞样的转录网络，从而使其状态发生改变。c-Myc 与重编程的诸多方面都息息相关，但确切的功能至今仍不明确。iPS 细胞诱导过程被视为依赖于细胞扩增的随机事件，就如同 DNA 随机发生去甲基化。c-Myc 的表达阻断细胞衰老，加速成纤维细胞的扩增，并提高 iPS 细胞诱导的效率。c-Myc 在基因组中的结合位点超过 4000 个，可以使体细胞中紧密缠绕包裹的染色体变得松弛，从而在 iPS 细胞诱导过程中增加其他转录因子与基因组结合的概率。c-Myc 自身过表达也可以将小鼠

[1]　Center for iPS Cell Research and Application (CiRA), Institute for Integrated Cell-Material Sciences, Kyoto University, Kyoto, Japan.

[2]　Department of Stem Cell Biology, Institute for Frontier Medical Sciences, Kyoto University, Kyoto, Yamanaka iPS Cell Special Project, Japan Science and Technology Agency, Kawaguchi, Japan, and Gladstone Institute of Cardiovascular Disease, San Francisco, CA, USA.

胚胎成纤维细胞（mouse embryonic fibroblast, MEF）的基因表达谱向多能细胞转变。LIN28是一个 RNA 结合蛋白，可以负性调节 Let7 microRNA（miRNA）家族，而 Let7 能够促进乳腺癌细胞分化并抑制其扩增，LIN28 似乎可以通过 Let7 家族间接提高重编程效率。在诱导过程中附加一些因子可以提高重编程的效率和质量，如转录因子 ESRRB26、UTF127 和SALL428，这些因子表达于 ES 细胞中，并且参与构成转录调控网络。Tbx3 显著改善小鼠iPS 细胞的质量和形成种系的能力。据报道，产生 iPS 细胞所需的诱导因子并不是一成不变的，如果某些重编程因子在体细胞内已经具有充分的内源性表达，便可以从鸡尾酒式的因子组合中剔除。例如，神经祖细胞表达内源性的 Sox2、Klf4 和 c-Myc，所以它们仅需要单一基因 Oct3/4 便可以诱导为 iPS 细胞。

通过抑制 p53 和 p21 信号通路可以加速细胞扩增并抑制衰老，从而显著提升重编程效率。因为重编程过程包含了随机事件，诱导过程中细胞数量的增加会形成更多的 iPS 细胞样克隆，而抑制 p53 主要便是通过加速细胞分裂提高重编程效率。另一方面，重编程因子中添加Nanog 可以以不依赖于细胞分裂的方式提高重编程的最终效率。然而，抑制 p53 和 p21 信号通路会增加 iPS 细胞基因组的不稳定性。因此，为了确保 iPS 细胞的质量，应当避免信号通路的永久抑制，短暂的抑制剂或 siRNA 可能会有助于改善重编程。

小鼠 iPS 细胞的诱导至少需要一周，而人的则需要两周以上。可是，ES 细胞融合所致的重编程发生非常迅速，2d 内即可观察到体细胞核内内源性 Oct3/4 启动子的激活。总体来说，转入 iPS 细胞中的基因的确需要在载体转导之后的几天才可以表达，其 iPS 细胞重编程比细胞融合需要花费更久的时间。ES 细胞必须借助其他因子来促进重编程，而体内自然发生的重编程事件一般都处于发育的早期阶段。受精卵抹去了除胚泡形成前的印记以外的几乎所有的表观印记，随着分化的进度而重建。因为受精卵可以去核与体细胞融合而产生克隆动物，所以它们具有极高的重编程活性。尽管确切的机制尚需进一步阐明，但是克隆有可能给改进 iPS 细胞的产生提供一些启示。然而，克隆小鼠往往具有一些反常的表现，如胎盘过大和体重过剩，因此，一些人工重编程的限制因素或许也应该考虑在内。

26.1.2　转导方法

最初 iPS 细胞的建立是通过莫洛尼鼠白血病病毒（Moloney murine leukemia virus, MMLV）为基础的逆转录病毒载体实现转基因的运输。逆转录病毒可以稳定感染小鼠成纤维细胞，并借助逆转录酶将它的 RNA 基因组介导入宿主的基因组中。因此，iPS 细胞基因组内整合了大量的转基因，从而实现持续表达。人们发现，无论是在 ES 细胞还是在 iPS 细胞中，逆转录病毒启动子区会发生 DNA 甲基化而失活，因此，在重编程过程中逆转录病毒所介导的转基因的表达逐渐被抑制，当变成真正的 iPS 细胞时则完全被沉默。人们认为正是这一自动沉默机制实现了有效的体细胞重编程。然而，外源序列仍然保留在 iPS 细胞的基因组中，原结构的改变可能会诱发一些异常。特别是重编程因子中的原癌基因 c-Myc，它的再度激活有可能导致转基因源性的肿瘤形成。为制备安全的 iPS 细胞，转导的方法逐步得以改进。其中，在 iPS诱导时去掉 c-Myc 转基因是一种重要的方式。仅利用 Oct3/4、Sox2 和 Klf4 就可以将人和小鼠的成纤维细胞重编程为 iPS 细胞，可是重编程的效率会显著降低。与对照组相比较，去掉c-Myc 的小鼠 iPS 细胞在六个月的观察期内没有增加肿瘤细胞的形成。另一种方式是通过内部核糖体结合序列（internal ribosome entry sequences, IRES）或自剪切多肽 2A（2A self-cleavagepeptide）与重编程因子结合在一起放入一个载体中，以降低整合位点的数量。在包含 loxP 序列的慢病毒系统中插入多顺反子表达盒，便可以利用单一载体诱导 iPS 细胞。Cre 重组酶可以剪切这段表达盒，但被删节的长末端重复（long terminal repeat, LTR）序列仍然留在 iPS 细胞的基因组中。从基因组中去掉转基因可以避免重编程因子的渗漏表达，从而改善 iPS 细胞的基因表达谱和分化潜能。转座子系统也被用于诱导 iPS 细胞。携带转座子的质粒中包含重编程因子表达盒，转座酶可以介导其整合进入宿主的基因组。在形成 iPS 细胞之后，转座酶过表达可以识别整合的转座子载体的末端重复区，从而将它从基因组中删除。在大多数情况下，转座子介导的删除不会留下印记，因此可以保留原本的内源性序列。已经报道的非整合的方法包括病毒（腺病毒和仙台病毒）、DNA 载体（质粒、游离质粒和微环载体）以及蛋白质的直接运输。尽管应用这些方法形成 iPS 细胞的效率仍然很低，但是未来它们有可能成为标准的方法。

26.1.2.1 培养条件与细胞信号

培养条件和细胞信号对形成 iPS 细胞有很大的影响。iPS 细胞培养于 ES 细胞的优化培养体系中，白血病抑制因子和碱性成纤维生长因子对于维持小鼠和人 ES 细胞分别具有重要的作用。然而，这些因子在诱导过程中的机制尚不清楚。Wnt 信号支持 ES 细胞的自我更新。Wnt3a 信号由糖原合成激酶（GSK3-β）介导，当缺乏 Wnt 信号时，GSK3-β 则通过磷酸化和蛋白酶体介导降解失活靶基因，如 β-catenin 和 c-Myc。因此，GSK3-β 抑制剂如 CHIR99021 可以激活 Wnt 信号。添加 Wnt3a 或 CHIR99021 可以提高重编程效率。Kenpaullone 是 GSK3-β 和细胞周期蛋白依赖性激酶（cyclin-dependent kinase, CDK）的靶向抑制剂，可以替代 Klf4，从而结合 Oct3/4、Sox2 和 c-Myc 将 MEF 重编程为 iPS 细胞。但是比 Kenpaullone 更加特异的 GSK3-β 抑制剂 CHIR99021 或 CDK 抑制剂 purvalanol A 与 Oct3/4、Sox2 和 c-Myc 结合不能产生小鼠 iPS 细胞，而且 Kenpaullone 自身并不能增加内源性 Klf4 表达，所以 Kenpaullone 的功能仍然难以捉摸。重要的是，Li 等发现 CHIR99021 和赖氨酸脱甲基酶 1 抑制剂苯环丙胺一起，仅结合 Oct3/4 和 Klf4 便可以从人原代角质细胞获得 iPS 细胞。添加维生素 C 可以提高从小鼠和人体细胞中产生 iPS 细胞的效率。维生素 C 发挥作用部分归因于减缓细胞衰老。

氧张力也是影响干细胞维持与分化的一个重要因素。例如，低氧张力促进神经嵴细胞和造血干细胞的存活，并抑制人 ES 细胞的分化。当小鼠和人的成纤维细胞在低氧（5% O_2）条件下诱导 iPS 细胞时，重编程效率提高多达四倍。

26.1.3 细胞来源

iPS 细胞最初从原代培养的小鼠成纤维细胞中建立。由于 iPS 细胞诱导的效率非常低（低于 0.1%），人们推测原代培养物中掺杂有组织干细胞。小鼠 iPS 细胞可以从小鼠肝细胞和胃上皮细胞获得，谱系示踪试验显示，大多数肝细胞源性的 iPS 细胞来自白蛋白阳性的细胞。小鼠 iPS 细胞也可以从胰岛 β 细胞获得。因此，iPS 细胞的起源不仅是组织干细胞，也包含分化的体细胞。人 iPS 细胞已经从多种组织中建立，包括成纤维细胞（成体的和胚胎的）、成体角化细胞、脂肪组织、外周血、脐血、羊水源性的细胞、神经祖细胞。因此，尽管效率存在差异，但所有体细胞都被视为具有产生 iPS 细胞的能力。然而，人们仍不清楚是否不同来源的 iPS 细胞具有相同的潜能。现在重编程方法获得的源自不同组织的小鼠 iPS 细胞的特征具有明显差异。Miura 等比较了 MEF、鼠尾尖成纤维细胞（tail-tip fibroblast, TTF）和肝细胞来源的小鼠 iPS 细胞的神经分化潜能和安全性。在体外直接分化的条件下，大多数 iPS 细胞样克隆形成神经球。神经球所包含的神经祖细胞可以产生三种神经细胞类型：神经元、星形胶质细胞和少突胶质细胞。ES 细胞来源的神经球移植入小鼠的大脑可以有助于神经组织的形成。然而，TTF 源性的 iPS 细胞所形成的神经球在移植入小鼠脑部后倾向于形成畸胎瘤。已经有报道称，ES 细胞所形成的神经球移植后可以形成畸胎瘤，即便在分化过程中仍然包含了未分化细胞。MEF 源性的 iPS 细胞和 ES 细胞所形成的神经球很少含有未分化细胞，而 TTF 源性的 iPS 细胞所形成的神经球中未分化细胞占的比例高（超过 20%），研究揭示存在未分化细胞比率的变动依赖于不同的细胞来源。选取组织的另一个重要因素是细胞来源的易获取性，特别是对于人 iPS 细胞的诱导。虽然神经祖细胞仅需要转染单因子 Oct3/4 便可以诱导人 iPS 细胞，可神经组织很难持续获得。

26.2 诱导 iPS 细胞产生的分子机制

26.2.1 表观遗传学

表观遗传改变是形成 iPS 细胞的表现之一。在重编程之后，Nanog、Oct3/4、Sox2 和 Fbxo15 启动子区发生 DNA 甲基化和组蛋白修饰，从而获得 ES 样的状态。添加组蛋白脱乙酰化酶（histone deacetylase, HDAC）抑制剂丙戊酸（valproic acid, VPA）可以提高小鼠和人成纤维细胞的重编程效率。其他 HDAC 抑制剂如辛二酰苯胺异羟肟酸（SAHA）和曲古霉素 A 也可以提高小鼠的重编程效率。甲基转移酶抑制剂可以提高重编程效率，如 G9a 组蛋白甲基转移酶抑制剂 5- 氮胞苷、RG108 和 BIX-01294。这些结果支持 iPS 细胞产生过程中涉及表观遗传改变的假设。在重编程过程中添加一些抑制剂可以减少一或两个重编程因子的使用。例如，VPA 处理的人成纤维细胞仅需要 Oct4 和 Sox2 两个因子就能实现重编程，从而去除了癌基因 c-Myc 或 Klf4。然而，这些药物是否可以完全填补重编程因子的精确功能尚未可知。相反地，它们似乎通过提高重编程的效率才减少了重编程因子的应用。

iPS 细胞诱导需要在体细胞中建立一套 ES 样的转录因子环路。实际上，iPS 细胞和 ES 细胞具有相似的基因表达谱。然而，它们在表观修饰方面有所不同，特别是那些不涉及多能性的基因。细胞分化是通过表观遗传修饰来限制分化潜能的过程。每一种类型的体细胞具有特定的表观遗传特征以稳定自身的状态。外源表达重编程因子可以影响体细胞中的几个下游基因而改变它们的表观修饰。然而，难以想象这几个因子可以控制基因组的所有基因。实际上，尽管全基因组分析显示 iPS 细胞和 ES 细胞具有大致相似的 DNA 甲基化模式，但差异甲基化区域仍然存在。不受控制的基因将仍然保留它们的表观遗传状态，这将会影响 iPS 细胞的分化潜能。例如，星形胶质细胞的 GFAP 基因内的增强子结合位点的甲基化状态通过改变与增强子 STAT3 的结合活性来控制神经祖细胞的分化命运。无甲基化时它们倾向于变成星形胶质细胞，而甲基化时它们倾向于向神经分化。

26.2.2 miRNA

miRNA 是小单链 RNA（大约 22nt），直接与靶 mRNA 通过互补碱基对直接相互作用，从而抑制靶基因的表达。miRNA 也在转录水平发挥作用。最初生成的 miRNA 是长 RNA 序列，然后被 Dicer 消化成短的成熟的形式。miRNA 通过调节基因的表达参与细胞的扩增、凋亡和分化等多个方面。ES 细胞具有特征性的 miRNA 表达，iPS 细胞也显示了相似的表达谱。在小鼠 ES 细胞中，70% 以上的 mRNA 是 miR-290 簇，它们有助于 ES 细胞特异性的快速循环生长。miR-290 簇包括 miR-291-3p、miR-292-3p、miR-293、miR-294 和 miR-295。miR-291-3p、miR-294 或 miR-295 与 Oct4、Sox2 和 Klf4 一起作用于 MEF，从而增加重编程效率。当 c-Myc

转基因存在时，可以结合于这些 miR-290 簇的启动子区，使之不能提高重编程的效率，所以 miR-290 簇显然是 c-Myc 的下游靶基因。这三个 miRNA 共享一段保守的种子序列，该序列具有特定的靶基因，这提示它们可能作用于共同的靶标。LIN28 是 Let7 miRNA 家族的负性调节子。Lin28 通过非经典多聚（A）聚合酶 TUTase4 诱导不成熟的 Let7 RNA 尿苷化，从而降解 RNA。在 ES 细胞分化过程中 Lin28 的表达逐渐下降，而成熟 Let7 家族 miRNA 呈逆相关逐渐累积。添加 Lin28 可以增加人和小鼠成纤维细胞的重编程效率，详细的分析显示，Lin28 是以细胞循环依赖的方式加速重编程的效率。这与成熟 Let7 的靶标如癌基因 K-Ras 和 c-Myc 的作用方式一致。Lin28 通过直接结合 Oct4 mRNA 从而促进其转录后的表达。

26.3 疾病本体论与药物筛选的概述

患者来源的 iPS 细胞有助于探究疾病的本质。iPS 细胞具有和患者相同的基因组信息。许多 iPS 细胞已经从患者的体细胞中获得，如腺苷脱氨酶缺陷相关的重症联合免疫缺陷、Duchenne/Becker 型肌营养不良和肌萎缩性脊髓侧索硬化症。Ebert 等从脊髓性肌萎缩（spinal muscular atrophy, SMA）患者的皮肤成纤维细胞建立了 iPS 细胞。SMA 是一种以运动神经元退化并后续进展成肌萎缩为特征的常染色体退行性遗传紊乱。发生 SMA 最为常见的原因是存活的运动神经元 1（survival motor neuron 1, SMN1）基因突变，使得蛋白质的表达水平显著下降。源自患者 iPS 细胞的运动神经元可以重现疾病的本质，因为与病童母亲的正常 iPS 细胞源性的运动神经元相比，患者 iPS 细胞来源的运动神经元 SMN 表达明显降低。VPA 或妥布霉素处理可以增加 SMN 的表达。重要的是，相同的处理对于患者 iPS 细胞来源的运动神经元也有效。结果表明，iPS 细胞可以提供一个有用的筛选系统，用以从数以千计的候选化合物中鉴定特异、有效的药物。

这些患者源性的 iPS 细胞也可以用来筛查有可能对人体有害的药物。一些化合物对靶组织有效，但同时伴随着严重的副作用。长 QT 综合征是一种先天性心脏缺陷，以心电图 QT 间隔延长为特征，增加无规律心跳的风险，威胁生命。一些个体在给药后便可以发生长 QT 综合征。因此，在开展临床试验前，可以用源自长 QT 综合征患者的心肌细胞和 iPS 细胞确认候选化合物所带来的任何可能的毒副作用。

大多数疾病的病因并不单一，往往是遗传 / 表观问题、环境、衰老等综合因素所致，且与体内多种细胞类型产生复杂的关系，因此，有必要在体外或动物模型中建立一种方式，重现迟发性疾病和环境的影响。

26.4 iPS 细胞库

从患者自体体细胞建立临床级别的医用细胞需要一定的时间，必须评估每一种细胞类型的安全性和可应用性。iPS 细胞的临床应用也需要考虑经济因素。完成量身定做的 iPS 细胞用于治疗大量的人群将会耗费巨大。因此，需要建立 iPS 细胞库。为避免免疫排斥的发生，需要集齐各种人白细胞抗原（HLA）单倍型的 iPS 细胞。器官移植的经验已经揭示了 HLA Ⅰ 型分子、HLA-A 和 HLA-B，以及 Ⅱ 型分子和 HLA-DR 是需要匹配的最重要的 HLA 分子。这些 HLA 关键基因位点的匹配降低了急性排斥反应的发生率，提高了移植存活率。日本和英国已经测算了所需干细胞库规模的大小。随机建立的 170 个 iPS 细胞系将会使超过 80% 的日本人口对这些细胞系不产生免疫排斥。这意味着所创建的 iPS 细胞系使三个编码

HLA 的关键基因位点（HLA-A、-B 和 -DR）上具有两个相同拷贝的样本。相比之下，随机建立的 150 个 iPS 细胞系将会使 84.9% 的英国人口获得可以接受的或更好的匹配度。重要的是，如果所建立的 iPS 细胞源自 HLA 纯合子细胞，一个仅存储 50 个 iPS 细胞系的干细胞库将可以使 90.7% 的日本人口满足三位点匹配。要为 50 个不同的 HLA 单倍型的每一个鉴定出至少一个纯合子，必须对含有 24000 个个体 HLA 类型的数据库进行筛查，如果 iPS 细胞库可以效仿脐血库和骨髓库那样，与其他库联合协作，这将会成为可能。

26.5　医用相关的安全因素

安全性是 iPS 细胞临床应用的第一要素。每一批培养的 iPS 细胞在分化和安全性上都会有不同的特征。如上所述，不同组合的重编程因子可以通过多种转导方式将几种类型的人的细胞重编程为 iPS 细胞。迄今为止，获得完全重编程的、安全的 iPS 细胞的最佳方式尚未可知。嵌合体小鼠实验揭示，c-Myc 转基因整合入基因组会提高致瘤性，所以应当予以避免。Oct3/4、Sox2 和 Klf4 的整合似乎和肿瘤发生没有太大的相关性。然而，过表达 Oct3/4 和 Klf4 导致肿瘤形成，并且人的多种肿瘤都表达 Oct3/4、Sox2 和 Klf4。此外，插入基因组的逆转录病毒可以干扰内源性基因的结构并提高致瘤风险。然而，在 iPS 细胞中有 $1 \sim 40$ 个逆转录和慢病毒的插入位点，基于 PCR 的分析可以将它们全部检测到，因此，预知风险成为可能。利用非整合方式形成 iPS 细胞的方法已经被建立，但是诱导效率低。这意味着非整合方式重编程 iPS 细胞的产出量比整合方式更低。这可以通过应用优化的重编程因子组合和选择更好的细胞来源来加以改善。如果逆转录病毒比瞬时转染或非整合的方式重编程的诱导效果更好，可以在风险评估之后选择应用。将干细胞用于细胞治疗时，残存的未分化细胞是共同的问题。如上所述，大多数小鼠 iPS 细胞可以分化为神经球，然而，仍有少部分细胞处于未分化状态，存在移植时形成肿瘤的潜在风险。因此，尚需建立清除未分化细胞的有效方法，如改进分化方法和流式分选。

26.6　医学应用

小鼠 iPS 细胞已经被用于治疗小鼠镰刀细胞白血病模型。人 β 球蛋白基因突变的纯合子小鼠具有镰刀型红细胞重症白血病、脾梗死、尿浓缩缺陷和极差的健康状态等典型表现。来自疾病小鼠的 iPS 细胞具有相同的基因组突变。突变可以被非突变结构的同源重组纠正。基因纠正的 iPS 细胞可以分化为造血祖细胞并移植入疾病的小鼠体内。这些研究为 iPS 细胞与基因修复相结合用于细胞治疗提供了依据。在人多能干细胞中已经建立了有效的基因校正方法。人 ES 细胞的同源重组可以在辅助病毒依赖型腺病毒载体上发生。利用锌指核酸酶介导的基因编辑技术，对人 ES 细胞和 iPS 细胞进行同源重组。通过慢病毒转运正常基因，从范可尼贫血患者体内建立了人类疾病校正的 iPS 细胞。Duchenne 型肌营养不良（DMD）是由一个非常长的 Dystrophine 基因（2.4Mbp）缺陷所导致的。利用人工染色体编辑技术可以纠正源自 DMD 患者 iPS 细胞中的 Dystrophine 基因。通过这些技术，可以获得患者特异性的基因校正的 iPS 细胞。

26.7　细胞直接重编程

iPS 细胞的出现树立了一个典范：外源表达关键的基因便可以改变细胞的命运。这也有助于直接重编程的研究，即将一种体细胞类型（不需要经过干细胞阶段）直接重编程为另一种细胞。一个研究小组从超过 1100 个转录因子中筛选出 9 个候选者用于诱导产生 β 细胞。这些基因组合起来插入腺病毒载体后输送至小鼠的胰腺。其中，Ngn3、Pdx1 和 Mafa 组合可以在 1 个月内产生胰岛素阳性细胞。这些细胞源自胰岛外分泌细胞并且与正常的 β 细胞相似。通过重塑局部的微血管和分泌胰岛素，这些细胞可以改善链脲佐菌素腹腔注射所建立的糖尿病小鼠的高血糖症。另一个例子是通过转导 Ascl1、Brn2 和 Myt1l 三个转录因子使小鼠成纤维细胞转变为神经元。诱导的神经（iN）细胞表达几个神经特异性的标志物，产生行为潜能并形成功能性的突触。尽管仍须进一步的深入研究，但 iN 细胞对于神经系统疾病模型和再生医学的重要作用非常明确，它可以作为一种替代方法，从而从患者自体体细胞或 iPS 细胞获得特异性的分化细胞。

26.8 结语

　　iPS 细胞在患者特异性的细胞移植治疗、发病机理研究以及新药筛选方面具有巨大的潜在价值。尽管将小鼠和大鼠的 iPS 细胞注射入胚泡可以形成嵌合体，但来自多方面的证据表明，iPS 细胞与 ES 细胞虽然非常相似，但并非完全等同。然而，至今没有确切的结果来判别这种差异是否是关键性的。iPS 细胞与 ES 细胞仍然需要进行直接的、细节上的比较。iPS 细胞的建立不仅可以应用于医学领域，而且有助于明晰干细胞调控机制和发展高效的分化体系。目前，发病机理以及新药研发方面的研究已经启动，研究成果有望挽救全世界无数的病患。此外，人 iPS 细胞的研究与医学应用必将受到法律和伦理政策的严格规范，iPS 细胞广泛应用于人类疾病尚需时日。

深入阅读

[1] Aasen T, Raya A, Barrero MJ, Garreta E, Consiglio A, Gonzalez F, et al. Efficient and rapid generation of induced pluripotent stem cells from human keratinocytes. Nat Biotechnol 2008; 26 (11): 1276-84.

[2] Aoi T, Yae K, Nakagawa M, Ichisaka T, Okita K, Takahashi K, et al. Generation of pluripotent stem cells from adult mouse liver and stomach cells. Science 2008; 321 (5889): 699-702.

[3] Boyer LA, Lee TI, Cole MF, Johnstone SE, Levine SS, Zucker JP, et al. Core transcriptional regulatory circuitry in human embryonic stem cells. Cell 2005; 122 (6): 947-56.

[4] Ebert AD, Yu J, Rose Jr. FF, Mattis VB, Lorson CL, Thomson JA, et al. Induced pluripotent stem cells from a spinal muscular atrophy patient. Nature 2009; 457 (7227): 277-80.

[5] Han J, Yuan P, Yang H, Zhang J, Soh BS, Li P, et al. Tbx3 improves the germ-line competency of induced pluripotent stem cells. Nature 2010; 463 (7284): 1096-100.

[6] Hong H, Takahashi K, Ichisaka T, Aoi T, Kanagawa O, Nakagawa M, et al. Suppression of induced pluripotent stem cell generation by the p53-p21 pathway. Nature 2009; 460 (7259): 1132-5.

[7] Huangfu D, Maehr R, Guo W, Eijkelenboom A, Snitow M, Chen AE, et al. Induction of pluripotent stem cells by defined factors is greatly improved by small-molecule compounds. Nat Biotechnol 2008; 26 (7): 795-7.

[8] Judson RL, Babiarz JE, Venere M, Blelloch R. Embryonic stem cell-specific microRNAs promote induced pluripotency. Nat Biotechnol 2009; 27 (5): 459-61.

[9] Miura K, Okada Y, Aoi T, Okada A, Takahashi K, Okita K, et al. Variation in the safety of induced pluripotent stem cell lines. Nat Biotechnol 2009; 27 (8): 743-5.

[10] Rowland BD, Peeper DS. KLF4, p21 and context-dependent opposing forces in cancer. Nat Rev Cancer 2006; 6 (1): 11-23.

第 27 章

胚胎干细胞：来源和特性

Junying Yu[1], James A. Thomson[2]

李长燕　译

27.1　胚胎干细胞的来源

27.1.1　胚胎瘤细胞

　　畸胎癌是在动物和人类中都可以发生的恶性生殖细胞肿瘤。这些肿瘤由未分化的胚胎瘤（embryonal carcinoma, EC）细胞和已经分化成所有三胚层的细胞组成。几百年来，畸胎癌一直被认为是医学奇观，但 129 品系雄性小鼠睾丸畸胎癌的发病率很高，这一发现使得这些肿瘤更容易进行实验研究。畸胎癌的生长过程中持续有 EC 细胞存在，因此，畸胎癌可在小鼠之间进行连续移植。1964 年，研究表明，单个 EC 细胞具有自我更新和多向分化能力，这也正式明确了小鼠和人 ES 细胞等多能干细胞的特性。

　　第一个小鼠 EC 细胞系建立于 20 世纪 70 年代初。EC 细胞表现出与内细胞团（inner cell mass, ICM）细胞相似的抗原和蛋白表达，这个发现表明，EC 细胞对应于 ICM 中的多能细胞。注射到小鼠胚泡后，一些 EC 细胞系能够发育成各种类型的体细胞，但大部分 EC 细胞系的发育潜力有限，不能形成嵌合体小鼠，这可能也反映了畸胎癌形成过程中的遗传突变，正是这种突变使得 EC 细胞获得了生长优势，突变累积导致形成肿瘤，且嵌合体中的 EC 细胞也导致肿瘤形成。因此，这些特点限制了 EC 细胞在再生医学和基础发育生物学研究中的应用。

　　受精后，单细胞胚胎从输卵管迁移下来，经过一系列分裂形成桑葚胚。胚泡形成过程中，桑葚胚外层细胞与胚胎其余部分脱离，形成滋养外胚层。胚泡 ICM 形成所有的胚胎组织（外胚层、中胚层和内胚层）和一些胚外组织，滋养外胚层形成滋养层（trophoblast）。早期 ICM 也可以形成滋养层，但后期 ICM 却不能形成滋养层，这表明后期 ICM 的发育潜能有限。对于正常胚胎，胚胎多能干细胞只是瞬间存在，因为这些细胞很快就会通过正常发育程序形成其他非多能细胞。因此，完整胚胎的多能细胞确实是体内的前体细胞，而不是干细胞。然而，将发育早期的小鼠胚胎转移到子宫以外的部位，如成年小鼠的肾或睾丸中，却发

　　[1]　Cellular Dynamics International, Inc., Science Drive, Madison, WI, USA.

　　[2]　National Primate Research Center, University of Wisconsin Graduate School, WiCell Research Institute, Department of Anatomy, University of Wisconsin Medical School, and Genome Center of Wisconsin, University of Wisconsin-Madison, Madison, WI, USA.

育成包括多能干（EC）细胞的畸胎癌。异位移植实验形成畸胎癌是一种频发事件，即使在不能自发成瘤的小鼠中，生殖细胞瘤的发病率也很高，这表明该事件并不是罕见的肿瘤转化事件的结果。这些关键的移植实验引导我们寻找合适的培养条件，使得不经过体内形成畸胎癌，而仅在体外条件下直接分离来自胚胎的多能干细胞成为可能。

27.1.2　胚胎干细胞的来源

1981 年，利用小鼠 EC 细胞的培养条件，直接从小鼠胚泡 ICM 中分离得到了多能胚胎干（ES）细胞系。来自一个单细胞的 ES 细胞可分化成多种类型的细胞，或者将其注射到小鼠体内时可以形成畸胎癌。然而，不同于 EC 细胞的是，这些核型正常的细胞可以形成多种嵌合体组织，包括生殖细胞，因此，这也提供了对小鼠生殖细胞进行修饰的有效方法。

小鼠 ES 细胞分离的效率受遗传背景的影响。例如，129/ter-Sv 近交系小鼠的 ES 细胞容易分离到，但 C57BL/6 品系和其他背景小鼠的 ES 细胞的分离效率就低很多，且这些遗传背景在 ES 细胞分离效率方面的差异与这些小鼠形成畸胎癌时的差异是相对应的。这些发现表明，遗传和 / 或表观遗传在小鼠 ES 细胞的分离方面发挥重要作用。另外，子宫外小鼠胚胎移植形成畸胎癌的效率受遗传背景的影响要小一些，这表明，不同品系小鼠的 ES 细胞分离效率的差异可能是由不理想的培养条件引起的。事实上，对于一些难建系小鼠通过改进实验流程也可以建立其 ES 细胞系，如通过同时抑制有丝分裂原活化的蛋白激酶（MAPK）和糖原合酶激酶 -3（GSK3）的分化诱导信号，建立了非肥胖型糖尿病小鼠的具有生殖系能力的 ES 细胞系。

ES 细胞通常来源于 ICM，但这并不意味着 ES 细胞对应于体内的 ICM 细胞，也不意味着 ICM 细胞是 ES 细胞的直接前体。很可能是在培养过程中，ICM 细胞形成了作为直接前体细胞的其他细胞。一些实验结果表明，ES 细胞更接近于原始外胚层细胞，原始外胚层是 ICM 中与原始内胚层剥离后的一层细胞。分离的小鼠原始外胚层产生 ES 细胞是一个高频事件，且即使对那些难以分离其 ES 细胞的小鼠，通过这个方法也可以建立其 ES 细胞系。事实上，单个原始外胚层细胞产生 ES 细胞是一个合理频率事件，但对于早期 ICM 细胞是不可能的。这些实验结果表明，ES 细胞更接近于原始外胚层，而不是 ICM，但他们没有阐明 ES 细胞更接近于原始外胚层，还是原始外胚层在体外衍生的另一种细胞（例如，非常早期的生殖细胞）。完整胚胎中没有能够经历长期自我更新的多能细胞，从某些方面来讲，ES 细胞却是组织培养的典型的多能细胞。令人诧异的是，ES 细胞成功分离 20 多年后，关于其来源都没有完全定论。随着 20 世纪 80 年代初分子技术的迅速发展，才重新研究 ES 细胞的起源，以更好地理解其增殖多能状态的调控。

除了能从 ICM 和分离的原始外胚层中得到 ES 细胞，从桑葚胚期的胚胎，甚至从单个的卵裂球也能得到 ES 细胞。再者，尽管 ES 细胞源自桑葚胚，但也有可能只是分离过程的一个中间状态。从桑葚胚或卵裂球分离 ES 细胞的成功率较低，但这些结果也表明，分离出人 ES 细胞而又不破坏胚胎是有可能的。这样的细胞系对于由相同胚胎发育成的儿童将非常有用，因为它们在遗传背景上是匹配的。

27.1.3　人胚胎干细胞的来源

1978 年，第一个体外受精的婴儿诞生，没有这个事件，人胚胎干细胞的分离也就不可能实现。早在 20 世纪 80 年代，尽管有人试图获得人胚胎干细胞，但种属特异性差异和没有合适的人胚胎培养基等使得人胚胎干细胞的分离直到 1998 年才成功。例如，有人报道从人的胚泡中可以分离出 ICM，但在分离小鼠 ES 细胞的培养条件下，即加白血病抑制因子（leukemia inhibitory factor, LIF）的培养基和饲养细胞，并未产生稳定的未分化细胞系。90 年代中期，分别建立了两种非人灵长类动物的 ES 细胞系，分别是狒猴与普通狨猴。这些胚胎干细胞系的建立，推动了人类体外受精（*in vitro* fertilization, IVF）胚胎培养条件的改进，使得人 ES 细胞系的建立得以成功。这些人 ES 细胞系核型正常，并且即使经过长时间的未分化增殖，仍能维持发育潜能，形成所有三胚层的衍生物。

迄今为止，世界范围内已经建立了 120 多个人 ES 细胞系。大部分来自分离的 ICM，有些来自桑葚胚或胚泡期胚胎。但目前还不清楚来自不同发育阶段的这些 ES 细胞之间是否存在差异，或者它们在发育上是等同的。人 ES 细胞系也有来自携带了各种疾病相关遗传突变的胚胎，它们为疾病研究提供了新的体外模型。

27.2　胚胎干细胞的培养

27.2.1　小鼠胚胎干细胞的培养

有丝分裂失活的饲养细胞首先被用于支持难培养的上皮细胞，随后被成功用于小鼠 EC 细胞和 ES 细胞的培养。利用与成纤维细胞共培养的"条件"培养基培养 EC 细胞。对条件培养基的成分进行分离鉴定，得到了一种用于培养 ES 细胞的细胞因子：LIF。LIF 及其相关细胞因子通过 gp130 受体发挥作用。LIF 与 gp130 受体结合，形成 LIF/gp130 受体二聚体，激活转录因子 STAT3 和 ERK 丝裂原活化蛋白激酶（mitogen-activated protein kinase, MAPK）的级联反应；STAT3 的活化介导 LIF 对血清存在条件下小鼠 ES 细胞自我更新的维持作用；相反，抑制 ERK 通路促进 ES 细胞增殖。无血清培养基中，LIF 单独存在不足以抑制小鼠 ES 细胞的分化，但与 BMP（bone morphogenetic protein，骨形成蛋白，TGFβ 超家族成员）联合可维持小鼠 ES 细胞。BMP 诱导 Id 蛋白（分化抑制因子）的表达，抑制 ERK 和 p38 MAPK 通路，从而减弱 LIF 激活 ERK MAPK 的促增殖作用。这些早期的研究表明，小鼠 ES 细胞的自我更新依赖于外在刺激，这也给近来的研究提出了问题。抑制 ERK 通路（如 SU5402 和 PD184352 或 PD0325901）和 GSK3（CHIR99021）足以维持小鼠 ES 细胞的分离、增殖和多能性，也就是说，小鼠 ES 细胞的自我更新不依赖于外在信号。事实上，在这种培养条件下，对于先前不能建系或难以建系的小鼠也实现了 ES 细胞的成功分离。

27.2.2　人胚胎干细胞的培养

LIF 被发现之前，基本上使用与分离小鼠 ES 细胞相同的培养条件，即有丝分裂失活的成纤维细胞饲养层和含有血清的培养基，用于人 ES 细胞的分离。然而，成纤维细胞饲养层支持小鼠 ES 细胞和人 ES 细胞似乎是一个幸运的巧合，目前鉴定出支持小鼠 ES 细胞的特定因子并不支持人 ES 细胞。LIF 及其相关细胞因子无法支持人或非人灵长类 ES 细胞在支持小鼠 ES 细胞的培养基中生长，人 ES 细胞在含血清培养基和 BMP 中培养时，很快发生分化。事实上，LIF/STAT3 通路与人 ES 细胞自我更新的关系有待证明。

与小鼠 ES 细胞相比，FGF 通路似乎对人 ES 细胞的自我更新至关重要。碱性 FGF（bFGF 或 FGF2）支持人 ES 细胞在成纤维细胞和市售血清替代物培养基条件下成克隆式生长。较高浓度的 bFGF 支持人 ES 细胞在相同血清替代物培养条件下的饲养层非依赖性生长。高浓度 bFGF 的作用机制还不完全清楚，尽管它的作用机制之一是抑制 BMP 通路。目前使用的血清和血清替代物具有明确的 BMP 类似活性，足以诱导人 ES 细胞分化，但成纤维细胞产生的这种条件培养基却降低了这种活性。中浓度 bFGF（40ng/mL）与头蛋白（noggin）或其他 BMP 通路抑制因子共同存在可显著降低人 ES 细胞的分化背景。高浓度 bFGF（100ng/mL）单独存在，可将 BMP 信号抑制到与成纤维细胞条件培养基中相当的水平，支持饲养层非依赖性生长，甚至不需要加入头蛋白。用于人 ES 细胞培养的无 BMP 活性的无血清培养条件越来越多，但抑制 BMP 通路的重要性目前尚不清楚，除非是 ES 细胞本身产生了显著数量的 BMP。此外，BMP 通路的作用可因培养条件而变化。即使对小鼠 ES 细胞，BMP 也诱导分化，除非与 LIF 联合存在；完全有可能的是，BMP 在不同的信号通路中，对人 ES 细胞的作用是不同的。

通过自身抑制 BMP 活性不足以维持人 ES 细胞；因而，bFGF 必须发挥其他信号功能。人 ES 细胞本身在成纤维细胞培养基或成纤维细胞条件培养基中，在高密度培养时都可产生高浓度的 FGF，因此，无需额外添加 FGF。然而，在这些标准培养条件下，FGF 受体介导的磷酸化的化学抑制剂可引起人 ES 细胞分化。所需的下游事件目前还不清楚，但有证据表明，与 ERK 信号通路的激活有关。

FGF 通路似乎在人 ES 细胞的自我更新中起核心作用，但其他信号通路也有参与。与低水平或中水平 FGF 联合使用时，TGFβ/Activin/Nodal 通路可正向调控人 ES 细胞的未分化增殖，抑制该通路导致人 ES 细胞分化。然而，抑制 TGFβ/Activin/Nodal 通路的效应之一是激活 BMP 通路，而 BMP 通路的激活本身就足以引起人 ES 细胞分化。因此，TGFβ/Activin/Nodal 通路对人 ES 细胞自我更新的调控作用是否通过 BMP 通路目前还不清楚，还需通过在抑制或激活 TGFβ/Activin/Nodal 通路的同时直接抑制 BMP 通路来进行进一步研究以解决这个问题。

Wnt 通路的分子成分在人 ES 细胞中的作用不明确。有研究表明，短期培养时，利用 GSK-3 特异的抑制剂（BIO）激活 Wnt 通路可正调控人 ES 细胞的自我更新；但在另外的研究中，通过加入重组 Wnt 蛋白抑制或激活 Wnt 通路并不影响人 ES 细胞的维持。可能 BIO 对人 ES 细胞的正调控作用是由其他通路介导的。

对用于临床的人 ES 细胞来说，其分离和维持培养过程中不能含有动物产品，例如利用小鼠胚胎成纤维细胞饲养层法分离人 ES 细胞，就存在具免疫原性的非人唾液酸污染，用于临床时可能会引起患者的免疫反应。为了实现这个目标，研究者开发了用于人 ES 细胞维持的各种蛋白基质，包括层粘连蛋白、纤连蛋白，以及一些不同类型的人饲养细胞。在无饲养层而仅有小鼠来源基质和牛来源血清替代物存在下分离的人 ES 细胞系也已经建立。含有鞘氨醇 -1- 磷酸（sphingosine-1-phosphate, S1P）和血小板源生长因子（platelet-derived growth factor, PDGF）等成分确定的无血清培养基已可用于现有人 ES 细胞系的维持，但该培养基并没有摆脱人 ES 细胞对饲养层的需要。无饲养层且无动物蛋白成分的培养条件也已适用于现有人 ES 细胞系的维持，但这种培养条件是否适于分离新的人 ES 细胞系目前还不清楚。改进的培养人 ES 细胞的成分确定、并且无饲养层的培养基也已经商品化，如 mTeSR1 和 STEMPRO®hESC SFM 等。这些培养条件如果也适用于分离新的人 ES 细胞系，将直接推动其临床应用。

长时间培养可引起人 ES 细胞出现遗传突变累积，人 ES 细胞中印记基因的状态相对稳定，但也会改变。这些遗传和表观遗传改变提醒我们，人 ES 细胞用于细胞替代治疗时务必处理适当！这些突变累积的发生率取决于培养条件和特定的选择压力。例如，在目前所有的培养条件下，人 ES 细胞的克隆形成效率都差，通常为 1% 或更少。如果把细胞分散成单细胞悬液，对提高细胞的克隆形成效率就存在巨大的选择压力，克隆形成效率提高的细胞却是核型异常的细胞。酶法传代过程中若严格控制细胞团块的大小，可以使人 ES 细胞长期传代且不会引起核型改变，但这种方法如果将细胞分散成单细胞或更小团块的细胞，核型改变的频率更高。这也解释了为什么机械分散单个集落可长期保持核型稳定。对遗传突变发生率和选择性压力的理解有助于我们更好地把握人 ES 细胞在不同培养条件下的生长，也是人 ES 细胞大规模扩增和临床应用的关键。例如，ROCK 抑制剂可显著促进分散的人 ES 细胞的存活。这些小分子可能降低选择压力，并有利于人 ES 细胞的大规模培养。

27.3　胚胎干细胞的发展前景

27.3.1　胚胎干细胞的分化

单个 ES 细胞可分化成临床相关类型的细胞，包括多巴胺能神经元、心肌细胞和 β 细胞，吸引了基础生物学研究和移植医学领域利用这些细胞的巨大兴趣，这些需求主要依赖于对其谱系分化和扩增的调控。有很多实验方法可用来证实胚胎干细胞的发育潜力和特定谱系的分化能力。这些实验方法在复杂程度和实验控制方面各不相同，包括在一个完整胚胎内响应正常发育程序的嵌合体实验，以及加入成分确定的生长因子的单层培养实验。

小鼠 ES 细胞，甚至是经过体外长期培养和遗传操作后的 ES 细胞，可以重新进入胚泡参与正常的胚胎发育。通过这些嵌合体，ES 细胞可发育成体细胞组织和生殖细胞。ES 细胞被引入四倍体胚泡时，作为四倍体的组成部分与来自 ICM 的体细胞竞争，生成完全来自 ES 细胞的小鼠。尽管生成的小鼠完全来自 ES 细胞，但似乎 ES 细胞发育成个体所需要的信号还是依赖于胚泡 ICM，因为 ES 细胞完全替换 ICM 进行胚胎发育尚未见报道。

ES 细胞注射同基因或免疫缺陷的成年小鼠可形成包含所有三胚层（外胚层、中胚层和内胚层）来源的分化细胞的畸胎癌。早期胚胎和 EC 细胞都具有该特性，也是目前用于证明人 ES 细胞多能性的常规方法。这些畸胎瘤以一个非常一致的时间模式形成类似神经管、肠、牙齿和头发的非常复杂的结构，也为研究这些结构在人体内的发育提供了实验模型，但其分化环境非常复杂，难以控制。

EC 细胞或 ES 细胞在抑制其贴壁的培养条件下形成囊性"拟胚体"，再现一些早期发育事件。这种结构可以形成所有三胚层的分化细胞，在 ES 细胞，随时间推移发生的事件可以模拟体内胚胎发育。目前已利用拟胚体形成神经细胞、心肌细胞、造血前体细胞、β 样细胞、肝细胞和生殖细胞。拟胚体（EB）三维结构的形成对研究特定的发育事件非常有用，但复杂的细胞 - 细胞间相互作用使得难以阐明有关的信号通路。

较为容易控制的方法是，将 ES 细胞与基质细胞共培养以诱导其向特定谱系分化，例如 MS5、S2 和 PA6 等基质细胞已用于人 ES 细胞向多巴胺能神经元分化；骨髓基质细胞 S17 和 OP9 支持其向造血细胞有效分化。基质细胞对 ES 细胞分化的促进作用包含了许多未知因素，这种促进作用可在细胞系之间或细胞系内随培养条件的变化而变化。

更容易控制的方法是，在一些基质上加入特定的生长因子进行单层分化。小鼠和人 ES

细胞都可以通过单层培养分化成神经外胚层前体细胞，且人 ES 细胞在加入 BMP 时还可分化成滋养层细胞。这种方法消除了 EB 或基质细胞方法中未知因素的影响，可用于分析特定因素对 ES 细胞谱系分化的影响。随着对胚层和谱系特化调控的深入理解，将会确定更多的分化条件，从而使得 ES 细胞分化成更多类型的细胞。

27.3.2　多能性的分子调控

尽管我们已经确定了维持自我更新状态的关键分子，但为什么一个细胞是多能性的，而另一个却不是，对此我们仍然一无所知。Oct4，POU 转录因子家族的一员，对 ES 细胞的分化和维持都至关重要。Oct4 的表达仅限于小鼠早期胚胎和生殖细胞中，Oct4 敲除导致 ICM 的形成失败。Oct4 的表达维持在一定范围内时，小鼠 ES 细胞保持未分化状态；Oct4 表达过高导致小鼠 ES 细胞向内胚层和中胚层分化，而表达过低导致其向滋养层分化。Oct4 也是人 ES 细胞的标志物，Oct4 表达下调导致人 ES 细胞向滋养层分化，同时，滋养层细胞标志物开始表达。

对 ES 细胞多能性非常重要的另一个转录因子是 Nanog。与 Oct4 一样，伴随着小鼠 ES 细胞的分化，Nanog 的表达急速下降。然而，与 Oct4 不同，Nanog 过表达即可维持 ES 细胞的自我更新，且不依赖于 LIF/STAT3，看来 Nanog 不是 LIF/STAT3 通路的直接下游靶基因。此外，Nanog 表达升高，会以细胞 - 细胞间融合的方式激活体细胞基因组中多能性基因的表达。在人 ES 细胞，Nanog 的表达直接由转化生长因子 β（transforming growth factor beta, TGFβ）/activin 介导 small "mothers against" decapentaplegic（SMAD）通路激活，Nanog 过表达支持人 ES 细胞无饲养层生长。在小鼠和人 ES 细胞，Nanog 表达降低导致其向胚外谱系分化。有趣的是，敲除 Nanog 时，尽管小鼠 ES 细胞趋于分化，但它们的嵌合体仍可无限自我更新和多谱系分化。因此，Nanog 在 ES 细胞中的功能，很可能是参与多能性状态的稳定，对多能性状态的建立并不是必需的。

目前已有多个研究团队（参见 Rao 和 Stice, 2004 和其引用的参考文献）对 ES 细胞中基因的表达进行了广泛的研究，包括对一些转录因子，如 Sox2 和 foxd3, RNA- 结合蛋白 Esg-1（Dppa5）和 DNA 从头甲基化转移酶 3b 等。通过基因缺失小鼠研究其在早期发育中的重要功能（表 27.1）。ES 细胞还高表达参与蛋白质合成的相关基因和 mRNA 加工的相关基因，以及 ES 细胞特有的非编码 RNA 相关基因。此外，ES 细胞还高表达相当大部分功能未知的基因。

表 27.1　目前已知在 ES 细胞中富集表达的基因及其特征和功能

基因	蛋白特征和功能
Sox2	HMG 盒转录因子；与 Oct4 相互作用调控转录；Sox2$^{-/-}$ 小鼠胚胎由于上胚层缺失，植入后不久（∼ E6.0）致死
FOXD3	Forkhead 家族转录因子；FoxD3$^{-/-}$ 小鼠胚胎由于上胚层缺失，植入后不久就致死（∼ E6.5）；FoxD3$^{-/-}$ ES 细胞系没有建立
Rex 1 (Zfp-42)	锌指转录因子；Oct4 的直接靶基因；Rex-1$^{-/-}$ EC 细胞不能分化为原始内胚层和内脏内胚层
Gbx2 (Stra7)	包含转录因子的 Homeobox；Gbx$^{-/-}$ 胚胎神经嵴细胞谱型和咽弓动脉缺陷
Sall1	Potent 锌指转录抑制因子；人体内的杂合突变导致 Townes-Brocks 综合征；Sall1$^{-/-}$ 小鼠围产期死亡
Sall2	Sall1 同系的；Sall$^{-/-}$ 小鼠没有表型
Hoxa11	转录因子；Hoxa11$^{-/-}$ 小鼠雌、雄生育力缺陷
UTF1	转录共激活因子；促进 ES 细胞增殖

续表

基因	蛋白特征和功能
TERT	逆转录酶（端粒酶的催化成分）
TERF1	端粒重复结合因子 1；TERF1$^{-/-}$ 小鼠胚胎 ICM 严重生长缺陷，死于 E5 ~ 6
TERF2	端粒重复结合因子 2
DNMT3b	DNA 从头甲基化转移酶；着丝粒小卫星重复甲基化所不可少的；DNMT3$\beta^{-/-}$ 胚胎出生前死亡
DNMT3a	DNA 从头甲基化转移酶；DNMT3a$^{-/-}$ 小鼠死于 4 周龄
Dppa2	假定的 DNA 结合基序 SAP
Dppa3 (PGC7, Stella)	假定的 DNA 结合基序 SAP
Dppa4 (FLJ10713)	假定的 DNA 结合基序 SAP
Dppa5 (Ph34, Esg-1)	与 KH RNA 结合基序相似
ECAT11 (FLJ10884)	保守转座酶 22 结构域

最近一项针对人 ES 细胞的全基因组定位分析显示，Oct4、Nanog 和 Sox2 一起共同结合在许多基因的启动子上，这些基因中有转录因子，如 Oct4、Nanog 和 Sox2 等。这三种蛋白质，除了如前所述可调控自身转录以外，还可激活或抑制其他基因的表达。这种全基因组分析方法为解析多能性状态调控网络带来了很大的希望。

27.4 结论

过去几十年中，发育生物学研究取得了很大进展，其中之一就是人 ES 细胞的成功分离，这也将科学研究进展与人们对疾病的理解和治疗紧密联系起来。1981 年，小鼠 ES 细胞的分离和随后同源重组的发展推动了哺乳动物发育生物学的革命性进展，使得通过改造小鼠基因组研究特定基因的功能成为可能。然而，尽管小鼠 ES 细胞成功建系后不久就建立起了体外分化模型，但直到 1998 年人 ES 细胞系的成功建立，ES 细胞在移植医学上的潜在用途才立即引起了巨大的关注，人们对 ES 细胞体外定向分化的兴趣如爆炸般涌现。人 ES 细胞体外定向分化研究取得了显著进步，很快吸引了新的研究团队加入这个领域。通过基因敲除小鼠的相互作用、ES 细胞体外分化和在其他模式生物中的保守机制研究等，加深了人们对胚层和谱系特化调控基本机制的理解。

多能性的基本生物学是人 ES 细胞建系后重新燃起的另一个研究领域。尽管小鼠和人 ES 细胞间存在显著差异，但调控其多能性的关键基因却是相同的，如 Oct4 和 Nanog。小鼠和人 ES 细胞的全基因表达分析表明，存在一些 ES 细胞特有的新基因，但解析这些基因的功能，理解增殖和多能性状态如何建立和维持，仍然具有挑战性。事实上，尽管某些基因已经被确定是维持多能性状态所必需的，但为什么一个细胞可以发育成机体而另一个细胞却不能，对这个问题的理解仍然是生物学研究的一个核心问题。这种理解对再生医学的意义远远超出了 ES 细胞在移植中的应用，并且可能催生组织再生方法的出现，将使得不能自然再生的组织实现再生。通过一系列转基因技术从已分化的体细胞建立 ES 细胞样诱导多能干细胞就是在这个方向上迈出的开创性的一步。

深入阅读

[1] Boyer LA, Lee TI, Cole MF, Johnstone SE, Levine SS, Zucker JP, et al. Core transcriptional regulatory circuitry in human embryonic stem cells. Cell 2005; 122 (6): 947-56.

[2] Buehr M, Meek S, Blair K, Yang J, Ure J, Silva J, et al. Capture of authentic embryonic stem cells from rat blastocysts. Cell 2008; 135 (7): 1287-98.

[3] Martin GR. Teratocarcinomas and mammalian embryogenesis. Science 1980; 209 (4458): 768-76.

[4] Pesce M, Gross MK, Scholer HR. In line with our ancestors: Oct-4 and the mammalian germ. Bioessays 1998; 20 (9): 722-32.

[5] Rao RR, Stice SL. Gene expression profiling of embryonic stem cells leads to greater under-standing of pluripotency and early developmental events. Biol Reprod 2004; 71 (6): 1772-8.

[6] Robson P. The maturing of the human embryonic stem cell transcriptome profile. Trends Biotechnol 2004; 22 (12): 609-12.

[7] Rossant J, Papaioannou VE. The relationship between embryonic, embryonal carcinoma and embryo-derived stem cells. Cell Differ 1984; 15 (2-4): 155-61.

[8] Stojkovic M, Lako M, Strachan T, Murdoch A. Derivation, growth and applications of human embryonic stem cells. Reproduction 2004; 128 (3): 259-67.

[9] Ying QL, Wray J, Nichols J, Batlle-Morera L, Doble B, Woodgett J, et al. The ground state of embryonic stem cell self-renewal. Nature 2008; 453 (7194): 519-23.

[10] Zwaka TP, Thomson JA. A germ cell origin of embryonic stem cells? Development 2005; 132 (2): 227-33.

第28章

小鼠胚胎干细胞的分离和维持

Martin Evans[1]
李长燕　译

28.1　引言

首先讨论小鼠胚胎干（ES）细胞的生长和维持，因为对它的分离依赖于对它的体外维持特性的掌握。建议用已经建系的 ES 细胞来优化实验条件，再将优化好的实验条件用于新的 ES 细胞的分离建系。

ES 细胞对培养基的要求并不苛刻，但必须注意，ES 细胞培养从根本上来讲，还是原代培养。因此，必须采用可以维持其原代特性的组织培养条件，且不能改变培养条件。任何非最佳条件下的生长都将导致选择压力，从而出现生长性较好但分化能力较差的细胞株。有些情况下，这种现象被认为是染色体突变；但也有时候，这些变异细胞株并没有核型改变。不管怎样，它们肯定无法进行分化，而是会形成异常嵌合体。

28.2　胚胎干细胞的维持

ES 细胞的全能性是其用于基因工程和基因打靶过程所必需的，维持 ES 细胞的全能性培养的主要要求如下：

- 细胞必须处于未分化状态；
- 细胞必须维持其正常能力和分化范围；
- 细胞必须保持正常核型，这是种系传递的先决条件。

为了维持其干细胞状态（抑制分化），ES 细胞需要培养在有丝分裂失活的饲养细胞中，或在白血病抑制因子（LIF）存在的培养基中。每种方法都有其优缺点。饲养层提供了一种更可靠的方法，它可以提供培养基中的一些生长因子。但另一方面，饲养细胞的准备必须充分，且每一代饲养细胞都需要灭活。使用含有 LIF 的培养条件看起来不麻烦，并且可以使某些实验容易开展，但这种方法也有它的缺点。一些 ES 细胞系在饲养细胞中比在含 LIF 的培养基中生长更好；而另外一些 ES 细胞系则在两种培养条件下都可以良好生长。

迄今为止，组织培养条件下维持全能性细胞的最佳实用方法仍然是采用成纤维细胞饲养

---

[1]　Cardiff School of Biosciences, Cardiff University, Cardiff, UK.

层（STO 或原代胚胎成纤维细胞）的培养方法。对于利用 ES 细胞进行的任何长期研究、传代扩增和冻存 ES 细胞时，对每一代细胞进行核型（和种系传递）检测是非常明智的。然后使用经核型和种系传递检测合格的 ES 细胞进行实验。

ES 细胞培养基本上是原代培养，因此，必须采用可以维持其原代特性的组织培养条件，且不能改变培养条件。细胞密度过于稀少，或者细胞密度过大引起的培养基耗尽等极端培养条件，都会导致 ES 细胞丧失正常特性，从而出现非正常（快速生长的，非整倍体的）细胞。ES 细胞在健康培养时的倍增时间是 15 ~ 20h，因此，ES 细胞培养中需要每 3d 传代一次，并定期更换培养基。

ES 细胞对维持其良好生长的培养基要求并不苛刻，我使用的优化配方是高糖、低丙酮酸制剂配方的 DMEM 与 Ham's F12M 培养基 1∶1 混合。

这种奇特的搭配是最初设计用于产毒细胞系培养的高营养 DMEM 和最初设计用于细胞克隆生长的微平衡 Ham's F12 培养基之间的一个折中。我原来补加过非必需氨基酸（NEAA）、终浓度 30mmol/L 的核苷（腺苷、鸟苷、胞苷和尿苷）混合物和终浓度 10mmol/L 的胸苷。DMEM/F12 培养基中添加这些成分，经培养测试发现并不合适，但它可能对原代细胞的分离仍然是有益的。ES 细胞在单纯 DMEM 中可以正常生长，但在 DMEM 加 NEAA 中生长更好，并在 DMEM/F12 培养基中仍能生长更好。后者唯一的缺点是，培养基酸化较快，需要更频繁地更换培养基。这些培养基可以"在家里"由粉剂配制后提前备好。或者使用 10× 浓缩物或购买配制好的 1× 培养基。配制培养基时用的水必须是高纯水，使用的玻璃器皿的清洁度也是至关重要的，这些注意事项已被证明对于建立新的 ES 细胞系是最重要的。我怀疑最具破坏性的污染是洗涤剂残留，但其影响在批量传代培养中未必能看到。优化培养基、血清和其他培养条件，最有用的工具是克隆效率检测（本章稍后解释），也可用于排除任何可能出现的问题。

28.3 培养基

推荐用于 ES 细胞的培养基如下：
- DMEM/F12（或 DMEM）；
- 谷氨酰胺（100×，200mmol/L，冻存）；
- β- 巯基乙醇，终浓度 10^{-4}mol/L，来自 500mL 中加入 4mL 原液稀释或 10^{-2}mol/L（100×）原液［通过添加 72mL 至 100mL 磷酸盐缓冲液（PBS）中制备］；
- 10% 小牛血清和 10% 胎牛血清；
- NEAA，来自 100× 原液；
- 核苷，来自 100× 原液（如需要）；
- 抗生素（如需要）——只使用青霉素、链霉素、卡那霉素或庆大霉素，不要使用抗真菌剂。

28.4 血清

胎牛血清（fetal calf serum, FCS）和新生小牛血清都可以，而价格越高血清质量越好的说法是错误的。有些新生小牛血清的性能非常好，而有些胎牛血清对 ES 细胞的毒性却非常高。血清筛选是必不可少的，所有批号的血清都需要经过仔细的克隆效率检测（在本章后面解释），按照实验计划订购好足量的血清。确保无毒（即克隆效率为 20% 或更高）和促进生长（克隆的大小）。购买新批号血清的目的应是等同或超过现用血清（对照）的质量。对于高浓度（如40%）时出现毒性的血清应当非常谨慎，它们在低浓度时可能质量很好，但其他血清可能在低浓度时质量一样很好且没有额外的毒性。

28.5　用于检测培养条件的集落形成实验

集落形成实验可用于检测培养基中的所有成分，以及一些细胞培养操作流程（例如，不同方法消化后的细胞活力等）。

- 将培养基加入六孔板中（2mL/孔），培养基中添加成分的终浓度是目的终浓度的2倍，放入37℃、5%CO_2培养箱中平衡。如果使用饲养细胞，这些成分在此阶段，或在与样品细胞共培养阶段都需要加入。每种实验条件要用双孔和适当对照（如，已知批号的"好"血清）。对于FCS批号测试，培养基中需要加入5%、10%和20%的不同浓度的血清。其他成分（如巯基乙醇的浓度和培养基的批号）的测试也以相同的方式进行。
- ES细胞接种后第2天（即，半汇合），消化使其尽可能成单细胞悬液。切记：在血清测试中，如果使用胰酶消化细胞后用无血清培养基重悬时，需要先加入含血清的培养基清洗一次以使胰酶失活。计数和重悬细胞，按10^3细胞/mL密度种入ES细胞生长培养基中。
- 每个培养孔中加入2mL的细胞悬液（配制4mL 1×浓度的添加成分），并放回培养箱中。
- 在37℃、5%CO_2中培养6～8d。
- 将培养板中的细胞固定，进行吉姆萨染色。ES细胞集落可通过形态特征和深染色性而识别，分化集落呈灰白色（固定和染色前，可在倒置相差显微镜下观察样本的集落形态）。计数集落总数和ES细胞集落所占比例。在LIF或饲养细胞的检测中，未分化集落的维持是非常重要的。

胚胎干细胞的维持培养我还是建议使用灭活的饲养细胞。我发现，无饲养层方法虽然操作便利，但冻存细胞在这些条件下易发生突变，因此，我还是建议将重要的种子细胞采用饲养细胞的方法进行维持培养。也可以采用饲养细胞和LIF联合的方法。使用STO细胞或原代小鼠胚胎成纤维细胞作为饲养细胞。

STO细胞的常规培养是在DMEM中加入10%新生小牛血清（newborn calf serum, NCS）。切记，STO细胞实际上是3T3细胞，当它们汇合时要及时传代，以防止种群中非接触抑制细胞的积累。STO细胞按$5×10^3$细胞/cm^2的密度接种，传代时细胞密度最高能增加20倍。10cm细胞培养皿中汇合到10^7个细胞时，细胞将失去接触抑制，则不能形成好的饲养层。这时，可重新更换一批细胞或（也是有效的）每个皿中种100个细胞将它们克隆出来，然后筛选平铺克隆再重新制备后冻存。有人认为用小鼠原代成纤维细胞而不是STO细胞，才可以得到更好的ES细胞。这可能反映出对STO细胞的使用不当，而不是原代胚胎成纤维细胞的内在优势。

饲养细胞的制备方法如下。

- 从汇合了STO细胞的10cm培养皿中去除培养基，更换为加入10mg/mL丝裂霉素C（丝裂霉素C用PBS配制，其储存浓度是2mg/mL，4℃可储存2周）的DMEM/10% NCS培养基。
- 孵育2～3h，避免长时间暴露于丝裂霉素C。

- 用 10mL PBS 清洗培养皿，清洗 3 次，以去除 STO 细胞中的丝裂霉素 C。
- 胰酶消化，重悬，离心，这是重要的清洗步骤。
- 用生长培养基重悬，按 $5×10^4$ 细胞 /cm^2 的密度种入明胶包被的培养皿中，这些细胞可供以后用（长达一周），或者将灭活的细胞悬浮在含血清的培养基中，在 4℃ 存放一周。

28.6　胚胎干细胞传代培养

ES 细胞的传代和维持比较简单，简述如下。细胞不能生长过密，否则培养基会过度酸化。只要有机会，ES 细胞就会持续分裂，直到因细胞之间太过拥挤和培养基过度耗尽而自杀；要避免这种情况。ES 细胞接种时密度为 $2×10^4$ 细胞 /cm^2，收集时为 $3×10^5$ 细胞 /cm^2；定时补液，每 3d 传代。种入单细胞悬液非常重要，尽可能地减少细胞成团，成团细胞易分化，且容易导致多种 ES 细胞培养实验变得复杂。胰酶 /EGTA（0.125% 胰酶中加入 10^{-4}mol/L 的 EGTA，是对胰酶 /EDTA 的改进）消化前最好用 PBS 轻柔地清洗细胞（切记培养基中加入了 20% 的血清，需要完全去除血清的影响），室温消化即可。（也可以延长在 PBS/EGTA 中的孵育时间来消化分散 ES 细胞，但会降低细胞活力。）胰酶消化后立刻加入培养基，吹打均匀，使成单细胞悬液。消化完全非常重要，也有利于在血细胞计数板中计数。单细胞悬液中可观察到大多数圆形、透亮的细胞，死细胞或成团细胞非常明显，参差不齐的大细胞是饲养细胞。

28.7　新胚胎干细胞系的分离

与一些现有的观点相反，很可能从多种小鼠品系中都能分离得到 ES 细胞系，而不只是 129 品系小鼠。我附上 ES 细胞的分离方法（在本章后面部分给出），但是首先得考虑小鼠的背景，并且得指出，从卵裂期到植入后早期采用不同的实验方法分离到 ES 细胞都是有可能的。

胚胎发育起始于一个受精卵，经历大量的细胞增殖和不断的细胞分化。早期阶段，一些细胞有各种可能的命运，但这些细胞并不一定是自我更新中的细胞群。第一次在体内用小鼠实验证实多能干细胞为畸胎癌干细胞，当时（肿瘤）是通过转移从胚状体中分离的单细胞来传代的，这些睾丸状畸胎癌在一些特定遗传背景的小鼠中可自发产生，并被广泛研究。这些肿瘤的干细胞是在性腺形成过程中由原始生殖细胞产生的，还有一个问题是，这是否代表一种孤雌生殖激活。为了验证畸胎癌干细胞可能与胚胎有关而不是与生殖细胞有关的想法，将早期胚胎移植入成人的睾丸或肾脏中。植入前胚胎在移植 1 ~ 3.5d 后形成了可以传代的、逐渐生长的畸胎癌。克隆性体外分化的胚胎癌细胞系从这些肿瘤中分离并完成鉴定，这是 ES 细胞的直接前身。通过再次注射小鼠后形成可良好分化的畸胎癌，证实了它们的多能性。这些细胞在体外也可以经过类似胚胎的过程很好地进行分化。这些细胞和类似胚胎癌（embryonal carcinoma, EC）细胞的这种特性与体内正常胚胎中可以形成畸胎癌的多能细胞的特性是相似的，于是有充分的理由推测，细胞直接分离后进行组织培养应该是可行的。

植入后的小鼠胚胎也可以形成畸胎癌，植入后胚胎的一部分形成原肠胚，并形成由外胚层内陷而成的胚胎中胚层，位于外胚层和内胚层的胚胎之间。Skreb 和他的同事利用显微解剖分离了大鼠胚胎的三个胚层，并通过移植检测了它们的发育潜能。只有胚胎外胚层形成了具有多种组织类型的良性畸胎瘤，且具有多能性，但都没有逐步长成恶性畸胎癌。用原肠胚阶段的小鼠胚胎重复这些实验发现，与大鼠相反，小鼠胚胎形成了可移植的畸胎癌。因此，至少在小鼠中，直到原肠胚末期还可以得到多能干细胞。然而从胚胎这么晚期的阶段直接分离 ES 细胞还没有报道。综合考虑这些对比和分子数据，我们认为无论分离路线如何，小鼠 ES 细胞应等同于胚胎植入后早期的外胚层细胞，而不是经常被错误认为的内细胞团（inner cell mass, ICM）细胞。

培养条件——饲养细胞和培养基——已通过小鼠和人畸胎癌 EC 细胞的培养确定。以延迟植入的胚泡作为胚胎来源，省去体内成瘤步骤，已经成功建立了多能细胞的培养体系。随后的研究表明，从近交系小鼠、远交系小鼠正常 3.5d 的胚泡和延迟植入的胚泡中都可以分离到这些细胞。有研究表明，3.5d ICM 中也可以分离到这些细胞。这些多能细胞就是我们所说的 ES 细胞，与其前身 EC 细胞一样，具有无限增殖能力、胚胎表型和分化能力；此外，因其原代细胞来源，它们可以保持完全正常的核型。

分散的 16 ～ 21 细胞期的桑葚胚也可用于建立 ES 细胞系。16 ～ 21 细胞期的桑葚胚具有从移植的单细胞集落快速生长的特性，一个胚胎最多可分离到四个独立的 ES 细胞集落。

分离后可用于建立 ES 细胞系的最晚阶段是从子宫冲洗出的 4.5d 孵出的围植入期的胚胎，利用显微解剖将外胚层细胞从原始内胚层和滋养外胚层中分离出来。全部上胚层细胞和那些经消化成单个的细胞都用于建立 ES 细胞，如果它们没有脱离与内胚层接触，这项工作也再次证实使用延迟胚泡的好处，结果也证明分离到的上胚层细胞是 ES 细胞的最有效来源。

28.8 胚胎干细胞的分离方法

我仍认为延迟胚泡植入的原始方法是最有效的方法，这种方法好用，且不涉及显微外科或免疫外科。

首先，要注意优化培养条件，如前所述，这是必不可少的。如果不能顺利开展，原因可能是培养基纯度特别是一些洗涤剂残留引起的任何可能的污染。一些看似很小的细节都可能出问题，例如分装培养基时使用了不干净的容器（例如玻璃瓶）；要确保 ES 细胞培养中使用无菌器皿，例如用于操作胚胎和 ES 细胞集落的玻璃巴氏管的洁净度。

延迟胚泡的方法如下。

■ 雌雄鼠同笼，交配过夜，第 2 天早上观察交配栓，将建栓雌鼠分开。

■ 第 2 天（建栓当天即为第 0 天），必须去除建栓雌鼠的雌激素活性，但保留孕酮。最初通过切除卵巢后注射醋甲孕酮实现，现在使用创伤小、操作简单、高效的他莫昔芬抗雌激素处理。用 10mg 他莫昔芬和 1mg 醋甲孕酮处理小鼠，他莫昔芬用乙醇溶解，储存浓度为 100×，腹腔内注射前用芝麻油稀释，注射剂量为 10mg；同时，皮下注射 1mg 醋甲孕酮。第 6 ～ 8 天，处死小鼠，冲洗出子宫内延迟着床的胚泡。

■ 准备饲养细胞：将饲养细胞预先用 ES 细胞培养基培养。（尽管明胶预处理塑料培养皿是 ES 细胞培养的常规辅助手段，但在此阶段这种处理尤为重要）。我发现 1.6cm 的四孔板使用方便，但 3cm 的小培养皿可能更好，可以再放入一 10cm 的塑料培养皿中（便于处理，也有助于减少培养基的蒸发）。

■ 胚胎发育停滞，6 ～ 12d 时可从子宫内冲洗出来，会变大，有点凹凸不平，孵出的胚泡通常能看到明显的 ICM。

■ 用一个巴氏吸管吸出胚泡，并将其放入提前准备好的加入了 ES 细胞的完全培养基的饲养细胞中。

■ 孵育 4d，每天观察。

■ 当胚泡贴壁并开始蔓延生长时，可观察到有明显生长的 ICM 细胞（但在此之前被一层厚厚的内胚层细胞包裹起来——如果看到这个现象，说明你放置的时间太长了），轻轻地去除培养基，并用含 10^{-4}mol/L EGTA 的 PBS 轻柔地清洗两次。

■ 用含有 0.125% 胰酶的 PBS/EGTA 清洗，只留一层薄薄的胰酶溶液，37℃消化。

■ 准备一个带 20～50μm 孔径吸头的巴氏吸管，吸满 ES 细胞培养基，在立体显微镜下观察，当细胞变得疏松且还没有分散时，用培养基吹吸 ICM 区域，然后小心地将其吸起来。

■ 使其分散成单细胞和小的细胞团（2～4 个细胞组成）——这一步不要试图得到完全的单细胞悬液。在一个预培养的饲养盘培养基表面下或 ES 细胞培养基中，将这些细胞吹出来。

■ 培养 7～10d，期间仔细观察，不需要每天补液，但 5d 后需要半量换液。如果一些小的 ES 细胞集落开始长成，长到大小合适的时候对其 1∶1 传代，传入新的饲养细胞上，此后，就可以让它们正常生长。（集落的大小取决于观察到细胞团块时的大小，如果来自一个单细胞，大约需要生长 10d 后传代）。如果几乎没有 ES 细胞集落出现，需要对每个胚胎再次用巴氏吸管进行胰酶消化、传代，最终建立起 ES 细胞系。

利用 129 品系小鼠和类似背景的小鼠，如果一切进展顺利，近一半的移植胚泡应该能建立起新的 ES 细胞系。早期的细胞有必要先冻存一批，传 4～6 代后通常能收集到大量细胞。

28.9 小结

虽然建立新的 ES 细胞系相对容易，但对它们的验证——培养、核型、嵌合体形成能力和种系发育潜能的稳定性等却需要花费大量的时间和工作。因此，对验证合格的细胞大量冻存非常重要，以便用于后续的重复研究。

深入阅读

[1] Brook FA, Gardner RL. The origin and efficient derivation of embryonic stem cells in the mouse. Proc Natl Acad Sci USA 1997; 94 (11): 5709-12.

[2] Evans M. Origin of mouse embryonal carcinoma cells and the possibility of their direct isolation into tissue culture. J Reprod Fertil 1981; 62 (2): 625-31.

[3] Evans M, Hunter S. Source and nature of embryonic stem cells. C R Biol 2002; 325 (10): 1003-7.

[4] Evans MJ. The isolation and properties of a clonal tissue culture strain of pluripotent mouse teratoma cells. J Embryol Exp Morphol 1972; 28 (1): 163-76.

[5] Evans MJ, Kaufman MH. Establishment in culture of pluripotential cells from mouse embryos. Nature 1981; 292 (5819): 154-6.

[6] Martin GR. Isolation of a pluripotent cell line from early mouse embryos cultured in medium conditioned by teratocarcinoma stem cells. Proc Natl Acad Sci USA 1981; 78 (12): 7634-8.

[7] Martin GR, Evans MJ. Differentiation of clonal lines of teratocarcinoma cells: formation of embryoid bodies *in vitro*. Proc Natl Acad Sci USA 1975; 72 (4): 1441-5.

[8] Smith AG, Heath JK, Donaldson DD, Wong GG, Moreau J, Stahl M, et al. Inhibition of pluripotential embryonic stem cell differentiation by purified polypeptides. Nature 1988; 336 (6200): 688-90.

[9] Stevens LC. The development of transplantable teratocarcinomas from intratesticular grafts of pre- and postimplantation mouse embryos. Dev Biol 1970; 21 (3): 364-82.

[10] Williams RL, Hilton DJ, Pease S, Willson TA, Stewart CL, Gearing DP, et al. Myeloid leukaemia inhibitory factor maintains the developmental potential of embryonic stem cells. Nature 1988; 336 (6200): 684-7.

第 *29* 章

人胚胎干细胞产生及维持的方法——具体方案及替代方案

Irina Klimanskaya❶, Jill McMahon❷
李长燕　译

29.1　引言

　　自从 1998 年人胚胎干（hES）细胞被发现以来，该领域快速发展，其中也包括诱导性多能干（iPS）细胞的发现。尽管 hES 及 iPS 细胞系的数量不断增长，但由于在其产生及维持的不同阶段遇到很多困难，致使其数量及质量还非常有限。iPS 细胞在再生医学中展现出巨大的前景，但仍然还有未解决的安全性问题，因此，hES 细胞仍然是多能干细胞衍生物用于治疗研究的金标准。值得一提的是，在 hES 与 iPS 细胞的维持过程中，相似性比差别更明显，因此，本章描述的方法也适用于 iPS 细胞的培养与分化。

　　目前使用的 hES 细胞维持的方法需要谨慎注意细胞培养系统的细节，包括：试剂的质量控制，生长状态的监控以及细胞多能性状态的实时评估。商品化 hES 细胞系的经销商经常会建议在使用他们提供的 hES 细胞系之前进行专业培训。

　　本章作者有建立及培养超过 30 种 hES 细胞系的经验，包括在无饲养细胞条件下产生 hES 细胞以及从单个分裂球中建立细胞系。我们所有的细胞系都适合胰酶消化，这使得细胞传代不需要太多的劳动力即可产生足够数量的细胞用于实验研究。所有这些细胞系都可通过简单的步骤进行冻存与融化，复苏效率在 10% ～ 30% 或以上。

　　很多实验室都对多能 ES 细胞的产生与维持方法进行了描述，这些方法有相似性，也有很大的不同。我们实验室中关于建立与维持 hES 细胞系的方法，既改善了前期报道的方法，也研发了可稳定制备新细胞系的方法。这些方法已经被全世界很多研究者成功掌握。

　　本章的目的是对 hES 细胞的建系与维持进行描述，我们发现这个过程对于 hES 细胞系的建立是非常关键的。我们也对其他研究者提出的一些问题进行了回应：如设备、培养基及试剂的制备与质量控制，细胞传代方法以及 hES 细胞形态与行为的其他方面。本章还包括我们关于制备符合 GMP（良好制造规范）标准的 hES 细胞系及其衍生物、视网膜色素上皮

---

❶　Advanced Cell Technology, Inc., Marlborough, MA, USA.

❷　Harvard University, Cambridge, MA, USA.

等的经验，这些产品已经获得美国食品药品监督管理局（FDA）的批准用于 I 期临床试验，包括质控、安全性评价以及规模化生产等。

29.2 建立实验室

29.2.1 设备

制备过程的第一步是在一个立体显微镜下进行的。我们做了一些努力，可以使胚胎及装有早期用于机械传代的分散物的培养皿处于 37℃。从培养箱中拿出的培养皿置于 37℃ 的玻片加热器上或配备加热装备的显微镜下。机械分散需要将培养皿打开一段时间，因为此时细胞培养非常容易污染，因此，我们将立体显微镜放到一个台式无菌层流净化罩内。一台高质量、变焦范围宽的立体显微镜对于机械法分散集落，包括内细胞团（ICM）生长物是非常必要的，它可对每个培养板进行总体评价，并且在机械法传代时可评估每个集落的形态。

我们实验室用到的设备如下。

用于显微解剖的立体显微镜：放大倍数为 10 ～ 100 的 Nikon SMZ-1500 显微镜，变焦及光栅定位简单，可调节图片的深度及对比度。能够对一整个 35mm 的培养皿进行扫描，用于集落形态观察，并且焦距可挑选到对最适解剖集落的精确位置。

倒置显微镜：Nikon TE 300 或其他类似的显微镜，配备相差及 4×、10×、20×、40× 的目镜和 20×、40× 的霍夫曼调适光学系统（Hoffman modulation optics, HMC），可用于精确观察 hES 细胞及其衍生物，这对胚胎的评价是非常理想的。

可用于立体显微镜及倒置显微镜的加热台：Nikon，玻片加热器可使培养板在机械分散及观察过程中保持 37℃。

装有高效颗粒空气过滤器 [high efficiency particulate air（HEPA）filter] 的无菌层流净化罩：Terra Universal（Anaheim, CA）开发的垂直罩是一个较为经济的选择。我们发现这种垂直罩既可以适配一个立体显微镜，还非常方便、可靠。水平的装置有时得到的结果不稳定。Mid-Atlantic Diagnostics（Mount Laurel, NJ）搭建了一个包括生物安全柜和内置立体显微镜的平台；这些模型非常贵，但与清洁房内的设备相适应，在周围移动时，可保持每样物品的温度，因为整个工作区域可以加热，所以在使用时 CO_2 循环可保持培养板的 pH 稳定。

可靠的组织培养箱：所有的参数（CO_2 浓度、湿度以及温度）每天都需要通过外部的监控装备进行检测。

外部监控装备：

表面温度计；

水银液体温度计；

湿度计；

CO_2 监控仪及气体校准工具（GD 444 SR-B，CEA Instruments, Emerson, NJ）。

更为精致的监控 / 报警系统（如果监控的参数偏离特定的范围会呼叫名单上的人员）：当为挽救一个实验或制造的一批产品需要立即行动时，这是一个不错的选择，但价格会昂贵一些。

29.2.2 设备的质量保证

培养条件的稳定性对于胚胎发育及 hES 细胞的生长是非常重要的。需要每天监控的参

数包括培养箱 CO_2 含量（5.0%）、温度（37℃）以及湿度（>90%）。每天检查这些清单有助于在意外情况发生时可实时校准。加热台要时常通过表面温度计进行检测。

在从小鼠胚胎 2 细胞期开始到胚泡的培养周期之前就要检查培养箱，培养物中至少有 50% 的胚胎能发育到胚泡。理想的情况下，在新建立的细胞系被冻存之前，所有的培养物都要分成两份，放置于两个培养箱内，以防止由于设备故障导致细胞系的损失。

如果 hES 细胞需要在现行良好制造规范（cGMP）或现行良好实验室管理规范（cGLP）条件下制备和维持，则需要利用 cGMP/cGLP 指南对设备及试剂进行校验。

29.2.3 无菌条件

hES 细胞系的建立及维持培养过程的某些方面需要比实验室常规细胞培养更严格的无菌设备和环境。这些方面主要是指人胚胎的性质，每一种都是独特并且珍贵的。由于在建系及维持过程中需要大量的劳动力，因此，任何一种新的细胞系的建立一般需要团队合作，直至安全冻存。整个实验过程可能需要长时间培养，比如将细胞分化成所需要的衍生物经常需要几周的时间。此外，在 cGMP 允许的操作中，细胞培养基中不能添加任何抗生素。

所用试剂应从经销商处无菌运输或在实验室中进行过滤除菌。大部分的细胞培养试剂可以无菌形式提供。但内部自行通过高压、蒸汽、干热等消毒的物品需要进行质控。我们使用生物学指示剂（来自 Steris, Mentor, Oh 的孢子试纸）——可在高压灭菌时放入合适的（大小、形状）容器内使用。消毒灭菌后，这些试纸要一起与阳性对照进行孵育，阳性对照会变色表示有细菌生长，而测试条则保持阴性。只有通过这种测试的材料才能放行。

如果出现最坏的情况，可使用一种"三合一"药物 Normocin（可针对革兰氏阴性和阳性细菌、真菌及支原体），该药物可被 hES 细胞耐受，并且对细胞的多能性及生长状态无明显影响，因此，允许被用于挽救污染的细胞。

当过程符合 cGMP/cGLP 标准时，还需要以下资料：标准操作程序（SOP）以及批检验记录，包括每个过程的操作，如净化服、环境监测、清洗、原材料、试剂准备以及操作过程的每个步骤等。所有人员都需要进行培训与认证。

29.3 试剂的准备与筛选

近年来出现了很多新的商品化的 hES 细胞培养产品。如要向特定的细胞类型分化时一些替代培养基配方的效果更好。无动物产品的培养系统也是一个不错的选择。我们发现，细胞在新的培养条件下培养 1～2 代时看起来还很正常，但在随后的传代中就会自发分化或者获得预期产物的效率很低。因此，在改变任何培养基或培养程序时我们需要对以下方面进行检测：将 hES 细胞传 3～4 代以确保其状态是相同或更好，产率高，碱性磷酸酶及多能干细胞标志物染色，向预期产物的分化以及核型。

29.3.1 培养基组分

KO-DMEM（Invitrogen cat. # 10829）。

高糖 DMEM（Invitrogen cat. # 11960-044）。

敲除血清替代物™（KSR, Invitrogen cat. # 10828）。每个批次都需要检验。作为指导，我们发现渗透压浓度高于 470mOsm/kg，内毒素低于 0.9EU/mL 时是最好的。解冻后，按每次使用量分装成单份并冻存。

人血浆蛋白粉（Plasmanate, Talecric, Research Triangle Park, NC）。每个批次都需要检验。

胎牛血清（FBS）（Hyclone cat. # SH30070.02）。每个批次都需要检验。在 55℃灭活 30min。如有需要，可分装冻存。

β- 巯基乙醇，1000× 溶液（Invitrogen cat. # 21985-023）。

非必需氨基酸（NEAA），100× 溶液（Invitrogen cat. #11140050）。

青链霉素，100× 溶液（Invitrogen cat. # 15070-063）。

Glutamax-I，100× 溶液，是一种稳定的 L- 谷氨酰胺与 L- 丙氨酰基的二肽，是谷氨酰胺替代物（Invitrogen cat. # 35050-061）。

青链霉素与 Glutamax-I 以一次使用量进行分装并冻存。

bFGF（Invitrogen cat. # 13256-029）。向含 10µg bFGF 的小瓶中加入 1.25mL 含蛋白质的培养基（我们使用基础培养基，含有人血浆蛋白粉及血清替代物，如下所述），制备成 8µg/mL 的储存液。将 bFGF 的最终使用浓度提高到 8 ～ 20ng/mL 对细胞更好，特别是在建系早期、解冻后或细胞低密度生长时。每份 120µL 分装冻存。

人白血病抑制因子（LIF）（Millipore cat. # LIF1010）。

0.05% 胰酶 /0.53mmol/L EDTA（Invitrogen cat. #25300-054）。

猪皮来源的明胶（Sigma, cat. # G1880）。

磷酸盐缓冲液（PBS），无 Ca^{2+}、Mg^{2+}（Invitrogen cat. #14190-144）。

Normocin，具有抗革兰氏阳性菌、阴性菌、真菌及支原体的活性（Invivogen, San Diego, CA; cat. # ant-nr-2; 500× 溶液）。

抗生素的使用是可选的。由于其会隐藏潜在的感染或导致耐药性，因此，在 GMP 条件下不允许使用。

29.3.2 培养基配方

培养瓶由于经常被打开会使培养基很快变成碱性，我们建议使用小体积的培养瓶，能够维持大约 1 周即可。在 GMP 条件下每个批次的试剂都需要标记有效期限。

原始小鼠胚胎成纤维细胞（PMEF）生长培养基：

500mL 高糖 DMEM 中加入：

6mL 青霉素 / 链霉素；

6mL Glutamax-1；

50mL FBS。

hESC 基础培养基（bM）：

500mL KO-DMEM 中加入：

6mL 青霉素 / 链霉素；

6mL Glutamax-1；

6mL NEAA；

0.6mL β- 巯基乙醇。注意！这个体积针对的是 1000× 稀释液（见试剂列表），而不是 100% 的 β- 巯基乙醇！

hESC 建系培养基：

在早期 ICM 产物培养中使用该培养基。包含较高浓度的 LIF 和 bFGF 以及 FBS。当集落稳定生长时可转换为 hESC 生长培养基（一般在 2 ～ 4 代以后）。

100mL bM 中加入：

5mL 人血浆蛋白粉；

5mL KSR；

5mL FBS；

240μL 人 LIF（最终浓度 20ng/mL）；

120μL bFGF 储存液（最终浓度 8ng/mL）或更高（可到 20ng/mL）。

0.22μm 滤膜过滤除菌。

或者准备两种培养基：一种只含有人血浆蛋白粉与血清替代物，另一种只含 FBS（10% ～ 15%）。在早期建系时以 1 ∶ 1 或 2 ∶ 1 混合使用：FBS 有助于刺激 hES 细胞集落生长，但如果有意外的自发分化发生就会降低 hES 细胞的含量。我们还利用建系培养基（derivation medium）制备了 hES 细胞条件培养基。制备方法是，将无血清建系培养基加入形态良好（见下）且接近铺满的 hES 细胞中，培养过夜，收集上清后采用 0.22μm 滤膜过滤，使用时加入 25% ～ 30% 即可。

hESC 生长培养基（hESCM）：

200mL 基础培养基中加入：

20mL 人血浆蛋白粉；

20mL KSR；

240μL 人 LIF（使用浓度 10ng/mL）或 480μL（使用浓度 20ng/mL）；

120μL bFGF 储存液（终浓度 4ng/mL）配成 1×bFGF；

若需要高浓度，则可多加。

采用 0.22μm 滤膜过滤除菌。

明胶：

将 0.5g 明胶溶于 500mL（50 ～ 60℃）预热的 Milli-Q 纯水中。冷却至室温，0.22μm 滤膜过滤除菌，制成 0.1% 溶液。加入培养皿，没过表面，在室温放置 30min，用前吸出溶液。

丝裂霉素 C（mitomycin C）：

一管 2mg 的丝裂霉素 C 冻干粉（Sigma, cat. # M0503）加入 2mL 无菌 Milli-Q 纯水中，制成 1mg/mL 储存液。该溶液对光敏感，在 4℃可放置 1 周。

29.3.3 筛选培养基组分

培养基组分的筛选、分装以及保存一定要保持一致。不同批次的 KSR、人血浆蛋白粉及 FBS 应进行筛选。血清替代物批次的筛选应在前一批次还在用之前进行，这样可以与前一批次的质量放在一起进行比较评估。一些新建系的 hES 细胞在更换批次一开始就会全部死亡。

29.3.3.1 FBS、Plasmanate 及 KSR 的筛选

该检验方法是建立在小鼠 ES 细胞 FBS 筛选方法的基础上的（Robertson, 1987, p. 74）。该方法可用于筛选任何试剂组合或确定培养上清的最佳浓度。试剂的质量可通过计算集落的数量、评估 hES 细胞的形态以及碱性磷酸酶活性染色（可采用试剂盒，Vector Red Kit 或 Vector Blue, Vector Laboratories, Burlingame, CA）来进行。

（1）准备含有 PMEF 的 12 孔板。对于每一批次的检验，需要至少 12 个孔来设置待测组

分的浓度梯度，可以从工作浓度到可评估其毒性的高浓度：8%，10%，20%，30%。每个浓度设置三个复孔，与已知组分培养基的工作浓度进行比较。

（2）将 hES 细胞以（1：6）～（1：10）接种到 6 孔板或 12 孔板（24 孔板会在板的中间细胞浓度较高，导致很难评价）。当起始细胞接种浓度较低时，试剂之间的区别会很显著，但有些细胞系在低浓度时生长缓慢并且容易分化，因此，特定的 hES 细胞系要调整接种比例。将细胞悬浮于较少体积的基础培养基中，每个孔加入等量的细胞悬液，上下吹打或上下缓慢晃动使细胞均匀分布。不要旋转细胞，这样会使大部分新加入的细胞集中在培养板的中心处。

（3）每天更换培养基并在显微镜下观察评估集落形态。人 ES 细胞生长为扁平状、紧密聚集并且边缘锋利的集落。这些集落经碱性磷酸酶活性染色呈现深红色。分化的集落则连接松散，边缘呈现弥漫状，染色也为较粉色。一般来说，当集落长得越大，这种区别就越明显。但集落长得太大，就会与其他集落发生接触，这样接触的集落具有分化的倾向。在出现分化表型前可对 3 个复孔中的 1 个孔的细胞进行碱性磷酸酶活性染色。过 1 ～ 2d 对其他孔的细胞进行染色（见图 29.1）。

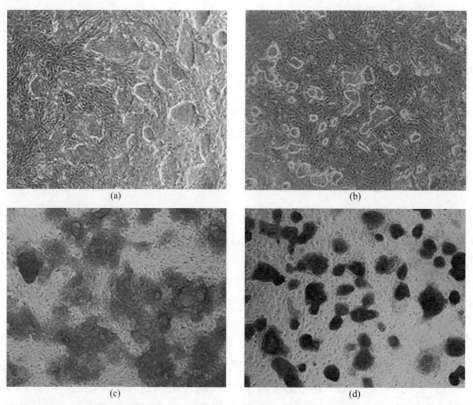

图 29.1　培养基测试。16% 血清代替物（a，c）与 8% 血清代替物/8% 人血浆蛋白粉（b，d）培养基的比较。培养基的质量如正文中所述，可通过明场下集落形态观察（a，b）以及碱性磷酸酶活性染色（c，d）进行评估。注意：尽管（a）与（b）的集落形态无明显区别，但血清代替物与人血浆蛋白粉培养的集落中（d）碱性磷酸酶的活性更高。放大倍数为 40×。

这样的检验还可用于比较不同培养基配方或新的商品化产品，8% KSR/8% 人血浆蛋白粉培养基可作为对照。

所有商品化的及自行准备的试剂都要做全面的记录，一旦 hES 细胞培养失败，可以根据记录寻找解决方法。

29.3.4　PMEF饲养层的制备

所有的 hES 细胞都要在丝裂霉素 C 处理的 PMEF 饲养层上生长，以获得稳定的单细胞层。PMEF 可利用 12.5dpc ICR 小鼠胚胎通过标准程序进行制备（Klimanskaya 等，2007，p. 77）。12.5dpc 的胚胎去除内脏保留头部，利用胰酶破坏组织，接种密度为每个 150mm 培养皿接种 1.5 个胚胎。PMEF 在起始接种（1∶5 分裂）后扩增一次然后进行冻存（P_1）。PMEF 随着多次传代，其生长速度及作为饲养层的性能会下降，因此，解冻的 PMEF 只传代一次（P_2）用于扩增，然后进行丝裂霉素 C 处理，然后再解冻下一管新的 PMEF。

如果 hES 细胞的衍生物要用于病人，应使用无病原体的小鼠胚胎成纤维细胞（MEF）（病毒检验可外包）。FBS 的来源应保证不含有疯牛病或其他可传播的牛病原体。

29.3.4.1　丝裂霉素C处理及接种

铺满 PMEF 的培养板中加入 10μg/mL 的丝裂霉素 C，在 37℃孵育 3h。胰酶消化后收集细胞，将 PMEF 接种到包被明胶的培养板中。在无血清 hESC 生长培养基中 PMEF 会由于变成纺锤形而不容易铺满，为保证铺满，我们推荐接种密度为 5 万～ 6 万个细胞 /cm^2（见图 29.1）。PMEF 接种后 1d 将 PMEF 培养基更换为 hESC 生长培养基，PMEF 培养板在丝裂霉素 C 处理后使用不超过 3 ～ 4d。我们发现有些批次的丝裂霉素 C 不一致，会形成不溶性沉淀，并且其特有的紫色也会浅很多。降低浓度的丝裂霉素 C 会引起处理后的 PMEF 增殖，导致在几天内会分离并 / 或在单细胞层内形成间隙进而使得培养基液滴直接触碰到培养板面。正常失活的 PMEF 并不会形成这样的间隙，并且可使培养板细胞层保持完整无损达 3 ～ 4 周，这种衰老的 PMEF 对 hES 细胞培养不利，但有助于制备无饲养层培养的细胞外基质培养板。

29.4　机械法对hES细胞集落进行传代

多种 hES 细胞系可通过胶原酶或分散酶联合机械打散的方法进行传代。机械打散可通过特异性挑选未分化集落或从分化集落及培养物中挑选未分化部分，进而能使集落达到近乎"完美"的形态学特征，但该方法耗时、无法获得大量的细胞，因而限制了 hES 细胞的扩增及实验设计。尽管如此，该方法对于早期建系价值巨大，对于产生更多均一的未分化细胞培养板用于扩增或胰酶消化也是一个工具。在挽救集落意味着挽救一个新的 hES 细胞系的关键时刻，该方法也是一个挽救策略。当 hES 细胞系解冻效率较低（某些提供商只保证 1% 的活力或更低）或表现出异倍型（少于 100%）时，也可以使用机械传代法进行重新建系。

在新建立细胞系时，最好在它们生长到互相接触或出现分化特征（如出现多层生长，见图 29.2）之前进行集落打散。打散的集落可留在同一孔中也可以转移到新的培养孔内。如果只有少量集落碎片（1 ～ 5）时，应将它们相邻接种，同时保持足够的空间以允许其生长。将这些细胞接种到 35mm 培养皿中，可足以分散平均 50 ～ 100 个细胞大小的集落，用于复制一个新的 35mm 培养皿。在 1 ～ 2d 内有必要将大些的集落打散，在同一孔中留下小的碎片。一般来说，每 5 ～ 6d 进行机械传代一次，但较大的集落需要每天都进行分散。

29.4.1　需要的材料

29.4.1.1　煅拉的薄毛细管

我们使用酒精灯或煤气灯把事先灭菌的巴斯德吸管拉成毛细管。毛细管手工折成弯曲的尖端（皮下注射针的形状）。毛细管的直径可变，但在 10～100 个 ES 细胞直径大小时效果最佳，这也是大的集落碎片的大小。根据操作目的选择直径的大小：比如，对 ICM 培养物初次分散或针对集落的未分化部分时，使用 10～30 个细胞大小的直径，从生长状态较好的培养物中收集大量集落时使用 50～100 个细胞大小直径的毛细管。若要进行免疫外科学操作，则需要 ICM 大小的非常细的毛细管以分离滋养层细胞。

29.4.1.2 口式抽吸装置

与胚胎转移使用的口吸管类似，该装置包含一个管嘴（Meditech International, cat. # 15601P）、橡胶管，以及具有与毛细管适配的橡胶管的 0.22μm 针式过滤器。该装置可保证在集落分离操作中具有高度的精确性。

此外，除了口式抽吸装置和玻璃毛细管，还可使用干细胞刀具（Vitrolife, Sweden）挑取集落。

29.4.1.3 制备接种机械分散集落的PMEF培养板

（1）对初始 ICM 培养物进行分散时，在诱导前一天晚上将 4 孔板中丝裂霉素 C 处理的 PMEF 培养基更换为 hESC 建系培养基，使其成为 PMEF 条件处理下的培养基，终体积为 250μL。或者在建系培养基中加入 30% hESC 条件培养基。要收集 hESC 条件培养基，向尚未铺满的形态良好［见图 29.2（a）细胞密度以及形态学示例］的 hES 细胞中加入培养基，24h 后收集培养基，过滤后并在 4℃保存 2～3d。

在早期建系阶段，集落生长缓慢，每 2～3d 更换 2/3 的培养基并时刻保持条件性培养。

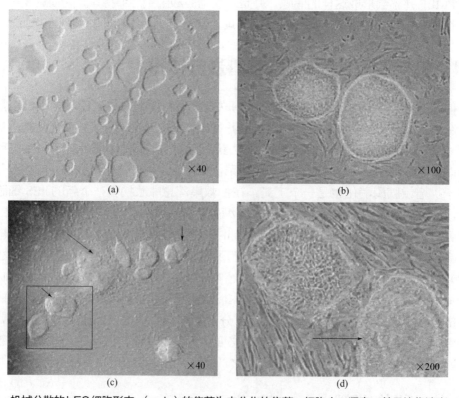

图29.2 机械分散的hES细胞形态。（a, b）的集落为未分化的集落，细胞小，紧密，并且边缘清晰。在（c）中，长箭头指示的是分化程度较高的集落，这种集落不需要挑取，短箭头指示的是部分分化的集落，可挑取进行打散，下一代会产生未分化的集落。（d）是图（c）中框出来的集落的放大，旋转90°。箭头指示的是部分分化的集落，其中间部分出现多层。另外一个集落是未分化的集落，与（a, b）中显示的集落相似。

随着集落数量增多，每天更换 2/3 的培养基，每个 4 孔板的孔增加体积到 500μL。

（2）对于已建立的细胞系，从正在生长的培养物中去除 1/3 的培养基，加入新的 PMEF 培养皿，添加 2/3 的新鲜培养基。每天更换 2/3 的培养基。

29.4.1.4　机械分散

该方法与真空抽吸类似。在利用弯曲毛细管分散集落团块的同时轻柔吹打，以温和分散集落细胞。毛细管管口水平放置到培养皿底部，从集落边缘向里移动到中心，吹散集落并将每个团块吸走。轻柔吸取有助于将集落分离，并且在从集落边缘移动到收集集落的过程中随时保持轻柔吸取状态。如果整个集落以一个团块从单细胞层上掉下来，这种集落很可能是分化的集落，应该弃掉。

当分散的集落数量已经达到需要，将这些团块吹打到同一培养板内（像第一次 ICM 分离一样）或到另外一个新鲜制备的培养板内。为避免所有的集落粘在培养板的中心位置，将培养板来回晃动，但不要旋转（图 29.2 展示了机械传代细胞的示例，并指出了部分已分化的集落传代时需要回避）。

29.5　hES 细胞的产生

目前对影响分离的 ICM 能否产生 hES 细胞系的很多因素尚未完全弄清楚。这些考虑的因素包括：胚胎冷冻的时期及程序，胚胎发育为胚泡所必需的培养时间，ICM 以及滋养层细胞的性能与培养条件。一般通过经验来确定胚胎什么时候可以进行免疫外科操作，这个时间一般为 5 ～ 7d。已经腔化的并具有比较完整的滋养层细胞，任何胚胎可以进行免疫外科操作。

29.5.1　免疫外科法

免疫外科操作过程是按照 Solter 和 Knowles 1975 年的描述进行的。该过程包括利用酸性的台氏液去除透明带，将胚胎在可结合滋养外胚层但不结合 ICM 细胞的抗体中培养（对滋养层细胞并不完整的胚胎特别重要），然后将滋养外胚层细胞用补体裂解。通过细毛细管去除 ICM 周围的死细胞。将分离的 ICM 接种到制备好的 PMEF（微滴或 4 孔板）上用于继续培养与分散。

29.5.2　需要的材料

酸性的台氏液（Specialty Media, cat. # MR-004.D）。

兔抗人红细胞（RBC）抗体（纯化的 IgG, Inter-Cell Technologies, Hopewell, NJ, cat. # AG 28840）：分装并冻存在 −80℃，用 hESC 产生培养基以 1 : 10 稀释。

补体（Sigma, cat. # S1639）：分装并冻存在 −80℃，用 hESC 建系培养基以 1 : 10 稀释。

胚胎转移用的毛细管。

超细毛细管（大约为 ICM 的直径大小）：用于去除滋养外胚层细胞。

29.5.2.1　制备丝裂霉素C处理的PMEF培养板

对初始 ICM 培养物进行分散时，在免疫外科操作前一天晚上将 4 孔板中丝裂霉素 C 处理的 PMEF 培养基更换为 hESC 建系培养基，使其成为 PMEF 条件处理下的培养基，终体积为 250μL。

或者让其保持在正常状态下过夜，用 30% hESC 条件培养基。要收集 hESC 条件培养基，向尚未铺满的形态良好 [见图 29.2（a）细胞密度以及形态学示例] 的 hES 细胞中加入培养基，24h 后收集培养基，过滤后并在 4℃保存 2 ～ 3d。

油下微滴也可用于将来自 ICM 的生长集落条件化的培养基体积最小化。要制备含有微滴的培养板，首先将明胶滴在 60mm 组织培养皿中，在细胞培养箱中孵育 30min。吸走每滴液滴并快速将 PMEF 悬液以 $1×10^6$ 细胞 /mL 浓度加到"脚印"中。覆盖胚胎级别的轻质液体石蜡。第 2 天将培养基更换为建系培养基，在立体显微镜下将每个液滴的培养基小心吸走，用生长培养基代替（可使用 P200 的移液器），重复 1 ～ 2 次以充分去除 PMEF 培养基。

29.5.3 免疫外科学的操作程序

（1）每个胚胎单独操作。准备含有一系列 30μL 液滴的培养皿，每个步骤需要 3 滴：酸性的台氏液、抗人 RBC 抗体和补体，每个步骤之间采用 3 滴建系培养基清洗。液滴用胚胎级别的轻质液体石蜡，在 CO_2 培养箱中平衡 60min。

（2）在立体显微镜下将胚胎转移到第一滴酸性的台氏液中，快速清洗（1 ～ 2s），转移到第 2 滴液滴中。彻底清洗胚胎，直到透明带变薄几乎被消化，随后将胚胎放到一系列 hES 细胞培养基液滴中。将胚胎从第 1 滴抗体液滴中转移到第 2 滴、第 3 滴，将培养皿放入培养箱中孵育 30min。

（3）按照如上所述将胚胎转移至 3 滴建系培养基中，然后按照次序放入 3 个补体溶液的液滴中；在最后一个补体液滴中放置于 CO_2 培养箱孵育 15min，并检查"鼓泡"的滋养层细胞。如果没有细胞表现出裂解或只有部分细胞出现鼓泡，继续孵育并在 5min 内重新检查。一旦所有的滋养层细胞被裂解或重新检查后再没有新的细胞鼓泡产生，将胚胎转移至建系培养基液滴中；在补体中的孵育时间不要超过 30min。

（4）将胚胎轻柔地通过超细煅拉的小毛细管口（直径约为 ICM 大小）：在 1 ～ 2 次通过后裂解的滋养外胚层细胞会被去除。

（5）在建系培养基液滴中清洗 ICM，之后放入制备好的 4 孔板的培养孔中。ICM 在 24h 内会贴壁。

29.5.4 ICM 分散

在建系早期，我们推荐在起始 ICM 培养物产生 2 ～ 3 个集落块时（见图 29.3）就要开始第 1 次分散。分散的集落可以留在同一孔或移到新的培养孔中。如果只有少量集落块（1 ～ 5）应相邻放置，同时保留足够的生长空间。最好在它们长到互相接触之前以及在出现如多层细胞等分化标志之前将其分散。

当集落生长缓慢时，每 2 ～ 3d 更换 2/3 的培养基并随时保持条件性培养。当出现更多集落时，每天更换 2/3 的培养基并将培养体积增加到每个 4 孔板各孔保持 500μL。

即便有些集落看起来是分化的或呈现单一团块，当重新接种时一般还会产生 hES 细胞。当集落进行初次分散时，部分原始集落应保留作为备份而不要处理，当挑取的集落块转移到新的培养孔时，这种备份更加需要。继续生长 1 ～ 2d，新长出的细胞培养物再挑取出来与之前挑取的细胞放在一起。可对原始培养物进行多次集落收集。在此时期，非常关键的是集落数量要缓慢、稳定地增加。图 29.4 展示了在建系过程中从分散到出现集落的时间长度。在该例子中由于滋养层细胞并不紧密，因而未进行免疫外科操作。

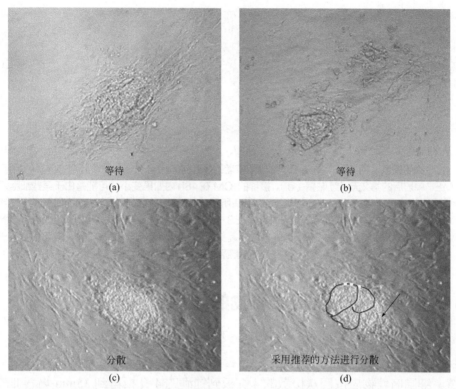

图29.3　起始的ICM培养物。起始ICM培养物很少表现出典型的ES集落形态，常会诱导产生很多看起来分化的细胞。如果培养物中没有明显的、可进行分散的ES细胞样集落，则需要继续培养一段时间。(a, b)产生两种hES细胞系的起始ICM培养物。如果在此阶段分散集落，培养物与单层PMEF会被一起挑起，因此，最好等一段时间再进行分散。(c)可用于分散的ICM。此时ES细胞样的集落长到可足以用于分散成几个小团块，保留20%～50%的培养物在原处继续生长。(d)虚线指示的是建议将此集落分散的团块数目。应使用较细的毛细管，并保留小部分的集落不要触碰（箭头所示）。放大倍数为100×。

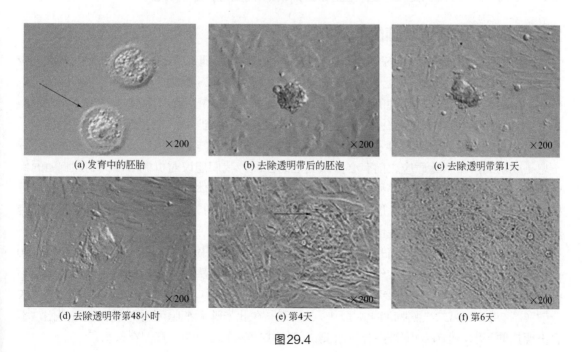

图29.4

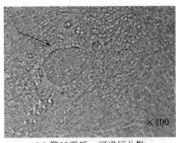
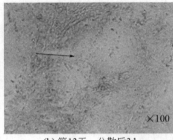
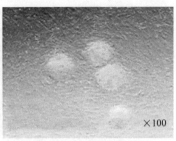

(g) 第10天后，可进行分散　　　　(h) 第13天，分散后3d　　　(i) 第15天，ES细胞集落的生长

图29.4　hES 细胞建系早期。(a) 箭头所示为质量较差的3级别的胚泡；(b) 为该胚泡去除了透明带，该胚泡接种到 PMEF 单层后的第2天已经贴壁 (c)。接种的 ICM 在 48h 内如果变小，可能是由于某些细胞死亡 (d)。接种后 4d 可见到细胞团，中间有一些小细胞 (e，箭头所示)，继续培养 2d 后，这些细胞团基本见不到 (f)。接种 10d 后 (g)：在较大的分化样的细胞团中形成小的 ES 样细胞集落 (箭头所示)，其大小足以进行分散。分散后 2d 的 ICM 培养物如 (h) 所示；注意在清除的区域 (箭头所示) 又重新长出 ES 样细胞，并可进行下一次分散。(i) 第1次与第2次分散的集落混合后形成的 ES 细胞集落。

29.6　建立的 hES 细胞培养物的维持

一般来说，一旦获得的集落能够进行稳定生长，就不再使用 hESC 建系培养基，而是用 hESC 生长培养基。对于建立的细胞培养物，每天更换 2/3 体积的新鲜培养基；不要等培养基变黄。细胞培养物应按照从松散的 4 孔板到铺满的 4 孔板再到 35mm 培养皿的过程逐步扩增。在整个过程中，应每天观察细胞培养物，必要时去除分化的集落分散未分化的集落（图 29.5 展示了不同形态的集落使用不同的分散方法）。

当细胞在 35mm 培养皿中生长时，一般足以分散 50 ～ 100 个中等大小的集落到一个新的培养板上。在 1 ～ 2d 内有必要对较大的集落进行分散，将团块留在同一孔中。一般来说，每 5 ～ 6d 就要进行机械传代，但有些较大的集落则需要每天都有分散。

29.6.1　hES 细胞对胰酶的适应

我们通过对超过 30 种 hES 细胞系进行胰酶消化的经验表明，在细胞系对胰酶的首次适应后，该方法能非常强大地产生大量表现出多向潜能特性的 hES 细胞。消化后的细胞保留了未分化的集落形态，表达特征性的分子标志物如 Oct-4、碱性磷酸酶、SSEA-3、SSEA-4、TRA-1-60、TRA-1-81，在体外能分化为三种胚层，体内能分化为畸胎瘤，并且保持了正常的核型。

新建立的 hES 细胞早在 4 孔板中培养时的 P_2 ～ P_3 时就能成功传代。但是，胰酶消化并不总是成功的，在胰酶适应之前有必要做其他的尝试。我们建议对机械法传代的细胞随时保留备份。已经证明在长期培养和胰酶传代过程中会出现异倍体，因此，我们推荐应定期进行核型分析，如果异倍体明显，应对早期冻存的储存细胞进行扩增，或者如果只有少部分细胞表现为异倍体，则通过机械传代法重新建系。

最安全的方法是从未铺满的 35mm 培养板上形态良好的集落开始。机械法挑取 50 ～ 100 个集落并转移到新的培养孔中作为备份。分化的集落可在胰酶消化前用机械法去除。将原始孔中保留的集落进行消化并接种到相同直径大小的培养孔中。5 ～ 7d 后细胞可进行下一次分散（图 29.6）。第二次胰酶消化时以 1∶3 分开。在此步骤后细胞可进行常规胰酶消化，不会出现其他问题，但在细胞被冻存并且测试管能成功解冻之前要一直保存备份。

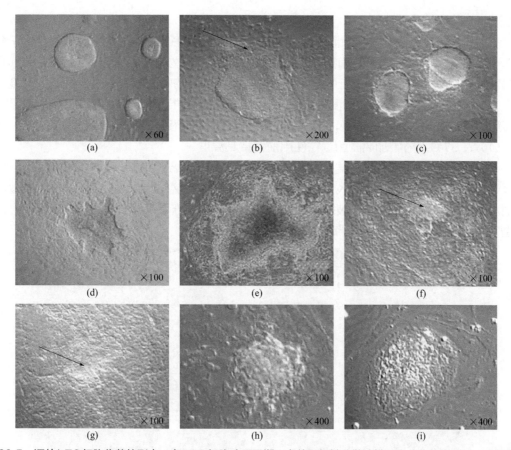

图29.5　评估hES细胞集落的形态。在hES细胞建系早期，在使用机械分散法挑取未分化的集落时，会遇到各种形态的hES细胞集落。（a）所有的集落都是未分化的，可用于机械法进行传代。（b）有少许分化迹象的集落（箭头所示），外周为分化的细胞；未分化的部分非常容易与周围的分化细胞分开。（c）在部分分化的多层细胞集落中，中心厚，颜色微黄，可采用机械法分成几个小团块，均可产生分化和未分化的集落。（d）~（f）所有这些集落是分化程度更高的集落，被薄层的分化细胞像面纱一样覆盖。这些集落可通过将上层的细胞层切割成小块，并进行传代，可产生未分化集落。（g）~（i）这些集落为严重分化的集落，（g）中箭头所示为大面积分化细胞中的未分化细胞团。如果要挽救这个集落，则需要等几天时间让细胞团长大。

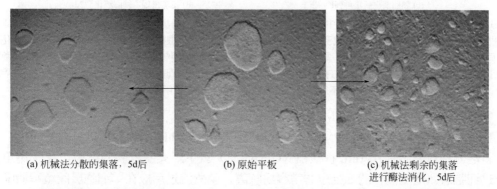

（a）机械法分散的集落，5d后　　（b）原始平板　　（c）机械法剩余的集落进行酶法消化，5d后

图29.6　机械法传代的hES细胞在胰酶中的适应。集落经5d培养后，机械法分散并转移到新鲜的PMEF平板上（a）。从形态上看，这些集落与原始平板（b）集落的形态非常相似。原始平板上剩余的集落，可采用胰酶消化并接种到同一个直径的平板上（c），会产生生长活跃的集落，并在1~2d内可进行传代。

29.6.1.1　胰酶消化

　　一般来说，hES 细胞在胰酶消化成 5 ～ 20 个细胞的小细胞团块时的恢复效果要优于分散成单个细胞。对联合使用酶解和吹打的 hES 细胞进行分散效果最好；我们在 PMEF 单细胞层和集落形成单细胞悬液之前进行吹打。胰酶消化解离细胞的时间取决于 hES 细胞的密度、分化程度、培养时间、胰酶消化的温度等。因此，我们并不提供固定的胰酶消化时间，而是推荐在显微镜下观察 hES 细胞的外观，通过经验来确定每个培养板的最佳孵育时间（见图 29.7）。

　　（1）在 37℃ 水浴中加热胰酶，在使用前保持其温度。

　　（2）用无钙镁离子的 PBS 清洗细胞 2 次（每个 35mm 培养皿加入 1 ～ 2mL）。

　　（3）每个 35mm 培养皿加入 1mL 胰酶。在超净台中室温放置 2 ～ 5min，并在显微镜下随时观察细胞。但 PMEF 开始皱缩时细胞即可进行机械法分散；此时集落开始聚集但仍保持贴壁。有些细胞开始解离并漂浮起来 ［图 29.7（a）（b）］。

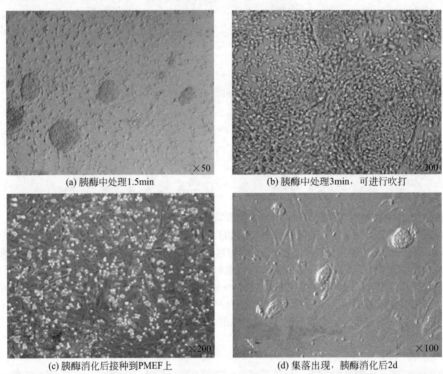

(a) 胰酶中处理1.5min　　×50

(b) 胰酶中处理3min，可进行吹打　　×200

(c) 胰酶消化后接种到PMEF上　　×200

(d) 集落出现，胰酶消化后2d　　×100

图 29.7　胰酶消化传代。（a）在胰酶中处理 1.5min 后，PMEF 开始缩小，hES 集落开始有点松散。（b）在胰酶中处理 3min 后，高倍镜下：集落致密，此时可开始吹打。请注意，根据集落密度、传代的天数以及分化程度的不同，达到该阶段的时间有所不同，需要根据经验判断。（c）重新接种到新鲜 PMEF 上的悬浮 hES 细胞。注意此时大部分细胞是小细胞团。（d）在接种后 2d（1：3 接种）开始出现小的集落。根据接种比例以及细胞团的大小不同，第一批集落出现的时间也有所不同。

　　（4）准备含有 10mL 预热 PMEF 培养基的离心管。

　　注意：灭活胰酶必须使用 PMEF 培养基，因为我们的 hESC 培养基是无血清的。

　　将培养板倾斜，使用 1mL 移液器（Gilson 型）上下轻柔吹打胰酶溶液，在一定角度时其流过细胞层。适度消化的细胞应非常容易解离，胰酶流过后应在单细胞层间留下清晰可见的空隙。若无此空隙出现，放置 1 ～ 2min 后再进行测试。经过几次重复后单细胞层会解离。一般来说，少于 5d 的细胞培养物可完全将细胞层分散，但若细胞培养物的时间较长或者较稠密，则会有些未消化的物质，应予以弃掉。一般吹打 5 ～ 10 次即可使集落打散为小细胞团块［见图 29.7（c）示例合适的团块大小］。应避免过度吹打。使用细胞培养移液器代替自动移液器会产生较大的细胞团块，因此，需要更长的时间进行胰酶消化。

（5）将消化后的细胞悬液加入准备好的离心管中，160g 离心 5min。

（6）弃上清，使用 hESC 培养基重新悬浮细胞沉淀，避免过度吹打以免破坏小的细胞团块，以合适的比例进行接种。在 1 ~ 2d 内应出现可见的集落，具体时间视接种比例及团块大小而定［见图 29.7（d）］。

尽管 hES 细胞培养物经胰酶消化后可维持在未分化状态，但如果条件不合适，如培养基/试剂质量变化，过高或过低的分离比例，或 PMEF 质量出现问题等，细胞培养物会出现一定程度的分化，因此，在下一次胰酶消化前应进行评估（见图 29.8）。

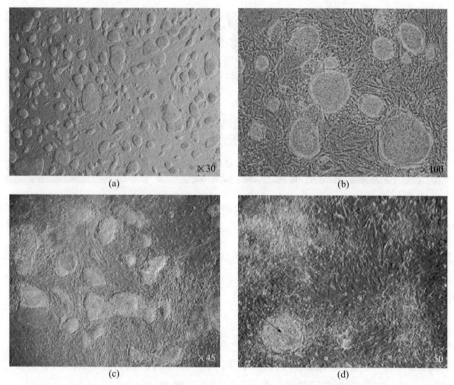

图29.8　对hES细胞进行评估准备再次胰酶消化。(a,b)大部分为可进行胰酶消化的未分化hES细胞。(c)稍有过度生长的集落，有分化迹象，但仍可用胰酶进行安全传代。(d)分化严重的hES细胞。箭头指示的集落仍然可通过机械挑取集落团块及传代的方法进行挽救。

29.7　hES细胞的冻存

很多已建立的 hES 细胞系在解冻后的复苏效率很低，可低至 0.1% ~ 1%。这可能是细胞传代方法导致的。机械法挑取以及胶原酶分离法常会产生较大的细胞团块，可能不如小的细胞团块更容易有效冻存。我们实验室中胰酶消化的细胞的复苏效率大约在 10% ~ 20% 或更高，并不需要更复杂的程序比如玻璃化（见图 29.9）。

29.7.1　冻存培养基

冻存培养基中含有 90%FCS、10%DMSO 时细胞的复苏效率高。但 Oct-4 在冻融细胞中

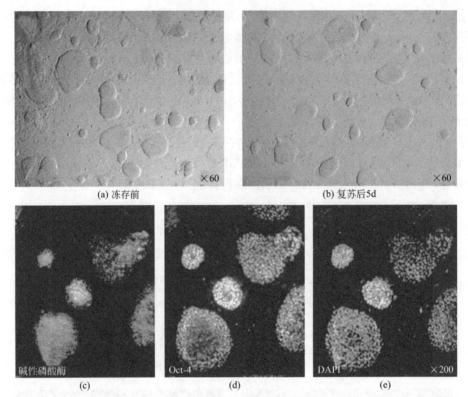

| (a) 冻存前 ×60 | (b) 复苏后5d ×60 |

碱性磷酸酶 (c) | Oct-4 (d) | DAPI (e) ×200

图29.9　hES细胞的冻存与复苏。（a）该图显示hES细胞冻存时的最佳密度与形态。（b）当这些集落复苏在同样直径的平板上，需要5～7d进行再次分离。（c,d）复苏的hES细胞表达高水平的Oct-4与碱性磷酸酶。

的表达低于含10%DMSO的hESC生长培养基中冻存的细胞。不过，在下一代细胞中，Oct-4及其他未分化细胞标志物的表达在两种冻存条件中并未出现明显差别。我们常规使用90% FBS、10% DMSO冻存培养基。

29.7.2　冷冻流程

选取形态良好、适度铺满的细胞进行冻存。我们还建议对样品视野进行拍照，并对未分化细胞特征性的分子标志物进行染色，以用于后续的参考。

29.7.2.1　需要的材料

冻存培养基：90% FBS，10% DMSO。

冻存管，标记细胞系、代数及日期。

冻存架（Corning）。

放置15mL离心管的泡沫塑料架。

−80℃冰箱。

（1）胰酶消化细胞；在PMEF培养基中离心（见上）。

（2）预冷的冻存培养基悬浮细胞沉淀。我们推荐每个冻存管保存一个铺满35mm培养板的细胞，放置0.5mL冻存培养基。加入冻存培养基后操作要快，并将细胞放置于冰上。

（3）将细胞悬液分装于冰预冷的冻存管中，并将冻存管夹到两个泡沫塑料架之间；用胶带将两个泡沫塑料架扎在一起以防散落，之后放入−80℃冰箱冷冻过夜。第2天将冻存管转移到液氮中进行长期保存。

29.8 hES 细胞的解冻

hES 细胞解冻的程序相对较简单。主要的原则是每个操作都要快速。

29.8.1 准备工作

（1）解冻前 1d 准备丝裂霉素 C 处理的 PMEF。

（2）准备解冻培养基。我们使用 70% hESC 生长培养基，加入 20ng/mL hLIF 和 8ng/mL bFGF 以及 30% hESC 或 PMEF 条件培养基。

（3）将 PMEF 培养板中的培养基更换为解冻培养基；在 CO_2 培养箱中平衡 1h。一个 35mm 培养板加入 1.5mL 培养基，一个 4 孔板则每孔使用 0.5mL 培养基。

（4）准备含有 10 ~ 15mL 预温的 hESC 生长培养基的 50mL 尖底离心管。

29.8.2 解冻

（1）在 37℃水浴锅中融化冻存管，不停晃动，并保证冻存管的管口在水面以上。在 40s 内检查冻存管内的状态，每次间隔 10s，直到只剩下少量冰。

（2）用 70% 异丙醇快速喷雾冻存管，然后使用 1mL 移液器将预温的 hESC 培养基逐滴加入冻存管中并轻柔晃动。动作要快但要轻柔。立刻将冻存管中的成分转移到准备好的含有预温 hESC 培养基的 50mL 离心管中，160g 离心 5min。

（3）彻底去除培养基，不要触动细胞沉淀。

（4）加入 0.5mL hESC 解冻培养基；用 1mL 移液器轻柔地将细胞悬浮（可吹打 2 ~ 4 次），并转移到制备好的含有平衡后的 hESC 解冻培养基的 PMEF 培养板中。将培养板在两个方向倾斜几次，使细胞能够完全均匀地分散到培养板上，移动时角度可达 90°；不要旋转培养板。

（5）第 2 天检查细胞状态；如果死亡细胞过多或培养基变色，更换 2/3 的培养基，否则不更换培养基再培养 1d。

（6）一般在 3 ~ 4d 内会出现集落，5 ~ 10d 后可以进行传代分离（图 29.7）。

29.8.3 挑战性的状况

有一些状况会特别具有挑战性，比如 hES 细胞建系，特别是在无饲养层培养条件下，或者是从单个分裂球中分离 hES；或者胚胎质量较差等。成功取决于多种因素的综合，可能每一个因素单独考虑时对成功率并不十分重要，但综合考虑时则有很大影响。我们认为下列因素很重要。

■ 若使用饲养细胞，应保证其质量最佳（在建系之前检验），理想的是在接种细胞或胚胎 /ICM 前用丝裂霉素 C 处理，并且不超过 1d。

■ KSR 与人血浆蛋白粉的质量（每个批次都要检验）。

■ bFGF 的浓度（我们使用的浓度可达 20ng/mL）。

■ 初始培养的体积要小（在轻质石蜡下 20μL 液滴的效果最佳）。

■ 在细胞或培养物外观出现变化时要及时做出应对——我们至少每天都要检查并且确认其是否需要分散，或是否需要添加新鲜的培养基或条件性培养基等。

■ 如果观察到细胞分化，那应将集落的未分化部分从分化的细胞中分离开来。在形态学的基础上，最容易转移分化的细胞，或者将未分化的部分转移到新的培养板中。

- 在第一次分散操作时，我们会保留一部分集落不做处理——有时由于重新接种的集落块未生长，保留的这部分则是唯一存活的细胞。
- 在最早的几代中，我们会保留从前一代来的所有培养板，并且会保留一部分集落不进行机械传代，因为很有可能对同一培养板收集多次。

当一个新的系通过了几次传代并在多个培养板上生长，应对细胞进行冻存，并且是在胰酶适应之前。冻存可通过胰酶消化一个 4 孔板的孔进行——尽管复苏效率可能不是最好的，但可用于在机械法传代过程中出现紧急状况时重新建立细胞系。

29.9　hES 细胞的质控

尽管我们经常通过 hES 细胞形态来评价培养物的质量，以及是否可以用于传代或冷冻，但这个标准并不能用于评估 ES 细胞的多能性。Oct-4 或碱性磷酸酶染色表明，即便在具有"完美"形态的集落中，某一标志物或两者都仅仅在集落边缘的细胞中出现。因此，有必要定期对细胞多能性标志物的表达进行分析。我们用免疫染色来看 Oct-4、Nanog、SSEA-3、SSEA-4、TRA 1-60 及 TRA 1-81 等的表达，用酶活性检测碱性磷酸酶。这些检测的方案及商品化抗体均已有所描述。应自行或通过商品化渠道对核型进行例行分析，以避免在 hES 细胞培养物中出现异倍体的积累，这在建立种子库用于生产分化衍生物时是非常重要的。如果检测到异倍体，应对更早代数的冻存细胞解冻并进行检验。然而，如果异倍体只在一小部分细胞中出现，则可利用机械法传代重新建立细胞系，并密切关注集落形态。对分化潜能的检测是另外一个需要评估的重要参数。在我们的实验室中，我们常规检测 hES 细胞向视网膜色素上皮细胞的分化，在其他项目中，则检测其向成血管细胞的分化。如果在分化检测中发现细胞行为异常如分化效率低，则该培养物需要弃掉，再解冻新鲜的冻存细胞。其他的 hES 细胞分化模型也可以用于质量的常规检测，这要根据研究者的目的而定。

深入阅读

[1] Chan EM, Yates F, Boyer LF, Schlaeger TM, Daley GQ. Enhanced plating efficiency of trypsin adapted human embryonic stem cells is reversible and independent of trisomy 12/17. Cloning Stem Cells 2008; 10 (1): 107-18.

[2] Draper JS, Smith K, Gokhale P, Moore HD, Maltby E, Johnson J, et al. Recurrent gain of chromosomes 17q and 12 in cultured human embryonic stem cells. Nat Biotechnol 2004; 22 (1): 53-4.

[3] Klimanskaya I, Chung Y, Becker S, Lu SJ, Lanza R. Human embryonic stem cell lines derived from single blastomeres. Nature 2006; 444 (7118): 481-5.

[4] Klimanskaya I, Chung Y, Meisner L, Johnson J, West MD, Lanza R. Human embryonic stem cells derived without feeder cells. Lancet 2005; 365 (9471): 1636-41.

[5] Lebkowski JS, Gold J, Xu C, Funk W, Chiu CP, Carpenter MK. Human embryonic stem cells: culture, differentiation, and genetic modification for regenerative medicine applications. Cancer J 2001; 7 (Suppl. 2): S83-93.

[6] Richards M, Fong CY, Chan WK, Wong PC, Bongso A. Human feeders support prolonged undifferentiated growth of human inner cell masses and embryonic stem cells. Nat Biotechnol 2002; 20 (9): 933-6.

[7] Robertson EJ, editor. Teratocarcinomas and Embryonic Stem Cells: A Practical Approach. Oxford: IRL Press; 1987.

[8] Solter D, Knowles BB. Immunosurgery of mouse blastocyst. Proc Natl Acad Sci USA 1975; 72 (12): 5099-102.

[9] Thomson JA, Itskovitz-Eldor J, Shapiro SS, Waknitz MA, Swiergiel JJ, Marshall VS, et al. Embryonic stem cell lines derived from human blastocysts. Science 1998; 282 (5391): 1145-7.

[10] Xu C. Characterization and evaluation of human embryonic stem cells. Methods Enzymol 2006; 420:18-37.

第 *30* 章

人胚胎生殖细胞的产生与分化

Michael J. Shamblott[1], Candace L. Kerr[2], Joyce Axelman[3], John W. Littlefield[3], Gregory O. Clark[4], Ethan S. Patterson[3], Russell C. Addis[3], Jennifer N. Kraszewski[3], Kathleen C. Kent[3], John D. Gearhart[3]

李长燕　译

30.1 引言

胚胎生殖（EG）细胞是来源于胚胎后期及早期胎儿发育时期的原始生殖细胞（PGC）。目前已经从多种物种中获得胚胎生殖细胞，包括小鼠、猪、鸡及人。小鼠、猪及鸡的胚胎生殖细胞可用于产生实验嵌合动物模型，包括后两者物种之间的生殖系传递。此外，小鼠与鸡胚胎生殖细胞的生殖系传递也已经有报道。小鼠及人的胚胎生殖细胞在体外可分化形成拟胚体（EB）。与胚胎干细胞来源的拟胚体相似，胚胎生殖细胞来源的拟胚体包含代表所有三个胚层的分化细胞，以及轻度分化的祖细胞和前体细胞的混合细胞群。这些人拟胚体来源（EBD）的细胞能够进行大量的细胞增殖，并表达多种谱系特异的标志物。人 EBD 细胞培养物具有正常、稳定的染色体核型，正常的基因组印记模式包括 X 失活。移植实验表明，人 EBD 细胞可植入到多种啮齿类组织中，并参与运动神经元损伤大鼠的修复。

多能干细胞可从两种胚胎来源中获得。胚胎干（ES）细胞最初从小鼠胚胎的内细胞团中获得，EG 细胞最初则从小鼠 PGC 中获得。随后，EG 细胞可从鸡、猪及人 PGC 中获得。猪、鸡及小鼠的 EG 细胞已经证实可用于产生实验嵌合体动物，包括后两种动物的生殖系传播。

30.1.1 原始生殖细胞

原始生殖细胞（PGC）是亲代和子代进行遗传传递的唯一方式，这些细胞产生卵子和精子。在很多物种中，如线虫，生殖细胞在发育的很早期，在胚胎细胞第一次分裂时就被隔离，并以核糖核蛋白 P 颗粒的沉淀作为标记。在哺乳动物中，这个过程发生在发育的后期，看起来更像是被外界因子所调控，而非预设的内在程序。例如，在小鼠中，PGC 产生的细胞在原肠胚形成过程中定位于靠近胚外外胚层的位置。定位于此的细胞并未具有事先确定的

---

[1] Institute for Cell Engineering, Johns Hopkins University, School of Medicine, Baltimore, MD.

[2] Department of Gynecology and Obstetrics, Johns Hopkins University, School of Medicine, Baltimore, MD.

[3] Johns Hopkins University, School of Medicine, Baltimore, MD.

[4] Division of Endocrinology, Johns Hopkins University, School of Medicine, Baltimore, MD.

命运，而是接受外界信号进一步分化成 PGC，这一点可通过将外胚层其他部位的细胞移植到该区域可获得 PGC 来证明。这个信号投递过程中的部分组分已经被鉴定出来。首先，骨形成蛋白 4（BMP4）和 BMP8b 由从外胚层细胞变为胚外外胚层前体细胞或 PGC 的编程细胞产生。被确定可成为 PGC 的细胞表达更高水平的膜蛋白 fragilis，而核蛋白 stella 则较低。

在小鼠中，PGC 在交配后 7.5～8.0d（dpc）的尿囊基底呈现为碱性磷酸酶阳性。在 8.5dpc 开始与内陷形成后肠的内胚层结合起来。到 10.5dpc，PGC 与背侧肠系膜结合，并转位到生殖嵴。PGC 的迁移是由细胞迁移及其相结合的移动组织引起的。通过这种迁移，PGC 从 8.5dpc 的约 130 个细胞扩增到 13.5dpc 后的 25000 个细胞之多。一旦它们到达生殖嵴，PGC 继续增殖直到进入第一次减数分裂时期。在雄性中，进入减数分裂期可被从发育中的睾丸来源的信号所抑制，从而将 PGC 阻断在 G_0 期，直至出生。雌性中抑制信号不存在，PGC 进入卵子发生过程。尽管目前对人 PGC 迁移过程还不是完全清楚，但关于其迁移通路已经了解很多，包括它们与肠内胚层结合进而迁移到发育中的生殖嵴。

PGC 在常规的组织培养条件下并不能很好的生存，在体内和体外不是多能干细胞。早期的研究中利用多种生长因子和饲养层成功延长其存活，但增殖受到抑制。多种细胞因子联用包括白血病抑制因子（LIF）、碱性成纤维细胞生长因子（bFGF）及 c-kit 配体（KL，又名干细胞因子、肥大细胞因子）可产生永生的细胞亚群，特别是如果 KL 以饲养细胞的跨膜形式存在，效果更佳。这些因子不仅仅单纯地促进 PGC 增殖，还能使正常的孤立的 PGC 发生聚集并增殖为多细胞类型的集落，即 EG 细胞，并获得多能性。小鼠的 EG 细胞系可从 8.0～8.5dpc 迁移前的 PGC、9.5dpc 迁移中的 PGC，以及 11.5～12.5dpc 之间进入生殖嵴后的 PGC 中获得。

KL 及其酪氨酸激酶受体对 KL 和 c-kit 在 PGC 体外分化产生 EG 细胞中的作用与体内一致。c-kit 在 PGC 中表达，KL 沿着 PGC 迁移通路及在生殖嵴中表达。KL 与 c-kit 在 PGC 生存中的作用是通过发现各自基因座 *Sl* 和 *W* 的几个突变可导致小鼠生育能力降低或不育来确定的。在 *W* 和 *Sl* 纯合子的突变体胚胎中 PGC 可以形成，但减数分裂受到严重阻碍，到达生殖腺的 PGC 几乎不能存活。KL 以膜结合生长因子形式产生，可通过水解切割形成可溶性形式。缺失膜结合形式 KL 的小鼠只含有少量 PGC 并且不育，而缺失可溶性形式 KL 的小鼠并无此表型，表明是膜结合形式而非可溶性形式对 PGC 存活是必须的。KL 诱导的 PGC 存活的机制与抑制凋亡有关。c-kit 受体已经证实在体外参与小鼠 PGC 与体细胞的黏附。最近对 KL 与其受体介导的信号通路的研究表明，在小鼠 PGC 中 AKT 激酶及端粒酶可被活化。

与胚胎早期相对未分化的外胚层细胞相反，PGC 起源于晚期并且在正常发育过程中有特定的作用。就这一点而言，在体外能通过三种细胞因子可将 PGC 逆转为多能干细胞是非常令人惊奇的。这种 PGC 特化过程中的可塑性很有可能是由外界信号刺激获得的，而不是内在的预设程序。

30.1.2 与胚胎干细胞的比较

小鼠 ES 及 EG 细胞均为多能细胞，并且可在实验嵌合体中进行生殖系传递。小鼠 ES 与 EG 细胞有些形态学特征相同，如细胞内 AP 表达水平较高，具有特异的细胞表面糖脂和糖蛋白。这些特征也是多能干细胞所有的，但不是特有的特征。另外，比较重要的特点包括以多细胞集落形式生长，正常稳定的核型，连续传代的能力以及分化为三种 EG 胚层细胞的能力：内胚层、外胚层及中胚层。

30.2 人胚胎生殖细胞的产生

尽管对多种细胞因子及饲养层的组合进行评价，人 EG 细胞产生的标准操作与小鼠中的策略仍基本相似。到 2003 年，我们实验室利用这种通用方法已经获得 140 个人 EG 培养细胞。

30.2.1 起始分离与接种

取受精后 5 ～ 9 周人类胚胎（来自治疗性的终止妊娠）的生殖嵴与肠系膜，放置于 1mL 冰预冷的培养基中并快速转移到无菌环境。这些组织浸入无钙镁离子的 DPBS 中 5min，转移到 0.1mL 胰酶 -EDTA 溶液中。胰酶与 EDAG 的浓度可变，在早期发育时期，使用温和的 0.05% 胰酶 -0.5mmol/L EDTA，而对于发育晚期，使用较为强烈的 0.25% 胰酶 -0.5mmol/L EDTA。使用精细钳和小血管剪将组织完全剪碎分离。该过程需要在室温下 5 ～ 10min，随后在 37℃ 孵育 5 ～ 10min。这种分离过程一般会产生单细胞悬液及较大块的未消化组织块。终止消化使用含血清的培养基。消化的组织转移到预先制备好饲养层的 96 孔组织培养板（见"灭活前接种 STO 饲养层"及"灭活后接种 STO 饲养层"部分）。一般起始接种要用到 4 ～ 10 个 96 孔板的孔。培养板放置于 37℃、5% CO_2、95% 湿度的培养箱中培养 7d。每天将 90% 的培养基去除，换成新鲜培养基。

30.2.2 EG 细胞培养物的传代

在接种后前 7d，大部分人 EG 细胞并不形成可见的 EG 集落。AP 活性染色可见到独立的 PGC，静止的或迁移形态的均有 [图 30.1（a）（b）]。经常也见到 AP 染色阴性的细胞集落，是因为最初分离时剩余的小块组织团块仍有残留 [图 30.1（c）]。7d 以后，培养基移除，使用 DPBS 清洗培养孔两次，一般需要 5min。然后每孔加入 40μL 融化的胰酶溶液，在 37℃

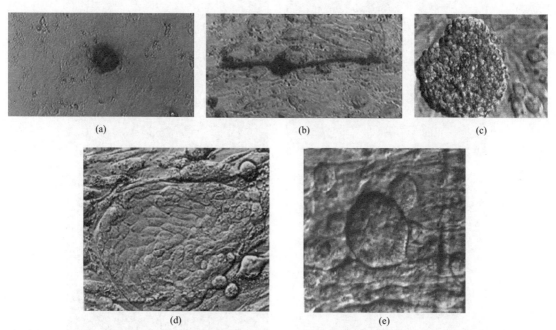

(a)　　　　(b)　　　　(c)

(d)　　　　(e)

图 30.1　人胚胎生殖细胞培养早期可见的细胞形态。（a,b）碱性磷酸酶阳性（AP^+）的静止与迁移状态的原始生殖细胞。（c）未分散的性腺组织的多细胞团块。（d, e）不能产生人胚胎生殖细胞的扁平状及圆状细胞集落。

培养箱中放置 5min。如前所述，胰酶溶液的浓度可为 0.05% 胰酶 -0.5mmol/L EDTA, 0.25% 胰酶 -0.5mmol/L EDTA, 或两种浓度的混合。在这个时期最重要的是使 STO 细胞饲养层完全分离（见"饲养层"部分），否则会有较大影响。胰酶消化之后，用力敲打 96 孔板的边缘，使 STO 细胞完全从生长表面上分离下来。该过程中还可刮擦培养孔并轻柔捣碎。在 STO 细胞变得松散之后，加入新鲜培养基，进一步捣碎所有成分。这个过程对 STO 饲养层与 EG 细胞的完全分离是非常关键的。

随后进行传代。在 14 ～ 21d（1 ～ 2 代）中，有些孔中可见较大的 EG 集落（图 30.2）。在此时，没有 EG 集落的孔要摈弃掉。在人 EG 细胞传代过程中会出现几个常见问题。一是 STO 饲养细胞仍然没有完全分离。这通常可以从分离后立即有大块的细胞团块出现看出来。如果这种情况经常出现，说明胰酶消化不充分，或经过 7d 培养后，STO 细胞接触抑制能力下降，出现过度生长。二是 EG 集落不能完全分离。这种不完全分离可造成大的细胞团块会发生分化或死亡，只有少数 EG 细胞可用于继续培养扩增。尽管科学家们做了很多尝试，但在人 EG 细胞生物学研究中，这仍然是最难解决的一个瓶颈问题。

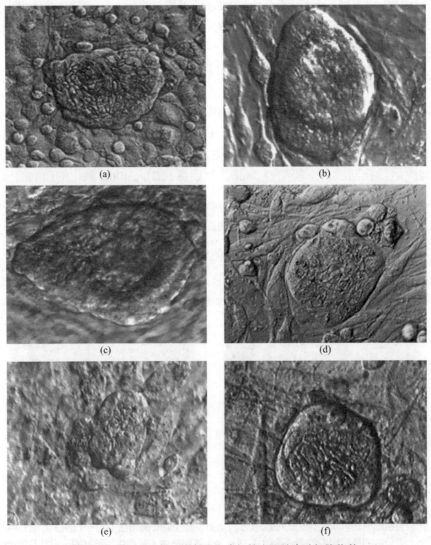

图30.2　在STO细胞滋养层上生长的人胚胎生殖细胞集落。

为深入了解这个问题，利用电镜观察比较了小鼠 ES、小鼠 EG 及人 EG 细胞集落之间的细胞－细胞相互作用。从这些电镜图片中可以明显地看出人 EG 集落的细胞与小鼠 ES 及 EG 集落的细胞相比黏附更加紧密（图 30.3）。很可能是集落内的这些紧密连接限制了分离试剂的进入。此时，无论是细胞间相互作用的本质还是有效的解决方案都是不明确的。

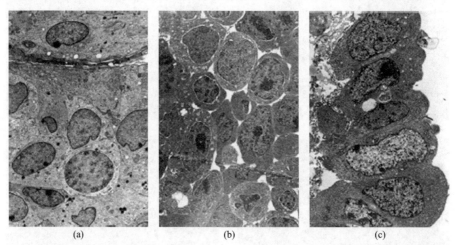

图30.3　EG与ES集落的电镜显微成像。（a）人EG集落；（b）小鼠EG集落；（c）小鼠ES集落。

由于不完全分离以及其他内在或外在信号的存在，很多人 EG 集落（每代约 10% ～ 30%）的细胞分化产生三维结构的 EB（见"EB 的形成及分析"）或 AP^- 的平面结构而不能进一步增殖（图 30.4）。完全分离的 EG 集落细胞进一步产生新的 EG 集落，并且在最适条件下，EG 培养物可持续扩增达数月。不可避免的，大的 EG 集落由于形成 EB 而不断从培养物中移除，使得 EG 培养物越来越稀少，从实际考虑已经不能继续使用。采用 DMSO 冻存技术也不能解决该问题。

30.2.3　饲养层

与 ES 细胞不同，EG 细胞的产生很大程度上依赖特定类型的饲养层。小鼠 STO 成纤维细胞是来源于 Sandoz 近交小鼠的自发转化的细胞系。该细胞系具有硫鸟嘌呤及乌苯苷抗性，但该特点并未在本部分用到。STO 细胞已经用于产生小鼠畸胎瘤（EC）细胞、ES 细胞、EG 细胞，还是目前为止唯一可产生人 EG 细胞的细胞类型。STO 细胞产生的因子目前尚未完全清楚，但膜结合形式的 KL 在该细胞中表达，而并不在我们实验室建立的大多数其他类型的细胞中表达。

尽管 STO 细胞是集落性细胞系，但从中分离的不同单细胞在支持人 EG 细胞产生中的能力并不完全一样。而且随着持续培养，核型也会发生改变，使得这种不均一性更加复杂。由于人类组织的来源非常有限，因此，在使用前有必要对 STO 细胞进行筛选。最可靠的筛选方法是制备一定数量的集落性 STO 细胞系（可用极限稀释法或集落环 / 缸法），然后评价其支持产生小鼠 EG 细胞的能力。这种通过对 EG 细胞的生长进行评价的方法并不是一个非常充分的方法，因为多数小鼠 EG 细胞系在产生以后会丧失对饲养细胞的依赖。因此，小鼠 EG 细胞的产生并不是一个简单的工作。为了能更快地筛选 STO 细胞，以及检测膜结合形式 KL 的作用，我们采用免疫细胞化学方法通过检测 KL 来筛选 STO 细胞系。一旦鉴定到一个具有支持作用的 STO 细胞系，应立即分装冻存。一管较原始的细胞能扩增产生不同代数的

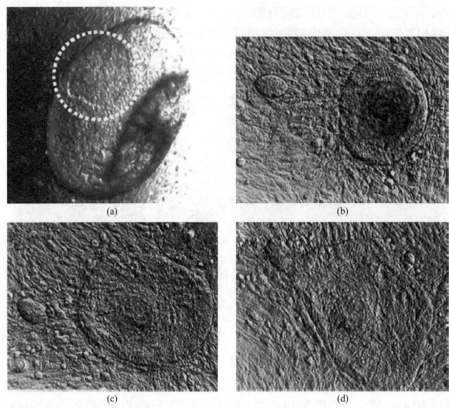

图30.4 分化的人EG集落。（a）贴在拟胚体（EB）上的EG集落立体显微照片。圈出的即为EG集落。该EB的直径大约为0.5nm。（b～d）EG细胞变平的定时观察。（b）在分散后4d，左边的小集落来自分散完全的细胞，右边的大集落是由残留的黑色集落及其周围的新生长的EG细胞组成的。（c）分散后5d，大的EG集落开始变平。（d）7d后，大的EG集落完全变平，这些集落在分散及重新接种后并不能产生可见的EG细胞集落。在另一次独立实验中，EB和这些扁平结构的培养物显示为碱性磷酸酶阴性（AP⁻）。

细胞，而后者解冻后只能维持有限能力的扩增。应避免不经过后续筛选对 STO 细胞进行持续传代。

30.2.3.1 灭活前接种STO饲养层

有两种方法可用于产生 STO 饲养层：接种 - 照射以及照射 - 接种。多数人的 EG 细胞通过前者来产生，这种方法在有大的 γ 放射源下可行。STO 细胞在不含 LIF、bFGF 或毛喉素（forskolin）的 PGC 培养基中培养较短时期（不是连续培养），然后采用 0.05% 胰酶 -EDTA 溶液进行分离。在使用前一天，96 孔板包被 0.1% 明胶 30min。随后，明胶去除，以每孔 5×10^4 个 STO 细胞接种到不含 LIF、bFGF 或毛喉素的 PGC 培养基中。使用其他类型的培养板也可采用相似的细胞浓度（～ 1.5×10^5 细胞 /cm²）。细胞培养过夜，进行 5000rads（1rad×0.01Gy）的 γ 射线或 X 射线照射。随后细胞放回到培养箱中培养备用。使用前将生长培养基去除，每孔加入 0.1mL 含有细胞因子的 PGC 生长培养基（或者半量换液），在培养箱中继续培养。

30.2.3.2 灭活后接种STO饲养层

在没有大的 γ 放射装备，或需要的细胞量大，或 STO 细胞密度需要更严格的控制的情况下，使用该方法制备 STO 饲养层。STO 细胞的培养条件如前所述，消化、计数，并在不含细胞因子的 PGC 生长培养基中悬浮。然后细胞放入一个或多个 50mL 的锥形管中，直接进行 5000rads γ 射线或 X 射线照射。照射后的细胞以合适的浓度悬浮于不含细胞因子的 PGC 生长培养基中，计数，接种到预先包被 0.1% 明胶 30min 的培养板中。细胞贴壁过夜，然后将培养基半量换成含有细胞因子的 PGC 生长培养基备用。

30.2.4 PGC 生长培养基的成分

人 EG 细胞在 DMEM（Gibco BRL）培养基中获得并维持，加入 15% 胎牛血清（FBS，Hyclone）、0.1mmol/L 非必需氨基酸（Gibco BRL）、0.1mmol/L 2- 巯基乙醇（Sigma）、2mmol/L 谷氨酰胺（Gibco BRL）、1mmol/L 丙酮酸钠（Gibco BRL）、100μg/mL 青霉素（Gibco BRL）、100mg/mL 链霉素（Gibco BRL）、1000μg/mL 人重组 LIF(hrLIF, Chemicon)、1～2ng/mL 人重组 bFGF（hrbFGF, R&D systems），以及 10mmol/L 毛喉素（Sigma）。

30.2.5 EG 细胞培养物的评价

在建立的 150 种人 PGC 培养物中，142 种（～95%）表现出与之前建立的多能干细胞相一致的形态学、生物化学及免疫细胞化学特征。评价 EG 细胞培养物的最简单方便的方法是观察类似早期小鼠 ES 细胞及 EG 细胞集落的紧密连接的多细胞集落的存在（图 30.2），而不能有在人 EC 细胞及恒河猴 ES 细胞中存在的扁平的松散连接的细胞集落。在最合适的条件下，培养一周后会获得双倍或三倍数量的集落。这种生长趋势一般是从较小的集落中开始，而在来自未完全分离的较大的集落中并不是这样的（见前面"EG 细胞培养物的传代"部分）。

人 EG 细胞具有高水平的 AP 活性。在标准培养条件下，人 EG 细胞集落 >70%～90% 为 AP+。随着集落的分化，可以看到 AP 染色阳性率及强度降低，有时只能在集落的外周检测到 AP+。

人 EG 细胞还可以用 5 种单集落抗体进行鉴定：SSEA-1、SSEA-3、SSEA-4、TRA-1-60 和 TRA-1-81。细胞集落具有 4 种抗体的强阳性，而 SSEA-3 抗体只能微弱染色。与 AP 染色的结果一致，这些抗体的阳性率也是变化的。

人 EG 细胞的组织学特征（AP+，SSEA-1+，SSEA-3+，SSEA-4+，TRA-1-60+，TRA-1-81+）与未分化的人 EC 细胞及恒河猴 ES 细胞不同，这些细胞为 SSEA-1−。事实上，人 EC 细胞系 NTERA2 的分化可引起 SSEA-1 的表达上调，提示这可能是人 EG 培养物分化的指示。但是，NTERA2 的分化还伴随着其他标志物的下调，但在人 EG 培养物中并未看到。

在 8～10 代（培养 60～70d）进行核型分析表明，在 300 条带分辨率下具有明显的正常人染色体。XX 及 XY 细胞均已建立。其他多能性标志物，如小鼠 Oct3/4 在人中的同源基因的 mRNA 表达水平及端粒酶活性均已检测。依赖于 EG 集落的状态、培养不同，或二者都不同，结果差别很大。一般来说，相对未分化的 EG 集落为 OCT4 mRNA+（通过 RT-PCR 检测），具有可检测到的端粒酶活性。

30.2.5.1 碱性磷酸酶及免疫细胞化学染色

细胞在 66% 丙酮 -3% 福尔马林中固定，利用萘酚 /FRV-alkaline AP 底物（Sigma）染色检测 AP 活性。进行免疫细胞化学分析时，细胞在 DPBS 配置的 3% 多聚甲醛中固定。细胞表面糖脂及糖蛋白特异性多集落抗体的使用浓度为（1∶15）～（1∶50）稀释。MC480（SSEA-1）、MC631（SSEA-3）及 MC813-70（SSEA-4）抗体由 DSHB（Developmental Studies Hybridoma Bank , University of Iowa）提供。TRA-1-60 和 TRA-1-81 由 Peter Andrews 博士（University of Sheffield, UK）馈赠。抗体显色采用生物素标记的抗小鼠二抗，链霉亲和素偶

联的辣根过氧化物酶 HRP 及 AEC 发色底物（BioGenex）。

30.2.5.2　EB 的形成及分析

EB 在人 EG 细胞培养过程中自发形成。尽管这代表 EG 细胞多能性的降低，但 EB 的产生为细胞多能状态提供证据，并为后续的培养及实验提供了细胞材料（见"EB 来源的细胞"部分）。由于无法利用人 EG 细胞从小鼠中产生畸胎瘤，因此，EB 是人 EG 细胞多能状态的唯一直接证据。到目前为止，还没有证据表明人 EG 细胞及其衍生物能形成畸胎瘤。

30.2.5.3　EB 包埋及免疫组化分析

EB 的细胞组成可通过将 EB 包埋入石蜡并利用系列特定抗体染色进行鉴定。这个过程避免了直接对较大的三维培养物进行染色面临的抗体捕获问题。从培养基中收集 EB，并将其滴入熔化的 DPBS 配制的 2% 低熔点琼脂糖（FMC）中，在 42℃ 中冷却。凝固的 EB 琼脂糖块在 DPBS 配制的 3% 多聚甲醛中固定，包埋入石蜡。6mm 的切片放入载玻片（ProbeOn Plus, Fisher Scientific）上。通常，免疫组化分析一般采用 BioTek-Tech Mate 1000 自动染色机（Ventana-BioTek Solutions）。在标准化免疫组化分析中也可手动染色，但在使用有些抗体时需要抗原修复。EB 的冰冻切片由于会影响细胞形态而并不常规使用。

用于石蜡切片的抗体包括 HHF35（肌肉特异的 actin, Dako）、M760（desmin, Dako）、CD34（Immunotech）、Z311、（S-100, Dako）、sm311（panneurofilament, Sternberger Monoclonals）、A008（a-1-fetoprotein）、CKERAE1/AE3（pancytokeratin, Boehringer Mannheim）、OV-TL 12/30（cytokeratin 7, Dako），以及 $K_S20.8$（cyto-keratin 20, Dako）。一抗显色采用生物素标记的抗兔或抗鼠二抗，链霉亲和素偶联的辣根过氧化物酶 HRP 以及 DAB 显色液（Ventana-BioTek Solutions）。最后，载玻片在苏木精中复染。采用这些抗体可证实人 EG 细胞在分化时，形成的 EB 是由内胚层、外胚层及中胚层来源的细胞组成的。

30.3　EB 来源的细胞

尽管已有强烈的证据证实人 EG 细胞的潜能，但由于 EB 内分化细胞增殖能力有限以及细胞完全分离有难度，使得对 EG 细胞的实验操作非常困难，进而限制了其其将来在细胞移植治疗中的应用。出现分化细胞类型的原因可能有两个，要么这些细胞可以直接从多能性 EG 细胞产生，要么在获得成熟细胞前经历了一系列从前体细胞到祖细胞的过程。看起来不太可能是 EB 内的细胞绕开了正常的分化通路，因此，在这些细胞群体的分离与扩增方面进行了大量的尝试。现在的假说是前体-祖细胞具有合适的增殖特性，这可通过其既表达前体-祖细胞特有的标志物也自发表达成熟细胞群的标志物进行证实。神经祖细胞中自发表达神经元和神经胶质细胞的标志物，造血祖细胞中表达多种谱系特异的转录因子和细胞因子受体，这些证据为该假说提供了基础。

在该分化模型中，前体细胞或祖细胞中多谱系基因的表达谱可对细胞状态进行定义，这些状态包括外在及内在信号作用的基础状态以及具有不同表达谱和表型的分化状态。正是这种基因表达谱的变化引起了发育可塑性，这在骨髓及中枢神经系统干细胞的分化过程中也已经观察到。

从 EB 中分离细胞的方法在理念上与微生物学中选择性培养基实验类似。EB 分离后接种到不同的细胞生长条件中。这些环境包含生长因子与基质的组合。尽管已经有很多种组合被评价，大部分的 EBD 细胞是从 2 种生长培养基与 3 种培养板组合而成的 6 种条件中筛选出来的一种最适条件下获得的。2 种生长培养基为含有 bFGF、表皮生长因子（EGF）、胰岛素样生长因子 1（IGF-1）及血管内皮生长因子（VEGF）的高血清（15%FBS）和低血清（5%FBS）的 RPMI1640 培养基。3 种培养板表面为牛 I 型胶原、人细胞外基质抽提物及组织培养物处理的塑料板。这些并不是高度选择性的培养条件。相反，一些基本的原则更为有效：细胞在高血清高糖（10mmol/L）条件下生长旺盛，在低糖（5mmol/L）及 4 种刺激源条件下增殖。培养板表面包括 I 型胶原的包被，这是一种与人细胞外基质相比更有利于未分化增殖的生物基质，而人细外基质是一种包括层粘连蛋白、胶原及纤连蛋白的更为复杂的混合物。初步的分析是要确定哪种条件更有利于细胞的大量扩增，并且维持细胞未分化，或者至少对 EB 中终末分化的细胞有一定的抑制作用。

30.3.1　EBD 细胞的生长与表达特点

能够长期快速增殖的细胞群可从人 EG 产生的 EB 进行分离。EBD 主要用于描述通过该方式获得的能进行大量扩增的细胞。一般来说，I 型胶原及人细胞外基质可与低血清培养基组合促进细胞快速大量扩增。EBD 细胞系及培养细胞一般在其产生的条件下进行培养维持，EBD 的命名规范有助于理解该过程。前两个字母是指其来源的 EG 细胞，下一个字母指培养基（E 指的是 EGM2MV, R 指的是 RPMI1640），最后一个字母指的是基质（C 指胶原，E 指人细胞外基质抽提物，P 指塑料）。举个例子，EBD 细胞 SDEC 指的是来源于 EG 细胞 SD，在 EGM2MV 培养基中，I 型胶原表面上生长的细胞。

为了区分 EBD 细胞与简单的细胞群体，有必要根据其表达的分子，建立一种有效的表达谱检测方法。如果可能，该方法应采用冗余措施，并必须考虑到宽度、灵敏度、特异性及检测速度。目前已经有来自 5 种细胞谱系（神经元、神经胶质、肌肉、造血 - 血管内皮及内胚层）的 24 种 RT-PCR 检测产品与免疫细胞化学染色结合，用于快速检测细胞表达谱。当然，如前所述，分子标志物并不是非常特异，因此，对于每一个谱系而言需要多种标志物。

采用 RNA 及抗体对表达谱进行检测，我们发现 EBD 细胞自发表达系列 mRNA 及蛋白质标志物，这些分子正常情况下与不同发育谱系相关。这并不稀奇，因为 EBD 细胞本身或至少在产生的时候就是一个混合的细胞群体。更值得注意的是，大部分通过稀释集落的 EBD 细胞系（11/13）也表现出广泛的多谱系基因表达谱。此外，还发现一个特定的 EBD 细胞系在整个生存周期中其基因表达谱是相对稳定的。该周期一般超过 70 代的倍增，但由于 EBD 细胞不是永生的细胞，这种倍增也不是无限的。

我们已经建立并鉴定了超过 100 种 EBD 细胞以及集落化的细胞系。大部分细胞系都有快速、大量扩增以及广泛多谱系基因表达的特点。低于 10% 的 EBD 细胞的基因表达谱较窄，一种极限情况是只表达巢蛋白（nestin）、波形蛋白（vimentin）和甲胎蛋白（a-1-fetoprotein）的 mRNA。另外一个普遍的趋势是 EBD 的很多细胞系是具有神经系统偏向的，神经元、神经胶质及神经祖细胞的标志物的表达较强，而肌肉的标志物的表达则相对较弱。

EBD 细胞的另外一个特征是基因操作较为容易，可使用脂质体、电转、逆转录病毒、腺病毒以及慢病毒等。腺病毒和慢病毒载体可具有接近 100% 的转导效率。这种方法可用于产生能持续、组织特异性表达增强型 GFP 以及含有多种不同遗传选择标记载体的 EBD 细胞系。EBD 细胞还可利用基于腺病毒的端粒酶 RNA 亚基（pBABE）进行永生化。有趣的是，这些细胞系经过几百代的倍增后，基因稳定性下降，会产生至少两种重排：[47, XX, -1, + del(1) (q12), + i(1)(q10)] 以及 [46, XX, del(4) (p14)]。此外，这些细胞系的基因表达谱较窄。

多种 EBD 细胞中的基因印记谱也已被检测。在一项研究中，检测了 5 种 EBD 细胞的 4 个印记基因（*TSSC5*、*H19*、*SNRPN* 和 *IGF2*）的表达水平。其中 3 个基因（*TSSC5*、*H19* 和 *SNRPN*）具有正常的单等位基因表达水平，而 IGF2 与正常体细胞相比只具有部分的印记模式。该研究还发现 H19 和 IGF2 印记的调控区具有正常的 DNA 甲基化模式。另外一项研究发现，两个 XX 型的 EBD 细胞系具有正常的 X 失活模式。

EBD 细胞增殖与表达特性提示可用于研究人类细胞分化以及作为细胞移植治疗的来源。还有一个重要的特点，尽管成百上千的小鼠、大鼠、非洲绿猴在不同的解剖部位接受几百万细胞的移植，也没有任何接受 EBD 细胞移植的动物发生人来源的肿瘤。而与此相反的是，小鼠 ES 细胞向神经细胞及造血分化的细胞移植后，虽不频发，但仍可产生数量相当可观的畸胎癌。

30.3.2 EBD 细胞移植

EBD 细胞移植到人类疾病的动物模型中是一个非常有前景的研究思路。对 EBD 细胞及其他类型细胞的研究表明，组织损伤对移植细胞是非常有益的。这为评价细胞分化潜能提供了强有力的方法，而不用去了解其潜在机制。这些研究还为患这些疾病的病人提供了治愈的可能性。

EBD 细胞培养物 SDEC 已经用于 EBD 细胞移植。这种培养物最初是由于其具有很强的神经细胞表达偏向而被选择进行继续研究。SDEC 细胞被植入到暴露到神经适应性辛德比斯病毒的大鼠及正常大鼠的脑脊液中。这种病毒可特异性靶向脊髓运动神经元，感染后可导致永久的后肢瘫痪。移植到病毒致损大鼠中的 SDEC 细胞可有效增强脊髓长度，并可迁移到脊髓实质中。在未损伤动物中移植 SDEC 细胞并未观察到大量的植入。植入的 SDEC 细胞表达神经元与星形胶质细胞的基因特征。值得注意的是，尽管发生频率不高，但植入的 SDEC 细胞与乙酰胆碱转移酶发生免疫反应，并可将轴突传递到坐骨神经。更引人注意的是，接受 SDEC 细胞移植的瘫痪动物在 12 ~ 24 周后其后肢功能可部分恢复。在这个实验中，SDEC 细胞产生神经元的频率及总数都不足以解释其功能的显著恢复，但是由于 SDEC 细胞是混合的细胞群体，这些细胞可生长分化促进神经细胞的产生。这种机制解释了 EBD 细胞通过保护宿主运动神经元免受死亡以及促进宿主运动神经元的重新传入引起的功能恢复，这可能与分泌转化生长因子 TGF-α 以及脑来源的神经营养因子有关。

这个例子具有几点重要的提示。SDEC 细胞的植入（可能涉及细胞分化的一个或几个步骤）被病毒感染后的损伤信号所促进。一旦植入后，SDEC 群体中的细胞可在体内分化为成熟的星形胶质细胞和神经元，这些细胞中有部分可沿着正确的路径到达坐骨神经，然后进行逆向传输。这种精致、空间精确的分化的发生过程是很难通过离体培养再植入到动物或人体观察到的。可能是使用的混合细胞群体由于具有多种细胞学反应最终引起了功能恢复。群体中某些细胞能形成新的神经细胞，而其他细胞则可能行使支持或保护的作用。在本实验模型中，尽管已知混合的细胞群体通过发挥多种作用引起功能恢复，深入的研究应集中在分离可提高分化成所需细胞类型的细胞亚群并进行安全性评价。最后，所有处理组的大鼠接受了免疫抑制药物以阻止机体对人 EBD 细胞的排斥。在短期内，这可能是所有的 EBD 为基础的细胞移植实验及治疗的一个特点。

30.3.3　EBD 细胞建系、生长及冻存方法

将在 PGC 培养基中形成的 EB 收集起来并分成 10 组或以上，在 1mg/mL 胶原酶 / 分散酶（Roche）中于 37℃消化 30min ～ 1h。然后 1000r/min 离心 5min，不同培养基及基质悬浮。这些条件包括 RPMI 生长培养基［RPMI 1640（LTI）、15%FCS、0.1mmol/L 非必需氨基酸、2mmol/L L- 谷氨酰胺、100μ/mL 青霉素及 100mg/mL 链霉素］及 EGM2MV 培养基（Clonetics）（5% FCS、氢化可的松、hbFGF、hVEGF、R^3-IGF1、维生素 C、hEGF、肝素、庆大霉素及两性霉素 B）。基质包括牛 I 型胶原酶（Collaborative Biomedical，10mg/cm^2）、人细胞外基质（Collaborative Biomedical，5mg/cm^2）及组织培养塑料板。EBD 细胞在 37℃、5% CO_2、95% 湿度下培养，使用 0.025% 胰酶 -0.01% EDTA（Clonetics）37℃消化 5min，按照（1：10）～（1：40）进行传代。低血清培养的细胞采用胰酶抑制剂（Clonetics）处理，离心后悬于生长培养基中。EBD 细胞冻存在含 50% FCS 和 10% DMSO 的冻存液中，冷冻过程在冻存盒中进行并控制冷冻速率，最后在液氮中储存。

深入阅读

[1] Kerr DA, Llado J, Shamblott MJ, Maragakis NJ, Irani DN, Crawford TO, et al. Human embryonic germ cell derivatives facilitate motor recovery of rats with diffuse motor neuron injury. J Neurosci 2003; 23 (12): 5131-40.

[2] Matsui Y, Toksoz D, Nishikawa S, Nishikawa S, Williams D, Zsebo K, et al. Effect of Steel factor and leukaemia inhibitory factor on murine primordial germ cells in culture. Nature 1991; 353 (6346): 750-2.

[3] McLaren A. Establishment of the germ cell lineage in mammals. J Cell Physiol 2000; 182 (2): 141-3.

[4] Resnick JL, Bixler LS, Cheng L, Donovan PJ. Long-term proliferation of mouse primordial germ cells in culture. Nature 1992; 359 (6395): 550-1.

[5] Shamblott MJ, Axelman J, Littlefield JW, Blumenthal PD, Huggins GR, Cui Y, et al. Human embryonic germ cell derivatives express a broad range of developmentally distinct markers and proliferate extensively *in vitro*. Proc Natl Acad Sci USA 2001; 98 (1): 113-8.

[6] Shamblott MJ, Axelman J, Wang S, Bugg EM, Littlefield JW, Donovan PJ, et al. Derivation ofpluripotent stem cells from cultured human primordial germ cells. Proc Natl Acad Sci USA 1998; 95 (23): 13726-13731.

[7] Tam PP, Snow MH. Proliferation and migration of primordial germ cells during compensatorygrowth in mouse embryos. J Embryol Exp Morphol 1981; 64:133-47.

第31章

基因组重编程

M. Azim Surani❶
李玲，徐小洁，叶棋浓　译

31.1　引言

根据基因组重编程（genomic reprogramming）的早期实验推断，当把已分化的体细胞核移植入卵母细胞后，卵母细胞中的母本遗传因子可使分化的体细胞核恢复细胞全能性。卵母细胞内含物拥有改变体细胞的能力，囊括整个发育进程，并因此引起精确的遗传复制或提供移植核个体的克隆。基因组重编程最广为人知的意义可能就是分化细胞向全能状态的转变。然而，需要注意的是，广泛的基因组表观重编程也发生在生殖细胞系和早期发育期间，这对于生成全能受精卵以及创建多能外胚层细胞至关重要，生殖细胞和体细胞分别由受精卵以及外胚层细胞产生。

多能细胞分化成各种不同类型的细胞是由于一系列基因精确表达，以及一些其他基因被抑制。这些新获得的细胞命运通过染色质修饰、DNA 甲基化和可遗传的表观遗传机制传承。表观遗传修饰虽然是可遗传的，却也是可逆的、可被删除的。这也是它们能改变细胞表型以及在特殊情况下恢复体细胞核的全能性的原因（见图 31.1）。为了解重编程的机制，亟须了解染色质修饰的性质以及逆转或去除现有修饰以及如何加入新修饰的机制。因为这些重编程因子在早期发

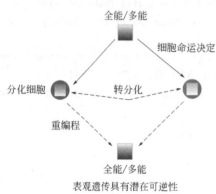

图31.1　基因组重编程包括可遗传的但可逆的表观修饰

育过程中扮演着重要的角色，所以了解它们在早期发育过程中以及在体细胞向多能或全能状态转变过程中发挥着何种作用非常重要。

31.2　生殖细胞中的基因组重编程

生殖细胞提供着亲子代之间的长期联系。因此，世系呈现出许多独特的特征，包括配子

❶　Wellcome Trust Cancer Research UK Gurdon Institute, University of Cambridge, Cambridge, UK.

形成前基因组广泛的表观遗传。重编程对于产生可生育的、有功能的生殖细胞及随之产生的具有全能性的受精卵具有关键作用。当生殖细胞和体细胞之间的区别被建立时，原生殖细胞（primordial germ cell, PGC）是第一批从多功能外胚层细胞接受规范发育的。原生殖细胞作为精子和卵子的前体细胞是高度专业化的，也是唯一能进行减数分裂的细胞。然而，原生殖细胞仍保留着一些多能性标志物的表达，例如 *Oct4*。可能多功能胚胎生殖干（EG）细胞来源于原生殖细胞。研究原生殖细胞发生的规律，以及这些细胞如何进行去分化成为多功能干细胞，是件很有意义的事，也许能为基因组重编程提供新的见解。

31.2.1 哺乳动物生殖细胞规范的干细胞模型

生殖细胞有两个关键的规范机制。第一个是发现于果蝇和线虫的预成型的种质遗传。在哺乳动物中，生殖细胞规范的发生是由干细胞模型确定的，生殖细胞来源于多功能的外胚层细胞，通过胚胎外的外胚层信号分子发生反应。BMP4 和 BMP8b 是从小鼠胚胎期第 6.5 天开始表达的关键信号分子，赋予多功能外胚层细胞具有生殖细胞的能力（图 31.2），此时能被检测到跨膜蛋白 fragilis 的表达。这些具有生殖细胞能力的细胞最初的命运是发育成中胚层，由于它们表达了 *Brachyury* 基因和一些区域特异性的 *Hox* 基因，使得这些细胞向后近端迁移。然而，在 E7.25，一系列基因的表达抑制使得最终获得生殖细胞命运的细胞关闭了体内编程。而这些基因则将继续在邻近的体细胞内表达。发育成生殖细胞的那些细胞则继续表达多功能标志物，如 *Oct4*。此时生殖细胞的一个独特的标志物是首次发现于 E7.5 的 45 ~ 50 个起始生殖细胞中的 Stella。因此，生殖细胞和相邻体细胞之间命运的多样化发生在 E7.25 ~ E7.5 之间的 6 ~ 10h，抑制体细胞重编程是生殖细胞规范时的一个主要事件。

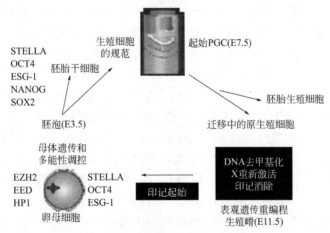

图31.2 卵母细胞、胚胎早期和生殖细胞系中的基因组重组；多能胚胎干（ES）细胞和胚胎生殖（EG）细胞的起源。

31.2.1.1 从干细胞到生殖细胞

目前的研究表明，可以从多功能干细胞获得原生殖细胞和配子。一项研究表明，具有能在生殖细胞内特异表达 *gcOct4-GFP* 报告子的胚胎干（ES）细胞已制成。当包含 GFP 的细胞被检测到的时候，包含报道基因的 ES 细胞被允许进行分化。这些细胞表达多种生殖细胞特异性标志物。进一步培养后细胞接着分化，最终产生卵母细胞样细胞，可发育形成胚泡样结构。后者表明，在这种情况下，小鼠胚胎干细胞可以分化成卵母细胞，随后形成胚泡。通过进一步详细描述生殖细胞和配子，这种体外系统可能有助于研究有关生殖细胞发育的特定方面。

另一研究也得到了可以从多功能胚胎干细胞得到生精细胞的类似结论。在这种情况下，小鼠内源同源基因 *Vasa*、*Mvh* 被用来敲入 *LacZ* 和 *GFP* 报道基因中。在这项研究中，可通过 MVH-GFP 的表达检测拟胚体中产生生殖细胞与否。通过将胚胎干细胞曝光于 BMP4，则大大提高了这个过程。这些 MVH-GFP 细胞与 E12.5 ～ E13.5 的雄性性腺细胞聚合，聚合后生殖细胞发育成细长的精子。

这些研究表明，它可能会产生一个有效的从多能胚胎干细胞产生生殖细胞的体外系统。这个系统在研究体外原生殖细胞规范机制以及其他方面（包括配子的形成和基因组表观遗传重编程的各个方面）将很有用。从人类胚胎干细胞获得生殖细胞对于研究世系将非常有用。此外，从胚胎干细胞获得人类卵母细胞将大大增加这种稀缺资源，从而为人类体细胞重编程的基础研究以及从体细胞获得干细胞系为特定的突变和疾病的研究提供了机会。

31.2.1.2 从生殖细胞到干细胞

来自体内原生殖细胞的胚胎性癌（EC）细胞是第一个被鉴定的多能干细胞。在这个过程中，具有关键作用的几个基因位点已被确定。同时，从原生殖细胞获得多能细胞已经在体外实现了。这种从生殖细胞到胚胎性癌细胞的转换发生在白血病抑制因子（LIF）、基本成纤维细胞生长因子（FGF2）和装备配体（KL）存在的情况下。高度专业化的从生殖细胞到多能干细胞的精确转换机制在很大程度上是未知的，进一步研究将会揭示细胞去分化和基因重编程的机制。

31.2.2 生殖细胞的表观遗传重编程

特别令人感兴趣的是，生殖细胞的特性之一是基因组的表观遗传重编程。这个事件发生在原生殖细胞发育成为性腺的过程中（图 31.2），有广泛的表观遗传修饰的消除，包括失活的 X 染色体重激活和基因组印记消除。在配子形成特别是卵子发生后，新的亲本印记被起始，这些受精后可遗传的修饰显示了依赖于亲本来源的基因表达。

由于生殖细胞在 E7.5 建立者种群形成后开始增殖，它们迁移到发育中的性腺。在这个阶段，生殖细胞以及体细胞包含与印记基因有关的表观遗传标记。在它们的迁移过程中，雌性生殖细胞也显示一条 X 染色体的失活。在 E10.5 ～ E11.5 期间，生殖细胞进入发育中的性腺时，一个主要的表观遗传重编程事件发生，包括失活的 X 染色体的重激活和与印迹基因有关的表观遗传标记的消除。事实上，这个时期似乎有全基因组范围内的基因组 DNA 去甲基化。这个基因组重编程事件发生相对迅速，它在 E12.5 时完成。

参与消除生殖细胞系表观遗传修饰的机制可以提供一个见解：体细胞核移植到卵母细胞后，体细胞核表观遗传修饰消除并恢复全能性。如果是这样的话，类似的因素在生发泡阶段、卵母细胞成熟期间被转录和翻译，并作为母本遗传因子被存储在卵母细胞中。性腺中原生殖细胞基因组重编程的发生可能是由一个来自体细胞的信号触发，或反映于一个发育计时器，例如原生殖细胞的建立者种群建立后原生殖细胞的细胞分裂数。因为性腺在 E11.5 是双能的，若来自体细胞的信号存在的话，那么在雌雄胚胎中应该是一样的。在这种情况下，我们感兴趣的是发现信号的性质和确定怎样的外部线索能导致广泛的基因组重编程。然而，也有人支持另一种可开发的计时器的模式，因为胚胎生殖细胞显示印记的擦除，即使胚胎生殖细胞来源于印记消除还未开始的原生殖细胞。可能当生殖细胞完成关键次数的细胞周期后，消除被起始。尽管如此，因为细胞培养在一个复杂的培养基中，环境的作用不能完全忽视。无论如何，重要的是注意胚胎生殖细胞有能力从体细胞核诱导表观遗传修饰的消除（见下文）。

31.2.2.1 卵母细胞基因组重编程

卵母细胞生长的恢复伴随着进一步的表观遗传重编程事件，特别是基因组印记的起始。大多数与印记相关的表观遗传标记在卵母细胞生长过程中被引进，然而一些基因在雄性生殖细胞系中获得父本特异性印记。这些表观遗传标记最终被检测到特异的顺式作用元件的DNA甲基化。一些标记分子，例如 *Igf2r* 位点，确保母本遗传基因是活跃的，而其他基因如 *Peg3* 将会在雌性基因组中沉默。*Dnmt3l* 是一个关键基因，与DNA甲基化酶Dnmt3a共同作用，参与起始亲本印记。*Dnmt3l* 基因突变不破坏卵母细胞的发育或成熟，除非这些卵母细胞不携带适当的母本印记或表观遗传标记。受精后，产生的胚胎不能正常发育，植入后不久就死了。其他基因如 *H19* 在父本生殖细胞系中进行DNA甲基化，这个基因在父本基因组中受抑制。在其他地方这个话题得到全面讨论。

31.2.3 母本遗传和亲本基因组重编程

和其他生物一样，小鼠卵母细胞包含一系列母本遗传的蛋白质和信息（图31.2）。在哺乳动物中，母本遗传因子对于全能性和多能性是必不可少的，如Oct4、Esg1、Stella，虽然没有Nanog。Stella的母本遗传明显是正常的胚胎植入前发育的必要条件。卵母细胞也包含表观遗传修饰因子，包括Polycomb组蛋白、Ezh2、eed和异染色质因子HP1。这些因素对于调节早期发育和生成多能外胚层和胚泡的滋养外胚层细胞是必不可少的。卵母细胞也可能遗传一些关键的染色质重构因子。

在哺乳动物中，受精卵中的亲本基因组由于印记导致遗传不对称，印记赋予亲本基因组功能差异。在受精时，母本基因组明显有高的H3meK9甲基化。受精后，异染色质蛋白HP1b优先结合母本基因组。蛋白质Polycomb、Ezh2和edd也是优先结合到母本基因组。在这发生时，相对低水平H3meK9的父本基因组则呈现全基因组DNA去甲基化，从而增强了亲本基因组之间表观遗传的差别。Ezh2的suvar E2 trithorax（SET）保守区域具有甲基化组蛋白H3第27/9位赖氨酸（H3meK27/9）的甲基化酶活性。Ezh2的母本遗传本身是非常重要的，因为卵母细胞缺失Ezh2将导致新生儿发育得特别小，大概是因为它对胎盘发育的影响。这似乎是可能的，因为新生儿最终成长到正常大小，显示在发育过程中胎盘功能不足。这是否是因为影响到印记基因还有待确定。实验表明，卵母细胞内的因子可能会对表观遗传发育产生各种各样的影响。移植到卵母细胞的体细胞核在重编程过程中会受到这些因素的影响，但与全能性相关的基因和印迹基因的表达变化说明，恰当的基因组表观遗传重编程可能不是在任何情况下都能完成的（见下文）。

参与染色质重构的因素也有可能对于早期发育和基因组重编程是重要的，因为它们调控DNA的易获取性。SWI/SNF样复合体至少由两个ATP酶亚基BRG1和BRM组成。*Brg1* 对于胚胎植入前的发育是重要的，因为在这个阶段缺失这个基因将是致命的。SNF2解旋酶/ATP酶家族的一员 *ATRX* 的突变会影响高度重复序列的DNA甲基化。*Lsh* 突变同样会导致大量的基因组去甲基化。Lsh与SNF2亚科有关，大多数SNF2家族成员的蛋白质似乎具有改变染色质结构的能力。核小体依赖的ATP酶、ISWI的活性可用于体细胞核重编程中的染色质重塑；如果是这样，它可能存在于卵母细胞并将在受精卵中发挥作用。受精后（或者实际上是体细胞核移植后）最早观察到的变化是细胞核明显增加。这种形态变化可能是为了应对属于 ISWI 复合物的染色质重塑因子。这个活动可能对于起始染色体解旋、促进染色质表观遗传修饰是必要的。

31.2.4 早期发育重编程

根据不断变化的组蛋白修饰和降低的基因组 DNA 甲基化水平来判断，胚胎基因组的表观遗传重编程贯穿胚胎植入前的发育。在胚胎植入前的发育过程中，多能外胚层和分化的滋养外胚层细胞形成。在这两个组织中有不同的表观遗传重编程。例如，在滋养外胚层中有优先的父本 X 染色体失活，在这个过程中，Polycomb 系列蛋白质、Ezh2/edd 复合物扮演着重要的角色。桑葚胚后期细胞有利于 Nanog 的表达，最终形成内细胞团，并与父本 X 染色体的滋养外胚层一样在 Xi 染色体上不再显示 Ezh2/edd 的累积。在内细胞团中也能发现 Ezh2，这可能能解释外胚层细胞全部 H3meK27 染色的存在，有利于 Oct4 的表达。

这么看来，组蛋白修饰，例如 H3meK27，可能在维护多能外胚层细胞的表观遗传可塑性中发挥作用，因为缺失 Ezh2 对于早期胚胎是致命的，缺失 Ezh2 的胚泡不可能获得多能胚胎干细胞。这些实验显示了对于早期发育中作为体细胞和生殖细胞前体的多能外胚层细胞来说，适当的基因组表观遗传重编程的重要性。当我们了解到更多关于通常发生在生殖细胞、卵母细胞和早期发育的核重编程事件，这些研究可能会被用来识别基因组重编程的关键候选因子。

31.3 体细胞核重编程

31.3.1 核移植

移植到卵母细胞的体细胞核的表观遗传重编程必须消除和起始与发育兼容的合适的表观遗传修饰。这个问题在别处已经广泛讨论过了。至少有一些关键的重组事件可能是错误的，占的成功率很低，因为体细胞核进行多变的重编程从而导致各种各样的表型。异常重编程的影响是显而易见的，尤其是植入后不久以及之后的发育期间。胚胎和胚外组织似乎受到影响。一些与印记基因相关的表观遗传标记被删除，导致这些基因的异常表达。因此，似乎大量的基因无法显示出正确的时空表达模式。进一步研究正常发育期间和核移植后发育期间的基因重编程机制对于评估体细胞核的错误重编程的原因是必要的。

31.3.2 胚胎干细胞−体细胞杂合子和胚胎生殖细胞−体细胞杂合子的重编程

体细胞核重编程也在多能胚胎干细胞/胚胎生殖细胞和体细胞的杂合细胞中得到了证实，能在体细胞核内恢复多能性。这些研究表明，不仅是卵母细胞，多能 ES/EG 细胞都必须包含适当的因子来重编程体细胞核。然而，与将体细胞核移植到卵母细胞相比，ES/EG 与体细胞杂合子的体细胞核重编程不那么复杂。这是因为卵母细胞内的体细胞核必须重编程囊括早期发育到胚泡阶段的整个程序。重要的是要注意这个供体的体细胞核必须重编程产生多能外胚层细胞，以及高度分化的滋养外胚层细胞。后者被视为一个转分化事件，因为不同来源的体细胞核必须在仅仅几次断裂分化后分化出高度专业化的滋养外胚层细胞。的确，在某些方面这个转分化作为重编程事件更加引人注目。相比之下，ES/EG-体细胞杂合子的体细胞核的重编程不是那么复杂，因为恢复多能性没有必要囊括早期的发育事件。

　　总的来说，尽管胚胎生殖细胞和胚胎干细胞对体细胞核有类似的影响，但是至少有一个关键的区别。胚胎生殖细胞－胸腺细胞的杂合细胞表明体细胞核进行了大量的重编程，导致与印记基因有关的 DNA 甲基化消除和失活的 X 染色体的重激活。根据 *Oct4* 基因的激活判断体细胞核获得了多能性，杂合细胞在嵌合体内可以分化成三胚层。这项研究表明，生殖细胞除了赋予体细胞核多能性，还保留了一个只存在于生殖细胞的关键特性：消除亲本印记的能力和诱导全基因组 DNA 去甲基化的能力。胚胎干细胞－胸腺细胞杂合细胞实验也得出了类似的结果，其中包括恢复体细胞核的多能性，即能够分化成多种细胞类型的能力，正如激活 Oct4-GFP 报道基因所展示的。然而，不像胚胎生殖细胞，胚胎干细胞不会引起体细胞核印记的消除。此外，在胚胎干细胞－胚胎生殖细胞的杂合细胞中，胚胎生殖细胞能诱导来自胚胎干细胞的印记消除，这显示出胚胎生殖细胞在印记消除和 DNA 去甲基化中起主导作用。然而，从这些研究中明显可以看出，利于在 EG 细胞内印记消除的 DNA 去甲基化活性却不是恢复体细胞多能性的必要条件。可以使用这个系统来设计以细胞为基础的试验来寻找关键的重编程因子。

　　ES/EG 细胞恢复体细胞核多能性的能力是很重要的，因为它开辟了识别参与体细胞核重编程分子的可能性。这样的研究在哺乳动物卵母细胞中是困难的，部分原因是它们比两栖动物的卵母细胞小很多，很难大量收集。更重要的是，正如前面所讨论的，卵母细胞是非常复杂的，因为它包含了对于细胞多能性以及滋养外胚层细胞的早期发育和分化必不可少的因子。相比之下，多能 ES/EG 细胞相对不那么复杂，而且更重要的是，它们可以无限制地在体外生长。因此，它可以为分析提供一个相当大的材料来源。例如，可以使用 ES/EG 细胞的核提取物检测体细胞核重编程，就如在一个实验方法中描述的一样。大量的 ES/EG 细胞核提取物也可以进行生化研究来确定重编程的关键因子。

31.4　结论

　　哺乳动物早期的发育研究表明，卵母细胞、受精卵和生殖细胞的基因组重编程是动态的和广泛的。多能干细胞也显示出相当大的基因组重编程潜力。ES 和 EG 细胞之间虽然有差异，但它们都能恢复对体细胞核的多能性。在卵母细胞中有与多能性、表观遗传修饰和染色质重塑有关的母本遗传因子。卵母细胞重编程是相对复杂的，因为亲本原核在受精卵中呈现出表观遗传不对称。受精后的父本基因组迅速去甲基化，但是母本基因组不行（至少部分不行），因为不同的组蛋白修饰，例如母本基因组而不是父本基因组优先 H3meK9 甲基化、优先绑定 HP1b 和 Ezh2/eed 蛋白质。体细胞核表观遗传重编程可能会被原始的表观遗传状态影响到。

　　通过核移植研究和异核体研究，体细胞核重编程现象早已在哺乳动物中确立，但所涉及的分子机制和参与的关键因子仍是未知的。我们可以合理地假设一些参与生殖细胞系基因组重编程的因子也存在于卵母细胞，也有可能存在于多能干细胞的一些基本重编程因子也存在于卵母细胞。

　　将体细胞核转换为多能细胞核的事件可能首先需要染色质重塑活动。已知好多这些复合物存在于哺乳动物，但在目前这个阶段还不知道哪些对细胞核重编程是重要的。这可能伴随的是与多能性相应的组蛋白修饰的变化。这些变化以及组蛋白修饰尚未完全确定。

　　ES/EG 细胞显然有能力使体细胞核重编程获得多能性。结合恰当的生化和细胞分析，它们可能被用于通过细胞检验识别基因重编程所必需的关键分子。

深入阅读

[1] Collas P. Nuclear reprogramming in cell-free extracts. Philos Trans R Soc Lond B Biol Sci 2003; 358 (1436): 1389-95.

[2] Donovan PJ, de Miguel MP. Turning germ cells into stem cells. Curr Opin Genet Dev 2003; 13 (5): 463-71.

[3] Li E. Chromatin modification and epigenetic reprogramming in mammalian development. Nat Rev Genet 2002; 3 (9): 662-73.

[4] McLaren A. Primordial germ cells in the mouse. Dev Biol 2003; 262 (1): 1-15.

[5] Reik W, Walter J. Genomic imprinting: parental influence on the genome. Nat Rev Genet 2001; 2 (1): 21-32.

[6] Saitou M, Payer B, Lange UC, Erhardt S, Barton SC, Surani MA. Specification of germ cell fate in mice. Philos Trans R Soc Lond B Biol Sci 2003; 358 (1436): 1363-70.

[7] Surani MA. Reprogramming of genome function through epigenetic inheritance. Nature 2001; 414 (6859): 122-8.

[8] Surani MA. Stem cells: how to make eggs and sperm. Nature 2004; 427 (6970): 106-7.

[9] Tada T, Tada M. Toti-/pluripotential stem cells and epigenetic modifications. Cell Struct Funct 2001; 26 (3): 149-60.

第五部分

应　用

第 *32* 章

神经干细胞在神经退行性疾病方面的治疗应用

Rodolfo Gonzalez[1], Yang D. Teng[2], Kook I. Park[3], Jean Pyo Lee[4], Jitka Ourednik[5], Vaclav Ourednik[5], Jaimie Imitola[6], Franz–Josef Mueller[7], Richard L. Sidman[8], Evan Y. Snyder[9]

巩生辉，朱玲玲，李苹　译

32.1　引言

　　本章将重点阐述动物模型中神经干细胞移植在治疗神经系统疾病中的作用，包括遗传性和继发性（例如创伤和缺血）神经退行性变、遗传性代谢紊乱、年龄相关变性以及肿瘤等。这些疾病通常具有相似的病理学特征，即广泛的神经元丢失和 / 或功能紊乱。但是，传统的移植方式，例如实体组织移植或者有限的静止性细胞在某一区域的移植并不能阻止这些疾病的病理进展。同样地，大多数基因治疗的效果也并不理想，基因载体被注射入脑实质后，其作用范围非常局限。此外，包括造血干细胞在内的骨髓移植也难以奏效，因为这些细胞难以有效地通过血脑屏障。非神经组织细胞即便可以分化为神经细胞（存在争议），其对这些疾病的细胞替代治疗效果也是远远不够的。

　　然而，神经干细胞不仅能稳定地分化为神经细胞，并且可以以多种神经细胞（神经元和胶质细胞）的方式完美地整合入神经实质，参与组织的正常发育与再生，并且还可以迁移（甚至长距离）至多个神经病损部位，这使其成为治疗广泛、弥散性神经退行性疾病的理想的细胞分子工具。这类广泛性神经退行性疾病包括髓鞘病变、贮积病变、运动神经元退行性

[1]　Joint Program in Molecular Pathology, The Burnham Institute and the University of California, San Diego, La Jolla, CA, USA.

[2]　Department of Neurosurgery, Harvard Medical School/Children's Hospital, Boston/Brigham and Women's Hospital, Boston, USA, and SCI Laboratory, VA Boston Healthcare System, Boston, MA, USA.

[3]　Department of Pediatrics and Pharmacology, Yonsei University College of Medicine, Seoul, Korea.

[4]　Department of Neurology, Beth Israel Deaconess Medical Center, Boston, MA, USA.

[5]　Department of Biomedical Sciences, Iowa State University, Ames, IA, USA.

[6]　Department of Neurology, Brigham and Women's Hospital, Boston, MA, USA.

[7]　Program in Developmental and Regenerative Cell Biology, The Burnham Institute, La Jolla, CA, USA.

[8]　Harvard Medical School, Boston, MA, USA.

[9]　The Burnham Institute, La Jolla, CA, USA.

病变，痴呆类疾病像阿尔茨海默病（Alzheimer's disease）以及创伤性和缺血性病变例如脑卒中。相反，某些神经退行性疾病的病变范围比较局限，例如帕金森病局限于纹状体病变，而亨廷顿病累及尾状核，脊髓挫裂伤则出现数个脊髓节段受损，小脑退行性变则常常发生于后小脑。无论如何，即使这些神经退行性疾病需要病变细胞均匀而非大面积被替换和／或某一特定区域多种神经细胞均需要被替换，神经干细胞具有的迁移、增殖以及多向分化潜能均满足这些要求，即使是靶向移植。

32.2　神经干细胞的定义

神经干细胞是神经系统中最原始的细胞，它们分化产生整个中枢神经系统（可能也包括外周、自主、肠道神经系统）中特定的细胞排列，因此，神经干细胞在操作中需具备以下特性：

（1）在神经发育环境下的多个区域内可分化为所有的神经细胞，即神经元（多种亚型）、少突胶质细胞以及星形胶质细胞；

（2）具有自我更新能力，即产生具有相似潜能的神经干细胞；

（3）栖居于发育或退化中的中枢神经系统区域（也可能是其他神经区域）。

为确定某个细胞是否具有上述这些特性，需要克隆检测（单细胞子代特性检测）。虽然一些细胞表面抗原分子被建议用以区分神经干细胞和其他神经和非神经祖细胞，包括 nestin（神经外胚层发育相关的中间丝）、musashi 1（一种 RNA 结合蛋白）、AC133（一种细胞表面标志物）以及 Hoechst 染料排除（流式细胞术分选后的侧群细胞）。然而，这些分子的特异性和敏感性都无法取代上述提及的操作性定义。事实上，一系列免疫分子共同标记将有助于神经干细胞的鉴定，但并不足以确定。同样地，一个细胞形成细胞球的能力是任何一种具有增殖活性的细胞在无黏附底物的无血清培养液中维持生存的必备特性。因此，一个细胞本身并不能被定义为神经干细胞，却可以通过观察其是否可进行有丝分裂进行确定。多项研究致力于确定神经干细胞是否与胚胎干细胞和／或其他躯体干细胞表达某种"共同干基因"。一些研究发现了一些共表达面分子，另外一些研究则未发现，这或许是分析细胞差异所致。因此，答案依旧不明确。如果存在共同表达的基因，那么它们将是细胞自我更新所必需的，因而也会参与维持细胞周期。

胚胎、新生以及成年啮齿类动物的神经系统均可以分离得到神经干细胞，并且可有效、安全地在体外进行增殖。在进行有丝分裂时，干细胞可维持最大的多向潜能，而在外界持续性的促分裂因素的作用下，其停止有丝分裂，在快速进行定向级联分化的过程中干性逐渐降低。干细胞本身以及外部环境信息对其分化的影响程度仍存在争议，有待进一步明确。例如，在无血清培养液中加入有丝分裂原——如表皮生长因子（epidermal growth factor, EGF）或者基础成纤维细胞生长因子（basic fibroblast growth factor, bFGF）可使干细胞促进并维持其有丝分裂。另外，某些细胞周期相关的基因——介导细胞有丝分裂的基因——可以转入到干细胞当中以维持其自我更新、延缓衰老、保存多能性的能力。其中一种基因就是 *myc*，它的过表达可以使神经干细胞具有干细胞一样的特征性行为。这种基因并不妨碍神经干细胞对正常环境和生长信号的反应，并且在移植后会下调。

延长神经干细胞体外培养次数后其细胞性质是否改变，是否不再反映其在体特性仍有待进一步明确。然而，体外处于增殖状态的神经干细胞进行移植并不影响其对正常外界环境的应答能力，像维持细胞干性、与宿主细胞相互作用以及分化潜能。

早期研究认为，体外增殖的神经干细胞再次移植进入哺乳动物脑内后，可以有效整合入脑内，并可稳定表达外源基因。因此，转化神经生物学家已开始研究如何利用这一现象来发挥其治疗性优势以及理解神经发育机制。这些理论以及他们开展的研究为我们提供了一线希望，神经干细胞的应用可以避免移植原料和基因转移载体的一些局限，而且这可能使一些新的治疗方法具有可行性。

32.3　神经干细胞在治疗疾病方面的潜能

神经干细胞的临床治疗潜能源自其内在的生物学特性。神经干细胞及其子代可以发育形成宿主大脑很多区域的细胞成分，如神经元、少突胶质细胞、星形胶质细胞、甚至未成熟的神经祖细胞，这使得它们可以替代许多缺失的或功能失调的神经细胞。尽管神经修复领域趋于强调替换神经退行性疾病中缺失的神经元或者是脱髓鞘疾病中缺失的少突胶质细胞，与此同时，越来越明显的证据显示，替换病变细胞周围的细胞，即星形胶质细胞可能也同等重要，因为星形胶质细胞具有营养、支持和清洁作用。神经干细胞有时可以发挥其生物学作用，形成各种细胞来参与构成特定的神经区域。特别是分化状态的神经干细胞会自发性地产生许多神经营养因子，例如胶质细胞源性神经营养因子（GDNF）、脑源性神经营养因子（BDNF）、神经生长因子（NGF）和神经营养因子3（NT-3）以发挥营养和/或保护作用。神经干细胞自身也能表达维持细胞正常代谢所必需的细胞内酶和一些因子。

神经干细胞被修饰后可稳定表达一些既非自身产生，也未达到治疗剂量的分子。多种病毒载体以及其他的转基因方法如脂质体转染、电穿孔、磷酸钙沉淀法均可转染神经干细胞。这种被修饰过的神经干细胞在体移植后可以作为发育和治疗相关的外源性基因表达的细胞载体。一些基因产物可以在某些区域局限表达，如果有必要，也可以在宿主大脑的广泛区域表达。这是因为神经干细胞具有很强的迁移能力，并且也可以广泛整合到整个大脑，因此，神经干细胞可能帮助全面修复酶和细胞缺陷（图32.1）。

神经干细胞具有适应植入区域的特性，这可能就不再需要从特定的中枢神经系统提取干细胞。此外，神经干细胞趋向于正在退化的中枢神经系统区域（图32.2）。神经干细胞可被任何年龄段的神经系统退行区域及长距离趋化。在某些情况下，某些特定类型的神经细胞退变可诱发另一种环境，而后者直接导致神经干细胞朝着维持稳态的方向分化，包括补充某种缺失的神经细胞。尽管这些机制有待明确，而神经退行性变的过程（与细胞凋亡有关）说明神经干细胞可以对影响发育的神经信号做出反应。

神经干细胞介导的细胞替代似乎仅在细胞自主性疾病中才具有可行性，也就是说，这些疾病的病因是某种生命周期结束的细胞，而其外在环境是正常的。相反，在细胞非自主状态下，正常细胞死亡是由于微环境恶化，在这种情况下，替代细胞会有相似的结局，因此，神经干细胞疗法似乎是无效的。然而，令人惊讶的是，在细胞外病理状态下，神经干细胞仍然是有用的。神经干细胞，尤其是未成熟的未分化神经干细胞，比成熟的细胞对某些刺激更为抵抗，如各种毒性代谢产物、氧化剂。此外，如果神经干细胞的这些抗性不足，可以在体外通过基因设计使之更具抵抗力。

神经干细胞尽管可塑性很大，也不能产生与大脑不相适应的细胞类型（如肌肉、骨骼、牙齿）或者肿瘤。作为移植材料，神经干细胞在中枢神经系统中的应用，或许可以跟造血干细胞介导的骨髓重建相媲美。

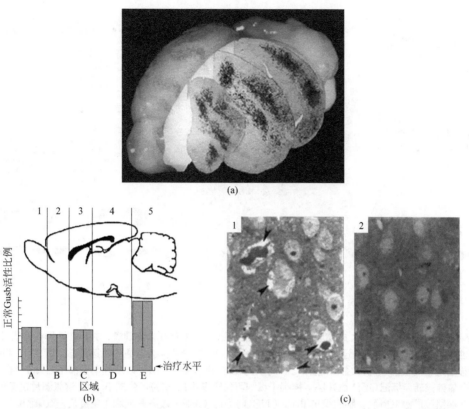

图32.1　MPS VII小鼠脑内广泛存在大量表达GUSB的移植NSC。（a）成熟的MPS VII小鼠接受了新生鼠脑室内表达GUSB的神经干细胞移植。通过X射线组织化学反应筛选出表达LacZ标记基因的供体神经干细胞，将其移植入突变鼠的脑内。脑冠状切面（通过计算机将切片放置在合适的位置）显示这些神经干细胞沿着rostral-caudal途径进入脑内。（b）MPS VII小鼠神经干细胞移植后脑内GUSB酶活性的分布。通过制作脑组织切片以及GUSB酶活性检测，我们发现酶活性集中在特定的脑区，为了便于各种动物间的比较，我们由前－后平面的解剖标记对此区域进行区分。每个区域（n=17）内酶活性以此区域内平均正常水平的百分比表示。未处理的MPS VII小鼠脑内生化或是组化实验均未发现酶活性的变化。基于肝脏和脾脏的数据，我们对2%的正常酶活性做了修正。（c）8月龄MPS VII小鼠脑内溶酶体储存下降。（1）在未经移植的8月龄MPS VII小鼠皮层神经元和胶质细胞中发现许多膨胀的溶酶体（箭头所示）；（2）panel 1显示与未经处理的对照鼠相比，出生时经过处理的MPS VII小鼠类似脑区皮层中溶酶体数量减少，而脑内其他区域和未处理的年龄相近的表达GUSB的突变鼠脑区相比，表现出相似的溶酶体储存下降。标尺为21μm。摘录自Snyder EY, et al. 1995. Nature 374: 367-70.

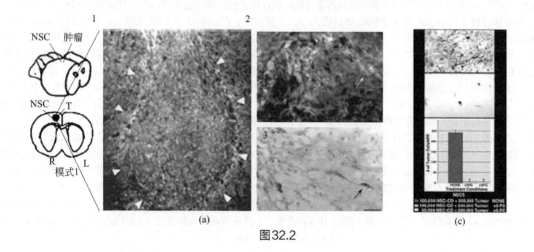

图32.2

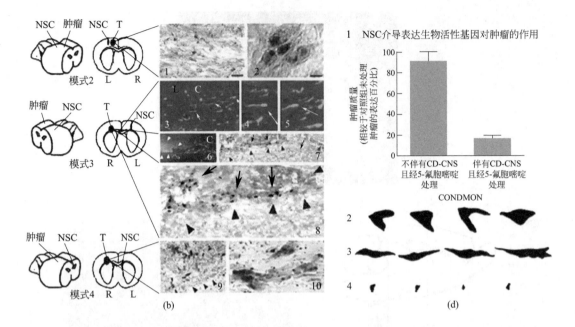

图32.2 颅内胶质瘤数据显示：成体脑内神经干细胞表现出广泛的趋化病理现象，并且在这种病理状态下能表达生物活性基因。（a）NSC普遍迁移进入整个脑肿瘤组织内，并沿着肿瘤细胞的轨迹迁移。模式1，将神经干细胞直接移植进已成模的颅内神经胶质瘤中。（1）用于建立肿瘤模型的恶性以及逐渐侵袭的CNS-1胶质瘤细胞系已经在体外被转染标记GFP cDNA。神经干细胞可稳定表达LacZ并可生成βgal。这张图片是将NSC注射进入成年裸鼠胶质瘤10d后，脑组织抗βgal（NSC）和抗GFP（胶质瘤细胞）免疫荧光双染图像。箭头所示的位置为肿瘤组织与正常组织的交界面。在肿瘤组织内可见广泛分布的供体来源的βgal$^+$ NSC，散布在肿瘤细胞内。在NSC注射后的48h内可出现这种程度的散布分布。有意思的是，尽管NSC广泛迁移散布在肿瘤组织内，但大部分停留在肿瘤组织与正常组织的接触面，除了肿瘤细胞已经侵袭进入正常组织内。然后，NSC似乎沿着肿瘤细胞的侵袭途径进入临近的组织。（1）和（2）单个胶质瘤细胞从瘤体迁移的详细途径（2）。在荧光显微镜下高分辨成像，单个迁移侵袭的GFP$^+$肿瘤细胞与βgal$^+$ NSC具有相似的迁移途径（白色箭头）。（3）Xgal（箭头所指表达lacZ的神经干细胞）和中性红（延长的胶质瘤细胞）共染。NSC与单个迁移侵袭、中性红染色阳性呈梭形的肿瘤细胞（箭头）直接并行。标尺＝60μm。（b）将NSC移植在向胶质瘤迁移的正常组织的脑内各个部位。（1）和（2）相同的脑半球：成年裸鼠经尾部NSC移植6d后成瘤。panel 1显示在图32.1（a）低分辨图像中存在一个肿瘤。应注意到X射线显示阳性的NSC散布在中性红染色阳性的肿瘤细胞中。（2）高分辨（能量）成像显示NSC位于肿瘤细胞簇附近。（3）～（8）对侧大脑半球。（2）～（5）胼胝体切面观（c）显示移植入大脑半球一侧的NSC（箭头）可迁移至脑肿瘤侧大脑半球。panel 3中箭头所指的2个NSC放大后至panel 4和panel 5，以显示神经干细胞经典的拉伸形态变化以及迁移神经前体细胞朝向目标迁移的前导过程。（6）从对侧大脑半球迁移来的βgal$^+$神经干细胞归巢进入GFP$^+$肿瘤内。在panel 7中以及进一步放大的panel 8中，从对侧大脑半球迁移来的Xgal$^+$（箭头）的神经干细胞进入了中性红染色阳性的肿瘤内。（9）和（10）脑室内：将神经干细胞注射进肿瘤对侧的脑室内6d后，脑肿瘤切片检测。（9）Xgal$^+$的神经干细胞分布在中性红染色阳性的肿瘤床。（10）高分辨（能量）成像显示神经干细胞位于转移的胶质瘤细胞簇附近。成纤维对照细胞从未从注射部位迁移至其他脑区。标尺＝20μm（1；也适用于3）、8μm（2）、14μm（4和5）、30μm（6和7）、15μm（8）、20μm（9）和15μm（10）。（c）生物活性转基因（胞嘧啶脱氨酶）在神经干细胞中表达时仍然具有功能（通过体外融瘤实验评价）。CNS-1胶质瘤细胞和鼠源CD-NSC共培养。（1）未经5-FC处理的共培养的细胞生长健康并出现融合，（2）然而直方图统计显示，经5-FC处理的共培养细胞出现明显的肿瘤细胞死亡（*P<0.001）。无论1×10^5 CD-NSC或是半数CD-NSC和一定量的肿瘤细胞共培养都出现一样的融瘤反应。（d）以肿瘤体积减小评价NSC释放的CD表达量。伴有CD-CNS的颅内胶质瘤经5-FC处理与不伴有CD-CNS但经过5-FC处理的肿瘤细胞的比较。这些数据经过标准化处理以百分比形式呈现在panel 1。这些测量来自检测肿瘤的表面积。（3）当肿瘤组织中无含CD的NSC时，5-FC对肿瘤质量的影响等同于panel 4，即CD-CNS在肿瘤中的作用与基因无关。修正于Aboody KS, et al. 2000. Proc Natl Acad Sci USA 97: 12846-51.

因此，利用神经干细胞的生物学作用，可以为阐明中枢神经系统功能紊乱提供多种方法。这些方法部分已被用于神经退行性疾病动物模型实验中。本章接下来将对其中的一些例子做简要概括。

32.4　神经干细胞基因疗法

如前所述，神经干细胞治疗能克服病毒和细胞载体的局限，它能以即时、直接、持续性的方式，或者调控正常中枢神经系统细胞结构的方式递送治疗性基因产物。

这一方法率先在单基因突变小鼠的体内得以验证，包括中枢神经系统，这一突变可导致其死亡。这种突变鼠模拟了溶酶体储存性疾病黏多糖贮积症Ⅶ型（MPS Ⅶ），它是由 β- 葡萄糖苷酸酶（GUSB）基因敲除所致。这种无法治愈的遗传性疾病，小鼠表现为神经退行性变，而在人表现为进行性精神衰退。尽管这种疾病很罕见，但它可以作为一种遗传性功能缺陷神经生物学模型。在新生的 MPS Ⅶ型小鼠的脑室转入携带 GUSB 基因的神经干细胞，细胞进入脑室下区（SVZ），从这里遍及到整个大脑（产生"嵌合体前脑"）。这些产酶的细胞，作为一种正常脑细胞的成分，不仅使溶酶体储存代谢恢复正常，而且对受体鼠大脑突变细胞进行修正（图 32.1）。利用相似的方法，将逆转录病毒转染的神经干细胞植入胎儿或新生鼠体内，已经成功地调节了广泛脑区的其他酶的表达，比如说，β- 氨基己糖苷酶，它的缺陷会导致 GM_2 神经节苷脂的病理性堆积。

这些结果有利于建立一种模式，利用神经干细胞来携带治疗性和发育性相关因子，转入并遍布中枢神经系统。虽然神经干细胞可以表达一定量的特定酶和神经保护因子，但可以通过基因修饰使之更多地表达这些产物或者表达一些具有治疗潜能的其他分子。例如，可以用神经干细胞在脊髓半切小鼠体内表达 NT-3，在神经中枢隔膜和基底表达 NGF 和 BDNF，为帕金森病的纹状体提供酪氨酸羟化酶，在整个脱髓磷脂脑区表达 MBP。在一个相关实验中，过表达 NGF 的神经干细胞转入被喹啉酸损害的小鼠纹状体，这是一种用以模仿亨廷顿病的神经缺失的毒性物质。由移植的神经干细胞表达的 NGF 可以减少受损范围并保护宿主其余的纹状体神经元。当植入年长鼠后，过表达 NGF 的神经干细胞通过阻止前脑年龄相关性萎缩来延缓经典的认知功能的衰退。植入的神经干细胞如果很好地整合到宿主组织中，那么在移植后 9h 内可以持续产生 NGF。

神经干细胞与病变位置紧密相关，它可以进行远距离迁移后定栖，这使得神经干细胞作为一种基因表达载体具有独特性和重要性。例如，一种由基因治疗方法也难以奏效的疾病就是肿瘤，尤其是神经胶质瘤。神经胶质瘤具有很强的迁移和渗透特性，这使得它们可以规避最有效的手术、放疗或基因疗法。然而，表达转移基因的神经干细胞可以对弥散性或广泛性的肿瘤细胞进行跟踪并表达治疗性的基因产物，这使得它们有可能成为这类侵袭性肿瘤的附加治疗方法。

这种治疗方法在探索用以转基因治疗的神经干细胞的正常生物学行为，尽管它被拓展应用到很多神经疾病的动物模型，但重要的是要认识到，每种病理生理过程，每种动物模型，每种治疗分子都必须进行个体评估并实现个体最优化。

32.5　神经干细胞替代疗法

据推测，在大脑发育完成后，神经干细胞也会长期存在以维持脑稳态。从中枢神经系统

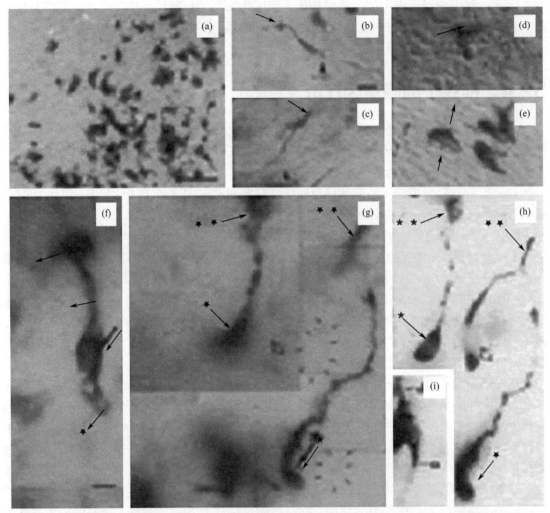

图32.3 成体新皮质在遭受靶向凋亡神经元退行性变后,具有多能性的神经干细胞可分化成神经细胞。它们仅分化成胶质细胞或者仍然以完整的未分化形态存在于对照皮层。(a)低倍镜显示:Xgal⁺胶质细胞移植6～12周;(b)～(e)高倍镜。(b)和(c)供体来源的细胞具有星形胶质细胞的特征:体积小,胞体呈卵圆形(箭头)并且具有少许短的突起,可延展至血管周围末端(箭头)。(d)推测供体来源的胶质细胞小胞体(箭头)与较大的(～30μm)未标记的锥体神经元的对比(箭头)。(e)供体来源的细胞具有少突胶质细胞的特征(箭头):多个突起的鞘神经形成过程(短箭头)。(f)～(i)在具有神经退行性变的脑区,共有15%±7%的移植细胞,这些细胞在形态上类似于第Ⅱ/Ⅲ锥体神经元。(f)和(g)供体细胞和神经细胞形态(大箭头):大胞体(直径20～30μm)类似于脑内锥体神经元(panel G中的小箭头,标记了两个本体神经元,可见不同的差动干扰对比,每一个具有特征性的大细胞核和锥体神经元明显的核仁),推测具有300～600μm尖端树突位于本体(宿主/受体)和供体(大箭头)神经元,具有相似的形态、大小以及轴突。(f)推测的树突上端另一面的黑色部分是另一个Xgal⁺细胞伸出焦距投影的部分。(h)电子共聚焦显微镜成像(panel G),多个焦点投影塌陷。这些细胞具有锥体神经元的大细胞核。除了细胞胞体外的终末树突,其他都超出了焦距投影(panel G)。细胞和神经元表明在同一个视野中存在交叉(panel G和panel H)。(i)两种来源的供体细胞在不同的聚焦投影下表现出具有大细胞核、明显的核仁以及覆盖在细胞上面的轴突和一个明显突出细胞的树突。这是这个厚度的切片在电子共聚焦显微镜下多个聚焦投影的叠加成像。之前提到的细胞的鉴定可以通过在电子显微镜下通过免疫组化和超微结构分析鉴定。此外,还需要测定供体神经元需要接受来自受体的突出刺激信号,并且髓鞘是由受体少突胶质细胞完成的。它们掺入受体细胞的超微结构需要进一步的验证。标尺=25μm。摘自Snyder EY, et al. 1997. Proc Natl Acad Sci USA 94: 11663-8。

分离的神经干细胞在体外进行培养后再植入受损的中枢神经系统时，神经干细胞的这一机制仍可能维持。的确，神经干细胞移植后，它们似乎能通过分化来补充缺失的细胞。

对成年的哺乳动物新皮质中的锥体神经元进行靶向选择性凋亡，这一实验模型研究的开展首次揭示了上述现象。当局限性地植入神经元缺失的区域时，15%的神经干细胞会改变它们的分化方式却不形成完全成熟的非神经性哺乳动物新皮层（如神经胶质）。相反，它们会专门分化为锥体神经元，部分替代缺失的神经元群（见图32.3）。与此同时，其亚细胞群会伸出轴突到对侧的大脑皮层的适当位置。在选择性神经元死亡的小面积区域边缘外，神经干细胞只产生神经胶质。因此，神经退行性变似乎可以造就一种含有最初发育信号的环境，而且，神经干细胞对于感知和回应这类小分子变化具有很高的敏感性，这将有可能在治疗上发挥优势。

细胞凋亡与神经退行性变和正常发育过程紧密相关。这种分化行为的改变是否仅仅出现于跟凋亡相关的信号回应中或者其他类型的细胞死亡反应中，这还有待于进一步确定。大多数的神经性疾病具有复杂的病理过程，这就使关键性刺激因素的分析更为复杂。如我们观察发现，在缺血性损伤后，神经干细胞会重新进入发育过的梗死皮层区。甚至是缺氧缺血脑损伤——这一典型的坏死性和兴奋性毒性损伤，都存在凋亡的过程。凋亡信号的阐明就变得更为复杂，急性爆发比慢性爆发更具指导性。

在各种神经损伤过程之后，直接决定神经干细胞命运的关键性分子是什么，这还正处于研究当中。有意思的是，我们开始了解细胞因子在炎性反应中的释放，它们来自巨噬细胞和小胶质细胞及受损的脑实质，并且在诱导神经干细胞上发挥重要作用。与之相符，我们开始认识到很多神经退化过程，包括肌萎缩后硬化症、阿尔茨海默病、肿瘤和中风，它们都具有明显的炎性特征。虽然每种疾病的病因不同，所涉及的神经区域有差异，但是，从神经干细胞的角度来说，它们都具有炎症的特点。

32.6　神经干细胞全面性细胞替代疗法

前面部分所描述的靶向凋亡模型对局限性神经细胞缺失进行了例证。很多神经性疾病的病变范围是广泛的，甚至是全面性的，可以波及整个大脑。这些疾病包括儿童时期的神经退行性疾病（如代谢障碍、贮积障碍、脑白质营养不良和神经元脂褐素沉积）和缺血缺氧性脑病以及成年中枢神经系统疾病。治疗这些疾病需要广泛的替代基因或细胞以及神经环路网络的再生或保护。具有内在迁移特性的神经干细胞可以整合到病变区域，它们可以在此进行发育分化，而且神经干细胞可以经长距离迁移并栖居到病变部位，这使得甚至只有这类细胞能够胜任这一任务。

需要广泛的神经细胞替代的神经病变的治疗方面，神经干细胞可能发挥作用，为验证这一假说，具有大面积白质病变的大鼠突变体便成了第一种模型。脱髓磷脂的老鼠的少突胶质细胞（产生髓磷脂）是功能失调的，因为它们缺乏MBP，这是产生有效髓磷脂的必备分子。因此，治疗这一疾病需要用表达MBP的少突胶质细胞进行大面积替代。最初移植的神经干细胞会使移植物遍及大脑并产生大量的MBP。在分化成少突胶质细胞的供体细胞中，一部分是有髓鞘的，宿主神经元中40%是经过加工修饰的。在一些受体动物中震颤症状减少（见图32.4）。如果在一些病理状况下利用具有干细胞特性的细胞，那么全面性的细胞替代疗法就是可行的。这种方法已经应用到了髓磷脂受损的其他动物模型中，比如说多硬化症的实验性脑脊髓炎大鼠模型以及P-M、K、C脑白质营养不良突变体模型。已有证明显示，人类的

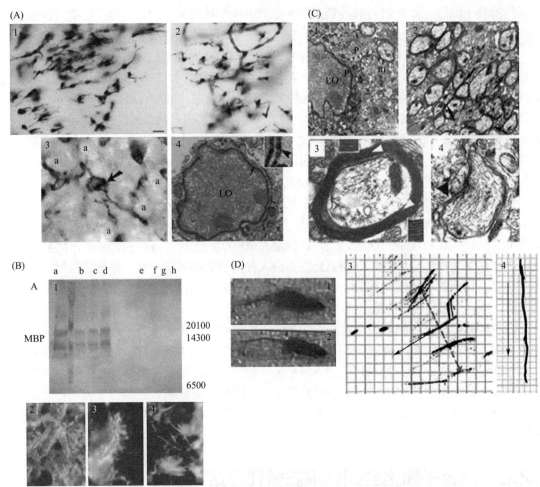

图32.4 应用神经干细胞的移植进行"全"细胞的替换是可行的：来自 shi 小鼠脑内脱髓鞘的神经干细胞移植的证据。（A）NSC可被广泛移植进入脱髓鞘的 shi 小鼠脑内，包括白质传导束，分化成少突胶质细胞。将表达 LacZ 并能产生 βgal 的NSC移植到 shi 突变的新生鼠体内，在移植后2～8周内进行系统分析。成体 shi 小鼠脑冠状切片显示，在整个轴突内广泛散布 Xgal+ 来源的供体细胞，这与在图32.1（a）中MPS VII突变鼠中观察到的现象一致。（1和2）经肼胱体切面显示，供体来源的 Xgal+ 具有少突胶质细胞的特征。供体来源的少突胶质细胞特写显示其伸出多个突起并开始包裹临近的轴突束（a）肼胱体切片末端的图像。在panel A1～3和panel B2～4中的那些细胞通过电子显微镜证明是少突胶质细胞（panel A4，panel C），表明它们具有明确的超微结构。供体来源的 Xgal+ 少突胶质细胞（LO）可通过电子密度 Xgal 沉淀被区别开来，这些致密沉淀位于核膜（箭头）、内质网（ER）（箭头）以及其他细胞器。内质网被放大是为表明作为单个粒子其具有独特的晶状属性。（B）成熟移植和对照脑内MBP的表达。（1）全脑裂解液MBP免疫印迹分析。3例 shi 突变移植鼠脑内MBP表达水平与同年龄的对照小鼠相比接近，但是明显高于未移植的同龄 shi 突变鼠。（2～4）MBP免疫组化分析。成熟未感染的小鼠脑组织对MBP具有免疫反应，（3和4）同龄 shi 移植小鼠表现出类似的免疫反应，因为未经移植的 shi 脑组织缺乏MBP，MBP的免疫反应性是正常来源的少突胶质细胞移植模式的一个经典检测标记分子。（C）NSC替换少突胶质细胞可以形成 shi 髓鞘。在表达MBP的NSC移植区域，shi 神经细胞突起可以包裹粗的、紧密的髓鞘。（1）移植后2周，供体来源的、被标记的少突胶质细胞（LO）可以通过位于核膜、细胞器以及突起处致密的 Xgal 沉淀（p）识别，它可伸出突起（箭头）至受体的树突，并且开始包裹它们形成髓鞘（m）。（2）shi 脑区移植4周后，髓鞘开始变得健康结实并且更紧密。（3）移植6周后，这些髓鞘更加结实；约有40%的受体轴突被髓鞘包裹，这些髓鞘与 shi 突变髓鞘相比更加结实、更加紧密；（D）shi 移植和对照小鼠脑功能和行为评价。shi 突变的特征是出生后2～3周出现震颤以及寒战样步态。动物运动功能紊乱程度可用以下2周实验评价：评价实验组和对照组动物标准的、摄像记录的爬笼行为时间双盲评分检测；测量悬尾实验——首尾置换（客观的，震颤计量指数）。未移植（1）和成功 shi 移植小鼠（2）摄像不动检测。（1）未移植的小鼠观察到的身体的震颤以及共济失调可使边框模糊，这和

（1）已经成功对焦的无症状移植 *shi* 小鼠形成明显的对比。在移植的突变鼠内，60%的小鼠表现出近乎接近正常的行为（2），获得的评分也类似于正常对照组。（3和4）整个身体的震颤可由悬尾实验的震动程度体现，垂直测量动物的运动方向。将小鼠尾巴用黑墨水浸润，然后让其自由地沿着直线运动。（3）大幅度的震颤可使鼠尾墨色标记沿着中线两侧摆动。（4）没有震颤的小鼠鼠尾可绘一条长直不受打扰的墨线。panel 3显示未成功移植的突变鼠并不能改善震颤，然而panel 4表明悬尾实验缺乏成功说明移植引起无症状突变。总之，64%的 *shi* 移植小鼠表现出至少可降低50%的震颤或者寒战样步态。修改自Yandava BD, et al. 1999. Proc Natl Acad Sci USA 96: 7029-34.

神经祖－干细胞在震颤性小鼠的大脑中具有同样的髓鞘再生能力。从狭义上讲，神经干细胞的髓鞘再形成能力是十分重要的，因为髓鞘受损在很多遗传性和获得性神经退行性病变过程中都发挥着重要的作用。然而广义上讲，神经干细胞可以替代整个大脑中某种类型的神经细胞，这就预示着在其他多种复杂的神经退行性疾病的治疗中，可以用神经干细胞来大面积替代其他类型的神经细胞。

32.7 在修复功能失调的神经元中神经干细胞所发挥的内在作用

前面引用的例子表明，异常的环境可以直接影响植入的神经干细胞的行为。但是，它们也表明神经干细胞单独作用是有缺陷的，情况是更为复杂和丰富的。我们开始了解到，在神经干细胞和受损的宿主一系列动态的相互作用中，它们可以相互指引彼此。在外源性神经干细胞的指引下，受损的宿主神经系统也在修复自身。这里先介绍一些重要的神经干细胞现象，例证如下。

黑质纹状体系统受损的年长啮齿类动物的一系列实验表明，神经干细胞在修复濒危的宿主神经元方面具有直接作用（见图32.5）。帕金森病是一种神经退行性疾病，它的特点是中脑多巴胺能神经元的缺失，伴纹状体多巴胺减少。这一疾病除了给成千上万的患者造成不适之外，常常作为一种模型来检测神经细胞替代疗法。这种神经疾病的移植疗法有很长的历史。神经性疾病首先在临床上进行神经移植，它是用源自人胎儿腹侧中脑的原始组织来替代表达多巴胺的细胞。实际上，在这种疾病中，人们首先认识到胎儿组织移植的局限性不仅存在于帕金森病的啮齿类和灵长类模型中，而且存在于临床试验中。这些局限性，一方面包括移植物存活时间短和整合有限，另一方面包括在不恰当的区域多巴胺产量可能无法调节，这对于运动障碍是有害的。鉴于帕金森病在细胞疗法进展方面的作用，通过一些未知而内在的机制，神经干细胞可以发挥保护退行性变的宿主细胞的作用，我们应当建立一种恰当的疾病模型来揭示这种无疑是大的治疗性作用。

当植入多巴胺缺失的 CNS 区域后，神经干细胞可以同时分化为多巴胺能神经元，未经处理的鼠类神经干细胞植入到系统暴露于高剂量 MPTP 的成年鼠的单侧黑质，MPTP 是一种神经毒剂，它可以持续损害中脑多巴胺能神经元和纹状体神经元。神经干细胞不仅可以从它们植入的位置迁移以及广泛整合，而且与整个多巴胺系统的动态性功能重建密切相关。在多巴胺缺失的区域，供体的神经干细胞亚群可以同时转化为多胺能神经元，在重新构建的中脑中，大多数（80%～90%）的多巴胺能神经元事实上是被一些因子营救过的宿主细胞，这些因子是神经干细胞生成并释放的，但它们并没有形成神经元。这些伴随细胞组成性地产生大量的神经支持剂。尤其是像 GDNF，它是腹侧神经元的保护性因子。将人类的神经干细胞植入 MPTP 损害的近似人类的帕金森病灵长模型，可以观察到相似的结果。

当检测缺血缺氧啮齿类模型的时候，存在明显的争议，这是成人和儿童神经性疾病的一

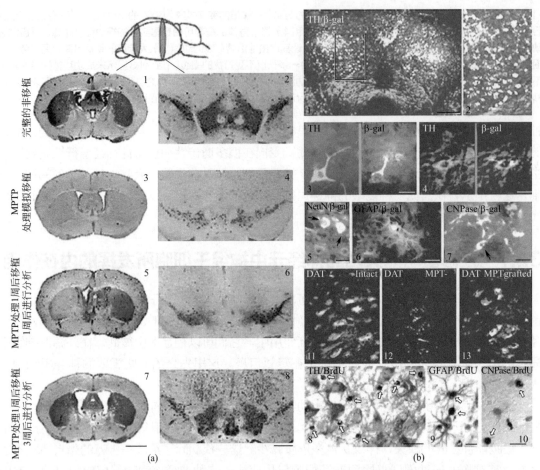

图32.5　神经干细胞具有挽救功能紊乱神经元的内在机制：神经干细胞对中脑多巴胺能神经元功能恢复的作用。
（a）MPTP损伤后衰老小鼠中脑和纹状体内以及一侧黑质－中脑腹侧被盖区（SN-VTA）神经干细胞移植后TH的表达。这是通过多次大剂量的MPTP处理模拟SN区衰老多巴胺能神经元慢性功能紊乱的模型。图示为小鼠大脑的头尾轴不同水平的冠状切面；左侧为纹状体，右列为SN-VTA区。TH免疫实验（黑色细胞）显示，生成DA的TH⁺神经元的正常分布的SN-VTA冠状切面（2）和纹状体投射途径（1）。MPTP处理一周后可引起双侧中纹状体核（3）以及纹状体（4）中TH神经元广泛、永久的丢失。而MPTP处理1周后进行NSC移植，3周后进行分析（7、8）。单侧黑质（右侧）立体定位注射NSC1周后，可观察到同侧DA神经元（5）以及同侧纹状体投射纤维中（6）TH合成明显恢复。而移植3周后，TH表达的不对称分布消失，中脑（7）以及双侧大脑半球纹状体（8）都出现了TH⁺细胞，接近完整的对照组TH免疫反应（1、2）。NSC注射后经MPTP处理4周也可观察到类似的现象（数据未展示）。标尺：2mm（左侧），1mm（右侧）。（b）MPTP处理组以及NSC移植组脑组织TH、DAT以及BrdU⁺细胞免疫组化分析。最初的假设是NSC可替换取代功能紊乱的TH神经元。然而，βgal和TH ICC双染结果显示（1、3），SN中90%的TH⁺细胞可被挽救，仅有10%的细胞是移植细胞。大多数NSC移植分化来源的TH⁺细胞仅位于SN上方（1、2）。这些图片是老年鼠经MPTP处理1周后移植NSC，3周后处死取材的免疫染色结果。主要的检测分子如下：（1～4）TH和βgal，（5）NeuN和βgal，（6）GFAP和βgal，（7）CNPase和βgal，（8）TH和BrdU，（9）GFAP和BrdU，以及（10）CNPase和BrdU。抗DAT染色区域显示在（11）完整的、（12）模拟移植和（13）NSC移植的脑SN中。Alexa Fluor中88和Texas red的荧光滤光片和两种荧光色素的双滤光片用于显示抗体结合。（3、4和8～10）单滤光片曝光，（1、2和5～7）双滤光片曝光。（1）双侧大脑半球SN-VTA低倍镜视野观察。黑质中大多数TH⁺细胞（90%）是受体本身来源的细胞，仅有小部分（10%）是来源于NSC（4）。尽管一部分NSC分化成了TH阳性神经元，但是这些细胞大多数异位分布在背侧SN，在这里供体/受体细胞比例倒置，90%供体来源细胞与10%受体本身细胞。应注意到这些细胞缺乏βgal特异性信号，然而大多数TH⁺细胞双染确定是NSC来源的细胞。也可观察到NSC来源的非TH神经元（5，NeuN⁺，箭头所示）、星形胶质细胞（6，GFAP⁺）以及少突胶质细胞

（7，CNPase[+]，箭头所示），这些细胞都位于中脑至背侧的脑核团中。（10）DAT特异性信号表明，NSC移植后中脑核团是具有功能的多巴胺能神经元，与完整核（8）的DA神经元相似，（9）而经MPTP处理的假手术组的DA神经元完全不同。这进一步说明MPTP处理可损伤纹状体TH[+]多巴胺能神经元。应注意到（9）假手术组小鼠功能紊乱的神经纤维中仅含有少数点状DAT染色，而在正常对照组（8）以及NSC移植组（10）小鼠可见大量分布在突起以及整个胞体中的DAT信号。MPTP损伤、NSC移植或者损伤后移植新生成的细胞仅限于胶质细胞（11、12），但是（11）TH[+]神经元也呈现出BrdU[+]染色。这一发现说明受体TH[+]细胞的重新生成并不是神经发生的结果，而是现存的受体TH[+]阳性细胞功能恢复。标尺＝90μm（1），20μm（3～5），30μm（6），10μm（7），20μm（8～10），25μm（11），10μm（12），20μm（13）修改自Ourednik J, et al. 2002. Nat Biotechnol 20: 1103-10.

个普遍原因。缺血缺氧导致大面积的脑实质和细胞及其相互联系的缺失。当神经干细胞植入到这些广泛退化的区域时，继而在外源性移植物和受损的宿主大脑之间产生相互作用，大量的再生脑实质和结构上的联系，同时减少实质的缺损，细胞的进一步缺失，减少炎症和疤痕的形成。在脊髓半切的成年啮齿类动物中也观察到了相似的结果，宿主神经元上调的再生反应是很明显的，这会导致明显的功能改善。

事实上，植入的神经干细胞对退行性变的宿主神经系统可以发挥保护性和再生性作用，因为它们可以生成一些营养因子，这在很多疾病下都可以观察到。例如，将鼠和人的神经干细胞植入到ALS的SOD1基因改造的大鼠的脊髓（这种疾病的运动神经元具有致命性的退化），可以保护腹侧角细胞免受死亡，维持运动和呼吸功能，延缓疾病进程以及延长生命。同样，神经干细胞可以保护其他的神经细胞，促进创伤性脊髓损伤后运动轴突的生长，保护大脑梗死区域，介导皮层组织重建区域的血管形成，阻止创伤性或缺血性损伤后的炎症反应和瘢痕形成。

同时，这些研究表明，外源性神经干细胞不仅能够弥补内源性神经干细胞的不足来补充缺失的神经细胞，而且可以再激活或增强内源性的再生和保护能力。这也表明，神经干细胞可能通过之前未预见的机制来发挥治疗效果，这是直接的细胞替代和基因治疗方法的传统作用应当加以补充的。

32.8　神经干细胞将多种治疗方法联系在一起

实验证明，单个个体可以消除某种类型的细胞，损害中枢神经系统的某个区域，剔除某个基因或者选择某种存在一定突变的鼠系。然而人们对多数人类神经退行性疾病并不清楚，它们是相当复杂的。复杂的疾病，例如影响神经系统的疾病需要复杂的和多种方法来解决治疗，这些方法包括药理学的、基因和分子学的、细胞替代法、组织工程法、抗原性的、抗炎症性的、抗凋亡的、再生保护和促生长的疗法。作为一种基本的发育机制，神经干细胞可以将这些治疗方法结合起来。在这些治疗方法中，神经干细胞疗法在实际患者治疗中可能是良好的、有效的、安全的和协调性的，它们需要大量的认真研究。

比如说随着我们对疾病进程认识的不断深入，我们开始发现在某种疾病当中不止一种类型的神经细胞需要被替代。例如像ALS这样的疾病，它具有进行性运动神经元衰退的特点，我们发现少突胶质细胞的替代跟运动神经元的替代同样重要。相反，在多硬化症，它是一种少突胶质细胞退化的白质病变，替代神经元和它们的轴突联系对于其功能的恢复至关重要。这些相同的方法可应用到很多疾病的治疗当中，因为多种细胞类型的替代在神经重建和受损环境再造中发挥关键作用。因为神经干细胞可以在宿主大脑的许多区域形成多种整合性细胞结构成分，它们可以在病变部位代替一系列缺失的或功能紊乱的神经细胞类型。功能的恢复可能需要既定区域环境的重建，这对于培养、清洁、诱导和形成神经元是非常重要的。如前所述，神经干细胞，尤其是处于某种分化阶段的神经干细胞可以根据内在需要表达某种基因，或者在体外经过设计来进行表达。

为了使这些不同的治疗方法结合起来，使它们能够协调一致而避免背道而驰，仍然存在一些挑战。

32.9 总结

神经干细胞可以迁移并整合到整个大脑，也可以产生外源性基因产物，这对于开发神经退行性疾病的新疗法具有重要意义。儿童致命的遗传性神经退行性疾病，例如神经节苷脂沉积症、脑白质营养不良、神经元脂褐素沉积和其他贮积性疾病会导致整个中枢神经系统的损害。成人性疾病（如阿尔茨海默病）的病因复杂。即使是获得性疾病，如脊髓损伤、头部创伤和脑卒中，它们所涉及的致病因素也比想象的要多。这些疾病可能都能被神经干细胞具有的多种疗法治疗。首先，神经干细胞可以替代一系列的细胞类型，它们不仅可以替代神经元来重建神经联系，而且可以替代少突胶质细胞形成髓磷脂，替代星形胶质细胞以发挥其营养、诱导、保护、清洁的作用。其次，神经干细胞可以表达某些外源性基因以恢复代谢，补充缺失的因子，支持受损宿主神经元的存活，平衡有害环境，消除阻碍生长的环境，促进神经突触再生以及形成稳定而有功能的神经联系。如前所述，当神经干细胞处于某种分化状态时，可以产生一些内源性分子。其他分子的产生可能需要在体外进行基因工程设计。当把神经干细胞应用于退行性病变的早期阶段或者应用于损伤后的亚急性期，它们可以发挥最大的治疗效果。

更好地应用神经干细胞的主要要求就是更好地认识某种疾病的病理生理过程，也就是说，要知道哪些方面需要修复，哪个或哪些类型的细胞需要被替代或修复。

另一项挑战是如何明确干细胞在慢性疾病下的生物学特性，也即在慢性疾病下如何造就急性环境以便神经干细胞也能发挥治疗性作用。

方法上的障碍可能是设计如何、何时、在什么位置、以怎样的频率将神经干细胞植入到成人广泛的病变部位，而这些部位是生发区难以到达的。例如，脊髓病变不仅仅局限于中央管。因此，我们需要更好地认识在体外和体内培养和控制神经干细胞特性的方法。

干细胞领域研究的其他问题有：获取治疗性神经干细胞最有效的方法是什么？它们应该直接取自神经外胚层的原始区域吗？如果可以，它们可以源自胚胎吗？成体来源的神经干细胞是否具有相同的效果？是否应该建立稳定的神经干细胞群以应用于所有病人？或者神经干细胞是否应该来自每个病人，以此来进行自体移植？免疫系统对干细胞移植造成的障碍能达到多大的程度，这将很可能决定这一问题及其后续问题的答案。如果 ES 细胞在体外直接变成神经干细胞，那么这类细胞是否安全和有效？

从 CNS 成功分离出干细胞样细胞，并且它们的治疗潜能也引起了非神经器官系统来源的类干细胞的探索和成功，这些细胞包括骨髓间质、肌肉、皮肤、视网膜和肝脏的细胞，旨在修复这些组织。这些非神经性干细胞是否能够产生神经性干细胞（通过转化和分化转移）仍是饱受争议的待解决问题。神经干细胞是否可以充分的和有效的取自非神经器官，并发挥跟神经干细胞一样的结果呢？

在人体神经干细胞进行真正的有效的临床试验前，我们需要更好地认识神经干细胞的基本生物学特性。然而，这方面正在取得一些进展。源自人类胎儿前脑和脊髓的神经干细胞群已经建立起来，目的是模仿啮齿类的相应特点：它们可以在体内外分化为神经元、少突胶质细胞、星形胶质细胞；就像内源性祖细胞在移植后可以发育成啮齿类和灵长类大脑一样，这些神经干细胞可以进行适当的发育和迁移；它们以一种弥漫性的方式表达外源性基因；当植入不同突变鼠或啮齿类损伤模型后，它们可以替代缺损的神经细胞类型。到目前为止，人体神经干细胞和小鼠神经干细胞首要的区别是细胞周期的长短，人类神经干细胞容易衰老——这是一种广为阐述的障碍。如果在受损的类人灵长类大脑中（见图32.6），就像在啮齿类动物中一样，人类神经干细胞可以进行安全有效的移植并表达外源基因，那么检测它们在临床

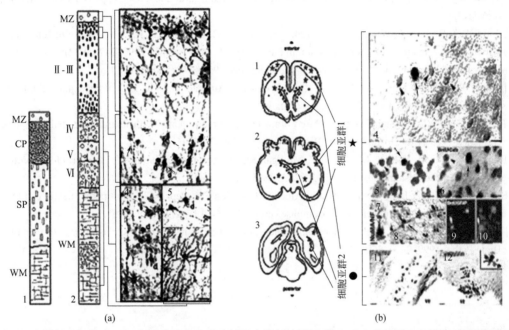

(a)　　　　　　　　　　(b)

图32.6　人神经干细胞（NSC）从脑室区向发育过程中的新皮质迁移。NSC移植后正在发育中的猴脑新皮质（a）。（1）12～13 wpc以及死亡时间（16～17wpc）。（3～5）新皮质扫描显微图片。（3）从左侧脑室注射NSC以使其进入整个脑室，人NSC可沿放射状胶质细胞突起通过新皮质到达暂时合适的位置——新生皮质Ⅱ、Ⅲ层。在那里，它们和放射状胶质细胞分离以和神经元反应。箭头指的是NSC沿着放射状胶质细胞突起爬行的位置轨迹。一些细胞仍然和放射状胶质细胞纤维黏附并迁移。（4和5）在皮层更深处我们发现不成熟的供体细胞分化成的星形胶质细胞和受体星形胶质细胞相互混合，它们以预期的位置和时间分化。（b）正在发育中的Old World猴脑中NSC与其子代细胞命运的区别。图示（左侧）和显微图片（右侧）显示了人NSC在猴脑中的增殖与分布。人NSC（BrdU标记）弥散分布进入整个脑室。从脑室开始，克隆增殖的人NSC具有两种命运。这些供体细胞可沿着放射状交织细胞的纤维迁移至正在发育中的新皮质，在那里形成一个NSC库或亚群。（4～12）这一亚群细胞可呈现分化表型（1），尤其是在Ⅱ、Ⅲ层。（4）人源BrdU⁺的NSC和猴脑新皮质Ⅱ、Ⅲ层类似神经元相混合。通过免疫组化方法分析证实供体细胞的神经属性。BrdU和细胞特异性标志物双染高分辨率显微成像显示：人源NSC细胞可掺入猴脑皮层，（5）NeuN和（6）神经元波状纤维。（8）CNPase染色少突胶质细胞。（9，10）GFAP染色星形胶质细胞。人源的神经元在panel7中被确认，在猴脑皮层中，人源特异性核标记NuMA与同一细胞的神经纤维丝共定位。同一人源的NSC增殖产生的子代细胞可形成另一个细胞池——细胞亚群2——这些细胞仍然局限于SVZ区并且仅表现出未成熟神经元染色反应。细胞亚群2中的一些细胞在正在发育中的新皮质中也可被检测到，它们与分化细胞相互混合在一起。panel 9和panel 10运用免疫荧光染色；其他免疫染色使用以DAB为基础的染色反应。标尺：图4～6标尺示意30μm，图7～12标尺示意20μm。（d：人NSC来源细胞；MZ：边缘区；CP：皮质板；SP：亚皮层；WM：白质；以及Ⅱ～Ⅵ：皮层）

修改自Ourednik V, et al. 2001. Science 293: 1820-4.

上治疗某种真正的神经退行性疾病时，人类试验也就有了保证。通过一系列仔细而缜密的实验和试验，我们可以认识到，用我们自身的工具箱（自体细胞），我们是否真正发现一种功能强大的治疗工具——这是十五年前就开始的一些实验的目的之一。

深入阅读

[1] Brustle O, Jones KN, Learish RD, Karram K, Choudhary K, Wiestler OD, et al. Embryonic stem cell-derived glial precursors: a source of myelinating transplants. Science 1999; 285 (5428): 754-6.

[2] Gage FH. Mammalian neural stem cells. Science 2000; 287 (5457): 1433-8.

[3] Isacson O, Bjorklund LM, Schumacher JM. Toward full restoration of synaptic and terminal function of the dopaminergic system in Parkinson's disease by stem cells. Ann Neurol 2003; 53 (Suppl 3): S135-46. [Discussion S146-138].

[4] Lindvall O, Brundin P, Widner H, Rehncrona S, Gustavii B, Frackowiak R, et al. Grafts of fetal dopamine neurons survive and improve motor function in Parkinson's disease. Science 1990; 247 (4942): 574-7.

[5] McKay R. Stem cells in the central nervous system. Science 1997; 276 (5309): 66-71.

[6] Park KI, Ourednik J, Ourednik V, Taylor RM, Aboody KS, Auguste KI, et al. Global gene and cell replacement strategies via stem cells. Gene Ther 2002; 9 (10): 613-24.

[7] Park KI, Teng YD, Snyder EY. The injured brain interacts reciprocally with neural stem cells supported by scaffolds to reconstitute lost tissue. Nat Biotechnol 2002; 20 (11): 1111-7.

[8] Ramalho-Santos M, Yoon S, Matsuzaki Y, Mulligan RC, Melton DA. "Stemness": transcriptional profiling of embryonic and adult stem cells. Science 2002; 298 (5593): 597-600.

[9] Snyder EY, Deitcher DL, Walsh C, Arnold-Aldea S, Hartwieg EA, Cepko CL. Multipotent neural cell lines can engraft and participate in development of mouse cerebellum. Cell 1992; 68 (1): 33-51.

[10] Vescovi AL, Snyder EY. Establishment and properties of neural stem cell clones: plasticity in vitro and in vivo. Brain Pathol 1999; 9 (3): 569-98.

第 *33* 章

成体祖细胞可成为糖尿病潜在的治疗方法

Susan Bonner-Weir[1], Gordon C. Weir[2]

郑荣秀，马士凤，孟祥宇　译

33.1　β细胞的替代疗法治疗糖尿病的重要性以及胰岛素－生成细胞的短缺

　　尽管胰腺移植术已经取得了一定的成功，但是由于产生胰岛素的细胞目前仅能来源于尸体，所以相对于需要治疗的糖尿病患者的数量，其供应量是远远不够的。在美国，每年约有3000个可用的来源于尸体的胰腺，但1型糖尿病每年的新发病例已经达到了30000例，同时还有大约十倍于这个数字的2型糖尿病新发患者。显然，为了使这种重要的治疗方法满足有需要的人的需求，就必须找到一种新的胰岛素生成细胞的来源。

33.2　成体干－祖细胞可成为胰岛素－生成细胞的一种潜在来源

　　随着对胚胎干细胞研究的发展，人们把注意力也放在了干－祖细胞和它们形成胰岛素－生成细胞的可能性上（表33.1）。在这一章我们重点关注的是成体干－祖细胞。然而，利用

表 33.1　胰岛素－生成细胞的潜在来源

成体祖细胞		骨髓来源	骨髓干细胞的可疑的潜能
胰腺来源	导管细胞		骨髓其他成分可能的多能性
	巢蛋白－阳性细胞	其他来源	小肠、皮肤或大脑
	其他前体干细胞	细胞生物工程	生物工程可使多种细胞成为潜在来源
	腺泡转分化	胚胎干细胞	
肝脏来源	肝细胞直接转分化为胰岛素－生成细胞	胚胎生殖细胞	
	肝细胞的祖细胞诱导胰岛的新生	异体来源	供体猪或其他生物

[1]　Diabetes Center, Harvard University, Boston, MA, USA.

[2]　Harvard Stem Cell Institute, Cambridge, MA, USA.

细胞替代疗法来使糖尿病人的血糖水平正常，也面临着其他技术的难题。比如连有血糖传感器的自动胰岛素递送系统。这种自动系统由于开发合适的血糖传感器存在困难而进展缓慢。另外，在异种移植方面，猪可以看作是一种良好的供体来源，但能否顺利实施，仍存在巨大的挑战。

33.3　β细胞、干细胞及祖细胞的定义

本章将 β 细胞定义为存在于胰岛内具有成熟胰岛素-生成细胞表型的一种细胞。获得未成熟、缺乏成熟 β 细胞全部表型的胰岛素-生成细胞是可以实现的。其中部分是可以产生胰岛素的 β 细胞前体细胞，某种意义上可称之为幼稚 β 细胞。还有部分种类的细胞也可以生成胰岛素，但永远不会成为 β 细胞，这些细胞已经被发现存在于胸腺、脑和卵黄囊内。

同时我们还必须区分开干细胞、祖细胞和前体细胞。所有新的胰岛素-生成细胞均来源于祖细胞，这些祖细胞并非是干细胞。干细胞可以被定义为具有独立的自我更新能力的前体细胞。胚胎干细胞属于全能干细胞，可以分化为三个胚层组织——外胚层、内胚层、中胚层——然后分化为身体的各种细胞，甚至卵母细胞。典型的成体干细胞如来源于骨髓、肠和皮肤的成体干细胞均属于多功能干细胞，可以形成一个限定谱系的一系列的不同细胞种类。如骨髓干细胞是来源于中胚层的，可以分化为各种血细胞和内皮细胞。前体细胞的分化种类相对更加受限。肝卵圆细胞可以分化为新的肝细胞或者胆管上皮细胞，通常被认为是肝脏干细胞，很可能来源于骨髓。然而，多数的肝脏再生是由于现存的肝细胞分裂，因此，肝细胞通常被认为是一种兼性祖细胞。兼性祖细胞还包括胰腺导管细胞，可以分化为胰腺腺泡和胰岛。

33.4　新的β细胞的生成贯穿成体的一生

β 细胞量的维持是一种动态的过程，其中 β 细胞的不断凋亡，可以通过现有 β 细胞的复制形成新的 β 细胞而平衡，也可能通过从前体细胞形成新的胰岛即胰岛再生而平衡。啮齿类动物的新生儿期的特点是活跃的 β 细胞复制和胰岛再生，在断奶期，β 细胞的凋亡增加导致胰岛内分泌腺的重塑。通过检测 β 细胞的复制速率和 β 细胞量以及假定凋亡和胰岛再生的速率，就可以大体估计大鼠的 β 细胞的生存周期为 58d。大鼠的内分泌腺有着相当强的再生能力，90% 胰腺切除术已证实这一点。术后 4 周内，β 细胞的复制和再生使 β 细胞量由对照组的 10% 增加到 42%。然而 β 细胞量的增加方式存在着明显的种属差异性。具有遗传诱导的外周胰岛素抗性的小鼠通过 β 细胞的复制可形成巨大胰岛。而具有胰岛素抗性的人类肥胖患者虽然 β 细胞量增加，但胰岛却并没有明显增大。这个发现和 β 细胞的低复制率一起，说明胰岛再生也是促进成年人类体重增加的一个重要因素。另一种 β 细胞量增加的机制是 β 细胞营养缺乏，这是在大鼠注射葡萄糖、妊娠及部分胰腺切除等情况下发生的。

33.5　什么是成体胰岛新生的细胞来源

虽然成体胰腺可形成新的胰岛，但它们的来源一直存在争论。一个假说是胰岛来源于胰腺内，可作为兼性祖细胞的分化的导管细胞。另一部分观点是新的胰岛来源于其他尚未被定

义的前体细胞，这些细胞也许是也许不是真正的干细胞。

33.5.1　支持新胰岛来自导管的论据

从形态上讲，新的胰岛芽来自导管，突破上皮基底膜板状层向导管外游走。在成体胰腺的这一过程很大程度上与胚胎内新胰岛的形成相似（图33.1）。在体外试验中也已经证实了成体导管细胞可以分化成为胰岛细胞的这一现象；成体胰腺导管及胎儿间质组织移植后可见胰岛内分泌细胞生成。在 RIP 干扰素 γ 转基因小鼠内，新形成的胰岛通常位于导管腔内，也再一次证明了胰岛来源于导管。

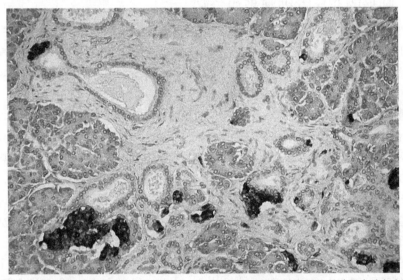

图33.1　新的胰岛通过再生或从前体细胞分化而来，表现为导管来源的胰岛细胞芽（图中胰岛素染色为暗色）。胰腺来源于48岁糖耐量受损的肥胖男性尸检。复制自 Butler AE, et al. 2003. Diabetes 52: 102-10. 经美国糖尿病协会（American Diabetes Association）批准。

另一个支持该理论的证据是大鼠胰腺部分切除术后，其导管细胞迅速增殖并去分化，伴随着 Pdx1 蛋白的明显增加，Pdx1 蛋白对胰腺的发育和 β 细胞的功能具有重要作用。这一回归到胚胎期表型的细胞变化促进了整个新胰腺中新小叶的形成。向免疫缺陷小鼠的肾被膜下移植猪的新生胰腺细胞团后发生的改变也可以支持这一理论。移植后多数细胞导管标志物细胞角蛋白7（CK7）染色阳性，但数月后，94%的细胞变为 β 细胞。在移植期间以及在新生小鼠的胰腺内，存在胰岛素和 CK7 共染的细胞，提示当导管细胞变成胰岛细胞后，仍残留导管细胞的标志物。大鼠部分胰腺切除后 7d，通过基因微点阵列分析对比新生与成熟胰岛，有了更多的发现：新的小叶标志物显示新生胰岛刚出现 3d，其中的 β 细胞仍带有导管标志物，支持新胰岛的导管前体来源假设。

其他支持该假设的依据是在胰岛被分离和纯化后，剩余的人体富含导管细胞的部分，添加生长和环境因子还可以被培养形成新的胰岛，有一点需要说明的是，虽然这些新的胰岛细胞芽来源于导管，具有囊结构，但是没有证据证明其前体细胞就是导管细胞。然而，PANC1，一个人胰腺导管细胞系，已经被诱导成胰岛激素－表达细胞。同样，Peck 团队的研究也说明了小鼠胰腺导管来源的细胞进行大量扩增并始终含有少量的胰岛素。虽然结果证明这些细胞可以逆转小鼠糖尿病，但也有人质疑逆转糖尿病的结果与这些细胞内胰岛素含量之低是否相匹配。

支持导管细胞是兼性前体细胞来源的假说还存在这样的争论：形成一个新的胰岛需要多少前体细胞？大鼠胰腺部分切除术后 72h，可见新形成的胰岛，每个约含有 1000 ～ 1500 个细胞。术后 24h 内未见胰腺内有增加的细胞分裂，因此，胰岛需在术后 24 ～ 72h 这 48 个小时内形成。啮齿类动物的细胞周期为 10 ～ 20h，16 个起始细胞形成 1000 个细胞需要 10h 的倍增时间。如果倍增时间为 12h，那么则需要 64 个起始细胞。因为在此区域内从形态上仅发现少量的非导管细胞，这些数据支持胰腺局部具有大量的导管前体细胞。另外，这些理论支持胰岛内的 β 细胞是多克隆来源的学说。

33.5.2 胰岛的非导管细胞来源争端

由于对鉴定胰岛前体细胞的浓厚兴趣，人们开展了一系列的研究工作并提示胰岛祖细胞可能来源于现有的胰岛。一个说明该假说的实验是链脲佐菌素造成的糖尿病大鼠中，胰岛素和生长激素抑制素染色均阳性的细胞被认为分化为 β 细胞。虽然这些现象可以被诱导发生并且显得很重要，但仍需大量的工作来证实该途径是否是 β 细胞再生的真实途径。

对于中间丝蛋白和巢蛋白，它们已知是存在于神经干细胞内的，是否也存在于胰岛祖细胞内，存在着巨大的争论。小鼠胚胎干细胞的研究发现，胰岛素 - 生成细胞可来自含巢蛋白的祖细胞，不过这些细胞大多数被发现是处于凋亡状态的以及胰岛素染色信号是假象。也有报道说，从人的胰岛分离到巢蛋白阳性细胞，这些细胞虽然只表达少量胰岛素，但也具有扩增能力并表达多种胰岛标志物。更使人疑惑的是，转基因小鼠谱系示踪研究发现胰岛细胞并不来源于巢蛋白阳性祖细胞。还有数据表明，胰腺里的巢蛋白阳性细胞并不表达内分泌或上皮标志物，而是表达间充质、内皮和卫星细胞标志物。

只有一个谱系示踪研究关注了新胰岛细胞的导管起源学说。此研究中使用了两组细胞特异性 Cre 转基因鼠和 floxed 转基因鼠相互杂交，并没有在杂交鼠出生后发现导管来源的胰岛。与可诱导的 Pdx1-Cre 转基因鼠进行杂交时，无导管细胞在胚胎 12.5 日龄（E12.5）后被标记阳性，但所有的胰岛均被阳性标记，因此得出了成年鼠的导管细胞群在更早的胎龄即被分离出来了，不参与胰岛的形成的结论。然而，已知在胚胎 13 日龄（E13）后，导管内 *Pdx1* 的表达水平相对于在 β 细胞内，或早期胚胎导管内明显下降，因此，Cre 的表达水平可能并不适合来标记导管细胞。第二组实验是采用了新生的可诱导的 NGN3-Cre 小鼠，在诱导后第 1、4 或 7 天，导管内未发现任何被标记的细胞。在这个研究中，主要的疑问是被标记的细胞有可能快速地从导管中移动走了，在检测时就已经不再存在于导管区域内了。这里需要更进一步的谱系示踪研究来说明胚胎 12.5 日龄后的胰岛的导管起源问题。

33.6 非胰岛细胞向胰岛细胞转分化

多种研究已经支持其他细胞可以转变为胰岛素 - 生成细胞。严格来说，已分化的导管细胞形成新的胰岛可以被认为是一种转分化。现在已有的关于转分化的研究包括胰腺腺泡细胞、肝细胞和骨髓。胰腺组织内的转分化现象不足为奇，因为已经发现胰岛和胰腺细胞系的表型可以从一种高表达基因变为另一种。比如：克隆大鼠胰岛素瘤细胞（RIN 细胞）在培养过程中胰岛素、胰高血糖素、生长抑素的表达水平并非一成不变；胰腺腺癌细胞系（AR42J）可以在肝细胞生长因子的作用下或 β 细胞素和激活素 A 的共同作用下分泌胰岛素；并且在成体胰腺内的祖细胞可以形成肝细胞，肝脏细胞也可以转分化为胰腺细胞。

33.7 胰腺腺泡细胞的转分化

要证实成体胰腺细胞可以转化为胰岛素－生成细胞是一个较难的课题。有一些研究提供了提示性的证据，这些研究是向大鼠导管结扎再生模型进行胃泌素的灌注，可以引起胰腺腺泡细胞向导管细胞转分化，为 β 细胞的再生提供祖细胞。给大鼠进行葡萄糖灌注也可以获得相同的效果。

33.8 骨髓细胞作为胰岛素－生成细胞的来源

可循环的骨髓细胞能否作为祖细胞生成全身其他部位的各种细胞一直是研究的热点之一。但有几个基本的问题不容忽视。其中之一是造血干细胞能否转化为非造血干细胞。有可能来自骨髓的除了造血干细胞之外的其他细胞作为循环的干－祖细胞，以及可能存在真正的转分化或细胞融合。最近有证据证明损伤的肝脏组织可以由骨髓细胞再生，但是这一过程是通过细胞融合实现的。然而一篇引起热议的报告称，骨髓来源的细胞可以不通过细胞融合就变成葡萄糖－反应性的胰岛素分泌细胞。对于骨髓细胞的潜能，这个问题仍然是开放的，特别是考虑到 Verfaillie 团队发现成体骨髓细胞具有多向分化潜能，可以分化为外胚层、中胚层和内胚层组织。骨髓细胞促进 β 细胞生成的另一个可能的途径是作为支持细胞，而不是祖细胞。c-kit 阳性的成体骨髓细胞输入到链脲佐菌素造成的糖尿病小鼠体内，胰腺内分泌腺可以进行再生，小鼠可恢复正常血糖水平。

33.9 肝脏细胞作为胰岛素－生成细胞的来源

如前所述，肝脏是内胚层起源的，可作为转分化的一个候选。其中可支持该可能性的依据之一为 Ferber 团队发现在小鼠体内用含 Pdx1 的腺病毒转染肝细胞，诱导内源性 Pdx1 及其他 β 细胞分子标志物的表达和一定量胰岛素的生成。另一个相似的在小鼠体内的探索是利用表达 β 细胞素和 neuro-D 的辅助－依赖腺病毒使肝脏产生足够的胰岛素来逆转链脲佐菌素造成的糖尿病。不过这些结果并没有被解释为肝细胞的转分化，而认为是促进了肝脏内胰岛的再生。与 Ferber 得出的结果不同的是，使用表达 Pdx1 的腺病毒可以导致小鼠肝炎。长时间暴露于高糖环境，可以导致肝卵圆细胞发展为胰岛表型。另一个具有争议的发现是人胎肝细胞经人端粒酶和 Pdx1 转导后，可生成大量的储存状态的以及分泌的胰岛素。这些细胞不仅以可调控的方式分泌胰岛素，而且移植到免疫缺陷的糖尿病小鼠体内还能逆转糖尿病。

33.10 工程学改造其他非 β 细胞以产生胰岛素

利用培养的细胞，Newgard 团队率先尝试了工程学改造非 β 细胞以产生胰岛素，甚至是在葡萄糖的刺激下分泌胰岛素。方法是向细胞内引入了表达胰岛素的基因和参与识别葡萄糖的蛋白的基因，但有一个疑问就是什么水平的工程学技术才能获得复杂完美的 β 细胞表型。也许需要引入转录因子作为控制基因来保证获得具有治疗作用的 β 细胞。还有一个尝试就是让转基因鼠的垂体中叶表达胰岛素。值得一提的是，这些细胞不光可以分泌胰岛素，还可以抵抗自身免疫的破坏。利用工程技术让小肠内的分泌胃抑肽的 K 细胞产生胰岛素是另一个新的突破。这些细胞可以在口服葡萄糖后分泌胃抑肽和胰岛素进入血液。但必须考虑这一方法如何能在临床患者体内产生足够量的胰岛素。

对于不同的干细胞或者祖细胞转化为胰岛素－生成细胞的可能性，我们应该持开放的态度。神经或皮肤干细胞因为是外胚层来源的，转变成胰岛素－生成细胞可能较困难，但由于我们对生殖细胞系命运分化限制的了解有限，也不能完全排除这个可能性。肠干细胞因为是内胚层来源的，转化为胰岛素－生成细胞的可能性更大。肠上皮样细胞 IEC-6 在转染了 Pdx1 基因并移植或用 β 细胞素处理后，可产生并分泌胰岛素，进一步证实了这种可能性。

33.11　通过组成性分泌而非可调节分泌来递送胰岛素的尝试

这种概念的核心思想是葡萄糖启动某一基因的启动子，进而驱动胰岛素的合成，然后被细胞比如肝细胞组成性释放。关于这方面的一种探究是利用腺相关病毒向肝细胞转入 L- 型丙酮酸盐激酶启动子，该启动子响应葡萄糖而诱导产生单链胰岛素。单链胰岛素的优势在于它不需要像胰岛素原一样需要转换酶的剪切才能变成具有活性的胰岛素。高的血糖水平可以刺激血浆胰岛素水平的升高来降低糖尿病小鼠的血糖水平到达正常范围。但重要的问题是，这些措施在临床上是否有用。最近的一篇评述文章指出，被基因依赖的组成性分泌机制所控制的胰岛素释放的时效性，对于 1 型糖尿病甚至 2 型糖尿病不太可能有用，需要更快速的胰岛素递送和抑制来处理进食、禁食及运动过程中代谢的一般动态变化。

33.12　小结

人们对于能用来移植的胰岛素－生成细胞的追求是十分热烈的。我们对细胞发育机制了解的迅速深入，以及一系列潜在的干细胞、祖细胞候选细胞的发现，为利用成体细胞解决这个糖尿病难题提供了广阔的前景。

深入阅读

[1] Antinozzi PA, Berman HK, O'Doherty RM, Newgard CB. Metabolic engineering with recombinant adenoviruses. Annu Rev Nutr 1999; 19:511-44.

[2] Bonner-Weir S. Islet growth and development in the adult. J MolEndocrinol 2000; 24 (3): 297-302.

[3] Bonner-Weir S. Life and death of the pancreatic beta cells. Trends Endocrinol Metab 2000; 11 (9): 375-8.

[4] Grompe M. Pancreatic-hepatic switches *in vivo*. Mech Dev 2003; 120 (1): 99-106.

[5] Halban PA, Kahn SE, Lernmark A, Rhodes CJ. Gene and cell-replacement therapy in the treatment of type 1 diabetes: how high must the standards be set? Diabetes 2001; 50 (10): 2181-91.

[6] Hanahan D. Peripheral-antigen-expressing cells in thymic medulla: factors in self-tolerance and autoimmunity. Curr Opin Immunol 1998; 10 (6): 656-62.

[7] Herzog EL, Chai L, Krause DS. Plasticity of marrow-derived stem cells. Blood 2003; 102 (10): 3483-93.

[8] Weir GC, Bonner-Weir S. Scientific and political impediments to successful islet transplantation. Diabetes 1997; 46 (8): 1247-56.

第 *34* 章

烧伤与皮肤溃疡

Holger Schlüter[1][2], Edward Upjohn[1], George Varigos[1], Pritinder Kaur[1][2]
张伟，宋垚垚，李苹 译

34.1 引言

皮肤表皮是一种持续更新的复层鳞状上皮组织。它主要由角化细胞构成，同时也含有朗格汉斯细胞、黑色素细胞及默克尔细胞，后者主要存在于富含神经和血管网络的真皮层，主要功能为滋养表皮。皮肤也包含表皮附属物、成纤维细胞、肥大细胞、巨噬细胞和淋巴细胞。表皮干细胞主要负责皮肤在正常情况下或者创伤条件下（如烧伤、皮肤溃疡）的自我更生。

34.2 烧伤与皮肤溃疡

与很多疾病一样，烧伤和皮肤溃疡很难用有形的东西去量化疾病所带来的负担和影响。1985 年美国的一项研究表明，火灾及烧伤后的花费已经成为排名第四的经济损失，大约为38 亿美元。而排名前三的分别是机动车、枪支以及中毒。烧伤也是发展中国家主要的受伤害原因之一，这是因为传统的照明及烹饪方式例如煤油灯及明火在这些国家很常见。多种病理过程可引起皮肤溃疡，包括感染、外伤、糖尿病和静脉溃疡。慢性静脉溃疡是一种常见的皮肤溃疡，大约 1% ～ 1.3% 的发病率。由于皮肤溃疡愈合缓慢且需要昂贵的治疗费用和高强度的护理，其后期处理难且贵。波士顿护理协会在 1992 年的一项分析中显示，皮肤溃疡平均每月的治疗及护理费用为 1927.89 美元。糖尿病足溃疡，像静脉溃疡一样，通常是一个很缓慢的过程。在一项研究中显示，足部溃疡每两年的护理成本约为 27987 美元，看起来似乎是很庞大的数字，但是外推到生产力损失等，似乎变得很容易理解，可见烧伤和皮肤溃疡对患者本身造成的负担及花费是非常巨大的。

34.3 表皮干细胞

人类皮肤表皮是一种多层次、不断自我更新的组织，每 30 ～ 60d 自我更新一次。小鼠体内细胞周转率研究显示，皮肤中所有的增殖活动仅限于基底层，其能够产生成熟的功能性

---

[1] Epithelial Stem Cell Biology Laboratory, Peter MacCallum Cancer Center, Melbourne, Australia.
[2] Sir Peter MacCallum Department of Oncology, The University of Melbourne, Parkville, Australia.

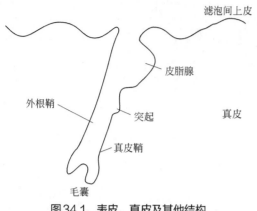

图34.1 表皮、真皮及其他结构

滤泡间上皮

皮脂腺

外根鞘

真皮

突起

真皮鞘

毛囊

上基部角化细胞。因此，驻留在基底层的表皮干细胞具有自我维护和自我更新能力。干细胞在体内产生终末分化的角化细胞前，迅速自我扩增，速度达到正常状态下的 3 ～ 5 倍。利用可视化的 ^{3}H-Tdr 或者溴脱氧尿苷（BrdU）标记的细胞来鉴别慢循环原位干细胞，发现其定位在特殊部位，包括深表皮突滤泡间上皮和毛囊的凸出部分（图 34.1）。因为缺乏一种明确的体外测定方法，表皮干细胞体外鉴定仍是一个非常具有争议的话题。

角化细胞增长能力的异质性在 1987 年首次被报道，研究者利用克隆分析的方法来研究细胞在培养时产生有限分化细胞大集落的追溯能力，这一过程产生有限分化能力的克隆细胞，这种细胞被称为 holoclones。研究者认为 holoclones 来自干细胞，是因为它们具有更强的增殖能力。这一研究成果并没有提供一种方法来分离出表皮干细胞。后续工作中建立了一种细胞表面标志物，尤其是 β1 整合素，可以用来区分基础的角化细胞。根据短期克隆形成发现，β1 整合素亮代表高的增殖能力，反之代表低的增殖能力。尽管最初学者认为 β1 整合素是 KSC 的标志物，但是后续很多实验室数据表明，尽管大部分基底细胞表面会显现很明亮的整合素标志物，但是只有很小一部分细胞处于真正的静止状态，也就是所说的保留了 ^{3}H-Tdr 或 BrdU 标签。

我们实验室的数据进一步表明了 ^{3}H-Tdr 标记的细胞可以从高表达整合素的角化细胞中提纯出来，例如 CD71，或者是铁传递蛋白受体。因此，表型为 α6（bri）CD71（dim）的表皮细胞是人类新生儿和成年小鼠表皮干细胞群的标志之一。这一部分细胞使得保留的标记细胞更为丰富，具有很小的类原始细胞的形态，表现出很高的核质比，以及在体内更强的增殖能力，这类细胞大约为基底细胞总数的 5%（图 34.2）。此外，我们还证明了由 KSC 增殖分化的细胞可以被细胞表面表型区分，例如转运增殖（TA）细胞表达高水平的 CD71 [α6（bri）CD71（bri）]，丰富了活化的循环细胞，在小鼠表皮角质层形成细胞再生中表现出中等再生

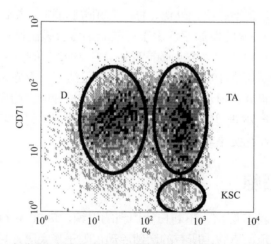

图34.2 人体基础角化细胞、新生角化细胞及外皮角化细胞的流式细胞图。实验组细胞均标记了细胞表面标志物 α6 整合素（FITC）以及转铁蛋白受体（CD71-PE），图中显示了干细胞（KSC）亚群表型为 α6（bri）CD71（dim），TA（transit-amplifying）细胞亚群表型为 α6（bri）CD71（bri），早期分化（ED）细胞表型为 α6（dim）。

能力，被定义为脉冲标记细胞。早期分化细胞的表型为 α6（dim），表现出很弱的长期增殖能力以及表达表皮细胞分化标志物角蛋白 10 和外皮蛋白（图 34.2）。这项工作充分展示了分离 KSC 以及利用荧光激活细胞分选技术快速刺激其增殖的愿景，这样一来可以直接评估表皮祖细胞类组织在稳态或伤口愈合中再生的贡献。这个发现是皮肤干细胞治疗策略及基因治疗的重要前提。生长因子招募 KSC 进行增殖和组织再生，促进烧伤患者早期移植治疗是技术发展的重要标识。

34.4 干细胞在烧伤及皮肤溃疡中的应用

34.4.1 烧伤

34.4.1.1 自体移植

自 19 世纪末 Karl Thiersh 引入皮肤移植的概念以来，表皮细胞便开始用于治疗烧伤。皮肤移植治疗烧伤及皮肤溃疡的局限性在于皮肤面积。全层移植（包括所有的表皮和真皮）具有很好的美容效果，但是需要与供体部位比较接近，因此限制了可移植的区域。为了克服这个问题，出现了分割皮肤移植技术，即将表皮和底层真皮从供体部位被刮到移植物上。供体部位从毛囊部位重新形成新的上皮，这时供体部分可以继续提供皮肤，这一过程很容易用肉眼观察到，整个过程持续大约 2 ～ 3 个星期。普遍认为由毛囊干细胞来修复供给区和移植区。转基因小鼠中表达 β- 半乳糖苷酶基因的微毛囊凸起（富含干细胞）在移植时可以再生表皮组织以及整个毛囊。皮肤移植技术的局限性是可被移植覆盖的区域以及大面积烧伤区需要许多星期才能被自体分离皮肤覆盖。短期内复苏可以使 80% ～ 90% 的烧伤患者生存下来，但是如果由于缺乏移植皮肤而导致伤口的覆盖被推迟，那么发病率和死亡率也就会相应提高。

在 20 世纪 70 年代中期，表皮细胞连续培养技术被发现了，这种技术可以产生更多的可移植表皮，其面积是自体生长的 1000 ～ 10000 倍（图 34.3 和图 34.4）。培养出的表皮被移植到干净的伤口床上，但是这种表皮对细菌感染以及光照射都很敏感。在真皮损坏的全层烧伤中，这种培养的表皮可以直接放置在肌肉或是筋膜上（图 34.5）。这些培养的自体表皮移植术形成一种永久性的覆盖物，提示干细胞从最初的培养到最后移植过程中一直具有干细胞特性，因此，它们在表皮中可持续发挥重要作用。组织学检查结果发现，培养的上皮细胞在体内与正常上皮结构相似（图 34.6）。表皮培养花费大量的人力物力，且需要一定的时间成本，估计每移植身体表面 1% 覆盖面积的花费在 600 ～ 13000 美元之间（取决于成功移植的比例）。

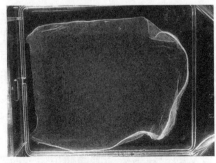

图34.3　在组织培养皿中培养的分离的
上皮移植物（见彩图）
经Joanne Paddle-Ledinek许可复制。

图34.4　培养箱中传代培养后的
上皮（见彩图）
经Joanne Paddle-Ledinek许可复制。

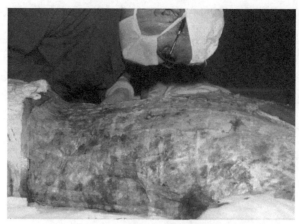

图34.5　使用自体移植表皮的烧伤患者（见彩图）
经Joanne Paddle-Ledinek许可复制。

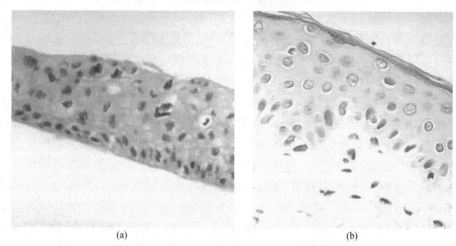

(a) (b)

图34.6　体外培养表皮（a）与体内表皮（b）的形态学比较（见彩图）
经Joanne Paddle-Ledinek许可复制。

34.4.1.2　同种异体移植

　　大面积烧伤患者缺乏有效的皮肤供体推动了移植技术的发展。对烧伤的治疗需要覆盖烧伤区域以防止继发性脓毒症和其他并发症。裂皮移植作为一种可选择的方案是：必要的、可用的、有效的、负担得起的。来自尸体的皮肤，是一个真正的同种异体移植，并最终被受移植者所排异。如前所述，缺乏真皮的皮肤不能抵抗创伤，容易收缩，导致功能和美容效果不佳。Alloderm（Lifecell，布兰奇，新泽西）是一种处理过的人类真皮，它的表皮和真皮细胞已被移除，只留下结缔组织基质。Alloderm 应用到烧伤患处，培养的自体移植物可以放在它上面。Integra（Integra LifeSciences，普莱恩斯伯勒，新泽西）是另一种真皮替代物，是通过对牛胶原、硫酸软骨素和合成的聚硅氧烷复合物的人工表皮层（有机硅聚合物）进行沉淀和冻干制备而成的。移植 1～2 个星期后，人造表皮被移除，超薄表皮的自体移植物（0.003～0.005in 厚，1in=2.54cm）放在烧伤部位。

　　目前所有应用人工真皮的患者均缺乏表皮血管丛的营养支持，需要宿主生成血管进入真皮层为移植表皮提供营养。因此，主要的工作重点集中在了如何运用基因工程的手段来产生生长因子和细胞因子促进血管形成（见本章后面部分）。

34.4.2　皮肤溃疡

　　皮肤溃疡的治疗是基于治疗沉淀的和永存的因子。这包括使用抗生素治疗感染性溃疡，对褥疮进行严格的压力护理，对静脉性溃疡使用压缩袜（用于皮肤溃疡，示例见图34.7和图34.8）。包扎疗法在最近几十年有了很大的发展，这些构成了治疗溃疡的基础。尽管这种封闭性敷料近年发展很快，但是溃疡愈合往往需要几个月甚至几年的时间。在烧伤疗法中，应用干细胞或者自体移植的表皮细胞还需要继续推广。在溃疡治疗中，治疗时间的问题并不是很严重，裂皮移植主要是比较昂贵。体外培养皮肤已用于治疗皮肤溃疡——特别是可使用培养的移植物作为"活"敷料。培养的自体外根鞘细胞用于慢性褥疮的治疗已产生"边缘效应"——收缩的慢性伤口边缘响应移植——相信这是由外根鞘细胞释放生长因子、细胞因子和激素造成的。Apligraf（Organogenesis, Canton, Massachusetts）是一个体外培养的、具有双层结构的活性皮肤，等同于新生皮肤角质、成纤维细胞和牛 I 型胶原的复合体。它主要应用于治疗静脉性溃疡和神经性糖尿病足溃疡。慢性伤口（例如边缘为休眠状态的）暴露在有活性的同种异体材料时将产生新的表皮。这种边缘效应，就像所见到的外根鞘细胞一样，很可能是由刺激因子引起的。慢性伤口愈合后，反复使用植皮，这表明生长因子在移植过程中起到一定的作用。生物工程组织，如 Apligraf，可能作为生物系统将生长因子递送到伤口。

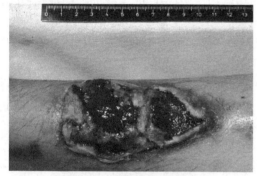

图34.7　下肢溃疡（见彩图）
经George Varigos许可复制。

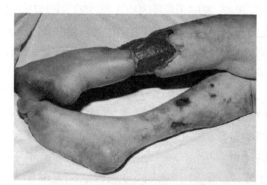

图34.8　下肢周围肉芽性愈合（见彩图）
经George Varigos许可复制。

34.5　近期和未来的发展

34.5.1　伤口愈合中的基因治疗方法

　　表皮细胞在体内和体外均能够利用病毒和非病毒方法进行基因修饰（例如利用重组后的腺病毒感染，脂质体，质粒注射和基因枪）。最初，人们通过表皮细胞基因治疗纠正遗传基因缺陷，但是现在主要是通过基因工程角化细胞生成的细胞因子和生长因子促进伤口愈合。慢性伤口中渗出的液体已被发现可以抑制细胞增殖，并含有可以抑制角质形成细胞迁移的降解产物。同种异体移植对伤口愈合的有益作用被认为至少部分是由于细胞因子和生长因子的产生，尽管宿主最终会排异同种异体移植。体外培养的自体移植物可以产生大量的细胞因子和生长因子来加快伤口愈合。表皮细胞通过被调控，可以永久或者瞬时表达这类基因。这些基因可编码生长因子或细胞因子，或者它们可能对抗一些前面所提到的在慢性创面分泌的抑制因子。

与分离皮片移植相比，体外培养的自体移植皮片的血管形成往往是被延迟的，可能原因是体外培养的自体移植皮片不能有效地利用一些因子。体外培养的皮肤经基因修饰可以产生血管内皮生长因子（VEGF）。通过这种修饰，培养的皮肤替代物已被证明能分泌高水平的VEGF，并减少移植到裸鼠身上的血管生成时间。

34.5.2　组织工程学

皮肤组织工程学在研究和开发领域一直处于活跃状态。临时皮肤替代品的发现始于20世纪60年代初，皮肤是第一个成功在体外产生的人体器官，有几种组织工程皮肤到今天为止仍然在使用。在生物工程皮肤中，表皮是由培养的同种自体移植或同种异体移植构成的。然后将角质形成细胞片与真皮结合。真皮可以由非细胞组成，也可以含有同种异体或自体成纤维细胞或其他细胞。最佳的皮肤替代品是现成的，可以存储或冷冻以备随时使用，价格低廉，效果优异，并有很好的美容效果。但遗憾的是，如此理想的皮肤替代品并不存在。分离皮片移植满足大部分要求，但不幸的是，它们在很多情况下数量不足。目前，自体培养至少为三周，需要耗费很大的人力，并且在许多发展中国家不可用。如果该技术可以更快、更容易执行，那将是一个伟大的进步。利用流式细胞检测技术将KSC与TA从表皮中分离，富含干细胞的角质形成细胞在体外和体内移植模型中具有更快更可靠的皮肤再生能力。我们的研究表明，表皮干细胞和TA细胞在短期内能较快地再生上皮组织，而真皮细胞和基底膜的特定成分——层粘连蛋白，是组织再生的关键调节因子。我们实验室目前研究的主要目标是了解如何招募更多的表皮干细胞进行体外增殖，以及发现能够促进干细胞扩增和体外更新的因子。这些研究将对利用表皮干细胞作为载体的细胞疗法的发展起到重要的作用。

研究表皮干细胞的优点是容易获得他们感兴趣的细胞。角质形成细胞也相对容易培养和改造为正常的"器官形式"（即格子状的表皮）。如前所述，表皮干细胞在治疗人类疾病和损伤中有着重要的作用。表皮干细胞的概念及其在健康护理中的应用，可以在对公众进行干细胞教育时构成一个概念框架，并有助于揭开被普遍认为是一个复杂的科学问题的神秘面纱。表皮干细胞对于寻求修复遗传缺陷来讲是极好的基因治疗靶点。这是以前无法治疗的遗传性皮肤病、烧伤和皮肤溃疡的新疗法（如表皮溶解水疱症）的基础。

表皮附属物，如毛发、汗腺和皮脂腺在烧伤中通常会遭到破坏，而且这类生物工程替代物仍然有很大的发展空间。例如研发承载毛发的皮肤替代物，将解决由烧伤造成的脸部和头皮方面的美容问题。

真皮干细胞已经被明确地识别和定位在皮肤内，这可以归因于这类组织细胞复杂的异质性。掺入真皮干细胞将克服烧伤患处进行人造真皮移植或其他缺乏真皮的缺陷。鉴于真皮具有提供调节表皮生长和形态的生长因子以及"头发感应"能力，进一步阐明其分子、细胞和功能成分，对细胞疗法的发展至关重要。

病毒传播在同种异体移植过程中仍然是危险因素之一，但移植物可以冻结、融化，并在需要时使用，这对于救命来讲既方便又有效。组织工程中与牛或其他来源的胶原蛋白混合必须小心操作，以减少传输朊病毒和其他疾病给人类的风险。由于这些原因，研究培养的自体移植将继续努力，其目标是培养由表皮和真皮干细胞组成的皮肤替代物，组织工程提供非常快速的伤口覆盖率。这一伟大的进步在过去的二十多中已经挽救了许多生命，在烧伤的情况下挽救生命，以防止皮肤溃烂的情况出现。我们对干细胞及其规律的理解将有助于我们将来更好地治疗这类疾病。

34.5.3 胚胎干细胞

大面积烧伤下的细胞疗法目前主要依赖自体体外表皮重建。这种技术最大的局限性是在外来皮肤覆盖伤口期间，自身皮肤细胞也在增长，连同培养足够的自身健康的皮肤用来自体移植。对于大面积烧伤的患者来说，生长足够数量的角化细胞所需的时间很长，这段时间内会增加感染和脱水的风险，甚至导致病人死亡。

最近的研究发现，干细胞有可能成为治疗烧伤的真正替代品，胚胎干细胞（ESC）可以分化为表皮以及角质形成细胞。用重组蛋白对现有的人类胚胎干细胞作用 40 多天，避免使用动物产品，从而消除疾病传播的风险。这个过程生成一些具有表皮细胞特征的分化细胞，包括表达具体的角蛋白并分化为表皮。重要的是，这些角质形成细胞（k-hESC）移植到小鼠体内可以重新产生角化细胞。这种 k-hESC 介导产生的表皮与成熟的皮肤结构组成一致。此外，k-hESC 由于低表达或不表达组织相容性白细胞抗原（HLA），导致其不受免疫系统清除。这一优势使得它产生的角质形成细胞自体移植后覆盖在患者的伤口，期待自体移植的风险降低，这与尸体皮肤或生物合成基质相比具有显著的优势。值得注意的是，人类胚胎干细胞衍生的细胞可以长时间培养和扩增，放在冷冻库中储存，可随时治疗烧伤患者。这意味着，来源于胚胎干细胞的角质形成细胞可作为大面积烧伤中使用的临时替代品，为永久性治疗提供足够的时间。

然而，全层皮肤烧伤后，皮肤结缔组织和表皮附属物（即毛囊和汗腺）已经被破坏了，仅仅用胚胎干细胞做永久性治疗是不够的。全层烧伤患者的皮肤会失去体温调节功能，而且缺乏皮肤弹性。利用不同的策略诱导细胞产生不同的分化细胞可能会带来新的希望。其中一种方法能够产生真皮类似物，说明胚胎干细胞可以沿着间充质干细胞继续分化，也就是说，在全皮烧伤患者中，构成真皮的主要细胞——纤维母细胞消失不见了。

即便如此，在未来研究由胚胎干细胞衍生出来的皮肤结缔组织及相关的表皮附属物还是迫在眉睫的，这项工作还可能推动基于分化技术的综合疗法的出现。

由胚胎干细胞分化来的基因修饰的角化细胞，可以提高对特定类型细胞的吸引力，例如来源于邻近组织的纤维母细胞和巨噬细胞，同时可以促进血管生成，促进表皮及相关组织的再生。在一项治疗大疱性表皮松解症的临床试验中，便使用基因修饰表皮干细胞进行治疗，患有这种疾病，皮肤已经被严重破坏，皮肤的功能发生了致命性的改变，这个结果已经发表，可以说是表皮干细胞治疗史上的一块里程碑。β3 亚基的层粘连蛋白 5，作为细胞膜的基本组成部分，被转入到胚胎干细胞中，控制 β3 亚基表达的莫洛尼白血病病毒（MLV）长末端重复序列（LTR）可以调控由于遗传突变引起的基因缺陷。

以人类胚胎干细胞为基础的治疗方法需要具有标准的操作流程，以及良好的操作条件，方能成为真正的皮肤替代品，使得具有永久增殖能力的胚胎干细胞不至于分化为肿瘤细胞。结合基因修饰功能后，进一步增加了这种疗法促进烧伤愈合以及功能性结缔组织再生的潜力。重要的是，由人类胚胎干细胞衍生出来的角质形成细胞移植到免疫缺陷小鼠 12 周后，Guenou 和他的同事们发现，移植部位没有形成肿瘤，也没有自体表皮修饰基因介导的大疱性表皮松解症。

总之，通过对干细胞技术和基因疗法的发现和应用，在未来，我们对烧伤的治疗寄予很大的希望。显然，对人皮肤干细胞生物学的研究还需要更多的努力。我们实验室最近的研究表明，虽然新生儿干细胞的数量较少，但在皮肤表皮的整个基底层都有巨大的增殖潜能。重要的是，通过以一特殊的表皮细胞如外周细胞和其他特定的蛋白质（如层粘连蛋白 10/11 或其他未发现的功能蛋白）共培养微环境的调节，可以促进皮肤中干细胞和母细胞重构。这些发现若继续转化成临床成果，将有利于自体移植的扩大治疗及烧伤患者的早期治疗。

致谢

由衷感谢 Joanne Paddle-Ledinek 及 Heather Cleland 所做出的贡献。

深入阅读

[1] Drukker M, Katz G, Urbach A, Schuldiner M, Markel G, Itskovitz-Eldor J, et al. Characterization of the expression of MHC proteins in human embryonic stem cells. Proc Natl Acad Sci USA 2002; 99 (15): 9864-9.

[2] Eaglstein WH, Falanga V. Tissue engineering and the development of Apligraf, a human skin equivalent. Cutis 1998; 62 (1 Suppl): 1-8.

[3] Guenou H, Nissan X, Larcher F, Feteira J, Lemaitre G, Saidani M, et al. Human embryonic stem-cell derivatives for full reconstruction of the pluristratified epidermis: a preclinical study. Lancet 2009; 374 (9703): 1745-53.

[4] Jeschke MG, Richter W, Ruf SG. Cultured autologous outer root sheath cells: a new therapeutic alternative for chronic decubitus ulcers. Plast Reconstr Surg 2001; 107 (7): 1803-6.

[5] Li A, Pouliot N, Redvers R, Kaur P. Extensive tissue-regenerative capacity of neonatal human keratinocyte stem cells and their progeny. J Clin Invest 2004; 113 (3): 390-400.

[6] Mavilio F, Pellegrini G, Ferrari S, Di Nunzio F, Di Iorio E, Recchia A, et al. Correction of junctional epidermolysis bullosa by transplantation of genetically modified epidermal stem cells. Nat Med 2006; 12 (12): 1397-402.

[7] Oshima H, Rochat A, Kedzia C, Kobayashi K, Barrandon Y. Morphogenesis and renewal of hair follicles from adult multipotent stem cells. Cell 2001; 104 (2): 233-45.

[8] Paquet-Fifield S, Schluter H, Li A, Aitken T, Gangatirkar P, Blashki D, et al. A role for pericytes as microenvironmental regulators of human skin tissue regeneration. J Clin Invest 2009; 119 (9): 2795-806.

[9] Rheinwald JG, Green H. Serial cultivation of strains of human epidermal keratinocytes: the formation of keratinizing colonies from single cells. Cell 1975; 6 (3): 331-43.

[10] Schluter H, Paquet-Fifield S, Gangatirkar P, Li J, Kaur P. Functional characterization of quiescent keratinocyte stem cells and their progeny reveals a hierarchical organization in human skin epidermis. Stem Cells 2011; 29 (8): 1256-68.

第35章

干细胞与心脏疾病

Piero Anversa[1], Annarosa Leri[2], Bernardo Nadal-Ginard[3], Jan Kajstura[2]
孙腾 译

35.1 心脏——自我更新的器官

心脏作为终末分化器官，其心肌细胞是无可替代的，这一概念已经成为过去50年心血管研究和治疗策略开发的核心。尽管越来越多的数据一致支持在各种生理和病理情况下可形成新的心肌细胞，但是在成人的心脏内心肌细胞增殖这个观点一直备受争议。更明显的是，心脏病专家和心血管领域科学家愿意相信人类的心室肌细胞可工作并存活100年以上，直至器官死亡。没有任何科学依据支持心肌动态平衡可能有少量细胞变化。此外，心肌细胞死亡是老龄化的标志。无细胞增殖时，经过几十年，细胞的逐渐丧失会导致整个器官的丧失。研究表明，心脏属于自我更新器官。这一类器官包括造血系统、肠、皮肤和大脑。

我们已有文献报道成年的大鼠心脏有一些未分化细胞（图35.1），这些细胞可表达通常存在于造血干细胞（HSC）中的表面抗原，比如c-kit、MDR1和Sca-1。在犬、猪等动物以及最重要的人类心脏中也有类似的发现。用抗小鼠Ly6A/E蛋白的抗体已经鉴定出细胞表面Sca-1样抗原表位。在正常人类骨髓中检测到的表型相同的细胞中，均有c-kit和Sca-1样蛋白表达。从大鼠心脏中分离的Lineage阴性且c-kit阳性（Lin- c-kit^{POS}）的细胞表现出干细胞的特征。因此，如本章所述，心脏干细胞（CSC）可生成心肌的全部成分。

正如中枢神经系统（CNS）一样，心脏干细胞可从心室肌中分离并进行长期培养。到目前为止，只有Lineage阴性且c-kit阳性（Lin- c-kit^{POS}）的细胞有干性，如自我更新、集落生成及多分化潜能。MDR1和Sca-1样细胞的功能还有待确定。在体外，Lin-c-kit^{POS}细胞接种于基底板上可呈单层生长或当悬浮时呈球形生长，模拟神经干细胞的生物学行为。单克隆细胞可分化成肌细胞、内皮细胞、平滑肌细胞和成纤维细胞（图35.2）。因此，心肌中存在有干细胞特性的原始细胞，其既可作为胚胎起源的居住种群，也可作为不断为组织进行血液供应的种群。这种排列方式表明个体心肌和冠脉终生自我更新的机制。

[1] Cardiovascular Research Institute, New York Medical College, Valhalla, NY, USA.
[2] Department of Anesthesia, Brigham and Women's Hospital, Boston, MA, USA.
[3] The Stem Cell and Regenerative Biology Unit（BioStem），Liverpool, John Moores University, Liverpool, UK.

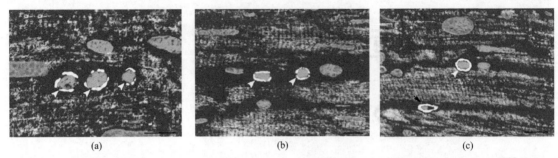

图35.1 成年大鼠心室肌组织切片。(a)箭头标识三个c-kit^POS细胞。(b)箭头标识两个MDR1^POS细胞。(c)箭头标识内皮细胞的血管性血友病因子标记。α-肌纤维肌动蛋白抗体染色标记出了肌细胞(灰色区域)。细胞核则用碘化丙啶标记(细胞内黑色部分)。此图用激光用聚焦显微镜拍摄。比例尺=10μm。

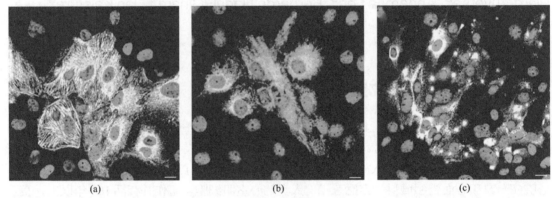

图35.2 心肌原始细胞的体外分化。(a)单克隆来源的肌细胞(灰色)。(b)平滑肌细胞(浅灰色)。(c)内皮细胞(白色)。α-肌纤维肌动蛋白、α-平滑肌肌动蛋白和血管性血友病因子抗体染色共同标记胞质。碘化丙啶标记细胞核(暗灰色斑点)。此图用共聚焦显微镜拍摄。比例尺=10μm。

35.2 心脏干细胞在心脏中的分布

心脏解剖中存在着心肌束组织和机械力水平的差别：心房、基底部、中央区和心室的颈部。心室的基底部及中央区室壁压较高，心尖部壁压较低。到达心房，壁压进一步降低。这种变化在支配CSC的功能和命运中有着重要的作用，并且对于了解影响成熟的CSC细胞的结构性及生理性因素至关重要。尽管干细胞有很强的细胞防御机制，但可变成称为"niches"的特定结构。干细胞"微环境"旨在为保持干细胞的生存和复制潜能提供微环境。原始细胞几乎不分裂，那些在特定环境下分裂的细胞有更高的分化潜能。比如，毛囊的慢循环细胞固定于某一突起，其位置是固定的，然后再生成毛囊的上皮细胞并不断地进行上皮细胞的更新，这样保证了该部位富含黑色素以防止紫外线照射所致的DNA损伤，保护机体免受伤害。这些微环境存在于所有具有自我更新功能的器官中。CSC是分散在心肌细胞中还是定位于具有典型的微环境结构的部位，这是一个重要的问题。定性和定量结果表明，CSC储存于微环境，这些特定位置优先存在于心房和心尖，但在心室亦有发现(图35.3)。干细胞富集于暴露在适度和最小机械力下的心脏的特定区域，并且富集于微环境，这一认识支持了这些细胞具有器官特异性这一观点。这个可能性与心肌干细胞来源于骨髓干细胞，并经过慢性迁徙到心脏中进行补充这一观点背道而驰。

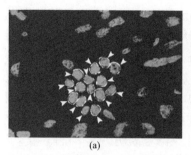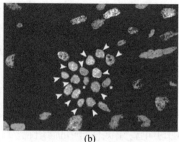

图35.3 成年鼠心脏中的微环境。（a）15个c-kit^{POS}细胞簇（箭头），（b）其中13个表达GATA-4基因（白色显示）。星号表示两个GATA-4⁻细胞。（c）细胞嵌合于纤连蛋白中（白色）。心肌细胞由肌动蛋白抗体标记（深灰色）。细胞核由碘化丙啶标记（PI）（暗灰色斑点）。此图用共聚焦显微镜拍摄。比例尺=10μm。

　　1978 年，Schofield 引入"niches"这一概念，他将其定义为"一个控制造血干细胞行为的微环境"。最新的观点认为，"niches"是体内一系列组织细胞和细胞外基质的集合，能够无限地容纳一个或多个干细胞，并控制其自我更新和后代增殖。

　　干细胞、祖细胞、前体细胞及早期分化细胞聚集在干细胞微环境内，这个微环境可通过表达缝隙连接而相互连接起来。缝隙连接是由被称为粘连蛋白的个体结构单位形成的细胞间通道。缝隙连接使得细胞之间能够进行信息交流和小分子物质的交换。CSC 和造血干细胞相似，以缝隙连接的方式传送和接收细胞生存、增殖、分化等信号。缝隙连接可使心肌细胞或邻近细胞连接，这些邻近细胞的功能与骨髓中的基质细胞相类似。我们实验室心脏实验的数据支持这个观点（图 35.4）。总之，原始细胞在心脏上的定位和心脏解剖上的压力分布是呈相反的关系。

图35.4 c-kit^{POS}细胞呈现在粘连蛋白43形成的平面上。c-kit^{POS}细胞（浅灰色膜）；粘连蛋白43（白色斑点）。粘连蛋白43位于干细胞和肌细胞之间（箭头所示）。肌细胞由α-肌纤维肌动蛋白抗体染色标记（灰色）。细胞核由碘化丙啶标记（c-kit里的暗灰色斑点）。此图用共聚焦显微镜拍摄。比例尺=10μm。

35.3 非固有的原始细胞对心肌损伤的修复

　　多数研究都涉及成熟心肌细胞的生物学问题。首先，成熟的干细胞可分化成不同于它们所在器官的细胞系，也可分化成来自同一个胚层的细胞。这些特性被认为只限于胚胎干细胞。其次，成年个体的干细胞可迁徙到损伤位点，修复各种器官的损伤。和心脏一样，在大脑的选择性区域已经鉴定出神经干细胞，这些区域被认为是有丝分裂后形成的器官。因此，成年个体的干细胞也存在于其他出乎我们意料的器官之中，并且干细胞不是由其来源的细胞所决定的。造血干细胞可穿过血管内皮细胞，沿基质到达特定部位，从而取代骨髓或者淋巴器官。此外，造血干细胞还可生成骨骼肌细胞和骨骼肌干细胞进入骨髓。然而，这些特定的骨骼肌干细胞确实是骨髓的来源。造血干细胞还可以分化成功能性肝细胞。静脉注射造血前体（细胞），到达并在那里分裂，便渗入整个器官，然后分化成中枢神经系统类型细胞。相反，来自外胚层的中枢神经细胞可转分化成血细胞，进而生成中胚层。造血干细胞呈现出中枢神经系统细胞的特性。总的来讲，这些信息支持这样一种观点，即某一特定器官的损伤，可通过着眼于细胞的可塑性促使干细胞进行分化来修复损伤。这个观点引起了争议，有关争议的问题将在本节的后面解决。产生这个争议的原因是早期对干细胞转分化的认识促使人们使用骨髓细胞来重建坏死的心肌，并且这种方法被认为优于其他治疗心肌损伤的细胞学方法。

人们在修复梗死心肌方面做了很大的努力，比如将移植培养的胎儿心肌细胞或组织、新生儿和成人心肌细胞、骨骼肌细胞和骨髓来源的未成熟心肌细胞植入心脏去修复损伤的心肌。当成功植入细胞或组织后，心室功能会有所改善，然而这些干预措施却无法重建健康的心肌，也无法达到结构融合，更无法与其他部分的心肌发挥功能。这种缺陷在骨骼肌成肌细胞中比较明显。骨骼肌成肌细胞不表达表面粘连蛋白 43，无法形成离子通道和进行细胞间的电耦合。此外，移植物的血管形成仍是一个未解决的问题。这些问题都说明需要新的治疗策略来重塑死亡心肌。循环注射或者在损伤处原位导入广泛生长分化的成熟造血干细胞表明，这些细胞可感受病灶处的信号，然后迁徙到伤处。随后，在伤处的造血干细胞增殖、分化和启动生长，进而形成原先被破坏的组织的所有成分。基于此理论，富含 Lin-c-kit^{POS} 细胞的骨髓细胞可移植至急性心肌梗死灶临近的存活心肌里。这样可使这些细胞迁徙到左心室的坏死区，进行心肌重塑，并阻止其恢复和代偿功能失调。9d 内，梗死部位会出现大量的小心肌细胞和血管结构，然后部分取代坏死组织（图 35.5）。新形成的幼稚心肌可表达心肌分化、心肌纤维蛋白和粘连蛋白 43 所需的转录因子。左心室的新生部分内有冠脉和新生血管分布。这些血管可与原发性冠状动脉循环血管在功能上连接。首次表明，在体内骨髓细胞可生成心肌细胞，降低梗死灶，改善心脏功能。

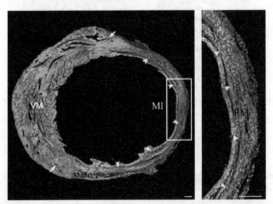

图35.5　心脏横截面的广泛梗死。（左图）心肌梗死后，在梗死边缘区注射骨髓细胞进行治疗（箭头所示）。9d之后，梗死区出现再生心肌细胞群（箭头所示）。（右图）为矩形窗内放大的细胞，由心肌肌凝蛋白重链标记肌细胞的细胞质，细胞核由碘化丙啶标记。（VM：存活的心肌，MI：心肌梗死，RM：再生的心肌）。此图用共聚焦显微镜拍摄。比例尺＝300μm。来源于文献Orlic D, et al. 2001. Nature 410: 701–5，已获批准转用。

现在我们阐述一下细胞因子和生长因子在干细胞动员和迁徙对受损器官尤其是心脏方面的作用，这是个具有高度临床相关性的问题。对这个问题的认识可使无需外源性植入干细胞的方法或为受体患者进行预防性储存的方法来治疗疾病成为可能。让没有衍化的器官的未分化细胞发挥最大的治疗潜力需要有两个必需的决定因素：器官损伤和循环中高水平的原始细胞。现已证明这两个条件不总是必需的。在未损伤的器官和单一骨髓细胞中也发现了细胞的转变。然而，个体细胞移植的程度是非常低的，并且在未受影响的组织中更低。众所周知，干细胞因子和集落刺激因子是明显增加循环造血干细胞的重要细胞因子。这些被动员的细胞可重塑致死剂量照射的受体小鼠的淋巴造血系统。在心肌梗死的情况下，则能提高其回归心脏并遵循分化通路分化成心肌细胞和冠脉血管的可能性。与预期一致，实验很成功。重塑的组织含有实质细胞和血管分布。此外，获得的新的心肌细胞和心室的修复区域可承担足够的心肌功能，提高心脏泵血功能以及明显减弱心肌梗死后的负性重塑。关于心肌梗死后用骨髓干细胞或者细胞因子进行心肌细胞新生的结果，并没有解决造血干细胞粘连和转移分化这些关键问题。重要的是，现在这一假设进一步发展为捐献者的干细胞有可能和宿主的实质细胞融合，导致出现错误的转移分化。到目前为止，越来越多的研究表明，骨髓中含有能重新生成坏死组织的细胞，但是骨髓中的这些细胞或被细胞因子调动的细胞或在梗死的时候有诱发修复反应潜能的细胞还未鉴定出来，也不能排除细胞融合的作用。然而，新生成的心肌细胞的面积只有周围未受伤心肌细胞的 1/15 ～ 1/20，并且这个数据提示可能不存在细胞融合作用。类似地，供体来源的细胞分裂迅速，但四倍体细胞分裂缓慢，如果合作细胞是终末分化的心肌细胞，可能不会分裂。

35.4　固有的原始细胞修复心肌损伤

造血干细胞是否是用于心肌修复的首选干细胞，以及固有的 CSC 是否被选择性激活进而取代受损细胞，这是很重要的问题。这是因为造血干细胞需要自我重塑生成可分化成心肌细胞的新细胞。直接激活和 CSC 直接迁徙到受损区可避免这种中间相的发生。并且 CSC 在短时间内可达到典型成熟心肌细胞和冠脉典型的功能满足和结构特征。可以直观地看到，这个概念和方法具有吸引力是因为其简单性。仅仅增强心肌细胞的正常更新也许可以实现心肌修复。尽管这是个灰色地带，我们实验室的结果表明，细胞更新的发生贯穿于器官和生命个体的终生。这一过程是老死的细胞不断被新的、幼稚的和功能更好的细胞所取代。细胞更新不只限于实质细胞，还包括心脏的所有细胞。比如，CSC 的存在合理地解释了成熟心室肌细胞之间的异质性。以前的肥大的心肌细胞混合着小的、分化的细胞和循环扩增的细胞。后者的细胞群可通过快速分裂和同时分化生成大量的新的心肌细胞，直至形成成熟的细胞。

干细胞几乎不分裂，能够瞬时增殖的细胞才是具有自我更新功能的器官进行细胞复制的主要细胞群。少数原始增殖细胞有一特性，就是它们经过多重扩增后，同时分化。干细胞可对称性分裂也可不对称性分裂。当细胞对称性分裂的时候，形成两种自我更新的子细胞。这时，分裂的目的是增殖，即干细胞库扩大。当细胞不对称分裂时，会出现一个子干细胞和一个具有扩增性的子细胞。此时，分裂的目的是细胞分化。干细胞也可以分裂成两个不断扩大的细胞，来降低原始细胞的数量。

CSC 细胞谱系分化生成心室肌细胞、平滑肌细胞和内皮细胞。CSC 表达 c-Met 和胰岛素样生长因子 -1 受体（IGF-1R），因此，可被肝细胞生长因子（HGF）和胰岛素样生长因子 -1（IGF-1）诱导和激活（图 35.6）。体外激活和侵袭实验表明，c-Met-HGF 系统是导致原始细胞迁徙的主要原因。然而，IGF-1-IGF-1R 系统在细胞复制、分化和生存中发挥重要作用。用

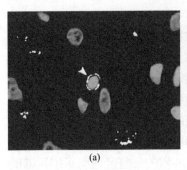
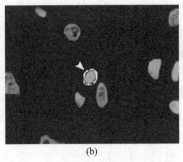
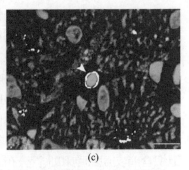

(a) (b) (c)

图 35.6 c-kit^{POS} 细胞表达 IGF-1R。（a）c-kit^{POS} 细胞（箭头），（b）IGF-1R（箭头），（c）c-kit 和 IGF-1R 在同一细胞内（箭头）。心肌细胞由肌动蛋白抗体标记（灰色）。细胞核由碘化丙啶（PI）标记（暗灰色斑点）。此图用共聚焦显微镜拍摄。比例尺=10μm。

双光子显微镜在非固定的、灌注的、活的心肌细胞的离体充气的 Tyroads 溶液制品内已经确定 HGF 和 IGF-1 对 CSC 的迁徙和生长的影响是有差别的。这些观察到的结果进一步需要一系列的实验来证明。这些实验证明，在龋齿动物中，原始细胞和祖细胞会从含量丰富的心耳迁徙到梗死的心肌。在研究的所有物种中，这种新形式的细胞内治疗诱导大量的心肌细胞生成，可挽救因梗死而无法正常生活的动物。这些物种包括老鼠、兔子、狗，当然还有人类。重塑的梗死心室是由收缩细胞和供血的冠脉组成的，类似于早期出生后心肌组织的成分和特征。尽管再生的时间非常短，但我们有理由相信，前体实质细胞会随着时间而逐渐变成成熟的心肌细胞。

如在本章后面"人类心肌再生"部分所解释的那样，在心肌肥大合并慢性主动脉瓣狭窄的患者中可见其所认为的 CSC 向心脏祖细胞、心肌祖细胞及祖细胞的转变，并类似于肿瘤生长。人类细胞中的这种生长模式对于动物模型观察到的结果具有至关重要的意义。在龋齿动物中可检测到压力负荷过重时，左心室的增长幅度超过心肌再生的幅度，这是我们首次证明了人类心脏可自我修复。因此，心脏是一个自我更新器官，其实质细胞和非实质细胞的取代是由干细胞室和干细胞自我更新和分化的能力所调节的。这是因为再生遵循着一个按层次的原则，在这个过程中，缓慢分裂的干细胞生成可高度增殖的有限细胞系，然后再变成相应的前体，最终达到生长停滞和终末分化。

总之，心脏中的原始细胞可被激活并迁移到心脏损伤部位。定位以后，启动更广泛的修复过程，由与原发性冠状动脉循环连接的新生血管提供营养，从而重塑功能性心肌。因心脏中的干细胞储存位点有简便和快速接触的特点，故这种方法可用骨髓来进行重塑。此外，心肌原始细胞分化快并且不需要重启，可使细胞生成心肌细胞系的那种血供状态。

35.5 人类心肌再生

按照理论，人类的心室肌细胞是终末分化细胞，并且其生命周期对应个体的生命。生后几个月，心肌细胞的数量就可以达到成人的数量。并且同样的心肌细胞可终生每分钟收缩 70 次。由于这些细胞的某一部分可收缩 100 年甚至更长时间，因此，这条理论的必然结果是心肌细胞的结构和功能是永久性的。这个假设与细胞老龄化、程序性细胞死亡及在哺乳动物心脏中随着生命进程细胞缓慢变化的逻辑背道而驰。相反，一些研究也提供了一些不确切的证据说明心肌细胞死亡后，不断形成新的心肌细胞，这发生在正常人心脏的各个年龄段。

这两种过程在病理状态下都会加强。并且细胞的生长（图35.7）和死亡失衡是发生心脏功能失调的决定因素，并最终发展为器官终末衰竭和死亡。和在啮齿动物中观察到的结果类似，我们观察到在人类心脏中含有原始细胞，其普遍存在于左心耳处。通过增殖和分化，原始细胞可生成心肌细胞、冠脉和毛细血管来重塑负荷的心脏。这些新形成的组织结构到了成熟型就会融入现存的心肌细胞中，变得与组织中现存的细胞并无区别。从受者到移植心脏所引起的这种现象用心脏嵌合（cardiac chimerism）来详细描述。

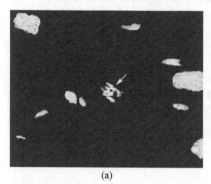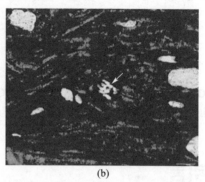

(a)　　　　　　　　　　　　　　　　(b)

图35.7　扩张性心肌病患者左心室心肌的区别。（a）PI标记有丝分裂中期染色体（被标记的灰色结构）。（b）心肌细胞由肌动蛋白抗体标记（灰色）。此图用共聚焦显微镜拍摄。比例尺=10μm。

一个与长时间过度负荷相关的问题是，这种病人的心脏其生长潜能降低。这表明原始细胞有细胞系的限制，并且这个过程会降低干细胞群的数量。比如说，急性心梗后，在更大范围内，残存的心肌细胞其细胞分裂指数接近0.08%。然而，心肌梗死后晚期衰竭，其细胞分裂指数变成了0.015%。同时，心肌细胞死亡、凋亡和自然坏死都明显增加，超过细胞增殖的数目。因此，这个问题是介入治疗是否可直接增加干细胞成分或者这种细胞扩增可在器官外的培养体系内进行。后者是一个不太有利的策略，因为这种方法需要时间和干扰紧急治疗的大多数晚期心脏失代偿患者。

深入阅读

[1] Anversa P, Nadal-Ginard B. Myocyte renewal and ventricular remodelling. Nature 2002; 415 (6868): 240-3.

[2] Avots A, Harder F, Schmittwolf C, Petrovic S, Muller AM. Plasticity of hematopoietic stem cells and cellular memory. Immunol Rev 2002; 187:9-21.

[3] Forbes SJ, Vig P, Poulsom R, Wright NA, Alison MR. Adult stem cell plasticity: new pathways of tissue regeneration become visible. Clin Sci (Lond) 2002; 103 (4): 355-69.

[4] Gepstein L. Derivation and potential applications of human embryonic stem cells. Circ Res 2002; 91 (10): 866-76.

[5] Kondo M, Wagers AJ, Manz MG, Prohaska SS, Scherer DC, Beilhack GF, et al. Biology of hematopoietic stem cells and progenitors: implications for clinical application. Annu Rev Immunol 2003; 21:759-806.

[6] MacLellan WR, Schneider MD. Genetic dissection of cardiac growth control pathways. Annu Rev Physiol 2000; 62:289-319.

[7] Nadal-Ginard B, Kajstura J, Leri A, Anversa P. Myocyte death, growth, and regeneration in cardiac hypertrophy and failure. Circ Res 2003; 92 (2): 139-50.

[8] Oh H, Schneider MD. The emerging role of telomerase in cardiac muscle cell growth and survival. J Mol Cell Cardiol 2002; 34 (7): 717-24.

[9] Theise ND, Krause DS. Toward a new paradigm of cell plasticity. Leukemia 2002; 16 (4): 542-8.

[10] Watt FM, Hogan BL. Out of Eden: stem cells and their niches. Science 2000; 287 (5457): 1427-30.

第 *36* 章

肌营养不良症的干细胞治疗

Francesco Saverio Tedesco[1][2], Maurilio Sampaolesi[3], Giulio Cossu[1]
陈元元　译

36.1　引言

　　肌营养不良症（MD）是一类遗传性疾病，以进行性肌肉萎缩为特征，导致不同程度的运动功能障碍，其中包括被限制在轮椅上、心衰和/或呼吸衰竭，以及最严重的例如杜氏肌营养不良症（DMD）。虽然该疾病的分子机制尚未明确，但现有研究表明，质膜或内膜（较少）上某种蛋白质的缺乏，会增加收缩时损伤的可能性，并最终导致纤维变性。事实上，当前的"结构损伤"假说可能是过于简单化的，而实际的发病机制要复杂得多。营养不良的肌肉组织内出现炎性细胞（主要是淋巴细胞和巨噬细胞）浸润，随后成纤维细胞分泌大量的胶原，导致肌肉的进行性硬化，并被脂肪组织替代。在此过程中，局部微循环逐渐丧失，导致存活或再生的纤维处于缺氧状态，使得该纤维激活恶性循环，并导致进一步退化的发生。纤维变性通过位于基底层下被称为卫星细胞的原位生肌细胞产生的新纤维来平衡。虽然卫星细胞代表了出生后骨骼肌中的干细胞/祖细胞，并具有肌肉再生功能，但既往证据表明，其他祖细胞也可以参与肌肉再生。

　　后者的细胞来自不同的解剖部位，如微血管龛和/或骨骼肌小间隙，甚至可以通过循环从不同组织例如骨髓或脂肪组织到达肌肉。纤维变性与祖细胞介导再生之间的平衡决定了细胞和临床的预后。事实上，近期的研究结果支持一个模型，并提示祖细胞衰竭的对立面可能就是一种缓解营养不良患者肌肉无力的方法。当再生细胞也被耗尽的时候，骨骼肌会逐渐被脂肪和纤维组织所取代。

　　针对杜氏肌营养不良症儿科患者的药物治疗，目前仅限于类固醇，具有相对一致的疗效，并得到了一些近期研究的支持。类固醇抑制炎症，这是遗传缺陷下导致肌肉变性的结果。其他临床试验的药物包括一氧化氮（NO）（NCT01350154:Effect of Modulating the nNOS System on Cardiac, Muscular and Cognitive Function in Becker Muscular Dystrophy Patients;

---

[1]　Department of Cell and Developmental Biology and Center for Stem Cells and Regenerative Medicine, University College London, London, UK, and Division of Regenerative Medicine, Stem Cells and Gene Therapy, San Raffaele Scientific Institute, Milan, Italy.

[2]　University College London Hospitals NHS Foundation Trust, London, UK.

[3]　Translational Cardiomyology Laboratory, Stem Cell Institute, Department of Development and Regeneration, Catholic University of Leuven, Belgium, and Human Anatomy Institute IIM and CIT, Department of Public Health, Neuroscience, Experimental and Forensic Medicine, University of Pavia, Italy.

ClinicalTrials.gov）和艾地苯醌（NCT00654784:Efficacy and Tolerability of Idebenone in Boys With Cardiac Dysfunction Associated With Duchenne Muscular Dystrophy; ClinicalTrials.gov），同时，肌肉生长抑制素的中和抗体也进行了临床试验，但结果显示，其在治疗肌营养不良症中并没有疗效。在临床前研究中使用的其他分子包括 IKK/NF-κB 抑制剂、肌肉生长抑制素和 TGFβ 信号通路以及染色质修饰剂。也尝试了通过上调抗肌萎缩蛋白相关蛋白以补偿 DMD 中肌萎缩蛋白的损失，现阶段正在努力测定近期发现的抗肌萎缩蛋白相关蛋白表达的转录激活物。其他实验性治疗方法可以粗略地分为三类。

（1）突变靶向治疗策略 针对突变抗肌萎缩蛋白的主要遗传缺陷，即外显子跃迁和无义密码子抑制。它们分别基于穿过肌膜的小分子和旨在剪接或终止 mRNA 的小分子。这两种策略都通过了 Ⅱ 期临床试验。这些试剂通过将一个杜氏蛋白转换为一个温和的贝克尔蛋白，产生了具有功能或部分功能的蛋白质。

（2）基因替代疗法 "跃迁"策略为大部分肌萎缩蛋白突变提供了解决方案，但是许多其他情况（例如，在调节区内的突变和大片段缺失）不能用这种方法进行处理。因此，对于一些患者，肌萎缩蛋白基因必须被替换而不是被修复。出于这个目的，对几种类型的载体（病毒和非病毒）已经进行了开发和测试，但是大尺寸的抗肌萎缩蛋白基因受到了限制，因为该类抗肌萎缩蛋白基因可能无法转移到目前应用于临床上的大多数病毒载体上。因此，使用小型或微型抗肌萎缩蛋白基因投入研究，但最新的临床试验结果并不理想，也可能是因为蛋白质的免疫反应。治疗肢带型肌营养不良症的过程中已经出现了较好的结果，可能是因为肌聚糖蛋白具有较小的分子量和较低的免疫原性。

（3）细胞疗法 最初是基于成肌细胞移植的方式，而最近越来越多地涉及干细胞 / 祖细胞的移植。近年来对新型干细胞的鉴定打开了细胞治疗的新视角，即本章的主题；然而，为了制定一个对患有严重肌营养不良症的患者具有显著临床改善前景的方案，在干细胞生物学方面的限制仍然是一个必须克服的障碍。

36.2 成肌细胞移植——过去的失败案例和新的希望

之前有研究表明，在肌营养不良 *mdx* 小鼠的肌肉中注射成年成肌细胞后，重建出了高效的、肌萎缩蛋白阳性、外观正常的纤维。这个结果给治疗带来了希望：在 20 世纪 90 年代初的几个月内，使用肌内注射成肌细胞进行了几个临床试验，细胞从母体的组织中分离获得。但在一些病例中证实了新的肌萎缩蛋白的生成，尽管没有副作用，但并无临床意义。考虑到在单个肌肉（或至多几个肌肉）的几个位置的肌内注射不能获得总体的效果，虽然在少数受试患者中检测到被注射肌肉强度的改善，但这并不奇怪。通过肌内注射成肌细胞来治疗肌肉营养不良存在几个问题，特别是对大多数骨骼肌受累的类型。首先，肌内注射的细胞仅从注射部位向外迁移很短的距离，这意味着必须进行大量的注射以便治疗完整的肌肉。其次，已有研究表明，存在针对注射的成肌细胞的免疫应答，甚至在主要组织相容性基因座匹配的情况下。最后，大多数移植的成肌细胞在注射后的前几天出现死亡，后续一些研究试图改善成肌细胞的生存、增殖、植入后的分化。随着研究的深入，研究人员提出了一些提高注射成肌细胞的存活率和定植效率的方法。尽管该方法仍然有一定的限制，即无法在所有受影响的肌肉中输送成肌细胞。但是基于这些研究已经完成了第 1 阶段的临床试验，而且结果令人鼓舞。

第 1/2 试验的阶段已开始，对在 16 岁以上免疫抑制 6 个月的患者评估整个桡侧伸肌的成肌细胞（extensor carpi radialis muscle）移植的疗效。然而，对于仅影响几块肌肉的肌营养不良患者，例如眼咽肌营养不良型，其特征为眼睑和咽肌受累，从未受影响的肌肉（胸锁乳突肌或股外侧肌）中分离出未修饰的成肌细胞进行自体移植，已在临床前研究中显示出良好的结果，并已进入临床试验。该试验是一项关于可行性和耐受性的研究，虽然第一次的结果是令人鼓舞的，但是它们的分析仍在进行中，特别是对吞咽障碍方面的治疗结果。

为了改善成肌细胞的肌内移植，一些研究成功地通过使用不同的标志物，例如 Pax3-GFP、CXCR4 和 β1- 整联蛋白或 α7- 整联蛋白和 CD34 等，来筛选"纯化"的卫星细胞（促进成肌细胞体外培养）。仍然无法确认不同的方案是否获得相同的细胞群，以及富集更原始的"干样"部分到不同程度。然而，所有这些研究表明，新鲜分离的细胞在体外扩增后在 mdx 小鼠（DMD 模型）中比相同的细胞具有更强的产生肌萎缩蛋白表达纤维的能力。这里的问题是，从活检中分离出来的新鲜细胞很少，甚至不足以移植到一些选定的患者肌肉上。然而，最近的报道显示，在生物材料上而不是塑料上培养的成肌细胞，在很大程度上保留了与新鲜分离的细胞相同的定植能力。

与此同时，包括我们自身在内的几个实验室，开发了从患者提取并体外扩增成肌细胞或其他细胞（见下文）的策略，用编码治疗基因的病毒载体转导它们，并将它们注射回供体患者的肌肉组织中，其中至少包含几块生命必需的肌肉。这种方法可以解决供体细胞排斥的问题，而不是针对载体和治疗基因（遗传疾病中的新抗原）的免疫反应的问题。如上所述，很难生产出一种整合载体，能够将肌萎缩蛋白 cDNA 整合至患者来源的干细胞中。最近对在 DMD 模型中用含有整个肌萎缩蛋白基因座（DYS-HAC）的人类人工染色体（HAC）转导的干细胞移植的临床前疗效表明，该问题可能得以解决。然而，从患者分离获取的原代细胞的寿命也是一个问题，已经进行了所有的尝试，从用癌基因或端粒酶的永生化到非生肌细胞的肌源性转化，已经有了一定意义的结果，但是仍无法满足临床移植的需要。在任何情况下，成肌细胞用于系统性治疗肌营养不良患者的限制在于它们不能穿过内皮，这使得它们的广泛分布难以实现，不能到达全身并阻断了隔膜和心肌的愈合，而这对于患者的生存至关重要。

36.3 非传统意义的肌源性祖细胞

组织特异性转基因标志物让我们可以明确证实来源于除骨骼肌之外组织的肌源性干 / 祖细胞（表 36.1）。在移植时，这些细胞参与野生型和 / 或肌营养不良小鼠的肌肉再生，并进入卫星细胞池中。肌源性分化是否依赖于融合（并因此暴露于肌源性主基因的显性活性）尚不确定，但是对于骨骼肌，这将是该组织的生理形态发生的一部分。这种现象的范例见骨髓来源的细胞。骨髓内有多种多能细胞（表 36.1），其包括造血干细胞（HSC）、间充质干细胞、多潜能成体祖细胞和内皮祖细胞。这些细胞在本书的不同章节中有详细描述；在这里，我们简要回顾其肌源性潜能的特性，被用于肌营养不良模型的临床前研究，以及从骨髓以外的组织分离的其他细胞类型（图 36.1）。

36.3.1 造血干细胞

在 1998 年，我们报道了小鼠骨髓内含有可移植的祖细胞，可通过外周循环募集到损伤的肌肉，并可分化为成熟肌纤维参与肌肉修复。在肌肉特异性调节元件（MLC3F-nlacZ）的控制下，表达核 lacZ 的转基因小鼠仅在横纹肌的新生肌纤维中检测鉴定出供体来源的骨髓核基因。

表 36.1 肌源性干 / 祖细胞的特性

细胞类型	来源	增殖	在体外肌区别	交叉内皮（系统传递）	在体内的抗肌萎缩蛋白的表示
SC/ 成肌细胞	骨骼肌	不定性	自发的	否	+++
CD133$^+$	血液 / 骨骼肌	低	肌细胞诱导的 / 自发的	是	++
EPC	血管壁	低	肌细胞诱导的	未知	NT
HSC	骨髓	低	肌细胞诱导的	基于诱导	+
MAB	血管壁	高	肌细胞诱导的 / 自发的	基于诱导	++
MAD	脂肪组织	高	自发的	未知	+
MAPC	骨髓 / 血管壁	高	氮杂胞苷诱导的	未知	NT
MDSC	骨骼肌	高	肌细胞诱导的	未知	+++
MEC	血管壁	高	自发的	未知	+
MSC	血管壁	高	氮杂胞苷诱导的	未知	+
NSC	室下区	高	肌细胞诱导的	未知	NT
PIC	骨骼肌	高	自发的	未知	NT
PSC- 衍生的生肌细胞[①]	ES/iPS 细胞	不定性	自发的 /Pax3/7 诱导的	不定性	++/NT

① 这一行是指不同的论文有不同的结果；详情请参见具体章节。

注：从细胞治疗的角度出发，对已知的、推定的或在不同的成人干细胞中所观察到的特征做出的原理性的、简化的概述。CD133$^+$（Ac133$^+$）干细胞；EPC：内皮祖细胞；HSC：造血干细胞；MAB：成血管细胞；MAD：多能脂肪源性干细胞；MAPC：多能成体祖细胞；MDSC：肌源性干细胞；MEC：肌上皮细胞；MSC：间充质干细胞；NSC：神经干细胞；PIC：PW1 阳性间质细胞。NT：未经试验的。

这一报告给临床移植带来了希望：据推测，虽然这一现象出现的概率很低，但在慢性再生的营养不良肌肉中，肌源性祖细胞会定植于适合的环境并再生出肌萎缩蛋白阳性的正常纤维。

然而，事实证明情况并非如此。在接下来的一年中，其他组显示，接受骨髓移植的 *mdx* 小鼠或 SP（一部分通过染料排阻分离的含有能够在移植后重新形成造血系统的干 - 祖细胞群）同源 C57BL/10 小鼠，在数周内出现了少量含有供体核遗传标记（Y 染色体）的肌萎缩蛋白阳性的肌纤维。即使在移植后数月，携带肌萎缩蛋白和 Y 染色体的肌纤维的数量也从未超过肌肉中全部纤维的 1%，因此，临床移植中摒弃了该方案。随后在类似的动物模型（*mdx4cv* 突变体）中也获得了类似的结果。除此之外，对于接受骨髓移植的杜氏肌营养不良症患者进行了回顾性分析，证实了供体来源的骨骼肌细胞多年持续性存在，然而移植率很低。

这种低效率的原因可能是：①骨髓中肌源性祖细胞的缺乏；②移植不充分，移植程序需要优化；③从骨髓募集肌源性祖细胞的信号不足；④促进生存、增殖和分化的环境不理想；⑤原位卫星细胞（维持大多数 *mdx* 小鼠的寿命）的竞争；⑥由于纤维组织的沉积增加和营养不良肌肉的血管床减少，难以到达再生中的纤维。

相比于老鼠体内，内源性卫星细胞的再生在杜氏肌营养不良症的患者体内更早被耗尽，因此，利用血源性祖细胞达到的肌肉定植可能是不同的，但是一些数据表明，在任何情况下，该过程发生的频率都很低。

当骨髓被分离为 CD45 阳性和阴性部分时，骨髓移植后的肌肉生成活性与 CD45 阳性相关，这表明在 HSC 本身或在尚待鉴别的细胞中具有肌源性分化潜能，后者表达一些与 HSC 相同的标志物。在随后的几年中，一些研究充分证明了骨髓 SP 细胞可以被募集到营养不良或再生中的肌肉内，并且在暴露于分化中的肌细胞或应答募集细胞分泌的 Wnt 信号通路后，可以分化成骨骼肌细胞；此外，一部分 SP 细胞定植在卫星细胞的典型位置（基底层和肌纤维膜之间），并且表达卫星细胞的标志物。两篇论文提供了最终的证据，即单个 HSC 能够在骨髓移

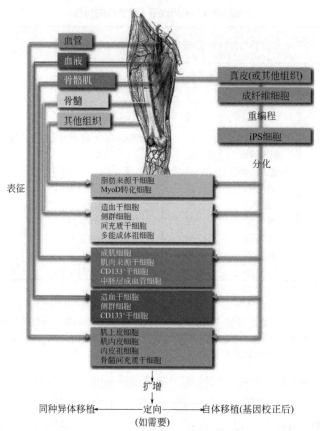

图36.1　在肌肉再生的可能用途中，对于不同干/祖细胞的推导图。大胆试用或正在进行临床试验的细胞类型。
修改自：Tedesco FS, et al. 2010. J Clin Invest 120: 11-9。插图改编自：H. Gray（1918）Gray's
Anatomy of the Human Body, 20th US edn（来源：维基百科，公有域名图片，过期版权）。

植后重建受体小鼠的造血系统，并且在体内产生可分化为体内骨骼肌的衍生体。然而，这两篇论文在这种现象的机制上并未达成一致：一篇论文表明，与以前的数据一致，认为供体细胞也是真正的"卫星细胞"；而另一篇论文未能确定供体来源的卫星细胞，并表明髓系中间祖细胞的融合是分化的原因。在常见情况下，所有这些数据都表明，植入的频率较低，近几年在为了对肌营养不良症状进行细胞治疗而使用造血干细胞的研究领域内未见进一步的进展。

　　另一方面，当注射到营养不良的免疫缺陷小鼠体内和体外时，循环的人类 CD133（也称为 AC133）阳性细胞分化成骨骼肌。在 8 个患有杜氏肌营养不良症的男童身上，通过利用未改性的、因此仍然营养不良的肌源性 CD133⁺ 细胞自体移植，进行了第 1 阶段试验，专门测试安全性；无不良事件方面的报告。此外，当杜氏肌营养不良患者体内的 CD133⁺ 细胞通过慢病毒介导的外显子跃迁成为抗肌萎缩蛋白外显子 51 而被基因校正时，它们能够在免疫缺陷的 / 肌营养不良的小鼠身上调节形态和功能的恢复状况。

36.3.2　来源于中胚层的非造血细胞

　　许多不同类型的中胚层干 / 祖细胞已显示出肌源性潜能，通常在药物治疗、遗传修饰或与成肌细胞共培养后表现出来。体内生肌现象已经被一些研究所报道。表 36.1 列出了这些细胞，其中一些，例如间充质干细胞（MSC）、内皮祖细胞（EPC）和成血管细胞（MAB）的简要描述如下。

36.3.2.1 间充质干细胞

间充质干细胞已被证明能够促进骨骼肌的发育。尽管 Pax3 活化能够使小鼠和人类的间充质干细胞进行体外诱导分化，成为 MyoD⁺ 肌源性细胞，这些细胞未能促进 *mdx* 小鼠肌肉的功能性恢复，尽管有良好的移植率。这种失败的原因仍不清楚。

内皮祖细胞被初步鉴定为循环细胞，表达 CD34 和胎肝激酶 -1（Flk-1，也称为 VEGFR2），被证明是可移植的，并且在各种生理和病理条件下积极参与血管生成。然后显示，新鲜分离的脐血 CD34⁺ 细胞被注射到缺血肌肉上，在小鼠体内不仅有助于内皮细胞的产生，而且有助于骨骼肌的生成。已经鉴定了在成人骨骼肌的血管内皮中存在具有生肌潜能的细胞。这些人类肌上皮细胞占游离成年骨骼肌中细胞总量的 0.5%，表达肌源性和内皮源性的细胞标志物（CD56⁺ CD34⁺ CD144⁺ CD45⁻），能够长期增殖并具有正常的核型，并且当移植到 *scid* 小鼠体内后，能够在受伤的肌肉中再生出肌纤维。

从脂肪组织分离的人多能脂肪来源干（hMADS）细胞可以分化成脂肪细胞、成骨细胞和成肌细胞。最近，hMADS 的生肌性和肌肉修复能力可以通过瞬时表达 MyoD 而获得增强。组织来源容易获取、强大的体外扩增能力、多能分化和其免疫特性行为表明，hMADS 细胞是可以用于骨骼肌疾病细胞介导治疗的重要工具。

最近，Sassoon 及其同事鉴定出表达细胞应激介质 PW1 但不表达其他标志物如 Pax7 的间充质干细胞群。这些细胞被命名为 PIC，能够有效地促进骨骼肌再生并生成卫星细胞和 PIC。这种新的细胞群体似乎是卫星细胞的前身，给细胞治疗带来了希望，但是它的潜力还没有在营养不良的动物身上进行测试。最后，最近报道了另一种驻留在肌肉中的纤维 / 脂肪祖细胞亚群：它们是在病理性而不是健康肌肉中产生的异位白色脂肪；它们应对损伤的增殖效率很高，虽然不产生肌纤维本身，但能增加原代肌源祖细胞的分化速率。基于这些特征，这些细胞可以提供分化因子的来源，而不作为细胞治疗的首选。

36.3.2.2 成血管细胞

成血管细胞（MAB）是血管相关祖细胞，从胚胎时期分离可以表达早期内皮标志物，当从出生后组织分离时则表达外周细胞标志物。由于成血管细胞能够穿过血管壁，且易通过慢病毒载体进行转导，所以它们已应用于针对肌营养不良症状的细胞治疗的临床前模型中。经动脉注射野生型或遗传修饰的 MAB 能够在形态上和功能上改善营养不良型小鼠，包括缺乏 α- 糖基聚糖（Sgca）的小鼠（*SGCA* 基因突变导致的 2D 型肢带肌营养不良小鼠），缺乏 dysferlin 蛋白的小鼠（LGMD2B 模型），以及 *mdx* 小鼠。此外，动脉注射新生犬野生型 MAB 能带来广泛的抗肌萎缩蛋白表达，并改善了 DMD 模型金毛犬的病理性肌肉的形态和功能。类似的细胞已经从人类产后骨骼肌中分离出来，并显示为代表周细胞的一个子集，并且当移植到 *scid/mdx* 小鼠中时产生抗萎缩肌蛋白阳性肌纤维。此外，最近通过对 cre-lox 谱系的追踪而获得的证据显示，在正常小鼠的未受干扰的出生后发育期间，来自骨骼肌的外周细胞有助于骨骼肌纤维生长并进入卫星细胞池。基于这些研究，4 项连续性的经动脉注射、剂量递增、HLA 配型合适、供体来源的成血管干细胞移植的第 1/2 阶段的临床试验，于 2011 年 3 月在 San Raffaele 医院开始，结果有望在 2012 年进行公布。在确保安全性的前提下，注射成血管细胞后，患者收缩力的测定可能需要修正。由于接受治疗的患者人数较少（2011 年 3 例，2012 年 3 例）和缺乏对照（由于需要免疫抑制，则会纳入未经治疗的对照，这样做是不道德的），在试验开始之前，我们一直追踪这 6 名患者以及其他同龄的 22 名 DMD 患者共 18 个月，定期测量其运动能力和收缩力。这样我们才能将肌肉收缩力的变化同每个病人的前期情况进行比较，并分析所检测变化可能的统计学差异。

36.4　多能干细胞用于未来的细胞治疗

多能干细胞（PSC）能分化为人体的所有细胞类型。具体来说，我们将讨论限制为胚胎干（ES）细胞和诱导性多能干（iPS）细胞，因为它们在实践中是最常用于定向分化为特定细胞类型的两种多能干细胞，特别是诱导性多能干细胞为退行性疾病的自体细胞治疗带来了巨大的希望，提供了获得患者特异性细胞的可能性。

大约二十年前，有人描述了胚胎干细胞来源的拟胚体（当胚胎干细胞悬浮培养时，形成了立体结构）是如何包含表达骨骼肌基因的多能肌纤维的。十年后，文献证明 *mdx* 小鼠接受注射与肌肉来源的祖细胞共培养的小鼠拟胚体后，出现了成簇的供体来源的抗肌萎缩蛋白阳性纤维。最近有文章描述了卫星细胞从小鼠胚胎干细胞到诱导性多能干细胞的产生过程。这些细胞能促进损伤和营养不良肌肉的再生，并且可以被二次移植，尽管目前没有关于移植后功能改善的数据。

ES 来源细胞的肌源性转化和谱系特异性重编程是另一种有趣的方法。实际上，小鼠 ES 细胞已经成功地通过转录因子 MyoD 实现转化。最近，研究人员实现了纯化的 PDGFRα$^+$/Flk1$^-$ 祖细胞的体内骨骼肌分化，其来源于含诱导型 Pax3/7 基因小鼠 ES 和 iPS 细胞培养获得的拟胚体。此外，MAB 到 iPS 细胞的重编程和用类似于 Pax3/7 表达的分化，产生出具有比成纤维细胞来源的 iPS 细胞更强的肌源性细胞，表明它们具有持久的表观遗传记忆，并为肌肉营养不良定制细胞方案铺平了道路。

正如预期的那样，人多能干细胞向肌源性谱系的分化更加复杂。用来系统性衍生人胚胎干细胞来源的可移植成肌细胞的方法显示，这些细胞在 *scid/beige* 小鼠中移植后，没有明确的体内成肌性分化的证据，因此，它们的再生潜力低于标准的胚胎或成年成肌细胞。最近，HAC 和 iPSC 技术的结合，实现了通过 DYS-HAC 获得遗传校正的人 DMD iPSC；这必将为MD 开启新的基因和细胞治疗的方案。

使用类似于从多能干细胞诱导成肌细胞的方法，理应获得可通过循环输送的血管相关祖细胞。由于越来越多的报告显示外周细胞对骨骼肌再生有作用，如果需要，从遗传校正后的ES/iPS 细胞衍生这些细胞将会是令人振奋的。事实上，我们最近已经证明，类似的策略可以用来在肢带型肌营养不良症患者体内生成、基因修正以及恢复外周细胞 / 类似 MAB 的细胞；同期发现，从人 ES/iPS 细胞衍生出的成血管周细胞能够改善肢体缺血。其他研究显示，小鼠胚胎干细胞来源的 PDGFRα$^+$ 中胚层祖细胞，在体内移植后，表达卫星细胞的标志物并促进肌肉再生。不幸的是，这些细胞无法移植在营养不良的动物模型上。还有其他的报告描述了从人类胚胎干细胞中衍生出间充质前体；尽管这些细胞的多能性只能在体外进行分析，但是它们可以分化成不同的中胚层谱系，包括骨骼肌。

尽管这些新策略具有用于治疗退行性肌肉疾病的可能性，但是大量安全性和有效性的问题、一些针对其他细胞而言的常见问题（免疫原性、存活以及分化的问题）和一些关于 ES或 iPS 细胞的特定问题（如肿瘤形成）仍然有待解决。使用标准化方案生成 iPS 细胞以及对衍生细胞类型的严格的细胞荧光测定 / 纯化和成瘤性测定将是其应用于临床的基本步骤。

36.5　对未来的展望

在其他所有的细胞治疗研究中，所使用的供体细胞均不需要遗传校正，而只需要免疫抑制，对于自体的、遗传校正后的细胞来说刚好相反，至少在理论上而言。实际上，针对病毒载体和治疗基因的免疫应答是有可能的，因为至少其部分蛋白质产物从未被患者的免疫系统识别过。在自体或异体细胞治疗中，为了取得显著的疗效，细胞应该具备：①来源易于获取（例如，血液、骨髓、脂肪抽吸物、肌肉或皮肤活检）；②可通过抗原表达从异质群体中分离；③能够在体外长时间增殖而不丧失分化能力；④易于通过编码治疗基因的载体进行体外转导（这些载体本身应达到高效率、安全和长期表达的标准）；⑤能够通过系统途径和响应营养不良肌肉释放的细胞因子的方式到达肌肉变性－再生的位点；⑥能够在原位高效分化为新肌纤维并产生生理正常的肌肉细胞；⑦尽管产生新的蛋白质（治疗基因的产物）和可能来自病毒载体的一些残留抗原，但能够逃避免疫监测。

　　不幸的是，我们还没有满足所有这些标准。然而，在过去的几年中，在新型干细胞的识别与表征方面已经取得了相当大的进展，其中一些新型干细胞已被证明能够在啮齿类动物和大型动物模型中不同程度地修复营养不良的肌肉。一些试验已经开始用干细胞治疗肌营养不良症，其结果将在未来几年获得。届时我们将能知晓治愈的方向是否正确，尽管仍然需要很多年来优化当前使用供体细胞的方案，并最终使用遗传校正的患者自身细胞进行试验。

致谢

　　感谢 M.G. Cusella De Angelis 先生对本章以前的版本做出的贡献。我们也感谢 G. Butler-Browne、J. Huard、J. Morgan、T. Partridge、Y. Torrente 和 J. Tremblay 对手稿做出的评论和修改意见。作者实验室内的科研工作得到了来自欧洲研究委员会、英国医学研究理事会、欧洲共同体（OptiStem, AngioScaff 和 BioDesign）、意大利 Duchenne Parent 项目、Telethon、罗马基金会以及意大利卫生与研究部的支持。

深入阅读

[1] Cossu G. Unorthodox myogenesis: possible developmental significance and implications for tissue histogenesis and regeneration. Histol Histopathol 1997; 12 (3): 755-60.

[2] Davies KE, Nowak KJ. Molecular mechanisms of muscular dystrophies: old and new players. Nat Rev Mol Cell Biol 2006; 7 (10): 762-73.

[3] Emery AE. The muscular dystrophies. Lancet 2002; 359 (9307): 687-95.

[4] Lu QL, Yokota T, Takeda S, Garcia L, Muntoni F, Partridge T. The status of exon skipping as a therapeutic approach to duchenne muscular dystrophy. Mol Ther 2011; 19 (1): 9-15.

[5] Maherali N, Hochedlinger K. Guidelines and techniques for the generation of induced pluripotent stem cells. Cell Stem Cell 2008; 3 (6): 595-605.

[6] Meliga E, Strem BM, Duckers HJ, Serruys PW. Adipose-derived cells. Cell Transplant 2007; 16 (9): 963-70.

[7] Muntoni F, Torelli S, Ferlini A. Dystrophin and mutations: one gene, several proteins, multiple phenotypes. Lancet Neurol 2003; 2(12): 731-40.

[8] Nishikawa S, Goldstein RA, Nierras CR. The promise of human induced pluripotent stem cells for research and therapy. Nat Rev Mol Cell Biol 2008; 9(9): 725-9.

[9] Tedesco FS, Dellavalle A, Diaz-Manera J, Messina G, Cossu G. Repairing skeletal muscle: regenerative potential of skeletal muscle stem cells. J Clin Invest 2010; 120(1): 11-19.

[10] Wu SM, Hochedlinger K. Harnessing the potential of induced pluripotent stem cells for regenerative medicine. Nat Cell Biol 2011; 13(5): 497-505.

第 37 章

肝实质来源的干细胞治疗肝脏疾病

Stephen C. Strom❶, Ewa C. S. Ellis❷

刘伟江 译

37.1 引言

迄今为止，器官移植是治疗慢性肝病或肝代谢功能缺陷等疾病的唯一选择。最近，肝细胞移植被用于临床治疗。虽然只是临床预实验，但依然体现出细胞治疗肝病的潜在优势。目前治疗肝病的一些优势及出现的问题列举在表 37.1 中。

尽管原位肝脏搭桥移植手术（orthotopic liver transplantation, OLT）毫无疑问在临床上已获得成功，但该手术是大手术，且有很长的恢复期。OLT 手术及术后长期的免疫抑制剂的花费比较昂贵。器官移植同样面临着术后长期的免疫排斥反应及并发症，并发症从起初的感染直至患者肾脏衰竭，研究表明，高血脂以及长期服用免疫抑制剂会增加皮肤癌等的发生概率。如其他器官移植一样，肝脏供体数量也不能满足肝病患者的需求。一般患者等待合适配型的肝脏可能需要两年或者更长时间，每年因等待移植而死亡的患者超过 10%，因此，等待合适配型的时间成为整个器官移植的关键。肝脏移植时，供体肝脏 ABO 必须与受体的相匹配，与肝细胞移植相比（表 37.1），整个器官移植有很多局限性。肝细胞移植不需要做大手术，将细胞输注到血管，细胞会转移至各种器官，如向肝脏、脾脏等。此外，肝细胞移植不会发生浸润、治疗费用少。因为不需要做大手术，所以很少发生移植并发症。

表 37.1 目前的肝类疾病治疗方式比较

原位肝脏移植	肝细胞移植
需要手术及花费高昂	侵入性低、疗程费用少
恢复期长	并发症发生率低且不严重
高发并发症	没有时间限制
维持治疗费用高	可供选择的细胞较多
供体器官不足	患者保持着先天的肝脏
等待时间是关键	移植物丧失不一定引起致死
	依然可以选择整个器官移植

❶ Department of Pathology, University of Pittsburgh, PA, USA.

❷ Department of Clinical Science, Intervention and Technology, Division of Transplantation, Liver Cell Laboratory, Karolinska Institute, Stockholm, Sweden.

　　细胞治疗是一种小手术的治疗方法，因此患者不需要较长的恢复期。如果患者治疗前是健康的，例如一个患有长期代谢疾病的人，除了放置导管，这些患者在治疗后可能不会有不良反应。肝细胞可以增殖和存储，因此，从理论上讲，可以在任何时间为患者进行细胞移植。肝细胞移植的时间根据患者的身体状态而定，不需要选择可利用、合适的配型器官。目前，肝细胞移植很大程度上淘汰了整个器官的移植。现在仍没有充足的肝细胞使得更多的患者获益。然而，一些研究提出了很多新的观点，例如使用皮质IV，可以通过肝脏切开手术获得足量的肝细胞用于移植。相信未来可供选择的肝细胞来源会越来越多。尽管目前发现的诸多肝细胞来源中，主要来源仍是猪等异种来源、长期存活的肝细胞以及最近研究发现的干细胞衍生的肝细胞。该领域未来的发展不会受限于肝细胞数量影响细胞移植。

　　肝细胞移植的最大优点是患者继续拥有自己先天的器官。一些用于治疗代谢疾病的细胞移植，除肝功作为该病的起源的疾病外，患者自身的肝脏仍然发挥着各种功能。鸟氨酸转氨甲酰酶缺陷（ornithine transcarbamylase deficiency, OTC）引起尿素循环的一个酶突变，阻止了新陈代谢和氨基酸的排出。尽管原来的肝脏不能发挥氨基酸代谢作用，但依然发挥着其他的肝功能，包括分泌一些凝血因子、白蛋白、药物代谢及其他的代谢和合成过程。细胞移植只需要为患者提供氨基酸代谢，不必提供其他的肝脏功能。因为肝脏的功能并不全依赖于供体细胞，所以移植细胞的丢失或细胞功能的丧失都不会对生命产生威胁，特别是对于一些长期患有代谢疾病的人。器官移植仍可作为细胞移植患者最后的治疗方案。即使细胞移植失败或者被排斥，仍不会影响后来的器官移植。之前的肝细胞移植不会因供体细胞对患者产生敏感刺激或者影响最终的器官移植。尽管有时肝细胞移植会对一些器官如脾脏产生免疫反应，但免疫反应不会危害细胞移植或者最终的器官移植。

　　肝细胞移植同样也有一些潜在的缺陷。首先，目前仍没有一个完整的关于长期的用细胞移植治疗肝的代谢性疾病的报道。因为这是个新领域，需要大量的实验去探索细胞治疗疾病的疗效和长时间细胞移植后的功能。同样，像整个器官移植一样，细胞移植后的受体也需要服用免疫抑制的药物。与器官移植相比，细胞移植服用的免疫抑制药物的剂量相对较低。我们期望免疫抑制药物产生的副作用较少，并且不严重，但是明确的研究还没有报道。

37.2　研究背景

37.2.1　肝细胞移植位点的选择

　　肝细胞移植的应用研究已超过20年。大量的临床早期实验为肝细胞移植建立了安全、高效的使用方法。很多常规的肝细胞移植位点都是在脾脏和肝脏，此外，腹腔、胃、网膜也有被报道。移植到脾脏、肝脏的长期存活的细胞很容易评估。移植到腹腔内的大部分细胞很快消失。针对腹腔移植，只有那些生长的微环境靠近血管的细胞，可以吸收到营养物质才能长期存活。尽管移植过程很简单，但肝细胞腹腔移植受限于移植效率。研究认为，移植到肝脏、脾脏的肝细胞可以伴随着受体的生命一直发挥功能。肝细胞在受体中的存活时间较长，并随着时间的增长，动物的脾脏呈现"肝细胞化"，脾脏组织的80%可以被肝细胞代替。

　　在脾脏中建立异位肝脏功能的概念与人工生物肝脏（bioartificial liver, BAL）的理论相似。在人工生物肝脏中，准备植入的肝细胞被安置到某种形式的体外装置中并在其中维持。患者的血液或血浆被泵到这个装置，与肝细胞相互作用，穿越膜屏障，还可以被泵回患者体内。有报道称，BAL 可以提供短期物质合成和代谢作用。肝细胞易移植及患者固有的丰富的基底膜组织和丰富的血流使得脾脏成为短期或长期异位肝功能的适宜组织区域。未来肝细胞移植会变得更容易、治疗费用更低、更高效，还能像那些外体设施一样发挥相同或更好的功能。

细胞移植到肝脏组织，首选的途径是输注细胞进入静脉。这些细胞随着血液募集到肝脏发挥功能，肝细胞也可以被血流运送到肺叶。然而给身材较小的动物进行静脉注射是非常困难的，有研究提供了一个可供选择的方法：将肝细胞直接注射到脾脏浆，进入脾脏的那部分细胞是根据细胞能否穿过脾脏静脉所决定的。很多关于脾脏肝样病变的研究发现脾脏流会被简单阻塞，可以帮助细胞停留在脾脏中。脾脏通常被当作向门静脉注射的一种途径，脾静脉被留置开放，因此被当作一种备选方式。有研究认为，注射到脾脏的细胞多达 52% 可以在数分钟内穿越脾脏和静脉到达肝脏。

37.3 移植后肝细胞的整合

整合肝细胞进入受体肝脏是个复杂的过程，需要供体和自体的肝细胞相互作用形成一个整体组织。此过程一般需要四步（表 37.2）。尽管这些步骤是分开的过程，但在时间和空间上仍有交叉。经门静脉注射的肝细胞需穿越内皮层而逃离血管系统。尽管肝脏是有孔的内皮组织，但在正常情况下，孔的大小是 150nm，直径太小不足以支撑 20 ～ 50μm 的肝细胞运输。输入的肝细胞很快充满门静脉，阻塞到第二和第三门局部。当肝细胞流被门静脉内的肝细胞阻碍时将限制其流向静脉处。静脉造影照片是细胞移植常规的使用方法，现在显著减少，靠近脾静脉和肠系膜静脉的门静脉血管输注增多。如果移植的肝细胞数量大约是自体肝脏细胞的 5%，只需数分钟至 1h 不等，高血压的症状就可以缓解或痊愈。

表 37.2　移植后供体肝细胞融合到自体肝脏组织

* 供体细胞充满血管	* 供体细胞融合到受体实质
* 分解窦状内皮的小管	* 肝脏的重建是通过胞外基质部分的调节

移植细胞可以被阻挡在坏死的移植细胞的区域，一些移植的细胞进入窦状间隙或窦周间隙（Disse 间隙），Disse 腔的内皮区域的细胞就开始退化。体液（生长因子，分泌蛋白）和组织都可能参与这个过程。显微镜下组织切片分析发现有多处破裂内皮，移植的肝细胞从损伤或不完整区域的静脉处离开。研究揭示大部分的肝脏细胞在移植后 24h 内可以通过内皮屏障融入受体肝脏。留在血管的部分细胞会在移植 16 ～ 24h 后被巨噬细胞清除。还有一些研究报道认为移植的肝细胞可以在接下来的 2 ～ 3d 继续融入肝实质（parenchyma）。而栓塞的血管可以造成短暂缺氧，从而可以改变内皮、受体以及供体的肝细胞存活。

内皮、供体和受体本身的肝细胞可以诱导肝细胞融合部位表达血管内皮生长因子（vascular endothelial growth factor, VEGF），该因子也可以在低氧环境下诱导产生。有趣的是，VEGF 最初被认为是血管渗透因子（vascular permeability factor, VPF）。这些表达和分泌的 VEGF/VPF 是潜在的拮抗因子，有助于形成新的血窦和恢复细胞移植时的内皮屏障。

移植的供体肝细胞通过内皮屏障的通道融合到受体肝实质。全部供体肝细胞融合及恢复肝脏的全部功能是很难研究清楚的，深入研究细胞表达的抗原和特殊的膜部位的活性可以清楚地解释证明移植 3 ～ 5d 供体肝细胞融合至受体肝脏的受损部位，由供体和自体细胞构成

"杂合结构"介导。CD26 抗体识别位于肝细胞基底外侧膜的二肽基底酶Ⅳ（DPPⅣ）的抗原，结合素 32 的抗体可以显示相邻的肝细胞的缝隙连接。同样，胆小管的 ATP 酶活性通常被用来确认相邻肝细胞的胆汁小管区域。这些不同的抗原的定位和激活需要移植的肝细胞完全融合到肝脏并且被极化。移植后的 3～7d，受体中的这种混合结构可以被观察到，包括供体的肝细胞和受体 ATP 酶活性或 / 和接合素 32，局部供体 DPPⅣ 一体化。很多研究清楚地阐明受体细胞准确融合的供体肝细胞可以重建供体肝细胞和受体肝细胞的胞内细胞信号通信（接合素 32）。供体肝细胞和受体肝细胞的这种"杂合结构"被荧光素结合的胆汁酸的转移物和排泄物所揭示。肝细胞移植后肝脏运送的四溴酚酞磺酸和靛青至胆的过程也同样被报道。肝细胞移植被用于大鼠高胆红素症模型研究，此模型是多耐药抑制蛋白 2（MRP2）缺陷的动物模型，可以阻止胆汁酸的共轭物和分泌物运送到胆组织。这种类似的代谢疾病动物模型与人的 Dubin-Johnson 综合征病症相似。供体肝细胞和受体肝脏融合后所发挥的全部功能是这种缺陷的运送方式被肝细胞移植修复的确切证据。

肝实质作为融合过程的一部分具有显著意义。基质金属蛋白酶 2（matrix metaloprotease-2，MMP-2）在供体细胞所在部位被激活和释放。目前对于此酶的来源仍不清楚，是供体细胞还是受体细胞分泌的，甚至哪种细胞类型是这些酶的来源都不是很清楚，但是退化的胞外基质部分可以给供体细胞创造空间。移植后 2 个月表达的 MMP-2 可以在增殖的供体肝细胞周围被检测到。成年肝脏内移植胎鼠肝细胞后可以观察到肝细胞增殖结节边缘 MMP-2 的释放和产生增多。虽然整个过程并不清楚，但最为关键的过程是清楚的，即肝细胞移植通过血管可以供给肝，穿越内皮屏障，重建和融合到肝软组织，在移植后 3～5d 建立邻近细胞之间、胆汁树之间的通信连接，这些重建过程保持了原有肝细胞的结构。

37.4　肝细胞的临床移植

肝细胞的移植被用于临床的三类疾病（表 37.3）。患致死性疾病而等待合适的供体组织移植的细胞移植可以提供短期的功能。这些患者被诊断为需要整个器官的移植，肝细胞的输注可以被当作器官移植的桥梁。此外，移植的肝细胞发育也可以作为 OLT 的"桥梁"。临床研究发现，一些患者通过肝细胞移植后肝脏的功能完全恢复，并不需要器官移植。还可以用于治疗肝相关的代谢疾病。下面将分别详细阐述每项技术。

表 37.3　肝细胞移植的应用

* 成为患者器官移植的桥梁	* 肝细胞用于治疗代谢疾病
	* 用于急性肝脏衰竭的细胞供给

37.5　肝细胞桥梁

作为肝细胞桥梁技术，肝细胞移植通常用于治疗急性肝衰竭或者慢性肝病引起的急性代谢疾病等。多数肝脏患者都依赖 OLT，但这些患者在等待寻找一个合适的器官之前，处在濒临死亡危险的边缘，肝细胞移植可以为这些患者延长生命直到接受 OLT 治疗。最初肝细胞移植的目的并不是代替器官移植，而是维持患者找到合适的器官进行移植。一些急性或慢性肝病模型的实验结果表明，肝细胞移植可以恢复肝功能和延长患者的存活时间。肝细胞移植后大约 65% 的患者可以提高生存率。尽管肝细胞移植没有进行临床预实验验证，大约有 25 个患者接受了肝细胞移植后均维持了生存。此外，为了增加存活率，一些报道规定了肝细胞移植时的氨基酸水平、颅压、血管的血流量。实验结果显示，重症患者在接受肝细胞移植后进行 OLT 比没有接受肝细胞移植的对照组的存活时间更久。

很多患有慢性肝病或者早期肝硬化的患者都是肝细胞桥梁搭建技术的候选人。因为很多临床试验发现肝硬化的肝脏发生改变伴随着高血压，肝细胞不能植入到肝的受损部位。临床预实验建立大鼠模型采取镇静安眠剂和四氟化合物进行干预，将肝细胞植入血压升高、肝硬化的动物模型，肺部的供体细胞分流增多，推测可能是门静脉分流。产生一些严重的并发症如高血压，加速了肝细胞的输注。事实上，肝细胞植入时分流进入肺部静脉室在临床试验早已被报道。为了避免这个难题，Fisher 和他的同事建议将肝细胞通过脾脏动脉移植到肝硬化患者的脾脏。尽管脾脏动脉成功地提供了肝细胞移植途径，但有一项研究发现移植的肝细胞是可以穿过脾脏而优先被运送并且没有严重的并发症发生，目前这种输注并没有进行深入研究。尽管通过脾脏移植的肝细胞并不能定居这一点非常明确，但在生理或结构异变的初始肝脏，脾脏是肝细胞移植的一个异常位点。

很多有意义的实验结果揭示肝细胞移植对那些遭受严重肝病等待 OLT 治疗的患者非常有益。推测认为最佳的情况是肝细胞移植在 OLT 之前进行，而不是等到濒临死亡或者没有合适的整个器官移植时作为一个补救的办法。还在等待 OLT 的患者症状不稳定时，可以进行肝细胞移植，这样至少可以稳固患者病情和避免一些严重的并发症，越早采取这种介入疗法越能减少患者的治疗费用。

37.6   肝细胞移植在急性肝衰竭患者中的应用

综上所述，肝细胞移植作为 OLT 的桥梁。很多进行此"桥梁"移植的患者产生病理性慢性肝病和肝硬化的结构损伤。一部分急性肝衰竭的患者接受 OLT 治疗，在很长一段时间丢失大量的肝细胞而导致肝脏并不能发挥功能。除了肝细胞损失之外，肝脏结构的病理结构并没有发生很大的改变。缺损的肝脏展现了强大的再生能力，肝细胞移植修正急性肝损伤被认为是有意义的。这个猜想与搭桥技术类似，肝细胞移植常常用于维持严重或致死肝病患者的生命。研究人员希望，当患者遭受急性肝损伤时，原始的肝脏可以再生。如果原始的肝脏可以再生，将不需要进行 OLT。移植外源的肝脏细胞可以发挥肝脏的功能，预防致死性的肝病，供体和自身肝细胞都被期望发挥再生反应。一旦原始肝脏完全恢复功能，可能就不再需要供体肝细胞。如果移植后产生的嵌合肝主要由原始肝细胞构成，患者可以安全移植，不需要考虑免疫抑制反应。采用这种治疗方案，患者在很短时间内需要大量的肝细胞移植。如果肝细胞移植可以充分发挥肝脏的功能，患者将摆脱器官移植和终身免疫抑制反应。一些动物模型的临床预实验验证了这个猜想，如给急性肝病模型动物移植肝细胞可以使得肝脏发挥功能。研究还发现，肝细胞移植可以延长 D- 半乳糖胺诱导的肝病动物模型的生存时间。

目前报道了 4 例急性肝病患者进行肝细胞移植后病情发生了反复。原因是这些肝病是由于乙型肝炎病毒、对乙酰氨基酚麻醉、毒蘑菇损伤肝以及异基因表达造成儿童患病。每例患者均表现出经典的急性肝病症状，大部分患者立即进行了 OLT 治疗。不同的治疗程序需移植的细胞数量是不等的，其范围大约是 10 亿～ 50 亿不等。所有这些患者都是将肝细胞从门静脉直接移植到肝脏。通常患者都会最先输入新鲜的血清填充导管防止出血，移植出血是典型的移植反应。肝细胞移植后氨的水平会快速下降。移植后最初的循环凝血因子水平保持稳定，2周左右会缓慢升高。Fisher和他的同事发现细胞移植后凝血因子Ⅶ的水平最初只有正常水平的1%，7d增长到25%，2周大概到64%。这些研究发现移植后凝血因子可以快速增多，并不需要新鲜的血清替换。

通常患者在移植后2～4周可以判断是否完全恢复，细胞移植可以被用于3～64岁的患者，甚至年龄更大的患者也可以帮助其肝脏再生。

观察供体同型的肝细胞移植时，这些同型肝细胞移植物可以很快分泌人白细胞抗原-Ⅰ（sHLA-Ⅰ），一旦供体和受体错配，供体的sHLA-Ⅰ可以被ELISA检测。供体的HLA-Ⅰ等位基因可以用PCR方法分析活检样品进行检测。当自体肝脏细胞占据优势时，患者可以慢慢取缔免疫抑制治疗。在迄今为止报道的病例中，有患者进行细胞移植后患者肝衰竭完全恢复，没有严重后果、没有器官移植和终身免疫抑制反应。尽管此类报道的病例数量很少，但是肝细胞移植治疗急性肝损伤仍具有重要的临床意义，值得进一步研究探索。

37.7 肝细胞移植治疗代谢类肝疾病

儿科肝类代谢疾病采用器官移植治疗是一个共有的常识。这些病例均是因为缺失酶或蛋白质，不能发挥其活性而影响肝的功能，尽管其余的肝功能都是正常的。肝脏被去除，用能执行缺失功能的肝脏替代，从而可以发挥其丢失的功能。这是因为一个基因的缺失从而影响整个代谢的疾病，基因治疗也许是修正缺失最合适的方法。不幸的是，基因治疗面临很大的难题，阻止了这项实验技术的成功应用。肝细胞移植已被用来纠正以下代谢类肝病（表37.4）。

表37.4 移植治疗的代谢类肝病

* 家族性类胆固醇过高	* 甘氨酸堆积症1a型和1b型
* 克-奈综合征	* 婴儿的雷夫叙姆病
* 鸟氨酸转氨酶缺失	* 进行性家族性的缺陷
* 瓜氨酸血症	* 抗胰酶α-1缺失
* 凝血因子Ⅶ缺失	* 氨基甲酰基磷酸盐合成酶缺失
* 精氨酸琥珀酸裂解酶缺乏症	* 苯丙酮尿酸症

与基因治疗相似的先进方法是肝细胞移植，通过将肝细胞种到酶缺失导致肝功能缺失的患者自体肝脏，从而使受体接受足量移植的肝细胞后恢复肝脏缺失的功能。

大部分肝脏细胞并不能融合到门系统是由于血压门和门静脉的栓塞造成的。通常我们输注$2×10^8$细胞/kg体重给患者。这些输注的细胞没有产生任何并发症。门压会短暂升高的现象通常在数个小时后会消失。目前所有的临床试验都没有在类人的灵长类动物模型上进行。输注（1～2）$×10^8$细胞/kg体重给左叶或右叶肝脏切除的猩猩，除了短暂的门压力升高以外并没有其他严重的并发症。因为只有一部分肝脏能在任何时间可以被移植，供体的肝脏细胞并不能期望代替整个肝脏。因为这个原因，代谢类疾病如肝缺损10%、肝功能不足、酶蛋白活性缺失，细胞移植都是可供选择的治疗方案。肝脏组织还可以发挥功能过剩的作用，通常认为10%的正常基因产物或者酶活性可以修复代谢类肝病的症状。人们期望如血胆脂过高，可以有50%的供体细胞替换受体肝细胞才可以改变低密度脂蛋白的水平。然而，多数脂代谢类肝病以及表37.4中所示的肝病被认为只要用10%的供体肝细胞取代受体肝细胞就可以完全修正代谢类疾病的症状或至少可以改善大部分肝病的症状。

通常，肝细胞移植应选择的供体细胞处于对数生长期。很多肝类疾病的动物模型研究发现，其肝脏细胞的死亡率远远高于正常肝脏。在这些情形中，没有缺陷的细胞移植到有疾病的肝脏，供体细胞与受体细胞相比具有很强的选择生长优势。过去认为供体细胞差不多可以替换整个肝脏组织。人类的某些肝病，供体的选择压力可以有益于替换肝脏。类似的疾病包括Ⅰ型酪氨酸血症、Wilson疾病、PFIC、AIAT。对于这些疾病，移植的肝脏细胞只需要少部分整合到受体肝脏组织，整合到肝脏的供体细胞可以继续增殖，去替换那些患病的细胞。尽管在动物实验的移植中有很清楚的这方面的例子，但仍没有患者的研究结果。

大多数代谢疾病，如CN、OTC缺失和表37.4列出的所有疾病，不能期望供体细胞展现出选择生长优势。对于这些疾病，需要在一定时间用足量的供体细胞多次移植来再生肝脏。大量的不同动物实验研究表明，高效的肝细胞移植可以修正代谢类肝病，如新陈代谢作用缺陷的疾病，胆红素代谢、白蛋白分泌、维生素C的合成、Ⅰ型酪氨酸血症、铜离子代谢、PFIC以及胆汁转运类似的人类Dubin-Johnson综合征都已经用肝细胞移植来治疗。这些振奋人心的结果揭示人类代谢缺陷的类似疾病都可以用肝细胞移植来治疗。表37.4列举的这些疾病是人类肝细胞移植实验的热点。

肝细胞移植最先发现可以快速恢复氨的水平。为此，尿素循环缺陷导致的高血氨作为第一个用肝细胞移植治疗的代谢类疾病。最初的研究将10亿个活细胞移植到5岁受体的门静脉，当细胞输注后门压力从11cm水压增加到19cm，但是很快恢复正常。患者体内的氨水平在没有其他药物干预下在细胞输注48h正常化，此外，谷氨酸水平也恢复正常。尽管在细胞移植前OTC的功能活性没有检测到，但OTC在28d时用组织活检证实。在这些研究中，10%细胞输注前用铟标记的目的是检测这些细胞的分布。定量分析闪烁造影技术照片显示，在肝脏和脾脏中的分布大约是9.5∶1。这种检测方法可以在细胞输注之前进行，发现游离的铟以每小时10%的速率从肝细胞释放自由的铟。铟很快被流通的网状组织如脾脏清除。于是，细胞输注后很多脾脏的示踪物是铟，而不是肝细胞。肺的射线追踪发现细胞移植后适当增加门静脉的压力，没有观察到门静脉栓塞。第一例代谢类疾病移植患者的研究发现，肝细胞从移植到发挥功能，门静脉一直是很安全的，除了会适度增加门压力，且这种改变为可逆的，没有其他的并发症产生。肝细胞移植可以很快地使氨浓度常态化，被认为肝细胞移植可以部分修饰高血氨相关的疾病。随后的独立细胞移植研究已证实可以局部修正氨的代谢。完全修复OTC缺陷没有被研究，这些研究揭示细胞移植可以调控氨代谢水平，即使不能完全修正，肝细胞移植可以被当作OTC患者整个器官移植的桥梁，阻止神经引起的失控高血氨等。

很多研究组已经尝试去通过肝细胞移植修复1型CN综合征。第一例展现的优势方面与其他组获得了相同的结果，具有代表性。这类疾病是因为结合和分泌胆红素的酶缺陷所致。此酶的缺失导致严重的高血氨，引起中心神经系统毒性等疾病如核黄疸。10岁的女性患者接受75亿个肝细胞移植到肝脏，体内循环胆红素缓慢、持续降低在第一疗程持续30～40d，胆红素共轭物在胆汁中被检测到。总之，与未移植的患者相比，胆红素浓度下降了60%～65%。因为胆红素只能被供体细胞产生，移植细胞后胆组织展示了强大的生化功能，供体肝细胞融合到肝实质（parenchyma），并与受体胆组织建立联系。

一些重要的成果从此移植实验中得出。第一，大量的肝细胞可以很安全地被移植到门静脉并且无任何并发症。尽管移植到肝脏组织的肝细胞数量无法评估，但移植的75亿细胞代表大约3.5%～7.5%的肝组织，且此移植在15h内没有并发症。第二，在临床试验中，明显的结论是移植成功和肝细胞的功能已经超过了以前的动物实验研究所获得的结果。移植3.5% ~ 7.5% 肝组织的细胞数大约可以恢复正常肝脏胆红素水平的 5%。第三，移植可以长期修复胆红素水平，这些患者被随访调查长达 1.5 年以上。第四，只进行移植可以高效修复部分疾病。但是，考虑到移植 $2×10^8$ 个细胞 /kg 体重的限制，一次移植不能获得足够数量的肝细胞以完全修复代谢类肝病。研究认为，如果能充分高效地进行细胞移植需要 2 ~ 4 个疗程。最后认为，这是一次准确的、长期的肝细胞移植。尽管患者需要考虑临床治疗和移植之间的桥梁，如氨浓度在移植后可以快速改变，但一些患者移植后进行了 OLT，移植细胞的长期代谢功能很难评估。

这些确立了肝细胞移植修复肝类代谢疾病的一种高效方法。这些研究证实 CN 患者进行肝细胞移植的治疗效果与第一例患者相同。

已有报道肝细胞移植可以部分修复 I 型糖原集聚疾病，提高患者维持血糖能力以及餐后血糖浓度。肝细胞移植可以局部修复婴儿期的 Refsum 病的染色体隐性先天性的错误导致的代谢长链脂肪酸过氧化物酶体、胆汁酸、哌啶酸代谢不正常。

细胞治疗后脂肪酸代谢的改善、循环哌啶酸、胆盐浓度的降低，患者的各项指标都提高，如肌肉的力量和质量。肝细胞移植也可以部分修复凝血因子Ⅶ严重缺陷，使异源的Ⅶ型因子减少 20%。

一个患有急性精氨（基）琥珀酸裂解酶（arginosuccinate lyase, ASL）缺陷的 3.5 岁女童在接受细胞移植后完全恢复。与 OTC 缺陷一样，ASL 患者脑部有高血氨损伤的危险。此患者接受 3 个疗程超过 5 个月的治疗。新鲜分离的和冻存的肝细胞都被用于移植。一年后，患者的肝组织活检出现了 3% 的正常 ASL 活性。同时，利用染色体原位杂交技术检测到供体细胞的存在。这些结果都证实肝细胞移植不仅可以持续维持供体细胞存活，也可以控制和维持机体代谢。

37.8 肝细胞移植的新应用、面临的挑战和未来的方向

37.8.1 肝细胞移植是非器官移植的备选方案

很多患者进行肝细胞移植的目的是用于整个肝脏移植手术，然而需要肝脏移植的不仅是这些患者。OLT 治疗对很多患者来说不是最好的选择。这类患者包括患有酒精肝硬化患者且仍没有戒酒，由自杀企图引起的急性肝衰竭患者和癌症患者。早期病例报道肝细胞移植到脾脏对治疗晚期肝硬化患者非常有用，然而患有肾衰竭并发症的这类患者死于未治疗，进行肝细胞移植后疗效显著。Fox 和他的同事建立了研究肝细胞移植功能效率的动物模型，他们明确指出，肝细胞移植可以显著提高慢性肝衰竭的大鼠的肝功能和存活，此大鼠模型是重复注射四氢化碳后进行治疗。如今感染肝炎病毒的患者多达几百万，这些患者需要特殊的方法来支持他们的肝功能。目前肝硬化的临床试验仍有很多困难，而且细胞移植治疗还需进行完全评估。

除了可能不适合进行 OLT 的肝硬化患者，代谢类疾病如苯丙酮酸尿症（phenylketonuria, PKU）如今也不需要进行 OLT。尽管仍有人相信如 PKU 这类疾病可以通过饮食得到控制，然而一些证据发现仅依靠饮食控制的患者精神状态持续变差。肝细胞治疗可以提高对这类患者的苯丙氨酸水平的控制。一些患有严重 PKU 的患者，以及那些不能通过饮食完全控制的

患者，应认真考虑纳入肝细胞移植方案，因为对这些患者来说，益处可能大于风险。

获得足够多的肝细胞是阻碍肝细胞移植在临床广泛应用的一个很重要的因素。通常移植的肝细胞来源于肝脏，肝脏具有大于50%的脂肪变性、血管蚀斑或不适合整个器官移植的其他因素。充分利用多余的肝脏组织可以增加肝细胞的数量。目前美国没有准则要求供体器官分配至移植研究中心不能进行肝细胞的分离。然而，可进行肝细胞移植的器官相当少，很多时候不用于整个器官移植的器官提供给商业公司，在那里分离肝细胞并销售、进行代谢或者毒性研究。大多数供体肝脏组织有很多优点，设立样品分离程序，把样品发送到移植中心进行初次检查，合适的样品用于分离细胞。用肝脏的肺叶尾部和第四部分分离肝细胞。根据手术过程，肝脏组织的几个部分分为可以保留不用于移植的和可以被用于肝细胞分离的。尽管目前有很多设想，认为多数移植的肝脏可以被分开。肝组织的左侧部分可以用于分离细胞，剩余的组织可用于组织移植。因为肝细胞移植没有明确的准则，很多提议目前还不可行。然而，如果高效的肝细胞移植准则已经被建立，那么细胞分离的风险和时间都有利于细胞移植。细胞移植比OLT更易于融合到器官，通常被用于治疗急性肝衰竭或者代谢类疾病的患者。

37.8.2 改进细胞输入和增殖的方法

肝细胞移植发展滞后，目前只有少数患者被移植。除非能获得足够的肝细胞或移植和增殖方法被改进，才能更好地应用。有确切的证据表明，预先处理的受体自身肝脏来诱导供体肝细胞的再生和增殖，在肝细胞移植前是必需的。很多动物实验研究的预处理条件应用到临床有很大风险。用于临床研究的两个主要方法是肝辐射和栓塞。这些技术的方法和原理在这里不再描述。另一个是所有动物实验运用的技术并没有严格考察就被当作肝细胞移植的预实验。部分的肝组织块，被称为局部肝切除术，已经被发现用于临床有很大风险。研究中心为此提高技术方法和指导说明，肝切除和供体肝细胞移植是目前主要的治疗方法。随着今天手术技术的发展及外科医生减少移植肝分离和切除等方面的丰富经验，这个手术方法与局部栓塞和辐射同样安全方便，被看作是肝细胞移植的预处理。局部切除诱导肝再生与常规的手术相比更安全、更简单。局部切除被用于切除恶化的肝或者用于活的器官移植。当用手术的方法去除肿瘤组织块时，组织的量和手术的位置取决于肿瘤的位置。同理，在切取活的供体移植时，需要考虑保护血管不受损伤以及减少局部缺血损伤移植物。

去除肝脏组织块诱导再生与手术相比对患者更安全，切除的肝脏块不用于移植，外科医生可以选择切除的量和切除的部位，这种手术不需要考虑切除血管的问题。手术是安全、快速、容易的方法。尽管手术和麻醉都存在一些风险，但都低于活的器官移植。最近有来自一个中心的100个供体切除的报告，没有出现威胁生命的并发症。虽然有不同的原因，从1992～1994年肝切除后进行肝细胞移植已经被用于治疗很多家族性的血胆固醇过高的患者。这些患者左侧肝切除用于收集组织进行分离肝细胞后逆转录病毒转导至LDL患者。在手术后第3天移植诱导的肝细胞。外科手术的安全性的这个操作已经被研究得很彻底，并且没有报道过任何严重的并发症。仍有一个疑惑还没有被解答：多大的肝组织块被切除能产生大量的信号来改善移植的肝细胞的增殖。肝切除后细胞移植的时间也很重要。Efimova等测定了在捐赠有生命的肝以后正常个体的血清生长因子，研究发现，手术后2h HGF升高了12倍，一直持续5d都是手术前的3倍。其他的生长因子如VEGF和EGF没有发生很大改变，TGF-α一直没有被检测到。这些都说明肝切除对供体细胞移植有很有意义的刺激作用，并且至少可以影响5d。总之，这些研究指出，局部肝切除是肝细胞移植预处理的安全高效的手段。

此外，组织去除作为预处理也可以用于分离细胞。至少在理论上可以成立，从患有代谢疾病的患者的切除组织块分离细胞，然后移植给患有不同代谢疾病的患者。

37.8.3 肝细胞和不同来源的细胞治疗肝病

除了企图改善肝植活和再生，可供选择的肝细胞的来源有很多。异种器官移植、永生的人类肝细胞、干细胞分化的肝细胞和胚胎肝细胞都被认为是用于临床移植的可供选择的细胞来源。到目前为止，这些可供选择的细胞都不能达到既安全又高效。目前人们认为干细胞来源的肝细胞有很大的潜力，很可能成为未来临床细胞移植的来源。

干细胞支持者认为，干细胞来源广泛，体积小，能更容易和高效地用于细胞治疗。关于干细胞的这个想法一旦成为现实，应该将有足量的细胞用于移植，目前个体较小的干细胞是否对靶器官的移植和再生有利仍不是很明确。有推测认为，成熟的肝细胞的移植效率较低是因为直径的原因，50%～90%移植的肝细胞堵塞到血管门和肝的窦状体。然而，堵塞的血管门和肝的窦状体短暂升高门压力有助于肝细胞运送到肝实质。较小的干细胞衍生的肝细胞的移植效率低于成熟的肝细胞。在移植模型检测中发现，小的肝细胞或者肝状细胞的移植效率低于大的、成熟的肝细胞。在 FAH$^{-/-}$ 小鼠内，移植和增殖的小鼠胚胎衍生的肝细胞和成熟的肝细胞可以被直接检测和比较。FAH$^{-/-}$ 是一个很稳固的小鼠肝代谢疾病模型，移植的供体（FAH$^{+/+}$）肝细胞在其中强有力的生长，从而导致患病肝脏快速增殖。小鼠胚胎衍生的肝细胞被发现移植水平低于成熟的肝细胞，其增殖能力和形成组织能力有限。很多细胞类型被认为是临床移植的细胞来源，胚胎肝细胞和诱导多能干细胞在未来的临床治疗中有很大的潜力。然而，发展这种临床治疗方法，两个主要的困难必须克服：干细胞有效地分化为肝细胞和移除有肿瘤分化潜能的移植细胞。迄今为止，其他条件也没遇到。已经发布的方法都不能有效地产生可以立刻用于移植的大量的成熟的人肝细胞。移植到体内未分化的细胞可以形成肿瘤，分化的肝细胞也可以退化成为未分化的干细胞，这个难题在 ES 或 iPS 细胞移植前必须克服。同样，如上面叙述的那样，与成熟肝细胞相比，ES 衍生的肝细胞样的细胞在组织形成时有很大的局限性，因为在 ES 或 iPS 衍生的肝细胞用于临床前还需要做很多基础研究。肝脏干细胞在第 23 章已论述，在这里不再讨论。

目前在临床研究中并且在不久的将来可能用于细胞治疗的细胞类型来自骨髓和间充质干细胞（MSC）。自从第一例报道以来，最令人欣喜的是骨髓细胞可能作为肝细胞来源来治疗肝类疾病。后来具体的动物模型研究揭示骨髓衍生的肝细胞的融合原理。尽管目前对此观点仍有一些争议，但最近大量的动物体内实验和临床研究的数据揭示骨髓来源的细胞并不是肝脏祖细胞，且只有少量的证据显示造血细胞可以转换为肝细胞。X 和 Y 染色体分析是从染色体错配的移植受体组织活检得到的（8 名男性患者和 5 名女性患者），受体特殊的染色体类型只能在炎症细胞中被检测到，肝细胞中没有发现。这项移植研究活检持续了 4.5 年（1.2～12 年），研究者得出受体移植的干性造血细胞不要长期进行移植。因此，骨髓细胞不是治疗肝病的适当来源。

MSC 可以从很多组织分离，包括脐血、皮肤以及人类肝脏也被认为是肝细胞移植的细胞来源。目前大量的研究表明，间充质细胞在特定的条件下培养或者移植到体内以后具有肝细胞的特征。一些研究小组最新的研究发现，肝脏表达肝脏类基因和正常表达蛋白质，如清蛋白、抗胰蛋白酶 α-1、α-胎蛋白、纤维蛋白原、糖原，还有一些成熟的肝标志物，如药物代谢基因，包括 CYP3A4。在所有病例中，肝基因的表达水平及其功能，与正常人肝细胞相比是很低的。MSC 作为肝细胞来源是因为在移植后能分化为具有成熟肝细胞表型的细胞。仔细检测会发现，移植到小鼠肝脏的人脐带血单个核细胞可以表达一些肝细胞类似的抗原、人血清蛋白和 Hep Par（肝细胞中的一个标记蛋白）。然而这些细胞也表达一些小鼠角蛋白18，这些肝细胞样的簇的表达是移植细胞与内源肝细胞融合的结果。现在，没有充足的证据表明 MSC 可以分化为大量的、具有成熟的肝功能的细胞。

尽管有一些潜在的证据说明体内、体外的骨髓或者 MSC 分化为成熟的肝细胞，越来越多的证据揭示这些细胞融合到肝硬化的肝脏可以提高肝功能。Sakaida 和他的同事发表的这篇著名的文章发现，CCL4 诱导的大鼠肝硬化模型经静脉移植自体骨髓细胞可以减少肝脏的纤维化。一些研究小组很快开始关注骨髓细胞移植到肝硬化患者第一阶段的安全性和可行性。大量的关于骨髓来源的单核细胞或 CD34 细胞的灌注是随机调查研究。很多研究用 G-CSF 刺激 CD34$^+$ 细胞。细胞通过外周血管输送或者直接融合到肝动脉。大量的研究发现，肝功能提高是因为胆红素降低了一些，同时伴随着血清蛋白水平的升高。Child-Pugh 和 / 或 MELD 分数的提高也被报道过。在一项研究中，骨髓来源的 MSC 而不是 CD34$^+$ 细胞，或者未分化的骨髓单核细胞通过血管输注得到相似的结果。一个很重要的研究认为，MSC 输注到有代谢疾病的患者的肝动脉细胞而不是外周静脉，会增加大量的死亡和并发症。

仅有一个对照试验报道，最少 1×10^8 个没有预先用 G-CSF 刺激的骨髓来源的单个核细胞通过肝动脉输注到肝硬化患者。15 例患者随机分组研究，结果显示，细胞治疗组的 Child-Pugh 分数高于其他对照组；细胞治疗组的 MELD 分数相对平稳，对照组的则升高；血清胆红素的水平也得到改善，在不同终点的改善仅有 90d 的是有意义的。临床研究发现，在骨髓单核细胞或部分纯化的 CD34$^+$ 细胞移植后，通过测定胆红素和白蛋白水平、NELD 或 Child-Pugh 积分，肝功能有轻度的改善。令人振奋的是，不同的研究小组用不同的方法得出相似的结果。在这些最初的研究中，目前仍不是很清楚哪种来源的细胞最有用，以及输注的最佳途径。也许这些问题优化后，肝脏功能会持续提高。

37.9 结论

除骨髓或者骨髓来源的干细胞外，其他来源的干细胞仍没有被运用到临床治疗肝病。ES 或 iPS 细胞进入临床之前需进行大量的实验研究。目前，成体干细胞没有在临床研究中展示出充足的移植效率、增殖能力并分化为肝细胞。今天，传统的肝细胞仍是最合适的治疗肝病的细胞来源。未来的肝细胞基础治疗应关注提高供体细胞的移植效率、增殖能力。甚至利用目前肝细胞移植方法提高 2 ~ 4 倍肝的再生能力，从而提高肝类代谢疾病患者的临床疗效。肝切除局部缺血再灌注损伤和辐射引起的自身肝生长停滞等相结合，使得供体细胞出现选择生长优势，可保持肝再生的水平，从而使得代谢类疾病正常化。这些细胞类型在世界各地的医学中心正在计划研究，这些修正方案的效能很快就会出现。

肝细胞移植研究在肝衰竭的和肝基础代谢疾病的动物模型中研究被证明是很安全和高效的方式，提供了长期或短暂的肝功能。与其他器官移植的候选方案相比，唯有肝细胞移植可以减轻代谢类肝病的临床症状。细胞移植发现可以修复急性或慢性肝衰竭、基因缺陷的肝功能。这些被治疗过的患者的临床症状的减轻都已被记载。肝细胞移植的严重并发症都没有报道。尽管最初肝细胞移植研究鼓舞人心，但必须意识到仍没有可以完全修复代谢类肝病的报道。最近报道的完全修复的是尿素循环缺陷的肝病。然而，人类肝细胞移植后获得功能的时间长度仍没有研究清楚。肝病动物模型已经被报道，移植到脾脏或肝脏的供体肝细胞在受体的一生中都起作用，并参与正常再生。尽管这可能说明人肝细胞移植将会使供体细胞终身功能正常化，但这仍需进一步的临床研究。

　　未来的工作主要是建立优化移植和免疫抑制方案，减少并发症和使移植能力和功能最大化。肝细胞临床移植的主要问题是移植后不能追踪供体细胞。除可以预先利用放射元素（如 [111] 铟）标记肝细胞以及根据供体和受体分泌的 HLA 的差别短期跟踪以外，仍没有报道更好的检测供体细胞的方法。相对无害的方法需要优化移植和免疫抑制方案以及长期积累的移植宿主病。没有任何困难不可逾越，如今有一些国家的不同实验室的肝细胞成功移植的研究被报道。合作精神使得不同研究者、不同实验室、不同研究领域都可以获益，特别是对未来肝细胞移植的受体。

深入阅读

[1] Davila JC, Cezar GG, Thiede M, Strom S, Miki T, Trosko J. Use and application of stem cells in toxicology. ToxicolSci 2004; 79 (2): 214-23.

[2] Dolle L, Best J, Mei J, Al Battah F, Reynaert H, van Grunsven LA, et al. The quest for liver progenitor cells: a practical point of view. J Hepatol 2010; 52 (1): 117-29.

[3] Fisher RA, Strom SC. Human hepatocyte transplantation: worldwide results. Trans plantation 2006; 82 (4): 441-9.

[4] Fox IJ, Roy-Chowdhury J. Hepatocyte transplantation. J Hepatol 2004; 40 (6): 878-86.

[5] Guha C, Deb NJ, Sappal BS, Ghosh SS, Roy-Chowdhury N, Roy-Chowdhury J. Amplification of engrafted hepatocytes by preparative manipulation of the host liver. Artif Organs 2001; 25 (7): 522-8.

[6] Horslen SP, Fox IJ. Hepatocyte transplantation. Transplantation 2004; 77 (10): 1481-6.

[7] Rudnick DA, Perlmutter DH. Alpha-1-antitrypsin deficiency: a new paradigm for hepatocellular carcinoma in genetic liver disease. Hepatology 2005; 42 (3): 514-21.

[8] Strom SC, Bruzzone P, Cai H, Ellis E, Lehmann T, Mitamura K, et al. Hepatocyte transplantation: clinical experience and potential for future use. Cell Transplant 2006; 15 (Suppl 1): S105-110.

[9] Thorgeirsson SS, Grisham JW. Hematopoietic cells as hepatocyte stem cells: a critical review of the evidence. Hepatology 2006; 43 (1): 2-8.

[10] Weber A, Groyer-Picard MT, Dagher I. Hepatocyte transplantation techniques: large animal models. Methods MolBiol2009; 481:83-96.

第*38*章

干细胞在整形外科中的应用

Jerry I. Huang[1], Jung U. Yoo[2], Victor M. Goldberg[3]

韩钦　译

38.1　引言

技术的进步促生了大量的生物材料和合成的生长因子。临床医生和科学家面临着巨大的课题：建造能够模拟细胞及其胞外基质间相互作用的生物结构体，这些细胞外基质由细胞分泌并包裹细胞。深入了解每种组织的生物学特性（材料特性，细胞外基质的成分占比，以及细胞类型）是构建功能性组织的基础。组织工程的第一要素是细胞的使用。不同的方法可以使用不同的细胞，包括分化的谱系特异性细胞（成骨细胞、软骨细胞、腱细胞、半月板纤维软骨细胞等）或祖细胞。

多能间充质干细胞（mesenchymal stem cells, MSC）具有向多种中胚层谱系分化的能力，已经从骨髓、脂肪组织和滑膜中分离得到。干细胞具有可以无限供应、易获得的优势，并且可以大量培养。此外，设想干细胞可向下分化成各中胚层谱系，最终形成组织，这会非常接近自然组织，重现胚胎发育过程。从骨髓抽吸物中分离并通过长期传代得到的 MSC 已经被证实具有多能性和增殖能力。MSC 用于组织工程的另一个优势在于可用于异源基因移植。人 MSC 与异基因供者的淋巴细胞共培养时不会诱导混合淋巴细胞反应，并具有抑制共培养的淋巴细胞反应的能力。以异源基因 MSC 为基础的组织构建体可无限供应，具有巨大的经济优势。

许多生长因子已被证实具有促进血管生成，促进细胞增殖，诱导细胞向多种中胚层谱系分化的功能。单次给予重组生长因子已被证实对节段（segment）性骨缺损和关节软骨缺损的愈合有治疗效果。同样，给予生长因子能改善修复过程中韧带的结构特性。然而，许多临床情况需要持续给予生长因子。此外，超生理剂量的细胞因子泄漏到邻近部位会造成很大的问题，如骨诱导因子造成的异位骨化。

骨髓间充质干细胞除了是细胞治疗的强大工具，还可在遗传操作下成为细胞因子的递送载体。通过逆转录病毒转导细胞，可使靶基因整合到细胞的 DNA 中。这使得细胞复制时基因表达可传递下去，目标基因可长期表达。另外，应用腺病毒载体的基因治疗策略在临床上

---

[1] Departments of Surgery and Orthopedics Regenerative Bioengineering and Repair Laboratory, UCLA School of Medicine, Los Angeles, CA, USA.

[2] Oregon Health & Science University, Portland, Oregon, OR, USA.

[3] Department of Orthopedics, University Hospitals Case Medical Center Cleveland, Ohio, OH, USA.

可用于仅需要瞬时基因表达的情况。体内基因治疗时病毒载体直接注射到组织中会有许多问题。宿主对病毒的反应可能导致免疫排斥。此外，转导效率往往很低，尤其是在目标组织是缓慢生长的细胞时。载体扩散到邻近区域也可能导致潜在的并发症。利用骨髓间充质干细胞进行体外基因治疗可克服一些潜在的问题。利用自体细胞作为运载工具可防止宿主免疫应答。此外，细胞可以接种到根据目标组织的形状和大小定制的基质支架上。

本章简要总结了各种肌肉骨骼组织类型的生物学原理和性能，基于 MSC 适用于每个组织，重点介绍了目前的组织工程策略，并展望了未来 MSC 在组织工程中应用的方向。具有分化成不同谱系能力的骨髓间充质干细胞是组织再生的基石。它们也是对受伤的组织部位持续释放的生长因子理想的运载工具。生长因子可通过促进骨髓间充质干细胞迁移，诱导祖细胞分化，促进新生组织的血管化，从而促进组织修复。

38.2 骨

骨具有自我再生能力，再生的功能组织与原组织具有相似的特性。然而，骨组织工程仍然有许多临床应用，包括骨折不愈合、先天畸形需要骨延长、肿瘤以及创伤或骨感染继发的骨缺失。此外，对治疗骨关节炎的关节融合术、脊柱融合术以及需要更牢固固定的植入假体，在骨的内向生长的情况下骨再生非常重要。

骨的细胞外基质主要为Ⅰ型胶原和磷酸钙。成骨细胞沿周边排列，积极参与基质沉积。在临床上，来自髂骨和腓骨的自体骨移植常用于骨折修复。然而，采集自体骨移植的缺点是供区功能损害和供应数量有限。显然，需要获得自体骨代替物的其他方法。从髂后嵴采集的自体骨髓注射到胫骨骨折不愈合患者的骨折部位，评估其作为移植替代物的疗效。移植 5 个月后，可见大量新骨形成，患者可完全负重。经皮采集骨髓的创伤低，骨髓悬液可用作骨移植的替代物。

从骨髓和脂肪组织提取（processed lipoaspirate, PLA）的间充质干细胞可在添加地塞米松、抗坏血酸、β- 甘油磷酸钠的培养条件下分化为成骨细胞。已在动物模型中证实骨髓间充质干细胞具有异位骨形成能力。骨髓间充质干细胞接种到羟基磷灰石（HA）和磷酸三钙（TCP）的陶瓷盘后，植入皮下，显示在陶瓷支架的孔隙内有骨形成。人间充质干细胞在含成骨诱导培养基的多孔陶瓷中预培养，随后移植到裸鼠腹腔内，可形成厚层的板层骨，活跃的成骨细胞线性排列在陶瓷表面。

另一个临床前动物研究表明，接种到 HA/TCP 载体的自体骨髓间充质干细胞能够治愈犬模型中的临界节段性骨缺损。宿主－植入物交界面有显著的骨形成，骨缺损处可见连续的骨跨度。织网骨和板层骨也明显可见。植入物周围有骨痂形成。这项研究观察了 16 周，骨痂重塑，最终形成与切除的初始骨形状和大小类似的骨缺损修复。以前类似的研究也报道人间充质干细胞加载到 HA/TCP 载体后植入到无胸腺大鼠股骨缺损模型中。放射学和组织学证据显示 8 周时新骨形成。生物力学测试表明，加载细胞的陶瓷植入物的硬度和扭矩是没有加载细胞陶瓷植入物的 2 倍以上。

骨形态发生蛋白（bone morphogenetic protein, BMP）家族中的生长因子，包括 BMP-2和 BMP-7 也诱导祖细胞向下分化为成骨细胞。骨组织工程的策略为使用综合性骨基质以促进骨长入和向骨缺损处传输成骨生长因子。基质材料包括了钙 HA、Ⅰ型胶原凝胶、聚乳酸聚合物和脱钙骨基质。脱钙骨基质联合重组人骨形态发生蛋白 -2（*rhBMP-2*）的植入可取得组织学和影像学的愈合证据。在一项大动物模型研究中，用羊股骨缺损模型显示了 *BMP-2* 在大动物模型中修复临界骨缺损的效果。一项前瞻性、随机对照试验中对 450 例患者评价 *rhBMP-2* 对改善开放性胫骨骨折结局的安全性和有效性，研究结果显示，髓内钉联合 *rhBMP-2* 治疗的患者，延迟愈合和需要进行更多的侵入性干预（如植骨和钉扎）的风险明显降低。此外，他们的骨折愈合速度更快，感染和需要进行硬件去除的风险更低。通过遗传操作 MSC 进行基因治疗是一种有吸引力的生长因子传输方法，不仅能够安全地使生长因子缓释到指定部位，而且具有成骨潜能的 MSC 可以作为成骨诱导因子的底物，参与新生骨的形成。

利用骨髓间充质干细胞作为载体定位表达骨诱导蛋白的局部基因治疗在动物模型中已显示出可喜的成果。在无胸腺大鼠股骨缺损模型中，携带重组人 *BMP-2* 的基质填充缺损部位可形成薄的花边状骨，与之相比，转染腺病毒 *BMP-2* 的人骨髓间充质干细胞组可以形成更加坚固的小梁骨。此外，腺病毒 *BMP-2* 修复的股骨在生物力学强度方面与对照股骨相比无统计学差异，包括最大扭矩及能量失效的评价。腺病毒转染的骨髓细胞组与 *rhBMP-2* 组单次给药组相比，愈合反应特征有明显差异，这可能与腺病毒转染组 *BMP-2* 的持续释放带来的疗效增加相关。此外，植入的骨髓基质细胞本身可在缺损部位参与骨形成。转染 *BMP-2* 基因的脂肪来源干细胞在体外细胞培育中可快速诱导成骨表型。转导细胞接种的胶原基质能够在 SCID 小鼠后肢产生异位骨。脂肪组织丰富且易于获得，可以作为矫形外科医生手术中的另一种骨移植替代物。

血管侵袭是软骨内骨化的重要一步。血管内皮生长因子（VEGF）是最具特征性的一种血管生成因子。研究还表明，它是胚胎发生、骨骼发育和内皮功能中所必需的。发现用逆转录病毒 VEGF 转染肌肉来源的 MSC 与 BMP-4 细胞具有协同作用，都能够促进临界颅盖缺损中的骨愈合。研究发现，VEGF 可通过增强血管生成、细胞募集、改善软骨形成和加速软骨吸收，对软骨内骨形成发挥重要作用。这项研究验证了干细胞在基因治疗骨骼缺陷中的另一种应用策略。

已经报道过几种 MSC 修复局部骨缺损的应用，骨髓来源的 MSC 在治疗弥漫性肌肉骨骼疾病中可能存在巨大的潜力。骨质疏松症和成骨不全（OI）是两个更引人注目的备选疾病。OI 是以 I 型胶原基因缺陷为特征的 MSC 遗传病，会导致儿童生长迟缓，身材矮小，以及继发于脆弱骨的多发骨折。已有 6 名儿童参加了圣犹达儿童研究医院的临床试验，静脉移植人类白细胞抗原（HLA）相同或单抗原不匹配的兄弟姐妹的未经处理的骨髓，其中的 5 名患者在一个或多个位置显示细胞植入，包括骨骼、皮肤和基质。更重要的是，这 5 例患者在输注后的 6 个月内均显示生长速度加快。作者将生长增加归因于植入到骨骼部位的 MSC 产生了正常的成骨细胞。

38.3　软骨

骨关节炎目前是美国最常见的慢性病之一，每年多达 3900 万次就诊。据一项全美国健康问卷调查显示，大约 70% 的 65 岁以上人口会由于骨关节炎而活动受限需要医疗照顾。此外，大量的青少年患有继发于创伤以及运动相关损伤和骨软骨炎的软骨缺损。在 31516 例膝关节镜检查中，63% 患者的膝盖患有软骨病变，平均每个膝盖有 2.7 处透明软骨损伤。软骨的内源性愈合能力差，表面缺损通常不会自发愈合。这与血管供应缺乏和软骨细胞增殖能力差有关。当病变延伸到软骨下骨时，滑膜和软骨下骨髓中的间充质细胞被募集，伴随着修复反应，类似纤维软骨的修复组织补充到缺损部位。不幸的是，这种组织在结构上不如天然软骨。

关节软骨是高度无细胞的组织，平均细胞体积仅占成人总软骨体积的约 2%。细胞外基质是由胶原纤维和蛋白聚糖组成的高度复杂的网络结构。Ⅱ型胶原是软骨中的主要胶原亚型。该分子是由三个 α1 链和多个交联构成的三螺旋。胶原纤维负责软骨的拉伸强度。蛋白聚糖是关节软骨细胞外基质的其他主要成分，负责负荷传播能力和抗压强度。蛋白聚糖的核心蛋白含有大量的硫酸软骨素和角质素硫酸酯侧链，因此变得高度水合。蛋白聚糖分子还含有透明质酸结合区。

临床上，软骨缺损的现有治疗方案可分为软骨刺激和软骨置换策略。软骨刺激技术包括磨损关节置换术、软骨下钻和微裂缝技术。然而，修复组织从未达到天然组织的透明结构。软骨自体移植物和同种异体移植物是另一种策略，其中缺损由关节软骨的正常区域取出的塞子填充。自体移植的主要缺点是供体组织不足、供区不健全及可能的长期并发症。另外，同种异体移植物面临免疫原性导致的供体被排斥和疾病传播的风险。关节假体仍然是患有严重关节软骨缺损患者缓解疼痛症状和改善日常功能的主要治疗方案。仅 1999 年就完成了超过 244000 例膝关节置换术。

一个令人兴奋的进展是软骨缺损中引入了组织工程策略，基于自体软骨细胞的细胞治疗已经应用于软骨缺损的临床治疗。从关节镜收获的软骨中分离软骨细胞，进行体外培养扩增，并重新植入到深部关节软骨缺损。自 1987 年以来，已有 950 多例患者接受了这项治疗。长期（平均 7.5 年）随访结果显示，Cincinnati 评分良好至优异。活检标本类似于透明质软骨，细胞外基质主要由Ⅱ型胶原和蛋白聚糖组成。该技术的一些缺点包括供应量有限，以及与初始软骨取材相关的供体部位产生并发症。

间充质干细胞能够形成软骨，存在于骨髓、骨膜、滑膜和脂肪组织中。人间充质干细胞可以培养扩增 10 亿倍以上并保持其多向分化潜能。此外，它们增殖迅速，并且具有可以重现软骨形成中出现的胚胎事件的优点。MSC 被证实在不穿透软骨下骨的软骨缺损时无修复反应，这一点在软骨修复中尤为重要。穿透情况下，多能骨髓间充质细胞随之招募而来。炎性细胞和滑液来源的局部的细胞因子可导致祖细胞分化成软骨细胞并用纤维软骨填充空间。

MSC 能够在兔股骨髁模型中修复全层关节软骨缺损。将从新西兰白兔分离获得的骨髓来源和骨膜来源的 MSC 加载到胶原支架中，再将细胞-支架结构植入到长 6mm× 宽 3mm× 深 3mm 的内股骨髁承重部分的全层软骨缺损中，用透明软骨治疗缺损时最早 2 周就明显可见软骨下空间充满高密度血管化的新骨。4 周后，新软骨更厚，并且新的软骨下骨与宿主组织之间的界面处完美整合。此外，在不同时间点对组织学标本的进一步分析显示，软骨下骨的形成是胚胎过程的软骨内骨化重演，软骨细胞进展为肥大状态，随后血管侵袭和骨化而成。任何膝关节都没有发现骨关节炎的证据。然而，在稍后的时间点，伴随着异染性的染色的缺失，软骨显著重塑。MSC 的遗传修饰可增强愈合反应并导致更长期的组织修复。

在另一项研究中，将含 BMP-7 的逆转录病毒载体转染的骨膜细胞接种到聚合移植物上，体内外基因表达至少维持 8 周。将细胞的构建体放置在兔膝关节间沟槽中 3mm 的圆形的软骨缺损中，植入后持续 12 周缺损完全由以透明样组织为主的物质所填充，软骨下部分的缺损呈现快速的骨骼重建。在含有转化生长因子（TGF）超家族另一成员 BMP-2 的胶原支架治疗的关节软骨缺损中也观察到潮线的修复和软骨下骨的形成。

随着我们更深入地了解关节软骨的生物学和生物力学性质及其对不同生长因子的反应，基因组织工程将成为软骨表面重建更有力的工具。已经有许多生长因子被证实可增强软骨细胞增殖和成软骨分化，包括成纤维细胞生长因子 -2（FGF-2）、胰岛素样生长因子 -1（IGF-1）、TGF-1、生长激素（GH）、BMP-7（也称为成骨蛋白 -1）和 BMP-2。这些生长因子可以直接注射到缺损部位和应用基因治疗技术来诱导软骨形成。

单次超生理剂量的生长因子直接注射通常不足以达到良好愈合的效果，这是由于炎性反应与巨噬细胞和嗜中性粒细胞的募集可能发生蛋白质的降解。此外，随着时间的延长，周围滑液会稀释和清除生长因子。长期暴露于生长因子下可能对于内源性祖细胞的成软骨分化是必需的。此外，将软骨细胞或 MSC 作为基因治疗的生长因子的递送载体，这些细胞又可以是再生软骨的主力，对自分泌和旁分泌的生长因子做出反应。新形成的软骨可能是原位的细胞与转导细胞分泌的细胞因子募集和迁移来的新间充质祖细胞的嵌合体。

用逆转录病毒和腺病毒 TGFβ-1 载体转染骨髓来源的间充质祖细胞是可行的。这些遗传修饰的祖细胞在体外有或没有外源 TGFβ-1 都能发生软骨形成。软骨细胞、MSC 和滑膜细胞能成功转染无复制能力的腺病毒载体表达 IGF-1。*IGF-1* 诱导后细胞外基质中蛋白多糖显著增多。此外，培养的细胞可持续 28d 表达高水平的 *IGF-1*。这两项研究都证实了遗传修饰 MSC 具有在持续时间内分泌软骨诱导生长因子的能力。

使用 MSC 进行关节软骨缺损的离体基因治疗动物模型已经开展研究。腺病毒介导表达的软骨膜 MSC 能否治疗关节软骨缺损，在大鼠模型中开展了研究。对悬浮在纤维蛋白胶中的 *AdBMP-2* 和 *AdIGF-1* 转染的细胞对治疗缺损及其宿主组织整合的影响进行了评估。*AdBMP-2* 和 *AdIGF-1* 组的部分厚度缺损都被治愈，修复的软骨呈现透明细胞形态，细胞外基质由 II 型胶原组成，而非 I 型胶原。非转染细胞组的缺损部位主要充满富含 I 型胶原的纤维组织，这与在自然修复过程中观察到的现象一致，来自骨髓腔的 MSC 参与软骨下软骨的纤维软骨样组织的修复。*AdBMP-2* 组出现并发症，在构建体外部细胞渗漏继发形成骨赘，这在 *AdIGF-1* 组中未出现。

有些研究小组开始探索从软骨防护的角度去保全关节软骨。除了刺激软骨修复和替代软骨缺损，另一种方案是在更早期阶段进行预防性治疗和阻止疾病进展。白细胞介素 -1 受体拮抗剂（IL-1Ra）、肿瘤坏死因子（TNF）阻滞剂和白细胞介素 -4（IL-4）都被报道可保护关节软骨退行性变化。两种 TNF 抑制剂的抗炎药物英夫利昔单抗（Remicade）和依那西普（Enbrel）都被美国食品药品监督管理局批准用于患有类风湿性关节炎的患者。动物模型已经显示基因治疗可有效传递 IL-1Ra，从而抑制骨关节炎变化。转染表达 IL-1Ra 或 TNF 拮抗剂的 MSC 可以通过其固有的软骨形成潜能来增强修复过程，并延缓软骨损伤中的降解过程。

38.4　半月板

半月板撕裂的年发病率约为每十万人中 60 ～ 70 人。膝盖的半月板由半月板纤维软骨构成，是膝盖功能正常所必需的。细胞外基质由胶原纤维组成，主要是放射状的环形纤维，有助于保持其结构的完整性。环形纤维有助于分散压缩力，同时，纤维放射状排列可防止撕裂拉力。该基质主要含有 I 型、II 型和 III 型胶原，其中 I 型胶原最常见。半月板的细胞是纤维软骨细胞，因为它们具有软骨细胞样形态和纤维软骨基质的合成能力。半月板的主要功能是承重时的负荷传递。另外，膝盖中约 50% 的负荷被传递到半月板。在 90° 弯曲时，增加到总负载的几乎 90%。内侧半月板还是前后位移的一个重要的辅助约束，特别是在前交叉韧带（anterior cruciate ligament, ACL）缺陷的膝盖。最后，半月板在减震和接头润滑方面很重要。

在胎儿发育早期，半月板含很多细胞，血管化程度高。骨骼成熟后，血管区通常局限于半月板的周边 1/3。周边区域的纵向撕裂通常可以修复，而放射状撕裂通常不宜修复。不能修复的缺损通常被清创，以避免松弛的半月板瓣的刺激。半月板全切除术通常是禁忌的，因为它会导致许多骨关节炎的变化。长期随访研究表明，半月板全切患者发展为膝关节不稳的比例很高，并导致大量的影像学上膝关节退行性改变。

显然，我们需要新的治疗方案。目前，同种异体半月板移植是替代大型半月板缺损的少数选择之一。不幸的是，同种异体组织有排斥和疾病传播的危险。此外，供体的移植物大小必须与受体相匹配，这有时很困难。半月板移植的长期问题包括移植物收缩，细胞减少，从而失去正常的生物活性。半月板修复的其他实验方法包括使用纤维蛋白凝块、胶原聚合物和一些基于聚氨酯的半月板假体。

基于生长因子和细胞的治疗方案，间充质干细胞可能为半月板撕裂提供新的治疗策略。许多细胞因子包括血小板衍生生长因子（platelet-derived growth factor, PDGF）、BMP-2、肝细胞生长因子（HGF）、表皮生长因子（EGF）、胰岛素样生长因子 -1（IGF-1）和内皮细胞生长因子参与了不同区域内半月板细胞的增殖和迁移。单剂量的生长因子在修复组织中不能提供足够的刺激。由腺病毒介导的 *BMP-2*、*PDGF*、*EGF* 和 *IGF-1* 表达已经在间充质干细胞和成纤维细胞培养系统中得到证实。间充质干细胞可作为生长因子持续释放的载体，有助于细胞增殖、募集和分化，并增加局部血管化。组织工程半月板进行基因治疗的可行性已经得到证实，半月板移植物中转基因表达可持续四周。在另一项研究中，牛的半月板细胞转染 *HGF* 的腺病毒载体，接种于聚羟基乙酸支架，并放在裸鼠皮下囊。*HGF* 的基因表达与新生血管显著增加呈相关性。

一些作者主张通过纤维软骨修复半月板缺损。在犬的无血管区缺损部位植入聚氨酯聚合物后形成纤维软骨组织，而对照组只有纤维组织。在一系列小型临床试验中，可吸收的胶原支架植入内侧半月板损伤处，术后两年观察到关节面保留和组织再生的证据。骨髓 MSC 成软骨潜能已被充分证实。半月板修复中的替代策略是使用干细胞和可生物降解的基质预先制备软骨样结构。来自兔部分半月板切除模型的数据显示，嵌入胶原海绵中的 MSC 可以促进缺损部位的纤维软骨组织的形成。尽管不具有与天然半月板相同的特征，但它将在关节面保持和膝关节的负荷传递方面具有类似的功能。

38.5　韧带和肌腱

韧带和肌腱是致密的结缔组织，能稳定关节并提供关节活动。这些结构的炎症或撕裂损伤会导致严重的功能障碍和退行性关节疾病的发展。在正常愈合过程中，巨噬细胞和血小板释放出 PDGF、FGF、TGF-β 等多种生长因子，刺激成纤维细胞增殖和组织重塑。这些生长因子促进细胞增殖、细胞外基质分泌和细胞募集。组织工程化细胞构建和通过基因治疗提供生长因子在增强愈合过程中具有巨大的潜力。

通常，骨骼韧带的大部分干重都是由胶原组成的。其中超过 90% 是 I 型的，III 型的比例很小。糖胺聚糖和弹性蛋白的生化组成也占很小的比例。韧带需要抵抗长轴上的张力。胶原纤维直径和胶原蛋白吡啶啉交联的数量与愈合韧带的拉伸强度相关。韧带与肌腱的力量、骨关节约束及其他软组织的共同作用，帮助稳定关节和防止非生理性运动。各种韧带的愈合能力有差异。损伤后，韧带在一系列阶段愈合：出血、炎症、增殖和重塑。临床上，内侧副韧带（MCL）损伤不需手术干预即可有效治愈，而人前交叉韧带（ACL）撕裂通常不会自愈。ACL 撕裂的组织学研究表明，与滑液韧带不同，股骨和胫骨侧 ACL 的残留物之间没有桥接发生的迹象。通常情况下，ACL 断裂通过多种不同的自体和同种异体肌腱移植治疗。不幸的是，自体移植物采集会损伤先前健康的组织，而同种异体移植则有传播疾病的危险。此外，虽然孤立的 MCL 撕裂非手术治疗很好，但生化分析显示，未处理的 MCL 疤痕具有高于正常比例的Ⅲ型胶原，更高的胶原转换率和总糖胺聚糖增加。组织学上，细胞外基质从未完全达到正常韧带组织的高度有序形态。研究还表明，MCL 成纤维细胞迁移更迅速和无细胞区域填充比 ACL 更迅速。MCL 和 ACL 的细胞之间存在结构差异。

生长因子在骨骼肌组织的愈合和重塑中起着重要的作用。MCL 和 ACL 成纤维细胞暴露于表皮生长因子和碱性成纤维细胞生长因子时增殖速率显著升高。成纤维细胞增殖是正常韧带愈合过程的主要组成部分。类似的，培育体系中用 FGF 和 EGF 处理韧带成纤维细胞，可促进胶原合成增加。IGF-1 也能刺激成纤维细胞Ⅰ型胶原的合成。然而，不同的生长因子之间存在复杂的相互作用，有些因素协同作用，而另一些则相互抵抗。组织的结构和功能特性在很大程度上取决于细胞外基质的组成。

使用间充质干细胞的策略在韧带和肌腱损伤基因治疗中有许多潜在的临床应用。生长因子可以从局部释放到损伤部位，从而促进正常愈合的四个阶段，腺病毒介导的基因表达可介导 FGF 和 EGF 促进成纤维细胞增殖。在早期阶段，生长因子的短暂爆发将使愈合过程更迅速发生。在多种动物模型中，TGFβ-1 可促进创伤愈合，它能够增强细胞增殖和增加细胞外基质中胶原的分泌，是一个有效的区域生长因子释放的靶基因。动物研究已经表明，暴露于 PDGF 的 MCL 的刚度和断裂能量值与各自的对照组相似。此外，IGF-1 和 FGF 的联合治疗可进一步增强结构特性。在犬部分破裂 ACL 模型中，碱性成纤维细胞生长因子可促进新生血管增加和胶原纤维更好的定向发生。一项研究表明，将接种细胞的胶原支架植入到膝关节，4 周后仍能存活，这进一步肯定了用细胞作为生长因子运载工具用于膝关节的可行性。

理想的情况是将自体来源的细胞与生物降解基质结合作为组织工程结构重建韧带或肌腱。肌腱缺损的治疗除了使用自体移植物和同种异体移植物之外，还提出了使用合成聚合物和无细胞的可生物降解支架（scaffold）的方案。在最初的愈合过程中，支架充当细胞募集的通道，后续被降解，机械负荷力被转移到新的修复组织中去。尽管有关修复强度和生物力学特性的数据很理想，但材料随时间的免疫原性和生物相容性还不太清楚。

成纤维细胞在三维胶原凝胶培养中产生张力并沿张力改变其排列方向。间充质干细胞具有相似的成纤维细胞特性，其与生物可降解支架的联合可用于大肌腱缺损的桥接。在母鸡屈肌腱模型中进行自体细胞基底肌腱修复，肌腱细胞接种在聚乙醇酸支架上能够治愈 3～4cm 的缺损。愈合组织在组织学上与原肌腱大体相似。生物力学上，试验组有 83% 的正常肌腱断裂强度。同样，在动物模型中，MSC 修复的阿基里斯肌腱能改善其生物力学和功能。然而，组织学外观和生物力学强度不如正常对照的肌腱。

在一项研究中，通过对比在全层髌腱缺损模型与自然修复过程中接种 MSC 的胶原凝胶，证明其有效性。与自然修复组相比，在最初的植入后 26 周，复合构建体表现出高模量和最大应力。然而，与原生组织相比，最大应力仅为对照的 1/4。此外，28% 的细胞基质构建体在肌腱修复部位形成骨。

将兔 MSC 接种到有预张力的聚乙二醇酸缝合线上以产生收缩的构建体，在 40h 时，细胞核是纺锤形的，并且在构建体中细胞活力大约为 75%。使用 MSC 修复组织在修复部位具有比对侧对照（仅缝合）和未处理的天然组织更大的横截面积。接种细胞的修复显示出优异的生物力学性能，其负载相关特征增加了 2 倍。与原组织相比，治疗后的肌腱在 12 周时具有近 2/3 的结构特征。负荷相关的材料特征的快速增加可能代表了 MSC 介导的愈合的重塑阶段。组织学上，随着时间推移出现肌腱细胞增加和胶原蛋白卷曲模式。

以前的两项回顾性研究表明，MSC 具有增加肌腱修复过程的潜力。联合干细胞与生物可降解支架的组织工程构建体增强了修复组织的生物力学特性，并随着时间的推移重塑成与正常肌腱的复杂组织更为相似的结构。在体外构建体与生长因子预培育后会产生更好的生物替代物。此外，转染 *TGFβ-1*、*EGF* 和 *FGF* 等基因的间充质干细胞可能具有协同作用，可产生更强的结构修复组织。已经有报道用腺病毒成功地转染成肌细胞和前交叉韧带成纤维细胞，随后引入兔 ACL，从第 7 天可见 *lacZ* 报道基因的表达，并可持续长达 6 周。*BMP-12* 基因转移到撕裂的鸡肌腱可导致修复组织的极限力和刚度的增加。转染 *BMP-12* 基因的间充质祖细胞可形成异位肌腱样组织。

38.6 脊椎

腰椎横突间融合术通常用于脊柱疾病继发退行性改变和损伤的治疗。然而，据报道，骨不连率与单节段融合率一样高达 40%，甚至比多节段手术更高。目前骨不连通常使用椎弓根螺钉、杆或板等器材以及各种椎间融合器进行预防，使得在愈合阶段获得更好的矫正和生物力学稳定性。然而，在融合中使用器材还会出现相当数量的骨不连和假关节，并且已经有报道使用螺钉固定不能显著减少骨不连。

最近，大量的临床研究比较骨诱导蛋白与自体髂嵴移植物在腰椎融合术中的疗效。在小型随机临床观察中，成骨蛋白 -1（OP-1，也被称为 BMP-7）与自体骨移植同样有效，可达到单节段腰椎融合。在兔模型中，发现 BMP-7 可抵抗尼古丁对脊髓融合的抑制作用。在一项前瞻性随机临床试验中，德克萨斯州苏格兰礼拜医院（TSRH）将椎弓根螺钉固定联合 rhBMP-2 组、单独 TSRH 椎弓根螺钉固定组，以及单独 rhBMP-2 无 TSRH 固定组进行比较，发现联合 rhBMP-2 组的融合率达到 100%，而单独 TSRH 椎弓根螺钉固定组只有 40%（2/5）的融合。随访中单独 rhBMP-2 组的 Oswestry 评分改善最高。在绵羊模型中证明在使用腰椎椎体间装置融合时辅助使用 *rhBMP-2* 有效，重组 BMP-2 优于自体骨移植。在一组接受腹腔镜放置 *rhBMP-2* 的 22 例患者中，微创脊柱融合和椎间盘背痛的缓解成为可能。

然而，为了脊柱融合直接将生长因子引入椎间隙确实有风险，骨诱导蛋白从其载体渗漏到周围组织中时可能发生异位骨形成，这可能产生毁灭性的结果，尤其是在硬脑膜撕裂的情况下。此外，大多数骨诱导生长因子被快速代谢，因此，在临床中单次推注可能无法达到理想的功效。使用 MSC 的基因治疗策略可提供局部持续释放生长因子的能力，使用新型骨诱导蛋白（LIM 矿化蛋白 -1，*LMP-1*）转染的骨髓细胞在大鼠中已成功完成脊柱融合。LMP-1 是可溶性骨诱导因子，可诱导其他 BMP 及其受体的表达。使用腺病毒介导表达 *BMP-2* 的 MSC 进行区域基因治疗，术后 4 周内在大鼠模型中观察到融合的影像学证据。此外，接受 *AdBMP-2* 转染细胞组显示出粗大的骨小梁修复，而 rhBMP-2 组中呈较薄的蕾丝状骨。骨形成蛋白的长期持续释放可能比单次超生理剂量给药产生更强的生物学反应。另一种可能性是 MSC 向成骨谱系分化，参与融合块中的新骨形成。

与软骨修复策略相似，治疗脊柱疾病的另一个潜在策略是抑制椎间盘退变。椎间盘中胶原纤维的磨损、分裂和损失以及终板中软骨的钙化随年龄而发生。基质金属蛋白酶和聚集蛋白酶在椎间盘细胞外基质降解中发挥了重要的作用，蛋白多糖对于维持椎间盘高度及其压缩能力也很重要，它们的保留对椎间盘的承载能力至关重要。在犬椎间盘髓核和髓核细胞中检测生长因子对增殖和蛋白多糖合成的影响，发现 TGFβ-1 和 EGF 可诱导蛋白多糖合成量增加5倍。椎间盘暴露在 IGF-1 后可见纤维环细胞的程序性细胞死亡的延迟和蛋白多糖合成的剂量依赖性增加。因此，利用 MSC 作为基因治疗载体将 *TGFβ-1* 和 / 或 *IGF-1* 递送至椎间盘是治疗椎间盘疾病的两种可能的策略。

从退行性椎间盘患者的终板软骨组织分离培养的软骨细胞，通过逆转录病毒成功介导 *lacZ* 和 *IL-1Ra* 基因，转基因细胞重新进入椎间盘。同样的策略可以选择从髂嵴易于分离的间充质干细胞。如前所述，表达腺病毒介导的 *IGF-1* 的间充质干细胞也已经成功得到证实。Gruber 及其同事证实在体内 *TGFβ-1* 基因转移到椎间盘后的疗效及其增加蛋白多糖的合成水平的能力。

38.7   总结

间充质干细胞具有很大的潜力，可用于开发一系列骨科病症的新治疗策略。动物模型已经证明了 MSC 具有良好的治疗效果以及广泛的临床应用。使用自体扩增的软骨细胞修复关节软骨缺损的 Carticel（Genzyme, Cambridge, MA）计划已经实现了细胞组织工程原理的临床应用。MSC 的多能性和可塑性使它们成为构建许多非造血组织的细胞来源，包括骨、软骨、腱和韧带。MSC 植入床的生物降解支架的研究进展，有望获得更好的生物相容性和宿主组织整合。用逆转录病毒和腺病毒载体基因转导的干细胞在动物模型中被观察到具有最小毒性。用干细胞作为基因治疗的载体是强有力的武器，可用于众多临床治疗，这些临床治疗将受益于生长因子的骨诱导、软骨诱导、细胞增殖和血管生成作用。

深入阅读

----

[1] Brittberg M, Tallheden T, Sjogren-Jansson B, Lindahl A, Peterson L. Autologous chondrocytesused for articular cartilage repair: an update. Clin Orthop Relat Res 2001; 391 (Suppl): S337-348.

[2] Evans CH, Ghivizzani SC, Smith P, Shuler FD, Mi Z, Robbins PD. Using gene therapy to protect and restore cartilage. Clin Orthop Relat Res 2000; 379 (Suppl): S214-219.

[3] Garrett JC. Osteochondral allografts for reconstruction of articular defects of the knee. Instr Course Lect 1998; 47:517-22.

[4] Gruber HE, Hanley Jr. EN. Recent advances in disc cell biology. Spine (Phila Pa 1976) 2003; 28 (2): 186-93.

[5] Johnson LL. Arthroscopic abrasion arthroplasty: a review. Clin Orthop Relat Res 2001; 391 (Suppl): S306-17.

[6] McCarty EC, Marx RG, DeHaven KE. Meniscus repair: considerations in treatment and update of clinical results. Clin Orthop Relat Res 2002; 402:122-34.

[7] Poole AR, Kojima T, Yasuda T, Mwale F, Kobayashi M, Laverty S. Composition and structure of articular cartilage: a template for tissue repair. Clin Orthop Relat Res 2001; 391 (Suppl): S26-33.

[8] Steadman JR, Rodkey WG, Rodrigo JJ. Microfracture: surgical technique and rehabilitation to treat chondral defects. Clin Orthop Relat Res 2001; 391 (Suppl): S362-9.

[9] Woo SL, Hildebrand K, Watanabe N, Fenwick JA, Papageorgiou CD, Wang JH. Tissue engineering of ligament and tendon healing. Clin Orthop Relat Res 1999; 367 (Suppl): S312-23.

[10] Yoo JU, Mandell I, Angele P, Johnstone B. Chondrogenitor cells and gene therapy. Clin Orthop Relat Res 2000; 379 (Suppl): S164-70.

第 *39* 章

胚胎干细胞在组织工程中的应用

Shulamit Levenberg❶, Ali Khademhosseini❷, Robert Langer❸
张博文，何丽娟　译

39.1　引言

　　人源细胞来源受限是困扰组织工程技术应用于临床实践的主要障碍之一。成体组织或发育胚胎中的干细胞，是目前组织工程获取细胞的主要来源。自 1998 年人胚胎干（human embryonic stem, hES）细胞诞生以来，人们对其在组织工程中的潜在应用价值产生了极大的兴趣。ES 细胞能够在体外培养环境下无限增殖，并且能够分化为所有成体组织来源的细胞。然而，尽管成体干细胞及 ES 细胞显现出治疗潜力，但它们的临床应用之路却仍然面临着重重挑战。例如，虽然成体干细胞能够从患者体内直接分离获得并与患者具有免疫相容性，但是成体干细胞分离获取及体外培养的难度较大。与之相对的是，ES 细胞虽然易于培养并能够分化为多种类型的细胞，但是 ES 细胞来源的分化细胞可能在患者体内受到免疫排斥，并且未分化的 ES 细胞存在致瘤性风险。

　　本章将主要分析 ES 细胞在组织工程中的应用潜力。本章将通过该领域近期的研究实例，展现 ES 细胞作为组织工程种子细胞来源的重要性。此外，本章还将介绍一些组织工程的基本原理和开创性的研究工作。

39.2　组织工程的原理及视角

　　组织工程是一门基于工程学及生命科学原理构建生物替代品的交叉学科。这些生物替代品主要由生物材料及合成材料构成，并用于存储、维持或改善组织生理功能。组织工程产品能够为患者提供终身治疗，大幅缩减住院治疗及日常保健中的药物开销，同时能够显著提高患者的生存质量。

　　一般而言，组织工程的应用有三条主要途径：

　　（1）使用分离细胞或细胞替代物用于细胞替代治疗；

❶ Langer Laboratory, Department of Chemical Engineering, Massachusetts Institute of Technology, Cambridge, MA.

❷ Division of Biological Engineering, Massachusetts Institute of Technology, Cambridge, MA.

❸ Department of Chemical Engineering, Massachusetts Institute of Technology, Cambridge, MA.

（2）使用能诱导组织再生的非细胞物质；

（3）使用细胞和材料（通常作为支架）的组合物。

宿主来源干细胞的应用范围覆盖了上述三条应用途径，而 ES 细胞则直接参与到第一种和第三种应用当中。

39.2.1　分离细胞或细胞替代物用于细胞替代治疗

将分离细胞作为替代品应用于细胞替代疗法的历史由来已久。干细胞用于细胞替代疗法的首次尝试源自骨髓移植或输血研究，利用供者造血干细胞再造受者的血液细胞。除此以外，其他干细胞也在多种疾病治疗中展现出潜在的价值。例如，骨髓来源的细胞被证实能够：

（1）产生内皮祖细胞并用于诱导缺血组织的血管新生；

（2）促进心肌再生；

（3）产生骨、软骨及肌肉细胞；

（4）迁移到大脑并生成神经元。

此外，将骨骼肌中分离获得的成肌细胞注射到心脏中能够恢复心肌功能，以及利用神经干细胞治疗帕金森病，都是体现各种干细胞治疗潜力的良好佐证。由 Organogenesis 及 Advanced Tissue Sciences 等公司主导，利用异体细胞构建皮肤替代物为代表的组织工程产品也已经取得进展。此外，注射间充质干细胞能够促进软骨及骨再生。

ES 细胞为细胞替代物的来源提供了一种新选择。在体外培养环境中，ES 细胞能够产生造血细胞、内皮细胞及心脏、神经、成骨、肝脏及胰腺等组织来源的细胞。尽管 ES 细胞能够作为多种类型细胞的种子来源，但截止到目前，证实 ES 细胞能够修复特定组织功能缺失的试验屈指可数。其中一个实例是 ES 细胞来源的多巴胺能细胞在帕金森病动物模型中的应用。这些 ES 细胞来源、高度富集的中脑神经干细胞能够产生神经元，并且这些神经元表现出与正常神经元相似的电生理及行为特征。尽管人 ES 细胞来源的神经元的功能特征仍有待研究，但已经有研究发现，人 ES 细胞来源的神经祖细胞能够整合到小鼠大脑的多个区域，并分化为神经元及星形胶质细胞。此外，人 ES 细胞来源的神经祖细胞能够在受者脑内迁移，并表现出区域特异性的分化模式。探索 ES 细胞在心脏疾病治疗中潜在应用价值的研究也正在进行中。有研究证据表明，小鼠 ES 细胞来源的心肌细胞在形态上同相临的受者心肌细胞非常类似。此外，转染胰岛素基因启动子（受抗药性基因 neo 调控表达）的 ES 细胞能够产生胰岛素分泌细胞，这些细胞在动物体内能够控制葡萄糖水平。尽管这些功能学数据来源于遗传修饰的 ES 细胞，但 ES 细胞产生胰岛素的事实，让我们看到了这些细胞用于糖尿病治疗的希望。

ES 细胞能够产生功能性血管组织。从分化的小鼠 ES 细胞中分离出的早期内皮祖细胞，能够产生包括造血、内皮及平滑肌细胞在内的三种血管细胞组分。这些内皮祖细胞在注射到鸡胚胎中能够分化为内皮细胞和腔壁细胞，并促进血管的发育。我们的研究也表明，人 ES 细胞能够分化为内皮细胞，通过血小板内皮细胞黏附分子 -1（PECAM-1）抗体分离富集这些细胞，并将其移植到免疫缺陷小鼠体内能够形成微血管。

39.2.2　使用细胞和材料的组合物

将细胞和支架结合用于组织工程的方法包括两大类：开放系统及封闭系统。这两类系统的主要区别在于移植细胞是否与受者免疫系统接触。

39.2.2.1 开放系统

在开放的组织工程系统中，细胞被固定于多孔的三维支架中。支架材料由合成材料、天然材料或这两种材料复合构成。理论上，支架材料能够为细胞提供理想的生长环境，并具备最佳的氧气及营养物质传输特性、良好的机械完整性及适宜的降解速率。利用支架所构建的三维环境，细胞能够紧密接触并有充分的时间完成自我组装，形成与组织微环境相适应的各种成分。理想状态下，材料会随着细胞开始分泌细胞外基质分子而逐渐降解。用于组织工程的材料可以是合成的生物降解材料，例如聚乳酸 [poly (lactic acid)]、聚乙醇酸 [poly (glycolic acid)]、聚乳酸-聚乙醇酸共聚物 [poly (lactic-glycolic) acid, PLGA]、聚富马酸 [poly (propylene fumarate)] 和聚芳基化合物（polyarylate），或者是羟基磷灰石、碳酸钙、胶原及藻酸盐等天然材料。天然材料通常更适于细胞黏附，而合成材料的优势在于其降解速率、机械特性、结构和多孔性更易于控制。

开放的组织工程系统已成功创造出多种生物替代品，例如骨、软骨、血管、心脏、平滑肌、胰脏、肝脏、牙齿、视网膜和皮肤组织。一些组织工程化产品为获得 FDA 批准正在进行临床试验。从临床应用潜力来看，组织工程皮肤（或伤口敷料）及软骨是目前发展最为迅速的领域。例如，一种由活的人真皮细胞与 I 型胶原构成的天然支架复合而成的皮肤替代物，已经被 FDA 批准用于治疗糖尿病足溃疡。此外，组织工程化软骨及骨也已进入临床应用阶段，膀胱及尿道组织也处于不同阶段的研究之中。

尽管干细胞能够分化形成与目的细胞相一致的表型及形态结构，然而基于支架材料的组织工程研究却很少用到 ES 细胞。而间充质干细胞、神经干细胞和卵圆细胞等成体干细胞已经能够与支架材料联合使用。其中一个例子是将神经干细胞移植到聚合物支架材料上，随后将支架植入缺血缺氧小鼠的脑部梗死区域。这些干细胞建立了错综复杂的神经突起网络并与受者相整合。我们将神经干细胞植入到特殊的支架上，发现该复合物能够促进半切除损伤模型大鼠的脊髓再生，并改善其后腿功能。此外，根据培养基条件不同，间充质干细胞能够在聚乙二醇或 PLGA 支架上形成软骨或骨组织。

ES 细胞可以在特定的培养条件下分化，因此能将所需的目的细胞筛选出来并种植到支架材料上。我们利用这项技术研究 ES 细胞来源的内皮细胞的行为特性。将人 ES 细胞来源的内皮祖细胞与多孔的 PLLA/PLGA 可降解支架复合后，植入免疫缺陷小鼠体内，细胞能够形成血管并与受者的循环系统融合（图 39.1）。

此外，还有其他途径能够将 ES 细胞及其子代细胞应用于支架组织工程系统中。例如，使 ES 细胞在支架材料上直接分化就是一条可行之径，并最终达到在体内环境中使遗传改造的 ES 细胞在支架材料上分化的目的（图 39.2）。

目前，对如何诱导细胞在分化过程中形成组织这一重要科学问题的研究仍然十分有限。一种解决策略是将 ES 细胞直接接种到支架上，并诱导其在原位分化。ES 细胞能够在多孔的可降解聚合物材料上生长，并在分化过程中形成复杂的三维结构。支架为细胞定位及迁移扩展提供了物理诱因，而孔隙为组织结构重塑提供了必要的空间。理想状态下，支架应当为细胞提供信号，诱导其分化为特定的细胞类型。这个系统潜在的优势在于维持细胞在分化过程中进行自我组装。这种模式能够更好地模拟细胞在发育过程中的分化规律，并将细胞诱导分化为特定类型的组织。最终，体外分化获得的组织有望直接用于移植治疗。

利用人体内微环境诱导 ES 细胞分化的方法目前仍不能成为 ES 细胞体外分化的备选方

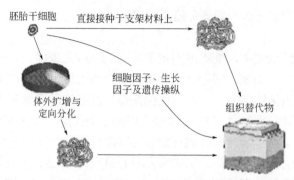

图39.1　ES 细胞在支架材料上的组织工程构建方法。将 ES 细胞用于组织工程构建的方法多种多样：可以通过细胞培养扩增 ES 细胞并将其直接接种到支架上，并在支架中分化为所需细胞；也可以在接种到支架材料之前，诱导 ES 细胞分化为各种组织所需的特定细胞。

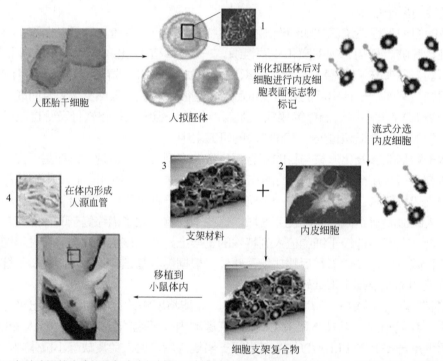

图39.2　ES细胞来源的内皮细胞复合支架材料后移植到体内。（1）利用PECAM-1抗体染色，展示分化13d的人拟胚体内部血管网络的共聚焦显微图片。将人ES细胞通过拟胚体形成模式诱导分化为内皮细胞，这些细胞能够形成血管样网络。结合内皮表面标志物染色及流式分选术，将消化后拟胚体中的ES细胞源内皮细胞分离出来。（2）利用PECAM-1和VWF抗体，对培养中的ES细胞源内皮细胞进行染色分析。这些分离获得的内皮细胞接种到（3）多聚体支架材料上并植入免疫缺陷小鼠体内。（3）扫描电镜拍摄的PLLA-PLGA支架。（4）抗人源PECAM-1抗体结合过氧化物酶免疫染色，展现植入7d后的移植物中人源内皮细胞在小鼠体内形成血管结构。

案。ES 细胞体内分化实施可行性较低的原因在于细胞存在致瘤风险，以及非定向分化所导致的细胞类群异质性。然而，利用细胞凋亡响应机制能够为细胞在体内的定向分化提供筛选压力。通过对 ES 细胞进行遗传修饰，使非目的分化细胞发生凋亡，从而保证细胞向特定的诱导方向定向分化。此外，这种方法也能够实现对细胞增殖行为的控制。

39.2.2.2　封闭系统

开放的组织工程系统所面临的主要困难在于移植细胞的免疫反应问题。封闭系统为了克服这一难题，将细胞限制于聚合物基质内，为其建立屏障以逃避宿主免疫反应。例如，将细胞限制于半透膜中，由于半透膜仅允许营养物质和氧气通过，因此，成为移植细胞避免接触免疫细胞、抗体及免疫系统其他成分的屏障。此外，移植物既能够用于病人体内移植，也能够作为体外设备使用。封闭的组织工程系统特别适合应用于糖尿病、肝功能衰竭及帕金森病的治疗。ES 细胞与这类系统的结合独具优势，原因是将 ES 细胞限制于封闭系统中，有效解决了 ES 细胞治疗所面临的免疫反应问题。比如，ES 细胞来源的胰岛素响应型 β 细胞或多巴胺能神经元能够用于临床实践中，而不必再担心发生排斥反应。此外，由于聚合物屏障的存在，封闭系统使宿主免受致瘤细胞的潜在威胁。目前，受到工程学和生物学等因素的限制，如材料的生物相容性、截留分子量以及移植细胞脱落抗原所引发的免疫系统反应等，封闭系统的临床应用之路仍旧面临着重重难关。

39.3　ES 细胞应用于组织工程的限制及障碍

尽管组织工程领域的研究已取得了重大进展，但仍有许多挑战困扰着 ES 细胞在组织工程领域中的应用。这些挑战来源于对干细胞生物学理论的认识，以及干细胞分化命运的控制、工程化扩增问题以及商业可行性及价格问题等。

39.3.1　引导 ES 细胞分化

也许将 ES 细胞应用于临床治疗所面临的最大挑战在于我们对诱导细胞定向分化的认识仍十分匮乏。已有的研究证据表明，目前所有定向诱导的尝试都无法使 ES 细胞高效均一地分化为特定类型的细胞。而究其原因在于，缺乏周围微环境所提供的时空信号引导，ES 细胞表现出其随机分化的固有特性。

通过遗传修饰或微环境调控等策略能够提高特定组织细胞的诱导分化效率。遗传学技术能够提供正性或负性调控手段。正性调控技术包括控制那些在特定组织分化过程中发挥关键引导作用的转录因子的组成型或可控型表达。例如，过表达转录因子 Nurr，能够提高 ES 细胞向功能性神经细胞分化的效率。与之相对的，负性调控技术则是通过诱导非目的分化细胞的凋亡，实现对定向诱导的精确调控。例如，通过新霉素筛选法及特定转录因子激活自杀基因表达的调控方式，实现对细胞分化的负性调控。显然，随着对分化通路及谱系命运调控机制认识的深化，这些技术将带来更广阔的应用前景。利用微阵列芯片分析及蛋白质组学等高通量数据分析技术，对干细胞及祖细胞分化层级进行深入研究，必将大大加快 ES 细胞应用于临床实践的步伐。

评价 ES 细胞来源的分化细胞作为组织细胞来源的另一个关键指标是功能学检测。严格的功能检测实验在一些研究中显得格外重要。例如，通过抗体对巢蛋白阳性的类胰腺细胞进行检测，发现其胰岛素染色呈现阳性结果，但造成这种现象的原因，可能只是由于细胞从周围环境的培养基中摄入胰岛素所造成的。因此，在鉴定 ES 细胞来源的分化细胞时，需要将形态学观测、表型检测、蛋白质表达及功能学测试结合起来，方能得到可靠的结论。

39.3.2　分离用于治疗的目的细胞

ES 细胞用于治疗所面临的一个主要问题是，寻找合适的技术将目的细胞从异质化的细胞群体中分离出来。一种策略是通过细胞表面标志物将目的细胞从随机分化的 ES 细胞中分离出来。我们已利用这种方法，通过 PECAM-1 受体抗体分离获得 ES 细胞来源的内皮细胞。

而 ES 细胞来源的造血祖细胞也能够通过 CD34 这一标志物以相似的分离方法获得。另一种可能的方法是利用报道基因敲入技术对细胞进行遗传修饰。目前已通过这种方法识别不同分化阶段的 ES 细胞；而其他技术，例如利用磁性分选或新霉素筛选出 ES 细胞分化的各种子代细胞，仍然需要进一步测试验证。

39.3.3　ES 细胞在组织工程中的规模化制备

虽然实验室规模培养的 ES 细胞可以产生啮齿类及人类子代分化细胞，但是这种培养方法对于以治疗为目的的规模化制备 ES 细胞而言显然是杯水车薪。为发挥 ES 细胞的临床应用潜能，就必须攻克 ES 细胞为来源获得足够数量的分化细胞这一艰巨挑战。在保证 ES 细胞规模化制备特定组织类型细胞的同时，务必保证制备方案具有可复制性、无菌性和经济方面的可行性。此外，规模化生产过程必须要维持合适的生物控制条件，诸如机械刺激、培养基条件及物理化学因素（如温度、氧气、pH、二氧化碳水平），以及生长因子和细胞因子浓度。

ES 细胞的分化方案通常包括 2i 培养体系、拟胚体（EB）诱导法，或二者联合应用。虽然每种方法都有其独特的优势，但采取拟胚体方法能够诱导 ES 细胞产生更多的细胞类型。EB 能够更好地模拟细胞在胚胎中的分化模式。然而，在一些实践中，EB 联合贴壁培养模式可以产生更多的细胞。例如，将 ES 细胞诱导分化为心肌细胞，首先在悬浮培养体系中生成 EB，随后在贴壁体系中诱导分化，可以优化心肌细胞的生成效率。与之相似的是，肝细胞的生产方案也是在培养生成 EB 之后，在 2i 培养体系中进一步诱导分化。

在实验室中培养 EB 的技术已较为成熟，但大规模培养的效果并不理想。例如，许多研究采用悬滴法培养方案，使 ES 细胞聚集到悬滴中，帮助其在分化过程中形成聚集体。其他的培养方法也可以形成 EB，例如细胞置于非黏附性的组织培养皿中，但这种方法限制了细胞生成的数量。一项可以实现大规模 EB 培养的技术是通过用旋转式烧瓶悬浮培养。这种培养方法能够确保暴露的细胞团表面持续接触到新鲜培养基，从而提高了对 EB 内细胞的氧气及营养成分的供给能力。

为了克服 EB 异质性相关的问题，人们将 EB 固定于藻酸盐微球上进行培养。细胞在这些微球内微囊化，并最终分化为心肌细胞和平滑肌细胞。此外，ES 细胞可以通过合适的细胞外基质黏附在微球上进行诱导分化。与传统的 2i 培养体系相比，该方法能够提高对细胞的培养基及氧气的转运效率，并提供额外的机械刺激，因此，相较于 2i 培养体系是一种改良的培养技术。

为了强化对组织工程支架或 EB 的培养基供应，除了被动扩散方式，还可以采取一些其他方法，例如使用灌注系统将培养基灌注到支架上。灌注生物反应器已经在软骨和心脏等多种组织工程的构建中得到应用。例如，通过旋转腔室贯穿支架灌注，或直接通过支架为正在生长的软骨细胞输送培养基，以利于软骨的再生。

众所周知，机械力会影响多种细胞的分化及功能特性，因此，ES 细胞的定向诱导分化需要合适的机械刺激来实现。虽然我们对机械刺激影响 ES 细胞分化的理解仍知之甚少，但是组织工程系统中已经集成了机械刺激因素的作用。例如，功能性的自体动脉已经通过脉冲式的灌注生物反应器培养出来。因此，机械刺激可以进一步提高这些细胞对于外在信号的反应能力，包括电信号及空间控制信号在内的其他的环境因素，对诱导分化以及形成成熟的理想组织同样是必不可少的。随着时间的推移，这些技术在以 ES 细胞规模化培养为基础的组织工程应用中的作用将进一步凸显出来。由于目前控制时空信号的生物反应器的研发工作还处于起步阶段，因此，仍需要工程师和生物学家的共同努力。

39.3.4　组织工程的局限性

合成支架虽然能够为细胞提供胞外基质以支持组织再生，但它不能代表适用于各种细胞类型的天然的细胞外基质。ES 细胞及其子代细胞的存活和发育处于动态环境之中，因此，无论是合成基质还是天然基质，为了模拟发育中的胚胎环境就必须提供相似的刺激信号及结构基础。目前对于促进 ES 细胞分化的支架材料正在研发当中。举个例子，使用"智能"的支架材料释放特定的因子，或者控制各种分子从聚合物中释放的动态时序，从而诱导支架上的 ES 细胞分化。比如，在单一结构的聚合物支架上，通过对两种需求模式迥异的细胞因子、血管内皮细胞生长因子（VEGF）-165 及血小板源生长因子 -BB（PDGF-BB）采取双重递送模式释放，能够有效地促进成熟血管网络的形成。另一种方法就是修饰与细胞接触的材料表面，将特定的配体分子固定于支架材料上。例如，将纤连蛋白的黏附结构域 RGD 多肽与聚合物材料结合，为细胞黏附提供锚定位点。

目前，材料应用的另一个局限性是支架内部缺乏空间组织结构的控制性。要产生与天然生物组织相类似的结构，细胞排列的空间形态必须得到重视。对于在支架材料上诱导分化的 ES 细胞，其空间模式和结构可以直接在细胞分化过程中获得。EB 中细胞的空间排列规律表现在特殊组织的细胞呈簇状分布。例如，以血岛方式呈现出的血液前体细胞与其在正常胚胎发育过程中出现的形式极为相似。在这个系统中，ES 来源的细胞被种植到支架材料上，细胞的空间重排通过直接图式化或细胞重组的形式实现。在直接的细胞图式排布模式中，细胞能够种植到支架材料的特定区域内。例如，将两种类型的细胞直接黏附在支架材料的不同表面上，可用于形成膀胱细胞。利用软光刻技术实现的细胞图式技术已取得进步，并用于控制肝细胞和成纤维细胞的共培养。组织工程支架的大规模应用使得更多可控的复杂的细胞混合分布图式技术成为可能。

39.4　结论

ES 细胞作为组织工程的种子细胞来源受到广泛关注。然而，以 ES 细胞为基础的细胞治疗目前还面临着一些挑战，包括指导 ES 细胞（通过控制微环境或基因工程）诱导分化，实现其在体内的安全性和有效性，确保细胞在患者体内的免疫相容性且不会形成肿瘤；优化目前的组织工程学方法，改进从异质化细胞群中分离所需细胞的技术手段，从而进一步控制和指导 ES 细胞的诱导分化，随着生成各种组织器官方法学的发展，有可能实现组织工程的最终目标。当我们能够将 ES 细胞完全诱导分化为任何所需的细胞类型，就可以用来产生和修复特定的组织器官。很显然，巨大的挑战摆在我们的面前，要克服这些困难不能单纯地依靠某一个学科，而是需要跨学科交流合作。只有依靠创新的办法才能解决这些难题，从而改善各类患者的生活质量，并使他们成为组织工程研究的受益者。

深入阅读

[1] Brittberg M, Tallheden T, Sjogren-Jansson B, Lindahl A, Peterson L. Autologous chondrocytes used for articular cartilage repair: an update. Clin Orthop Relat Res 2001; 391 (Suppl): S337-48.

[2] Evans CH, Ghivizzani SC, Smith P, Shuler FD, Mi Z, Robbins PD. Using gene therapy to protect and restore cartilage. Clin Orthop Relat Res 2000; 379 (Suppl): S214-9.

[3] Garrett JC. Osteochondral allografts for reconstruction of articular defects of the knee. Instr Course Lect 1998; 47:517-22.

[4] Gruber HE, Hanley Jr. EN. Recent advances in disc cell biology. Spine (Phila Pa 1976) 2003; 28 (2): 186-93.

[5] Johnson LL. Arthroscopic abrasion arthroplasty: a review. Clin Orthop Relat Res 2001; 391 (Suppl): S306-17.

[6] McCarty EC, Marx RG, DeHaven KE. Meniscus repair: considerations in treatment and update of clinical results. Clin Orthop Relat Res 2002; 402:122-34.

[7] OPTN: Organ Procurement and Transplantation Network. (n.d.) . Retrieved April 18, 2013, from <http://optn. transplant.hrsa.gov/latestData/step2.asp>

[8] Poole AR, Kojima T, Yasuda T, Mwale F, Kobayashi M, Laverty S. Composition and structure of articular cartilage: a template for tissue repair. Clin Orthop Relat Res 2001; 391 (Suppl): S26-33.

[9] Steadman JR, Rodkey WG, Rodrigo JJ. Microfracture: surgical technique and rehabilitation to treat chondral defects. Clin Orthop Relat Res 2001; 391 (Suppl): S362-9.

[10] Woo SL, Hildebrand K, Watanabe N, Fenwick JA, Papageorgiou CD, Wang JH. Tissue engineering of ligament and tendon healing. Clin Orthop Relat Res 1999; 367 (Suppl): S312-23.

[11] Yoo JU, Mandell I, Angele P, Johnstone B. Chondrogenitor cells and gene therapy. Clin Orthop Relat Res 2000; 379 (Suppl): S164-70.

第六部分

规则与伦理

第*40*章

道德考量

Ronald M. Green[1]

王鹏　译

40.1　引言

　　科学界有一个共识，人类胚胎干细胞的研究，为多种严重且目前无法医治的病情开发新疗法。然而，由于此项研究要对人类胚胎进行操作和破坏，它也成为争议与反对的焦点，并且在争论的过程中提出了一些令人深思的道德伦理问题。hES 细胞研究或治疗中涉及的科学家、临床医生或患者，均要明确自己对这些问题的答案。整个社会也必须着手解决这些问题，以决定对 hES 细胞研究的监督和管控程度。在这里，我将介绍这些问题，并检视一些针对它们提出的主要回应。

40.2　毁坏人类胚胎在道德上被允许吗？

　　人类胚胎干（hES）细胞系是通过化学和物理方法分解早期的、胚泡期的胚胎，并清除它的内细胞团而形成的。这个阶段的人类胚胎由大约 200 个细胞组成，其中包括已分化的胎盘物质的外层和内细胞团的未分化细胞（全能或多能）。在培育干细胞系的过程中，胚胎必然会死亡。因此问题是：我们是否可以为了拓展科学知识，以及为其他人提供潜在的医疗福利而有意杀死一个处于此阶段的正在发育的人类个体？

　　对这个问题的回答呈现出两个极端，其中一方认为，从道德的角度出发，人类的生命是从怀孕开始的，早期胚胎与儿童或成年人类并无区别。因此，在并非谋求自身利益，并且未经本人同意的情况下，人类胚胎不应被用于科学研究。另外，在此类情况下，父母代为同意也是不可接纳的，因为在儿科研究中有一条已被认可的原则：当科学研究不存在潜在的益处并可能危害孩子的生命时，父母不能自愿将孩子用于该项科研。

　　而另一方则认为，在道德意义上，胚胎还不能算作一个完全的人类个体。对于生命的开端，他们持发展的，或者说渐进主义的观点。他们不否认早期的胚胎是有生命的，并且有成为一个人的生物潜能。然而他们也认为，通常情况下，我们给予儿童和成人完全且平等的保护还基于除此之外的一些其他特征，而这些特征只有通过完整的妊娠期才能逐步发育完成，

---

[1]　Department of Religion, Dartmouth College, Hanover, Nrt, USA.

比如人体形态、感觉和思考的能力。他们主张早期胚胎不具有这些特征或能力，同时还指出，由于在这个阶段单独的胚胎仍有可能发育为双胞胎，两个拥有不同基因组的胚胎也有可能融合为一个单独的个体，因此，这种极早期的胚胎缺乏人类的个体性，而此类胚胎（大多从未着床）有极高的死亡率也从潜在可能性的角度降低了争论的力度。持有这种观点的人并不是支持任何需要毁坏胚胎的研究，但大多数都支持某种形式的 hES 细胞研究。他们的理论是，尽管作为初期的人类生命，早期胚胎也许应得到一些尊重，但无论怎样定义它，儿童和成人的生命与健康都比它更重要。

每一个与 hES 细胞研究有所牵连的人都必须对这第一个问题的答案得出自己的结论，立法者和其他人也须深思斟酌这些议题。因为美国法律（以及大多数其他国家的法律）并没有把早期胚胎看作一个值得向其提供儿童和成人法律保护的人类个体，所以对于私人资助的 hES 细胞研究和临床应用，很难看到法律或监管机构会如何对其进行管制。而且由于与法律中其他部分所表述的有关胚胎的观点相悖，这种管制的实施将会妨碍个人自由。然而，因为公费资助的研究依赖于相对狭隘的政治考量，例如要由大多数人选择如何花费公共资金，所以 hES 细胞研究是否能获得公众支持也许就取决于大多数公民如何回答这第一个问题。

40.3 我们是否应该延缓 hES 细胞研究?

一些反对毁坏人类胚胎的人主张 hES 细胞研究应该至少被推迟到在科学上更好地了解成体干细胞研究可能带来的益处之后。他们认为这类研究和 hES 细胞研究一样有前景，而且他们说这个替换选项在道德上的可接受性足以证明延迟 hES 细胞研究是正当的。另外，还有人对这一观点进行补充，认为这类研究的科学不确定性和本质上的道德争议也需要在私有和公共领域先暂停对 hES 细胞的研究。相关的科学研究一直处于模棱两可的状态，由于成体干细胞的可塑性、持续存活能力以及实用性的关系，支持与反对的声音总是此起彼伏。因此而提出的问题是，为了保护胚胎并体恤那些反对胚胎研究的人而推迟研发将用于儿童和成人的治疗方法，这么做是否值得。许多人认为这种延迟是不必要的，对干细胞治疗方法坚持开放多种研究途径在科学和道德上都更可取。用美国国家研究委员会的话来说:"干细胞研究在对人类疾病的治疗方法上的应用，需要更多有关所有类型干细胞生物学特性的知识。"

40.4 我们能否从他人对胚胎的破坏中获益?

对于第一个问题，这似乎是一个能终结讨论的否定答案。如果从道德的角度把胚胎看作你我一样的人类个体，为了他人的利益而故意毁坏胚胎并利用从中取得的细胞，怎么可能证明这种行为正当合理呢？然而，科研或治疗方法有很多步骤，并非所有的步骤都涉及毁坏胚胎。这就引出了另一个问题，下游研究人员、临床医生以及患者是否能够使用其他人已经培育成功的干细胞系。从道德上来讲，这个问题是我们究竟能否从在道义上不被支持的行为中获益，甚至认为是道德上的错误。

这个问题的出现，一部分原因是大多数用于培育干细胞系的胚胎是在治疗不孕过程中遗留下来的。相比于能够被安全植入母体的胚胎数量，接受体外受精（*in vitro* fertilization, IVF）的夫妻会例行多培育一些胚胎。全国以及全世界有成千上万的这种胚胎保存在低温冻结装置中。由于几乎没有冷冻胚胎是可以被使用的，大多数多余的胚胎会被销毁。1996 年，英国法律授权销毁了 3600 个这种胚胎。所以无论是否将一些胚胎用于 hES 细胞研究，对胚胎的毁坏都会继续下去。

为什么从别人不道德的行为中获益是道义上不正确的？一种答案是我们这么做相当于鼓励这种不道德的行为在将来继续发生。这就解释了为什么我们从道德和法律上禁止接受偷来的物品，以及为什么从忽视人体试验限制的科学家所进行的研究中获益可能是错误的。然而，当他人不道德的行为是独立进行的，我们的选择与他们没有关联，并且这些选择不会继续鼓励不正当的行为，这时从中获益就不那么令人反感了。打个比方，几乎没有人会反对用一个被帮派杀害的青少年的器官去拯救另一个垂死儿童的生命。这种器官的利用使一个未成年人受益且不会助长青少年暴力。相似的逻辑也可以应用在干细胞研究上：利用在不孕过程中保留下来的多余的胚胎。下游研究人员、临床医生以及患者也许会厌恶这种导致 hES 细胞系存在的行为，包括在不孕治疗中创造和毁坏多余的人类胚胎，但是 hES 细胞系的接受者不会选择改变、妨碍或劝阻这种对于人类胚胎持续的创造和销毁，或者让已经存在的细胞系消失。同时，使用这些胚胎的人也明白，如果拒绝利用 hES 细胞系，他们就放弃了一种伟大的治疗价值。一个研究人员会因此而失去研发出拯救生命或使人重返健康的治疗方法的机会，一个临床医生的决定也许会威胁到患者的生命。当支撑一个道德理想却并无实际意义，同时还要承担可能会使他人受到伤害的风险时，身处其中的人不免会不断质问如此是否值得。

一个人究竟能否从他人不道德的行为中获益，宗教上对这个问题的观点不尽相同。同样，一些在道德上反对毁坏人类胚胎的研究人员、临床医生以及患者，还是谨慎地决定他们可以使用从胚胎中得来的 hES 细胞系，因为即使不用这些胚胎也会被销毁。

值得注意的是，2001 年 8 月乔治·布什总统在对美国发表的演讲中，对于允许人们从道德上反对的行为中获益的问题，采取了一种保守的姿态。总统陈述了他认为杀死人类胚胎不道德的观点，尽管如此，他还是允许使用已有的干细胞系，毕竟这些胚胎已经死亡了。推测起来，总统大概认为这种程度的允许不会鼓励进一步破坏胚胎，关于是否允许使用从将会被销毁的胚胎中取得的细胞系，他并没有去深究。然而，正如一些科学家所担心的，如果已有的细胞系被证实数量不足，那么对于从这种原本令人反感的行为中获益的意愿的轻微膨胀，可能将会有许多人表示支持。这里的逻辑是，这些胚胎不可避免地会被销毁，因此，仅仅使用它们并不会促进创造和毁坏其他胚胎。

40.5 我们能否为了破坏一个胚胎而创造它？

第 4 个问题将我们带进了一个更具争议的境地：为了培育干细胞系而有意创造一个胚胎，这在道德上究竟能被允许吗？位于弗吉尼亚州诺福克市的琼斯学院在 2002 年夏天实施了这一做法，支持者基于若干理由为此项研究进行了辩护。首先，他们认为，在未来，如果我们试图培养具有某种特性的干细胞系，也许需要在基因上与被植入组织的患者更匹配，那么指定使用捐献的精子和卵子来培育干细胞系就十分必要了。其次，他们还认为，使用只为此目的而生产的胚胎来培育 hES 细胞系在伦理道德上更为合适，与原本以生殖为目的产生的胚胎相比，使用这种胚胎已经经过精子和卵子捐献者完全的知情同意。

然而认为从道德的角度早期胚胎与我们平等的人则反对为科研或临床应用有意制造胚胎。一些对胚胎的地位并不持相同观点的人也加入了这个阵营，他们在道德上排斥只以摧毁为目的去创造一个潜在的人类。他们认为此类研究打开了一个将所有人类生命"工具化"的方向，那么将来也许就会把儿童或成年人类当作商品来使用。还有人质问这种研究是否违背了康德的那条原则：我们永远不应将他人只当作达成目的的手段。

这场辩论的另一方认为，鉴于早期胚胎相对较低的道德地位，为了以拯救生命为目的的研究和疗法而创造并毁坏胚胎是可以被允许的。这个研究方向的支持者反问为什么在 IVF 过程中为了帮助不孕夫妻生育孩子而生产多余的胚胎被道德所容许，但为了挽救一个孩子的生命而做相同的事就不能被允许。他们并没有被所谓胚胎的地位受它前身的意图影响这种回应说服，即为了"好"的目的（生育后代）制造多余的胚胎是可以的，而为了"坏"的目的（科学研究）则不行。他们指出，无论出于什么目的，胚胎都是同样的实体。我们通常不会认为一个孩子的权利取决于父母对他的意图或关注程度。因此他们的推论是，在这种情况下，父母的意图并不是制造多余胚胎的根据，反倒是因为胚胎较低的道德地位，以及利用胚胎可能得到的重大的人类利益。他们认为相同的原因也适用于为干细胞研究而有意制造胚胎。

40.6　我们应该克隆人类胚胎吗？

第 5 个问题是我们是否愿意为了干细胞研究而支持人类克隆。这个问题的出现与一种名为"人类治疗性克隆"的干细胞技术有关。这种技术涉及通过体细胞核移植技术（克隆）有意创造胚胎，进而培育免疫兼容（同基因）的 hES 细胞系。

当用于器官移植的 hES 细胞系是由与接受移植者基因组不同的胚胎培育而来时，就有可能发生免疫排斥。这种情况就体现出由多余的胚胎培育的细胞系和定制出的细胞系的不同之处。而治疗性克隆提供了一种解决这个问题的方式。就一个患有糖尿病的孩子来说，他的母亲可以捐献一个卵子，然后将卵子的细胞核除去，再从孩子身上提取一个细胞，将它的细胞核注入卵子的细胞质中。通过一定的刺激，这个经过改造的细胞会像受精卵一样开始分裂。如果生成的胚胎被转移回子宫，它可以继续成长，被生下来，然后成为一个新的个体——这个孩子的克隆体。但是在治疗性克隆中，胚泡会被解剖以培育 hES 细胞系，再通过管控生长因子来诱导这些细胞成为替补的胰腺细胞。因为这些细胞包含这个孩子自身的 DNA，甚至还有相同的母体遗传的线粒体 DNA，所以不会出现排斥的情况。已有研究表明，卵子中（而非母体）的线粒体带有少量相异的 RNA 不会引起免疫排斥。

尽管这是一项十分有前景的技术，它还是带来了许多新奇的问题。其中一个是，就"人类胚胎"这个术语公认的意义来说，以这种方式生成的胚胎生物体能否被视为一个"人类胚胎"。对于这个问题，认为"生命从受孕开始"的人倾向于给出肯定的回答，尽管克隆出的"胚胎"不是性行为受精的结果。这样的答案是根据他们对于克隆和有性生殖产生的胚胎之间生物学相似性的观点，以及两种胚胎都有成为人类的潜能的论点。然而，克隆胚胎极高的死亡率显示出其与性繁殖胚胎间显著的生物学差异。此外，如果胚胎的地位依赖于它们的潜能，这种潜能已经大大地降低了：在一个克隆的时代，某种程度的潜能依附于所有的身体细胞。

这项技术的前景取决于能为特定的患者"定制"干细胞系的能力。如果你的观点是克隆生物体与人类胚胎在道德上平等，那么治疗性克隆研究与疗法再次提出了上一个问题，道德上是否容许以毁坏为目的的有意创造一个胚胎。

在这个背景下经常被提起的另一个问题是，治疗性克隆是否会对人的卵子产生巨大的需求。如果答案是肯定的，一些人认为这也许会引起有关社会公正的实质性问题，因为募集这些卵子可能会卷入成千上万的妇女。而那些不重视这个问题的人提出了几个论点。他们指出，虽然治疗性克隆的过程需要许多卵子，但它们很可能是由病患的亲属提供的，这也就降低了卵母细胞市场的量级。还有其他人注意到，治疗性克隆可能属于"过渡性研究"，就这一点而论，它也许会引领直接对体细胞的重编程，从总体上消除对卵子的需求。

最后，有一个针对克隆本身的道德问题。当有越多的科学家有能力完善治疗性克隆技术，他们就越有可能提高完成生殖性克隆所需的技能，而这种克隆旨在生产克隆出的孩子。在科学和生物伦理学界有一个广泛的共识，那就是在目前这个阶段，克隆技术会对这种方式出生的孩子造成严重的健康风险。同时，这些孩子还面临一些严重的且尚未解决的心理健康问题。而最终，有可能这些因治疗性克隆研究而产生的胚胎会被转而用于尝试生殖性克隆。所有这些担忧都提出了一个疑问：如果已知这么做会加速生殖性克隆的来临，我们还会想要为了生产同基因的干细胞系而发展克隆技术吗？

在 2001 年以及 2003 年，美国众议院两次对这个问题回答了"不"，并通过了一项由众议员 James Weldon 提出的禁止生殖性和治疗性两种克隆技术的法案。相似的法案也在参议院被提出，尽管参议院的提案已经被搁置了一段时间，但情况也许很快就会改变。如果参议院的法案得以通过，治疗性克隆研究和疗法在美国将会被确定为非法，那么在欧洲大陆相似的禁令也会生效或考虑通过。这样就只剩下相对少数的国家仍然允许此类研究，包括英国、以色列和中国。

反对这些禁令的人认为，治疗性和生殖性克隆研究是可以不挂钩的。他们注意到严格的法规和政府的监管（比如英国的人类受精和胚胎管理局）可以使得因治疗性克隆而生产的胚胎不太可能用于生殖性的目的。他们还指出，一些只具有最低克隆研究资格的研究人员或团体已经宣布他们意欲克隆出一个儿童，甚至已经在尝试这么做。这样的企图很可能会无视治疗性克隆研究是否被禁止而依然继续下去。因此结果是，针对治疗性克隆的禁令并不能保护孩子，反而只会妨碍有益的干细胞研究。

40.7　应当用怎样的伦理准则管理 hES 细胞和治疗性克隆研究？

谈到需要防止对克隆胚胎以生殖为目的的挪用，也就提出了一个更大的问题，应该应用怎样的准则来管理 hES 细胞研究和治疗性克隆研究。2000 年 8 月，美国国家卫生研究院发布了一系列关于 hES 细胞研究的、永远不会生效的指导原则，原因是布什总统将 hES 细胞研究限于已存在的细胞系这一决策在很大程度上具有优先性。英国首席医疗官的专家小组和美国 Geron 生物医药公司与 ACT（Advanced Cell Technology）公司的私人伦理道德机构也都制定了相关指南，而这多方面的建议中有一些共同的特点。

40.7.1　有关捐助者的问题

由于 hES 细胞和治疗性克隆研究要求人类生殖细胞或胚胎的供应，因此必须采取相应的措施来得到捐献者的知情同意，保护他们的隐私，并且将任何他们可能遭受的风险最小化。知情同意是指需要捐献者完全理解所参与研究的性质，并且明确同意进行这项研究。比如说，在没有通知捐献者可能会产生一个永生且多能的细胞系，以及它会被广泛用于研究或医疗用途的情况下，为培育 hES 细胞系而取得精子、卵子或胚胎在道德上是不允许的。如果研究中有可能产生商业利益，捐献者也必须被告知这一点，并且应该向他们明确说明这些利益中属于他们的权利（假如有的话）。如果研究涉及治疗性克隆，卵子和体细胞捐献者都必须了解，研究过程中会产生一个克隆的胚胎，一个带有卵子捐献者线粒体遗传物质，以及一组体细胞捐献者的核 DNA 的细胞系。

在进行研究的过程中应该努力保护捐献者的隐私，移除生殖细胞、胚胎和细胞系中的识别信息，并将这些信息保存在其他安全的地方。鉴于围绕这一研究的争议，如果捐献者与研究活动的联系在未经本人许可的情况下泄露出去，他们可能会遭受骚扰或十分尴尬的局面。

另外，排卵诱导是一种带有已知和未确定风险的侵入性医疗过程。不仅仅必须告知卵子捐献者这些风险，还要采取措施维持她们自愿同意的意向。这包括阻止她们为了得到不孕不育服务的折扣一类的回报而被迫提供过量的卵子或胚胎，以及避免过度的财政激励措施。当然，即使是出于无私利他动机的捐献者，期待她们忍受这些过程中的不便与风险却不给予某种形式的补偿也是不切实际的。尽管如此，对于捐献的报酬也不应太高，以免致使捐献者忽视其中的风险。关于 ACT 公司的治疗性克隆卵子捐献者计划，该公司的道德咨询委员会设定了一个与新英格兰地区生殖性卵子捐献者相似的报酬水平，并且还根据捐献者在计划中的参与程度按比例分配报酬，这样她们就可以选择随时退出。起刺激作用的药物水平在当前的方案中保持在较低的程度，并且报酬也不与摘取卵子的数量相关联。另外还有附加的防护措施保证了捐献者具备足够的文化程度和教育背景，能够意识到过程中涉及的风险，并且还雇佣了一个研究监控人员负责确保捐献者是被告知详情后自愿同意的。

40.7.2　研究行为

这些指导原则也适用于实际的研究行为，包括不允许 hES 细胞或治疗性克隆研究中使用的胚胎在试管内培育超过 14d。这个限制是基于在原肠胚形成时发生的实质性变化，原肠胚的形成标志着个体化和器官形成的开始。此外，还要求对参与此类研究的所有职员和科学家实行监管和问责制，以杜绝任何对生殖细胞或胚胎生殖性目的的挪用。

40.7.3　移植研究

如果 hES 细胞系可以用于移植治疗的相关研究，研究人员和伦理审查委员会将必须着手解决因利用 hES 细胞系而引出的道德问题。举个例子，如果这些细胞系是在小鼠或其他饲养层上培育出的（就像目前几乎所有的细胞系），那么就会有外源性反转录病毒或其他病原体可能传入人类种群的安全隐患。基于研究人员与监管机构对于充分进行初步动物实验的意见，他们将不得不评估排斥反应的风险，其中包括移植物抗宿主反应。围绕 hES 细胞致肿瘤性的问题也必须被解决。此外，针对帕金森病的胎儿细胞移植经验显示，当细胞被移植入人体时可能会有意想不到的结果发生。这些问题都是可以被克服的，但是，它们的存在本身就论证了这个领域的研究应在谨慎的道德监管之下进行。

40.8　总结

要回答所有我已经发现的问题可能需要另做一篇伦理道德专著。不过，鉴于我目前在 ACT 公司的道德咨询委员会以负责人的身份进行无偿服务，对其中那些最具争议的问题，我将给出我自己的答案。如果我认为 hES 细胞和治疗性克隆研究在治疗上不重要或者在道德上不可接受，那么我就不会接受这个职位。在我看来，极早期胚胎的道德意义并没有胜过那些可以被 hES 细胞和治疗性克隆技术帮助的儿童与成人。我也不认为治疗性克隆研究会导向生殖性克隆，而后者是我们应该采取强硬措施去禁止的。我承认其他人可能不同意这些结论，但随着这场辩论的继续发展，对于相关问题的持续探讨以及更清晰的科研成果将带领我们逐步接近在这些议题上的国民共识。

深入阅读

[1] Nature. The meaning of life (editorial) . Nature 2001; 412 (6844): 255.

[2] Annas GJ, Caplan A, Elias S. The politics of human embryo research - avoiding ethical gridlock.N Engl J Med 1996; 334 (20): 1329-32.

[3] Davis DS. Embryos created for research purposes. Kennedy Inst Ethics J 1995; 5 (4): 343-54.

[4] Doerflinger RM. The ethics of funding embryonic stem cell research: a Catholic viewpoint. Kennedy Inst Ethics J 1999; 9 (2): 137-50.

[5] Green RM. Benefiting from 'evil': an incipient moral problem in human stem cell research. Bioethics 2002; 16 (6): 544-56.

[6] Green RM, DeVries KO, Bernstein J, Goodman KW, Kaufmann R, Kiessling AA, et al. Overseeing research on therapeutic cloning: a private ethics board responds to its critics. Hastings Cent Rep 2002; 32 (3): 27-33.

[7] McCormick RA. Who or what is the preembryo? Kennedy Inst Ethics J 1991; 1 (1): 1-15.

[8] Mendiola MM, Peters T, Young EW, Zoloth-Dorfman L. Research with human embryonic stem cells: ethical considerations. By Geron Ethics Advisory Board. Hastings Cent Rep 1999; 29 (2): 31-6.

[9] Norwitz ER, Schust DJ, Fisher SJ. Implantation and the survival of early pregnancy. N Engl J Med 2001; 345 (19): 1400-8.

[10] Pearson H. Stem cells: articles of faith adulterated. Nature 2002; 420 (6917): 734-5.

第*41*章

FDA监管过程概况

Mark H. Lee[1], Kevin J. Whittlesey[2], Jiyoung M. Dang[3], Maegen Colehour[3], Judith Arcidiacono[1], Ellen Lazarus[1], David S. Kaplan[3], Donald Fink[1], Charles N. Durfor[3], Ashok Batra[4], Stephen L. Hilbert[5], Deborah Lavoie Grayeski[6], Richard McFarland[1], Celia Witten[1]

童越，李苹 译

41.1 本章概述

再生医学领域中一系列重要的跨学科研究方法，可以解决很多临床问题。细胞生物学、基因转移治疗、生物材料、免疫学以及生物系统中应用的工程学原理等领域科学认知的进步，使再生医学用于解决一些具有挑战性和重要的健康问题。再生医学的应用包括治疗胰腺、肝脏疾病和肾功能衰竭，结构性心脏瓣膜修复，皮肤和伤口修复，骨科及整形外科等学科。

而这一领域面临的科学挑战包括扩大每个学科的知识基础并发展跨学科方法来发现和解决关键问题。美国食品药品监督管理局（FDA）的监管审查过程反映出在跨学科评估规范的发展过程中出现的挑战。

本章将对 FDA 的历史及其组织结构进行简要回顾，并讨论与再生医学产品监管有关的问题。包括综合产品的监管方法和相关的管辖权限问题。我们还将讨论 FDA 监管政策中对于再生医学产品开发者十分重要的一些信息来源。对于个人、机构和公司（在 FDA 规定中统称为赞助商）而言，负责再生医学产品的临床试验必须要了解 FDA 监管政策及如何获取必要的信息。我们也会讨论在再生医学新型产品的研发过程中，如何有效地引起 FDA 的关注。

41.2 FDA的立法历史

FDA 管制的医疗产品包括人类和动物药物、医疗设备和生物制品。FDA 管制的生物治

[1] Center for Biologics Evaluation and Research, FDA, Rockville, MD, USA.
[2] California Institute for Regenerative Medicine (CIRM), San Francisco, CA, USA.
[3] Center for Devices and Radiological Health, FDA, Silver Spring, MD, USA.
[4] US Biotechnology & Pharma Consulting Group, Potomac, MD, USA.
[5] Children's Mercy Hospital, Kansas City, MO, USA.
[6] M Squared Associates, Inc., Alexandria, VA, USA.

疗制剂有疫苗、基因治疗和细胞治疗产品，这些产品的来源包括完整或者部分的人体组织、异种移植物以及血液产物。除了临床使用的医疗产品外，FDA 还管理除肉类和禽类以外的各种食物、用于日常和医疗的射线发射产品、化妆品、兽医药产品和动物饲料。

FDA 对医疗产品的监管延伸到整个产品周期。对于不同的产品而言，这一监管过程可能包括对临床试验、上市前的产品批准许可、制作过程质控、商标质控、注册和上市条件的评议和审查。一旦产品上市，FDA 将以各种方式继续执行其监管职能，包括检查、强制和自愿的批准后（例如，第 4 阶段）研究以及不良事件监控。

FDA 的法律法规一直在建设。FDA 相关立法的完善一定程度上依赖于对过去不良医疗事件或其他公共卫生安全问题的反馈和处理。1901 年 13 个接种白喉疫苗的孩子死亡，原因是制作疫苗的原材料被破伤风毒素污染。作为回应，美国国会于 1902 年通过了《生物制品管制法》。该法案规定了病毒、血清、生物毒素以及类似产品的管制措施，生产企业和制造商的许可证，并赋予政府检查的权限。该法案聚焦于生物制品的生产工艺的质量控制，范围包括从原材料来源到最终产品产出的整个过程。

Upton Sinclair 在其著作《丛林》（The Jungle）中提到，在 1906 年，美国国会通过了 FDA 提出的《联邦食品和药物法》。虽然该法案的初衷在于关注食物安全，同时也要求按照标准提供药物的药效强度、质量和纯度，除非在标签中另有注明。

1938 年通过的《食品、药品和化妆品法》（FD&C Act）取代了早先颁布于 1906 年的《联邦食品和药物法》。1937 年，过去仅以片剂或粉末形式用于治疗链球菌的磺胺药物苯胺磺胺使用二甘醇（一种常见的防冻剂）作为配制溶剂。这种配方的改变在当时无需上市前审查，结果导致 100 多人因服药而死亡，其中许多是儿童。这一重大事件促使了 1938 年出台《FD&C 法案》。该法案规定医疗器械和化妆品的生产需要 FDA 监管和授权机构的安全检测。

1944 年通过的《公共卫生服务法》（The Public Health Service Act, PHS Act）纳入了 1902 年的《生物制品管制法》（Biologics Control Act）成为生物制品生产许可的现行法律基础。因为大多数生物制品也符合《FD&C 法案》的关于"药品"的定义，因此这些产品适用于该法案。

Kefauver-Harris 在 1962 年对《FD&C 法案》提出的修正意见涉及药物上市前效用评估和临床试验的监管制度。这些改进和使用沙利度胺作为非成瘾性镇静剂引起的不良事件不无关系。在美国，这种药物是禁止作为孕妇（孕龄 3 个月内）使用的镇静剂的，而在美国之外的地方，该药物导致了大量的婴儿出生缺陷。在发现了关于 Dalkon Shield 宫内装置的安全问题以后，1976 年通过了针对《FD&C 法案》的医疗器械修正案。医疗器械修订要求包括医疗设备的上市前通知或批准。而在此前，FDA 的监管权限仅限于对已上市设备的不安全或无效问题采取措施。

41.3　法律、法规和指导

上一节总结了 FDA 医疗产品监管法律基础的发展历史。本节简要说明法规的制定和实施过程、法规颁布程序，以及 FDA 如何制定和使用指南文件。

法律是美国参议院和众议院立法相关活动的产物。一项法律草案由国会通过，再由总统签署生效成为法律。如果总统否决了法案，但是 2/3 的参议院和众议院投票赞成，该项联邦法案也会生效成为公共法律，并且可以有特定的名称，比如《FD&C 法案》《PHS 法案》。相关法律会被纳入《美国法典》（USC），法典每六年更新一次，在两次更新之间发布一些补充条例以完善法典。在《美国法典》中的以下章节可以找到药物、生物制剂和医疗器械的法律规定。

- 药物和器械：第9章第21节
- 生物制品：第6A章第42节

当法律通过时，政府机构，如FDA，常常会用颁布法规的方式促进法律的实施。有时会由单独的一个机构颁布规定，但有的法规会明确要求由其他的一个机构来监督法规的发布和执行，必须执行制定法规的过程要根据《行政程序法》进行（USC第5章第5篇）。该法案通常要求FDA等机构向公众提供机会，使其为法规的制定提供参考意见。

FDA法规包含在《联邦法规》（CFR）关于药品、生物制剂、器械和生物组织的章节中，可在CFR第21卷的各个部分找到。以下是主要监管规定的清单：

- 药物：CFR第21卷第200～299、300～369部分
- 生物制品：CFR第21卷第600～680部分
- 设备：CFR第21卷第800～898部分
- 人类细胞、组织和基于细胞和组织的产品：CFR第21卷第1270、1271部分
- 召回：CFR第21卷第7部分
- 知情同意/机构审查委员会：CFR第21卷第50、56部分
- 临床研究者的财务状况：CFR第21卷第54部分
- 非临床实验室研究的良好实验室规范：CFR第21卷第58部分
- 良好的实践指南：CFR第21卷第10部分

指南文件是FDA解释以下一系列监管问题和相关政策的非强制性出版物：

（1）受管制产品的设计、生产、标签、促销、制造和测试；

（2）提交材料的过程、内容、评价；

（3）监督和实施的相关政策。

实践指南在CFR第21卷第10部分，这些指南文件旨在说明FDA对监管问题现状的思考和建议。指南文件不具有强制约束力。因此，企业可以选择仍然遵循现行法律规定进行生产。在大多数情况下，指南文件在草案阶段会征求公众意见。在事先公开的情况下公众参与不可行或不适当，FDA可能会发布指南文件立即实施，而不首先征求公众意见。本章中提到的许多指南文件，虽然可供公众查阅，但可能是草案形式。出版指导意见草案文件是"不实施"，反映了FDA努力传达最新的信息给那些参与发展中的再生医学领域。

FDA在考虑制定指南文件时，可以与公众自由讨论相关问题。事实上，FDA可能会主持公众会议、咨询委员会会议或研讨会，以获得有关科学问题的更多解决意见。最后，在收到公众意见后，FDA将评估提交评论和完成文档。指南文件是有用的，使FDA能够向公众传达当前的思维方式。在富有竞争性的再生医学领域，它是颇具价值的产品特异性和横向指南文件。在本章中对一些更细节的指南文件，例如与临床前测试、制造相关的实践和试验设计进行阐述。除了指南文件外，FDA可以参考由国际协调会议（ICH）发布的指南。ICH是协调监管要求的国际努力。ICH指南，类似FDA指南文件，是无约束力的。

41.4　FDA组织和司法问题

在开始临床试验之前再生医学产品的研发涉及广泛的测试和规划。这些测试对参与产品

开发的个人和组织是有益的，因为早期与适当的 FDA 审查单位展开洽谈并接受 FDA 对临床前和临床研究设计的意见可以使项目的开展更为顺利。本节介绍 FDA 的组织结构并提供监管机构的基本信息。

FDA 由七个中心和专员办公室组成。这些中心负责管理人类的医疗产品。生物制剂评估和研究中心（CBER）拥有多种生物制品的管辖权，包括血液、血制品、疫苗和过敏原产物，以及细胞组织和基因治疗的相关设备。设备和放射健康中心（CDRH）对诊断和治疗性医疗设备具有管辖权，《乳腺 X 射线影像质量标准法》（MQSA）确保射线产生设备的安全性。药物评价和研究中心（CDER）对各种药物具有管辖权，包括小分子药物，以及良好性能的生物技术来源的药物，包括单克隆抗体和细胞因子等。

对于多数医疗用途的产品而言，FDA 内部都有明确的对应管理部门行使上市前的审查权。对于其他产品，包括正在开发中的新技术产品，可能无法找到明确的对应管辖部门。确定产品监管权的重要起点是对所监管对象的正式命名，包括药物、设备和组合产品，以及联系人及代理公司。正式命名的格式如下。

- 生物产品 [42 USC 262(i)]：病毒、治疗血清、毒素、抗毒素、疫苗、血液、血液成分或衍生物、过敏原产物、蛋白质（任何化学合成的多肽除外）或类似产物、arsphenamine 或 arsphenamine 的衍生物（或任何其他三价有机砷化合物），适用于预防、治疗或治愈人类疾病。

- 药物 [21 USC 321(g)(1)]：（A）美国官方药典、美国官方顺势医疗药典或官方国家处方集中认可的物品，或其任何补充；（B）旨在用于诊断、治愈、缓解、治疗或预防人或其他动物疾病的物品；（C）旨在影响人或其他动物身体的结构或任何功能的物品（除了食品）；和（D）旨在用作组分的（A）（B）或（C）条款所指明的任何物品。

- 装置 [21 USC 321(h)]：仪器、设备、器具、机器、设计、植物、体外试剂或其他相关制品，包括任何组件、部件或附件：

（1）官方国家处方集或《美国药典》认可或其任何补充；

（2）适用于人或其他动物的疾病诊断或其他状况，或治愈、缓解、治疗或预防疾病；

（3）旨在影响人或其他动物的结构或任何功能，但不能通过在人和其他动物的体内或身体上的化学作用来达到其最初的目的，并且其不依赖于代谢以实现其主要目的。

- 组合产品 [21 CFR 3.2(e)]：

（1）由两种或多种调节组分组成的产品：药物 / 装置，生物 / 装置，药物 / 生物制剂或药物 / 装置 / 生物制剂，它们以物理、化学或其他方式组合或混合，并且作为单一实体生产。

（2）两个或多个单独的产品一起包装在一个单一的包装里或作为一个单元，由药物和器械产品、器械和生物制品或生物制品和药品组成。

（3）分开包装的药物、装置或生物制品，只有被批准为同样用途的药物或生物制品可以一起使用；任何批准用途、剂型、效力、储存形式和剂量的改变都需要在标签上给予注释。

（4）任何研究性的药物、设备或生物产品根据其提议确定的标签只有在另一个研究药物也可以实现预期的使用效果时才可以被共同使用。

FDA 组合产品办公室（OCP）具有广泛的行政职责，涉及药物 - 设备、药物 - 生物和装置 - 生物制剂组合产品的管理。当管辖权不确定时，赞助商可以联系 OCP 负责初级监管审查责任的转让组合和其他医疗产品。合格的 FDA 的司法裁决是通过考虑产品的主要作用模式（primary mode of action, PMOA）被确定的。在 FDA 于 2005 年 8 月 25 日发布的最终规则中阐明了 PMOA 的定义，关于组合产品和产品的司法裁决信息可在 OCP 网站上找到。

41.5　批准机制和临床研究

医疗产品的上市前批准途径，取决于产品是药物、生物制剂还是医疗设备。下文会更详细地解释批准途径，包括新药申请（NDA, new drug application）和生物制品许可证申请（biologics license application, BLA）。上市前批准申请（PMA）、人道主义设备豁免（HDE）和 510（k）清除机制是各种适用于医疗设备的监管途径。对特定的再生医学产品申请类型做出说明可能在发展早期对赞助商有帮助，使赞助商能在计划阶段内准备申请所需的数据。

BLA 是根据《PHS 法案》的许可申请，批准标准规定了产品安全、纯净、有效。有关生物制品许可证的更多信息，请参阅《行业指南：提供人类药物和生物制品有效性的临床证据》。PMA 是一种应用批准大多数Ⅲ类医疗器械的申请；生产者必须出示安全性和有效性的保证。根据医疗器械规范，一个产品也可以获得批准为 HDE，这不是一个完整的上市准许，但需要证明安全性和可能的利益冲突。为了符合这种类型的申请，企业需要首先获得 FDA 孤儿药产品开发办公室的指示，证明该产品是用于诊断或治疗年发病率少于 4000 人（美国）的罕见疾病的产品。510（k）清除过程适用于"基本上等同于"Ⅰ类或Ⅱ类（或在少数情况下，Ⅲ类）的已经上市的产品。

许多但不是全部的组合产品被允许或批准一个市场应用。例如，根据特殊的事实，包括产品的主要作用模式，一个生物医药装置的组合产品可以获得生物制剂当局的许可或被医疗设备当局批准。批准销售后还有上市后的要求，比如提交相关报告。此外，对产品或标签的修改可能在批准前也是需要的。FDA 已出版关于提交的规章和指南文件以及对市场产品进行修改的审批流程。合规性与制造要求也是一个持续的赞助义务。FDA 发布了一份指南文件草案，题为《工业和 FDA 指南草案：当前良好生产规范（Current Good Manufacturing Practice, cGMP）产品》，提供适用于生产要求的指导。由于再生医学产品新的特性和不断更新的发展状态，批准后的议题不在本章进一步讨论。

在允许上市前，需对研究产品的安全性和效能进行评估，新药研究（investigational new drug, IND）申请对于药物和生物制剂的研究是必需的，而调查性医药装置豁免（investigational device exemption, IDE）是为生物装置申请提供的。对于这两种类型的申请程序，企业需要提交对产品和制造过程中临床试验和其他任何先前研究的信息，例如对基于患者的临床研究方案以及研究设计的理由进行描述。还需要伦理委员会（Institutional Review Board, IRB）审查和知情同意。FDA 有 30d 审查申请，以确定研究是否可以进行。内容的具体规定在每个类型相对应的 FDA 规定中。IND 的内容要求可在 21CFR 312.23 中找到，对于 IDE 可在 21CFR812.20 中找到。

对于一些产品而言，可能已经有一些关于生产过程的指南或临床数据是可以应用的。例如《面向 FDA 监管者和投资者的指南：对人体细胞治疗研究的新药申请的化学、制造和控制（CMC）信息》的内容和审批在下节进行讨论，提供了关于提交研究的新药和细胞产品的特征物。适用法规和指南应进一步参考对于不良事件报告、标签、研究实施和监测等与执行 IND 的要求相关的主题信息。对于关系到一般临床研究设计和实施的问题，FDA 有很多文件可以提供帮助。对于一些适应证，可能有适用于各种技术的指南文档，例如《行业指南：为治疗慢性皮肤溃疡和烧伤开发的产品》。此外，指南文件不直接适用于具体产品，适应证或技术的指南文件可能值得咨询，因为文档可以提供对一般临床问题的一些见解，例如评估参数可能是有价值的。

41.6 行业、专业组和生产者与FDA的协同会议

虽然术语和程序可能有所不同，但三个负责医药产品评审的FDA中心都会推动申请者参与的会议，从而在规定提交以前就对特别重要的发展问题进行讨论。当请求FDA召开正式或非正式会议时，提供背景信息以及具体讨论的问题是有益的。有关正式会议的更多信息，例如在会议申请中应该包含的内容，以及在会议之前提交的信息包中要包括多种类型的信息，请参见《行业指南：〈处方药使用者付费法案〉（PDUFA）产品与赞助商和申请人的正式会议》。早期的设备会议是在《FDA现代化法案》（FDAMA）下的早期合作会议上提出的，是对行业和CDRH员工的最终指导。

FDA还与代表一些关注于此的机构进行互动［例如，国际细胞治疗学会，美国血库（Blood Banks）协会，美国药物研究与制造商协会（Pharmaceutical Research and Manufacturers of America）］，这为FDA与机构提供了共同讨论感兴趣的主题的机会。这种交流对于FDA和利益相关者非常有价值，它可以为大家提供一种了解大家共同关注的问题的方式，而不局限于只与单独的企业进行讨论。除了这样的集体会议和与个别企业的单独会议，FDA有各种咨询委员会，审查现有的数据和信息，并对各种相关问题提出建议，其中许多意见对于再生医学领域是很有价值的。在"咨询委员会会议"章节，咨询委员会会进一步讨论。

41.7 特别重要的规则和指南

目前讨论的主题已经涉及许多产品的监管内容：销售途径、临床试验规则、会议、指南发展和相关主题。本节将回顾几个对于从事再生医学产品研发领域具有特别意义的事件：FDA对人体组织和细胞产品的产品特性的规定，FDA对异种移植及基因治疗的政策和指南。

41.7.1 用于移植的人体细胞和组织的规定

对于再生医学产品的研发者来说，充分理解关于细胞和组织产品的监管规定是十分重要的，因为人类细胞或组织是许多产品不可或缺的组成部分。

1997年，注意到适用于人类细胞和组织衍生产品的管理法规并不完整，FDA颁布了《细胞和组织衍生产品的管理办法提案》。该文件提出了一种利用分层风险调节模型来管理的方法。根据该提案，减小产品风险是设计时首先要考虑的指标——最大限度地减少产品导致的传染性疾病传播的风险。该提案还对产生额外风险的产品增加了相关的监控指标。该草案有三个实施部分，统称为"组织规则"：注册和清单，捐赠者资格和良好的组织实践（Good Tissue Practice, GTP）。该法规于2005年5月25日生效，并编入CFR 21卷第1271部分。这一部分条目来自《PHS法案》第361节的法律规定，其中涉及控制传染病的传播。因为这套规则适用于所有人类细胞和组织的衍生产品，对于再生医学企业来说，了解这些生物组织产品、生物制剂以及医用设备相关的特别附加规定是十分重要的。

在该部分法规中，有一些例外是值得注意的，用于植入、移植、输注或转移到受者体内的人来源组织或细胞产品被纳入人类组织细胞及衍生品（human cell, tissue, and cellular and tissue-based product, HCT/P）的管理范畴。HCT/P 的实例是肌肉骨骼组织、皮肤、眼睛组织、人类心脏瓣膜、硬脑膜、生殖组织和造血干 / 祖细胞。特别除外的组织有血管化的器官、最小操作的骨髓、血液制品、异种移植物、分泌或提取产物如人乳和胶原、辅助产品和体外诊断产品。

该法规要求生产生物组织产品的公司完成以下事项：

- 用 FDA（21CFR 1271 子部分 A 和 B）注册和列出其 HCT/P；
- 通过筛选和测试评估提供者，以降低通过组织移植传播传染病的风险（21 CFR 1271 子部分 C）；
- 遵循当前的良好组织规范以防止传染病扩散（21 CFR 1271 子部分 D）。

除了报告、标签、检查、进口和执行在 21 CFR 1271 子部分 E 和 F 中的描述，这些规定仅适用于根据《PHS 法案》第 361 节管制的 HCT/P，因此，不适用于大多数再生医学产品。

建立的登记规则界定了只有哪些产品将从属于这套规则（21 CFR 1270.10）和何时应当有额外的监管监督，从而需要 BLA、PMA 或其他营销应用程序（21 CFR 1271.20）。符合以下条件的产品仅由 FDA 根据组织规则进行监管：

（1）HCT/P 不大于最小操作；

（2）HCT/P 是为了同源性使用；

（3）HCT/P 不与药物或设备组合使用（存在某些例外情况）；

（4）HCT/P 不具有系统效应，并且其主要功能不依赖活细胞的代谢活性（除了自身使用或在 1、2 度血液相关的同种异体或以生殖为目的使用 HCT/P）。

如果不满足这四个条件中的任何一个，则需要提交上市申请。参考小组（TRG）会处理来自利益相关者的关于申请这套规则的查询，包括推荐对 CBER、CDRH 和 OCP 的考虑，《PHS 法案》第 361 节的法规是关于 HCT/P 是否符合 21 CFR 1271.10 规定的标准。关于这些规则，以及注册的电子表格的其他信息和文件可以在 FDA 的网站上找到。FDA-CDC（Center for Disease Control and Prevention，疾病控制和预防中心）在 2007 年联合举办的研讨会讨论了骨科、心血管和皮肤的同种移植物等内容。会议讨论了移植物的临床研究进展和对它的期待、人工处理对移植物经营的影响、不良事件的评估处理以及与当前用于对培养物预处理和后处理以及对组织进行消毒 / 无菌的微生物处理方法面临的挑战。会上讨论的一些生产性话题在《行业指南：当前的良好组织实践（CGTP）和对 HCT/P 生产者的附加要求》中论述。

FDA 发布了《行业指南：对人类细胞、组织及衍生产品的供应方的资格审核》来为筛选合格的供者提供参照标准（21 CFR 1271 子部分 C）。这个指南也吸纳了《行业和预防措施指南》的内容，减少由人类细胞、组织及衍生产品传播克雅氏病（Creutzfeldt-Jakob Disease, CJD）和变异性克雅氏病（Variant Creutzfeldt-Jakob Disease, vCJD）的风险。

41.7.2　人类细胞治疗

组织修复及替代治疗的许多细胞及细胞 - 生物支架组合产品正在研发中。产品的细胞（组织）来源和制造过程存在很大的差异。尽管再生医学产品具有多样性，但 FDA 还是要着手考虑适用于所有再生医学产品的监管标准。这里主要涉及三方面的问题：生物原材料控制，生产过程控制，细胞产品的统一认证。

不同产品的细胞来源也是不尽相同的，有来源于自体的，也有同种异体来源的，未分化

的干 / 祖细胞产品和来源于终末分化细胞的产品也具有明显的差异。通过对提供细胞的供者进行严格的筛选和测试可以确保再生医学产品原材料的安全性。如前文所述，这种筛选和测试是组织规则的一部分。按照这套规则，自体来源的产品不需要像其他个体来源的生物产品那样进行筛选和测试。不过，如果患者本人的组织检测到特定病原体呈阳性，或没有经过相关检测，那么产品的生产方应该对培养过程是否存在传播或扩散疾病以及这些致病因子传播给受者以外个体的可能性进行翔实的记录。对于细胞和组织所有的同种异体供体，对供体进行预定的筛选和审核是必需的。除了疾病传播风险，关于细胞来源还有其他方面的问题值得关注。根据《ICH 关于生物制品 / 生物技术 / 细胞及其衍生物的质量控制指南》，FDA 建议申请者评估捐赠者的病史信息和指定的分子遗传检测作为综合评价程序的一部分，以保障再生医学用途的细胞最终可以获得合适的产品。生物反应修正咨询委员会［现称为细胞、组织和基因治疗咨询委员会（CTGTAC）］在 2000 年 7 月 13 ～ 14 日召开会议——主题是"人干细胞作为神经系统障碍疾病的替代治疗方法"。产品所用的细胞应该有其来源的相关描述，包括其起源的组织，例如造血组织、神经元、胎儿或胚胎组织，这些描述可以提供关于细胞及其关键属性的重要信息。

生产过程质控有助于提供均一性好的再生医学细胞产品。通常，生产过程涉及的许多步骤必须注意在无菌环境下进行以避免污染。许多类型的试剂可以用于制备再生医学细胞产品的组分，包括促进细胞复制、诱导分化、选择靶向细胞群体的试剂。血清、培养物中的介质、多肽、细胞因子和单克隆抗体对于分选或富集某类细胞往往是必需的。展示制备过程的质控结果是严格遵守标准操作流程和生产中间产物以及最终产物可以通过相关测试的有力证据。

由于生物学固有的复杂特性，不可能有独特的生物标志物或其他单一分析测试可以完全鉴定细胞产品的所有特征。因此，在《行业指南：人体细胞治疗和基因治疗指南》中，FDA 要求申请者为发展他的最终细胞产品的试验范例提供细胞产品可能包括的多参数方法的文档。它可能涉及生物学、生物化学、生物物理学和 / 或功能表征等多种参数的测试方法的研发文档。开发的这些检测方法是通过证明细胞产品的特性（在物理化学特征上证明此产品和标签上的备注信息相一致）、纯度（不含污染物、残留试剂以及不想要的细胞群体）和生物活性潜能（通过合适的实验条件产生特定分化细胞的能力）来确定所生产的细胞产品的特性是否符合期望和预设标准。事实上，这个过程可能是很具有挑战性的。例如，细胞产物相关的作用机制可能并不完全了解，这限制了细胞特异属性相关功能测试方法的研发。由于缺乏适当的体外或体内的分析系统，直接评估细胞制剂的生物学活性有时是难以实现的。

2006 年 2 月 9 ～ 10 日，FDA CTGTAC 讨论了这一具有挑战性的课题并获得了对治疗性细胞产品进行效能评估的替代方法。FDA 关于测定细胞和基因治疗产品的效能的发展性建议可以在《行业指南：细胞和基因治疗产品的效能测试》中找到相应的条目。

总之，确保细胞产品的安全性需要对制造过程的每个方面进行严格的控制。这种安全性的保证从原材料的获取开始，通过细胞的培养过程控制和终产物特征表型的检测来实现。值得注意的是，这种检测方法在很大程度上依赖于细胞的内在生物学特性。

41.7.3 异种移植

同种异体器官移植的成功增加了对人类细胞、组织和器官的需求。免疫和分子生物学的进步以及全球不断加剧的移植器官短缺问题使得人们越来越关注异种移植。除了使用异种移植以解决人体移植物短缺的问题，利用异种移植物治疗疾病也成为研究者另一个努力的方向。一个例子是使用胶囊化的猪胰岛细胞治疗1型糖尿病。然而，异种移植伴随着许多挑战，包括感染性病原体由动物转移到患者体内以及人畜共患病在人群中传播的风险。此外，存在动物源性病原体（例如病毒）与非致病或人内源性的感染因子结合可能形成新的致病实体。考虑到这些因素，异种移植应该谨慎进行。

美国公共卫生署下辖食品药品监督管理局（FDA）、国家卫生研究院（NIH）、疾病预防和控制中心（CDC）以及卫生资源和服务管理局（HRSA），共同努力解决传染性疾病的传播问题，出版了《关于异种移植传染病问题的PHS指南》。指南从原则上讨论了异种移植协议、动物来源、临床问题和公众健康问题。PHS的指南出版后，FDA发表了《关于在人体上使用的异种移植产品的供体动物、产品、临床前和临床应用问题的行业指南》。这一在PHS指南概念的基础上提出的文件进一步对发展异种移植产品提出更具体的要求和建议。

在PHS和FDA的指南中，异种移植的定义是任何涉及非人类来源的动物活细胞、组织及器官移植、植入或注射入人体的程序，或者在离体环境下和非人源的动物细胞、组织或器官相互作用过的人类体液、细胞、组织及器官。

FDA指南中提供的异种移植物的例子有：

- 用以治疗器官衰竭的异种移植有心脏、肾脏、胰腺组织，改善神经退行性疾病的有神经细胞；
- 在体外与非人类动物的抗原提呈和饲养细胞共培养处理过的人类细胞；
- 利用一个完整的动物器官或带有分离细胞的装置对患者的血液或血浆组分进行体外灌注，进而治疗肝衰竭。

依据该定义，不含活细胞的医疗产品不算作异种移植产品。因此，包括一些常见的动物成分在内的如胶原、小肠黏膜下层（SIS）和心脏瓣膜不属于异种移植产品。FDA鼓励企业将异种移植产品的说明上传至FDA的官方网站上。

41.7.4 基因治疗

FDA将人类基因治疗产品作为生物制品进行管理。基因治疗领域对治疗多种重大疾病有着巨大的希望，包括遗传性疾病如囊性纤维化或血友病、心脏病、创口愈合、艾滋病、移植物抗宿主病和癌症。组织工程和组织修复领域的基因治疗研究也在广泛开展。

基因治疗领域的问题有很多，其中一部分是该领域内独有的。针对基因治疗试验的安全性问题包括产生有复制能力的病毒和细菌，转基因相关的免疫应答，与转基因表达有联系的毒性反应和非预期的由生殖系传播的外源性基因载体。关于基因治疗的风险，这里仅列举两个具有启发意义的例子：

（1）1999年，高剂量腺病毒载体颗粒在特定条件下诱发毒性反应，导致研究对象死亡；

（2）已有研究显示，逆转录病毒载体的基因组整合导致毒性产生。

在后一个案例中，五名接受治疗的儿童罹患白血病，另有一人直接死于载体整合后基因表达的异常改变。FDA的详细建议阐释了在基因治疗产品研究的早期需要提交的相关信息。这些需要提交的信息可在FDA的《研究者和生产者指南：人类基因治疗研究新药申请的化学、制造和质量控制（CMC）信息》的内容和评价中查询到。该指南涵盖了产品制造和特征信息（包括组件和程序）、产品测试（包括微生物检测、纯度、效力和其他测试），最后发布的是测试标准、产品稳定性等与基因治疗相关的产品特性。建议进行的临床前测试包括旨在描述基因定位和表达持久性的相关检测项目。对于直接用于体内给药的治疗载体，建议描述产品的传播范围和在生殖腺中的分布程度。

基因治疗可能在载体方面与常规药物有所不同，因为转入基因的表达可能在受试者的一生中持续存在。因此，延迟性不良反应的风险不容忽视。事实上，之前提及的白血病在使用逆转录病毒载体治疗 X 连锁的免疫缺陷疾病时直到治疗进行 3 年后才发生不良反应。这些事件提示，评估研究对象的长期风险十分重要。FDA 已经对该方面的问题进行了讨论——风险评估应从载体序列存在持久性，融入宿主基因组的潜力，以及转基因的特殊效应等几方面考虑。FDA 已经发布了《基因治疗临床试验的相关指南——观察受试对象的延迟性不良事件》，指南阐述了基于患者数量和产品风险大小建议观察时间和相应的观察项目。

虽然基因治疗试验的监管权力主要在于 FDA，但 NIH 也起着重要的补充作用。除了资助大量的基因治疗研究，NIH 为公众参与重组 DNA 技术和其临床研究应用所带来的科学、伦理、立法等问题的讨论提供了一个交流论坛。重组 DNA 咨询委员会（一个面向 NIH 主管的专家咨询委员会）构建了这一大众参与平台。在这个论坛上，由 NIH 资助或由企业资助并在临床研究阶段接受 NIH 资助的重组 DNA 研究都可以进行开放的讨论。

41.7.5 细胞-支架组合产品

因为自身固有的复杂性，细胞-支架组合产品的开发经常面临着独特的挑战。这些产品经常是由代谢活性细胞和细胞外基质或其他支架组件组成的复杂的三维结构，使得产品的制造、特征描述和研究都成为当今需要面对的挑战。这样一种衍生自化学及物理组合的复合产物不能用其中一个单独组件的特征来定义总体。其他因素，诸如产品装配和组分内部细胞与支架的相互作用在确定产品特性中发挥着重要的作用。此外，这些产品通常被设计为在体外形成生物反应器的过程中或在临床应用过程中在移植后重新改造，因此，大多数时候不可能按照产品发布时的设定进行完整的功能测试。因为这些细胞-支架产品具有生物活性，所以包装、运输和保质期也是需要考虑的重要问题。

与其他产品一样，细胞-支架产品的安全性和有效性需要通过适当的体外试验和体内的临床前药物组合测试进行验证。FDA 利用其在管理哺乳动物类细胞产品和其他组织衍生产品方面的丰富经验对细胞-支架产品的安全性和有效性进行评估。许多适用于其他产品的重要测试，如无菌测试、支原体、致热原/内毒素、支架生物学特性、细胞活力、自身特性和纯度对细胞-支架产品也同样适用。产品效能及性能的展示也是必要的，这方面可能需要开发新的测定技术。支架产品的研发者需要考虑哪些测试需要在产品组合前进行，哪些相关项目是组件组合后最需要进行的。因为每个产品都有自己的独特性，其可能涉及的一系列安全问题具有相应的临床表现，而在适宜的动物模型上进行的临床前评价为这些产品的开发和生产质控提供了重要的数据支持。此外，强烈建议开发者早期与 FDA 展开沟通，以便在产品研发过程中及时获得 FDA 专家对产品关键问题的反馈意见。

对于许多创新型产品，如细胞-支架组合在再生医学领域的使用，最终可以被使用的产品往往经历了反复的修改和校正。因此，生产者对产品进行改进和 FDA 对产品修饰的进一步评价必将是一个持续进行的过程。对于生产者而言，熟悉产品的性能和科研、临床应用中影响产品安全性和有效性的因素是十分重要的，这其中也包括建立适当的生产质控，确保产品质量的一致性。当细胞成分或制造支架组合产品的组分发生变化时，产品研发人员必须有足够的能力对这些变化因素对产品的质量和功能造成的影响进行充分的评估。

41.7.6　案例研究：皮肤伤口愈合细胞–支架的构造

细胞–支架产品最早的一些成功案例是发展用于伤口护理的类皮肤样细胞–支架组合产品。在这一章中，这类产品是值得特别关注的，因为目前已经有大量的此类产品经过 FDA 批准上市销售。这些产品通常是由角化细胞、成纤维细胞结合各种支架（如动物胶原、黏多糖、纱布）形成的组合产品。用于覆盖体表皮肤伤口的细胞–支架产品（其功能主要是物理伤口的修复）已经被器械及放射卫生学中心（CDRH）进行了论证。

关于产品生产方面，细胞、组织、支架材料采购、产品加工、终产品的测试和质量控制程序等方面是最大程度确保产品安全性、有效性和一致性的重要环节。使用伤口愈合动物模型等方式进行临床前的评估研究可以为产品的开发制造过程的质量控制积累必要的数据资料。

Apligraf 和 Orcel 就是成功投入市场的两个例子。它们使用同种异体新生的角化细胞和成纤维细胞与牛胶原支架构建成复合物。Apligraf 已经被批准应用于治疗静脉功能不全、糖尿病足溃疡，而 Orcel 则被批准用于治疗烧伤病人的深度撕裂性伤口。关于大疱性表皮松解症（dystrophic epidermolysis bullosa, DEB）的 HDE 是 Orcel 应用于一名患有隐性的 DEB 的患者手术松解手畸形挛缩后用于覆盖伤口及附属组织的辅助治疗手段。这一应用方法在 2001 年被批准。Epicel 是由涂在凡士林纱布上的自体角质细胞组成的。值得注意的是，Epicel 定义为异种移植产品，因为在生产过程中，角化细胞是与作为饲养细胞的鼠源 3T3 成纤维细胞共培养的。2007 年，Epicel 的 HDE 被批准用于治疗真皮深层或全层、体表面积大于或等于 30% 的烧伤患者。

在产品的发布说明和产品标签上可以查询到每种产品的临床应用信息。安全性和数据有效性的资格审查可以供临床研究使用，经过审批的产品信息可以在食品药品监督管理局的网站上使用数据库（使用搜索词"产品代码"）检索到。与批准信息相关的安全性和可能的益处信息也可以在食品药物监督管理局的网站上查询到。

41.7.6.1　临床前研究计划

对于器械和药物的临床试验而言，临床前研究的目的是建立一个供临床研究参照的科学标准和一个可接受的安全规范。传统的药理毒理学安全性研究对于识别潜在的毒性靶器官和组织是至关重要的。为了获取人体起始有效安全剂量并建立一个剂量递增和/或临床使用监测的安全资料方面的信息，传统的药理毒理研究同样不可或缺。细胞治疗、基因治疗和细胞–支架组合产品面临的预期功能之外的副作用是临床前试验需要解决的问题。例如，发现产品可能导致不良反应的特征，如由于细胞–支架产品植入造成的恶性肿瘤转移。虽然大多数试验是基于动物模型基础上得出的结论，但由于人类和动物之间存在的解剖和生理差异，这些模型是存在局限性的。毋庸置疑，对于一些产品，体外试验分析在产品的安全性和有效性方面的评价中发挥着关键的作用。无损性的产品测试和快速表征测试也可能帮助产品开发。许多这样的产品，因为新鲜感，没有一个已建立的临床前评价范式，因此，鼓励开发商在发展早期与 FDA 讨论他们的发展计划。

FDA 可以在顾问委员会会议开展公开的讨论，同时还会吸引公众参与到新产品研发重点指南的制定过程中。例如，2007 年 12 月 6 日，FDA-NIST 的一次联合研讨会就关于细胞–支架产品研发的目标、面临的挑战以及体外分析方法进行了讨论。FDA 于 2008 年 4 月 10 日举行了关于从人胚胎干细胞分离得到的细胞用于细胞治疗的临床前安全性测试的讨论会议。这些会议帮助 FDA 获得制定决策所需的科学证据支持，并且也为研究者提供了有用的信息支持。

41.7.6.2 临床发展规划

临床开发计划的目标是保证产品的安全性和有效性。在再生医学领域里，产品以及患者的差异性对于临床试验设计来说是一个挑战。另一个挑战是，对于许多产品，需要长期观察它们融入宿主。关于有关建议的研究以及临床获益者的特殊反馈信息可以通过在不同时间点与 FDA 组织的相关会议，使用特殊的方案评估（作为生物学管理的产品）以及临床Ⅲ期试验前的论证会议得到。

与临床前问题一样，FDA 可能会举办研讨会或咨询委员会会议，讨论影响临床发展的相关话题。FDA 于 2010 年 11 月 2 日召开了关于儿科人群的细胞和基因治疗临床试验的研讨会，目的是向 IRB、基因和细胞治疗临床研究人员以及与儿科细胞和基因治疗临床试验有关的参与人员收集信息，并审查评估试验。

41.8 FDA发展项目标准

自发展以来，标准的开发和使用一直是 FDA 最重要的使命。FDA 医疗产品监管标准的使用是从 1906 年《联邦食品和药物法》开始的。其中规定的药物，遵照《美国药典》和国家配方的效力、质量和纯度标准规定的药物，除非标签上有对特殊用药情况有明确的说明，否则禁止在适应证范围以外出售和使用。目前，联邦政府机构，当在执行代替政府为自己使用而建立的政府独特标准的调节活动时，鼓励使用自愿共识标准，无论这些标准是国内的还是国际的。设置标准的过程包括性能特点、测试方法、制造实践、产品标准、科学方案、遵从标准、成分规格、标签或其他技术或政策标准。

与指南文件的制定一样，《良好指导措施》描述 FDA 制定和使用指南文件的程序，有描述 FDA 参与标准制定之外的特殊规则。管理这种参与的规定可以在 21 CFR 10.95 中查阅到。另外，FDA 的《员工手册指南》（SMG）9100.1 制定了与标准管理活动相关的机构范围的政策和程序，可以确保与 FDA 标准一致。在开发适宜于该机构管理的产品发展标准的过程中，FDA 的参与和组织是必要的。

1997 年的 FDA 现代化法案提供了国家和国际认证的医疗器材评级标准，其中涉及 IDE、HDE、PMA 和 510（k）。"认证的共识标准"是 FDA 已经全面或部分评价或认证过的，用于管理性需求并且已经在联邦注册通知中公布。"共识标准"是私营机构通过公开和透明的过程达成的共识基础上建立的标准内容。遵从认证的共识标准是医疗器械制造企业自愿遵守的，企业或可以选择适用的行业标准或以其他方式处理相关问题。如果不与 FDA 制定的规章和指南矛盾，这些标准在适宜的情况下也可以适用于非医疗器材。FDA 中心制定的在评价过程中使用标准的相关政策在再生医学产品领域可能有所不同，企业需要认真查看 FDA 工作指南以及中心网站中关于产品生产领域适用性标准的相关内容。经过认证的标准清单、指南文件和标准运行政策及程序（Standard Operating Policies and Procedures, SOPP）可以在 FDA 的网站上找到。

在再生医学领域，CDRH（医疗器械与放射医学中心）和 CBER（生物学评价研究中心）与标准开发组织，例如美国测试和材料协会（ASTM）积极工作。负责医疗和手术材料以及装置部分的 ASTM 委员会致力于组织医疗产品行业标准的制定。F04 第四部门包括六个次级委员会：（1）分类和标准，（2）生物材料和生物分子，（3）细胞和组织工程建设，（4）评估，

（5）外来作用物的安全，（6）细胞信号。当前，ASTM TEMP 小组已经制定了超过 25 个公开发布的标准，包括标准指南和测试方法，并且有大约 30 个标准草案在准备中。其中，第一批标准涉及酶作用底物、生物材料、天然材料如胶原、海藻酸和壳聚糖、专业术语、细胞和细胞处理、成骨相关蛋白、外源物质的评估和生物材料的试验方法。这些标准会由 ASTM 的有关次级委员会定期进行总结以确保这些标准符合当前的科学知识和 FDA 的管理实践。这里列举一些 TEMP 参与的已经获得批准的标准，包括皮肤治疗替代产品的分类标准、生物材料支架的相关测试（例如，胶原、透明质酸、壳聚糖）、海藻胶固定 / 封装的活细胞或组织、生物材料支架内的细胞生存能力的定量试验、关节软骨的修复和节段性骨缺损大小的临床前体内测试。

另一个包括 FDA 在内的标准制定组织是国际标准制定组织（International Standards Organization, ISO）。这是一个非政府的国际组织，它通过联系私人和公立部门共同制定公认的产品标准。再生医学 / 组织工程产品的标准是由 TC150 分部（SC）7 组织工程医学装置和 TC194 医疗装置的生物学评价中制定的。TC194SC01 是负责生物组织产品安全性评价的，它分为四个工作小组：WG01 负责风险评估、专业术语和国际方面；WG02 负责资源管理、收集和处理；WG03 负责病毒和可传播的海绵状脑病传播媒介的排除或激活；以及 WG04 负责 TSE 消除。再生医学产品，如医疗器械或组合包含设备组件的产品，ISO 10993 系列标准（10993-1 ～ 20）广泛地描述为设备组件运行的生物相容性测试仪。标准是可用的，该标准通过 ISO 的网站可以查询：http://www.iso.org。

FDA 积极参与标准的开发。它通过完善和维护行业指南，解决在既有指南文件中不能正常处理的问题（例如：测试或过程的专利方法，对新兴领域的批评性评论），促进产品设计，并引导国际惯例的统一。这些好处可以逐渐提高产品开发在再生医学委员会评审的通过率，从而影响公共卫生事业的发展。因此，FDA 在为标准提供支持方面起着关键的作用。

41.9 咨询委员会会议

正如上述行业、职业组成的开发商会议那样，由于通过 FDA 审查的创新技术越来越多样化，FDA 会诉诸专家科学咨询委员会（或专门小组）的帮助以完成其内部审查过程。这些顾问为科学监管提供的外部建议有助于科学管理制定的决策。外部专家可能会被安排审查数据，或者在产品或临床领域的研究设计方面提出建议；在产品研发的早期阶段，专家的意见也是有用的。委员会中的专家包括学科的统计和临床专家，同时也有消费者代表和临床病人的律师以及生产领域的代表人员。绝大多数会议是公开的，并且公众也有机会参与其中。

这里列举了到目前为止 32 个 FDA 咨询委员会，涉及对根据生产线划分委员会负责的方向。细胞、组织和基因治疗产品咨询委员会（CTGTAC）近年来已讨论过了对产品开发人员关注的再生医学领域的相关问题，包括：

- 用于造血重建的造血干细胞（2003 年 2 月）
- 同种异体胰岛细胞治疗糖尿病（2003 年 10 月）
- 体细胞治疗心脏相关疾病（2004 年 3 月）
- 用于关节表面修复的细胞产品（2005 年 3 月）
- 细胞、组织和基因治疗的效力测量（2006 年 2 月）
- 源自人类胚胎干细胞的细胞疗法——临床前安全测试和患者监测考虑（2008 年 4 月）

- 用于治疗 1 型糖尿病或急性肝功能衰竭的异种移植动物模型（2009 年 5 月）
- 与 FDA 草案指南《对于用于修复或置换膝软骨产品的 IDE 和 IND 的制备》相关的临床问题（2009 年 5 月）
- 在以逆转录病毒 / 慢病毒检测基于慢病毒载体为基础的基因治疗产品中，测试逆转录病毒和慢病毒的复制能力的基因治疗产品（2010 年 11 月）
- 细胞和基因治疗产品用于治疗视网膜疾病（2011 年 6 月）

每个专题的介绍以及讨论的记录可在本章末尾引用的 FDA 网站上找到。

医疗器械咨询委员会由 18 个医疗专业领域的部门组成。定期召开小组会议讨论具体的产品情况。即将推出的咨询委员会小组会议和过往会议的议程和相关的可检索文档的清单材料都可以在 FDA 的网站上找到。

41.10　FDA研究和评价路径科学

FDA 认识到与再生医学产品相关的科学问题的复杂性。 FDA 研究实验室在帮助机构及时了解影响整个领域的变化和最近发展以及解决具体的监管科学问题中发挥了重要的作用。1992 年，生物评价研究中心（CBER）的研究人员开始系统地研究各种环境因素对细胞行为影响的相关机制，特别是在正常伤口愈合期间遭遇的环境刺激因素、细胞再生和胎儿期发育的相关影响因素。这些研究发现了调节这些通路若干相关的生长因子和反馈调节机制。其他研究涉及造血系细胞以及体外和体内间充质细胞系的相互作用。这些努力使得该领域吸引了更多的研究人员。2004 年，FDA 引入了关键路径研究计划（Critical Path Initiative）来确认和支持有望推动医疗产品创新的关键研究靶点。关键路径清单提供了具体的机会，如果实施，可以加快医疗产品的发展和审批速度（美国卫生与人类服务部，食品和药物行政管理，2006 年），可在 FDA 的网站上获得。路径列表上的许多研究课题已应用于再生医学，如开发的特征性工具，可用于细胞治疗和组织工程、心血管疾病的生物标志物和现代化成像技术。FDA 实验室积极从事的研究将促进再生医学在这一领域的进一步发展。

关键路径研究计划的优先事项是利用最新的现代化技术确保研究机构和相关企业可以将安全有效的产品推向市场。这些努力包括促进跨越多个中心和管辖区域的合作以及 FDA 及 FDA 外的其他相关组织的合作（例如其他机构、学术机构、监管行业）。发展合作研究和必要的基础设施来支持这些和其他的努力将有助于在再生医学领域经常见到的组合产品的评价。

最近一个 FDA 多实验室合作工作的例子是一个多研究员采用一系列先进的分析技术协同互补地研究细胞状态并寻找用于细胞治疗的新型生物标志物。该项目旨在从多角度描述间充质基质细胞的特征，包括遗传稳定性、蛋白质组学和磷酸化蛋白质组学分析、miRNA 分析、mRNA 的谱型通过微阵列分析和定量聚合酶链反应（PCR）分析、染色质免疫沉淀和细胞成熟的潜力以及器官和组织形成的潜力检测。此外，研究将寻找早期和晚期的传代细胞之间的分子差异。重要的是，这组测试通过将相同的细胞植入到缺血的小鼠模型的后肢来获取产品的特点和定位信息、分化和功能的体内结果。该 FDA 研究项目可能会产生一些信息，它可能对产品特征描述、过程测试、批量发布标准、开发可比性和稳定性方案以及预测在接受细胞治疗后的细胞命运和功能是有用的。

与临床使用细胞疗法有关的问题之一是预测注射后细胞将会使机体发生什么改变。另一个 FDA 在 CBER 的关键路径的探索研究是通过帮助发展在移植后体内跟踪和神经干细胞

（NSC）成像的方法来促进细胞治疗。成年人、胎儿和胚胎来源的神经干细胞已被提出用于治疗退行性疾病如帕金森病和修复因脊髓损伤和撞击损坏的组织。核磁共振成像和单光子发射计算机断层扫描被用于定性和定量地确定细胞移植的位置和持续存在状态。这个项目的目标是开发用于评估预测神经干细胞功能的生物标志物的方法。

FDA 的探索项目通常涉及与其他联邦或学术伙伴合作采用新技术来帮助解决管理科学的相关问题。例如，FDA 和国家标准技术研究所之间的合作正在使用自动显微镜描述间充质干细胞（MSC）的分化特征。该项目的目标是通过开发强大的可用于过程中和批次试验中的检测手段来改进 MSC 产品的安全性。

FDA 的关键路径研究也有助于解决产品开发和产品评估时面临的挑战。例如，在临床试验中观察到腺病毒载体基因治疗没有预料到毒性作用，CBER 研究提供了解有关腺病毒载体如何产生毒性的一个预先存在肝病的基因治疗动物模型。CBER 研究人员 / 管理人员也与工业的公司和学术界合作，为腺病毒载体颗粒提供了参考材料。FDA 研究正在持续了解系统传播腺病毒的毒性性质和载体的清除机制以提高基因治疗试验的安全性。

一些 FDA 实验室从事生物组织方面的研究。CDRH 的科学家正在研究机械和电刺激是如何对心脏细胞培养物产生作用以及相关参数是如何调节细胞的生理状态的。一个 CBER/CDRH 协作项目正在测试在有无机械压力的情况下，软骨细胞在支架材料中的包封与几种信号通路的状态之间的关系。

其他 FDA 研究项目正在研究涉及调节再生医药产品的医疗器械。CDRH 正在研究与某些类型的材料接触对心脏细胞会产生怎样的影响，已涉及对影响生物相容性的具有结构和其他设备组件的再生医药产品的生物相容性调节。与心血管疾病相关的其他研究项目是一项 CDRH 和 CBER 的合作项目，用心肌细胞培养物研究某些药物对心脏组织作用的毒理作用。一项 CDRH 和其他政府研究人员之间的合作项目正在检查波长特异性的能力以促进在实验室的动物模型中的神经再生。

总之，FDA 研究实验室，通过关键路径创新研究计划的支持为再生医学及其他前沿技术和研究提供了大量的具有价值的专业知识。虽然上面提供的例子并不详尽，但这一点足以说明 FDA 在不同研究领域的工作成绩。特别考虑到再生医学领域的快速变化和发展，关键路径研究工作确保了 FDA 能跟上时代更新的步伐。FDA 的研究为监管过程提供了重要的最新信息，使得安全的再生医学产品能够上市。

41.11　其他交流合作

由于再生医学高度跨学科的特点，FDA 承认需要在外部和内部建立广泛的合作以确保医疗产品的安全性和有效性，并加快推进公共卫生创新。为了实现这一目标，FDA 已经建立了许多与联邦政府其他机构、专业协会、监管部门和各种研究团队之间的合作。FDA 通过这些合作可以与其他组织清晰地交流，实现再生医学领域实施管理的预期目标，同时也保证当前及未来政策可以和科技发展相接轨。

例如，FDA 已经与美国国家卫生研究院（NIH）的两个涉及 FDA 科学审查工作人员和 NIH 院外研究官员项目的研究所签订了理解协议备忘录（MOU）。由国家神经病学与脑卒中研究所（National Institute of Neurological Disorders and Stroke, NINDS）和国家心肺与血液研究所（National Heart, Lung and Blood Institute, NHLBI）共同签署的谅解协议备忘录结合保护措施，防止共享的非公开信息的泄露，如商业秘密和机密商业信息，研究参与者的身份和其他个人信息，研究提案、进度报告和/或没有发表的数据或保护国家安全的信息。根据这些谅解协议备忘录，参与者可以不受约束地进行讨论并交换信息。这使各自的机构正在进行的科学活动得以流通；而这些科学活动可以改变实验室研究和临床医学的前景。通过识别与现有的科学信息状态有关的空白和促进对 FDA 监管目的的熟悉，以及机构间谅解备忘录的相互作用有助于确定有希望的具有临床转化潜力的基础研究。此外，这些互动促进了合作，保持了 FDA 与科学委员会之间积极的对话。最近的一个例子是两个机构共同赞助的题目为"转化中的多能干细胞：早期决定"的 FDA-NIH 公共讲习班于 2011 年 3 月 21 ～ 22 日举行，这在以多能干细胞为基础的科学发展中需要被早期讨论。该研讨会涵盖了临床中的转化主题。

再生医学领域多机构合作的另一个例子是多机构组织工程科学研究（MATES）机构间的工作组，FDA 是合作成员之一。这种跨越了联邦十几个研究机构的合作伙伴关系旨在为组织工程和再生医学领域提供一个跨越政府有关活动沟通和协作的平台。MATES 网站上提供了这一项目的完整计划。

机构间沟通和协作也延伸到国际联盟。FDA 与许多国际监管机构保持数字交流。例如，FDA 与欧洲药品管理局（European Medicines Agency, EMA）保持定期的交流合作。两机构每两月讨论 EMA 规定的基因治疗医药产品、体细胞治疗用品和组织工程产品。FDA 工作人员也会定期访问 EMA 和其他医药监管机构。

与这些机构间的努力同样重要的是 FDA 努力促进机构间的与再生医学相关的管理和科学活动的协调进行。例如，FDA 于 2008 年成立研究专员基金计划（Commissioner's Fellowship Program, CFP）。该计划旨在吸引并留住更多的创新人才。在其 50 名研究员的年度队列中已经建立了一项多中心再生医学奖学金。再生医学研究人员跨越了 CBER 和 CDRH 进行工作，促进了机构间交叉合作和导致与再生医学产品管理的相关研究项目的实施。

最后，FDA 已经努力与研究委员会沟通，解释 FDA 的监管流程和政策。FDA 工作人员经常参与科学会议上的研讨会，以及由外部团体——如加利福尼亚再生医学研究院（CIRM）——主办的网络研讨会。另外，值得注意的是，在线解决的在线 FDA 教育系列，详细介绍了细胞或基因治疗研究的研究进展应用。

41.12　结论

再生医学的进展是最为激动人心的科学领域之一，这一领域的研究突破为目前的技术无法满足其医疗需求的病人带来了希望。FDA 对医疗产品评估的监管方法包括持续评估这些产品所包含的技术对监管政策发出什么样的反馈信息。

FDA 希望与科学界及产品研发方持续对话。通过对话继续发展目前尚不成熟但是以科学为基础的监管审核制度，相信这种方式可以满足眼前一系列产品的需求。

深入阅读

[1] California Institute of Regenerative Medicine, CIRM Webinars. Available at:<http://www.cirm.ca.gov>.
[2] European Medicines Agency, Advanced-therapy medicinal products. Available at:<http://www.ema.europa.eu/ema/index.jsp?curl=pages/regulation/general/general_content_000294.jsp&murl=menus/regulations/regulations.jsp&mid=WC0b01ac05800241e0>.

[3] Multi-Agency Tissue Engineering Science (MATES) Interagency Working Group, Advancing Tissue Science and Engineering: A Foundation for the Future. A Multi-Agency Strategic Plan. June 2007. Available at: <http://www. tissueengineering.gov>.

[4] US Department of Health and Human Services, Food and Drug Administration，2006. Critical Path Opportunities List (March 2006) . Available at: <http://www.fda.gov/downloads/ScienceResearch/Special Topics/CriticalPathInitiative/CriticalPathOpportunitiesReports/UCM077258.pdf>.

[5] US Food and Drug Administration, 2001. Regulatory Infor mation: Guidances: Guidance for Industry: Acceptance of Foreign Clinical Studies (March 2001) . Available at: <http://www.fda.gov/RegulatoryInformation/Guidances/ ucm124932.htm>.

[6] US Food and Drug Administration, 2002. Guidance for Industry: Special Protocol Assessment (May 2002) . Available at: <http://www.fda.gov/downloads/Drugs/GuidanceComplianceRegulatoryInformation/Guidances/ UCM080571.pdf>.

[7] US Food and Drug Administration, 2004. Draft Guidance for Industry and FDA: Current Good Manufacturing Practice (cGMPs) for Combination Products (September 2004) .Available at: <http://www.fda.gov/ RegulatoryInformation/Guidances/ucm126198.htm>.

[8] US Food and Drug Administration, Center for Biologics Evaluation and Research，1998. ICH Guidance on Quality of Biotechnological/Biological Products: Derivation and Characterization of Cell Substrates Used for Production of Biotechnological/Biological Products (September 1998) . Available at: <http://www.fda.gov/ downloads/RegulatoryInformation/Guidances/UCM129103.pdf>.

[9] US Food and Drug Administration, Center for Biologics Evaluation and Research，2000. Guidance for Industry, Formal Meetings with Sponsors and Applicants for PDUFA Products (February 2000) . Available at: <http:// www.fda.gov/downloads/Drugs/GuidanceComplianceRegulatory Information/Guidances/UCM079744.pdf>.

[10] US Food and Drug Administration, Center for Biologics Evaluation and Research, 2005. Information on Submitting and Investigational New Drug Application for a BiologicalProduct (June 2005) . Available at: <http://www.fda.gov/BiologicsBloodVaccines/DevelopmentApprovalProcess/InvestigationalNewDrugINDorD eviceExemptionIDEProcess/ucm094309.htm>.

[11] US Food and Drug Administration, Center for Biologics Evaluation and Research，2013. Guidances for Submission of INDs Available at: <http://www.fda.gov/BiologicsBloodVaccines/DevelopmentApprovalProcess/ InvestigationalNewDrugINDorDeviceExemptionIDEProcess/default.htm>.

[12] US Food and Drug Administration, Center for Biologics Evaluation and Research, 2007. Guidance for Industry: Eligibility Determination for Donors of Human Cells, Tissues, and Cellular and Tissue-Based Products (August 2007) . Available at: <http://www.fda.gov/BiologicsBloodVaccines/GuidanceComplianceRegulatoryInformati on/Guidances/Tissue/ucm073964.htm>.

[13] US Food and Drug Administration, Center for Biologics Evaluation and Research, Center for Devices and Radiological Health, 2007. The Centers for Disease Control and Prevention:Processing of Orthopedic, Cardiovascular and Skin Allografts Workshop (October 2007) .Available at: <http://www.fda.gov/downloads/ BiologicsBloodVaccines/NewsEvents/WorkshopsMeetingsConferences/TranscriptsMinutes/UCM054425.pdf>.

[14] US Food and Drug Administration, Center for Biologics Evaluation and Research，2008. Guidance for FDA Reviewers and Sponsors: Content and Review of Chemistry, Manufacturing, and Control (CMC) Information for Human Somatic Cell Therapy Investigational New Drug Applications (INDs) (April 2008) . Available at: <http://www.fda.gov/BiologicsBloodVaccines/GuidanceComplianceRegulatoryInformation/Guidances/ Xenotransplantation/ucm074131.htm>.

[15] US Food and Drug Administration, Center for Biologics Evaluation and Research, 2008. Cellular Therapies Derived from Human Embryonic Stem Cells. Scientific Considerations for Pre-Clinical Safety Testing (April 2008) . Available at: <http://www.fda.gov/ohrms/dockets/ac/cber08.html#CellularTissueGeneTherapies> Transcripts for April 10, 2008.

[16] US Food and Drug Administration, Center for Biologics Evaluation and Research，2011. Guidance for Industry: Potency Tests for Cellular and Gene Therapy Products (January 2011) . Available at:<http://www.fda.gov/downloads/BiologicsBloodVaccines/GuidanceComplianceRegulatoryInformation/Guidances/CellularandGeneTherapy/UCM243392.pdf>.

[17] US Food and Drug Administration, Center for Biologics Evaluation and Research, 2011 .Joint FDA-NIH Public Workshop on Pluripotent Stem Cells in Translation: Early Decisions (March 21-22, 2011) . Available at: <http://videocast.nih.gov/summary.asp?Live=10013>.

[18] US Food and Drug Administration, Center for Biologics Evaluation and Research, 2011. OCTGT Learn. Available at: <http://www.fda.gov/BiologicsBloodVaccines/NewsEvents/ucm232821.htm>.

[19] US Food and Drug Administration, Center for Biologics Evaluation and Research, 2011 .Guidance for Industry: Current Good Tissue Practice (CGTP) and Additional Requirements for Manu facturers of Human cells, Tissues, and Cellular and Tissue-Based Products (HCT/Ps) (December 2011) . Available at: <http://www.fda.gov/downloads/biologicsbloodvaccines/guidancecomplianceregulatoryinfomation/guidances/tissue/ucm285223.pdf>.

[20] US Food and Drug Administration, Center for Devices and Radiological Health, 2005. Device Advice: Premarket Notification (510 (k)) (February 2005) . Available at: <http://www.fda.gov/MedicalDevices/DeviceRegulationandGuidance/HowtoMarketYourDevice/PremarketSubmissions/PremarketNotification510k/default.htm>.

[21] US Food and Drug Administration, Center for Devices and Radiological Health, 2005. CDRH Databases (December 2005) . Available at:<http://www.fda.gov/MedicalDevices/DeviceRegulationandGuidance/Databases/default.htm>.

[22] US Food and Drug Administration, Center for Devices and Radiological Health, 2010. Device Advice: Investigational Device Exemption (IDE) . Available at:<http://www.fda.gov/MedicalDevices/DeviceRegulationandGuidance/HowtoMarketYourDevice/InvestigationalDeviceExemptionIDE/default.htm>.

[23] US Food and Drug Administration, Center for Devices and Radiological Health, 2010. Device Approvals and Clearances. Available at: <http://www.fda.gov/MedicalDevices/ProductsandMedicalProcedures/DeviceApprovalsandClearances/default.htm>.

[24] US Food and Drug Administration, Office of Combination Products. Frequently Asked Questions About Combination Products, 2011. Available at: <http://www.fda.gov/CombinationProducts/AboutCombinationProducts/ucm101496.htm>.

[25] US Food and Drug Administration, Office of the Commissioner, 2011. Multi-Center Fellowship in Regenerative Medicine. Available at: <http://www.fda.gov/AboutFDA/WorkingatFDA/FellowshipInternshipGraduateFaculty Programs/CommissionersFellowshipProgram/ucm116228.htm>.

第 *42* 章

无关好奇，只为治愈——民众推动干细胞研究取得进步

Mary Tyler Moore, S. Robert Levine
樊月，李苹　译

42.1　选择生活

一个人总是要不断超越自我，否则还有什么乐趣可言呢？

Robert Browning,'Adrea del Sarto'

你们许多人知道我患 1 型（青少年型）糖尿病已 40 余年。为此，如同数百万其他患者那样，我每天都在抗争，做着健康机体自然发生的事：饮食、能量消耗和胰岛素之间实现平衡。虽然对大多数人来说，代谢平衡与呼吸一样自然，但对于像我这样的 1 型糖尿病患者而言，需要时刻警惕，不断校正与调整，时常检测血糖，一日多次注射胰岛素，才能活下去。即便小心到极点、个人监测到极致，我依然经常发现不能维持血糖稳定——总是非常低或特别高。这样既危险又可怕。坦言之，严重的低血糖可导致癫痫、昏迷甚至死亡，长时间的高血糖可导致引起生命垂危和寿命缩短的并发症，如失明、截肢、肾衰竭、心脏疾病和脑卒中。糖尿病如同一个个性化的定时炸弹，它可能在今天、明天、明年抑或 10 年后爆炸，这个定时炸弹影响着许多和我一样的人，所以必须拆除它。

最近一个年轻朋友 Danielle Alberti 的突然死亡证实了这个观点，她才 31 岁，是一名有抱负的艺术家。虽然由于糖尿病性视网膜病变很快失明，最终发展成肾衰竭，但 Danielle 始终坚持她成为画家的梦想，追求她的事业。糖尿病导致的肾衰竭，透析效果并不好，肾脏移植是其唯一的选择。在医生的指导下，她和她母亲决定一起回到家乡澳大利亚，因为在那里她接受移植供体的机会更大。然而，Danielle 没能熬过这趟航班。她死在 30000 英尺（1 英尺合 25.4cm）高的飞机上，在她母亲的怀抱里寻求慰藉——她临终前最后的话是："妈妈，抱着我"。

我们大多数人至少都有这样一个经历——在我们所爱的人痛苦或需要帮助的时候，向我们伸出手，寻求慰藉，获得停止他们痛苦的方式。在那一刻，我们每个人都将尽我们所能地改变他们的现状，赶走他们的痛苦。一旦有机会或有能力改变的时候，我们都会选择保护我们所爱的那些人的生命。这是我们和所爱的人在一起参加的研究，甄别干细胞研究的正确方

法，并努力使我们的希望成为现实——通过干细胞治疗治愈疾病和残疾。我们选择更好的生活，并努力实现这一目标。

42.2　判断的尺度

轻言干细胞研究是潜在的医学实践革命，可以提高生活质量和延长寿命，尚不现实。

Harold Varmus 博士（诺贝尔奖得主、美国国家卫生研究院前主任）

判断不仅需要在好与坏之间选择，它也经常让我们在不止一个好的或在坏和更坏之间做选择。因此，明智的判断，要求我们努力弄清所做出的选择的相关影响，进而加深理解。

然而，预测干细胞研究的前景对我而言，不是在字面上使数亿患者可以从干细胞科学和治疗中获益，而是在于其对人类无限的潜在价值：你和我，我们的父母和孩子，我们的朋友和家人，邻居和同事。

对于 1 型糖尿病患者，我们首先将干细胞研究作为一种手段，帮助我们替换疾病破坏的胰岛细胞，也帮助洞察糖尿病的遗传机制，包括 1 型糖尿病间的个体差异性，糖尿病，像狼疮和多发性硬化一样，是一种自身免疫性疾病，更常见的是与肥胖相关的 2 型糖尿病。干细胞研究还可为糖尿病引起的并发症提供治疗方案：如失明、肾衰竭、截肢和心血管疾病等。对于帕金森病患者，干细胞有望能够替代大脑内被破坏的细胞，从而使患者从疾病引起的躯体僵硬的牢笼中解放出来。对于脊柱损伤患者，干细胞提供神经组织再生的潜力，重新联通感觉和运动控制的通路，使得他们可以正常走路、说话、拥抱他们的孩子。对于心力衰竭的人，干细胞研究可能意味着整夜睡眠不受呼吸干扰、可以与同伴跳舞、可以在花园里干活、甚至独立工作。对于黄疸患者，他可能重见光明。干细胞研究为各个年龄段、各性别和各种背景的多种疾病患者带来了希望。希望不是数字所能衡量的，而是非常个人化的。

42.3　个人的承诺促进发展

20 世纪 80 年代中期，我有幸担任青少年糖尿病研究基金会（JDRF）的国际主席（www.jdrf.org）（图 42.1）。JDRF 由 1 型糖尿病患儿父母于 1970 年创建。他们不满足于为孩子提供的唯一的健康选择——终生注射胰岛素以维持生命，而且不断担心会导致生命危险的并发症。胰岛素并不能治愈糖尿病，他们知道需要有人做点什么来帮助糖尿病患者。因此，他们质疑那些已成立的专业协会做了些什么，并重新思考且投入更多的研究（特别是 1 型糖尿病研究）。他们也许"只是妈妈和爸爸"，但他们都有一个高度个体化的目标。他们中的每一个人都向他们亲爱的孩子承诺过，要竭尽所能地找到治愈的方法。他们承诺并一直遵守这个承诺。JDRF 自成立以来就逐渐发展成为世界最大的糖尿病研究慈善捐助机构，自 1975 年以来，提供了近 17 亿美元的直接融资，包括在过去五年中的 6.25 多亿美元。然而，这种以人为

图42.1　青少年糖尿病研究基金会（JDRF）创始人：Lee Ducat 和 Carol Lurie。

本以找寻治疗方法的影响力远胜于为研究筹集的资金。JDRF 家族（由许多与糖尿病有直接关系的优秀专业人员组成）已经成为公众宣传的关键领导者，并由此产生以下成果。

（1）《糖尿病研究和教育法》（20 世纪 70 年代中期），在美国国家卫生研究院（NIH）组建了国家糖尿病消化道和肾脏疾病研究所，并呼吁实质性增加糖尿病研究的资助。当时 NIH 每年在糖尿病研究上只投资 1800 万美元，现在每年花费超过 10 亿美元。

（2）国会专项拨款用于糖尿病遗传学研究和糖尿病相关肾脏疾病研究（20 世纪 80 年代）。

（3）1993 年取消了对胎儿组织研究的禁令，克林顿总统为患有 1 型糖尿病的年轻人做了"for Sam"这项研究。

（4）五年内 NIH 预算翻倍。自 1998 ～ 2003 年预算从每年约 130 亿美元增加到每年 260 多亿美元。

（5）建立了国会授权的糖尿病研究工作组，定期向国会报告糖尿病研究进展情况、研究需求和未来的机遇，以及资金情况（1998 年）。

（6）《糖尿病特别提案》（1998 ～ 2013 年），到财政年度 2013 年，提供了超过 18.9 亿美元的补充资金用于 1 型糖尿病研究中的特殊举措（在常规 NIH 拨款之上），并为美国本土的糖尿病患者提供相等的金额（超过 10 亿美元）用于资助糖尿病护理和教育。

（7）美国食品药品监督管理局（FDA）批准连续葡萄糖监测系统（2006 年）。

（8）FDA 批准基于计算机的糖尿病模拟器，用作替代动物测试 1 型糖尿病控制策略（2008 年）。

（9）13505 号行政命令（2009 年）为涉及人类干细胞责任重大的科学研究清除了障碍。

（10）FDA 于 2012 年出版人工胰腺系统指南草案。

JDRF 是促进医疗研究联盟（CAMR）的创始人，该组织是一个多元化的卫生与研究相关机构，为干细胞研究提供资金。JDRF 志愿者和工作人员通过 CAMR 或独自开展工作发挥了关键的作用，说服乔治·布什政府和国会领导不再支持全美禁止胚胎干细胞研究（图 42.2），并通过 Castle-DeGette 干细胞研

图42.2 Mary Tyler Moore（与Michael J. Fox）在国会作证，支持联邦资助干细胞研究。图片由Larry Lettera/ Camera 1提供。

究加强法案在新近引领公共提倡建立双边支持。JDRF 工作者也是加利福尼亚州的 30 亿美元干细胞研究 / 再生医学提案以及其他州立的干细胞研究计划的带头提议者。

JDRF 在艾滋病毒和艾滋病社区、妇女健康运动、Michael J. Fox 帕金森研究基金会和其他基层组织的经验证明，他们追寻治愈自己孩子或爱人的疾苦的过程中，或是他们抗击病痛的过程中，无论母亲或父亲，无论伴侣或配偶，没有任何人肯放弃。事实上，受疾病影响的个人是所有全球治疗运动中最自然和必要的领导者。他们了解紧急情况，并愿意独自做任何必要的事情来确保他们的亲人能够尽快摆脱疾病的负担。对他们来说，"失败不是一种选择"，因为他们的生存正受到威胁。

42.4 用希望对抗炒作

我不气馁，因为抛弃每一次错误的尝试意味着又向前迈进了一步。

Thomas Edison

我们对任何健康或科学领域的了解都是因为无数错误而积累的"智慧"，因为这是我们研究的结果。此外，进步通常通过意想不到的发现和一次心灵的碰撞获得，因为其通过了所有细致的"已知的"应用。

然后，什么推动干细胞研究相关的讨论？我们是否足够了解项目的可能性？是的。我们是否足够了解某个特定结果的断言？没有。是否会减少我们推动这个领域前进的承诺的潜力呢？当然不是。我们拖延或施加不合理的限制是因为担心我们可能错了或可能过高地估计了自己的潜力。如果我们低估了它会怎么样？

就像在新世界的前沿一样，下一步可能有风险。然而，我们不能缩小这些风险。相反，我们必须通过我们的进程计划，适当研讨和思考风险，准备好处理意想不到的事情，并向前迈进。

42.5　赋予生命力

如果你拯救了一条生命，你就拯救了整个世界。

犹太法典

我知道胚胎干细胞的研究引起有意志的人们的关注，每个人都试图根据他们个人的宗教和道德信念做正确的事。我没有回避这种个人的自我反省，JDRF 的决策也没有回避，任何人都不应该回避。我真心地发现人类干细胞研究是对生命的真正肯定。这是一个年轻的家庭做出选择的直接结果，没有强制或补偿，捐赠未用于体外受精的受精卵，将其用于研究。否则受精卵将会被丢弃或永远冻结。由于干细胞研究巨大的潜力，捐赠无用的受精卵就像母亲的一次生命的选择，孩子在一次交通事故中悲惨死亡，母亲决定捐赠她孩子的器官，拯救另一位母亲的孩子。这是慈善事业的真正巅峰，如此自由地给予他人生命。公众支持干细胞研究是对生命的肯定延续，是确保以最高的道德标准执行的最好方式。

42.6　民众推动进步

我知道社会的最终权力不是安全存放，而是人类自己；如果我们认为他们没有足够的觉悟能够以健康的自由裁量权来行使他们的控制权，那么补救措施不是从他们那里拿走，而是通过教育来告知他们。

Thomas Jefferson

在科学、政治、甚至宗教中，公众经常因为经验或教条放弃做重要决定。也许这是出于尊重、谦卑、恐惧、陌生或无能。然而，知情的公众，最有能力为了自己的利益做出决定，他们有能力实现变革，这一点具有独特性。因此，这是一种真正的领导力测试，通过仔细和客观的专家咨询，获取广泛的信息基础，支持采取具体的行动实现目标，让人民自由决定，为公共决策带来安慰。

这种方法已经确定了 JDRF 的成功。从一开始，JDRF 研究方法在补助金的审查方式以及如何决定资助什么研究方面是独一无二的。科学专家（同行评审员）和受糖尿病影响的人（非专业评审员）一起讨论所有提出的研究，科学价值建立在这些同行和非专业的合作审查会议的基础上。然后，非专业评审员单独开会讨论哪些有价值的资助最能满足糖尿病患者们的需要——也就是说，这最可能对寻找治愈方法或减轻糖尿病及其并发症的负担有大的影响。这些资助决定是在由 JDRF 董事会和研究委员会设立的治疗目标和研究重点的背景下做出的，他们主要由糖尿病患者组成。这些目标和优先事项是由 JDRF 的科学家、专家和志愿者经过定期的知识绘图过程建立的。知识绘图确定了当前治愈的疾病的许多潜在途径的科学现状，其中存在障碍，以及 JDRF 投资带来改变的重大机会。

JDRF 的经验推断有关胚胎干细胞的研究决定最好公开，公众广泛参与而且最好在公开场合进行研究。我们可以确信，社会的力量（监督科学的行为）可以安全地由知情民众自行决定。

42.7 为所有人提供更好的健康

William Bradford 于 1630 年在普利茅斯湾殖民地成立时发表讲话说，所有伟大而光荣的行动都伴随着巨大的困难，两者都有机会，并以应有的勇气克服。如果我们的进步教会了我们什么，那就是那个人在追求知识和进步的过程中，有决心并且无法阻止。

John F. Kennedy 校长在莱斯大学演讲，1962 年 9 月 12 日

像我一样每天与疾病或残疾做斗争的人们，以及热爱我们的人，认识到科学进步的困难，并接受挑战。我们每天都鼓起勇气，不是为了我们自己，而是为了我们的孩子和我们孩子的孩子。我们的动机不是出于好奇心，而是我们致力于找到治愈的办法。来自全球各地的科学家在公众支持下进行的胚胎干细胞研究的新疗法，可供所有可能受益的人使用，是我们为所有人提供更好健康的愿景的一部分（图 42.3）。

图 42.3 Mary Tyler Moore 出席 2001 年 JDRF 儿童大会。来自 50 个州的 Larry King、Tony Bennett、John McDonough、George Nethercutt、R-WA、Alan Silvestri 和儿童代表一起上台。图片由 Larry Lettera/Camera 1 提供。

需要帮助和采取行动的朋友

Lisa，12 岁，德克萨斯州埃尔帕索

Lisa 自从 5 岁患有 1 型糖尿病。她说，"看到父母哭着告诉人们我有糖尿病时，我很伤心。当我想到如果找不到治愈的方法，一些事情可能会发生，我真的很伤心。我真不想失明，再也看不到我所爱的人或是埃尔帕索漂亮的日落。我不想截肢，因为我喜欢跳舞。我不想早早死去，不想有心脏病、肾脏疾病。在这些可怕的并发症发生之前，我希望能够得以治愈。"

Nicholas，4 岁，佛罗里达州博卡拉顿

Nicholas 在 20 个月大时被诊断患有 1 型糖尿病。大多数的夜晚，他的母亲，Rose Marie 必须采取一些措施，以保持 Nicholas 的血糖在正常范围内。"当我午夜抱着他，试图哄他醒来，这样我可以喂他，我意识到他的生命是多么微妙的平衡。"Rose Marie 说，"我再次致力于尽我所能地寻找治疗糖尿病的方法，它剥夺了我儿子的童年，以及数百万像他这样本该拥有健康、无忧无虑的孩子的童年，就像夜里偷偷潜伏着罢工的小偷。"

Ashley，10 岁，华盛顿州麦地那

Ashley 在 7 岁的时候就被诊断出患有 1 型糖尿病，就在太平洋西北芭蕾舞团的芭蕾舞彩排之后。她对治疗充满热情。

"我想找到一种治疗糖尿病的方法，这样其他的孩子或家庭不必经历我的家庭所经历的。我想找到一种治疗方法，这样我就不会有胰岛素引起的头痛。这感觉很糟糕，上学很难。我想找到治愈的方法，有一天我也可以成为一个好母亲。"

Kylie，12 岁，犹他州奥格登

Kylie 现在 12 岁，8 岁时被诊断出患有 1 型糖尿病。

她说："去年圣诞节假期，我有一个五年级的朋友去世了。他和我一样患有糖尿病。他在半夜胰岛素休克，再没有醒来。"

Kylie 担心同样的事情会发生在她身上。

"我很想保证我的余生漫长且正常，但我知道要找到治愈的方法还有很多工作要做。"

Brennan，6 岁，Tanner，8 岁，德克萨斯州朗德罗克

Brennan，6 岁，2 岁时被诊断出患有 1 型糖尿病，7 个月前，他哥哥 Tanner 被诊断为糖尿病。

"每一天都充满了挑战。"Amy 妈妈说，"今天会战胜病魔吗？Brennan 会因为血糖过低而昏迷吗？Tanner 会发生癫痫吗？"

即使偶尔一天很好，她和丈夫 John 仍然通宵看守。

"糖尿病不睡觉，我们也不睡觉。不管我们在一天的战斗中有多累，我们都会每隔 4h 就换一个人守夜。想象在无边的海洋上漂泊。你厌倦了游泳，试图维持漂浮，但是让自己睡觉意味着必定会死亡。"她说，"糖尿病患者和他们的父母一起漂泊。即使在深夜，他们也不能降低警惕。完全放松，健康人想当然的 8h 睡眠的平静，会招致癫痫发作、昏迷、失明、肾衰竭或心脏病。"

Corey，11 岁，新泽西州锡考克斯

Corey 从 5 岁起查出患有 1 型糖尿病。经常坐在家里抱怨，他说，糖尿病不会改变事情，也不会让你听到声音，也不会让我们治愈。从 7 岁开始，他就在学校和筹款活动中讲述了他和患糖尿病的故事。

"我发现，虽然数百万人患有这种疾病，但很多人并不知道我每天忍受它到底意味着什么。"他谈到糖尿病给他和他的家人带来的影响和恐惧，并补充说，"这并没有使我害怕做我想做的事情，但我知道这会使事情更难。"在他六年级的毕业典礼上，Corey 说，"我想留下遗产来帮助……其他孩子，因为他们努力过正常的生活，并希望他们永远不会忘记我们会找到治疗方法。"

Emily，15 岁，德克萨斯州休斯敦

9 年前诊断为 1 型糖尿病，Emily 说每天都是一场战斗。起初，扎手指取血是 Emily 不得不处理的最困难的事情，但是现在她有更大的恐惧。Emily 说："现在面对现实最困难的部分是，没有治愈的方法，我的生命由可怕的疾病来决定。"Emily 是一个全 A 学生，在她学校的曲棍球队打球。她的目标是有朝一日成为整形外科医生，并帮助找到治疗糖尿病的方法。"我和其他许多人在找到治愈方法之前都无法休息，糖尿病的治愈方法不会马上发生，我们必须追求和争取。"

词汇表

acellular approach to tissue engineering（无细胞组织工程方法）

组织工程的三个主要方法之一，无细胞方法的目的是使用诱导组织再生的非细胞材料。

actual functional stem cell（实际功能干细胞）

组织最终赖以维持日常细胞替换的细胞。

adipose-derived stem cell（ASC）（脂肪源性干细胞）

来源于脂肪组织而非骨髓的 MSC 样细胞。ASC 与骨髓间充质干细胞在形态和免疫表型上颇为相似，然而 ASC 在培养基上层形成更多的 CFU-F。

adult stem cell（成体干细胞）

成体干细胞是出生后存在于生物体内的干细胞。成体干细胞补充体内的特定组织并且其效力各不相同。

AF mesenchymal stem cell（AFMSC）（AF 间充质干细胞）

向中胚层来源谱系（即脂肪细胞、软骨细胞、成肌细胞、成骨细胞）分化的一个 AF 细胞亚群（在第二和第三孕期的 AF 中占总 AF 细胞的 0.9% ～ 1.5%）。

AF stem cell（AF 干细胞）

在转录和蛋白质水平上均表达多能性标志物 Oct4 的一个 AF 细胞亚群（在第二和第三孕期的 AF 中占总 AF 细胞的 0.1% ～ 0.5%）。

allograft（同种异体移植物）（仅针对第 34 章）

由供体皮肤细胞培养的同种异基因的角质形成的细胞移植物，最终被受体的免疫系统所排斥（也可能有真皮成分）。

amniotic fluid（羊水）

在妊娠第 2 周出现的液体，将外胚层（未来的胚胎）从羊膜母细胞（未来羊膜）中分离出来，从而形成羊膜腔。

amniotic fluid cell（AF cell）（羊水细胞，AF 细胞）

在羊水中发现的细胞，来源于胚胎外结构（胎盘和胎膜）和胚胎及胎儿组织。

anagen（毛发生长期）

毛囊周期功能的生长阶段。

angioblast（成血管细胞）

成血管细胞是 EPC 祖细胞。成血管细胞会引起 EPC，在血管生长因子如 VEGF 和 PIGF 刺激后，EPC 从骨髓被动员到外周血。一旦抵达周围血液，EPC 可以被招募到活跃的新生血管形成区，正如在伤口、糖尿病视网膜病变和肿瘤中见到的。

anterior-posterior（A-P）axis specification（A-P 轴特化）

A-P 轴特化的主要假说认为，在早期的神经诱导中，前细胞的命运是默认的，而 FGF、Wnt 和视黄酸信号对建立后细胞的命运是必不可少的。

Apligraf®（商品名）

商业产品（器官发生，Canton, MA），是一个培养物，源自新生儿包皮角质形成细胞、成纤维细胞和牛 I 型胶原相当的双层活性皮肤。

asymmetric cell division（细胞不对称分裂）

在干细胞自我更新中，不对称的细胞分裂产生一个干细胞和一个分化的子代或一个对子代有限制的干细胞。

autograft（自体移植）（具体见第 34 章）

从受体自身皮肤细胞培养的自体角质形成细胞移植物，不受受体免疫系统的排斥。

Barrett's metaplasia（巴雷特化生）

食管下端组织中发现肠细胞的临床情况。最严格来讲，是分层的鳞状上皮向柱状上皮的转化，其特点是在含酸性黏蛋白杯状细胞的材料中存在。

basic fibroblast growth factor（bFGF 或 FGF2）（基础成纤维细胞生长因子）

在人胚胎干细胞的自我更新过程中调控关键信号通路的生长因子。bFGF 在商品化血清替代物的存在下，使得人胚胎干细胞在成纤维细胞上成克隆生长。高浓度的 bFGF 允许人胚胎干细胞在相同血清取代品的培养过程中不依赖滋养层而生长。

bioartificial liver（生物人工肝脏）

肝细胞被接种并保持在某种体外装置。病人的血液或血浆被泵到该设备，在那里透过膜屏障与肝细胞相互作用，然后由另一系列泵回输给病人。

Biologics Control Act of 1902（1902 生物制品管制法案）

该法案规定了对病毒、血清、毒素以及类似产品的管制；要求制造机构和制造商的执照；并提供给政府有权威的监督机构。

bone（骨）

骨细胞外基质主要为 I 型胶原和磷酸钙。骨具有自我再生能力，可生成与原组织功能相似的组织。

bone morphogenetic protein（BMP）family（骨形态发生蛋白家族）

诱导祖细胞沿着成骨细胞谱系分化的生长因子家族。

bulge（膨隆）

毛囊的特化区域，皮肤上皮干细胞（ESSC）被认为驻留于此。膨隆内的细胞至少在有压力的条件下有能力分化成不同的细胞谱系，不仅能再生毛囊，而且能再生皮脂腺和表皮。

cap cells（冠细胞）

驻留在果蝇卵巢的支持细胞。

cardiac stem cell（心脏干细胞）

在其他组织中标记干细胞群的细胞表面蛋白也可在成人心脏未发育的前体细胞的亚群内被发现。这些原始细胞可用 Sca-1 检测到，它参与细胞信号转导和细胞黏附。Sca-1 是干细胞非特异性的，其在造血干细胞和其他类型细胞的表面均有发现。

cardiac stem cell activation（心脏干细胞活化）

CSC 表达 c-Met 和胰岛素样生长因子 -1 受体（IGF-1R），从而可以被肝细胞生长因子（HGF）和胰岛素样生长因子激活物动员。体外诱导和侵袭试验已经证明 c-Met-HGF 系统负责这些原始细胞的大部分运动。然而，IGF-1 及其受体系统参与细胞的复制、分化和生存的调控。

cardiac stem cell（CSC）（心脏干细胞）

能产生心肌所有成分的细胞。干细胞可以从心室肌分离并长期培养。迄今为止，只有 Lin-c-kit^{POS} 细胞已被证明具有干性：自我更新、克隆形成和多能性。

cardiomyocytes（心肌细胞）

形成心肌的细胞类型。一旦心脏发育形成，胚胎和胎儿心肌细胞重新进入细胞周期的能力似乎在很大程度上丢失。与哺乳动物骨骼肌能再生修复受损组织相比，心脏不保留相当的储备细胞群来促进肌纤维的修复。

catagen（过渡期）

毛囊周期性功能的非生长期。在过渡期内的一些细胞发生死亡，同时其毛囊结构发生改变。

cavitation（空化）

压实后，最外层的细胞层成为预期的滋养外胚层并形成真正的表皮层。表皮层的离子泵活化产生一个充满液体的腔，使得内细胞团定位于胚胎一极。

CD26/dipoptidylpeptidase Ⅳ（CD26/DPP Ⅳ）（CD26/ 二肽基肽酶Ⅳ）

在造血干细胞表面发现的酶蛋白，其靶标包括基质细胞衍生因子 -1（SDF-1/CXCL12，一种趋化和归巢因子）和集落刺激因子（CSF）。抑制 CD26/DPP Ⅳ活性以提高供体 CB 移植成活的临床试验评估正在进行。

cell autonomous disease state（细胞自主性疾病状态）

病理仅限于单个特定细胞的疾病状态，只在某一细胞外环境下预期寿命很短，否则正常。

cell cycle regulation（细胞周期调控）

调控细胞周期各阶段持续时间的策略。一个完整的细胞周期包括四个阶段，称作为 Gap1（G_1）、合成期（S）、Gap2（G_2）和有丝分裂期（M）。

cell nonautonomous disease state（细胞非自主性疾病状态）

由于恶劣的微环境引起细胞的死亡的正常疾病状态。

cell therapy（细胞疗法）

一种利用活细胞治疗的方式。细胞疗法通常用于再生医学治疗疾病或损伤等方法。

cellular approach to tissue engineering（组织工程的细胞手段）

组织工程的三个主要治疗手段之一，细胞手段的目的是使用分离的细胞或细胞替代品作为细胞替代组分。

central nervous system（CNS）（中枢神经系统）

大脑和脊髓构成中枢神经系统。中枢神经系统的主要功能是整合轴对称动物身体各部分接收到的信息，并协调躯体各部分的活动。在发育过程中，所有的中枢神经系统细胞都来自一小群神经上皮细胞。

chimerism（嵌合性）

在胚胎发育的极早期阶段（通常是胚泡），将供体细胞引入受体的结果。当供体细胞确定开始发育并被整合入组织和器官，即形成嵌合体。

chronic myeloid leukemia（CML）（慢性粒细胞白血病）

是由 BCR/ABL 原癌蛋白引起的成体造血干细胞的一种经典的病理状态。向分化的小鼠 ES 细胞内引入 BCR/ABL 首次在体外证实胚胎 HSC（e-HSC）产生于 ES 分化阶段。

circulating stem cell（循环干细胞）

在应答损伤时可归巢到心脏的假定细胞，已通过观察女性心脏移植给男性宿主的非性别匹配人源心脏移植证实细胞群的存在。在移植组织中发现存在分化的宿主细胞（含有一个 Y 染色体），证明存在循环的前体细胞，可在心脏环境下诱导分化。

c-kit ligand（KL）（c-kit 配体）

也称为干细胞因子、杯状（mast）细胞因子或钢因子。KL 沿原始生殖细胞（PGC）的迁移途径及其在生殖嵴内表达，在 PGC 的生存中起重要作用。

clonality（克隆形成能力）

描述了一个细胞群体（如培养物或细胞系）如何衍化的一个特征。从单个细胞产生一个克隆种群。

closed system（封闭系统）

组织工程的两种组合方法之一，细胞被固定在能够屏蔽宿主免疫组分的聚合物基质中。例如，细胞可被固定在可渗透营养和氧气的半透膜上，为免疫细胞、抗体及免疫系统的其他组分提供阻碍。此外，植入物也可直接植入患者或作为体外设备使用。

Coalition for the Advancement of Medical Research（医学研究促进联盟）

由健康与研究相关组织组建的多元化联盟，致力于支持联邦基金资助的干细胞研究，由青少年糖尿病研究基金会创立。

colony-forming assay（集落形成实验）

用储存的胚胎干细胞系检测介质成分的适宜性，尤其适用于评估不同或同一供应商生产的不同批次的血清。

colony-forming unit fibroblast（CFU-F）（成纤维细胞集落形成单位）

由体外分离制备的间充质干细胞得到的成纤维样细胞通过可塑黏附形成成纤维细胞集落（CFU）。

columnar cell（柱状细胞）

肠内最丰富的上皮细胞。柱状细胞在肠内称为上皮细胞，在小肠和大肠内称为结肠细胞。

combination approach to tissue engineering（组织工程组合方法）

组织工程包含的三种主要方法之一，结合方法的目的是使用细胞和材料组合（典型的是支架形式）以诱导组织和 / 或器官再生。包括两种类型的组合方法：开放系统和封闭系统。

common bile duct（胆总管）

由肝细胞分泌的胆汁被收集在一个分支收集系统——胆管树，通过胆总管排入十二指肠。

compaction（压实）

压实在哺乳动物 8 ～ 16 细胞期发生，卵裂球扁平使细胞与细胞之间的接触最大化，变得有极性并两极化。细胞质中形成了两个不同的区域，为下一轮细胞不对称分裂、形成内外细胞层做准备。

conception view of when life begins（生命初始的概念观）

信奉在道德上，人的生命始于受孕时刻的一种道德观。持有该观念的人认为，早期胚胎与儿童或成人无异。

cord blood（CB）（脐带血）

出生时从脐带内分离的血液。CB 通常作为造血干细胞（HSC）的 HLA 分型的来源库。近年来，CB 已被用于病患的 HSC 来源，比骨髓来源更广泛。

Current Good Manufacturing Practices（cGMP）（现行良好制造规范）

美国食品药品监督管理局（FDA）强制执行的法规。cGMP 是提供确保正确设计、统一监管，以及管控制造工艺流程和设备的系统。遵照 cGMP 法规，通过要求生产商适当控制生产操作，能够确保药品的统一特性、药效强度、质量和纯度。

cyclin-dependent kinase inhibitor（CKI）（细胞周期蛋白依赖的激酶抑制剂）

抑制 CDK 活性的蛋白质。

cyclin-dependent kinase（CDK）（细胞周期蛋白依赖激酶）

细胞周期是由 CDK 连续的激活和失活调控的。CDK 通过在固定位置磷酸化氨基酸残基与其他蛋白质发生作用。

cytosphere（细胞球）

体外培养的一团悬浮的细胞群，当细胞保持在无附着底物的无血清培养基中，任何积极增殖的细胞系均可在培养时形成细胞球。

default hypothesis of neural induction（神经诱导的默认假设）

神经诱导的主要模式，即在原肠胚形成早期，在没有骨形态发生蛋白（BMP）信号的情况下，神经组织可自发形成。在接收 BMP 后引发表皮分化。

defined reprogramming factor（定义的重编程因子）

非融合性体细胞重编程，最初由 ES 细胞内丰富表达的重编程因子 Oct3/4、Sox2、Klf4 和 c-Myc 完成，结果是形成诱导性多能干细胞。

definitive hematopoiesis（永久造血）

由发育中的胚胎主动脉旁区产生的一类特定造血干细胞介导。永久造血负责动物生命期内产生成熟的髓系和淋巴系细胞。

demineralized bone matrix（脱钙骨基质）

一种骨组织制剂的形式，受 FDA 监管的组织产品，包括人体细胞、组织以及以细胞和组织为基础的产品（HCT/P），或受 CRDH（设备和放射卫生中心）监管的医用设备。

density gradient separation（密度梯度离心）

从骨髓分离的血红细胞分离单个核细胞（MNC）的技术。MSC 来自接种于细胞培养板上在含 10% 胎牛血清的培养基中培养的 MNC。

developmental（or gradualist）view of when life begins（生命初始的渐变论）

认为胚胎尚未完全在道德意义上是人的道德观。他们不否认早期胚胎是活的，并且具有成为个体的生物学潜能。尽管如此，他们认为还需要其他特征，例如我们通常给予儿童和成人的全面平等的保护，而这些特征只能在整个妊娠过程中逐渐发展产生。

Diabetes Research and Education Act（糖尿病研究与教育法）

该法由美国国家卫生研究院（NIH）国家糖尿病、消化和肾脏疾病研究所（NIDDK）制定，呼吁实质性增加糖尿病的研究基金。

differentiated cell（分化细胞）

干细胞的后代，其效力相较于其亲代细胞受更多限制。

dividing transit cell（过渡分裂细胞）

在干细胞终末分化（成熟）成有功能的组织细胞之前，持续分裂几次扩增的细胞。

DNA methylation（DNA 甲基化）

胚胎植入后，发生的一波新的 DNA 甲基化，引发表观遗传的重编程（在小鼠 E6.5 完成）。DNA 甲基化在胚胎和胚外谱系内不同程度地影响整个基因组，可能参与观察到的嵌合体形成能力的缺失。

Dnmt3l

参与父母的印记起始的一个关键基因，与 DNA 重新甲基化酶 Dnmt3a 共同起作用。

dorsal-ventral（D-V）axis specification［背 - 腹轴特化（D-V 轴特化）］

D-V 轴特化的假说认为，腹侧脊索和底板分泌的 Sonic Hedgehog（SHH）和顶板分泌的 BMP 相互拮抗，决定 D-V 特性。

DYS-HAC

含有整个 DYS 位点的人工染色体（HAC）的 DNA 分子。构造该分子用于解决通过外源 DNA 难以把大的 DYS 蛋白导入细胞的困难。

dystrophic muscle（肌营养不良）

被炎性细胞浸润的肌肉，主要是淋巴细胞、巨噬细胞，其次是聚集大量胶原蛋白的成纤维细胞，导致肌肉进行性硬化和用脂肪组织替代肌肉组织的脂肪细胞。

dystrophin（肌萎缩蛋白）

在膜结合的肌萎缩蛋白 - 糖蛋白复合物（DGC）中的一个关键蛋白，被认为能够增强肌肉细胞膜对抗日常运动中产生的强剪切力。在杜氏肌营养不良患者中肌萎缩蛋白基因发生突变。

dystrophin（肌营养不良蛋白）

一种杆状胞质蛋白，是通过细胞膜连接肌纤维细胞骨架与胞外基质蛋白质复合物的重要组分。该基因是已知的人类最长的基因中的一个，占据 X 染色体短臂 Xp21 位点并包含 220 万个碱基（占人类基因组的 0.07%）。其初级转录产物的大小约 2400kb，耗时 16h 方可完成转录，成熟 mRNA 的大小为 14.0kb。该蛋白质由 79 个外显子共编码 3500 个氨基酸。

early embryo stem cell（ES cell）［早期胚胎干细胞（ES 细胞）］

来自胚泡形成后的植入前胚胎的内细胞团。这群细胞通常会产生外胚层并最终形成所有成体组织。分离自小鼠的该细胞还可产生生殖系嵌合体。

embryogenesis（胚胎发生）

从一个细胞（受精卵）形成一个复杂有机体的过程。

embryoid body（拟胚体）

由含有全部三个胚层的半有机组织形成的囊性畸胎瘤样的结构。是在将胚胎干细胞移出抑制分化的培养条件并允许聚集和分化时产生的。

embryonic carcinoma cell（EC cell）［胚胎性癌细胞（EC 细胞）］

第一种被鉴定的多能干细胞。在研究从畸胎癌分离的形态上未分化的细胞时发现。当移植于组织相容性的成体宿主时，EC 细胞可独立形成与其亲本肿瘤相似的、具有多种组织结构的畸胎癌。

embryonic germ cell-derived embryoid body（EG-derived EB）（胚胎生殖细胞来源的拟胚体）

与胚胎干细胞（ES 细胞）衍生的拟胚体（EB）相似，胚胎生殖细胞（EG 细胞）衍生的拟胚体（EB）包含代表所有三个生殖层的分化细胞，以及分化程度较低的祖细胞和前体细胞的混合细胞群。

embryonic germ cell（EG cell）［胚胎生殖细胞（EG 细胞）］

来源于形成生殖嵴的原始生殖细胞的细胞，可在小鼠胚胎第 6.5 天鉴定。这群细胞通常会产生生殖细胞和成人配子。ES 细胞和 EG 细胞之间最显著的区别是 EG 细胞可能对特定的基因有显著的印迹，使它们不能产生正常的嵌合体小鼠。

embryonic germ cell（EG cell）（胚胎生殖细胞）

由胚胎后期和胎儿发育早期出现的原始生殖细胞（PGC）产生的多能干细胞。多个物种包括小鼠、猪、鸡、人均可产生 EG 细胞。

embryonic stem cell（胚胎干细胞）

在胚胎发育的极早期（如胚泡阶段）分裂产生的一个细胞群体（通常呈克隆化的——见第 2 章定义）。

embryonic stem cell culture（胚胎干细胞培养）

胚胎干细胞培养是重要的原代培养，因为在一个完整的胚胎内，无法维持 ES 细胞表型。因此，体外培养 ES 细胞系具有挑战性，因为不施加选择压力的培养将促使多样化生长。

embryonic stem cell（ES cell）[胚胎干细胞（ES 细胞）]

ES 细胞分离自小鼠胚泡内细胞团，其核型正常（与胚胎性癌细胞不同）。引入小鼠的克隆化细胞系，有助于高频率地促进多种组织形成嵌合体，包括生殖细胞，并由此提供了修饰小鼠生殖系的实用方案。

endocrine cells of the intestine（肠内分泌细胞）

肠上皮广泛分布的大量细胞群体；这些细胞从它们所包含的神经分泌颗粒的致密核心，以内分泌或旁分泌的方式分泌肽激素。

endothelial progenitor cell（EPC）（内皮祖细胞）

同 HSC 一样，可能来源于成血管前体细胞，但它们在骨髓中采取独有的途径分化。EPC 与 HSC 共动员有助于血管再形成的过程。

epiblast（上胚层）

在胚泡形成之后、原肠胚的胚层分离之前产生的胚胎外层。因此，来源于上胚层的细胞能形成胚层、外胚层、内胚层和中胚层。

epidermal proliferative unit（表皮增殖单位）

源自单一干细胞的增殖基底细胞的功能群，以及远端排列的功能分化细胞。

epidermal stem cell（表皮干细胞）

在表皮基底层发现的缓慢循环并自我更新的细胞，负责其持续增殖。

epigenetic regulation（表观调控）

发生在染色质和 / 或 DNA 甲基化水平的转录调节。

epigenetic reprogramming（表观遗传重编程）

影响细胞命运的可遗传的、可逆的染色质和 DNA 甲基化修饰作用。这种修饰的可逆性在于其可以在特定条件下改变细胞的表型特征，恢复体细胞核的全能性。

explant culture（外植体培养）

一种起始原代培养的方法，在该方法中，细胞的来源组织在培养之前未经过酶消化。

facultative progenitor cell（兼性祖细胞）（见第 33 章）

来自同一器官或组织能扩增替代丢失或受损细胞的细胞（如肝细胞、胰腺导管细胞）。

Federal Food and Drugs Act of 1906（1906 年联邦食品和药物法）

虽然该法案的基本中心聚焦于食品安全问题，但也要求药物必须符合标准强度、质量和纯度，除非在标签上另有说明。

feeder cell（饲养细胞）

用于促进培养其他细胞的细胞。通常饲养细胞被灭活以防止其进一步增殖。在培养过程中需要饲养细胞的细胞通常生长在饲养层顶部。即便从培养细胞中分离饲养细胞成分的方法有所改进，但"无饲养层"的培养方法更能满足培养细胞对人类治疗中的安全需求。

Food, Drug, and Cosmetic Act（FD&C Act）of 1938［1938 年食品、药品和化妆品法（FD & C 法案）］

已废除了 1906 年的《联邦食品和药物法》，该法案开创了新药上市前的审查。1938 年的法案还规定了医疗设备和化妆品由 FDA 监管和委托工厂检查。

fucosylation（岩藻糖基化）

一种通过糖基化酶把岩藻糖残基加到膜蛋白胞外区的一种糖基化表型。经岩藻糖基化修饰的供体脐带血细胞作为增强移植成活的手段正处于临床试验评估阶段。

Gap 0（G_0）

细胞已离开细胞周期并处于停止分裂的休止期。

gap junction（缝隙连接）

由称为连接蛋白的独立结构单元形成的细胞间通道。缝隙连接使得细胞间相互通信并交换小分子。

gastric gland（胃腺）

由胃上皮衬里形成的管状腺体。胃腺分裂为小凹、峡部、颈部和基底区。

gastrulation（原肠胚）

小鼠胚胎发育 E6.5 后的阶段，形成原始条纹并明确三个胚层。原始条纹确定未来胚胎的后部区域。

genetic lineage tracing（遗传谱系追踪）

常为通过 DNA 重组使用的永久性标记，来标记某一确定细胞群体以追踪其后代。

genomic reprogramming（基因组重编程）

卵母细胞内的母源遗传因子作用，使得移植到卵母细胞的体细胞恢复全能性。在卵母细胞内组分可改变体细胞核，使之能够概括整个发育过程，进而产生移植核供体的一个精确遗传拷贝或克隆。该定义是对基因组重编程最广泛的释义。

germ cell specification—germ plasm（生殖细胞规格——种质）

在低等动物（如果蝇和线虫）中，生殖细胞特化是通过预先形成的生殖原生质的遗传发生的。

germ cell specification—stem cell model（生殖细胞特化——干细胞模型）

哺乳动物生殖细胞来源于多能上胚层细胞，响应来自胚胎外的外胚层信号分子。

germ-line transmission（种系传播）

供体干细胞整合到受体的精子或卵子中，由此产生的带有供体干细胞遗传作用的后代。

glomerulu（肾小球）

肾小球独特的结构与其在循环的血流内保持大分子，并允许离子和小分子迅速扩散到泌尿系统有着千丝万缕的联系。肾小球主要含有四种类型的细胞：微血管内皮细胞、系膜细胞、内脏上皮的足细胞和壁细胞。

goblet cell（杯状细胞）

肠上皮分泌黏蛋白的细胞。杯状细胞因含有许多黏蛋白颗粒而肿胀，因此得名"杯状"。遍布整个结肠上皮。

graft versus host disease（GVHD）（移植物抗宿主病）

发生在组织移植后的情况，移植物成为引发宿主组织排斥反应的抗体来源。

granulocyte-colony stimulating factor（G-CSF）（粒细胞集落刺激因子）

一种造血干细胞生长因子，能有效地将造血干细胞从骨髓动员到外周血。实际中常用外周血采集 G-CSF 动员的干细胞代替骨髓活检。

hair follicle（毛囊）

一种表皮附属物。由至少八种不同类型的细胞组成的复杂结构。毛干位于毛囊中部，向上生长并"冲破"皮肤表面。每个毛囊在生长期和非生长期的循环过程中制造毛发。

heart（心脏）

在脊椎动物的发育过程中，心脏是第一个完全分化形成的功能性器官。最初，心内膜细胞层分化出收缩的心肌细胞，这些细胞组成了原始心管，原始心管则为对整个胚胎生长发育至关重要的循环系统的建立奠定了基础。

hemangioblast（blast colony-forming cell, BL-CFC）[成血管细胞（原始细胞集落形成细胞）]

一个新近被证实的长期理论，胚胎细胞既是内皮细胞也是造血谱系的祖细胞。作为向造血谱系转化的第一个中胚层元件，在胚胎干细胞的分化培养物中很容易被检测到。试验可通过在补充有血管内皮生长因子和干细胞生长因子的甲基纤维素培养基中形成集落。

hematopoietic stem cell（HSC）（造血干细胞）

具有自我更新和分化能力的典型静止期多能细胞。在胎儿期发育后，造血干细胞定位于成人骨髓，并在整个成年期补充淋巴细胞、巨核细胞、红细胞和髓系造血谱系等。

hepatic artery（肝动脉）

供给肝脏的两种输入血流之一。肝动脉向肝脏供应富含氧的血液。

hepatocyte transplant（肝细胞移植）

供体肝细胞输注于肝或脾的血流之中，比原位肝移植的创伤小且费用更低。肝细胞移植已开展 20 余年。

hepatocyte（肝细胞）

肝脏中发挥主要功能的细胞类型。肝脏在氨基酸、脂质和碳水化合物的中间代谢、外源性解毒和血清蛋白的合成过程中起主要作用。此外，肝细胞分泌的胆汁对于小肠营养物质的吸收、胆固醇转化以及铜的排泄等都起着重要的作用。以上这些功能都主要由肝细胞进行。

holoclone（单克隆）

由角质形成细胞干细胞产生的上皮细胞培养集落。

HSC mobilization（造血干细胞动员）

外周血干细胞的数目远远低于骨髓干细胞的数目。造血干细胞生长因子可以将骨髓造血干细胞动员到外周血。

Hub cell（Hub 细胞）

定位于果蝇精巢顶端的支持细胞。

human embryoid body-derived（human EBD）cell（人拟胚体来源细胞）

人拟胚体细胞能够大量增殖并表达多种谱系特异性标志物。人拟胚体细胞培养物具有正常稳定的染色体核型和正常模式的基因组印记，包括 X 染色体失活。

human MAPC phenotype（人多能成体祖细胞表型）

人 MAPC 的细胞表面表型为 CD31、CD34、CD36、CD44、CD45、HLA Ⅰ类抗原、HLA-DR、c-Kit、Tie、VE- 钙黏蛋白、VCAM 和 ICAM-1 阴性。人类 MAPC 表达极低水平的 β2- 微球蛋白、AC133、Flk1、Flt1 以及高水平的 CD13 和 CD49b。

human therapeutic cloning（人类治疗性克隆）

利用体细胞核移植技术刻意制造胚胎（克隆）以产生一个免疫相容的（同基因的）胚胎干细胞系。

hydroxyapatite（HA）（羟基磷灰石）

钙磷灰石的一种天然矿物形式，HA 存在于人体的牙齿和骨骼中。常用作填料替换骨切除或作为涂层以促进骨内生修复物的植入。

immunosurgery（免疫外科）

一种从胚胎中分离胚胎干细胞的方法。它包括用酸性的台氏液（acid Tyrode's solution）去除透明带，在含有可结合滋养外胚层抗体的培养条件下孵育胚胎，随后用补体溶解滋养外胚层细胞。

***in vitro* fertilization（IVF）（体外受精）**

在体外将人类的精子和卵细胞结合，产生一个可植入到妇女子宫的胚胎并生育孩子。体外受精的发展大大促进了人类胚胎干细胞的衍化。

induced pluripotent stem cell（诱导性多能干细胞）

利用一种或几种技术将混合的特异性基因转入体细胞，从而产生的克隆化细胞系（见第 2 章）。由此产生的细胞系具有许多胚胎干细胞的特征，尤其是其潜能性，但不涉及破坏胚胎。

informed consent（知情同意）

接受医疗程序和临床试验的患者和／或组织器官供体患者需要完全了解程序和／或即将开展研究的性质，需要他们明确同意参与这个活动。

inner cell mass cell（ICM cell）（内细胞团细胞）

虽然 ES 细胞来源于 ICM 细胞，但这并不意味着体外胚胎干细胞等同于 ICM 细胞，或 ICM 细胞是胚胎干细胞的前体。

inner ear sensory organs（内耳感觉器官）

内耳感觉器官承担听力并感知平衡，并根据其功能区分。有三个主要类别的感觉器官：黄斑、嵴和声学器官。

intestinal epithelium（肠道上皮细胞）

沿小肠和大肠分布的已分化细胞。肠道上皮中共存在四种主要的上皮细胞谱系：柱状细胞、黏蛋白分泌杯状细胞、内分泌细胞和小肠潘氏细胞。肠道中也有一些不常见的细胞谱系，比如膜状细胞和膜／微球细胞。

intestinal subepithelial my ofibroblast（ISEMF）（肠上皮细胞下的肌纤维细胞）

这些细胞形成有孔的鞘膜封闭肠隐窝和胃腺体。ISEMF 与肠道上皮密切联系，并在上皮－间充质相互作用中起重要作用。

iris（虹膜）

虹膜就像百叶窗一样，通过开与合来让更多和更少的光线进入眼睛。它包含着色的上皮层，该层源自视杯的边缘，与 RPE 相连。

ISCT-defined minimal criteria for human MSC（ISCT 规定的人 MSC 的最低标准）

（1）间充质干细胞必须在标准培养条件和 CFU-F 存在时贴壁生长；（2）间充质干细胞表达 CD105、CD73 和 CD90，不表达 CD34、CD45、CD14 或 CD11b、CD79-α、D19 和 HLA-DR 表面分子；且（3）间充质干细胞在体外必须可向成骨细胞、脂肪细胞和软骨细胞分化。

islet precursor cell（胰岛前体细胞）

对明确的胰岛前体细胞的研究是潜在的治疗 1 型糖尿病的研究热点。

Juvenile Diabetes Research Foundation（青少年糖尿病研究基金会）

JDRF 由 1 型糖尿病患儿的父母于 1970 年成立。JDRF 已经发展为世界最大的支持糖尿病研究的慈善组织，自 1975 年起提供近 17 亿美元的直接融资，其中仅在过去 5 年就超过 6.25 亿美元。

karyotype（核型）

真核细胞的细胞核内染色体的数量和形态。保持正常核型是维持用于基因工程和基因打靶的 ES 细胞的全能性和种系传递的先决条件。

Kefauver-Harris Amendments（Kefauver-Harris 修正案）

Kefauver-Harris 对 1962 年的《FD&C 法案》提出修正，要求上市前效价论证并授权 FDA 监管临床试验。提出该修正案的部分原因是沙利度胺作为非成瘾性处方镇静剂引发的多起悲剧。

leukemia inhibitory factor（LIF）（白血病抑制因子）

LIF 蛋白添加到肝细胞培养基后，可引起肝细胞在培养改变后立即发生转分化。移除 LIF 并添加高浓度葡萄糖，将导致肝细胞转分化为几种类型的胰腺细胞，包括胰高血糖素、胰岛素、胰腺多肽表达细胞。

ligaments and tendons（韧带和肌腱）

提供稳定性及保障关节活动的致密结缔组织。炎症性损伤及结构撕裂伤会导致其显著的功能障碍并发展为退行性关节病。

LIN28

LIN28 是一种负调控 Let7 microRNA（miRNA）家族的 RNA 结合蛋白。LIN28 似乎可通过 Let7 间接提高重编程效率。

liver（肝脏）

肝脏是在成人部分肝切除术后可自然再生的器官。肝脏由几个相互分开的肝叶组成，占人类体重的 2%，鼠类动物体重的 5%。肝脏是唯一具有双重血液供应的器官。肝脏主要由以下几种细胞构成：肝细胞、胆管上皮细胞、肝星形细胞（正式名称为 Ito 细胞）、库否细胞（Kupffer cell）、血管内皮细胞、成纤维细胞及白细胞。

mechanical dispersion（机械分散）

扩增制备胚胎干细胞时用于起始铺板和传代的方法。利用末端直径相当于铺板所需集落大小的毛细吸管。

Medical Device Amendments（医疗器械修正案）

《FD&C 法案》的《医疗器械修正案》于 1976 年通过，发生在 Dalkon Shield 子宫内器械的安全问题报告后。《医疗器械修正案》要求上市前告知风险需求或批准医疗器械。1976 年之前，FDA 的权限仅限于管制市面上的无效或不安全器械。

meniscus（plural menisci）（半月板）

由半月板纤维软骨构成，是体内大部分正常关节功能所必需的。细胞外基质由胶原纤维组成，主要是放射状的环形纤维，有助于其结构的完整性。环形纤维有助于分散压缩力，同时，纤维放射状排列可防止撕裂拉力。

mesangioblast（成血管细胞）

血管相关祖细胞，从胚胎时期分离可以表达早期内皮标志物，当从出生后组织分离时则表达外周细胞标志物。由于成血管细胞能够穿过血管壁，且易通过慢病毒载体进行转导，所以它们已应用于针对肌营养不良症状的细胞治疗的临床前模型中。

mesenchymal stem cell（MSC）（间充质干细胞）

对间充质干细胞的确切定义仍存有争议。目前对 MSC 的广泛定义为贴壁细胞，可在体外定向分化为成骨细胞、软骨细胞、脂肪细胞、肌肉细胞及其他细胞谱系。其具有干细胞特性，MSC 能够增殖并产生具有相同基因表达模式和相同表型的子代细胞，并由此保持其原始细胞的"干性"。

metanephros（or metanephric）（后肾）

当输尿管芽或肾憩室的产物延伸到周围的后肾间质时，成人肾或后肾在肾管的尾端形成。上皮的生长和萌芽需要从间充质细胞发出的信号。

metaplasia（化生）

从一种细胞类型向另一种细胞类型的转换，包含正常分化过程中的部分转化。

mitomycin C（丝裂霉素 C）

胚胎干细胞系培养时，使细胞有丝分裂失活用作饲养层的化学品。

morality of benefitting from the deeds of others（受益于他人行为的道德）

那些反对"从他人的行为中获益是错误的"观点的人认为这种想法会越来越鼓励类似行为的产生。而支持该种获益行为的人则指出，决定执行令人反感的行为与从令人反感的行为产生的结果中获益没有联系。

morula-derived ES cell（桑葚胚来源的胚胎干细胞）

在胚胎发育的桑葚胚阶段可以以较低的频率分离胚胎干细胞。利用桑葚胚（或分裂球）的优势在于不破坏胚胎。由于其与胎儿具有完全匹配的遗传信息，此种细胞系对经过活检的转移胚胎所生成的胎儿具有意义。

mouse MAPC phenotype（小鼠多能成体祖细胞表型）

小鼠多能成体祖细胞表型是 B220、CD3、CD15、CD31、CD34、CD44、CD45、CD105、Thy1.1、Sca-1、E- 钙黏蛋白、MHC Ⅰ类分子和Ⅱ类分子阴性表达，上皮细胞黏附分子（EpCAM）低表达，而 c-kit、VLA-6 和 CD9 阳性表达。

multipotent adult progenitor cell（MAPC）（多能成体祖细胞）

分离自小鼠或大鼠骨髓的干细胞能在克隆或单细胞水平上分化成三个胚层。Rosa26 小鼠来源的 MAPC 系注入胚泡后能促进多种小鼠躯体组织的形成。MAPC 有别于间充质干细胞（MSC）和胚胎干（ES）细胞。

multipotent or pluripotent（多能性）

干细胞在有丝分裂过程中产生多种细胞类型前体的潜能水平（第 1 章定义）。

multipotent stem cell（多能干细胞）

多能干细胞有别于间充质干细胞。原肠胚时期内细胞团中的多能干细胞先被限制在一个特定的胚层，而后受限于一个特定的组织。后者存在于整个成体生命中，称为多能干细胞。

muscle dystrophy（MD）（肌肉营养不良）

遗传性家族疾病，其特点是渐进性肌肉损耗导致不同程度的活动受限，包括瘫痪于轮椅上，以及更严重的可发生 Duchenne 型肌营养不良症（DMD）、心脏和 / 或呼吸衰竭。

muscle stem cell（MuSC）（肌肉干细胞）

肌肉再生的基本单位。

myocardial infarction（心肌梗死）

通常称为心脏病发作，心肌梗死导致供应到心肌的血液部分中断，使心脏细胞受损或死亡。

myofiber（肌纤维）

通过融合多个单核 MsSC 形成的大的、终末分化的多核细胞。根据功能一般可将肌纤维分为两种类型，收缩快或慢的区别在很大程度上取决于所表达肌球蛋白重链（MyHC）的异构体组分。

myosin（肌球蛋白）

肌球蛋白由 ATP 依赖的马达蛋白家族组成，因其参与肌肉收缩并广泛参与真核细胞运动过程而为人知晓。肌球蛋白负责以肌动蛋白为基础的运动。该词条最初用于描述在横纹肌及平滑肌细胞中发现的一组类 ATP 酶。

naïve pluripotency（先天多能性）

以白血病抑制因子（LIF）依赖性的方式发生的自我更新过程。其产生的子代细胞能够在注入胚泡后促进胚胎发育。小鼠 ES 细胞就是先天多能性细胞的典型代表。

Nanog

由 Ian Chambers 最先分离并根据苏格兰传说命名，Nanog 是在细胞核中发现的一个转录因子，这对维持多能干细胞的自我更新能力而不是分化的能力很重要，是稳定小鼠胚胎干细胞多能性的重要转录因子之一。

nephric duct（肾管）

在哺乳动物中，肾管旁边的肾小管存在发育梯度演变发展，即最前端或前肾小管非常简单，而中肾小管则发育良好，具有肾小球和复杂的近端管样结构。

neural retina（神经视网膜）

视杯的内层形成了神经视网膜，视网膜包含在阴暗的光线下十分活跃的视杆细胞和在日光下十分活跃的视锥细胞。

neural stem cell（NSC）（神经干细胞）

神经系统最原始的细胞。它们产生遍布整个中枢神经系统（特别是外周神经系统、自主神经系统和肠神经系统）的特化细胞阵列。

neurogenin3（神经元素 3）

通常经 DNA 重组永久性标记、确定的细胞群体及追踪其后代。

nonessential amino acid（NEAA）（非必需氨基酸）

细胞培养基的补充成分，典型的用法是与 DMEM（Dulbecco's modified Eagles medium）培养基混合，用以优化 ES 细胞系的生长条件。

Oct4

胚胎内多能细胞形成和存活所必需的转录因子。Oct4 是卵细胞内的活性母源因子，并在胚胎的整个植入前阶段保持活性。Oct4 与 Sox2 形成异二聚体结合 DNA。在胚胎植入前决定细胞的命运。表达 Oct4 对内细胞团细胞的形成是必需的，缺乏 Oct4 基因的小鼠 ES 细胞分化成滋养外胚层，而二倍表达的 Oct4 将导致其分化形成内胚层和中胚层。

open system（开放系统）

组织工程中两类组合方法之一，这种方法是把细胞固定于多孔的三维支架当中。利用支架所构建的三维环境，细胞能够紧密接触并有充分的时间完成自我组装，形成与组织微环境相适应的各种成分。理想状态下，材料会随着细胞开始分泌细胞外基质分子而逐渐降解。

optic vesicle（视泡囊）

视泡是神经管的外翻部分，中脑和端脑在那里汇合。视泡内陷形成一个双层的视杯。

organ of Corti（Corti 器官）

哺乳动物内耳中结构最复杂且具有频率敏感性的听觉器官。

organizer（组织者）

在原肠胚形成的胚胎的三维空间中的一个区域，产生诱导信号。神经板来源于背部的外胚层，并且其过程是源于下方脊索的"组织者"信号所诱导的。

orthotopic liver transplantation（OLT）（原位肝移植术）

用 ABO 血型相容的尸体供者的肝脏替换患者的肝脏，需要外科大手术及终身免疫抑制。

otic placode（耳板）

整个脊椎动物的内耳源自基板，紧靠在后脑侧面的背侧表面外胚层增厚。

OXTR（催产素受体基因）

编码催产素受体的基因，参与子宫成熟和收缩，是 AFMSC（羊水间充质干细胞）的特异性表达标记。

p53 和 p21

抑制这些蛋白可以加速细胞增殖并抑制靶细胞衰老，还可以显著提高诱导性多能干细胞生成集落的效率。然而持续性抑制 p53 和 p21 通路将增加诱导性多能干细胞基因组的不稳定性，因此常采用瞬时抑制。

pancreas（胰腺）

人体胰腺含有三部分：外分泌腺，含有腺泡，分泌消化酶；导管上皮细胞运输消化酶到十二指肠；内分泌腺，含有胰岛，分泌激素入血。

pancreatic and duodenal homeobox gene-1,（Pdx1）（胰腺十二指肠同源盒基因 -1）

胰腺发育所必需的转录因子基因。在胚胎发育过程中，Pdx1 基因在干 / 祖细胞中表达，进而产生在成体胰腺内的所有细胞类型。出生后其表达仅限于 β 细胞。

pancreatic beta cell（胰腺 β 细胞）（具体见第 33 章）

胰岛内可以产生成熟胰岛素的一种细胞。可能有不符合该条件的胰岛素产生细胞，但不能满足该定义。

pancreatic beta cell（胰腺 β 细胞）

驻留在胰腺结构内称作朗格汉斯小岛的可产生胰岛素的细胞。β 细胞是 1 型糖尿病自身免疫攻击的靶点。

Paneth cell（潘氏细胞）

潘氏细胞几乎只存在于小肠和升结肠的隐窝基底部，它包含有大量的顶端分泌颗粒，并表达多种蛋白质，包括溶菌酶、肿瘤坏死因子和抗菌隐窝素（与防御素相关的小分子量肽）。

partial hepatectomy（部分肝切除术）

特定肝叶被完整切除，留下没有受损的其余肝叶。残留的肝叶却能继续生长以代偿被切除的肝叶。该过程在 1 周内完成。

Pax family（Pax 家族）

Pax 蛋白是转录因子家族的一部分。Pax2 和 Pax8 是中胚层中期最早的两个特异性标志物，二者似乎调控肾导管的形成与延伸功能冗余。

Pdx1

一种胰腺转录因子，在胰腺形态明显发育之前，Pdx1 高表达于内胚层，而且在整个胰腺发育中发挥着基本的作用。当 Pdx1 与 VP16 蛋白共表达或作为 Pdx1-VP16 融合蛋白在肝细胞内表达时，将引起转分化，产生胰腺的内分泌细胞和外分泌细胞（例如，胰岛素、胰高血糖素和淀粉酶 – 表达细胞）。

penetrance（外显率）

供体细胞对嵌合体组织形成的占比程度。低外显率表明极少数的供体细胞保留在生物体内，而高外显率表明多种组织和器官都来源于供体细胞。一个有机体具有 100% 的外显率也是有可能的。

peripheral nervous system（PNS）（外周神经系统）

位于脑和脊髓外的神经和神经节。PNS 的主要功能是使中枢神经系统与肢体和器官连接。PNS 由躯体神经系统和自主神经系统组成。在发育过程中，PNS 的所有细胞都来自一小部分的神经上皮细胞。

polarity cues（极性索）

一种微环境，可引导子代细胞置于干细胞微环境之外，处于促分化的环境之中。

porta hepatis（肝门）

肝动脉、门静脉和胆总管进出肝脏的解剖学结构。

portal vein（门静脉）

肝脏是唯一具有双重血液供应的器官。肝脏内门静脉内运输富含营养成分及激素的静脉血，其来源于内脏血管（主要是肠及胰腺）。

potency（潜能）

干细胞所具有的特性，描述其经有丝分裂产生分化细胞类型的能力。

potential stem cell（潜能干细胞）

在必要的情况下完全保有干细胞功能的细胞。正常情况下，这些细胞随时间被转化成分裂瞬时群体细胞，但仍保持其终末干细胞的未分化状态，直到转化为分裂瞬时群体细胞。

precursor cell（前体细胞）（详见第 33 章）

比干细胞具有更多限制的具有自我更新能力的细胞，但仍能产生多谱系分化细胞。

primed pluripotency（原始多能性）

在成纤维细胞生长因子 2（FGF2）和激动素（Activin）的存在下可进行自我更新，并在注入胚泡后，产生很少能够有助于胚胎发育的子代细胞。小鼠上胚层干细胞即具有原始多能性的细胞。

primitive hematopoiesis（原始造血）

胚胎血液发育的第一波。发生于卵黄囊，主要包括表达胚胎球蛋白的有核红细胞。原始波被认为是满足胚胎的需求。

primordial germ cell（PGC）（原始生殖细胞）

PGC 生成卵子和精子，是亲代和子代之间遗传信息传递的唯一手段。PGC 在标准组织培养条件下很难良好存活，无论在体内或体外都不是多能干细胞。

prostaglandin E（PGE）（前列腺素 E）

用 PGE 短期脉冲处理 CB 细胞作为增强供体 CB 植入的方法，正在进行临床试验评估。

Public Health Service Act of 1944（1944 年公共卫生服务法）

纳入 1902 年的《生物制品管制法》，是目前生物产品授权许可的法律依据。由于大多数生物产品也符合《FD&C 法案》（1938 年食品、药品和化妆品法）关于"药品"的规定，它们亦须根据该法规管理。

quality assurance（质量保证）

按预定基础（每天、每周、每月等）进行的一种系统化程序，按规则记录观察到的事物，载入日志并进行分析。

quiescence（静止期）

G_0 期细胞群体的一个特征。

rat MAPC phenotype（大鼠 MAPC 表型）

大鼠 MAPC 的表型为 CD44、CD45、MHC Ⅰ类和Ⅱ类阴性，但 CD31 阳性。

reprogramming（重编程）

指几种处理类型之一，可导致受体细胞的类型发生明显改变（例如，将体细胞核转移至两栖类卵母细胞）。

reprogramming factor（重编程因子）

在体细胞与去核的卵母细胞融合的研究可从青蛙和绵羊的体细胞中产生克隆动物，证实卵母细胞中存在重编程因子。

retinal pigmented epithelium（RPE）（视网膜色素上皮细胞）

是从视杯的外层产生的，是单层上皮细胞，高度色素化来捕获从视网膜通过的杂散光。

satellite cell（卫星细胞）

用于描述最终被确定为 MuSC（肌干细胞）的细胞类型的最初词条。1961 年，在运用透射电镜对蛙胚前肌纤维周围区域进行观察的研究中，首次在解剖学角度对其进行了定义，卫星细胞的发现开创了肌组织再生的研究领域。

sebaceous gland（SG）（皮脂腺）

位于毛囊上部区域的表皮附属物，恰在立毛肌的上面，由含脂肪的细胞组成，释放脂质到毛囊管道。

self-maintenance probability（自稳的概率）

干细胞使其他干细胞分裂的可能性。适用于干细胞群体，而非单个细胞。稳态值为 0.5，但在干细胞数目扩增时介于 0.5 ~ 1 之间。

self-renewal（自我更新）

有丝分裂的一种类型，子代细胞与亲代细胞完全相同。

skin（皮肤）

覆盖体表，主要由两类组织构成：表皮及其附属物，主要由特化的表皮细胞（角质细胞）构成；以及真皮细胞，主要由间充质细胞构成。

skin ulcers（皮肤溃疡）

由多种病理过程引起的皮肤慢性损伤，包括感染、外伤、糖尿病和静脉溃疡。慢性静脉溃疡是皮肤溃疡的常见原因，估计发病率为 1% ~ 1.3%。由于皮肤溃疡愈合缓慢且需要昂贵的治疗费用和高强度的护理，其后期处理难且贵。

somite（体节）

中胚层两侧成对的板块，沿着脊椎动物胚胎发育的前 - 后轴形成。脊椎动物的体节可产生骨骼肌、软骨、肌腱、内皮细胞和真皮。

Special Diabetes Initiative（特殊类型糖尿病倡议）

一项十五年（1998—2013）计划，提供超过 18 亿 9 千万美元的补充资金用于 1 型糖尿病研究特殊计划（是通常 NIH 拨款的上限），还提供相当数额（超过 10 亿美元）用于资助本土美国人糖尿病患者的护理与教育。

Stella

在卵母细胞中发现的母系遗传因子，是正常的植入前发育所必需的。

stellate cell（星状细胞）

肝星状细胞占所有肝细胞总数的 5% ～ 10% 左右。其功能除了储存维生素 A 以外，还能合成细胞外基质蛋白和肝细胞生长因子，后者在肝脏生长中起了重要的作用。

stem cell（干细胞）

一种可通过有丝分裂以两种方式中的一种产生子代细胞的细胞：子代细胞是亲代干细胞的完整复制（自我更新——见第 2 章定义），抑或是其分化的细胞（定义见第 2 章）。

stem cell（干细胞）（仅针对第 2 章）

一个克隆化自我更新的细胞群体，具备多能性并由此可产生几种不同的细胞类型（不适用于所有实例）。

stem cell（干细胞）（仅针对第 33 章）

能够无限自我更新并从三个胚层（外胚层、内胚层和中胚层）产生细胞的前体细胞。

stem cell niche（干细胞微环境）

体内一系列组织细胞和细胞外基质的集合，能够无限地容纳一个或多个干细胞，并控制其自我更新和后代增殖。

stem cell niche hypothesis（干细胞微环境假说）

由细胞内在因素与其周围微环境的外来信号共同调控的自我更新与分化之间的平衡。

stemness（干性）

干细胞特性，指的是干细胞自我更新和产生分化后代的核心特性下隐藏的通用分子过程。对干性的全面定义至今尚不完善；然而，已鉴定出干细胞内富含的多种基因对于干细胞的维持是至关重要的。

STO cell（STO 细胞）

一种 3T3 细胞系类型，通常用作胚胎干细胞培养的饲养细胞。

stromal vascular fraction（SVF）（基质血管成分）

用胶原酶处理脂肪组织的生成物。SVF 认为相当于从骨髓中经密度梯度分离获得的单核细胞部分。

support cell（支持细胞）

驻留在干细胞微环境内的非干细胞，用于提供关键的产生自我更新信号和 / 或干细胞维持信号。还通过细胞间相互作用锚定微环境内的干细胞。

symmetric cell division（细胞对称分裂）

在干细胞自我更新中，细胞对称分裂产生两个干细胞。

telogen（休止期）

毛囊周期功能的非生长阶段——一种休止状态。

telomere integrity（端粒完整性）

祖细胞的另一个标志是通过端粒酶的作用维持染色体端粒的完整性。成体心肌中的端粒酶活性限于表达 Sca-1 但缺少造血干细胞的其他标志物（c-kit、CD45 和 CD34）或内皮祖细的胞标志物（CD45、CD34、Flk-1 和 Flt -1）的细胞。

teratocarcinoma（畸胎癌）

Barry Pierce 发现的，畸胎癌是恶性肿瘤，最初是由于影响男性或女性生殖细胞分化的基因突变引起的。

teratoma（畸胎瘤）

多能细胞的异常发育所导致的包囊性肿瘤，通常是良性的。畸胎瘤是由类似三个胚层的正常衍生物的组织或器官组成的。畸胎瘤是自然发生的，但在干细胞研究中，向受体导入多能细胞会诱导产生畸胎瘤。诱导畸胎瘤也作为鉴定某特定细胞群或克隆细胞系多能性或干性的实验方法。

tissue engineering（组织工程）

一种交叉学科，涉及使用生物科学和工程学研发的一种能修复、维持或增强组织功能的结构。

tissue homeostasis（组织内稳态）

干细胞自我更新和分化产生的子代细胞处于平衡的一种状态。

tongue proliferative unit（舌增殖单位）

在舌背面的纤维状突起中鉴定的表皮增殖单位的修饰形式。

transdifferentiation（转分化）

是指细胞由一种分化类型转变为另外一种分化类型，应该被看作化生的一个亚类。目前在该领域针对如何定义转分化仍具有争议。有观点认为，其是细胞培养的人工产物。然而在小鼠体内观察到胰腺 – 肝脏转分化的现象已被充分证实过。

tropism（趋向性）

细胞能够被吸引到器官或身体内某一特定区域的特性。干细胞常表现为趋向损伤或退化的区域。

type 1（juvenile）diabetes［1 型（青少年型）糖尿病］

由自身免疫反应破坏胰腺内产生胰岛素的 β 细胞的一类糖尿病。

unipotent or progenitor（单潜能细胞或祖细胞）

干细胞只能产生一种分化细胞的潜能。祖细胞的分化潜能或自我更新能力方面比大多数干细胞受限明显。

unsegmented, or intermediate mesoderm（不分节或中间中胚层）

沿着脊椎动物的前 – 后轴形成远端体节的中间胚层区域，中间中胚层在发育中形成肾。

wilms tumor（肾母细胞瘤）

肾母细胞瘤是一种胚胎肾肿瘤，由未分化的间充质细胞、组织混乱的上皮细胞和周围的基质细胞组成。肾母细胞瘤抑制基因 *WT1* 是后肾间充质的另一个早期的标志物，也是其存活的关键。

Wnt genes（Wnt 基因）

Wnt 基因编码一类分泌型多肽家族，参与调控多种组织发育。Wnt4 基因激活是间质细胞的早期事件，被诱导形成胚胎肾脏，参与从上皮谱系发育中分离基质谱系。

xenotransplants（异种移植）

使用不同物种来源的器官或组织来用于移植（例如，猪组织移植到人）。

索引

B

白血病抑制因子　052　233
斑马鱼心脏再生　174
半月板撕裂　342
包囊祖细胞　042
苯丙酮酸尿症　333
表观遗传学　227
表观遗传重编程　276
哺乳动物表皮　045

C

肠道上皮　047
成体多能祖细胞　152
成体干细胞　010
成血管细胞　323

D

大鼠卵圆细胞系　195
单个核细胞　157
导管　200
多巴胺能神经元　106
多能间充质干细胞　338

G

干细胞　005
干细胞微环境　038
干细胞微环境假说　209
干性　010
睾丸　043
骨　158
骨关节炎　340
骨髓　201
骨髓间充质干细胞　140
骨折　158
骨组织工程　339
国际干细胞研究学会　002

国际细胞治疗学会　002

H

核移植　278

J

肌腱　159
肌营养不良症　318
基因治疗　371
畸胎癌　012　231
集落形成实验　241
间充质干细胞　323
碱性磷酸酶　269
精原干细胞　043

L

卵圆细胞　188
滤泡间上皮　047

M

慢性静脉溃疡　303
慢性粒细胞白血病　136
毛囊　031　045　127
免疫细胞化学染色　269
莫洛尼鼠白血病病毒　225

N

内耳　121
内细胞团　006
拟胚体　104

P

胚胎干细胞　009　309

Q

器官移植　326
5-羟色胺能神经元　107
青少年糖尿病研究基金会　382

全能细胞　013

R

染色质重塑　056
人类胚胎干细胞系　356
人类细胞治疗　369
人胚胎干细胞　233
蝾螈心脏再生　174
蝾螈肢体再生　174
软骨　159

S

桑葚胚　076
烧伤　303
少突胶质细胞　109
神经干细胞　048　101　283
神经诱导　104
肾小球丛细胞　183
视网膜　115　117
输精管　043

T

胎牛血清　240

W

卫星细胞　164

X

纤维化小鼠模型　213
腺泡　201
小肠隐窝　029
小单链RNA　227
效能　013
心脏　171
新生小牛血清　240
星形胶质细胞　109

Y

眼睛　116
羊水　088
羊水间充质干细胞　089
腰椎横突间融合术　345
胰酶　256
胰腺AR42J细胞　069

异种移植　370
原生殖细胞　275
原始生殖细胞　263
原位肝脏搭桥移植手术　326
运动神经元　107

Z

再生医学联盟　002
造血干细胞　320
治疗性克隆　021
椎间盘　160
自体移植　305
组蛋白标签　055
组织工程　347
祖细胞　006

其他

DNA甲基化　056
E2F家族　217
ES细胞　014
ES细胞基因分型　019
forkhead家族　217
GABA能神经元　108
HBC-3细胞　196
JAK-STAT信号通路　041
Klf4　054
miRNA　227
Myc　054
Nanog　054
Oct3/4　053
PICM-19细胞　196
PRC2　055
Rb通路　064
Rex1　055
Sox2　053
Stat3　055
Tbx3　054
Tcf3　054
WB-344细胞系　195

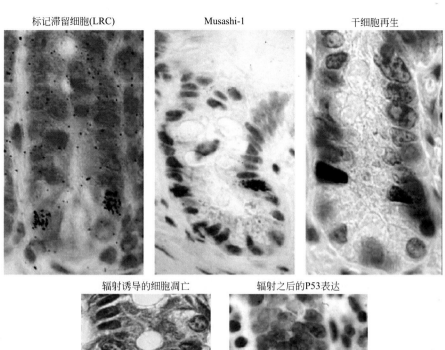

标记滞留细胞(LRC)　　　Musashi-1　　　干细胞再生

辐射诱导的细胞凋亡　　　辐射之后的P53表达

图5.6（文见第033页）

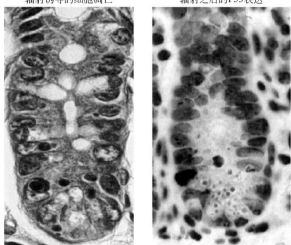

图10.1（文见第077页）

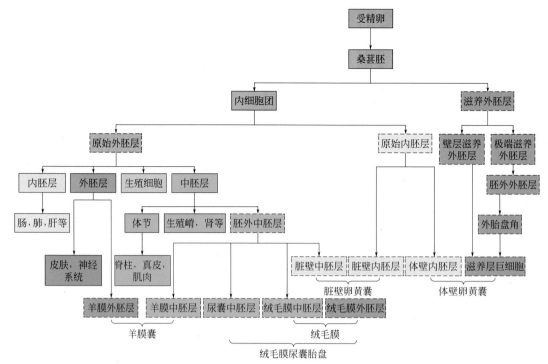

图10.2（文见第078页）

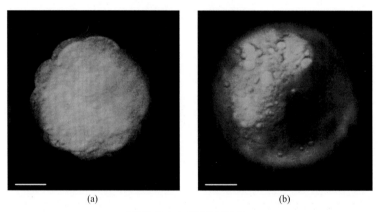

(a)   (b)

图10.3（文见第082页）

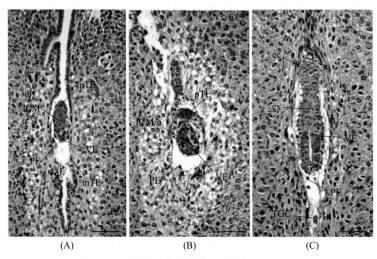

(A)   (B)   (C)

图10.4（文见第083页）

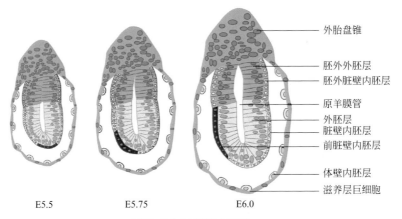

外胎盘锥
胚外外胚层
胚外脏壁内胚层
原羊膜管
外胚层
脏壁内胚层
前脏壁内胚层
体壁内胚层
滋养层巨细胞

E5.5　　　　　　E5.75　　　　　　　E6.0

图10.5（文见第083页）

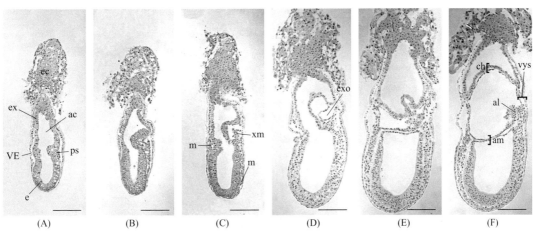

(A)　　　　(B)　　　　(C)　　　　(D)　　　　(E)　　　　(F)

图10.6（文见第084页）

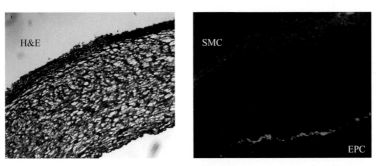

图17.1（文见第147页）

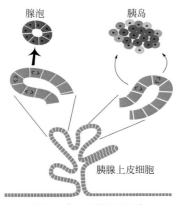

图24.1（文见第198页）

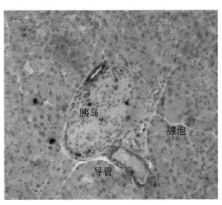

图24.2（文见第200页）

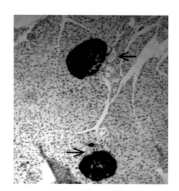

图24.3（文见第200页）

图34.3（文见第305页）

图34.4（文见第305页）

图34.5（文见第306页）

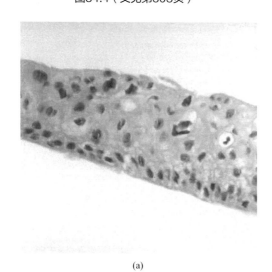

(a)

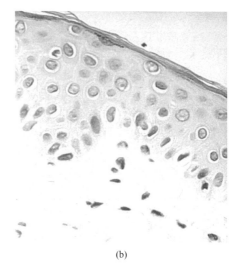

(b)

图34.6（文见第306页）

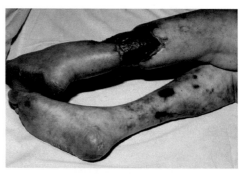

图34.7（文见第307页）

图34.8（文见第307页）